DIANWANG ANQUAN JINGJI YUNXING LILUN YU JISHU

电网安全经济运行理论与技术

朱继忠 著

中国电力出版社
CHINA ELECTRIC POWER PRESS

内 容 提 要

本书覆盖电力系统安全经济运行领域，共分为两篇：第一篇为电网运行优化基础，包括传统与现代的数学优化理论与技术，重点介绍电网安全经济运行的相关数学理论和方法，如非线性规划方法、二次规划方法、线性规划方法、网络流规划方法、内点优化方法、智能算法和不确定性分析方法等。第二篇介绍各种电网安全经济运行技术，应用第一篇中介绍的各种数学方法和优化理论解决电网安全经济运行中的各类问题，内容包括电力系统潮流分析、经典经济调度方法、安全约束经济调度、网络流规划在安全经济调度中的应用、智能算法在经济调度中的应用、含可再生能源不确定性的电力系统经济调度、风电系统中抽水蓄能调峰优化运行、配电网优化运行、无功优化方法，以及含电动汽车的电力系统动态经济调度等。

本书可作为电力系统运行、规划和设计的工程技术人员以及高等院校相关专业学生的学习教材，也可作为电力系统领域的高等院校教师和科研院所研究人员工作的参考书。

图书在版编目（CIP）数据

电网安全经济运行理论与技术/朱继忠著．一北京：中国电力出版社，2018.9
ISBN 978-7-5198-2317-7

Ⅰ.①电…　Ⅱ.①朱…　Ⅲ.①电力系统运行　Ⅳ.①TM732

中国版本图书馆 CIP 数据核字（2018）第 179401 号

出版发行：中国电力出版社
地　　址：北京市东城区北京站西街 19 号（邮政编码 100005）
网　　址：http：//www.cepp.sgcc.com.cn
责任编辑：刘丽平（010-63412342）　王蔓莉
责任校对：黄　蓓　郝军燕
装帧设计：王英磊　郝晓燕
责任印制：邹树群

印　　刷：三河市万龙印装有限公司
版　　次：2018 年 9 月第一版
印　　次：2018 年 9 月北京第一次印刷
开　　本：787 毫米×1092 毫米　16 开本
印　　张：23.5
字　　数：576 千字
印　　数：0001—2000 册
定　　价：98.00 元

序

随着电力系统的发展，电力系统的安全经济运行已成为电网运行中的重大课题。电网经济运行又称电网经济调度，它是在保证电网安全、可靠运行和满足电能质量、用电需要的前提下，制定各厂（站）之间或机组之间的最优负荷分配方案，使整个电网的能耗或运行费用最少，从而获得最大的经济效益。电网经济调度也是国内外能量管理系统中的核心内容，越来越受到电网各级调度中心的重视。过去，因为我国电力供应严重不足，电力公司主要将电网运行的安全性和可靠性放在第一位，难以考虑电力系统运行的经济性。随着我国电源及电网规模和综合实力大幅提升，尤其是各种新能源的快速增长，电力公司面临较为严峻的形势，需要在保证复杂电网安全可靠运行条件下提高电网的经济运行水平。电力公司开始注意到平衡电网运行安全性与经济性的必要性，对电网节能调度与安全经济运行高度重视。因为电网经济运行技术是充分挖掘现有设备潜力，最大限度降低电网运行中的不合理损耗或避免不合理的调度方案，可在不投资或少投资的情况下，通过优化调整取得明显节电效果的一项内涵节电技术，所以电网安全经济运行已经成为电网运行的核心技术之一。

作者从 20 世纪 80 年代中期师从徐国禹教授，成为重庆大学电力博士点第一个毕业的博士。作者一直从事电网经济运行方面的研究，先后在重庆大学、英国布鲁耐尔大学、新加坡国立大学、美国霍华德大学、阿尔斯通公司和南方电网科研院进行该领域研究，30 余年不忘初心勤奋耕耘。作者在八九十年代首次用网络流规划方法研究电力系统中的各种问题；首次应用层次分析法研究电力系统分析和运行中问题；九十年代使用改进内点法研究优化潮流问题，发表在 IEEE Transactions on Power System 上的文章 *Improved Interior point method for OPF problems*，成为优化潮流领域经典文章之一，被引用近 300 次；2002 年用改进遗传算法研究配网运行的文章 *Optimal reconfiguration of electrical distribution network using the refined genetic algorithm* 发表在 Electric Power System Research 国际期刊上，成为配网重构领域经典文章之一，被引用超过 300 次。在阿尔斯通公司工作期间提出的分布式网损因子概念和约束灵敏度因子方法，被广泛应用于能量管理系统和电力市场管理系统。作者这些成果中的部分内容以及九十年代初期在重庆大学教学的讲义和 2016 年初在南方电网科学研究院以来的研究成果构成了本书的主要素材。

本书在编写过程中得到了南方电网科学研究院各级领导和同事的大力支持，更得到朱继忠千人专家团队全体成员包括实习生们的协助，其中褟培正参与了第十四章撰写，邹金参与了第十五章撰写，谢平平参与了第十八章撰写。

本书得到了中国南方电网公司“电力市场环境下含可再生能源发电的多区域互联电网经济调度理论与应用技术研究”项目（KYKJXM00000004）的资助，在此表示感谢！

限于作者水平和时间仓促，书中难免存在疏漏之处，恳请广大读者批评指正。

朱继忠

2018年3月

于南方电网科学研究院

作 者 简 介

朱继忠教授是中国第十批国家“千人计划专家”，英国工程技术学会会士（IET Fellow），英国皇家学会客座研究员，广州市创新领军人才，重庆大学兼职教授、博士生导师，华南理工大学兼职博士生导师，全国创新争先奖评审委员会委员，美国电气与电子工程师协会（IEEE）电力负荷分专委会主席，IEEE智能楼宇负荷用户系统专委会主任委员，IEEE SBLC亚太地区工作组主席，IEEE SMCS智能电力与能源系统专委会委员，澳大利亚国家研究理事会杰出人才项目评审专家，MPCE等国际期刊编委。

1990年初24岁获博士学位，28岁晋升重庆大学教授，1994年被英国皇家学会和中国科协评选为中国杰出青年科学家，获英国皇家学会研究员奖，第五届霍英东全国高校青年教师研究奖，第二届四川青年科技奖，首届重庆市优秀青年教师，获国家教委部省级科技进步奖7项，1996年初第一次回国被选为全国八五期间先进个人和全国优秀留学回国人员代表，分别被中国《科技日报》（1993年）和美国《华府邮报》（1998年）选为“科技新星”。

先后在英国、新加坡、美国的大学和公司工作20余年，2013年被选为阿尔斯通公司全球专家委员会Fellow（院士级专家），并担任阿尔斯通电网公司高级首席工程师。2015年底至今全职在南方电网科学研究院工作，创建了电网经济运行创新团队，并担任负责人，同时担任广东电网安全经济运行与市场化调度实验室主任。目前率领团队在电网安全经济运行、可再生能源应用、智能电网与电力市场等领域开展研究工作。2016年和2017年分别获国际期刊MPEC年度贡献奖和优秀特约主编奖。

主持或参与了20多个国际大型电力工程项目，在国际期刊和重要学术会议发表论文200余篇，以唯一作者出版英文著作4部（IEEE，Wiley等），其中2009年在Wiley-IEEE出版的*Optimization of Power System Operation*被评为优秀书籍并于2015年再版。

目 录

第二篇 电网安全经济运行技术

1 引　　言

电力系统是由电源（水电站、火电厂、核电站等发电厂）、输配电线路、变电站（升压变电站、负荷中心变电站等）和用电等环节组成的电能生产与消费系统。各电源点互相联接以实现不同地区之间的电能交换和调节，从而提高供电的安全性和经济性。输电线路与变电所构成的网络通常称电力网络，有时也将电力系统简称为电网。电力系统的信息与控制系统由各种检测设备、通信设备、安全保护装置、自动控制装置以及监控自动化、调度自动化系统组成。电力系统的功能是将自然界的一次能源通过发电动力装置转化成电能，再经输电、变电和配电将电能供应到各用户。

现代电力系统运行中，电力负荷的随机变化、可再生能源（尤其是风电和光伏）的不确定性以及外界的各种干扰会影响电力系统的稳定，导致系统电压与频率的波动，从而影响电力系统电能的质量，严重时会造成电压崩溃或频率崩溃。系统运行分为正常运行状态与异常运行状态。其中，正常状态又分为安全状态和警戒状态；异常状态又分为紧急状态和恢复状态。电力系统运行包括了所有这些状态及其相互间的转移。由于目前电能尚不能大量存贮，任何瞬间必须保证发电、输电、用电之间的平衡，而用电负荷又随时会发生变化，所以正常安全状态实际上始终处于一个动态的平衡之中，必须进行必要的调整，包括频率和电压，即有功功率和无功功率的调整。通过调整，系统的频率、各节点的电压、各元件的负荷均处于规定的允许值范围内，并且一般的小扰动不致使运行状态脱离必要运行状态。另外，电力系统还需要在保证电能质量、可靠供电的前提下，实现安全经济运行。通过合理利用各种动力资源，降低燃料消耗、厂用电和电力网络的损耗，以取得最佳经济效益。

本书试图覆盖电力系统安全运行的所有领域，除了一些经典的经济运行方法外，还介绍了一些近年来出现的最新理论技术和应用。为了使书的内容更系统化，本书将分为两部分，即电网运行优化基础（第一篇）和电网安全经济运行技术（第二篇）。

第一篇包括传统与现代的数学优化理论与技术，从数学方法和优化角度，可分成以下三种：

1. 传统优化方法

（1）无约束优化方法。

（2）非线性规划（Nonlinear Programming，NLP）。

（3）线性规划（Linear Programming，LP）。

（4）二次规划（Quadratic Programming，QP）。

（5）广义既约梯度法。

（6）牛顿法。

(7) 网络流规划 (Network Flow Programming, NFP)。
(8) 混合整数规划 (Mixed Integer Programming, MIP)。
(9) 内点法 (Interior Programming, IP)。

2. 智能搜索方法

(1) 神经网络 (Neural Network, NN)。
(2) 进化算法 (Evolutionary Algorithms, EAs)。
(3) 禁忌算法 (Tabu search, TS)。
(4) 粒子群优化 (Particle Swarm Optimization, PSO)。

3. 不确定分析方法

(1) 概率优化。
(2) 应用模糊集。
(3) 层次分析法 (Analytic Hierarchy process, AHP)。

电网安全经济运行或经济调度是指在满足电网安全约束的前提下，合理分配各机组出力，以最低的发电成本或燃料费用保证对用户可靠供电的一种调度方法。因为早期电力系统比较简单，以就地供电为主，所以输电线路的安全限制或约束影响可以忽略，早期经济调度问题主要是并列运行机组间负荷分配问题。最初的方法是按机组效率和经济负荷点的原则进行分配，实际并未达到最优。30 年代初期提出了按等微增率分配负荷，这就是早期经典经济调度的概念。网络输电损失对经济负荷分配有一定的影响，但在没有计算机的年代，涉及网络计算就变得较为困难，同时早期的电网比较简单，使用各发电厂出力表示的网损公式(即 B 系数法) 来计算网损及其微增率，是一种简单而可行的方法。50 年代初根据 B 系数公式提出了发电与输电的协调方程式，扩展了等微增率准则。

自 1962 年法国著名学者 Carpentier 首次提出了优化潮流以来，各种优化方法都被应用在电网经济运行研究中。早期的方法主要基于线性规划方法，其优点是计算速度快、容易收敛。但是经济调度中水、火电出力函数、输电网络损耗等都是非线性的，将经济调度问题进行不恰当的线性化可能得不到最优的方案。后来各种非线性规划方法得到广泛应用，但非线性规划方法存在收敛速度慢的现象。九十年代后期以来，遗传算法或基因算法 (GA) 被应用到经济调度领域，但基因算法必须将所有约束表达成适配函数，再根据给定的空间进行优化搜索，然而电力系统运行中需考虑的很多约束，如发电机出力约束、变压器分接头、无功补偿、电压约束、输电线路功率约束等，很难将其全部放进基因算法中的适配函数，特别对于大型电力系统优化很难得到最优解，类似的优化方法有进化算法 (Evolutionary Algorithm) 和粒群优化算法 (Particle Swarm Optimization)。90 年代以来，内点优化 (Interior Point) 被国内外学者认为是解决经济调度的先进方法，另外神经优化网络算法和网流规划也被用于经济调度研究。

本书第二篇在介绍各种电网安全经济运行技术前首先介绍电力系统潮流计算。潮流计算是电网运行、规划和分析的基础。随后应用第一篇中介绍的各种数学方法和优化理论解决电网安全经济运行中的各类问题，并以由传统到现代、简单到复杂、确定性到不确定性的方式介绍各种电网经济运行的技术和方法。

需要强调的是，本书介绍的电网运行优化基础虽然包括传统与现代的数学优化理论与技术，但并非全面详细阐述各种方法与技术，而是重点介绍电网安全经济运行尤其是本书涉及的相关数学理论和方法。第二篇的电网安全经济运行技术则重点介绍已被证明行之有效的一些方法和技术，对于经济运行领域较新的内容，如智能电网运行和含电动汽车的电力系统经济调度等方面，本书也进行了简单分析和讨论，力求涵盖电网安全经济运行各种技术。

参 考 文 献

[1] Kirchmayer L K. Economic operation of power systems [J]. New Delhi: 1958.

[2] Alsac O, Stott B. Optimal Load Flow with Steady - State Security [J]. IEEE Transactions on Power Apparatus & Systems, 1974, PAS - 93 (3): 745 - 751.

[3] Sun D I, Ashley B, Brewer B, et al. Optimal Power Flow By Newton Approach [J]. IEEE Trans. power Appar. syst, 1984, 103 (10): 2864 - 2880.

[4] Zhu J, Xu G. A new economic power dispatch method with security [J]. Electric Power Systems Research, 1992, 25 (1): 9 - 15.

[5] Irving M R, Sterling M J H. Sterling, Economic dispatch of Active power with constraint relaxation [J]. 1983, 130 (4): 172 - 177.

[6] Lee T H, Thorne D H, Hill E F. A Transportation Method for Economic Dispatching - Application and Comparison [J]. Power Apparatus & Systems IEEE Transactions on, 1980, PAS - 99 (6): 2373 - 2385.

[7] Zhu J Z, Irving M R. Combined Active and Reactive Dispatch with Multiple Objectives Using Analytic Hierarchical Process [J]. IEE Proceedings - Generation, Transmission and Distribution, 1996, 143 (4): 344 - 352.

[8] Zhu J Z, Irving M R, Xu G Y. A new approach to secure economic power dispatch [J]. International Journal of Electrical Power & Energy Systems, 1998, 20 (8): 533 - 538.

[9] J. Z. Zhu and G. Y. Xu. Network flow model of multi - generation plan for on - line economic dispatch with security [J]. Modeling, Simulation & Control, A, 1991 32 (1): 49 - 55.

[10] J. Z. Zhu and G. Y. Xu. Secure economic power reschedule of power systems [J]. Modeling, Measurement & Control, D, 1994, 10 (2): 59 - 64.

[11] Nanda J, Narayanan R B. Application of genetic algorithm to economic load dispatch with Lineflow constraints [J]. International Journal of Electrical Power & Energy Systems, 2002, 24 (9): 723 - 729.

[12] King T D, El - Hawary M E, El - Hawary F. Optimal environmental dispatching of electric power systems via an improved Hopfield neural network model [J]. IEEE Transactions on Power Systems, 2002, 10 (3): 1559 - 1565.

[13] Wong K P, Fung C C. Simulated annealing based economic dispatch algorithm [J]. IEE Proceedings C - Generation, Transmission and Distribution, 2002, 140 (6): 509 - 515.

[14] Zhu J Z, Xu G Y. Approach to automatic contingency selection by reactive type performance index [J]. IEE Proceedings C - Generation, Transmission and Distribution, 1991, 138 (1): 65 - 68.

[15] Zhu J, Xu G. A unified model and automatic contingency selection algorithm for the P, and Q, subproblems [J]. Electric Power Systems Research, 1995, 32 (2): 101 - 105.

[16] D. K. Smith. Network optimization practice [M]. Ellie Horwood Ltd, Chichester, UK, 1982.

[17] Dantzig G B. Linear Programming and Extensions [J]. Students Quarterly Journal, 1998, 34 (136): 242 - 243.

[18] Luenberger D. Introduction to linear and nonlinear programming [M]. Addison - wesley Publishing Company, Inc. USA, 1973.

[19] G. Hadley. Linear programming [M]. Addison - Wesley, Reading, MA, 1962.
[20] J. K. Strayer. Linear Programming and Applications [M]. Springer - Verlag, 1989.
[21] Bazaraa M S, Jarvis J J. Linear Programming and Network Flows [M]. John Wiley, New York, 1977.
[22] Zhu J. Optimization of Power System Operation [M]. 2nd ed. New Jersey: Wiley - IEEE Press. 2015.

第一篇　电网运行优化基础

2 非线性规划方法

2.1 非线性规划模型

非线性规划（Nonlinear Programming，NFP）可分为有约束问题与无约束问题两大类，它们在处理方法上有明显的不同。

无约束非线性规划问题可以表述为：

$$\min f(x),\quad x\in E^n \tag{2.1}$$

式中：f 为非线性函数，x 为变量，E^n 为变量空间。

在求解上述问题时可使用各种类型的最优化方法，但最常用的是迭代法。迭代法大体上可以分为两类：①解析法，会用到函数的一阶或二阶导数；②直接法，主要在迭代过程中使用函数值而不是使用导数。一般说来，直接法的收敛速度较慢，只适于变量较少的情况，但是步骤简单，特别适用于目标函数解析表达式十分复杂或导数难以计算的情况。本章第二节将介绍几种基本的无约束非线性规划方法。

有约束非线性规划问题可以表述为：

$$\min f(x),\quad x\in E^n \tag{2.2}$$

$$\text{s.t.}\quad h_k(x)=0,\quad k=1,2,\cdots,p \tag{2.3}$$

$$g_i(x)\geqslant 0,\quad i=1,2,\cdots,m \tag{2.4}$$

其中，$f(x)$ 称为该数学规划的目标函数，式（2.3）为等式约束，式（2.4）为不等式约束，若 f,h_k,g_i 中至少有一个是变量 $x_1,x_2,\cdots x_n$ 的非线性函数，则称该模型是非线性规划问题（或非线性最优化问题）。本章第三节将介绍几种基本的有约束非线性规划方法。

2.2 无约束优化算法

2.2.1 线性搜索

线性搜索是优化算法里的一个部分。在优化算法的每一步迭代计算中，线性搜索法沿着包含当前点 x^k ，且平行于搜索方向的直线进行下一点的搜索，其中搜索方向是一个由优化算法确定的向量。

给定点 $x^k=(x_1{}^k,x_2{}^k,\cdots,x_n{}^k)^{\mathrm T}\in E^n$ ，方向向量 $\vec{d}\neq 0$ ，称问题 $\min f(x^k+\varepsilon d)$ 为由点 x^k 开始沿方向 $\vec{d}$ 的一维线性搜索，这是一元函数求极小点的问题。因此线性搜索的迭代形

式可以表示为：

$$x^{k+1} = x^k + \varepsilon\, d^k \tag{2.5}$$

式中：x^k 表示当前迭代点，d^k 是搜索方向，ε 是步长标量。

线性搜索通过重复最小化目标函数的多项式插值模型，沿着（$x^k + \varepsilon\, d^k$）方向降低目标函数值。线性搜索有两个主要步骤：

（1）分类阶段。确定在 $x^{k+1} = x^k + \varepsilon\, d^k$ 方向上要搜索的点的范围，该分类对应于一个给定 ε 值范围的一个区间。

（2）分区阶段。把前面的分类再分成子区间，在子区间上通过多项式插值的方法逐步逼近目标函数最小值。

最终结果的步长 ε 满足 Wolfe 条件：

$$f(x^k + \varepsilon\, d^k) \leqslant f(x^k) + \alpha_1 \varepsilon\, (\nabla f^k)^{\mathrm{T}} d^k \tag{2.6}$$

$$\nabla f\,(x^k + \varepsilon\, d^k)^{\mathrm{T}} d_k \geqslant \alpha_2 \varepsilon\, (\nabla f^k)^{\mathrm{T}} d^k \tag{2.7}$$

式中：α_1 和 α_2 都是常数，且 $0 < \alpha_1 < \alpha_2 < 1$。

第一个条件（2.6）要求 ε 取值能尽量降低目标函数值，第二个条件（2.7）确保步长不太小，满足（2.6）和（2.7）的点称为可行点。

2.2.2 梯度法

梯度法又称为最速下降法，它是一种古老的方法，但由于它的迭代过程简单，使用方便，而且又是理解其他非线性最优化方法的基础，因此非常重要。

假设目标函数 $f(X)$ 具有一阶连续的偏导数，它存在极小点 X^* 。以 $X^{(k)}$ 表示极小点的第 k 次近似，为了求其第 $k+1$ 次近似 $X^{(k+1)}$ ，在 $X^{(k)}$ 点沿方向 $D^{(k)}$ 作射线：

$$X = X^{(k)} + \varepsilon D^{(k)}, \varepsilon \geqslant 0 \tag{2.8}$$

将 $f(X)$ 在 $X^{(k)}$ 处作泰勒展开得：

$$f(X) = f(X^{(k)} + \varepsilon D^{(k)}) = f(X^{(k)}) + \varepsilon\, \nabla f\,(X^{(k)})^{\mathrm{T}} D^{(k)} + o(\varepsilon) \tag{2.9}$$

其中 $\nabla f(X^{(k)}) = \left(\dfrac{\partial f(X^{(k)})}{\partial x_1}, \dfrac{\partial f(X^{(k)})}{\partial x_2}, \cdots, \dfrac{\partial f(X^{(k)})}{\partial x_n}\right)^{\mathrm{T}}$ 是函数 $f(X)$ 在 $X^{(k)}$ 点的梯度，可以假设 $\nabla f(X^{(k)}) \neq 0$（否则 $X^{(k)}$ 已是驻点），对于充分小的 ε ，$o(\varepsilon)$ 是 ε 的高阶无穷小，此时，只要：

$$\nabla f\,(X^{(k)})^{\mathrm{T}} D^{(k)} < 0 \tag{2.10}$$

即可保证 $f(X^{(k)} + \varepsilon D^{(k)}) < f(X^{(k)})$ 。因此只要取下一个迭代点 $X^{(k+1)} = X^{(k)} + \varepsilon D^{(k)}$ ，就可以使目标函数值得到改善（降低）。

下面设法寻找使式（2.10）左端取最小的 $D^{(k)}$。式（2.10）左端可以表示为：

$$\nabla f\,(X^{(k)})^{\mathrm{T}} D^{(k)} = \| \nabla f(X^{(k)}) \| \cdot \| D^{(k)} \| \cos\theta \tag{2.11}$$

式中：θ 是向量 $\nabla f(X^{(k)})$ 和 $D^{(k)}$ 的夹角。当 $\theta = \pi$ 时 $\cos\theta = -1$ ，此时，$\nabla f\,(X^{(k)})^{\mathrm{T}} D^{(k)} < 0$ 且其值最小，这个方向是负梯度方向，它是函数值减小最快的方向，梯度法就是采用负梯度方向为搜索方向。

为了得到下一个近似极小点，在选定了搜索方向之后，还要确定步长 ε 验证式（2.12）是否满足：

$$f(X^{(k)} - \varepsilon\, \nabla f(X^{(k)})) < f(X^{(k)}) \tag{2.12}$$

若满足，就可以取这个 ε 进行迭代，若不满足，就减小 ε 使式（2.12）成立。由于采用了负梯度方向为搜索方向，满足式（2.12）的 ε 总是存在的。

另一种方法是：

$$\varepsilon_k : \min_{\varepsilon \geqslant 0} f(X^{(k)} - \varepsilon \nabla f(X^{(k)})) \tag{2.13}$$

可以通过在负梯度方向的一维搜索来确定使 $f(X)$ 最小的 ε_k，这样得到的步长称为最佳步长，因此称采用最佳步长时的梯度法为最速下降法。

下面是梯度法求函数 $f(X)$ 的极小点的步骤：

（1）给定初始点 $X^{(0)}$ 和允许的误差 $\delta > 0$，令 $k:=0$；

（2）计算 $f(X^{(k)})$ 和 $\nabla f(X^{(k)})$，若 $\| \nabla f(X^{(k)}) \|^2 \leqslant \delta$，停止迭代，得近似极小点 $X^{(k)}$ 和近似极小值 $f(X^{(k)})$；否则，转入下一步；

（3）作一维搜索：

$$\varepsilon_k : \min_{\varepsilon \geqslant 0} f(X^{(k)} - \varepsilon \nabla f(X^{(k)}))$$

并计算 $X^{(k+1)} = X^{(k)} - \varepsilon_k \nabla f(X^{(k)})$，然后令 $k:=k+1$，转回第（2）步。

现设 $f(X)$ 具有二阶连续偏导数，将 $f(X^{(k)} - \varepsilon \nabla f(X^{(k)}))$ 在 $X^{(k)}$ 作泰勒展开：

$$f(X^{(k)} - \varepsilon \nabla f(X^{(k)})) \approx f(X^{(k)}) - \nabla f(X^{(k)})^{\mathrm{T}} \varepsilon \nabla f(X^{(k)}) + \frac{1}{2} \varepsilon \nabla f(X^{(k)})^{\mathrm{T}} \nabla^2 f(X^{(k)}) \varepsilon \nabla f(X^{(k)})$$

关于 ε 求导数，并令其等于零，即可得到近似最佳步长的计算公式：

$$\varepsilon_k = \frac{\nabla f(X^{(k)})^{\mathrm{T}} \nabla f(X^{(k)})}{\nabla f(X^{(k)})^{\mathrm{T}} \nabla^2 f(X^{(k)}) \nabla f(X^{(k)})} \tag{2.14}$$

有时将搜索方向 $D^{(k)}$ 规格化为 1，即取：

$$D^{(k)} = -\frac{\nabla f(X^{(k)})}{\| \nabla f(X^{(k)}) \|} \tag{2.15}$$

此时式（2.14）就变为：

$$\varepsilon_k = \frac{\nabla f(X^{(k)})^{\mathrm{T}} \nabla f(X^{(k)}) \| \nabla f(X^{(k)}) \|}{\nabla f(X^{(k)})^{\mathrm{T}} \nabla^2 f(X^{(k)}) \nabla f(X^{(k)})} \tag{2.16}$$

［**例 2.1**］ 用梯度法求无约束极值问题 $\min f(X) = (x_1 - 2)^2 + (x_2 - 1)^2$。

解：取 $X^{(0)} = (0, 0)^{\mathrm{T}}$，$\nabla f(X) = (2(x_1 - 2), 2(x_2 - 1))^{\mathrm{T}}$，则

$$\nabla f(X^{(0)}) = (-4, -2)^{\mathrm{T}}, \nabla^2 f(X^{(0)}) = \begin{pmatrix} 2 & 0 \\ 0 & 2 \end{pmatrix}$$

$$\varepsilon_0 = \frac{\nabla f(X^{(0)})^{\mathrm{T}} \nabla f(X^{(0)})}{\nabla f(X^{(0)})^{\mathrm{T}} \nabla^2 f(X^{(0)}) \nabla f(X^{(0)})} = \frac{1}{2},$$

$$X^{(1)} = X^{(0)} - \varepsilon_0 \nabla f(X^{(0)}) = (2, 1)^{\mathrm{T}},$$

$$\nabla f(X^{(1)}) = (0, 0)^{\mathrm{T}},$$

故 $X^{(1)}$ 为极值点，极小值为 $f(X^{(1)}) = 0$。

需要说明的是，最速下降法通常只是在靠近某点的附近才具有快速下降的性质，当接近于最优点时，收敛速度并不理想，尤其是当目标函数有狭长的低谷时，此种方法效率很低。

2.2.3 牛顿拉夫逊法

牛顿拉夫逊优化算法又称牛顿法或海森矩阵法。

非线性目标函数可以近似表示为在 x^k 的二阶泰勒级数展开式，即：

$$f(x) \approx f(x^k) + [\nabla f(x^k)]^{\mathrm{T}} \Delta x + \frac{1}{2} \Delta x^{\mathrm{T}} \boldsymbol{H}(x^k) \Delta x \tag{2.17}$$

二次函数取得极小值的必要条件是梯度为零：

$$\nabla f(x) = \nabla f(x^k) + \boldsymbol{H}(x^k) \Delta x = 0 \tag{2.18}$$

因此，一般迭代的表达式是：

$$x^{k+1} = x^k - [\boldsymbol{H}(x^k)]^{-1} \nabla f(x^k) \tag{2.19}$$

值得注意的是如果非线性目标函数是二次函数，那么海森矩阵将是常数矩阵，这种情况下，目标函数最小值通过一次迭代便可以得到。否则，海森矩阵 $\boldsymbol{H}(x)$ 不是常数，需要多次迭代来获取函数最小值。搜索方向公式是：

$$D^k = -[\boldsymbol{H}(x^k)]^{-1} \nabla f(x^k) \tag{2.20}$$

海森矩阵法的优点是收敛速度快，缺点是必须计算海森矩阵的逆矩阵，这将导致昂贵的存储代价和计算负担。

[例 2.2] 用牛顿法求解无约束极值问题 $\min f(X) = x_1^2 + 5x_2^2$

解： 任取 $X^{(0)} = (2,\ 1)^{\mathrm{T}}$，$\nabla f(X^{(0)}) = (4,\ 10)^{\mathrm{T}}$，$\boldsymbol{H} = \begin{pmatrix} 2 & 0 \\ 0 & 10 \end{pmatrix}$，$\boldsymbol{H}^{-1} = \begin{pmatrix} \frac{1}{2} & 0 \\ 0 & \frac{1}{10} \end{pmatrix}$，

$X^* = X^{(0)} - \boldsymbol{H}^{-1} \nabla f(X^{(0)}) = (0,\ 0)^{\mathrm{T}}$

由 $\nabla f(X^*) = (0,\ 0)^{\mathrm{T}}$ 可知，x^* 确实为极小点。

2.2.4 基于线性搜索的牛顿拉夫逊优化

基于线性搜索的牛顿拉夫逊优化应用到梯度 $g(x^k)$ 和海森矩阵 $\boldsymbol{H}(x^k)$，因此要求目标函数在可行域内有连续的一阶和二阶导数，如果二阶导数可以精确且有效计算的话，此方法将十分适用于中大规模数据的问题，并且不需多次调用函数、梯度和海森矩阵。

当海森矩阵正定且牛顿步长可以降低目标函数值时，此方法使用纯牛顿步长。如果海森矩阵非正定，就在海森矩阵加上单位矩阵的倍数来使其正定。每次迭代都使用线性搜索并在搜索方向上寻找目标函数的近似最优解，默认的线性搜索方式是二次插值和三次外推法。

2.2.5 拟牛顿法法

拟牛顿法的特点是使用梯度信息，但不用计算二阶导数，因为二阶导数可以采取其他措施近似得到。该方法适用于中型或稍大型而且梯度计算远比海森矩阵计算要快的优化问题。

此方法在每一次迭代中建立曲率信息来构造以下形式的二次模型问题：

$$\min f(x) = b + c^{\mathrm{T}} x + \frac{1}{2} x^{\mathrm{T}} \boldsymbol{H} x \tag{2.21}$$

式中：海森矩阵 $\boldsymbol{H}$ 是正定对称矩阵，c 是常数向量，b 是常数，最优解出现在目标函数对变量 x 的偏微分等于零的点，即

$$\nabla f(x^*) = \boldsymbol{H} x^* + c = 0 \tag{2.22}$$

最优点 x^* 可以表示为：

$$x^* = -\boldsymbol{H}^{-1} c \tag{2.23}$$

牛顿法（与拟牛顿法相对）直接计算海森矩阵，沿着下降方向在多次迭代之后得到最小

值，海森矩阵 $\boldsymbol{H}$ 涉及的计算量很大。而拟牛顿法通过观测 $f(x)$ 和 $\nabla f(x)$ 的变化，建立曲率信息，使用恰当的修正技术来近似得到 $\boldsymbol{H}$，避免了大规模计算。

现有的海森矩阵修正方法有许多，但在这些方法中，BFGS（Broyden—Fletcher—Goldfarb—Shanno）公式是公认最有效的方法。BFGS 公式为：

$$\boldsymbol{H}^{k+1} = \boldsymbol{H}^k + \frac{q^k (q^k)^{\mathrm{T}}}{(q^k)^{\mathrm{T}} S^k} - \frac{(\boldsymbol{H}^k)^{\mathrm{T}} (S^k)^{\mathrm{T}} S^k \boldsymbol{H}^k}{(S^k)^{\mathrm{T}} \boldsymbol{H}^k S^k} \tag{2.24}$$

其中

$$S^k = x^{k+1} - x^k \tag{2.25}$$

$$q^k = \nabla f(x^{k+1}) - \nabla(x^k) \tag{2.26}$$

初始迭代时，$\boldsymbol{H}^0$ 可以设定为任意正定对称矩阵，例如，单位矩阵。为避免对海森矩阵进行求逆计算，可以采用一种修正迭代公式，在每一次迭代中对海森矩阵的逆矩阵作近似计算。最常用的就是 DFP（Davidon - Fletcher - Powell）法。该公式与 BFGS 法的式（2.24）相似，只需将 q^k 换为 S^k。

梯度信息要么通过解析方法得到，要么通过基于有限差分法的数值积分法求解偏微分导出。这需要依次对变量 x 施加扰动，然后计算目标函数变化率。

在每次迭代 k 中，线性搜索方向可用下式计算：

$$d = -(\boldsymbol{H}^k)^{-1} \nabla f(x^k) \tag{2.27}$$

2.2.6 信赖域优化方法

牛顿优化法的收敛性可以通过使用信赖域（Trust - Region，TR）加强鲁棒性，基于 TR 的方法产生建立在目标函数二次模型上的一系列步长，定义当前点附近的区域，此区域内认为二次模型可以充分代表目标函数。然后选择一个步长最小化信赖域里的二次模型，同时选取步长的方向和长度，如果步长不可行，则缩小信赖域并产生新的结果。一般而言，当信赖域变化时，步长方向也随着变化。

由于信赖域法使用梯度 $g(x^k)$ 和海森矩阵 $\boldsymbol{H}(x^k)$，所以要求目标函数在可行域里有连续的一阶和二阶导数，通常信赖域问题表示为：

$$\min F(x) = g^{\mathrm{T}}(x^k)\Delta x + \frac{1}{2}\Delta x^{\mathrm{T}} \boldsymbol{H}(x^k) \Delta x \tag{2.28}$$

约束条件：

$$\| \Delta x \| \leqslant \delta \tag{2.29}$$

式中：δ 是信赖域半径。

信赖域法的一般思路是通过求解式（2.28）和式（2.29）表示的子问题，得到点 y^k，接着计算 y^k 点的目标函数值，并与二次模型的预测值相比较，以此验证信赖域里的点是否代表有效逼近最优结果的过程，因此，信赖域的大小对于每一步长的效率至关重要。

实际应用中，信赖域的大小由迭代过程的演变决定，如果模型足够精确，信赖域逐渐增大以容许更大的步长，否则，模型不够充分，信赖域需缩小。为建立控制信赖域半径大小的算法，定义如下在第 k 次迭代中进行评估的衰减率。

$$\rho^k = \frac{J(x^k) - J(x^{k+1})}{Q(x^k) - Q(x^{k+1})} \tag{2.30}$$

式中：$J(x^k)$ 和 $Q(x^k)$ 分别是第 k 次迭代的目标函数和相应二次近似模型的加权平方差求和。

2.2.7 双曲优化法

双曲优化法包含了拟牛顿法和信赖域法的思想，双曲算法在每一次迭代中计算步长 S^k，它是由两部分组成：一部分是最速下降或上升方向 $S_1{}^k$，另一部分是拟牛顿搜索方向 $S_2{}^k$，其线性组合如下：

$$S^k = \alpha_1 S_1^k + \alpha_2 S_2^k \tag{2.31}$$

步长要求保留在预先指定的信赖域半径范围内，双曲优化技术适用于中等规模或稍大规模，且目标函数和梯度的计算远比海森矩阵快的优化问题。

2.2.8 共轭梯度法

如前所述，最速下降法（梯度法）计算步骤简单，但收敛速度慢，而牛顿法收敛速度快，但需要计算二阶导数及其逆阵，计算量和存储量都很大。因此人们要寻找一种好的算法，这种算法能够具有牛顿法收敛速度快的优点，又有最速下降法计算简单的优点，这就是共轭方向法。共轭梯度法是其中一种利用梯度生成共轭方向的共轭方向法。

共轭意味着两个不等向量 S_i 和 S_j 对于任意一个正定对称矩阵是正交的，以 $\boldsymbol{Q}$ 为例，即：

$$S_i^{\mathrm{T}} \boldsymbol{Q} S_j = 0 \tag{2.32}$$

这可以看成是一种广义正交，其中 $\boldsymbol{Q}$ 是单位矩阵。该方法的思想是通过方程（2.32）使得每一个搜索方向 S_i 都依赖于其他搜索方向，以此寻找函数 $f(x)$ 的最小值。这样形成的搜索方向集合称为 $\boldsymbol{Q}$ 正交或共轭集，可以实现在最多 n 次精确线性搜索后使得正定 n 维二次函数收敛到最小点。这种方法通常称为共轭方向法。

共轭梯度法是共轭方向法的一种特殊形式，其共轭集由梯度向量产生，这是个明智的选择，因为梯度向量已经在最速下降法中证明了它的适用性，并且这些梯度向量还与之前的搜索方向正交。因此，我们可以选取共轭方向：

$$S^{k+1} = -\nabla f(x^{k+1}) + \beta^k S^k \tag{2.33}$$

其中，β^k 参数通过 Fletcher - Reeves 公式得到：

$$\beta^k = \frac{[\nabla f(x^{k+1})]^{\mathrm{T}} \nabla f(x^{k+1})}{[\nabla f(x^k)]^{\mathrm{T}} \nabla f(x^k)} \tag{2.34}$$

最优搜索步长计算如下：

$$\varepsilon^{*k} = -\frac{[\nabla f(x^k)]^{\mathrm{T}} S^k}{(S^k)^{\mathrm{T}} H(x^k) S^k} \tag{2.35}$$

在 n 次连续迭代中，如果没有任何中断而重新计算的话，共轭梯度法将在一个周期内计算 n 个共轭搜索方向。在每次迭代中，线性搜索都沿着搜索方向寻找目标函数的近似最优解。通常线性搜索方法使用二次插值和三次外推法来计算得到满足 Goldstein 条件的步长 ε。如果可行域定义了步长上界，Goldstein 的一个条件可能会不满足。

2.3 约束非线性规划算法

2.3.1 可行下降方向

（1）起作用约束。

假设 $X^{(0)}$ 是非线性规划问题的一个可行解，即它满足所有约束条件。对于某一个约束

条件 $g_j(X) \geqslant 0$ 来说，$X^{(0)}$ 满足有两种情况：① $g_j(X^{(0)}) > 0$，这时 $X^{(0)}$ 不在由这个约束条件形成的可行域的边界 $g_j(X) = 0$ 上，我们称这一约束为 $X^{(0)}$ 点的不起作用的约束（或无效约束）；② $g_j(X^{(0)}) = 0$，这时 $X^{(0)}$ 处于由这个约束条件形成的可行域的边界 $g_j(X) = 0$ 上，我们称这一约束为 $X^{(0)}$ 点的起作用的约束（或有效约束）。显然，等式约束条件对所有的可行点都起约束作用。

（2）可行方向。

设 $X^{(0)}$ 是任一个可行点，对某一方向 $\boldsymbol{D}$（它也是一个向量）来说，若存在实数 $\lambda_0 \geqslant 0$，使得对于任意的 $\lambda \in [0,\lambda_0]$ 均有式（2.36）成立：

$$X^{(0)} + \lambda \boldsymbol{D} \in R = \{X \mid g_j(X) \geqslant 0, j = 1,2,\cdots,l\} \tag{2.36}$$

就称方向 $\boldsymbol{D}$ 为点 $X^{(0)}$ 的可行方向。

设：

$$J = \{j \mid g_j(X^{(0)}) = 0, 1 \leqslant j \leqslant l\} \tag{2.37}$$

即 J 是 $X^{(0)}$ 点所有起作用约束下的集合。

显然，若 $\boldsymbol{D}$ 为点 $X^{(0)}$ 的可行方向，则存在实数 $\lambda_0 \geqslant 0$，使得对于任意的 $\lambda \in [0,\lambda_0]$ 均有下式成立：

$$g_j(X^{(0)} + \lambda \boldsymbol{D}) \geqslant 0 = g_j(X^{(0)}), \ j \in J \tag{2.38}$$

从而：

$$\frac{\mathrm{d}g_j(X^{(0)} + \lambda \boldsymbol{D})}{\mathrm{d}\lambda}\Big|_{\lambda=0} = \nabla g_j(X^{(0)})\boldsymbol{D} \geqslant 0, \ j \in J \tag{2.39}$$

另外，由泰勒公式可得：

$$g_j(X^{(0)} + \lambda \boldsymbol{D}) = g_j(X^{(0)}) + \lambda \nabla g_j(X^{(0)})^{\mathrm{T}}\boldsymbol{D} + o(\lambda) \tag{2.40}$$

对 $X^{(0)}$ 点起作用的约束，当 $\lambda > 0$ 足够小时，只要：

$$\nabla g_j(X^{(0)})^{\mathrm{T}}\boldsymbol{D} > 0, \ j \in J \tag{2.41}$$

就有 $g_j(X^{(0)} + \lambda \boldsymbol{D}) \geqslant 0, j \in J$。

此外，对 $X^{(0)}$ 点不起作用的约束，$g_j(X^{(0)}) > 0$，由 $g_j(X)$ 的连续性，当 $\lambda > 0$ 足够小时，也有 $g_j(X^{(0)} + \lambda \boldsymbol{D}) \geqslant 0, j \notin J$。从而，只要方向 $\boldsymbol{D}$ 满足式（2.41），即可保证 $\boldsymbol{D}$ 为 $X^{(0)}$ 的可行方向。

（3）下降方向。

设 $X^{(0)} \in R$，对某一方向 $\boldsymbol{D}$ 来说，若存在实数 $\lambda'_0 \geqslant 0$，使得对于任意的 $\lambda \in [0,\lambda'_0]$ 均有下式成立：

$$f(X^{(0)} + \lambda \boldsymbol{D}) < f(X^{(0)}) \tag{2.42}$$

则称方向 $\boldsymbol{D}$ 为点 $X^{(0)}$ 的一个下降方向。

由泰勒公式可得：

$$f(X^{(0)} + \lambda \boldsymbol{D}) = f(X^{(0)}) + \lambda \nabla f(X^{(0)})^{\mathrm{T}}\boldsymbol{D} + o(\lambda) \tag{2.43}$$

当 $\lambda > 0$ 足够小时，只要：

$$\nabla f(X^{(0)})^{\mathrm{T}}\boldsymbol{D} < 0 \tag{2.44}$$

就有 $f(X^{(0)} + \lambda \boldsymbol{D}) < f(X^{(0)})$，这说明只要方向 $\boldsymbol{D}$ 满足（2.44）时，即可保证 $\boldsymbol{D}$ 是点 $X^{(0)}$ 的

一个下降方向。

（4）可行下降方向。

若 $\boldsymbol{D}$ 既是点 $X^{(0)}$ 的一个可行方向又是下降方向，则称为可行下降方向。设 $X^{(0)}$ 不是极小点，为了求其极小点，继续搜索时应当沿该点的可行下降方向进行。显然，对于某一点 $X^{(0)}$ 来说，若该点不存在可行下降方向，它就可能是局部极小点；若存在可行下降方向，它当然就不是极小点。

2.3.2 拉格朗日乘子法

乘子法是把约束极值问题化为一系列无约束问题来求解的一种算法，同时也是在原始罚函数法的基础上发展起来的一种很有用的罚函数法。拉格朗日乘子法是一种特殊的乘子法。

具有 M 个约束条件的优化问题可以描述为：

$$\min f(x_i),\quad i=1,2,\cdots,P \tag{2.45}$$

约束条件：

$$h_1(x_i)=0,\quad i=1,2,\cdots,P \tag{2.46}$$

$$h_2(x_i)=0,\quad i=1,2,\cdots,P \tag{2.47}$$

……

$$h_M(x_i)=0,\quad i=1,2,\cdots,P \tag{2.48}$$

拉格朗日乘子法最优点具备函数和约束的梯度线性相关的特性，即：

$$\nabla f-\lambda_1\nabla h_1-\lambda_2\nabla h_2,\cdots,-\lambda_M\nabla h_M=0 \tag{2.49}$$

式中：标量 λ 称为拉格朗日算子。

除此之外，可以根据式（2.45）～（2.48）把拉格朗日方程表示为：

$$L(x_i,\lambda_M)=f(x_i)-\lambda_1h_1(x_i)-\lambda_2h_2(x_i),\cdots,-\lambda_Mh_M(x_i),i=1,2,\cdots,P \tag{2.50}$$

为满足约束条件（2.49），使拉格朗日函数对每一个未知变量 x_1，x_2，…，x_p 和 λ_1，λ_2，…，λ_M 的偏微分等于零，即：

$$\begin{gathered}\frac{\partial L}{\partial x_1}=0\\ \frac{\partial L}{\partial x_2}=0\\ \vdots\\ \frac{\partial L}{\partial x_P}=0\\ \frac{\partial L}{\partial \lambda_1}=0\\ \frac{\partial L}{\partial \lambda_2}=0\\ \vdots\\ \frac{\partial L}{\partial \lambda_M}=0\end{gathered} \tag{2.51}$$

如果我们构造如下增广拉格朗日函数：

$$L(x,\lambda)=f(x)-\sum_{j=1}^{p}\lambda_jh_j(x)+\frac{c}{2}\sum_{j=1}^{p}(h_j(x))^2 \tag{2.52}$$

则：

$$\min_{x,\lambda} L(x,\lambda) \tag{2.53}$$

的最优解 x^* 应满足：

$$\begin{cases}\nabla_x L(x^*,\lambda^*)=0\\ \nabla_\lambda L(x^*,\lambda^*)=0\end{cases} \tag{2.54}$$

在式（2.52）中，当 $c=0$ 时，$L(x,\lambda)$ 是前面提到的经典的拉格朗日函数，其方法称为拉格朗日乘子法。而当所有的 $\lambda_j=0$ 时，式（2.52）是外罚函数，因此一般称式（2.52）为增广拉格朗日函数，其方法也称为一般乘子法。等式约束问题乘子法步骤如下：

对于给定的 $\lambda_j{}^k$，c，设 x^k 为 $L(x,\lambda^k)$ 的极小点，则 $\forall x\in R^n$ 有

$$L(x,\lambda^k)\geqslant L(x^k,\lambda^k) \tag{2.55}$$

即：

$$f(x)-\sum_{j=1}^{p}\lambda_j{}^k h_j(x)+\frac{c}{2}\sum_{j=1}^{p}(h_j(x)^2)\geqslant f(x^k)-\sum_{j=1}^{p}\lambda_j{}^k h_j(x^k)+\frac{c}{2}\sum_{j=1}^{p}(h_j(x^k))^2 \tag{2.56}$$

于是当 $h_j(x)=h_j(x^k)$ 时有 $f(x)-f(x^k)\geqslant 0$，$\forall x\in R^n$，这就是说，$L(x,\lambda^k)$ 的最优解 x^k 是问题：

$$\begin{cases}\min f(x),\\ s.t.\ \ h_j(x)=h_j(x^k) \qquad j=1,2,\cdots,p\end{cases} \tag{2.57}$$

的最优解。于是当 x^k 近似满足约束 $h_j(x)=0$ 时就得到了问题的最优解。因此，可预先给定 λ^k、c，求解问题 $\min L(x,\lambda^k)$，当得到的 x^k 满足 $|h_j(x^k)|\leqslant\varepsilon$，$j=1, 2, \cdots, p$ 时，就得到了式（2.45）～式（2.48）的最优解。

［例 2.3］ 用乘子法求解下列问题：

$$\min f(x)=2x_1^2+x_2^2-2x_1x_2$$
$$\text{s.t.}\quad h(x)=x_1+x_2-1=0$$

解： 首先构成增广 Lagrange 函数。$L(x,\lambda,c)=2x_1^2+x_2^2-2x_1x_2-\lambda(x_1+x_2-1)+\frac{c}{2}(x_1+x_2-1)^2$，取罚因子 $c=2$，令 Lagrange 乘子的初始估计 $\lambda^{(1)}=1$，由此出发求最优乘子及问题的最优解。

以下用解析方法求函数 $L(x,\lambda,c)$ 的极小点。

第 1 次迭代：容易求得 $L(x,\lambda^{(1)},c)$ 的极小点为：

$$x^{(1)}=\begin{bmatrix}1/2\\3/4\end{bmatrix}$$

第 k 次迭代：取乘子 $\lambda^{(k)}$，增广 Lagrange 函数 $L(x,\lambda^{(k)},c)$ 的极小点为：

$$x^{(k)}=\begin{bmatrix}(u^{(k)}+2)/6\\(u^{(k)}+2)/4\end{bmatrix}$$

现在通过修正 $\lambda^{(k)}$ 求 $\lambda^{(k+1)}$，由（2.52）式，有：

$$\lambda^{(k+1)}=\lambda^{(k)}-ch(x^{(k)})=\lambda^{(k)}-2\left(\frac{\lambda^{(k)}+2}{6}+\frac{\lambda^{(k)}+2}{4}-1\right)=\frac{\lambda^{(k)}+2}{6}$$

易证当 $k\to\infty$ 时，序列 $\{\lambda^{(k)}\}$ 收敛，且：

$$\lim_{k\to\infty}\lambda^{(k)}=\frac{2}{5}$$

同时 $x_1^{(k)}\to\frac{2}{5}$，$x_2^{(k)}\to\frac{3}{5}$，得到最优乘子 $\bar{\lambda}=\frac{2}{5}$。

问题的最优解：

$$\bar{x}=\begin{bmatrix}2/5\\3/5\end{bmatrix}$$

值得注意的是，在实际计算中，应注意 c 的取值，如果 c 太大，则会给计算带来困难；如果 c 太小，则收敛减慢，甚至出现不收敛情形。

2.3.3 库恩-塔克（Kuhn－Tucker）条件

库恩-塔克（Kuhn－Tucker）条件是非线性规划领域中最重要的理论成果之一。

如果优化问题涉及不等式约束条件，则最优点满足 Kuhn－Tucker 条件，描述如下：

$$\min f(x_i),\quad i=1,2,\cdots,N \tag{2.58}$$

约束条件：

$$h_j(x_i)=0,\quad j=1,2,\cdots,M_h \tag{2.59}$$

$$g_j(x_i)\leqslant 0,\quad j=1,2,\cdots,M_g \tag{2.60}$$

基于式（2.58）～式（2.60）的拉格朗日函数表示为：

$$L(x,\lambda,\mu)=f(x)+\sum_{j=1}^{M_h}\lambda_j h_j(x)+\sum_{j=1}^{M_g}\mu_j g_j(x) \tag{2.61}$$

最优点 x^*,λ^*,μ^* 的 Kuhn－Tucker 条件是：

(1) $\frac{\partial L}{\partial x_i}(x^*,\lambda^*,\mu^*)=0,\quad i=1,2,\cdots,N$。

(2) $h_j(x^*)=0,\quad j=1,2,\cdots,M_h$。

(3) $g_j(x^*)\leqslant 0,\quad j=1,2,\cdots,M_g$。

(4) $\mu_j^* g_j(x^*)=0,\quad \mu_j^*\geqslant 0,\quad j=1,2,\cdots,M_g$。

第一个条件是拉格朗日函数在最优点的偏微分集等于零，第二、三个条件是原问题约束条件的重述，第四个是补充的松弛条件，由于乘积 $\mu_j^* g_j(x^*)$ 等于零，要么 μ_j^* 等于零或者 $g_j(x^*)$ 等于零或两者都等于零。如果 μ_j^* 等于零，则 $g_j(x^*)$ 没有约束力；如果 μ_j^* 是正数，则 $g_j(x^*)$ 必等于零。因此，不等式约束是否起作用取决于 μ_j^* 的数值。

库恩—塔克条件是确定某点为最优点的必要条件，只要是最优点，且此处其作用的约束的梯度是线性无关的，就必然满足这个条件。但是一般说来它不是充分条件，因而满足这个条件的点不一定是最优点。可是对于凸规划，这个条件是一个充分必要条件。

[例 2.4] 用库恩—塔克条件解如下非线性规划问题：

$$\begin{cases}\max f(x)=(x-4)^2\\ \quad 1\leqslant x\leqslant 6\end{cases}$$

解：先将问题变为如下形式：

$$\begin{cases}\min(-f(x))=-(x-4)^2\\ g_1(x)=x-1\geqslant 0\\ g_2(x)=6-x\geqslant 0\end{cases}$$

构造 Lagrange 函数 $F(x,\mu_1\mu_2)=-f(x)-\mu_1 g_1(x)-\mu_2 g_2(x)$，分别对 x,μ_1,μ_2 求导数有（$\nabla f(x)=-2(x-4)$，$\nabla g_1(x)=1$，$\nabla g_2(x)=-1$）

$$\begin{cases}-2(x^*-4)-\mu_1^*+\mu_2^*=0\\ \mu_1^*(x^*-1)=0\\ \mu_2^*(6-x^*)=0\\ \mu_1^*\geqslant 0,\mu_2^*\geqslant 0\end{cases}$$

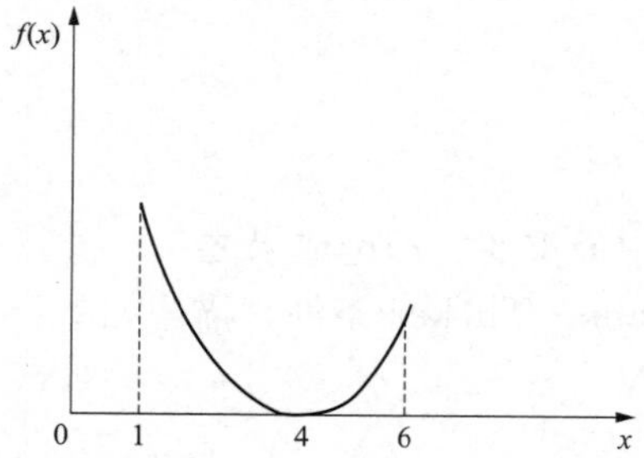

图 2.1 ［例 2.4］的库恩—塔克点

解该方程组，需分别考虑以下几种情况：

(1) $\mu_1^*>0,\mu_2^*>0$：无解。

(2) $\mu_1^*>0,\mu_2^*=0$：$x^*=1,f(x^*)=9$。

(3) $\mu_1^*=0,\mu_2^*=0$：$x^*=4,f(x^*)=0$。

(4) $\mu_1^*=0,\mu_2^*>0$：$x^*=6,f(x^*)=4$。

对应于（2）、（3）和（4）我们的到了三个库恩—塔克点，如图 2.1 所示，其中 $x^*=1$ 和 $x^*=6$ 是极大点，而 $x^*=1$ 为最大点，最大值为 $f(x^*)=9$，$x^*=4$ 为极小点。

2.3.4 罚函数法

考虑如下非线性规划问题：

$$\begin{cases}\min f(X), \quad X\in R\\ g_j(X)\geqslant 0, \quad j=1,2,\cdots,l\end{cases} \tag{2.62}$$

构造函数

$$\psi(t)=\begin{cases}0, & 当\ t\geqslant 0\\ \infty, & 当\ t<0\end{cases} \tag{2.63}$$

现在将某一约束函数 $g_j(X)$ 视为 t，显然，当 X 满足该约束时，$g_j(X)\geqslant 0$，从而 $\psi(g_j(X))=0$；当 X 不满足该约束时，$g_j(X)<0$，$\psi(g_j(X))=\infty$；将各个约束条件的上述函数加到非线性规划（2.62）里的目标函数中，得到一个新的函数如下：

$$\varphi(X)=f(X)+\sum_{j=1}^{l}\psi(g_j(X)) \tag{2.64}$$

以式（2-64）为新的目标函数，求解无约束问题：

$$\min\varphi(X)=f(X)+\sum_{j=1}^{l}\psi(g_j(X)) \tag{2.65}$$

假定问题（2.65）的极小点为 X^*，由式（2.63）可知必有 $g_j(X^*)\geqslant 0$（对所有的 j），即 $X^*\in R$。从而 X^* 不仅是问题（2.65）的极小点，它也是原来非线性规划（2.62）的极小点。通过这种方法即可将求解非线性规划（2.62）转化为求解无约束极值问题（2.65）。

值得注意的是，如上述方法构造的函数 $\psi(t)$ 在 $t=0$ 处不连续，更没有导数，就无法使用很多有效的方法进行求解。为此将该函数作如下修改：

$$\psi(t)=\begin{cases}0, & 当\ t\geqslant 0\\ t^2, & 当\ t<0\end{cases} \tag{2.66}$$

修改后的函数 $\psi(t)$ 当 $t \geqslant 0$ 时导数等于零，当 $t < 0$ 时导数等于 $2t$ ，而且 $\psi(t)$ 和 $\psi'(t)$ 对任意 t 都连续。当 $X \in R$ 时仍有

$$\sum_{j=1}^{l} \psi(g_j(X)) = 0 ,$$

当 $X \notin R$ 时，

$$0 < \sum_{j=1}^{l} \psi(g_j(X)) < \infty$$

这时问题（2.65）的极小点不一定是原来非线性规划（2.62）的极小点。

但是，如果选取很大的实数 $M > 0$ ，将式（2.64）改为：

$$P(X,M) = f(X) + M\sum_{j=1}^{l} \psi(g_j(X)) \tag{2.67}$$

当 $X \in R$ 时，$P(X,M) = f(X)$ ；当 $X \notin R$ 时，由于 $M > 0$ 很大，将使 $M\sum_{j=1}^{l} \psi(g_j(X))$ 很大，从而使 $P(X,M)$ 的值也很大，即惩罚越厉害（注意对可行点没有也不应有惩罚作用）。由此可以想象，当 $M > 0$ 且足够大时，相应于这样的 M 值，（2.67）的无约束极小点 $X(M)$ 就会和原来的约束问题的极小点足够接近。而当 $X(M) \in R$ 时，它就成为原约束问题的极小点。

这种方法称为罚函数法，M 称为罚因子，$M\sum_{j=1}^{l} \psi(g_j(X))$ 为惩罚项，$P(X,M)$ 为罚函数。

式（2.67）也可以改写为另一种形式：

$$P(X,M) = f(X) + M\sum_{j=1}^{l} [\min(0,g_j(X))]^2 \tag{2.68}$$

和式（2.67）一样，当 $X \in R$ 时 $P(X,M) = f(X)$ ；当 $X \notin R$ 时有 $P(X,M) = f(X) + M\sum_{j=1}^{l} [g_j(X)]^2$ 。显然，式（2.67）与（2.68）等价。

由于罚函数法在达到最优解之前迭代点往往处于可行域之外，故常把上述罚函数法称为外点法。

和不等式约束问题类似，对于等式约束问题，即

$$\begin{cases} \min f(X), & X \in R \\ h_i(X) = 0, & i = 1,2,\cdots,m \end{cases} \tag{2.69}$$

采用罚函数：

$$P(X,M) = f(X) + M\sum_{i=1}^{m} [h_i(X)]^2 \tag{2.70}$$

对于既包含等式约束又包含不等式约束的一般非线性规划问题，其罚函数可取：

$$P(X,M) = f(X) + M\sum_{i=1}^{m} [h_i(X)]^2 + M\sum_{j=1}^{l} [\min(0,g_j(X))]^2 \tag{2.71}$$

罚函数法的迭代步骤如下：

（1）取一个罚因子 $M_1 > 0$（比如说取 $M_1 = 1$ ），允许误差 $\varepsilon > 0$ ，并令 $k := 1$ 。

（2）求下述无约束极值问题的最优解：

$$\min P(X,M_k)$$

其中 $P(X,M_k)$ 可取式（2.67）或（2.68）。设其极小点为 $X^{(k)}$。

（3）若存在某一个 j（$1\leqslant j\leqslant l$），有：

$$-g_j(X)>\varepsilon$$

或存在某一个 i（$1\leqslant i\leqslant m$），有：

$$|h_i(X^{(k)})|>\varepsilon$$

则取 $M_{k+1}>M_k$。然后转回第（2）步，否则停止迭代，得到所要的 $X^{(k)}$。

［例 2.5］ 用罚函数法求解

$$\begin{cases}\min f(x)=\left(x-\dfrac{1}{2}\right)^2\\ \qquad x\leqslant 0\end{cases}$$

解：构造罚函数

$$P(x,M)=f(x)+M[\min(0,g(x))]^2=\left(x-\frac{1}{2}\right)^2+M[\min(0,-x)]^2$$

对固定的 M 令

$$\frac{dP(x,M)}{dx}=2\left(x-\frac{1}{2}\right)-2M[\min(0,-x)]=0$$

对于不满足约束条件的点 $x>0$ 有：

$$2\left(x-\frac{1}{2}\right)+2Mx=0$$

从而，求得极小点如下：

$$x(M)=\frac{1}{2(1+M)}$$

当 $M=0$ 时，$x(M)=\dfrac{1}{2}$；当 $M=1$ 时，$x(M)=\dfrac{1}{4}$；当 $M=10$ 时，$x(M)=\dfrac{1}{22}$；当 $M\to\infty$ 时，$x(M)\to 0$；说明原约束问题的极小点为 $x^*=0$。

2.3.5 拉格朗日—牛顿法

考虑等式约束最优化问题：

$$\begin{aligned}&\min f(x)\\ &\text{s. t. } h_j(x)=0,\ j=1,\cdots,l\end{aligned}\tag{2.72}$$

问题（2.72）的 Lagrange 函数为：

$$L(x,\lambda)=f(x)-\lambda^{\mathrm{T}}h(x)$$

令 $\boldsymbol{A}(x)$ 表示 $h(x)$ 在 x 处的 Jacobi 矩阵，即：

$$\boldsymbol{A}(x)=\frac{\partial h}{\partial x}=\begin{bmatrix}\dfrac{\partial h_1(x)}{\partial x_1} & \cdots & \dfrac{\partial h_1(x)}{\partial x_n}\\ \vdots & & \vdots\\ \dfrac{\partial h_l(x)}{\partial x_1} & \cdots & \dfrac{\partial h_l(x)}{\partial x_n}\end{bmatrix}$$

设 x^* 为（2.72）的解且 $\boldsymbol{A}(x^*)$ 行满秩，则存在 λ^* 使得（x^*,λ^*）是（2.72）的 K－T

点，即

$$F(x,\lambda)=\begin{bmatrix}\nabla_x L(x,\lambda)\\ h(x)\end{bmatrix}=\begin{bmatrix}\nabla f(x)-\boldsymbol{A}(x)^{\mathrm{T}}\lambda\\ h(x)\end{bmatrix}=0 \tag{2.73}$$

令 $W(x,\lambda)=\nabla_x^2 L(x,\lambda)$，则函数 $F(x,\lambda)$ 的 Jacobi 矩阵为：

$$\begin{bmatrix}W(x,\lambda) & -\boldsymbol{A}(x)^{\mathrm{T}}\\ \boldsymbol{A}(x) & 0\end{bmatrix}$$

求解非线性方程组（2.73）的 Newton 迭代公式为：

$$\begin{bmatrix}x^{(k+1)}\\ \lambda^{(k+1)}\end{bmatrix}=\begin{bmatrix}x^{(k)}\\ \lambda^{(k)}\end{bmatrix}+\begin{bmatrix}d^{(k)}\\ d_\lambda^{(k)}\end{bmatrix} \tag{2.74}$$

其中 $\begin{bmatrix}d^{(k)}\\ d_\lambda^{(k)}\end{bmatrix}$ 是式（2.75）线性方程组的解：

$$\begin{bmatrix}W(x^{(k)},\lambda^{(k)}) & -\boldsymbol{A}(x^{(k)})^{\mathrm{T}}\\ \boldsymbol{A}(x^{(k)}) & 0\end{bmatrix}\begin{bmatrix}d\\ d_\lambda\end{bmatrix}=-\begin{bmatrix}\nabla f(x^{(k)})-\boldsymbol{A}(x^{(k)})^{\mathrm{T}}\lambda^{(k)}\\ h(x^{(k)})\end{bmatrix} \tag{2.75}$$

称由式（2.74）～式（2.75）建立的求解约束最优化问题（2.72）的算法为 Lagrange-Newton 法。

问题与练习

1. 最速下降法的缺点是什么?
2. 拟牛顿法与牛顿法的区别是什么?
3. 如何将有约束的非线性规划问题转化为无约束优化问题?
4. 用梯度法求函数 $f(X)=x_1^2+5x_2^2$ 的极小点，取允许误差 $\varepsilon=0.7$。
5. 用 Newton 法：求 $f(X)=x_1{}^2+25x_2{}^2$ 的极小点。
6. 用乘子法求解下列问题：

$$\min f(x)=(x_1-2)^2+(x_2-3)^2$$
$$\text{s.t. } g(x)=x_2-(x_1-2)^2\leqslant 0$$
$$h(x)=2x_1-x_2-1=0$$

7. 用罚函数法求解下列问题：

$$\min f(x)=(x_1-1)^2+x_2^2$$
$$\text{s.t. } g(x)=x_2-1\geqslant 0$$

8. 求下列非线性规划问题的 K-T 点：

$$\min f(X)=2x_1^2+2x_1x_2+x_2^2-10x_1-10x_2$$
$$\text{s.t. }\begin{cases}x_1^2+x_2^2\leqslant 5\\ 3x_1+x_2\leqslant 6\end{cases}$$

参 考 文 献

[1] Bazaraa M S, Sherali H D, Shetty C M. Nonlinear Programming: Theory and Algorithms [J]. Technometrics, 1979, 30 (11): 1025-1025.

[2] 陈宝林．最优化理论与算法 [M]. 北京，清华大学出版社，1989.
[3] 席少林．非线性最优化方法 [M]. 北京，高等教育出版社，1992.
[4] 袁亚湘，孙文瑜．最优化理论与方法 [M]. 北京，科学出版社，1997.
[5] D. P. Bertsekas，Nonlinear Programming [M]. Second Edition，Athena Scientific，Belmont，Massachusetts，1999.
[6] Avriel M. Nonlinear programming：analysis and methods [M]. Prentice-Hall，1976.
[7] A. Ruszczyński，Nonlinear Optimization [M]. Princeton，NJ：Princeton University Press，2006.
[8] 吕恩博格．线性和非线性规划 [M]. 北京，世界图书出版公司北京公司，2015.

3 二次规划方法

3.1 二次规划的数学模型

二次规划（Quadratic Programming，QP）是非线性规划的一种特殊类型，它的目标函数是二次的而约束条件是线性的。在电网经济运行问题尤其是有功经济调度问题中，可选发电机发电费用或煤耗曲线为目标函数，而且常采用二次函数形式。另外，电网经济运行模型中的约束条件可经过线性化处理，从而将问题转变为二次规划模型。

二次规划问题可以表述成如下标准形式：

$$\begin{cases} \min \quad f(x) = \dfrac{1}{2} x^{\mathrm{T}} \boldsymbol{H} x + c^{\mathrm{T}} x \\ \text{s. t.} \qquad \boldsymbol{A} x \geqslant \boldsymbol{b} \end{cases} \tag{3.1}$$

其中 $\boldsymbol{H} \in R^{n\times n}$ 为 n 阶实对称矩阵，$\boldsymbol{A}$ 为 $m \times n$ 维矩阵，$\boldsymbol{c}$ 为 n 维列向量，$\boldsymbol{b}$ 为 m 维列向量。

特别的，当 $\boldsymbol{H}$ 正定时，目标函数为凸函数，线性约束下可行域又是凸集，此时该问题称为凸二次规划。凸二次规划是一种最简单的非线性规划，且具有如下性质：

（1）K－T 条件不仅是最优解的必要条件，而且是充分条件；

（2）局部最优解就是全局最优解。

在实际应用中，常遇到二次规划问题只有等式约束，即：

$$\begin{cases} \min \quad f(x) = \dfrac{1}{2} x^{\mathrm{T}} \boldsymbol{H} x + c^{\mathrm{T}} x \\ \text{s. t.} \qquad \boldsymbol{A} x = \boldsymbol{b} \end{cases} \tag{3.2}$$

这种特殊二次规划问题更容易求解。

3.2 求解二次规划问题的直接消去法

只有等式约束的二次规划问题（3.2），最简单、最直接的方法就是利用约束来消去部分变量，从而把问题转化成无约束问题，这一方法称为直接消去法。

将 $\boldsymbol{A}$ 分解成为如下形式：

$$\boldsymbol{A} = (\boldsymbol{B}, \boldsymbol{N})$$

其中 $\boldsymbol{B}$ 为基矩阵，相应的将 $x, c, \boldsymbol{H}$ 作如下分块：

$$x = \begin{bmatrix} x_B \\ x_N \end{bmatrix}, c = \begin{bmatrix} c_B \\ c_N \end{bmatrix}, \boldsymbol{H} = \begin{bmatrix} \boldsymbol{H}_{11} & \boldsymbol{H}_{12} \\ \boldsymbol{H}_{21} & \boldsymbol{H}_{22} \end{bmatrix}$$

其中 $\boldsymbol{H}_{11}$ 为 $m \times m$ 维矩阵。这样，问题（3.2）的约束条件变为：

$$\boldsymbol{B}x_B + \boldsymbol{N}x_N = b \tag{3.3}$$

即：

$$x_B = \boldsymbol{B}^{-1}b - \boldsymbol{B}^{-1}\boldsymbol{N}x_N \tag{3.4}$$

将式（3.3）代入 $f(x)$ 中就得到与问题式（3.2）等价的无约束问题：

$$\min\varphi(x_N) = \frac{1}{2}x_N^{\mathrm{T}}\hat{H}_2 x_N + \hat{c}_N^{\mathrm{T}}x_N \tag{3.5}$$

其中：

$$\begin{gathered}\hat{\boldsymbol{H}}_2 = \boldsymbol{H}_{22} - \boldsymbol{H}_{21}\boldsymbol{B}^{-1}\boldsymbol{N} - \boldsymbol{N}^{\mathrm{T}}(\boldsymbol{B}^{-1})^{\mathrm{T}}\boldsymbol{H}_{12} + \boldsymbol{N}^{\mathrm{T}}(\boldsymbol{B}^{-1})^{\mathrm{T}}\boldsymbol{H}_{11}\boldsymbol{B}^{-1}\boldsymbol{N} \\ \hat{c}_N = c_N - \boldsymbol{N}^{\mathrm{T}}(\boldsymbol{B}^{-1})^{\mathrm{T}}c_B + (\boldsymbol{H}_{21} - \boldsymbol{N}^{\mathrm{T}}(\boldsymbol{B}^{-1})^{\mathrm{T}}\boldsymbol{H}_{11})\boldsymbol{B}^{-1}b\end{gathered} \tag{3.6}$$

如果 $\hat{\boldsymbol{H}}_2$ 正定，则问题（3.5）的最优解为：$x_N^* = -\hat{H}_2^{-1}\hat{c}_N$

此时，问题（3.2）的解为：

$$x^* = \begin{bmatrix} x_B^* \\ x_N^* \end{bmatrix} = \begin{bmatrix} \boldsymbol{B}^{-1}b \\ 0 \end{bmatrix} + \begin{bmatrix} \boldsymbol{B}^{-1}N \\ -\boldsymbol{I} \end{bmatrix}\hat{H}_2^{-1}\hat{c}_N \tag{3.7}$$

记点 x^* 处的拉格朗日乘子为 λ^*，则有：

$$\boldsymbol{A}^{\mathrm{T}}\lambda^* = \nabla f(x^*) = \boldsymbol{H}x^* + c \tag{3.8}$$

$$\lambda^* = (\boldsymbol{B}^{-1})^{\mathrm{T}}(\boldsymbol{H}_{11}x_B^* + \boldsymbol{H}_{12}x_N^* + c_B) \tag{3.9}$$

如果 $\hat{\boldsymbol{H}}_2$ 半正定且问题（3.5）无下界，或者 $\hat{H}_2$ 有负特征值，则问题（3.2）不存在有限解。

［例 3.1］ 求解二次规划问题：

$$\begin{cases} \min \quad f(x) = x_1^2 + x_2^2 + x_3^2 \\ \text{s. t.} \quad x_1 + 2x_2 - x_3 = 4 \\ \qquad\quad x_1 - x_2 + x_3 = -2 \end{cases}$$

解：首先将约束写成：

$$\begin{cases} x_1 + 2x_2 = 4 + x_3 \\ x_1 - x_2 = -2 - x_3 \end{cases}$$

通过高斯消元法可得：

$$\begin{cases} x_1 = -\dfrac{1}{3}x_3 \\ x_2 = 2 + \dfrac{2}{3}x_3 \end{cases}$$

代入 $f(\boldsymbol{x})$ 中可得到等价的无约束问题：

$$\min\varphi(x_3) = \frac{14}{9}x_3^2 + \frac{8}{3}x_3 + 4$$

由标准形式可知 $\hat{H}_2 = \left(\dfrac{28}{9}\right)$，显然为正定，故求其极值只需令其梯度为 0：

$$\nabla\varphi(x_3) = \frac{28}{9}x_3 + \frac{8}{3} = 0$$

故可求得问题的唯一最优解为：

$$x^* = (x_1^*, x_2^*, x_3^*)^{\mathrm{T}} = \left(\frac{2}{7}, \frac{10}{7}, -\frac{6}{7}\right)^{\mathrm{T}}$$

再利用 $\boldsymbol{A}^{\mathrm{T}}\lambda^{*}=\nabla f(x^{*})=\boldsymbol{H}x^{*}+c$，即：

$$\begin{bmatrix}1 & 1\\ 2 & -1\\ -1 & 1\end{bmatrix}\begin{bmatrix}\lambda_1^{*}\\ \lambda_2^{*}\end{bmatrix}=\begin{bmatrix}2 & 0 & 0\\ 0 & 2 & 0\\ 0 & 0 & 2\end{bmatrix}\begin{bmatrix}\frac{2}{7} & \frac{10}{7} & -\frac{6}{7}\end{bmatrix}^{\mathrm{T}}$$

可以求得：$\lambda_1^{*}=\frac{8}{7},\lambda_2^{*}=-\frac{4}{7}$。

直接消去法思想简单明了，使用方便。不足之处是 $\boldsymbol{B}$ 可能接近一个奇异方阵，从而引起最优解 x^{*} 的数值不稳定。

3.3 求解二次规划问题的拉格朗日乘子法

对于只有等式约束的二次规划问题（3.2），另一种有效的求解方法是拉格朗日乘子法。

问题（3.2）的拉格朗日函数为：

$$L(x,\lambda)=\frac{1}{2}x^{\mathrm{T}}\boldsymbol{H}x+c^{\mathrm{T}}x-\lambda^{\mathrm{T}}(\boldsymbol{A}x-b)$$

令 $\nabla_x L(x,\lambda)=0,\nabla_\lambda L(x,\lambda)=0$，得到方程组：

$$\boldsymbol{H}x+c-\boldsymbol{A}^{\mathrm{T}}v=0$$

$$-\boldsymbol{A}x+b=0$$

将此方程组写成：

$$\begin{bmatrix}\boldsymbol{H} & -\boldsymbol{A}^{\mathrm{T}}\\ -\boldsymbol{A} & 0\end{bmatrix}\begin{bmatrix}x\\ v\end{bmatrix}=\begin{bmatrix}-c\\ -b\end{bmatrix} \tag{3.10}$$

系数矩阵 $\begin{bmatrix}\boldsymbol{H} & -\boldsymbol{A}^{\mathrm{T}}\\ -\boldsymbol{A} & 0\end{bmatrix}$ 称为拉格朗日矩阵。

设拉格朗日矩阵可逆，可表示为：

$$\begin{bmatrix}\boldsymbol{H} & -\boldsymbol{A}^{\mathrm{T}}\\ -\boldsymbol{A} & 0\end{bmatrix}^{-1}=\begin{bmatrix}\boldsymbol{Q} & -\boldsymbol{R}^{\mathrm{T}}\\ -\boldsymbol{R} & \boldsymbol{S}\end{bmatrix}$$

由式 $\begin{bmatrix}\boldsymbol{H} & -\boldsymbol{A}^{\mathrm{T}}\\ -\boldsymbol{A} & 0\end{bmatrix}\begin{bmatrix}\boldsymbol{Q} & -\boldsymbol{R}^{\mathrm{T}}\\ -\boldsymbol{R} & \boldsymbol{S}\end{bmatrix}=\boldsymbol{I}_{m+n}$，推得：

$$\boldsymbol{HQ}+\boldsymbol{A}^{\mathrm{T}}\boldsymbol{R}=\boldsymbol{I}_n$$

$$-\boldsymbol{HR}^{\mathrm{T}}-\boldsymbol{A}^{\mathrm{T}}\boldsymbol{S}=0_{n\times m}$$

$$-\boldsymbol{AQ}=0_{m\times n}$$

$$\boldsymbol{AR}^{\mathrm{T}}=I_m$$

假设逆矩阵 $\boldsymbol{H}^{-1}$ 存在，由上述关系可得 $\boldsymbol{Q},\boldsymbol{R},\boldsymbol{S}$ 的表达式：

$$\boldsymbol{Q}=\boldsymbol{H}^{-1}-\boldsymbol{H}^{-1}\boldsymbol{A}^{\mathrm{T}}(\boldsymbol{AH}^{-1}\boldsymbol{A}^{\mathrm{T}})^{-1}\boldsymbol{AH}^{-1} \tag{3.11}$$

$$\boldsymbol{R}=(\boldsymbol{AH}^{-1}\boldsymbol{A}^{\mathrm{T}})^{-1}\boldsymbol{AH}^{-1} \tag{3.12}$$

$$\boldsymbol{S}=-(\boldsymbol{AH}^{-1}\boldsymbol{A}^{\mathrm{T}})^{-1} \tag{3.13}$$

式（3.10）两端乘以拉格朗日矩阵的逆，得到问题的解：

$$\bar{x}=-\boldsymbol{Q}c+\boldsymbol{R}^{\mathrm{T}}b \tag{3.14}$$

$$\bar{\lambda}=\boldsymbol{R}c-\boldsymbol{S}b \tag{3.15}$$

［例 3.2］ 用拉格朗日法求解：

$$\min f(x) x_1^2 + 2x_2^2 + x_3^2 - 2x_1x_2 + x_3$$
$$\text{s. t. } x_1 + x_2 + x_3 = 4$$
$$2x_1 - x_2 + x_3 = 2$$

解：从上述问题可得如下矩阵和向量：

$$\boldsymbol{H} = \begin{bmatrix} 2 & -2 & 0 \\ -2 & 4 & 0 \\ 0 & 0 & 2 \end{bmatrix}, c = \begin{bmatrix} 0 \\ 0 \\ 1 \end{bmatrix}, \boldsymbol{A} = \begin{bmatrix} 1 & 1 & 1 \\ 2 & -1 & 1 \end{bmatrix}, b = \begin{bmatrix} 4 \\ 2 \end{bmatrix}$$

可计算出：

$$\boldsymbol{H}^{-1} = \begin{bmatrix} 1 & \frac{1}{2} & 0 \\ \frac{1}{2} & \frac{1}{2} & 0 \\ 0 & 0 & \frac{1}{2} \end{bmatrix}$$

由式（3.11）～式（3.13）算得：

$$\boldsymbol{Q} = \frac{4}{11} \begin{bmatrix} 1 & \frac{1}{4} & -\frac{3}{4} \\ \frac{1}{4} & \frac{1}{8} & -\frac{3}{8} \\ -\frac{3}{4} & -\frac{3}{8} & \frac{9}{8} \end{bmatrix},$$

$$\boldsymbol{R} = \frac{4}{11} \begin{bmatrix} \frac{3}{4} & \frac{7}{4} & \frac{1}{4} \\ \frac{3}{4} & -1 & \frac{1}{4} \end{bmatrix}$$

$$\boldsymbol{S} = -\frac{4}{11} \begin{bmatrix} 3 & -\frac{5}{2} \\ -\frac{5}{2} & 3 \end{bmatrix}$$

再根据（3.14）式，计算问题的最优解：

$$\bar{x} = \left(\frac{21}{11}, \frac{43}{22}, \frac{3}{22}\right)^{\mathrm{T}}$$

$$\bar{\lambda} = \left(\frac{29}{11}, -\frac{15}{11}\right)^{\mathrm{T}}$$

3.4 求解一般二次规划问题的有效集法

对于具有不等式约束的二次规划问题，常采用有效集法求解。有效集法又称为起作用集方法。

考虑具有不等式约束的二次规划问题：

$$\min f(x) = \frac{1}{2} x^{\mathrm{T}} \boldsymbol{H} x + c^{\mathrm{T}} x$$

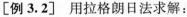

$$\text{s. t. } \boldsymbol{A}x \geqslant \boldsymbol{b} \tag{3.16}$$

$\boldsymbol{H}$ 为 n 阶对称正定矩阵，$\boldsymbol{A}$ 为 $m \times n$ 矩阵，秩为 m。

该问题不能直接用拉格朗日方法求解，求解的策略之一是用有效集法将其转化为求解等式约束问题。

有效集算法在每次迭代中，都以已知的可行点为起点，把在该点有效的约束（即起作用约束）作为等式约束，暂时不考虑该点的无效约束（即不起作用约束），在新的约束条件下极小化目标函数，求得新的比较好的可行点后，再重复以上步骤。这样，可把问题转化为有限个仅带等式约束的二次凸规划问题来求解。

设在第 k 次迭代中，已知可行点 $x^{(k)}$ ，在该点起作用约束指标集用 $I^{(k)}$ 表示。这时需求解等式约束问题：

$$\begin{gathered}\min f(x) \\ \text{s. t. } a^i x = b_i, \quad i \in I^{(k)}\end{gathered} \tag{3.17}$$

a^i 表示矩阵 $\boldsymbol{A}$ 的第 i 行，也是在 $x^{(k)}$ 处起作用约束函数的梯度。

将坐标原点移至 $x^{(k)}$ ，令 $\delta = x - x^{(k)}$ ，则：

$$\begin{aligned} f(x) &= \frac{1}{2}(\delta + x^{(k)})^{\mathrm{T}}\boldsymbol{H}(\delta + x^{(k)}) + c^{\mathrm{T}}(\delta + x^{(k)}) \\ &= \frac{1}{2}\delta^{\mathrm{T}}\boldsymbol{H}\delta + \delta^{\mathrm{T}}\boldsymbol{H}x^{(k)} + \frac{1}{2}x^{(k)\mathrm{T}}\boldsymbol{H}x^{(k)} + c^{\mathrm{T}}\delta + c^{\mathrm{T}}x^{(k)} \\ &= \frac{1}{2}\delta^{\mathrm{T}}\boldsymbol{H}\delta + \nabla f(x^{(k)})^{\mathrm{T}}\delta + f(x^{(k)}) \end{aligned} \tag{3.18}$$

问题（3.17）等价于求校正量 $\delta^{(k)}$ 的问题：

$$\begin{gathered}\min \frac{1}{2}\delta^{\mathrm{T}}\boldsymbol{H}\delta + \nabla f(x^{(k)})^{\mathrm{T}}\delta \\ \text{s. t. } \quad a^i\delta = 0, \quad i \in I^{(k)}\end{gathered} \tag{3.19}$$

解此二次规划问题，求出最优解 $\delta^{(k)}$ ，然后区别不同的情形，决定下面应采取的步骤。

（1）如果 $x^{(k)} + \delta^{(k)}$ 是可行点，且 $\delta^{(k)} \neq 0$ ，则在第 $k+1$ 次迭代中，已知点取作 $x^{(k+1)} = x^{(k)} + \delta^{(k)}$

（2）如果 $x^{(k)} + \delta^{(k)}$ 不是可行点，则令方向 $d^{(k)} = \delta^{(k)}$ ，沿 $d^{(k)}$ 搜索。令 $x^{(k+1)} = x^{(k)} + \varepsilon d^{(k)}$

其中，沿方向 $d^{(k)}$ 搜索步长 ε_k 的确定方法如下（基本要求是保持点的可行性）：

ε_k 的取值应使得对于每个 $i \notin I^{(k)}$ ，有

$$a^i(x^{(k)} + \varepsilon_k d^{(k)}) \geqslant b_i \tag{3.20}$$

已知 $x^{(k)}$ 是可行点，故 $a^i x^{(k)} \geqslant b_i$ 。

(a) 当 $a^i d^{(k)} \geqslant 0$ 时，对于任意非负数 ε_k ，式（3.20）总成立；

(b) 当 $a^i d^{(k)} < 0$ 时，只要取正数

$$\varepsilon_k \leqslant \min\left\{\frac{b_i - a^i x^{(k)}}{a^i d^{(k)}} \mid i \notin I^{(k)}, a^i d^{(k)} < 0\right\}$$

对于每个 $i \notin I^{(k)}$ ，式（3.20）成立。

记
$$\hat{\varepsilon}_k = \min\left\{\frac{b_i - a^i x^{(k)}}{a^i d^{(k)}} \mid i \notin I^{(k)}, a^i d^{(k)} < 0\right\}$$

$\delta^{(k)}$ 是问题（3.19）的最优解，为在第 k 次迭代中得到较好的可行点，应取

$$\varepsilon_k = \min\{1, \hat{\varepsilon}_k\} \tag{3.21}$$

并令
$$x^{(k+1)} = x^{(k)} + \varepsilon_k d^{(k)}$$

如果

$$\varepsilon_k = \frac{b_p - a^p x^{(k)}}{a^p d^{(k)}} < 1 \tag{3.22}$$

则在点 $x^{(k+1)}$ ，有：

$$a^p x^{(k+1)} = a^p (x^{(k)} + \varepsilon_k d^{(k)}) = b_p$$

故在 $x^{(k+1)}$ 处，$a^p x \geqslant b_p$ 为起作用约束。

把指标 p 加入 $I^{(k)}$ ，得到在 $x^{(k+1)}$ 处的起作用约束指标集 $I^{(k+1)}$ 。

综上所述，有效集法计算步骤可归纳为：

（1）给定初始可行点 $x^{(1)}$ ，相应的起作用约束指标集为 $I^{(1)}$ ，置 $k=1$ 。

（2）求解问题：

$$\min \frac{1}{2}\delta^{\mathrm{T}} H\delta + \nabla f(x^{(k)})^{\mathrm{T}}\delta$$

$$\text{s. t. } a^i\delta = 0,\ i \in I^{(k)}$$

设其最优解为 $\delta^{(k)}$ ，若 $\delta^{(k)} = 0$ ，则转到步骤（5）；否则，进行步骤（3）。

（3）令 $d^{(k)} = \delta^{(k)}$ ，由 $\varepsilon_k = \min\ \{1,\ \hat{\varepsilon_k}\}$ 确定 ε_k ，令 $x^{(k+1)} = x^{(k)} + \varepsilon_k d^{(k)}$ 计算 $\nabla f(x^{(k+1)})$。

（4）若 $\varepsilon_k < 1$ ，则置 $I^{(k+1)} = I^{(k)} \cup \{p\}, k := k+1$ ，返回步骤（2）；若 $\varepsilon_k = 1$ ，记点 $x^{(k+1)}$ 处起作用约束指标集为 $I^{(k+1)}$ ，置 $k := k+1$ ，进行步骤（5）。

（5）用 $\bar{\lambda} = Rg_k$ 计算对应起作用约束的拉格朗日乘子 $\lambda^{(k)}$ ，设 $\lambda_q^{(k)} = \min\{\lambda_i^{(k)} \mid i \in I^{(k)}\}$。若 $\lambda_q^{(k)} \geqslant 0$ ，则停止计算，得到最优解 $x^{(k)}$ ；否则，从 $I^{(k)}$ 中删除 q，返回步骤（2）。

［**例 3.3**］ 用起作用集方法求解问题：

$$\min f(x) = x_1^2 - x_1 x_2 + 2x_2^2 - x_1 - 10x_2$$
$$\text{s. t. } -3x_1 - 2x_2 \geqslant -6$$
$$x_1,\ x_2 \geqslant 0$$

解：目标函数可表示为：

$$f(x) = \frac{1}{2}(x_1, x_2)^{\mathrm{T}} \begin{bmatrix} 2 & -1 \\ -1 & 4 \end{bmatrix} (x_1, x_2) + (-1, -10) \begin{bmatrix} x_1 \\ x_2 \end{bmatrix}$$

$$\boldsymbol{H} = \begin{bmatrix} 2 & -1 \\ -1 & 4 \end{bmatrix},\quad c = \begin{bmatrix} -1 \\ -10 \end{bmatrix}$$

取初始可行点 $x^{(1)} = (0,0)^{\mathrm{T}}$ ，在该点起作用约束指标集 $I^{(1)} = \{2,3\}$ ，求解问题（3.19）：

$$\min \delta_1^2 - \delta_1\delta_2 + 2\delta_2^2 - \delta_1 - 10\delta_2$$
$$\text{s. t. } \delta_1 = 0$$
$$\delta_2 = 0$$

得到 $\delta^{(1)} = (0,0)^{\mathrm{T}}$ 。因此 $x^{(1)}$ 是相应问题（3.17）的最优解。

为判断 $x^{(1)}$ 是否为本例最优解，需计算拉格朗日乘子。

由 $\boldsymbol{I}^{(1)} = \{2,3\}$ 知：$\boldsymbol{A} = \begin{bmatrix} 1 & 0 \\ 0 & 1 \end{bmatrix}, b = \begin{bmatrix} 0 \\ 0 \end{bmatrix}$

利用 $\bar{\lambda}=Rg_k$ 式算得乘子 $\lambda_2^{(1)}=-1, \lambda_3^{(1)}=-10$，可知 $x^{(1)}$ 不是问题的最优解。

将 $\lambda_3^{(1)}$ 对应的约束从起作用约束集中去掉，置 $I^{(1)}=\{2\}$，再解问题（3.19）：

$$\min \delta_1^2-\delta_1\delta_2+2\delta_2^2-\delta_1-10\delta_2$$
$$\text{s.t.}\quad \delta_1=0$$

得解 $\delta^{(1)}=(0,5/2)^{\mathrm{T}}$。由于 $\delta^{(1)}\neq 0$，需要由（3.21）式计算 ε_1：

$$\varepsilon_1=\min\{1,6/5\}=1$$

令
$$x^{(2)}=x^{(1)}+\varepsilon_1\delta^{(1)}=\begin{bmatrix}0\\0\end{bmatrix}+1\times\begin{bmatrix}0\\ \frac{5}{2}\end{bmatrix}=\begin{bmatrix}0\\ \frac{5}{2}\end{bmatrix}$$

算出 $\nabla f(x^{(2)})=\left(-\frac{7}{2},0\right)^{\mathrm{T}}$。

由于 $\varepsilon_1=1$，置 $I^{(2)}=\{2\}$。在点 $x^{(2)}$ 处计算相应的拉格朗日乘子，此时

$$\boldsymbol{A}=(1,\ 0),\ b=0$$

由 $\bar{\lambda}=Rg_k$ 式算得 $\lambda_2^{(2)}=-\frac{7}{2}$，$x^{(2)}$ 不是问题的最优解。

将指标 2 从 $I^{(2)}$ 中删除，有 $I^{(2)}=\phi$，再解问题：

$$\min \delta_1^2-\delta_1\delta_2+2\delta_2^2-\frac{7}{2}\delta_1$$

得解 $\delta^{(2)}=\left(2,\ \frac{1}{2}\right)^{\mathrm{T}}$。由于 $\delta^{(2)}\neq 0$，需要计算 ε_2：

$$\varepsilon_2=\min\left\{1,\frac{1}{7}\right\}=\frac{1}{7}$$

令

$$x^{(3)}=x^{(2)}+\varepsilon_2\delta^{(2)}=\begin{bmatrix}0\\ \frac{5}{2}\end{bmatrix}+\frac{1}{7}\times\begin{bmatrix}2\\ \frac{1}{2}\end{bmatrix}=\begin{bmatrix}\frac{2}{7}\\ \frac{18}{7}\end{bmatrix}$$

算出 $\nabla f(x^{(3)})=(-3,\ 0)^{\mathrm{T}}$。

在点 $x^{(3)}$，第 1 个约束是起作用约束，这时有 $I^{(3)}=\{1\}$，解问题（3.19）：

$$\min \delta_1^2-\delta_1\delta_2+2\delta_2^2-3\delta_1$$
$$\text{s.t.}\quad -3\delta_1-2\delta_2=0$$

得解 $\delta^{(3)}=\left(\frac{3}{14},\ -\frac{9}{28}\right)^{\mathrm{T}}$。需要计算 $\varepsilon_3=\min\{1,\ 8\}=1$。

令

$$x^{(4)}=x^{(3)}+\varepsilon_3\delta^{(3)}=\begin{bmatrix}\frac{2}{7}\\ \frac{18}{7}\end{bmatrix}+1\times\begin{bmatrix}\frac{3}{14}\\ -\frac{9}{28}\end{bmatrix}=\begin{bmatrix}\frac{1}{2}\\ \frac{9}{4}\end{bmatrix}$$

算出 $\nabla f(x^{(4)})=\left(-\frac{9}{4},-\frac{3}{2}\right)^{\mathrm{T}}$。

在点 $x^{(4)}, I^{(4)}=\{1\}$，计算相应的拉格朗日乘子 $\lambda_1^{(4)}=\frac{3}{4}$。因此 $x^{(4)}=\begin{bmatrix}\frac{1}{2}\\ \frac{9}{4}\end{bmatrix}$ 是所求的最

优解。

3.5 基于库恩－塔克求解二次规划

二次规划的数学模型可以表述为：

$$
\begin{cases}
\min f(x) = \sum_{j=1}^{n} c_j x_j + \frac{1}{2}\sum_{j=1}^{n}\sum_{k=1}^{n} c_{jk} x_j x_k & (3.23) \\
c_{jk} = c_{kj}\,,\ k = 1,2,\cdots,n \\
\sum_{j=1}^{n} a_{ij} x_j + b_i \geqslant 0,\ i = 1,2,\cdots,m & (3.24) \\
x_j \geqslant 0,\ j = 1,2,\cdots,n
\end{cases}
$$

式（3.23）右端的第二项为二次型。如果该二次型正定（或半正定），则目标函数为严格凸函数（或凸函数），此外，二次规划的可行域为凸集，因而上述规划属于凸规划。我们知道，凸规划的局部极小值即为其全局极值，此时库恩－塔克条件就成为极值点存在的充分必要条件。

将库恩－塔克条件中的第一个条件应用于二次规划，并用 y_j 代替 μ_j ，就得到：

$$-\sum_{k=1}^{n} c_{jk} x_j + \sum_{i=1}^{m} a_{ij} y_{n+i} + y_j = c_j\,, j = 1,\ 2,\ \cdots,\ n \tag{3.25}$$

在式（3.24）中引入松弛变量 x_{n+i} ，该式即变为（假定 $b_i \geqslant 0$）：

$$\sum_{j=1}^{n} a_{ij} x_j - x_{n+i} + b_i = 0,\ i = 1,\ 2,\ \cdots,\ m \tag{3.26}$$

再将库恩－塔克条件中的第二个条件应用于二次规划，并考虑到式（3.26）可得到：

$$x_j y_j = 0, j = 1,2,\cdots,n+m \tag{3.27}$$

$$x_j \geqslant 0,\ y_j \geqslant 0,\ j = 1,2,\cdots,n+m \tag{3.28}$$

联合式（3.25）和式（3.26），如果得到的解也满足式（3.27）和（3.28），则这样的解就是原二次规划的解。再引入人工变量 $z_j \geqslant 0$，构造如下规划：

$$-\sum_{k=1}^{n} c_{jk} x_j + \sum_{i=1}^{m} a_{ij} y_{n+i} + y_j = c_j \tag{3.29}$$

$$
\begin{cases}
\min\varphi(Z) = \sum_{j=1}^{n} z_j \\
\sum_{j=1}^{m} a_{ij} y_{n+i} + y_j - \sum_{k=1}^{n} c_{jk} x_{ki} + \mathrm{sgn}(c_j) z_j = c_j \quad j = 1,2,\cdots,n \\
\sum_{j=1}^{n} a_{ij} x_j - x_{n+i} + b_i = 0 \\
i = 1,2,\cdots,m \\
x_j y_j = 0,\quad j = 1,2,\cdots,n+m \\
x_j \geqslant 0 \quad j = 1,2,\cdots,n+m \\
y_j \geqslant 0 \quad j = 1,2,\cdots,n+m \\
z_j \geqslant 0 \quad j = 1,2,\cdots,n
\end{cases}
\tag{3.30}
$$

其中，sgn（x）叫作 x 的符号函数，sgn 是 sign 的缩写。它的定义是 $\mathrm{sgn}(x)=1$（$x>0$）；

$\mathrm{sgn}(x)=0$ $(x=0)$；$\mathrm{sgn}(x)=-1$ $(x<0)$。

若模型（3.30）解得最优解为 $(x_1^*,x_2^*,\cdots,x_{n+m}^*,y_1^*,y_2^*,\cdots,y_{n+m}^*,z_1=0,z_2=0,\cdots,z_n=0)$，则 $(x_1^*,x_2^*,\cdots,x_n^*)$ 就是原二次规划问题的最优解。

［例 3.4］ 求解如下二次规划：

$$\begin{cases}\max f(X)=8x_1+10x_2-x_1^2-x_2^2\\3x_1+2x_2\leqslant 6\\x_1,x_2\geqslant 0\end{cases}$$

解： 将上述二次规划改写为

$$\begin{cases}\min h(X)=-8x_1+-10x_2+\dfrac{1}{2}(2x_1^2+2x_2^2)\\6-3x_1-2x_2\geqslant 0\\x_1,x_2\geqslant 0\end{cases}$$

可知目标函数为严格凸函数。此外：

$$c_1=-8,\ c_2=-10,\ c_{11}=2,\ c_{22}=0,$$
$$c_{12}=c_{21}=0,\ b_1=6,\ a_{11}=-3,\ a_{12}=-2。$$

引入人工变量 z_1,z_2 在前面取负号得到：

$$\begin{cases}\min\varphi(Z)=z_1+z_2\\-3y_3+y_1-2x_1-z_1=-8\\-2y_3+y_2-2x_1-z_2=-10\\-3x_1-2x_2-x_3+6=0\\x_1,x_2,x_3,y_1,y_2,y_3,z_1,z_2\geqslant 0\end{cases}$$

或

$$\begin{cases}\min\phi(Z)=z_1+z_2\\2x_1+3y_3-y_1+z_1=8\\2x_2+2y_3-y_2+z_2=10\\3x_1+2x_2+x_3=6\\x_1,x_2,x_3,y_1,y_2,y_3,z_1,z_2\geqslant 0\end{cases}$$

此外还应满足：$x_jy_j=0$，$j=1,2,3$

用线性规划的单纯形法（详情见第四章）求解得到该线性规划的解如下：

$$x_1=\frac{4}{13},\ x_2=\frac{33}{13},\ x_3=0,\ y_1=0,$$

$$y_2=0,\ y_3=\frac{32}{13},\ z_1=0,\ z_2=0。$$

由此得到原二次规划的问题的最优解：

$$x_1^*=\frac{4}{13}\quad x_2^*=\frac{33}{13}\quad f(X^*)=21.3$$

问题与练习

1. 二次规划模型的约束条件可以包含部分非线性约束吗？

2. 用梯度方法方法求解下列二次规划问题：

$$\min\ f(x)=x_1^2+2x_2^2+3x_3^2+x_1x_2-2x_1x_3+x_2x_3-4x_1-6x_2$$
$$\text{s. t. } x_1+2x_2+x_3\leqslant 4$$
$$x_1,x_2,x_3\geqslant 0$$

取初始可行点 $x^{(1)}=(0,0,0)^{\mathrm{T}}$ 。

3. 用乘子法求解下列二次规划问题：

$$\min\ f(x)=(x_1-2)^2+(x_2-3)^2$$
$$\text{s. t. } g(x)=x_2-(x_1-2)^2\leqslant 0$$
$$h(x)=2x_1-x_2-1=0$$

4. 用拉格朗日方法求解二次规划问题

$$\min f(x)=\frac{3}{2}x_1^2-x_1x_2+x_2^2-x_2x_3+\frac{1}{2}x_3^2+x_1+x_2+x_3$$
$$\text{s. t. } x_1+2x_2+x_3=4$$

参 考 文 献

[1] Luenberger D. Introduction to linear and nonlinear programming [M]. Addison - wesley Publishing Company，USA 1973.
[2] 陈宝林．最优化理论与算法 [M]. 北京，清华大学出版社，1989.
[3] 席少林．非线性最优化方法 [M]. 北京，高等教育出版社，1992.
[4] 袁亚湘，孙文瑜．最优化理论与方法 [M]. 北京，科学出版社，1997.
[5] D. P. Bertsekas，Nonlinear Programming [M]. Second Edition，Athena Scientific，Belmont，Massachusetts，1999.

4 线性规划方法

4.1 线性规划的标准格式

线性规划（Linear Programming，LP）是非线性规划的一种特殊类型，比起二次规划更加特殊，它的目标函数和约束条件都是线性的。自从1947年G. B. Dantzig提出求解线性规划的单纯形方法以来，线性规划在理论上趋向成熟，在实用中日益广泛与深入。特别是在计算机能处理成千上万个约束条件和决策变量的线性规划问题之后，线性规划的适用领域变得更为广泛，尤其在电网经济运行方面，使用频繁。

值得注意的是，并非所有的线性规划问题都很容易解决，有些优化问题可能有许多变量和许多约束。某些变量要约束为非负变量，而其他变量不受约束。约束条件总体上分为等式约束和不等式约束。此外，最大化问题和最小化问题的标准格式是不一样的。在这些问题中，所有变量均为非负变量，主要约束均为不等式约束。

给定一个 m 向量，$\boldsymbol{b}=(b_1,\cdots\cdots,b_m)^{\mathrm{T}}$，一个 n 向量，$\boldsymbol{c}=(c_1,\cdots\cdots,c_n)^{\mathrm{T}}$，和 $m\times n$ 大小的矩阵：

$$\boldsymbol{A}=\begin{pmatrix} a_{11} & a_{12} & \cdots & a_{1n} \\ a_{21} & a_{22} & \cdots & a_{2n} \\ \vdots & \vdots & \ddots & \vdots \\ a_{m1} & a_{m1} & \cdots & a_{mn} \end{pmatrix} \tag{4.1}$$

线性规划最大化问题的标准格式表示如下：

$$\max f(x)=c_1x_1+c_2x_2+\cdots+c_nx_n$$

约束条件：

$$\begin{gathered} a_{11}x_1+a_{12}x_2+\cdots+a_{1n}x_n\leqslant b_1 \\ a_{21}x_1+a_{22}x_2+\cdots+a_{2n}x_n\leqslant b_2 \\ \cdots \\ a_{m1}x_1+a_{m2}x_2+\cdots+a_{mn}x_n\leqslant b_m \\ x_1,\ x_2,\ \cdots x_n\geqslant 0. \end{gathered}$$

或者：

$$\begin{gathered} \max f(\boldsymbol{x})=\boldsymbol{c}^{\mathrm{T}}\boldsymbol{x} \\ \text{s. t. } \boldsymbol{A}\boldsymbol{x}\leqslant\boldsymbol{b} \\ \boldsymbol{x}\geqslant 0 \end{gathered}$$

如果用 m 表示约束的个数，n 表示决策变量的个数，线性规划最小化问题的标准格式表示如下：

$$\max f(y) = y_1 b_1 + y_2 b_2 + \cdots + y_m b_m$$

约束条件：

$$y_1 a_{11} + y_2 a_{12} + \cdots + y_m a_{m1} \geqslant c_1$$
$$y_1 a_{12} + y_2 a_{22} + \cdots + y_m a_{m2} \geqslant c_2$$
$$\cdots$$
$$y_1 a_{1n} + y_2 a_{2n} + \cdots + y_m a_{mn} \geqslant c_n$$
$$y_1, y_2, \cdots y_m \geqslant 0。$$

或：

$$\min f(\boldsymbol{y}) = \boldsymbol{y}^{\mathrm{T}} \boldsymbol{b}$$
$$\text{s. t. } \boldsymbol{y}^{\mathrm{T}} \boldsymbol{A} \geqslant \boldsymbol{c}$$
$$\boldsymbol{y} \geqslant 0$$

在线性规划中采用了如下术语：

(1) 需要最大化或者最小化的函数称之为目标函数。

(2) 对于标准最大问题的向量 $\boldsymbol{x}$ 或标准最小问题的向量 $\boldsymbol{y}$，如果满足相应约束，则称为可行解。

(3) 可行向量集称为约束集。

(4) 如果约束集不为空，则线性规划问题被认为是可行的；否则称之为不可行。

(5) 如果目标函数能在可行向量上取任意大的正（负值）值，则最大（或最小）问题的可行域被认为是无界的；否则，称之为有界的。因此，存在线性规划问题的三种可能性：有界可行；无界可行；不可行。

(6) 有界可行最大（或最小）问题的解为约束集合的变量范围内使得目标函数最大（或最小）的解。

(7) 可行向量使目标函数达到最优时称之为最优解。

[例 4.1] 线性规划问题如下所示：

$$\max f(x) = 7x_1 + 5x_2$$

约束条件：

$$x_1 + x_2 \leqslant 1$$
$$-3x_1 - 3x_2 \leqslant -15$$
$$x_1, x_2 \geqslant 0$$

实际上，第二条约束意味着 $x_1 + x_2 \geqslant 5.0$，这与第一条约束相矛盾。如果问题没有可行的解决方案，那么问题本身被称为不可行。

考虑另外一种无解的极端情况。当问题具有任意大目标值的可行解时，则问题是无限的。例如，考虑：

$$\max f(x) = 3x_1 - 4x_2$$

约束条件：

$$-2x_1 + 3x_2 \leqslant -1$$
$$-x_1 - 2x_2 \leqslant -5$$
$$x_1, x_2 \geqslant 0$$

此时，将 x_2 设置为零，让 x_1 任意大。只要 x_1 大于 5，解将是可行的，并且随之变大，目标函数也变得可行。因此，问题是无限的。除了找到线性规划问题的最佳解决方案外，还需检测问题何时不可行或无界。

线性规划问题定义为受线性函数约束的最大化或最小化问题。该问题均可通过以下技术转换成标准的最大化形式：

通过将目标函数乘以－1，可以将最小问题转化为最大问题。同样地，约束 $\sum_{j=1}^{n} a_{ij}x_j \geqslant b_i$ 可转化为 $\sum_{j=1}^{n}(-a_{ij})x_j \leqslant -b_i$。另外两个问题如下：

（1）等式约束。对 $a_{ij} \neq 0$ 的等式约束，通过求解该约束，并将解代入其他含有 x_j 的约束条件和目标函数中，从而在等式约束 $\sum_{j=1}^{n} a_{ij}x_j = b_i$ 中将其消除。

（2）不受非负限制的变量。假设变量 $\boldsymbol{x}_j$ 不受非负限制，可由两个非负变量的差替换，即 $x_j = u_j - v_j$，其中 $u_j \geqslant 0$，$y_j \geqslant 0$。对原问题来说，增加了一个约束和两个变量。

因此，基于标准形式得出的任何理论都适用于一般问题。然而，上述（2）中的处理方法将使得变量和约束的个数增加。

4.2 线性规划的图解法

对于简单的线性规划问题（只有两个决策变量的线性规划问题），我们通过图解法可以对其进行求解。

［例 4.2］ 用图解法求解线性规划问题：

$$\max Z = 4x_1 + 3x_2$$
$$\text{s.t.}\ 2x_1 + 2x_2 \leqslant 1600$$
$$5x_1 + 2.5x_2 \leqslant 2500$$
$$x_1 \leqslant 400$$
$$x_1, x_2 \geqslant 0$$

解： 将上述约束条件用图 4.1 表示，由约束条件得到可行域 OABCD。由等值线 $Z=4x_1+3x_2$ 沿箭头方向向上平移与可行域交于 B 点，则 B 点就是最优点。最优值等于 2600。

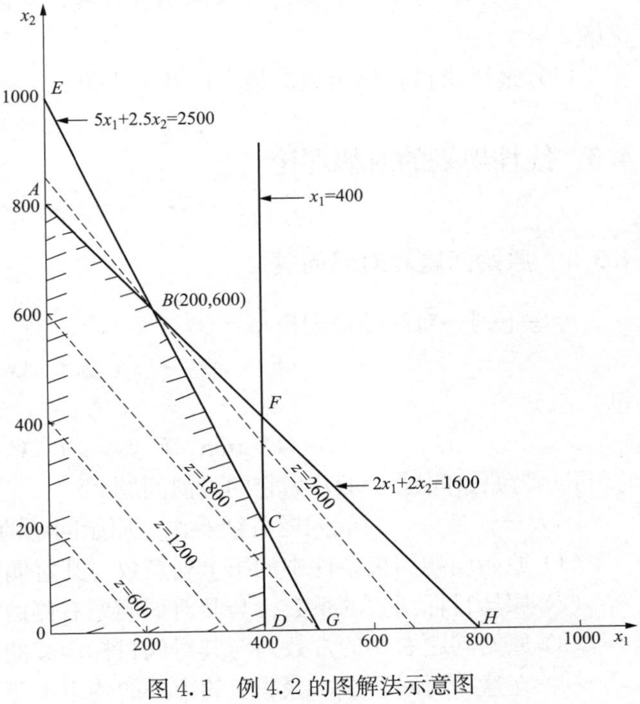

图 4.1 例 4.2 的图解法示意图

［例 4.3］ 用图解法求解线性规划问题：

$$\max z = x + 0.5y,$$
$$\text{s.t.}\ 18x + 15y = 66$$
$$4x + y = 10$$

解： 可以用图解法得到上述线性规划最优解。将两个约束画在下面以 x 和 y 的平面上形成可行域，如图 4.2 所示。把 $z=x+0.5y$ 变形为 $y=-2x+2z$，得到斜率为－2，在 y 轴上截距为 $2z$，随 z 变化的一组平行直线。

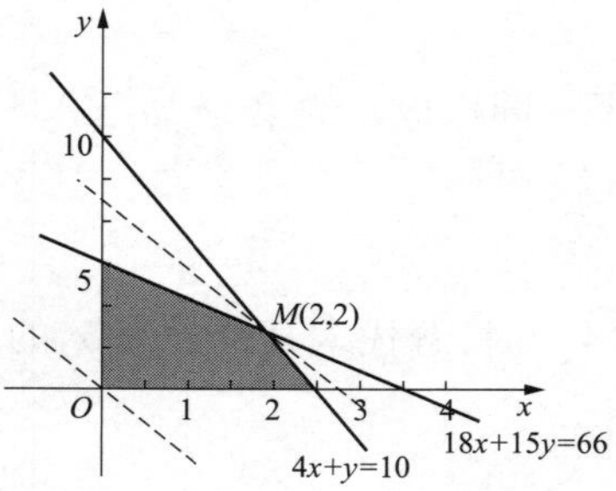

图 4.2　例 4.3 的图解法示意图

由图 4.2 可以看出，当直线 $y=-2x+2z$ 经过可行域上的点 $M(2,\ 2)$ 时，截距 $2z$ 最大，即 z 最大。因此当 $x=2$，$y=2$ 时，$z=x+0.5y$ 取最大值，最大值为 3。

［例 4.4］　用图解法同时求解一个可行域的最大和最小最优解：

$$\max z = 3x+5y，或 \min z = 3x+5y$$

$$\text{s.t.}\ 5x+3y \leqslant 15$$

$$y \leqslant x+1$$

$$x-5y \geqslant 3$$

解：首先用三个约束条件即不等式画出问题的可行域，如图 4.3 所示。

从图示可知直线 $3x+5y=z$ 在经过不等式组所表示的公共区域内的点时，以经过点 $(-2,\ -1)$ 的直线所对应的 z 最小，以经过点 $\left(\frac{9}{8},\frac{17}{8}\right)$ 的直线所对应的 z 最大。

所以 $z_{\min}=3\times(-2)+5\times(-1)=-11$，$z_{\max}=3\times\frac{9}{8}+5\times\frac{17}{8}=14$。

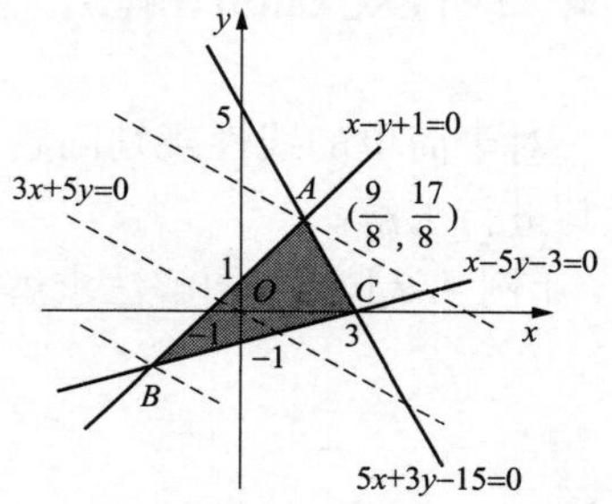

图 4.3　例 4.4 的图解法示意图

用图解法解决简单的线性规划问题的基本步骤可归纳如下：

（1）首先，要根据线性约束条件画出可行域（即画出不等式组所表示的公共区域）。

（2）设目标函数值等于 0，画出对应的直线。

（3）观察、分析，平移直线目标函数直线，从而找到最优解。

（4）最后求得目标函数的最大值及最小值。

4.3　线性规划的对偶理论

4.3.1　原始问题和对偶问题

考虑下列一对线性规划模型：

$$\text{(P)}\ \max\quad \boldsymbol{c}^{\mathrm{T}}\boldsymbol{x}\quad \text{s.t.}\ \boldsymbol{Ax}\leqslant \boldsymbol{b},\boldsymbol{x}\geqslant \boldsymbol{0}$$

和

$$\text{(D)}\ \min\quad \boldsymbol{b}^{\mathrm{T}}\boldsymbol{y}\quad \text{s.t.}\ \boldsymbol{A}^{\mathrm{T}}\boldsymbol{y}\geqslant \boldsymbol{c},\boldsymbol{y}\geqslant \boldsymbol{0}$$

称（P）为原始问题，（D）为它的对偶问题。

不太严谨地说，对偶问题可被看作是原始问题的“行列转置”：

（1）原始问题约束条件中的第 j 列系数与其对偶问题约束条件中的第 j 行的系数相同。

（2）原始目标函数的系数行与其对偶问题右侧的常数列相同。

（3）原始问题右侧的常数列与其对偶目标函数的系数行相同。

（4）在这一对问题中，除非负约束外的约束不等式方向和优化方向相反。

考虑线性规划：

$$\min \quad \boldsymbol{c}^{\mathrm{T}}\boldsymbol{x} \quad \text{s.t.} \quad \boldsymbol{A}\boldsymbol{x}=\boldsymbol{b},\ \boldsymbol{x}\geqslant \mathbf{0}$$

把其中的等式约束变成不等式约束，可得：

$$\min \quad \boldsymbol{c}^{\mathrm{T}}\boldsymbol{x} \quad \text{s.t.} \begin{bmatrix}\boldsymbol{A}\\-\boldsymbol{A}\end{bmatrix}\boldsymbol{x}\geqslant\begin{bmatrix}\boldsymbol{b}\\-\boldsymbol{b}\end{bmatrix},\ \boldsymbol{x}\geqslant\mathbf{0}$$

它的对偶问题是：

$$\max[\boldsymbol{b}^{\mathrm{T}} \quad -\boldsymbol{b}^{\mathrm{T}}]\begin{bmatrix}y_1\\y_2\end{bmatrix} \quad \text{s.t.}\ [\boldsymbol{A}^{\mathrm{T}} \quad -\boldsymbol{A}^{\mathrm{T}}]\begin{bmatrix}y_1\\y_2\end{bmatrix}\leqslant\boldsymbol{c}$$

其中 y_1 和 y_2 分别表示对应于约束 $\boldsymbol{A}x\geqslant\boldsymbol{b}$ 和 $-\boldsymbol{A}x\geqslant-\boldsymbol{b}$ 的对偶变量组。令 $y=y_1-y_2$，则上式又可写成：

$$\max \quad \boldsymbol{b}^{\mathrm{T}}\boldsymbol{y} \quad \text{s.t.} \quad \boldsymbol{A}^{\mathrm{T}}\boldsymbol{y}\leqslant\boldsymbol{c}$$

4.3.2 对偶问题的基本性质

（1）对称性：对偶问题的对偶是原问题。

（2）弱对偶性：若 $\bar{x}$ 是原问题的可行解，$\bar{y}$ 是对偶问题的可行解。则恒有：$c^{\mathrm{T}}\bar{x}\leqslant b^{\mathrm{T}}\bar{y}$。

（3）无界性：若原问题（对偶问题）为无界解，则其对偶问题（原问题）无可行解。

（4）可行解是最优解时的性质：设 $\hat{x}$ 是原问题的可行解，$\hat{y}$ 是对偶问题的可行解，当 $c^{\mathrm{T}}\hat{x}=b^{\mathrm{T}}\hat{y}$ 时，$\hat{x}$，$\hat{y}$ 是最优解。

（5）对偶定理：若原问题有有限最优解，那么对偶问题也有最优解；且目标函数值相同。

（6）互补松弛性：若 $\hat{x}$，$\hat{y}$ 分别是原问题和对偶问题的最优解，则：

$$\hat{y}^{\mathrm{T}}(\boldsymbol{A}\hat{x}-b)=0,\ \hat{x}^{\mathrm{T}}(\boldsymbol{A}^{\mathrm{T}}\hat{y}-c)=0$$

由上述性质可知，对任一线性规划问题（P），若它的对偶问题（D）可能的话，我们总可以通过求解（D）来讨论原问题（P）：若（D）无界，则（P）无可行解；若（D）有有限最优解 w^*，最优值 w^*b，则利用互补松弛性可求得（P）的所有最优解，且（P）的最优值为 w^*b。例如对只有两个行约束的线性规划，其对偶问题只有两个变量，总可用图解法来求解。

［例 4.5］ 已知线性规划问题：

$$\min\omega=2x_1+3x_2+5x_3+2x_4+3x_5$$
$$\text{s.t. } x_1+x_2+2x_3+x_4+3x_5\geqslant 4$$
$$2x_1-x_2+3x_3+x_4+x_5\geqslant 3$$
$$x_j\geqslant 0, j=1,2,\cdots,5$$

已知其对偶问题的最优解为 $y_1^*=\dfrac{4}{5}, y_2^*=\dfrac{3}{5}$，最优值为 $z^*=5$。试用对偶理论找出原问题的最优解。

解： 先写出它的对偶问题：

$$\max z=4y_1+3y_2$$
$$\text{s.t. } y_1+2y_2\leqslant 2 \qquad ①$$
$$y_1-y_2\leqslant 3 \qquad ②$$

$$2y_1 + 3y_3 \leqslant 5 \quad ③$$
$$y_1 + y_2 \leqslant 2 \quad ④$$
$$3y_1 + y_2 \leqslant 3 \quad ⑤$$
$$y_1, y_2 \geqslant 0$$

将 y_1^*, y_2^* 的值代入约束条件，得②，③，④为严格不等式；设原问题的最优解为 $x^* = (x_1^*, \cdots, x_5^*)$，由互补松弛性得 $x_2^* = x_3^* = x_4^* = 0$。因 $y_1^*, y_2^* > 0$；原问题的两个约束条件应取等式，故有：

$$3x_1^* + x_5^* = 4$$
$$2x_1^* + x_5^* = 3$$

求解后得到 $x_1^* = 1$，$x_5^* = 1$；故原问题的最优解为：

$X^* = [1 \quad 0 \quad 0 \quad 0 \quad 1]'$；最优值为 $w^* = 5$。

常规的标准最大化问题与其对偶的标准最小化问题如下：

	x_1	x_2	$\cdots$	x_n	
y_1	a_{11}	a_{12}	$\cdots$	a_{1n}	$\leqslant b_1$
y_2	a_{21}	a_{22}	$\cdots$	a_{2n}	$\leqslant b_2$
$\vdots$	$\vdots$	$\vdots$	$\ddots$	$\vdots$	$\vdots$
y_m	a_{m1}	a_{m2}	$\cdots$	a_{mn}	$\leqslant b_m$
	$\geqslant c_1$	$\geqslant c_2$	$\cdots$	$\geqslant c_n$	

(4.2)

通过以下定理及其推论可以看出标准问题与其对偶问题的关系。

定理 1. 当 x 对于标准最大问题（P）是可行的，且 y 对于其对偶问题（D）是可行的，则：

$$\boldsymbol{c}^{\mathrm{T}}\boldsymbol{x} \leqslant \boldsymbol{y}^{\mathrm{T}}\boldsymbol{b} \tag{4.3}$$

证明：

$$\boldsymbol{c}^{\mathrm{T}}\boldsymbol{x} \leqslant \boldsymbol{y}^{\mathrm{T}}\boldsymbol{A}\boldsymbol{x} \leqslant \boldsymbol{y}^{\mathrm{T}}\boldsymbol{b}$$

第一个不等式满足 $\boldsymbol{x} \geqslant 0$ 和 $\boldsymbol{c}^{\mathrm{T}} \leqslant \boldsymbol{y}^{\mathrm{T}}\boldsymbol{A}$。第二个不等式满足 $\boldsymbol{y} \geqslant 0$ 和 $\boldsymbol{A}x \leqslant \boldsymbol{b}$。

推论 1： 如果一个标准问题及其对偶都是可行的，那么这两个问题都是有界可行的。

证明： 如果对于最小问题 y 是可行的，则 $y^{\mathrm{T}}b$ 为 $c^{\mathrm{T}}x$ 上限且 x 可行。反之亦然。

推论 2： 当标准 x^* 和 y^* 分别为标准优化问题（P）及其对偶优化问题（D）的可行解时，且满足 $c^{\mathrm{T}}x^* = y^{*\mathrm{T}}b$，则 x^* 和 y^* 分别为各种模型的最优解。

证明： 当 x 为 A1 的可行解时，且 $c^{\mathrm{T}}x \leqslant y^{*\mathrm{T}}b = c^{\mathrm{T}}x^*$，则有 x 为最优解。同理可得 y^*。

以下定理基本上描述了标准问题与其对偶问题之间的关系。表明了当其中一个问题有界可行时，推论 2 的假设总是满足。

对偶定理：当标准线性规划问题有界可行时，则其对偶问题也有界可行，两者的值相等，且均存在最优解。

平衡定理可作为对偶定理的推论，即：令 x^* 和 y^* 分别是标准优化问题（P）及其对偶优化问题（D）的可行解，只有当满足如下条件时，x^* 和 y^* 是最优的。

$$y_i^* = 0 \text{ 所有 } i \text{ 满足} \sum_{j=1}^{n} a_{ij}x_j^* < b_i \tag{4.4}$$

且

$$x_j^* = 0 \text{ 所有 } j \text{ 满足} \sum_{i=1}^{m} y_i^* a_{ij} > c_j \tag{4.5}$$

证明：

对于第一部分：

式（4.4）中 $y_i^* = 0$ 的条件时 $\sum_{j=1}^{n} a_{ij} x_j^* \leqslant b_i$ 相等，因此：

$$\sum_{i=1}^{m} y_i^* b_i = \sum_{i=1}^{m} y_i^* \sum_{j=1}^{n} a_{ij} x_j^* = \sum_{i=1}^{m} \sum_{j=1}^{n} y_i^* a_{ij} x_j^* \tag{4.6}$$

同理，根据公式（4.5），有：

$$\sum_{i=1}^{m} \sum_{j=1}^{n} y_i^* a_{ij} x_j^* = \sum_{j=1}^{n} c_j x_j^* \tag{4.7}$$

根据推论 2，x^* 和 y^* 为最优解。

对于第二部分：

如定理证明 1 的第一行：

$$\sum_{j=1}^{n} c_j x_j^* \leqslant \sum_{i=1}^{m} \sum_{j=1}^{n} y_i^* a_{ij} x_j^* \leqslant \sum_{i=1}^{m} y_i^* b_i \tag{4.8}$$

通过对偶定理可知，当 x^* 和 y^* 是最优解，则等式左边等于右边。等式的第一和第二项可写为：

$$\sum_{j=1}^{n} (c_j - \sum_{i=1}^{m} y_i^* a_{ij}) x_j^* = 0 \tag{4.9}$$

由于 x^* 和 y^* 可行，求和的每一项均为非负。只有当每一项均为零时，求和才会为零。因此，当 $\sum_{i=1}^{m} y_i^* a_{ij} > c_j$，则有 $x_j^* = 0$；同理可得，当 $\sum_{j=1}^{n} a_{ij} x_j^* < b_i$，则有 $y_i^* = 0$。

式（4.4）和式（4.5）有时被称为互补松弛条件。原问题中的严格不等式（松弛）约束，在其对偶问题中也会有互补约束与之对应。

4.4 单纯形法

在介绍单纯形法求解线性规划问题之前，先通过下面的例子来说明单纯形法的求解过程。

［例 4.6］

目标函数（最大）　$5x_1 + 4x_2 + 3x_3$

约束方程　$2x_1 + 3x_2 + x_3 \leqslant 5$

$4x_1 + x_2 + 2x_3 \leqslant 11$

$3x_1 + 4x_2 + 2x_3 \leqslant 8$

$x_1, x_2, x_3 \geqslant 0$

首先添加所谓的松弛变量。对于上述问题中的每个不等式，引入一个新变量，表示右侧和左侧之间的差。例如，对于第一不等式，

$$2x_1 + 3x_2 + x_3 \leqslant 5$$

引入松弛变量 w_1 如下：

$$w_1 = 5 - 2x_1 - 3x_2 - x_3$$

此时，不等式约束变为等式约束，如下所示：

$$2x_1 + 3x_2 + x_3 + w_1 = 5$$

可以看出，w_1 的定义及其非负约束等同于原始约束。对每个不等式约束执行此过程以获得问题的等效表示如下：

目标函数（最大） $y = 5x_1 + 4x_2 + 3x_3$

约束方程

$$\begin{aligned} w_1 &= 5 - 2x_1 - 3x_2 - x_3 \\ w_2 &= 11 - 4x_1 - x_2 - 2x_3 \\ w_3 &= 8 - 3x_1 - 4x_2 - 2x_3 \\ &x_1,\ x_2,\ x_3,\ w_1,\ w_2,\ w_3 \geqslant 0 \end{aligned} \tag{4.10}$$

值得注意的是 y 为目标函数，取值由 $5x_1 + 4x_2 + 3x_3$ 决定。

单纯形法是一个迭代过程，首先从解 x_1，x_2，x_3，w_1，w_2，w_3 开始，满足上述等效问题中的方程和非负数，然后寻找一个新的可行解 $x'_1, x'_2, x'_3, w'_1, w'_2, w'_3$，该可行解能使得目标函数更大，即：

$$5x'_1 + 4x'_2 + 3x'_3 > 5x_1 + 4x_2 + 3x_3$$

继续这个过程，直到获得一个不能改进的解，此时最终解为最优解。

开始进行迭代时，需要给定一个初始可行解 x_1，x_2，x_3，w_1，w_2，w_3。在本算例中，很容易给出初始可行解。本算例中，将所有原始变量设置为零，并使用定义方程来确定松弛变量。初值如下：

$$x_1 = 0,\ x_2 = 0,\ x_3 = 0,\ w_1 = 5,\ w_2 = 11,\ w_3 = 8$$

初始可行解对应的目标函数值为 $y=0$。

现在讨论该可行解是否为最优解。由于 x_1 的系数为正，如果将 x_1 的值从零增加到某个正值，y 将增加。但是当改变 x_1 的值时，松弛变量的值也将改变。必须确保所有变量为非负数。由于 $x_2 = x_3 = 0$，则 $w_1 = 5 - 2x_1$，因此要保持 w_1 非负，x_1 不能超过 $\frac{5}{2}$。类似地，w_2 的非负性强加了 $x_1 \leqslant \frac{11}{4}$ 的限制，而 w_3 的非负性引入了 $x_1 \leqslant \frac{8}{3}$ 的限制。由于必须满足所有这些条件，可看到 x_1 不能大于这些边界中的最小值：$x_1 \leqslant \frac{5}{2}$。新的改进的解是：

$$x_1 = \frac{5}{2},\ x_2 = 0,\ x_3 = 0,\ w_1 = 0,\ w_2 = 1,\ w_3 = \frac{1}{2}$$

第一步简单直接，但具体如何实现却不够清晰。第一步容易实现的原因在于，有一组初值为零的变量，且各个变量有明确的属性。该属性甚至可以制定新的解。实际上，只需重写（4.10）中的方程，使得 x_1、w_2、w_3 和 y 表示为 w_1、x_2 和 x_3 的函数。也就是说，必须交换 x_1 和 w_1 的角色。为此，使用（4.10）中的 w_1 的等式来求解 x_1。

$$x_1 = \frac{5}{2} - \frac{1}{2}w_1 - \frac{3}{2}x_2 - \frac{1}{2}x_3$$

w_2、w_3 和 y 的方程式也必须进行修正，使得 x_1 不出现在右侧。实现这一点最简单的方法是对等效问题中的等式进行所谓的行操作。例如，将 w_2 的方程减去 w_1 的方程的两倍，然

后将 w_1 项带到右边，可得：

$$w_2 = 1 + 2w_1 + 5x_2$$

对 w_3 和 ζ 执行类似的行操作，(4.10) 中的等式重写如下：

$$\begin{aligned} y &= 12.5 - 2.5w_1 - 3.5x_2 + 0.5x_3 \\ x_1 &= 2.5 - 0.5w_1 - 1.5x_2 - 0.5x_3 \\ w_2 &= 1 + 2w_1 + 5x_2 \\ w_3 &= 0.5 + 1.5w_1 + 0.5x_2 - 0.5x_3 \end{aligned} \tag{4.11}$$

将自变量设置为零，并通过方程读出因变量的值可重置当前解。

由此可知，增加 w_1 或 x_2 将导致目标函数值的减少。因此，x_3 是唯一具有正系数的变量，是唯一可以增加以获得目标函数的进一步增加的独立变量。为保证所有因变量非负，需要明确该变量的最大允许增量。w_2 的等式与 x_3 无关，但将对 x_1 和 w_3 的等式施加边界，即 $x_3 \leqslant 5$ 和 $x_3 \leqslant 1$。后者是更严格的界限，因此新的解为：

$$x_1 = 2,\ x_2 = 0,\ x_3 = 1,\ w_1 = 0,\ w_2 = 1,\ w_3 = 0。$$

相应的目标函数值为 $y = 13$。

再次，需要判断是否可以进一步提高目标函数。因此，将 y、x_1、w_2 和 x_3 写为 w_1、x_2 和 w_3 的函数。求解式 (4.11) 中的最后一个方程为 x_3，得到：

$$x_3 = 1 + 3w_1 + x_2 - 2w_3$$

此外，执行适当的行操作，可从其他方程中消除 x_3，有：

$$\begin{aligned} \zeta &= 13 - w_1 - 3x_2 - w_3 \\ x_1 &= 2 - 2w_1 - 2x_2 + w_3 \\ w_2 &= 1 + 2w_1 + 5x_2 \\ x_3 &= 1 + 3w_1 + x_2 - 2w_3 \end{aligned} \tag{4.12}$$

现在准备开始第三次迭代。第一步是识别一个自变量，其值的增加将导致 y 的相应增加。但是这次没有这样的变量，因为所有变量在 ζ 的表达式中具有负系数。此时单纯形法陷入停顿，且证明了当前解是最优的。原因在于：式 (4.12) 中的等式与式 (4.10) 中的等式完全等价，并且由于所有变量必须是非负的，所以对于每个可行解，$y \leqslant 13$。由于当前解已经达到了 13，显然它确实是最优的。

现在对于标准最大问题，单纯形法如下所示：

首先，添加松弛变量 $\boldsymbol{w} = \boldsymbol{b} - \boldsymbol{A}\boldsymbol{x}$。问题变成：找到 $\boldsymbol{x}$ 和 $\boldsymbol{w}$ 以使 $\boldsymbol{c}^{\mathrm{T}}\boldsymbol{x}$ 最大化，受 $\boldsymbol{x} \geqslant 0$，$\boldsymbol{u} \geqslant 0$ 和 $\boldsymbol{u} = \boldsymbol{b} - \boldsymbol{A}\boldsymbol{x}$ 的约束。

当将约束 $\boldsymbol{w} = \boldsymbol{b} - \boldsymbol{A}\boldsymbol{x}$ 写成 $-\boldsymbol{w} = \boldsymbol{A}\boldsymbol{x} - \boldsymbol{b}$ 时，可通过式 (4.13) 来解决这个问题。

	x_1	x_2	$\cdots$	x_n	-1
$-w_1$	a_{11}	a_{12}	$\cdots$	a_{1n}	b_1
$-w_2$	a_{21}	a_{22}	$\cdots$	a_{2n}	b_2
$\vdots$	$\vdots$	$\vdots$	$\ddots$	$\vdots$	$\vdots$
$-w_m$	a_{m1}	a_{m2}	$\cdots$	a_{mn}	b_m
	$-c_1$	$-c_2$	$\cdots$	$-c_n$	0

(4.13)

可发现，当 $-c \geqslant 0$ 和 $b \geqslant 0$ 时，则解是显而易见的：$x = 0$，$w = b$，值等于零（因为问题等于最小化 $-c^{\mathrm{T}}x$）。

假设 $a_{11}=0$ 且交换 w_1 和 x_1，则方程：

$$-w_1 = a_{11}x_1 + a_{12}x_2 + \cdots + a_{1n}x_n - b_1$$
$$-w_2 = a_{21}x_1 + a_{22}x_2 + \cdots + a_{2n}x_n - b_2$$
$$\cdots$$
$$-w_m = a_{m1}x_1 + a_{m2}x_2 + \cdots + a_{mn}x_n - b_m$$

变为：

$$-x_1 = \frac{1}{a_{11}}w_1 + \frac{a_{12}}{a_{11}}x_2 + \frac{a_{1n}}{a_{11}}x_n - \frac{b_1}{a_{11}}$$

$$-w_2 = -\frac{a_{21}}{a_{11}}w_1 + \left(a_{22} - \frac{a_{21}a_{12}}{a_{11}}\right)x_2 + \cdots etc.$$

换句话说，同样的变换规则应用于：

$$\begin{pmatrix} p & r \\ c & q \end{pmatrix} \Rightarrow \begin{pmatrix} \dfrac{1}{p} & \dfrac{r}{p} \\ \dfrac{-c}{p} & q-\left(\dfrac{rc}{p}\right) \end{pmatrix}$$

当变换到最后一行和列是非负的时，可同时找到对偶问题和原始问题的解。

令 $x_{n+i}=w_i$，则有 $n+m$ 个变量 x。最初，有 n 个非基本变量 $N=\{1, 2, \cdots, n\}$（$i.e.$，x_1，…，x_n）和 m 个基本变量 $\boldsymbol{B}=\{n+1, n+2, \cdots, n+m\}$（$i.e.$，$x_{n=1}$，…，$x_{n+m}$）。

在单纯形法的每次迭代中，恰好是一个变量从非基变量变为基变量，而另一个变量从基变量变为非基变量。从非基变量变为基变量的变量称为进基变量。选择它的目的是增加 y；即系数为正的那一个：从 $\{j\in N: c'_j>0\}$ 中挑选 k，其中 N 是非基变量的集合。注意，如果该集合为空，则当前解是最优的。如果集合由多个元素组成（通常是这种情况），则可以选择要选择哪个元素。有几个可能的选择标准，通常选择具有最大系数的指标 k。

从基变量到非基变量的变量称为退出变量，用来保持当前基变量的非负性。当选择 x_k 为进基变量，它的值将从零增加到正值。这种增加将改变基变量的值。

$$x_i = b'_i - a'_{ik}x_k, i\in \boldsymbol{B}$$

必须确保每个变量都是非负的。则有：

$$b'_i - a'_{ik}x_k \geqslant 0, i\in \boldsymbol{B}$$

在这些表达式中，当 a'_{ik} 为正数，随着 x_k 增加将变化负数。因此，重点关注 a'_{ik} 为正数的那些 i 值，表达式变为零的 x_k 的值是：

$$x_k = \frac{b'_i}{a'_{ik}}$$

由于不能出现负值，通过提高 x_k 保证最小值非负。

$$x_k = \min_i\left(\frac{b'_i}{a'_{ik}}\right), i\in B, a'_{ik}>0$$

因此，当还存在下降裕度时，用于选择退出变量的规则为 $\{i\in \boldsymbol{B}: a'_{ik}>0$ 和 b'_i/a'_{ik} 为最小的 $l\}$。

刚才给出的选择退出变量的规则恰好描述了在实践中使用规则的过程。也就是说，只看那些 a'_{ik} 是正的那些变量，并选择 b'_i/a'_{ik} 最小值的变量。

可以用上述相同方法解决对偶问题，即标准最小问题：找到使 $\boldsymbol{y}^{\mathrm{T}}\boldsymbol{b}$ 最小化的 y，满足约束 $\boldsymbol{y}\geqslant\boldsymbol{0}$ 和 $\boldsymbol{y}^{\mathrm{T}}\boldsymbol{A}\geqslant\boldsymbol{c}^{\mathrm{T}}$。

类似地，通过增加松弛变量 $\boldsymbol{s}^{\mathrm{T}}=\boldsymbol{y}^{\mathrm{T}}\boldsymbol{A}-\boldsymbol{c}^{\mathrm{T}}\geqslant 0$ 将不等式约束转换成等式约束。问题重述为：找到 y 和 s 以最小化 $\boldsymbol{y}^{\mathrm{T}}\boldsymbol{b}$，约束为 $\boldsymbol{y}\geqslant 0$，$\boldsymbol{s}\geqslant 0$ 和 $\boldsymbol{s}^{\mathrm{T}}=\boldsymbol{y}^{\mathrm{T}}\boldsymbol{A}-\boldsymbol{c}^{\mathrm{T}}$。

用表的形式来表示线性方程 $\boldsymbol{s}^{\mathrm{T}}=\boldsymbol{y}^{\mathrm{T}}\boldsymbol{A}-\boldsymbol{c}^{\mathrm{T}}$，如下所示：

	s_1	s_2	$\cdots$	s_n	
y_1	a_{11}	a_{12}	$\cdots$	a_{1n}	b_1
y_2	a_{21}	a_{22}	$\cdots$	a_{2n}	b_2
$\vdots$	$\vdots$	$\vdots$	$\ddots$	$\vdots$	$\vdots$
y_m	a_{m1}	a_{m2}	$\cdots$	a_{mn}	b_m
1	$-c_1$	$-c_2$	$\cdots$	$-c_n$	0

(4.14)

最后一列表示其内积 y 与试图最小化的向量。

当 $-c\geqslant 0$ 和 $b\geqslant 0$ 时，该问题有明显的求解方法，即，最小值出现在 $y=0$ 和 $s=-c$ 处，并且最小值为 $y^{\mathrm{T}}b=0$。这是可行的，因为 $y\geqslant 0$，$s\geqslant 0$，且 $s^{\mathrm{T}}=y^{\mathrm{T}}A-c$，而任何 $\Sigma y_i b_i$ 都不能是小于 0，因为 $y\geqslant 0$，$b\geqslant 0$。

假设不能很容易地解决这个问题，因为在最后一列或最后一行中至少有一个为负值。通过变换 a_{11}（假设 $a_{11}\neq 0$），包括对最后一列和最后一行的变换操作，得到：

	y_1	s_2	$\cdots$	s_n	
s_1	a'_{11}	a'_{12}	$\cdots$	a'_{1n}	b'_1
y_2	a'_{21}	a'_{22}	$\cdots$	a'_{2n}	b_2
$\vdots$	$\vdots$	$\vdots$	$\ddots$	$\vdots$	$\vdots$
y_m	a'_{m1}	a'_{m2}	$\cdots$	a'_{mn}	b_m
1	$-c'_1$	$-c'_2$	$\cdots$	$-c'_n$	v'

(4.15)

令 $r=(r_1, \cdots, r_n)=(y_1, s_2, \cdots, s_n)$ 表示上方的变量和左边的变量。该组方程由新的表格表示。此外，目标函数 $y^{\mathrm{T}}b$（用 s_1 替换 y_1 的值）可以表示为：

$$\begin{aligned}\sum_{i=1}^{m} y_i b_i &= \frac{b_1}{a_{11}}s_1+\left(b_2-\frac{a_{21}b_1}{a_{11}}\right)y_2+\cdots+\left(b_m-\frac{a_{m1}b_1}{a_{11}}\right)y_2+\frac{c_1 b_1}{a_{11}}\\ &= t^{\mathrm{T}}b'+v' \end{aligned} \tag{4.16}$$

这样问题转化为：找到向量 y 和 s，以最小化 $t^{\mathrm{T}}b'$，约束为 $y\geqslant 0$，$s\geqslant 0$ 和 $r=t^{\mathrm{T}}A'-c'$ 的 $t^{\mathrm{T}}b'$（其中 t^{T} 表示向量 s_1，y_2，$\cdots$，y_m，r^{T} 表示矢量 y_1，s_2，$\cdots$，s_n）。

显然，当 $-c'\geqslant 0$ 和 $b'\geqslant 0$ 时，有明显的解：$t=0$ 和 $r=-c'$，其值为 v'。

类似于通过单纯形法解决的标准最大问题，该过程将继续，直到获得最优解。

4.5 线性规划的矩阵形式

4.5.1 广义 LP 模型的矩阵表示

最大化：$\boldsymbol{Z}=\boldsymbol{c}^{\mathrm{T}}\boldsymbol{x}$

约束条件：$\boldsymbol{Ax} \leqslant \boldsymbol{b}$　且 $\boldsymbol{x} \geqslant 0$

其中 $\boldsymbol{c}^{\mathrm{T}}$ 为行向量 $\boldsymbol{c}^{\mathrm{T}} = [c_1, c_2, \cdots, c_n]$。

$\boldsymbol{x}$，$\boldsymbol{b}$，$\boldsymbol{0}$ 均为列向量，如下所示：

$$\boldsymbol{x} = [x_1, \cdots x_n]^{\mathrm{T}}$$

$$\boldsymbol{b} = [b_1 \cdots b_n]^{\mathrm{T}}$$

$$\boldsymbol{0} = [0 \cdots 0]$$

$\boldsymbol{A}$ 为矩阵：

$$\boldsymbol{A} = \begin{bmatrix} a_{11} & a_{12} & \cdots\cdots & a_{1m} \\ a_{21} & a_{22} & \cdots\cdots & a_{2m} \\ \vdots & \vdots & & \vdots \\ a_{m1} & a_{m2} & \cdots\cdots & a_{mn} \end{bmatrix}$$

引入松弛变量的列向量：

$$\boldsymbol{x}_s = \begin{bmatrix} x_{n+1} \\ x_{n+2} \\ \vdots \\ x_{n+m} \end{bmatrix}$$

则约束变为：

$$[\boldsymbol{A}, \boldsymbol{I}]\begin{bmatrix} \boldsymbol{x} \\ \boldsymbol{x}_s \end{bmatrix} = \boldsymbol{b}\text{，且}\begin{bmatrix} \boldsymbol{x} \\ \boldsymbol{x}_s \end{bmatrix} \geqslant 0$$

其中 $\boldsymbol{I}$ 为（$m \times m$）的单位矩阵，$\boldsymbol{0}$ 矩阵中有（$n+m$）个元素。

4.5.2　单纯形法的矩阵形式求解

单纯形法的一般方法（也称为基本单纯形法）是通过获得一系列改进的基本可行解，来获得最优解。修正的单纯形法的一个关键特征就是在确定了它的基本和非基本变量之后（即基变量与非基变量），再求解每一个新的基本可行解。给出这些变量，最终的基本解就是 m 个方程的解，其矩阵形式为：

$$[\boldsymbol{A}, \boldsymbol{I}]\begin{bmatrix} \boldsymbol{x} \\ \boldsymbol{x}_s \end{bmatrix} = \boldsymbol{b}$$

其中来自 $[\boldsymbol{x}, \boldsymbol{x}_s]^{\mathrm{T}}$（$n+m$）个元素中的非基变量被设置为等于零。通过将它们置零来消除这 n 个变量，会留下一组 m 个未知数的方程（基变量），这组方程可以表示为：

$$\boldsymbol{B}\boldsymbol{x}_B = \boldsymbol{b}$$

其中基变量的向量 $x_b = [x_{b1}, x_{b2}, \cdots x_{bn}]$　由消除非基变量 $[x, x_s]^{\mathrm{T}}$ 获得；基矩阵 $\boldsymbol{B} = \begin{bmatrix} b_{11} & b_{12} & \cdots\cdots & b_{1m} \\ b_{21} & b_{22} & \cdots\cdots & b_{2m} \\ \vdots & \vdots & & \vdots \\ b_{m1} & b_{m2} & \cdots\cdots & b_{mn} \end{bmatrix}$ 由消除 [$\boldsymbol{A}$，$\boldsymbol{I}$] 中相关非基变量列获得。

单纯形法只引入基变量，使得 $\boldsymbol{B}$ 是非奇异的，所以 $\boldsymbol{B}$ 总是存在。因此要解 $\boldsymbol{B}x_B = b$，两

边同时乘以 $\boldsymbol{B}^{-1}$，得到 $\boldsymbol{B}^{-1}\boldsymbol{B}\boldsymbol{x}_B=\boldsymbol{B}^{-1}b$。由于 $\boldsymbol{B}^{-1}\boldsymbol{B}=\boldsymbol{I}$，则基变量的目标解为 $\boldsymbol{x}_B=\boldsymbol{B}^{-1}b$。

设 c_B 为对应元素 x_B 的目标函数系数（包括松弛变量的零）的向量。然后，基本解的目标函数值为 $\boldsymbol{Z}=\boldsymbol{c}_B\boldsymbol{x}_B=\boldsymbol{c}_B\boldsymbol{B}^{-1}\boldsymbol{b}$。这样单纯形法的矩阵形式求解可总结如下：

（1）初始化步骤。引入松弛变量。

（2）迭代步骤。

1）确定输入的基变量。选择在增加时会以最快速度增加 $\boldsymbol{Z}$ 的非基变量。

2）确定剩余的基变量。当输入的基变量增加时，选择先达到零的基变量，该方程的基变量在此上限处达到零。因此，确定具有最小上限的方程，并选择该方程中的基变量作为剩余的基变量。

3）确定新基本可行解。从当前方程组开始，用高斯消元法求解非基变量的基变量和 Z，将非基变量设置为零；每个基变量（和 $\boldsymbol{Z}$）等于它所在一个等式的新右等式（系数为 1）。

（3）最优性测试。确定是否最优解：检查 $\boldsymbol{Z}$ 是否可以通过增加非基变量来增加其值。如果目标函数中所有系数都是非正的，那么这个解是最优的，迭代停止。否则再次进行迭代。

类似地，改进单纯形法的矩阵形式求解也可总结如下：

（1）初始化步骤。同基本单纯形法。

（2）迭代步骤。

1）确定输入的基变量，同基本单纯形法。

2）确定剩余的基变量，同基本单纯形法，但只计算所需的数值（除了方程等于零以外所有等式的输入基变量系数，而且该方程的右端是大于零的系数）。

3）确定新基可行解。求 $\boldsymbol{B}^{-1}$，令 $\boldsymbol{x}_B=\boldsymbol{B}^{-1}\boldsymbol{b}$（计算 x_B 是可选择的，除非最优性测试确认其为最优解）。

（3）最优性测试。同基本单纯形法，但只计算所需的数值，即等式约束方程中非基变量的系数。

为了更好地说明改进单纯形法的矩阵形式，记 x_k 进基变量。a'_{ik} 为当前第 i 个方程中 x_k 的系数，其中 $i=1，2，\cdots\cdots，m$（在迭代步骤的 2）中计算，r 为含离开基变量的方程数量。因此 B_{new}^{-1} 中第 i 行第 j 列的元素可以通过如下公式计算出：

$$(\boldsymbol{B}_{\text{new}}^{-1})_{ij}=\begin{cases}(\boldsymbol{B}_{\text{old}}^{-1})_{ij}-\dfrac{a'_{ik}}{a'_{rk}}(B_{\text{old}}^{-1})_{rj}, i\neq r\\[2ex] \dfrac{1}{a'_{rk}}(\boldsymbol{B}_{\text{old}}^{-1})_{rj}, i=r\end{cases}$$

在迭代步骤的第三部分中，$\boldsymbol{B}^{-1}$ 可以通过使用标准的计算机矩阵求逆程序而得。然而因为每次迭代后的 $\boldsymbol{B}$ 改变较小，从先前迭代的 $\boldsymbol{B}^{-1}$（记为 $\boldsymbol{B}_{\text{old}}^{-1}$）导出新的 $\boldsymbol{B}^{-1}$（记为 $\boldsymbol{B}_{\text{new}}^{-1}$）更高效（初始的基本可行解，$\boldsymbol{B}=\boldsymbol{I}=\boldsymbol{B}^{-1}$）。

用矩阵形式表示线性规划问题可方便地使用计算机编程计算，其计算的流程如图 4.4 所示。

下面用算例说明线性规划问题的矩阵求解过程。

［**例 4.7**］ 按原单纯形法求解以下问题：

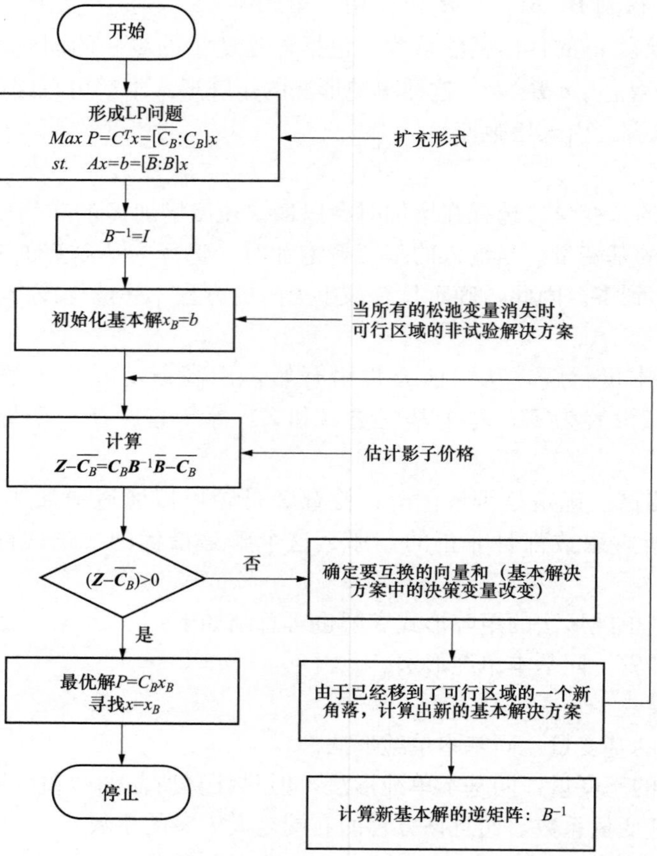

图 4.4　线性规划计算机计算流程图

$$\boldsymbol{c}_B=[3,5],\ [\boldsymbol{A},\boldsymbol{I}]=\begin{bmatrix}1&0&1&0&0\\0&2&0&1&0\\3&2&0&0&1\end{bmatrix},\ \boldsymbol{b}=\begin{bmatrix}4\\12\\18\end{bmatrix},\ \boldsymbol{x}=\begin{bmatrix}x_1\\x_2\end{bmatrix},\ \boldsymbol{x}_s=\begin{bmatrix}x_3\\x_4\\x_5\end{bmatrix}$$

解：根据原始单纯形法解得的基本可行解过程如下：

迭代 0：

$$\boldsymbol{x}_B=\begin{bmatrix}x_3\\x_4\\x_5\end{bmatrix},\ \boldsymbol{B}=\begin{bmatrix}1&0&0\\0&1&0\\0&0&1\end{bmatrix}=\boldsymbol{B}^{-1},\ \begin{bmatrix}x_3\\x_4\\x_5\end{bmatrix}=\begin{bmatrix}1&0&0\\0&1&0\\0&0&1\end{bmatrix}\begin{bmatrix}4\\12\\18\end{bmatrix},\ \boldsymbol{c}_B=[0,0,0],$$

$$\boldsymbol{Z}=[0,\ 0,\ 0]\begin{bmatrix}4\\12\\18\end{bmatrix}=0$$

迭代 1：

$$\boldsymbol{x}_B=\begin{bmatrix}x_3\\x_4\\x_5\end{bmatrix},\ \boldsymbol{B}=\begin{bmatrix}1&0&0\\0&2&0\\0&2&1\end{bmatrix},\ \boldsymbol{B}^{-1}=\begin{bmatrix}1&0&0\\0&\frac{1}{2}&0\\0&-1&1\end{bmatrix}$$

因此 $\begin{bmatrix} x_3 \\ x_4 \\ x_5 \end{bmatrix} = \begin{bmatrix} 1 & 0 & 0 \\ 0 & \frac{1}{2} & 0 \\ 0 & 0 & 1 \end{bmatrix} \begin{bmatrix} 4 \\ 12 \\ 18 \end{bmatrix} = \begin{bmatrix} 4 \\ 6 \\ 6 \end{bmatrix}$，$\boldsymbol{c}_B = [0,5,0]$，$\boldsymbol{Z} = [0,5,0] \begin{bmatrix} 4 \\ 6 \\ 6 \end{bmatrix} = 30$

迭代 2：

$$\boldsymbol{x}_B = \begin{bmatrix} x_3 \\ x_2 \\ x_1 \end{bmatrix}, \boldsymbol{B} = \begin{bmatrix} 1 & 0 & 0 \\ 0 & 2 & 0 \\ 0 & 2 & 3 \end{bmatrix}, \boldsymbol{B}^{-1} = \begin{bmatrix} 1 & 0 & 0 \\ 0 & \frac{1}{2} & 0 \\ 0 & -\frac{1}{3} & \frac{1}{3} \end{bmatrix}$$

因此 $\begin{bmatrix} x_3 \\ x_2 \\ x_1 \end{bmatrix} = \begin{bmatrix} 1 & 0 & 0 \\ 0 & \frac{1}{2} & 0 \\ 0 & -\frac{1}{3} & \frac{1}{3} \end{bmatrix} \begin{bmatrix} 4 \\ 12 \\ 18 \end{bmatrix} = \begin{bmatrix} 4 \\ 6 \\ 2 \end{bmatrix}$，$\boldsymbol{c}_B = [0,5,3]$，$\boldsymbol{Z} = [0,5,3] \begin{bmatrix} 4 \\ 6 \\ 2 \end{bmatrix} = 36$

$$\boldsymbol{y} = \boldsymbol{B}^{-1} \overline{a_2} = \begin{bmatrix} 0 \\ 2 \\ 2 \end{bmatrix}, \ r=2, \ y_2=2$$

$$\theta = \min\left\{\frac{x_{Bi}}{y_i}, \ y_i > 0\right\}$$

$$\theta = \min\left\{\frac{4}{0}, \frac{12}{2}, \frac{18}{2}\right\} = 6$$

$$x_B = \{x_{Bi} - \theta y_i, y_i > 0\} = \{4 - 6 \times 0, \ 6, \ 18 - 6 \times 2\} = \{4,6,6\}$$

问题与练习

1. 线性规划的特点是什么？
2. 什么是线性规划的对偶理论？
3. 原问题和对偶问题约束之间是什么关系？
4. 如何形成线性规划的可行域？
5. 图解法可以计算所有线性规划问题吗？
6. 什么是线性规划单纯性法？
7. 线性规划矩阵求解的特点是什么？
8. 对于如下的最大化问题，请写出它的对偶线性规划问题。

最大化：$5x_1 + 4x_2 + 3x_3$

约束如下：$2x_1 + 3x_2 + x_3 \leqslant 5$

$4x_1 + x_2 + 2x_3 \leqslant 11$

$3x_1 + 4x_2 + 2x_3 \leqslant 8$

$x_1, x_2, x_3 \geqslant 0$

9. 对于如下的最小化问题，请写出它的对偶线性规划问题。

最小化：$8x_1 + 6x_2 + 2x_3$

$$
\begin{aligned}
\text{约束如下：} x_1 + x_2 + x_3 &\geqslant 6 \\
2x_1 + 3x_2 + x_3 &\geqslant 10 \\
x_1 + 4x_2 + x_3 &\geqslant 15 \\
x_1, x_2, x_3 &\geqslant 0
\end{aligned}
$$

参 考 文 献

[1] T. S. Ferguson，Linear programming [M]. Academic Press，1967.

[2] Reiter S，Dantzig G B. Linear Programming and Its Extensions [J]. Journal of the American Statistical Association，1963，61 (313)：283.

[3] Reiter S，Dantzig G B. Linear Programming and Its Extensions [J]. Journal of the American Statistical Association，1963，61 (313)：283.

[4] Vanderbei R J. Linear Programming：Foundations and Extensions [J]. Journal of the Operational Research Society，1998，49 (1)：94 - 94.

[5] Luenberger D. Introduction to linear and nonlinear programming [M]. Addison - wesley Publishing Company，Inc. USA，1973.

[6] G. Hadley. Linear programming [M]. Addison - Wesley，Reading，MA，1962.

[7] J. K. Strayer. Linear Programming and Applications [M]. Springer - Verlag，1989.

[8] Luenberger D. Introduction to linear and nonlinear programming [M]. Addison - wesley Publishing Company，Inc. USA，1973.

[9] M. Bazaraa，J. Jarvis. Linear programming and network flows. [M]. 2nd ed. New York：Wiley，1997.

[10] Zhu J. Optimization of Power System Operation [M]. 2nd ed. New Jersey：Wiley - IEEE Press. 2015.

[11] 吕恩博格，D. G.. 线性和非线性规划 [M]. 北京，世界图书出版公司北京公司，2015.

5 网络流规划方法

5.1 网络流规划中的基本概念

网络流规划（Network Flow Programming，NFP）是线性规划（Linear Programming，LP）的一种特殊形式，LP 算法包括单纯形法也可以用于 NFP 问题的求解。然而，由于 NFP 问题的特殊性，特别是当 NFP 应用到电力系统经济调度问题时，使用一些简化算法求解 NFP 问题会更有效率。本章仅介绍网络流问题在电网优化运行中应用的几种重要方法。

5.1.1 网络与网络流

所谓网络（容量网络）指的是一个连通的赋权有向图 $\boldsymbol{D}=(\boldsymbol{V}、\boldsymbol{E}、\boldsymbol{C})$，其中 $\boldsymbol{V}$ 是该图的顶点（即节点）集，$\boldsymbol{E}$ 是有向边（即弧）集，$\boldsymbol{U}$ 是弧上的容量。此外顶点集中包括一个源点（起点）和一个汇点（终点）。

网络流就是由起点流向终点的可行流，这是定义在网络上的非负函数，它一方面受到容量的限制，另一方面除去起点和终点以外，在所有中途点要求保持流入量和流出量是平衡的。

5.1.2 可行流

如果网络流 f 满足下述条件则称为可行流：

（1）容量约束。对每一条边 $ij \in \boldsymbol{E}$，$0 \leqslant f_{ij} \leqslant U_{ij}$。

（2）平衡约束。

1）对于中间顶点：流出量＝流入量。

2）对每个 $i \in V$（$i \neq s$，t）有：顶点 i 的流出量－顶点 i 的流入量＝0，即：

$$\sum_{ij \in E} f_{ij} - \sum_{ji \in E} f_{ji} = 0 \tag{5.1}$$

3）对于源点 s：源点 s 的流出量减去源点 s 的流入量等于源点净输出量 r，即：

$$\sum_{si \in E} f_{si} - \sum_{is \in E} f_{is} = r \tag{5.2}$$

4）对于汇点 t：汇点 t 的流入量减去汇点 t 的流出量的等于汇点净输入量 r，即：

$$\sum_{it \in E} f_{it} - \sum_{ti \in E} f_{ti} = r \tag{5.3}$$

式中 r 称为这个可行流的流量，即源点净输出量（或汇点净输入量）。

可行流总是存在的，例如，让所有边的流量 $f_{ij}=0$，就得到一个其流量 $r=0$ 的可行流

（称为零流）。对于网络 G 的一个给定的可行流，将网络中满足 $f_{ij}=U_{ij}$ 的边称为饱和边；$f_{ij}<U_{ij}$ 的边称为非饱和边；$f_{ij}=0$ 的边称为零流边；$f_{ij}>0$ 的边称为非零流边。当边 ij 既不是一条零流边也不是一条饱和边时，称为弱流边。

5.1.3 最大流与费用流

最大流问题即求网络 G 的一个可行流 f，使其流量 r 达到最大。即 f 满足：$0\leqslant f_{ij}\leqslant U_{ij}, ij\in E$；且

$$\sum f_{ij}-\sum f_{ji}=\begin{cases}r & i=s\\ 0 & i\neq s,\ t\\ -r & i=t\end{cases} \tag{5.4}$$

在实际应用中，与网络流有关的问题，不仅涉及流量，还有费用的因素。此时网络的每一条边除了给定容量 U_{ij} 外，还定义了一个单位流量费用 c_{ij}。对于网络中一个给定的流 f，其费用定义为：

$$C(f)=\sum_{ij\in E}c_{ij}\times f_{ij} \tag{5.5}$$

5.2 运输问题

运输问题是指寻找恰当数量的货物从供应点运到需求点使得总运输费用最小。将运输问题应用到电力系统经济调度中，供应点对应于电源（发电机），需求节点对应于负荷需求，运输路径对应于输电线路。

将运输问题用网络来描述，供应点称为源点或发点，需求节点称为汇点或收点，则运输问题数学描述为：

$$\min C=\sum_{i=1}^{S}\sum_{j=1}^{D}c_{ij}f_{ij} \tag{5.6}$$

约束条件：

$$\sum_{j\in D}f_{ij}\leqslant s_i \quad i\in S \tag{5.7}$$

$$\sum_{i\in S}f_{ij}\geqslant r_j \quad j\in D \tag{5.8}$$

$$f_{ij}\geqslant 0 \quad i\in S,\ j\in D \tag{5.9}$$

其中：c_{ij} 为源点 i 到汇点 j 的运输成本；f_{ij} 为源点 i 到汇点 j 的供应量，必须为非负；s_i 为源点输出的供应量；r_j 为汇点输入的接受量；S 为网络中所有源点数；D 为网络中所有汇点数。

显然，供应量至少要等于需求量，否则运输问题不可行。

$$\sum_{i\in S}s_i\geqslant\sum_{j\in D}r_j \tag{5.10}$$

如果不等式成立，则运输问题可行。通常对于电力系统而言，这个条件成立，因为总发电量等于总负荷加上网络损耗。

为简化起见，假设运输问题的总需求等于总供应，即

$$\sum_{i\in S}s_i=\sum_{j\in D}r_j \tag{5.11}$$

此种假设下，不等式（5.7）和（5.8）需要满足等式约束，即

$$\sum_{j\in D} f_{ij} = s_i \quad i \in \boldsymbol{S} \tag{5.12}$$

$$\sum_{i\in S} f_{ij} = r_j \quad j \in \boldsymbol{D} \tag{5.13}$$

这是对应于忽略网络损耗的经济调度问题，具体应用详见本书第二篇中第12章网络流规划用于安全经济调度。

该问题同样可以通过前面介绍的线性规划单纯形方法进行求解，然而，此问题的单纯性表中包含了一个 $ij \times (i+j)$ 的约束矩阵，因此可采取更有效的算法求解，包括以下四个步骤：

（1）形成一个运输数组表，如表5.1所示。

表5.1　　运输数组表格

	D_1	D_2		D_D	
P_1	c_{11} f_{11}	c_{12} f_{12}	…	c_{1D} f_{1D}	s_1
P_2	c_{21} f_{21}	c_{22} f_{22}	…	c_{2D} f_{2D}	s_2
	⋮	⋮		⋮	
P_S	c_{S1} f_{S1}	c_{S2} f_{S2}	…	c_{SD} f_{SD}	s_s
	r_1	r_2		r_D	

（2）寻找一个基本可行运输方案 f_{ij}。

1）从表中选取任意可行二维数组（i_0，j_0），在约束范围内使 f_{i0j0} 尽可能大，将此变量画圈。

2）将只满足约束的行或列删除，如果只剩下最后一行（或列）则不删除。

3）重复1）和2)，直到最后一个有效的方格里有一个带圈的变量，然后删除同时满足约束的行和列。

（3）最优性测试。

给定可行运输方案 f_{ij}，可以使用平衡定理检验最优性，需要找到满足平衡条件的可行 u_i和 v_j，即

$$v_j - u_i = c_{ij}\text{，} f_{ij} > 0 \tag{5.14}$$

其中，u_i和 v_j是原始问题的非负对偶变量，对所有 i 和 j，满足以下约束：

$$v_j - u_i \leqslant c_{ij} \tag{5.15}$$

检验最优条件的方法如下：

1）设置 u_i和 v_j中的一个，根据（5.14）式在包含带圈变量的二元数组中寻找所有的 u_i 和 v_j。

2）对剩余数组检验可行性 $v_j - u_i \leqslant c_{ij}$，如果可行，求解结果就是原问题及其对偶问题的最优解。

（4）如果未通过检验，寻找改进的基本可行运输方案，重复步骤（3）。

1）选取满足 $v_j - u_i > c_{ij}$ 的二元数组（i，j），使 $f_{ij} = \theta$，通过加上或减去 θ 来近似得到带圈变量，使得满足约束条件。

2）在减去 θ 的二维数组变量中，选取 θ 作为最小值。

3）选取减去 θ 后变为零的变量，确定新变量并从带圈变量中剔除。

［例 5.1］ 已知简化电力系统中包含三台发电机（$PG_1 = 6p.u.$、$PG_2 = 7p.u.$、$PG_3 = 9p.u.$），四个负荷节点（$D_1 = 3p.u.$、$D_2 = 9p.u.$、$D_3 = 4p.u.$、$D_4 = 6p.u.$）。每一台发电机都连接到所有的负荷，假设忽略网络损耗，计算这个电力系统中的潮流分布。

用运输问题来求解就是计算这个网络的最小传输费用流 P_{ij}。

（1）由已知形成传输数组，如表 5.2 所示，表格中的数据是将电能从发电机传输到负荷的传输成本。

表 5.2　例 5.1 的传输数组

	D_1	D_2	D_3	D_4	
PG_1	4	10	12	3	6
PG_2	8	5	6	4	7
PG_3	1	3	4	7	9
	3	9	4	6	

（2）初始化潮流 P_{ij}。

选取任意二元数组，假设是左上角（1，1），使 P_{11} 在限制范围内尽可能大，这种情况下 P_{11} 等于 3（为简化起见，删除这个单元），它代表 D_1 只由 PG_1 供应，因此 $P_{21} = P_{31} = 0$。

选取另一二元数组，假设是（1，2），使得 P_{12} 在限制范围内尽可能大，$P_{12} = 3$，由于 PG_1 只剩下 $3p.u.$，因此 $P_{13} = P_{14} = 0$，接着，选取（2，2），使 $P_{22} = 6$，因此 D_2 接收到所有的需求，PG_1 供应 3 个单元，PG_2 供应 6 个单元，所以 $P_{32} = 0$，循环这个过程，直到所有变量 P_{ij} 都被确定下来，可行流如表 5.3 所示。

表 5.3　可行流

	D_1	D_2	D_3	D_4	
PG_1	4 3	10 3	12	3	6
PG_2	8	5 6	6 1	4	7
PG_3	1	3	4 3	7 6	9
	3	9	4	6	

以此种方式选取初始可行解简单，但并不高效，在此介绍另一种方法，称为最小成本法。

以不同的选取顺序选择上述例子的二元数组，通过优先选取最小传输成本的二元数组尝试求取一个更好的初始流。

从上述例子可以看到，最小传输成本在方阵左下方，即 $c_{31} = 1$。因此，从发电机 3 供电给负荷 1 将是最经济的做法，由于 D_1 最大负荷是 3，确定最大流 $P_{31}=3$，D_1 负荷得到满足，在接下来的计算中可以剔除，剩下的方阵中，3 是最小的传输成本（有两个），接下来选取右上角的位置，因此 $P_{14}=6$，根据寻找基本可行运输方案的 2）剔除 PG_1 或 D_4，假设剔除 PG_1，接下来 $P_{32}=6$，剔除 PG_3，发电机这时候只剩下 PG_2，所以确定 $P_{22}=3$，$P_{23}=4$，$P_{24}=0$，结果显示如表 5.4 所示。

表 5.4　　例 5.1 最小成本法确定的可行流

	D_1	D_2	D_3	D_4	
PG_1	4	10	12	3 6	6
PG_2	8	5 3	6 4	4 0	7
PG_3	1 3	3 6	4	7	9
	3	9	4	6	

（3）检验结果最优性。

检验表 5.4 中的可行流最优性，首先求解 u_i 和 v_j，使 $u_2=0$，因为这样可以快速求解得到 $v_2=5$，$v_3=6$，$v_4=4$.（通常以 $u_i=0$（或 v_i）$=0$ 开始可以取得较好结果，因为在相应的行（列）中会出现许多确定的变量），已知 $v_4=4$ 可以得到 $u_1=1$，已知 $v_2=5$ 可以得到 $u_3=2$，又接下来可以得到 $v_1=3$。把 v_j 列于数组上部，u_i 列于数组左侧，结果如表 5.5 所示。

表 5.5　　例 5.1 最优性检验

	3	5	6	4	
1	4	8	12	3 6	6
0	8	5 3	6 4	4 0	7
2	1 3	3 6	4	7	9
	3	9	4	6	

接着，检验剩余六个方阵位置的可行性，由于 $3-1=2\leqslant 4$，所以左上位置满足限制 $v_j-u_i\leqslant c_{ij}$，同理，所有位置都满足限制，于是上述结果是初始问题和对偶问题的最优解。最优方案结果是：

$$\sum\sum c_{ij}f_{ij}=3\times 1+6\times 3+3\times 5+4\times 6+0\times 4+6\times 3=78$$

可以通过计算对偶问题的目标函数 $\sum v_j r_j-\sum u_i s_i$ 检验结果是否最优，根据对偶定理推论可得到：

$$\sum\sum c_{ij}f_{ij}=\sum v_j r_j-\sum u_i s_i \tag{5.16}$$

如果初始问题和对偶问题都取得最优解，则：

$$\sum v_j r_j-\sum u_i s_i=78$$

因此，上述结果最优。

［例 5.2］ 已知与例 5.1 相同的简化电力系统，从发电机到负荷的传输成本如表 5.6 所示，其他参数不变。

表 5.6　　　　例 5.2 传 输 数 组

	D_1	D_2	D_3	D_4	
PG_1	4	8	13	3	6
PG_2	2	5	6	5	7
PG_3	1	3	4	15	9
	3	9	4	6	

根据最小成本法得到可行流表，如表 5.7 所示。

表 5.7　　　　例 5.2 最 小 费 用 流

	D_1	D_2	D_3	D_4	
PG_1	4	8	13	3 6	6
PG_2	2	5 3	6 4	5	7
PG_3	1 3	3 6	4	15	9
	3	9	4	6	

根据平衡条件，计算 u_i 与 v_j，相应结果如表 5.8 所示。

表 5.8　　　　例 5.2 的 最 优 性 检 验

	3	5	6	5	
2	4	8	13	3 6	6
0	2	5 3	6 4	5	7
2	1 3	3 6	4	15	9
	3	9	4	6	

通过检验表 5.8 的最优性，发现（2，1）不能满足限制条件 $v_j - u_i \leqslant c_{ij}$，因为 $v_1 - u_2 = 3 - 0 = 3 \geqslant c_{12} = 2$，因此表 5.8 结果不是最优，需要寻找改进可行基的传输方案，重新检验最优性。

选取任意满足 $v_j - u_i > c_{ij}$ 的位置 $(i,\ j)$，令 $f_{ij} = \theta$，通过加上或减去 θ 来近似选定变量，同时满足限制条件，于是在（2，1），（3，2）位置加 θ，在（3，1），（2，2）上减去 θ，如表 5.9 所示。

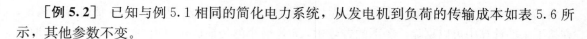

表 5.9　　　　例 5.2 第二次最优性检验

	3	5	6	5	
2	4	8	13	3 6	6
0	2 $+\theta$	5 $-\theta$　3	6 4	5	7
2	1 $-\theta$　3	3 $+\theta$　6	4	15	9
	3	9	4	6	

选取减去 θ 位置的最小 f_{ij} 作为 θ 的取值，本例中 $\theta=3$，确定新变量并从选定变量移除，减去 θ 的变量中存在一个等于零的变量，从而得到表 5.10，检验可知满足约束条件，最优结果是 75。

表 5.10　　　　例 5.2 第三次最优性检验

	2	5	6	5	
2	4	8	13	3 6	6
0	2 3	5 0	6 4	5	7
2	1 0	3 9	4	15	9
	3	9	4	6	

5.3　求最短路和最大流算法

5.3.1　Dijkstra 最短路算法

Dijkstra 算法是典型最短路算法，用于计算一个节点到其他所有节点的最短路径，其主要特点是以起始点为中心向外层层扩展，直到扩展到终点为止。Dijkstra 算法能得出最短路径的最优解，但由于它遍历计算的节点很多，所以效率低。

Dijkstra 算法思想为：设 $\boldsymbol{G}=(\boldsymbol{V},\boldsymbol{E})$ 是一个带权有向图，把图中顶点集合 $\boldsymbol{V}$ 分成两组，第一组为已求出最短路径的顶点集合（用 $\boldsymbol{S}$ 表示，初始时 $\boldsymbol{S}$ 中只有一个源点，以后每求得一条最短路径，就将其加入到集合 $\boldsymbol{S}$ 中，直到全部顶点都加入到 $\boldsymbol{S}$ 中，算法就结束了），第二组为其余未确定最短路径的顶点集合（用 $\boldsymbol{U}$ 表示），按最短路径长度的递增次序依次把第二组的顶点加入 $\boldsymbol{S}$ 中。在加入的过程中，总保持从源点 v 到 $\boldsymbol{S}$ 中各顶点的最短路径长度不大于从源点 v 到 $\boldsymbol{U}$ 中任何顶点的最短路径长度。此外，每个顶点对应一个距离，$\boldsymbol{S}$ 中的顶点的距离就是从 v 到此顶点的最短路径长度，$\boldsymbol{U}$ 中的顶点的距离是从 v 到此顶点只包括 $\boldsymbol{S}$ 中的顶点为中间顶点的当前最短路径长度。

Dijkstra 算法具体步骤：

(1) 初始时，$\boldsymbol{S}$ 只包含源点 v。$\boldsymbol{U}$ 包含除 v 外的其他顶点，$\boldsymbol{U}$ 中顶点 u 距离为边上的权（若 v 与 u 有边）。

(2) 从 $\boldsymbol{U}$ 中选取一个距离 v 最小的顶点 k，把 k 加入 $\boldsymbol{S}$ 中（该选定的距离就是 v 到 k 的最短路径长度）。

(3) 以 k 为新考虑的中间点，修改 $\boldsymbol{U}$ 中各顶点的距离；若从源点 v 到顶点 u 的距离（经过顶点 k）比原来距离（不经过顶点 k）短，则修改顶点 u 的距离值，修改后的距离值为顶点 k 的距离加上边上的权。

(4) 重复步骤 (2) 和 (3) 直到所有顶点都包含在 $\boldsymbol{S}$ 中。

5.3.2 求最大流算法

最大流算法主要采用 Ford - Fulkerson 标号算法。该方法分别记录每一轮扩展过程中的每个点的前驱与到该节点的增广最大流量，从源点开始扩展，每次选择一个点（必须保证已经扩展到这个点），检查与它连接的所有边，并进行扩展，直到扩展到 t。

设给定一个有向赋权图 $\boldsymbol{G}(\boldsymbol{V},\boldsymbol{E})$，从任一可行流出发，例如从零流 $f_1(x,y)\equiv 0$ 出发。令 $\boldsymbol{V}_1$ 为由发点 s 和对于 f_1 的非饱和点组成的节点子集。

若收点 $t\notin \boldsymbol{V}_1$，则 f_1 为最大流。

若收点 $t\in \boldsymbol{V}_1$，则 f_1 不是最大流，从而可由下面方法加以改进。因 $t\in \boldsymbol{V}_1$，故存在从 s 到 t 的非饱和路 $\boldsymbol{R}$，在 $\boldsymbol{R}$ 上的每边 $(x,y)\in \boldsymbol{R}$，均有 $f_1(x,y)<\omega(x,y),(x,y)\in \boldsymbol{R}$。

令 $a=\min\left\{\min\limits_{(x,y)\in R}\{\omega(x,y)-f_1(x,y)\},\ \min\limits_{-(x,y)}\{-f_1(x,y)\}\right\}$，其中，$-(x,y)\in \boldsymbol{R}$ 表示边 (x,y) 的方向与路 R 的方向相反。并令

$$f_2(x,y)=\begin{cases}f_1(x,y)+a, & (x,y)\in \boldsymbol{R}\\ -f_1(x,y)-a, & -(x,y)\in \boldsymbol{R}\\ f_1(x,y), & \text{其他边}\end{cases}$$

容易验证，f_2 也为可行流，且它的流值为 $Q(f_2)=Q(f_1)+a,\ a\geqslant 1$。

再以 f_2 为基础，重复上面的步骤，必可经过有限步后得到一个最大流。这个算法称为求最大流的非饱和算法。

5.4 最小费用最大流

在实际问题中，不仅考虑流量的大小，还要考虑输送这些流量所需的费用、代价等。例如电力系统中发电厂要把电传输到用户，在选择传输路线时，不仅要考虑传输功率量，而且还要考虑传输功率时的最小运费问题，这也是一种最小费用最大流问题，或称为最小费用流问题。

5.4.1 标号法求最小费用流问题

设一个网络 $\boldsymbol{G}(\boldsymbol{V},\boldsymbol{E})$，$\boldsymbol{E}$ 中每条边 ij 对应一个容量 U_{ij}（如最大输送能力），c_{ij} 表示边 if

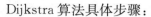

输送单位流量所需的费用。如果有一个运输方案（可行流），流量为 f_{ij}，则最小费用最大流问题就是求式（5.17）的极值问题。

$$\min_{f \in F} c(f) = \min_{f \in F} \sum_{(i,j) \in E} c_{ij} f_{ij} \tag{5.17}$$

其中 $\boldsymbol{F}$ 为 $\boldsymbol{G}$ 的最大流的集合，即在最大流中寻找一个费用最小的最大流。

确定最小费用流的基本思想是从零流为初始可行流开始，在每次迭代过程中对每条边赋予与 U_{ij}（容量）、c_{ij}（单位流量运输费用）、f_{ij}（现有流的流量）有关的权系数 ω_{ij}，以形成一个有向的赋权图；再通过求最短路的方法确定由 s 到 t 的费用最小的非饱和路，沿着该路增加流量，得到相应的新流。经过多次迭代，直至达到最大流为止。

构造权系数的方法如下：对任意边$_{ij}$，根据现有的流 f，该边上的流量可能增加（$f_{ij} < U_{ij}$），也可能减小（$f_{ij} > 0$），因此每条边赋予向前费用权 ω_{ij}^{+} 与向后费用权 ω_{ij}^{-}：

$$\omega_{ij}^{+} = \begin{cases} c_{ij}, & \text{若 } f_{ij} < U_{ij} \\ +\infty, & \text{若 } f_{ij} = U_{ij} \end{cases} \tag{5.18}$$

$$\omega_{ij}^{-} = \begin{cases} -c_{ij}, & \text{若 } f_{ij} > 0 \\ +\infty, & \text{若 } f_{ij} = 0 \end{cases} \tag{5.19}$$

对赋权后的有向图，如果把权 ω_{ij} 看作长度，即可确定从 s 到 t 的费用最小的非饱和路，它等价于确定从 s 到 t 的最短路。确定了非饱和路后就可确定该路的最大可增流量，因此需对每一条边确定一个向前可增流量 $\Delta^{+}(i,j)$ 与向后可增流量 $\Delta^{-}(i,j)$：

$$\Delta^{+}(i,j) = \begin{cases} U_{ij} - f_{ij}, & \text{若 } f_{ij} < U_{ij} \\ 0, & \text{若 } f_{ij} = U_{ij} \end{cases} \tag{5.20}$$

$$\Delta^{-}(i,j) = \begin{cases} f_{ij}, & \text{若 } f_{ij} > 0 \\ 0, & \text{若 } f_{ij} = 0 \end{cases} \tag{5.21}$$

因此，确定最小费用最大流的算法如下：

（1）从零流开始，令 $f_0 \equiv 0$，赋权：

当 $f_{kij} < U_{ij}$，$\begin{cases} \omega^{+}(i,j) = c_{ij} \\ \Delta^{+}(i,j) = U_{ij} - f_{kij} \end{cases}$；

当 $f_{kij} = U_{ij}$，$\begin{cases} \omega_{ij}^{+} = +\infty \\ \Delta^{+}(i,j) = 0 \end{cases}$；

当 $f_{kij} > 0$，$\begin{cases} \omega_{ij}^{-} = -c_{ij} \\ \Delta^{-}(i,j) = f_{kij} \end{cases}$

当 $f_{kij} = 0$，$\begin{cases} \omega_{ij}^{-} = +\infty \\ \Delta^{-}(i,j) = 0 \end{cases}$

（2）确定一条从 s 到 t 的最短路 $R(s,t) = \{(s,i_1),(i_1,i_2),\cdots,(i_k,t)\}$。若 $R(s,t)$ 的长度为 $+\infty$，则已得最小费用最大流，停机，否则转入（3）。

（3）确定沿着该路 $R(s,t)$ 的最大可增流量 $a = \min\{\Delta(s,i_1),\Delta(i_1,i_2),\cdots,\Delta(i_k,t)\}$，其中根据边的取向决定取 Δ^{+} 或 Δ^{-}。

（4）生成新的流

$$f_{(k+1)ij}=\begin{cases}f_{kij}+a,\ ij\ \text{为向前边}\\ f_{kij}-a,\ ij\ \text{为向后边}\end{cases} \tag{5.22}$$

若 $f_{(k+1)ij}$ 已为最小费用最大流，停机，否则转入（2）。

下面举例说明用标号法求最小费用最大流问题。

［例 5.3］ 求如图 5.1 所示的最小费用最大流。

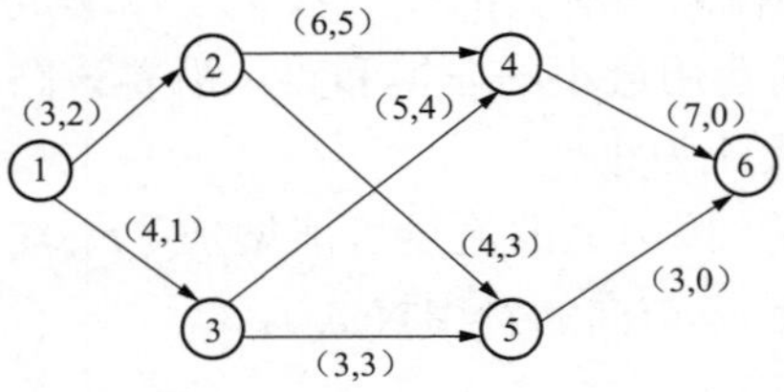

图 5.1 例 5.3 网络图

解：在图 5.1 中，边旁的两个数字分别为 U_{ij} 和 c_{ij}。从零开始，图 5.1 即可作为第一次迭代的赋权图（略去取 $+\infty$ 的权）。

第一次迭代：

（1）由最短路法，可得从 s 到 t 的最短路为其费用为 4。

（2）确定沿 $R(s,t)$ 的最大可增流量为

$$a=\min\{\Delta(1,3),\Delta(3,5),\Delta(5,6)\}=\min\{4,3,3\}=3\ 。$$

（3）调整流量，生成新的流 $f(1,3)=3,f(3,5)=3,f(5,6)=3$。

（4）赋权，得新的赋权图，如图 5.2 所示。其中边旁的两个数字分别为 $\Delta(i,j)$ 和 ω_{ij}。

第二次迭代：

（1）从 s 到 t 的最短路为 $R(s,t)=\{(1,3),(3,4),(4,6)\}$，其中费用为 5。

（2）沿 $R(s,t)$ 的最大可增流量为 $a=\min\{\Delta(1,3),\Delta(3,4),\Delta(4,6)\}=\min\{1,5,7\}$。

（3）调整流量，生成新的流 $f(1,3)=4,f(3,4)=1,f(4,6)=1$。

（4）赋权，得新的赋权图，如图 5.3 所示。

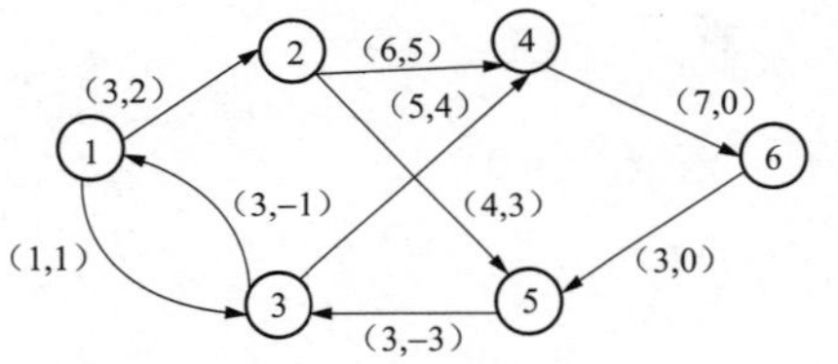

图 5.2 第一次迭代结果

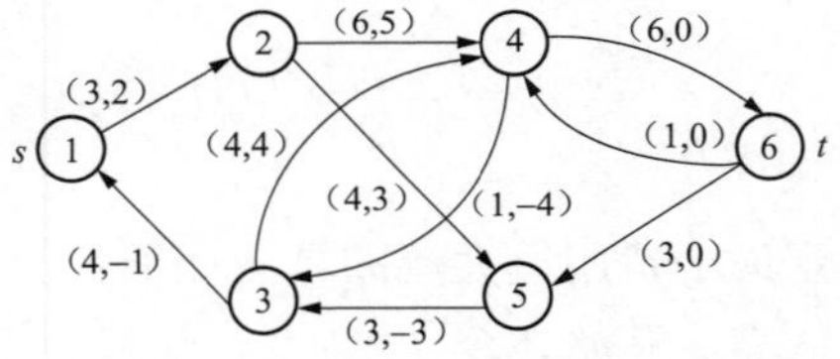

图 5.3 第二次迭代结果

第三次迭代：

（1）从 s 到 t 的最短路为 $R(s,t)=\{(1,2),(2,5),(5,3),(3,4),(4,6)\}$，其中费用为 6 。

（2）$R(s,t)$ 的最大可增流量 $a=\min\{\Delta(1,2),\Delta(2,5),\Delta(5,3),\Delta(3,4),\Delta(4,6)\}=\min\{3,4,3,4,6\}=3$。

（3）调整流量，生成新的流 $f(1,2)=3,f(2,5)=3,f(5,3)=0,f(3,4)=4,f(4,6)=4$。

（4）赋权得新的赋权图，如图 5.4 所示。

至此，在图 5.4 中，不再存在从 s 到 t 的最短路，因此得最小费用的最大流为：

$$f(1,2)=3,$$

$$f(2,5)=3,$$

$$f(3,4)=4,$$

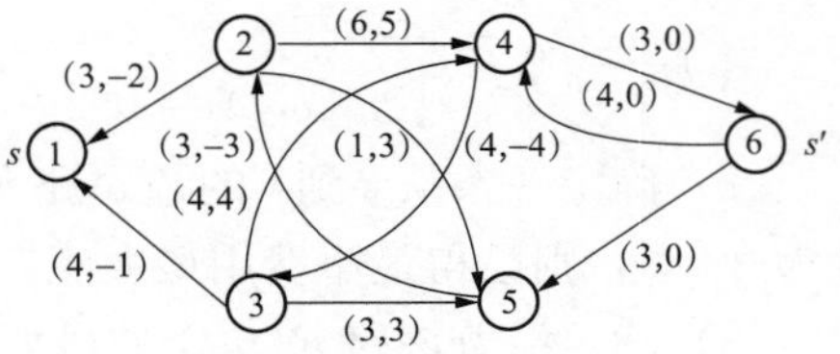

图 5.4 最终结果

$$f(4,6)=4,$$
$$f(1,3)=4,$$
$$f(5,6)=3,$$
$$f(2,4)=0, f(3,5)=0,$$
$$\text{最小费用}=\sum c_{ij}f_{ij}=35$$

5.4.2 不良状态校正法求最小费用流问题

不良状态校正法（Out－of－Kilter Algorithm，OKA）又称瑕疵算法，是求解具有上下限最小费用流问题的有效方法。20 世纪 80 年代，本书作者首次将不良状态校正法（OKA）用于求解 N 与 $N-1$ 安全经济调度问题。

5.4.2.1 OKA 模型

根据图论，n 个节点，m 个支路的网络可以表示如图 5.5（a）所示，相应最小费用的网络流问题可以表述为：

$$\min C=\sum_{ij}C_{ij}f_{ij}\quad ij\in m \tag{5.23}$$

约束条件：

$$\sum_{j\in n}(f_{ij}-f_{ji})=r_i\quad i\in n \tag{5.24}$$

$$L_{ij}\leqslant f_{ij}\leqslant U_{ij}\quad ij\in m \tag{5.25}$$

其中，C_{ij} 为支路 ij 的传输费用成本，在电网中可表示为单位潮流的支路损耗费用。

f_{ij} 为网络支路 ij 通过的流或潮流。

L_{ij} 为网络支路 ij 的流下界。

U_{ij} 为网络支路 ij 的流上界。

n 为网络节点数。

m 为网络支路数。

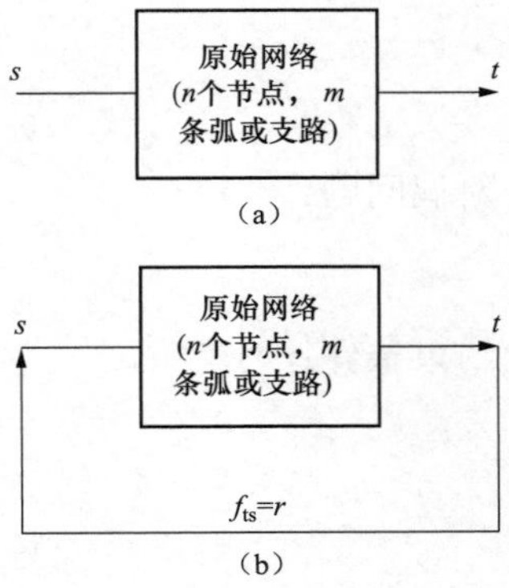

图 5.5 1 个源点 s 和 1 个汇点 t 的 OKA 网络模型

（a）单一源点和汇点原始网络；（b）带返回支路的单一源点和汇点网络

根据网络流规划的不良状态校正法，通过引入从汇点到源点的“返回支路”并且不改变内部流，可以把原始网络转化为 OKA 网络，返回支路流 f_{ts} 等于原始网络流 r。OKA 网络模型如图 5.5（b）所示。

同样地，如果原始网络有多个源节点和汇点，如图 5.6（a）所示，则相应的 OKA 模型如图 5.6（b）所示，其中每一个源对应于连接到总源点 s 的一个源支路，每一个汇点形成一个连接总汇点 t 的一个汇聚支路。

相应的 OKA 数学模型如下：

$$\min C=\sum_{ij}C_{ij}f_{ij}\quad ij\in(m+ss+tt+1) \tag{5.26}$$

约束条件：

$$\sum_{j\in n}(f_{ij}-f_{ji})=0\quad i\in n \tag{5.27}$$

$$P_{ijm}\leqslant P_{ij}^{*}\leqslant P_{ijM}\quad ij\in(m+ss+tt+1) \tag{5.28}$$

其中 m 是原始网络的支路总数。

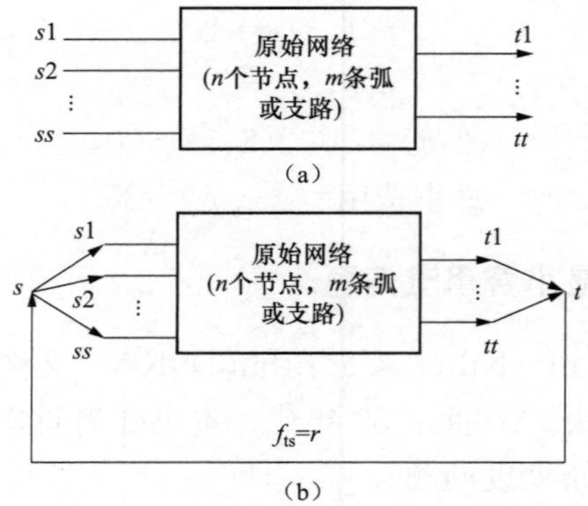

图 5.6　多源点 ss 和多汇节点 tt 的 OKA 网络模型

(a) 多源点和汇点的原始网络；(b) 带返回支路的多源点和汇点网络

5.4.2.2　OKA 优化的互补松弛条件

式 (5.26) ～式 (5.28) 构成的模型是一个特殊的线性规划模型，根据对偶理论，相应初始问题和对偶问题可以表示如下。

原始问题：

$$\max F' = -\sum_{ij} C_{ij} f_{ij} \tag{5.29}$$

约束条件：

$$\sum_{j\in n}(f_{ij} - f_{ji}) = 0 \tag{5.30}$$

$$L_{ij} \leqslant f_{ij} \leqslant U_{ij} \tag{5.31}$$

$$i\in n,\ j\in n,\ ij\in (m + ss + tt + 1)$$

对偶问题：

$$\min G = \sum_{ij} U_{ij}\alpha_{ij} - \sum_{ij} L_{ij}\beta_{ij} \tag{5.32}$$

约束条件：

$$C_{ij} + \pi_i - \pi_j + \alpha_{ij} - \beta_{ij} \geqslant 0 \tag{5.33}$$

$$\alpha_{ij} \geqslant 0, \beta_{ij} \geqslant 0 \tag{5.34}$$

$$i\in n,\ j\in n,\ ij\in (m + ss + tt + 1)$$

其中 π 是原问题变量 f 的对偶变量，α 和 β 是对应与原问题上下界的对偶变量。当所有变量 f、π、α 和 β 满足限制条件要求时，原问题和对偶问题的目标函数存在以下关系：

$$\begin{aligned} G - F' &= \sum_{ij} U_{ij}\alpha_{ij} - \sum_{ij} L_{ij}\beta_{ij} + \sum_{ij} C_{ij} f_{ij} \\ &= 0\cdot(\pi_s - \pi_t) + \sum_{ij} U_{ij}\alpha_{ij} - \sum_{ij} L_{ij}\beta_{ij} + \sum_{ij} C_{ij} f_{ij} \\ &= \sum_{j}\sum_{i}\pi_i(f_{ij} - f_{ji}) + \sum_{ij} U_{ij}\alpha_{ij} - \sum_{ij} L_{ij}\beta_{ij} + \sum_{ij} C_{ij} f_{ij} \\ &= \sum_{ij}[\pi_i - \pi_j + \alpha_{ij} - \beta_{ij} + C_{ij}] f_{ij} + \sum_{ij}(U_{ij} - f_{ij})\alpha_{ij} \\ &\quad + \sum_{ij}(f_{ij} - L_{ij})\beta_{ij} \geqslant 0 \end{aligned} \tag{5.35}$$

如果结果最优，则 $G-F'=0$，因此，从式（5.35）可得：

$$(U_{ij}-f_{ij})\alpha_{ij}=0 \tag{5.36}$$

$$(f_{ij}-L_{ij})\beta_{ij}=0 \tag{5.37}$$

$$(C_{ij}+\pi_i-\pi_j+\alpha_{ij}-\beta_{ij})f_{ij}=0 \tag{5.38}$$

即：

$$(\overline{C_{ij}}+\alpha_{ij}-\beta_{ij})f_{ij}=0 \tag{5.39}$$

其中，$\overline{C}_{ij}=C_{ij}+\pi_i-\pi_j$ 称为相对费用。

从式（5.36）～式（5.39）可得：

（1）情景 1：$\overline{C_{ij}}>0$。

如果 $\beta_{ij}=\overline{C_{ij}}+\alpha_{ij}$，则 $f_{ij}\neq 0$。

更进一步，如果 $\alpha_{ij}\geqslant 0,\beta_{ij}\neq 0$，由（5.37）可得：

$$f_{ij}=L_{ij}$$

（2）情景 2：$\overline{C_{ij}}<0$。

如果 $\beta_{ij}=\overline{C_{ij}}+\alpha_{ij}$，则 $f_{ij}\neq 0$,且 $\alpha_{ij}>\beta_{ij}$。

更进一步，如果 $\beta_{ij}\geqslant 0,\alpha_{ij}\neq 0$，由（5.36）可得：

$$f_{ij}=U_{ij}$$

（3）情景 3：$\overline{C_{ij}}=0$。

由（5.39）可得 $(\alpha_{ij}-\beta_{ij})f_{ij}=0$，分析如下：

1）如果 $f_{ij}=0$，则 $(\alpha_{ij}-\beta_{ij})\neq 0$。

当 $\alpha_{ij}>\beta_{ij},\alpha_{ij}>0$，由式（5.36）可得：

$$f_{ij}=U_{ij}\neq 0$$

当 $\beta_{ij}>\alpha_{ij},\beta_{ij}>0$，由式（5.37）可得：

$$f_{ij}=L_{ij}\neq 0$$

两种情况得到的结果都与假设 $f_{ij}=0$ 冲突，所以可以确定这种情况下 $f_{ij}\neq 0$。

2）假设 $\alpha_{ij}=0,\beta_{ij}f_{ij}=0$。

由 1）可知 $f_{ij}\neq 0$，因此 $\beta_{ij}=0$。

所以，从（5.36）可得：

$$f_{ij}\leqslant U_{ij}$$

从（5.37）可得：

$$f_{ij}\geqslant L_{ij}$$

即，如果 $\overline{C_{ij}}=0$，则 $L_{ij}\leqslant f_{ij}\leqslant U_{ij}$

根据以上三种情景的讨论，可知 OKA 优化的互补松弛条件可以概括为：

$$f_{ij}=L_{ij} \qquad for\ \overline{C}_{ij}>0 \tag{5.40}$$

$$L_{ij}\leqslant f_{ij}\leqslant U_{ij} \qquad for\ \overline{C}_{ij}=0 \tag{5.41}$$

$$f_{ij}=U_{ij} \qquad for\ \overline{C}_{ij}<0 \tag{5.42}$$

其中相对费用是：

$$\overline{C}_{ij}=C_{ij}+\pi_i-\pi_j \tag{5.43}$$

根据式（5.40）～式（5.42）与标号技术，支路状态有 9 种可能情况，如表 5.11 所示。

表 5.11　　**OKA 支路状态**

符号	$\overline{C_{ij}}$	f_{ij}	支路状态
I_1	$\overline{C_{ij}}>0$	$f_{ij}=L_{ij}$	良好
I_2	$\overline{C_{ij}}=0$	$L_{ij}<f_{ij}<U_{ij}$	良好
		$f_{ij}=U_{ij},f_{ij}=L_{ij}$	良好
I_3	$\overline{C_{ij}}<0$	$f_{ij}=U_{ij}$	良好
II_1	$\overline{C_{ij}}>0$	$f_{ij}<L_{ij}$	不良
II_2	$\overline{C_{ij}}=0$	$f_{ij}<L_{ij}$	不良
II_3	$\overline{C_{ij}}<0$	$f_{ij}<U_{ij}$	不良
III_1	$\overline{C_{ij}}>0$	$f_{ij}>L_{ij}$	不良
III_2	$\overline{C_{ij}}=0$	$f_{ij}>U_{ij}$	不良
III_3	$\overline{C_{ij}}<0$	$f_{ij}>U_{ij}$	不良

式（5.40）～式（5.42）所示的OKA优化互补松弛条件对应于三种支路良好状态，除此之外，还有6种不满足式（5.40）～式（5.42）的不良状态，如果所有支路达到良好状态，则得出最优解。否则，需要通过标号方法改变相关支路流和节点电位（参数 π），将不良状态的支路向良好状态过渡。

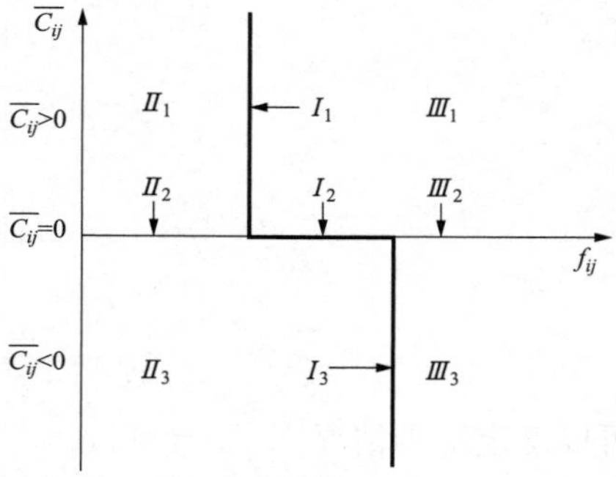

图 5.7　OKA 支路状态

支路状态与标号规则如图 5.7 所示。

图 5.7 中，如果支路处于良好状态，则点（f_{ij}，$\overline{C_{ij}}$）将确定在三条粗线 I_1、I_2 和 I_3，其中 I_1 对应于流 f_{ij} 下界 L_{ij}；I_3 对应于流 f_{ij} 上界 U_{ij}；I_2 对应于 $L_{ij}<f_{ij}<U_{ij}$ 之间的流 f_{ij}。

如果支路流违反上下限，点（f_{ij}，$\overline{C_{ij}}$）将落在三条粗线之外，对应于图 5.7 的六种不良状态，这种情况下，支路流小于下限或者大于上限，即：$f_{ij}>U_{ij}$ 或 $f_{ij}<L_{ij}$。

5.4.2.3　标号规则与 OKA 算法

根据标号方法，OKA 算法对在表 5.11 中示出的 9 种状态的前向支路与后向支路的标记规则如表 5.12 所示，其中“↑”表示增加，“↓”表示减少，“→”表示改变，“f_k”表示流在可行域之外。

表 5.12　　**OKA 算法标号规则**

符号	f_{ij}	前向支路　f^+	后向支路　f^-
		标号? 原因	标号? 原因
I_1	$f_{ij}=L_{ij}$	No，$f^+\uparrow\to f_k^+$	No，$f^-\downarrow\to f_k^-$
I_2	$L_{ij}<f_{ij}<U_{ij}$	Yes，$f^+\uparrow\to U$	Yes，$f^-\downarrow\to L$
	$f_{ij}=U_{ij}$ $f_{ij}=L_{ij}$	No，$f^+\uparrow\to f_k^+$	No，$f^-\downarrow\to f_k^-$
I_3	$f_{ij}=U_{ij}$	No，$f^+\uparrow\to f_k^+$	No，$f^-\downarrow\to f_k^-$

续表

符号	f_{ij}	前向支路 f^+	后向支路 f^-
II_1	$f_{ij} < L_{ij}$	Yes, $f^+ \uparrow \rightarrow U$	No, $f^- \downarrow \rightarrow f_k^-$
II_2	$f_{ij} < L_{ij}$	Yes, $f^+ \uparrow \rightarrow U$	No, $f^- \downarrow \rightarrow f_k^-$
II_3	$f_{ij} < U_{ij}$	Yes, $f^+ \uparrow \rightarrow U$	No, $f^- \downarrow \rightarrow f_k^-$
III_1	$f_{ij} > L_{ij}$	No, $f^+ \uparrow \rightarrow f_k^+$	Yes, $f^- \downarrow \rightarrow L$
III_2	$f_{ij} > U_{ij}$	No, $f^+ \uparrow \rightarrow f_k^+$	Yes, $f^- \downarrow \rightarrow L$
III_3	$f_{ij} > U_{ij}$	No, $f^+ \uparrow \rightarrow f_k^+$	Yes, $f^- \downarrow \rightarrow U$

根据上面的标号规则，不良状态校正算法实现如下：

(1) 带增量流环。

当存在增量流环（即回路）时，在环里修正所有支路的流值，过程如下：

1) 前向支路。

a. 如果 $\overline{C_{ij}} \geqslant 0, f_{ij} < L_{ij}$，节点 j 可以被标记，节点 j 的增量流计算如下：

$$q_j = \min[q_i, L_{ij} - f_{ij}] \tag{5.44}$$

b. 如果 $\overline{C_{ij}} \leqslant 0, f_{ij} < U_{ij}$，节点 j 可以被标记，节点 j 的增量流计算如下：

$$q_j = \min[q_i, U_{ij} - f_{ij}] \tag{5.45}$$

2) 后向支路。

a. 如果 $\overline{C_{ji}} \geqslant 0, f_{ji} > L_{ji}$，节点 j 可以被标记，节点 j 的增量流计算如下：

$$q_j = \min[q_i, f_{ji} - L_{ji}] \tag{5.46}$$

b. 如果 $\overline{C_{ji}} \leqslant 0, f_{ji} > U_{ji}$，节点 j 可以被标记，节点 j 的增量流计算如下：

$$q_j = \min[q_i, f_{ji} - U_{ji}] \tag{5.47}$$

(2) 不带增量流环。

当不存在增量流环时，通过增加顶点 π 的成本来修正相对费用系数 $\overline{C_{ij}}$ 或 $\overline{C_{ji}}$，这是由于 $\overline{C_{ij}}$ 或 $\overline{C_{ji}}$ 的变化导致了最小费用流路径的变化。因此，会形成一个新的增量流环，计算增量顶点成本过程如下：

使 $B, \overline{B}$ 分别代表被标记和没有被标记的顶点集，显然，超源点 $s \in B$，超汇点 $t \in \overline{B}$，除此之外，定义两个支路集 A_1 和 A_2，

$$A_1 = \{ij, i \in B, j \in \overline{B}, \overline{C_{ij}} > 0, f_{ij} \leqslant U_{ij}\} \tag{5.48}$$

$$A_2 = \{ji, i \in B, j \in \overline{B}, \overline{C_{ji}} < 0, f_{ji} \geqslant L_{ij}\} \tag{5.49}$$

增量顶点成本由下式决定：

$$\delta = \min\{\delta_1, \delta_2\} \tag{5.50}$$

其中，

$$\delta_1 = \min\{|\overline{C_{ij}}|\} > 0 \tag{5.51}$$

$$\delta_2 = \min\{|\overline{C_{ji}}|\} > 0 \tag{5.52}$$

如果 A_1 是空集，则 $\delta_1 = \infty$；如果 A_2 是空集，则 $\delta_2 = \infty$。当 $\delta = \infty$ 时，意味着没有可行流，也即给定的网流规划（Network Flow Programming，NFP）问题无解。当 $\delta < \infty$ 时，更新所有未标记的顶点费用，即：

$$\delta' = \pi_j + \delta \qquad j \in \overline{B} \tag{5.53}$$

这样，不良状态支路会变成良好状态支路，当所有支路达到良好状态时，取得最优解。

OKA 算法流程如下：

1）设置初始支路流值，初始流要求满足式（5.27），但不一定满足式（5.28）。

2）检验支路状态，如果所有支路都在良好状态，则得出最优解，终止迭代，否则，跳到步骤 3）。

3）修正支路状态，随机在支路集里选取一个不良支路，应用标号方法，当存在流的增广回路时，改变在回路里的所有支路流 f_{ij}，没有流的增广回路时，在未标记节点调整 π 的数值，由此改变相对费用 $\overline{C_{ij}}$ 或$\overline{C_{ji}}$，这可能需要在流与相对费用之间交叉迭代，使不良状态支路进入良好状态，修正支路状态后，返回步骤 2）。

值得注意的是修正过程在有限次的迭代之后会收敛。

相对于一般的最小费用流算法，OKA 算法的主要特点是：

1）可以允许流具有非零的下限。

2）初始流不必是可行的或者零。

3）非负约束 $f_{ij} \geqslant 0$ 不再是限制，即流的值可以小于零（负数）。

5.5 非线性凸网络流规划算法

前面介绍的网络流规划算法都针对的是线性模型，本节讨论非线性凸网络流规划模型及其求解方法。非线性凸网络流规划的标准模型可表示为：

$$\min C = \sum_{ij} c(f_{ij}) \tag{5.54}$$

约束条件：

$$\sum_{j \in n} (f_{ij} - f_{ji}) = r_i \quad i \in n \tag{5.55}$$

$$L_{ij} \leqslant f_{ij} \leqslant U_{ij} \quad ij \in m \tag{5.56}$$

方程（5.55）可以表述如下：

$$\boldsymbol{Af} = \boldsymbol{r} \tag{5.57}$$

其中，$\boldsymbol{A}$ 是 $n \times (n+m)$ 矩阵，每一列对应于网络中的一个支路，每一行对应于网络中的一个节点。矩阵 $\boldsymbol{A}$ 可以分解为基矩阵与非基矩阵，类似于单纯形法，即：

$$\boldsymbol{A} = [\boldsymbol{B}, \boldsymbol{S}, \boldsymbol{N}] \tag{5.58}$$

其中，$\boldsymbol{B}$ 的每一列构成一个基；$\boldsymbol{S}$、$\boldsymbol{N}$ 则对应于非基支路，$\boldsymbol{S}$ 对应于支路流在对应限制范围内的非基支路，$\boldsymbol{N}$ 对应于流触及边界的非基支路。

其他变量也可按同样方法划分。即：

$$\boldsymbol{f} = [f_B, f_S, f_N] \tag{5.59}$$

$$g(\boldsymbol{f}) = [g_B, g_S, g_N] \tag{5.60}$$

$$\boldsymbol{G}(\boldsymbol{f}) = diag\,[G_B, G_S, G_N] \tag{5.61}$$

$$\boldsymbol{D} = [D_B, D_S, D_N] \tag{5.62}$$

其中 $g(\boldsymbol{f})$ 为目标函数一阶梯度；

$\boldsymbol{G}(f)$ 为目标函数海森矩阵；

$\boldsymbol{D}$ 为流变量空间的搜索方向。

为求解式（5.54）～式（5.56）组成的模型，首先用牛顿法计算流变量的搜索方向，将目标函数近似为二次函数，然后对近似的二次函数直接求其最小。

假设 $\boldsymbol{f}$ 是一个流的可行解，沿着变量空间的搜索方向步长为 $\beta=1$，则新可行解可表示为：

$$\boldsymbol{f}' = \boldsymbol{f} + \boldsymbol{D} \tag{5.63}$$

把方程（5.63）代入式（5.54）～式（5.56）组成的模型中，非线性凸网络流规划模型变为以下二次规划模型，在此模型中求解流变量的搜索方向。

$$\min C(\boldsymbol{D}) = \frac{1}{2}\boldsymbol{D}^{\mathrm{T}}\boldsymbol{G}(f)\boldsymbol{D} + g(f)^{\mathrm{T}}\boldsymbol{D} \tag{5.64}$$

约束条件：

$$\boldsymbol{AD} = 0 \tag{5.65}$$

$$D_{ij} \geqslant 0，当\ f_{ij} = L_{ij} \tag{5.66}$$

$$D_{ij} \leqslant 0，当\ f_{ij} = U_{ij} \tag{5.67}$$

式（5.64）～式（5.67）组成的是一个特殊的二次规划模型，有着网络流规划的形式，为加快计算速率，采用一种新的求解方法来取代通用二次规划算法，其主要计算步骤描述如下。

5.5.1 暂时忽略不等约束

先暂时忽略式（5.66）～式（5.67）。这种情况下意味着 $L_{ij} < f_{ij} < U_{ij}$，因此，根据相应非基支路的定义，$\boldsymbol{D}_N = 0$。

从式（5.65）可得：

$$\boldsymbol{AD} = [\boldsymbol{B},\boldsymbol{S},\boldsymbol{N}]\begin{bmatrix}\boldsymbol{D}_B \\ \boldsymbol{D}_S \\ 0\end{bmatrix} = 0 \tag{5.68}$$

从式（5.68）可得：

$$\boldsymbol{D}_B = -\boldsymbol{B}^{-1}\boldsymbol{S}\boldsymbol{D}_S \tag{5.69}$$

$$\boldsymbol{D} = \begin{bmatrix}-\boldsymbol{B}^{-1} & \boldsymbol{S} \\ & \boldsymbol{I}\end{bmatrix}\boldsymbol{D}_S = \boldsymbol{Z}\boldsymbol{D}_S \tag{5.70}$$

将方程（5.70）代入方程（5.64），得到：

$$\min C(\boldsymbol{D}) = \frac{1}{2}(\boldsymbol{Z}\boldsymbol{D}_S)^{\mathrm{T}}\boldsymbol{G}(\boldsymbol{f})(\boldsymbol{Z}\boldsymbol{D}_S) + g(\boldsymbol{f})^{\mathrm{T}}(\boldsymbol{Z}\boldsymbol{D}_S) \tag{5.71}$$

通过以 $\boldsymbol{D}_s$ 为变量对（5.71）进行最小值计算，式（5.64）～式（5.67）组成的模型可以变为无约束问题，可通过以下方程求得最优解。

$$\boldsymbol{D}_N = 0 \tag{5.72}$$

$$\boldsymbol{B}\boldsymbol{D}_B = -\boldsymbol{S}\boldsymbol{D}_B \tag{5.73}$$

$$(\boldsymbol{Z}^{\mathrm{T}}\boldsymbol{G}\boldsymbol{Z})\boldsymbol{D}_S = -\boldsymbol{Z}^{\mathrm{T}}\boldsymbol{g} \tag{5.74}$$

5.5.2 考虑不等约束

现在引入式（5.66）～式（5.67）。根据式（5.72）～式（5.74），$\boldsymbol{D}_s$ 可以通过式（5.74）求得，然后 $\boldsymbol{D}_B$ 可以通过式（5.73）求解，如果 $\boldsymbol{D}_B$ 超过式（5.66）和式（5.67）的限制，必须寻找其他基来计算新的流变量搜索方向，循环往复直到 D_B 满足约束式（5.66）和式（5.67）。

5.5.3 引入网络最大基

显然，上述方法中对 $\boldsymbol{D}_B$ 和 $\boldsymbol{D}_S$ 进行重复计算，类似于线性规划的旋转变换，不仅耗时，且没有改变目标函数的值。为了加速计算速度，采用新的方法先构造使 $\boldsymbol{D}_B$ 和 $\boldsymbol{D}_S$ 满足式（5.66）和式（5.67）约束的基，并寻求计算网络的最大基，即包含尽可能多的自由基支路。

网络最大基可以通过求解下列模型得到：

$$\max_{B}\sum_{ij} d_{ij}A_{ij} \tag{5.75}$$

其中：

$$d_{ij}=\begin{cases}1，当 ij 是自由支路，即支路 ij 上的流在其约束限制内；\\ 0，当 ij 不是自由支路，即支路 ij 上的流达到其约束边界。\end{cases}$$

$$A_{ij}=\begin{cases}1，当支路 ij 属于基 \boldsymbol{B}；\\ 0，当支路 ij 不属于基 \boldsymbol{B}。\end{cases}$$

假设基 B 是式（5.75）得到的最大基，如果自由非基支路需要调整流时，只需调整 B 里的自由支路流来满足式（5.75）。

最大基的引入指明了流调整方向，即根据最大基来调整流。通过选取最大基，式（5.66）和式（5.67）可以在流变量空间的搜索方向计算中一直是满足的。于是，式（5.64）～式（5.67）组成的二次规划模型等效于式（5.72）～式（5.74）组成的无约束问题。为进一步提高计算速度，式（5.72）～式（5.74）也可通过简约梯度法求解。

5.5.4 加权简约梯度算法

式（5.72）～式（5.74）可以表示为以下的紧凑形式：

$$(\boldsymbol{Z}^{\mathrm{T}}\boldsymbol{G}\boldsymbol{Z})\boldsymbol{D}=-\boldsymbol{Z}^{\mathrm{T}}\boldsymbol{g} \tag{5.76}$$

如果用单位矩阵取代海森矩阵（$\boldsymbol{Z}^{\mathrm{T}}\boldsymbol{G}\boldsymbol{Z}$），则可以得到：

$$\boldsymbol{V}=-\boldsymbol{Z}^{\mathrm{T}}\boldsymbol{g} \tag{5.77}$$

$$\boldsymbol{D}=\boldsymbol{Z}\boldsymbol{V} \tag{5.78}$$

其中，$\boldsymbol{V}$ 为负的简约梯度；$\boldsymbol{D}$ 为简约梯度方向。

简约梯度法的主要优点是：计算简单；需要的存储空间相对小。缺点是该方法为近似计算。因此简约梯度法有线性收敛速度。

为提高简约梯度法的收敛速度，选取可以容易得到逆的非单位正定矩阵，取代海森矩阵（$\boldsymbol{Z}^{\mathrm{T}}\boldsymbol{G}\boldsymbol{Z}$），这样得到一个新的带有权值的简约梯度，即：

$$\boldsymbol{M}\boldsymbol{V}=-\boldsymbol{Z}^{\mathrm{T}}\boldsymbol{g} \tag{5.79}$$

其中，$\boldsymbol{M}$ 为简约梯度的权值。

选取 Z 的初始值为：

$$\boldsymbol{Z}=\begin{bmatrix}-\boldsymbol{B}^{-1}\boldsymbol{S}\\ \boldsymbol{I}\\ \boldsymbol{0}\end{bmatrix} \tag{5.80}$$

将式（5.80）代入式（5.79），得到：

$$\boldsymbol{MV}=-\boldsymbol{Z}^{\mathrm{T}}g=-\left[-\boldsymbol{S}^{\mathrm{T}}(\boldsymbol{B}^{\mathrm{T}})^{-1},\boldsymbol{I},\boldsymbol{0}\right]\begin{bmatrix}g_B\\ g_S\\ g_N\end{bmatrix}=\boldsymbol{S}^{\mathrm{T}}(\boldsymbol{B}^{\mathrm{T}})^{-1}g_B-g_S \tag{5.81}$$

根据式（5.54）和式（5.57），得到以下拉格朗日函数：

$$L=\boldsymbol{C}(f)-\lambda(\boldsymbol{A}f-r) \tag{5.82}$$

其中，λ 为拉格朗日乘子。

根据最优化条件，得到：

$$\frac{\partial L}{\partial f}=0 \tag{5.83}$$

$$\frac{\partial \boldsymbol{C}(f)}{\partial f}-\boldsymbol{A}^{\mathrm{T}}\lambda=0 \tag{5.84}$$

即：

$$g(f)=\boldsymbol{A}^{\mathrm{T}}\lambda \tag{5.85}$$

展开上述方程，得到：

$$\begin{bmatrix}\boldsymbol{B}^{\mathrm{T}}\lambda\\ \boldsymbol{S}^{\mathrm{T}}\lambda\\ \boldsymbol{N}^{\mathrm{T}}\lambda\end{bmatrix}=\begin{bmatrix}g_B\\ g_S\\ g_N\end{bmatrix} \tag{5.86}$$

$$\boldsymbol{B}^{\mathrm{T}}\lambda=g_B \tag{5.87}$$

将式（5.87）代入式（5.81），得到：

$$\boldsymbol{MV}=\boldsymbol{S}^{\mathrm{T}}(\boldsymbol{B}^{\mathrm{T}})^{-1}\boldsymbol{B}^{\mathrm{T}}\lambda-g_S=\boldsymbol{S}^{\mathrm{T}}\lambda-g_S \tag{5.88}$$

总的来说，加权简约梯度法求解非线性凸网络流规划模型的计算步骤如下：

（1）由方程（5.87）计算 λ。

（2）由方程（5.88）计算 $\mathbf{V}$。

（3）由式（5.89）求解 $\boldsymbol{D}_S$。

$$\boldsymbol{D}_S=\begin{cases}0,\text{当}(f_S)_{ij}=L_{ij},V_{ij}<0\\ 0,\text{当}(f_S)_{ij}=U_{ij},V_{ij}>0\\ V_{ij},\text{其他}\end{cases} \tag{5.89}$$

（4）由式（5.73）求解 $\boldsymbol{D}_B$。

（5）计算新的流值 $f'=f+\boldsymbol{D}_B$。

实际计算中，需要处理与算法相关的几个参数：

（1）收敛标准。

收敛标准如式（5.90）所示。

$$\max|(\boldsymbol{S}^{\mathrm{T}}\lambda-g_S)_j|\leqslant\sigma \tag{5.90}$$

其中，σ 由要求的计算精度决定。

（2）选取权矩阵 $\boldsymbol{M}$。

选取海森矩阵 $\boldsymbol{Z}^{\mathrm{T}}\boldsymbol{G}\boldsymbol{Z}$ 的对角矩阵作为权矩阵 $\boldsymbol{M}$，即：

$$\boldsymbol{M} = diag\ (\boldsymbol{Z}^{\mathrm{T}}\boldsymbol{G}\boldsymbol{Z}) \tag{5.91}$$

（3）选取搜索步长。

假设沿着流变量空间的搜索方向步长为 $\beta = 1$，为加速收敛速度，使用以下方法计算最优搜索步长，即沿着流变量空间的搜索方向进行计算。

首先，由式（5.92）计算初始步长：

$$\beta^0 = -\frac{g^{\mathrm{T}}\boldsymbol{D}}{\boldsymbol{D}^{\mathrm{T}}\boldsymbol{G}\boldsymbol{D}} \tag{5.92}$$

接着根据式（5.93）计算最优步长：

$$\frac{g(f+\beta^* \boldsymbol{D})^{\mathrm{T}}\boldsymbol{D}}{|\ g(f)^{\mathrm{T}}\boldsymbol{D}\ |} \leqslant \omega, \quad 0 < \omega < 1 \tag{5.93}$$

同时 β^* 必须满足以下方程：

$$\boldsymbol{C}(f+\beta^* \boldsymbol{D}) - \boldsymbol{C}(f) \leqslant \eta, \quad 0 < \eta < 1 \tag{5.94}$$

如果以上式子不能满足，使用 β^* 的一半重新计算流直到方程满足。

问题与练习

1. 判断题。

（1）网络中的零流一定是可行的。

（2）并非所有的网络都有零流。

（3）所有网络流规划模型都是线性的。

（4）网络流必须是非负的。

（5）电网经济运行中的某些问题可用网络流规划模型表示。

（6）通常的网络流规划模型可以用线性线性规划求解的。

（7）求网络最大流可以不需要知道流的费用。

（8）网络流规划模型中约束必须大于或等于零。

2. 最短路问题、最大流问题可以看作最小费用流的特殊情况，请分析如何将最小费用流问题特化成最短路问题和最大流问题。

3. 运输问题和指派问题可以用最小费用流问题建模，请问如何将它们化为最小费用流问题？

4. 什么是网络流中的弱流边？

5. 下图表示一个网络，V_1 是源点，V_6 是汇点，每条边的容量如图中各边上的数据，寻求该网络的最大流。

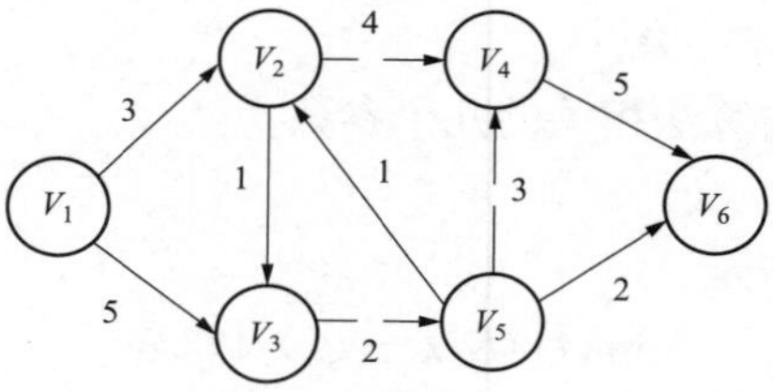

6. 下图表示一个网络，V_1是源点，V_5是汇点，每条边旁的两个数字分别表示该支路的容量和单位费用。寻求该网络的最小费用最大流。

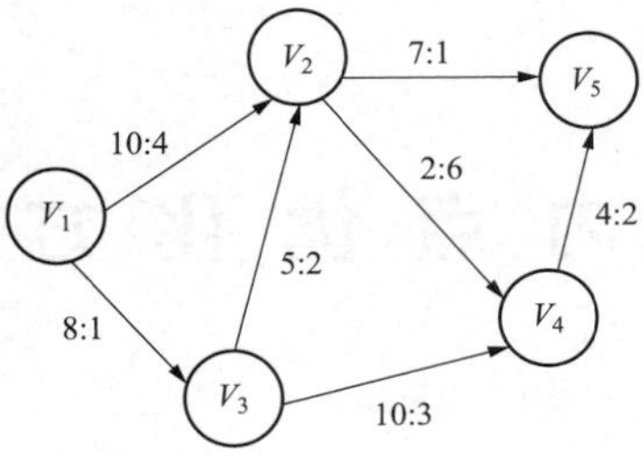

参 考 文 献

[1] M. Bazaraa，J. Jarvis，and H. Sherali. Linear Programming and Network Flows [M]. Wiley，New York. 1977.

[2] Lee T H，Thorne D H，Hill E F. A Transportation Method for Economic Dispatching - Application and Comparison [J]. Power Apparatus & Systems IEEE Transactions on，1980，PAS - 99 (6)：2373 - 2385.

[3] D. K. Smith. Network optimization practice [M]. Ellis Horwood，Chichester，UK，1982.

[4] E. Hobson，D. L. Fletcher，and W. O. Stadlin. Network flow linear programming techniques and their application to fuel scheduling and contingency analysis [J]. IEEE Trans.，PAS，1984，Vol. 103：1684 - 1691.

[5] 詹森．巴恩斯．网络流规划 [M]. 北京，科学出版社，1988.

[6] 朱继忠，徐国禹．网流技术的不良状态校正法用于安全有功经济调度 [J]. 重庆大学学报，1988 (2)：10 - 16.

[7] 徐国禹，朱继忠．用网络规划法进行事故自动选择 [J]. 重庆大学学报，1988 (3)：65 - 71.

[8] 朱继忠，徐国禹．多发电计划有功安全经济调度的网流算法 [J]. 控制与决策，1989 (5)：14 - 18.

[9] 朱继忠，徐国禹．安全经济自动发电控制的网流算法 [J]. 控制与决策，1990 (a01)：35 - 40.

[10] 朱继忠，徐国禹．用网流法求解电力系统动态经济调度 [J]. 系统工程学报，1991 (1)：33 - 40.

[11] 朱继忠，徐国禹．有功安全经济调度的凸网流规划模型及其求解 [J]. 控制与决策，1991 (1)：48 - 52.

[12] 朱继忠，徐国禹．网络理论用于电力系统最优负荷削减 [J]. 系统工程理论与实践，1991，11 (1)：42 - 48.

[13] J. Z. Zhu and G. Y. Xu. Network flow model of multi - generation plan for on - line economic dispatch with security [J]. Modeling，Simulation & Control，A，1991，32 (1)：49 - 55.

[14] 朱继忠，徐国禹．用网流法求解水火电力系统有功负荷分配 [J]. 系统工程理论与实践，1995，15 (1)：69 - 73.

[15] J. Z. Zhu and J. A. Momoh. Security constrained economic power dispatch using nonlinear convex network flow programming [J]. Proceedings of IEEE 29th North American Power Symposium，Wyoming，USA，1997：259 - 264.

[16] Zhu J，Momoh J A. Multi - area power systems economic dispatch using nonlinear convex network flow programming [J]. Electric Power Systems Research，2001，59 (1)：13 - 20.

[17] Zhu J Z. VAR pricing computation in multi - areas by nonlinear convex network flow programming [J]. Electric Power Systems Research，2003，65 (2)：129 - 134.

6 内点优化方法

6.1 内点法简介

内点法（Interior Point Method，IPM）是一种求解线性规划或非线性凸优化问题的算法。它是由 John von Neumann 发明的，他利用戈尔丹的线性齐次系统提出了这种新的求解方法，后被 Narendra Karmarkar 于 1984 年推广应用到线性规划，即 Karmarkar 算法。自从 Karmarkar 的著名算法梯度投影算法发表以来，其理论上的多项式收敛性及实际计算的有效性，使得内点算法成为近十多年来优化界研究的热点。现在内点算法大致可分为三种类型：梯度投影算法、仿射尺度算法和路径跟踪算法。仿射尺度算法用简单的仿射变换替代 Karmarkar 原来的投影变换，并直接求解标准形式的线性规划问题。仿射尺度算法的特点是结构简单，易于实现，计算效果好。但是，该算法的收敛性证明却十分困难。

本章首先根据 Karmarkar 梯度投影算法介绍梯度投影算法的基本原理，进而引出内点法在线性规划中的应用和对偶仿射法应用，最后介绍内点法在非线性规划中的应用及其相关的罚函数法和障碍函数法等。

6.2 Karmarkar 梯度投影算法

6.2.1 梯度投影算法的基本原理

考虑最优化问题：

$$\begin{cases}\min f(x)\\ \text{s. t. } A^{\mathrm{T}}x \geqslant b\end{cases} \tag{6.1}$$

其中：

$$A = (a_1, a_2, \cdots, a_m) \in R^{n\times m}$$
$$b = (b_1, b_2, \cdots, b_m)^{\mathrm{T}}$$

设该优化问题的可行域记为 S，对任意 $x \in S$，令

$$I(x) = \{i \mid a_i^{\mathrm{T}}x = b_i, 1 \leqslant i \leqslant m\} \tag{6.2}$$

定理 1：设 $x \in S$，则 $d \in R^n$ 。x 处的可行方向的充分必要条件是：

$$a_i^{\mathrm{T}}d \geqslant 0,\quad i \in I(x) \tag{6.3}$$

推论 1：设 d 是在 $x \in S$ 处的可行方向，令 $\alpha_0 = \{\min \left\{ \dfrac{(A_2^{\mathrm{T}}x - b_2)_i}{-(A^{\mathrm{T}}d)_i}, (A_2^{\mathrm{T}} < d) \right\}$ 则对任

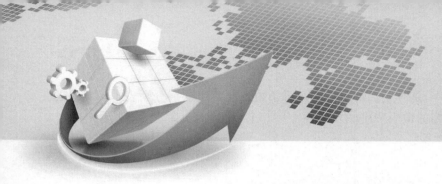

意 $\alpha \in (0,\alpha_0)$，有 $x+\alpha d \in \boldsymbol{S}$。

定义 1：设 $\boldsymbol{P}$ 是 n 阶实对称矩阵，如果 $\boldsymbol{P}^2=\boldsymbol{P}$，则称 $\boldsymbol{P}$ 是投影矩阵。

定理 2：设 $\boldsymbol{P}$ 是 n 阶投影矩阵，则：

（1）P 是半正定矩阵。

（2）$\boldsymbol{Q}=\boldsymbol{I}-\boldsymbol{P}$ 也是投影矩阵。

（3）线性子空间 $\boldsymbol{R}(\boldsymbol{P})$ 与 $\boldsymbol{R}(\boldsymbol{Q})$ 正交，其中：

$$\boldsymbol{R}(\boldsymbol{P}) = \{\{y = \boldsymbol{P}x \mid x \in R^n\}\}, \boldsymbol{R}(\boldsymbol{Q}) = \{\{z = \boldsymbol{Q}x \mid x \in R^n\}\} \tag{6.4}$$

（4）对任意 $x \in R^n$，有唯一分解式 $x = y+z, y \in R(P), z \in R(Q)$

定理 3：设 $x \in S$ 且 $I(x) = (i_1, i_2, \cdots, i_k)$，记 $A_k = (a_1, a_2, \cdots, a_k)$，如果 $rank(A_k) = k$，则：

（1）$\boldsymbol{P}_k = \boldsymbol{I} - \boldsymbol{A}_k(\boldsymbol{A}_k^{\mathrm{T}}\boldsymbol{A}_k)^{-1}\boldsymbol{A}_k^{\mathrm{T}}$ 是投影矩阵。

（2）当 $\boldsymbol{P}\Delta f(x^{(k)}) \neq 0$ 时，$d = -\boldsymbol{P}\Delta f(x^{(k)})$ 是在 x 处的可行下降方向。

定理 4：设 $x \in S$ 满足定理 3 的条件且 $\boldsymbol{P}\Delta f(x^{(k)}) = 0, \lambda = (\boldsymbol{A}_k^{\mathrm{T}}\boldsymbol{A}_k)\boldsymbol{A}_k^{\mathrm{T}}\Delta f(x) = (\lambda_{i_1}, \cdots \lambda_{i_2}, \cdots, \lambda_{i_k})^{\mathrm{T}}$

（1）如果 $\lambda \geqslant 0$，则 x 是所求的 K—T 点；

（2）如果 $\lambda_{i_r} < 0$，令 $\boldsymbol{A}_{k-1} = (a_{i_1}, a_{i_2}, \cdots, a_{i_k})$，$\boldsymbol{P}_{k-1} = I - \boldsymbol{A}_{k-1}(\boldsymbol{A}_{k-1}^{\mathrm{T}}\boldsymbol{A}_{k-1})^{-1}\boldsymbol{A}_{k-1}^{\mathrm{T}}$，则 $\boldsymbol{P}_{k-1}$ 是投影矩阵，且 $d = -\boldsymbol{P}_{k-1}\Delta f(x)$ 是所求解在 x 处的可行下降方向。

Karmarkar 梯度投影算法的具体步骤如下：

1）取初始可行点 $x^{(0)}$，允许误差 $\varepsilon > 0$，令 $k=0$。

2）计算 $I(x^{(k)})$，将 $\boldsymbol{A}$ 和 $\boldsymbol{b}$ 划分为：$\boldsymbol{A} = (\boldsymbol{A}_1, \boldsymbol{A}_2)$，$\boldsymbol{b} = \begin{pmatrix} b_1 \\ b_2 \end{pmatrix}$，使得 $A_1^{\mathrm{T}}x^{(k)} = b_1, A_2^{\mathrm{T}}x^{(k)} = b_2$。

3）如果 $I(x^{(k)}) = \phi$，令 $\boldsymbol{P} = \boldsymbol{I}$，否则，令 $\boldsymbol{P} = \boldsymbol{I} - \boldsymbol{A}_1(\boldsymbol{A}_1^{\mathrm{T}}\boldsymbol{A}_1)^{-1}\boldsymbol{A}_1^{\mathrm{T}}$。

4）令 $d^{(k)} = -\boldsymbol{P}\Delta f(x^{(k)})$，若 $|d^{(k)}| \leqslant \varepsilon$，则转至 6)，否则转至下一步。

5）求 $a_k > 0$，使得 $f(x^{(k)} + \alpha_k d^{(k)}) = \min\limits_{0 \leqslant \alpha \leqslant \alpha_0} f(x^{(k)} + \alpha_k d^{(k)}) = \min\limits_{0 \leqslant \alpha \leqslant \alpha_0} f(x^{(k)} + \alpha d^{(k)})$，其中 $\alpha_0 = \begin{cases} +\infty, \boldsymbol{A}_2^{\mathrm{T}}d \geqslant 0 \\ \min\left\{ \dfrac{(\boldsymbol{A}_2^{\mathrm{T}}x - b_2)_i}{-(\boldsymbol{A}_2^{\mathrm{T}}d)_i}, (\boldsymbol{A}_2^{\mathrm{T}}d < 0) \right\} \end{cases}$，否则令 $x^{(k+1)} = x^{(k)} + \alpha_k d^{(k)}, k = k+1$，转至 2)。

6）计算 $\lambda = (\boldsymbol{A}_1^{\mathrm{T}}A_1)^{-1}\boldsymbol{A}_1^{\mathrm{T}}\Delta f(x^{(k)})$，若 $\lambda \geqslant 0$，则 $x^{(k)}$ 是 K—T 点，停止计算；否则，令 $\lambda_{i_r} = \min\{\lambda_{i_r}\} < 0, A_1 = (a_{i_1}, \cdots, a_{i_{r-1}}, a_{i_{r+1}}, \cdots, a_{i_k})$

$\boldsymbol{P} = \boldsymbol{I} - \boldsymbol{A}_1(\boldsymbol{A}_1^{\mathrm{T}}\boldsymbol{A}_1)^{-1}\boldsymbol{A}_1^{\mathrm{T}}, d^{(k)} = -\boldsymbol{P}\Delta f(x^{(k)})$，转至 5)。

Karmarkar 梯度投影算法也是一种迭代方法，它是基于直观的映射尺度变换进行计算，该算法有三个特点：

（1）通过可行区域的内部朝向寻求最优解。

（2）以最快的速度向能够改善目标函值的方向移动。

（3）在可行区域以内中心点附近开始寻优搜索，提高收敛速度。

梯度投影算法的概念可用图 6.1 表示。

下面举例说明内点法迭代过程。

［例 6.1］

$Max \qquad p = 2x_1 + 3x_2$

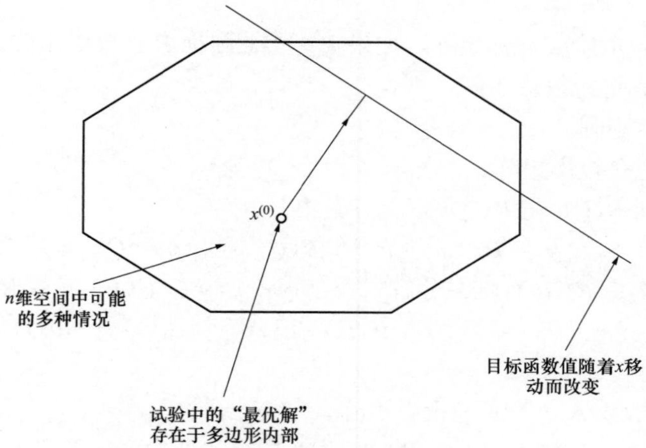

图 6.1 梯度投影算法的基本概念

$$\text{约束}\quad \begin{cases} 3x_1 + 4x_2 \leqslant 12 \\ x_1 \geqslant 0 \end{cases}$$

求解得 $x_1 = 0, x_2 = 3$，这里给出使用内点法的求解步骤并只列出一次迭代的全过程。首先将不等式约束改变为等式约束，方法是将松弛变量 x_3 加入到约束中，形式如下：

$$3x_1 + 4x_2 + x_3 = 12$$

$$\boldsymbol{P} = \boldsymbol{C}^{\mathrm{T}}\boldsymbol{x}$$

$$C^{\mathrm{T}} = [2 \quad 3 \quad 0]$$

用矩阵形式表示为：

$$\boldsymbol{Ax} = \boldsymbol{b}, \boldsymbol{A} = [3 \quad 4 \quad 1], \boldsymbol{b} = [1 \quad 2]$$

$$\boldsymbol{x} = \begin{bmatrix} x_1 \\ x_2 \\ x_3 \end{bmatrix}$$

第一次迭代，选择初始值 $\boldsymbol{x} = [1,2,1]^{\mathrm{T}}$，则有：

$$\boldsymbol{P} = \boldsymbol{C}^{\mathrm{T}}\boldsymbol{x} = [2 \quad 3 \quad 0]\begin{bmatrix} 1 \\ 2 \\ 1 \end{bmatrix} = 8$$

得到方阵 $\boldsymbol{D} = diag(\boldsymbol{x}) \Rightarrow \boldsymbol{D} = \begin{bmatrix} 1 & 0 & 0 \\ 0 & 2 & 0 \\ 0 & 0 & 1 \end{bmatrix}$

$$\tilde{\boldsymbol{x}} = \boldsymbol{D}^{-1}\boldsymbol{x} = \begin{bmatrix} 1 & 0 & 0 \\ 0 & 0.5 & 0 \\ 0 & 0 & 1 \end{bmatrix}\begin{bmatrix} 1 \\ 2 \\ 1 \end{bmatrix} = \begin{bmatrix} 1 \\ 1 \\ 1 \end{bmatrix}$$

$$\widetilde{\boldsymbol{A}} = \boldsymbol{AD}[3 \quad 4 \quad 1]\begin{bmatrix} 1 & 0 & 0 \\ 0 & 2 & 0 \\ 0 & 0 & 1 \end{bmatrix} = [3 \quad 8 \quad 1]$$

计算：

$$\widetilde{\boldsymbol{A}}\widetilde{\boldsymbol{A}}^{\mathrm{T}}=\begin{bmatrix}3 & 8 & 1\end{bmatrix}\begin{bmatrix}3\\8\\1\end{bmatrix}=74$$

$$\boldsymbol{P}=\boldsymbol{I}-\widetilde{\boldsymbol{A}}^{\mathrm{T}}(\widetilde{\boldsymbol{A}}\widetilde{\boldsymbol{A}}^{\mathrm{T}})^{-1}\widetilde{A}=\boldsymbol{I}-\frac{1}{74}\begin{bmatrix}3\\8\\1\end{bmatrix}\begin{bmatrix}3 & 8 & 1\end{bmatrix}$$

$$\boldsymbol{P}=\boldsymbol{I}-\frac{1}{74}\begin{bmatrix}9 & 24 & 3\\24 & 64 & 8\\3 & 8 & 1\end{bmatrix}=\frac{1}{74}\begin{bmatrix}65 & -24 & -3\\-24 & 10 & -8\\-3 & -8 & 73\end{bmatrix}$$

$$\widetilde{\boldsymbol{C}}=\boldsymbol{D}\boldsymbol{C}=\begin{bmatrix}1 & 0 & 0\\0 & 2 & 0\\0 & 0 & 1\end{bmatrix}\begin{bmatrix}2\\3\\0\end{bmatrix}=\begin{bmatrix}2\\6\\0\end{bmatrix}$$

$$\boldsymbol{C}_P=\boldsymbol{P}\widetilde{\boldsymbol{C}}=\frac{1}{74}\begin{bmatrix}65 & -24 & -3\\-24 & 10 & -8\\-3 & -8 & 73\end{bmatrix}\begin{bmatrix}2\\6\\0\end{bmatrix}$$

$$\boldsymbol{C}_P=\frac{1}{74}\begin{bmatrix}-14\\12\\-54\end{bmatrix}\Rightarrow\gamma=\frac{54}{74}$$

$$\widetilde{x}^{new}=\widetilde{x}^{old}+\frac{\alpha}{\gamma}C_P$$

这里 α 是一个（0，1）之间的常数，我们选择 α 为 0.9。

$$\widetilde{x}^{new}=\begin{bmatrix}1\\1\\1\end{bmatrix}+\left(\frac{0.9}{54/74}\right)\left(\frac{1}{74}\right)\begin{bmatrix}-14\\12\\-54\end{bmatrix}=\begin{bmatrix}0.767\\1.2\\0.1\end{bmatrix}$$

$$x^{new}=\boldsymbol{D}\widetilde{x}^{new}=\begin{bmatrix}1 & 0 & 0\\0 & 2 & 0\\0 & 0 & 1\end{bmatrix}\begin{bmatrix}0.767\\1.2\\0.1\end{bmatrix}=\begin{bmatrix}0.767\\2.4\\0.1\end{bmatrix}$$

$$p^{new}=\boldsymbol{C}^{\mathrm{T}}x^{new}=\begin{bmatrix}2 & 3 & 0\end{bmatrix}\begin{bmatrix}0.767\\2.4\\0.1\end{bmatrix}=8.734$$

那么目标函数将变成：

$$\Delta P=8.734-8=0.734$$

重复前面的迭代步骤，直到目标函数的变化值忽略不计。

下面用图解法演示内点法的计算步骤。

[例 6.2] 用内点法图解法求解下列线性规划问题

$$Max \quad Z=x_1+2x_2$$

$$\text{约束为}\quad\begin{cases}x_1+x_2\leqslant 8\\x_1\geqslant 0,\ x_2\geqslant 0\end{cases}$$

解： 将上述线性规划问题用图 6.2 表示。

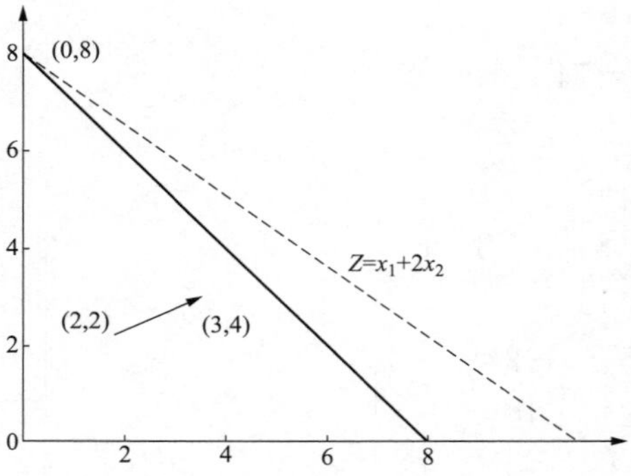

图 6.2　内点法的图解说明

初始解存在于可行域 $x_1=0, x_2=0, x_1+x_2=8$ 内部，即解的范围不能任意选择。于是选择初始解为 $x_1^0, x_2^0=[2,2]$。

让向量 $x_{final}, y_{final}=(2,2)+(1,2)$ 垂直于目标函数线 $Z=x_1+2x_2$，并朝着目标函数线方向移动。其中向量（1，2）是目标函数的梯度（也就是目标函数的系数），这定义了移动的方向（不是大小）。

6.2.2　内点法在线性规划问题中的应用

如果使用矩阵方法，并引入松弛变量，线性规划（6.1）可以写成增广形式

$$\max \quad \boldsymbol{Z}=\boldsymbol{c}^{\mathrm{T}}\boldsymbol{x}$$

$$\text{约束为} \quad \boldsymbol{Ax}=\boldsymbol{b}, \quad \boldsymbol{x}\geqslant 0$$

将［例 6.2］问题写成增广形式

$$\max \quad Z=x_1+2x_2$$

$$\text{约束为} \quad x_1+x_2+x_3=8, \quad x_1\geqslant 0, x_2\geqslant 0, x_3\geqslant 0$$

其中：

$$\boldsymbol{c}=\begin{bmatrix}1\\2\\0\end{bmatrix}, \boldsymbol{x}=\begin{bmatrix}x_1\\x_2\\x_3\end{bmatrix}, \boldsymbol{A}=[1 \quad 1 \quad 1], \boldsymbol{c}^{\mathrm{T}}=[1 \quad 2 \quad 0]$$

$\boldsymbol{b}=[8]$，　$\boldsymbol{0}=[0,0,\cdots 0]^{\mathrm{T}}$

$\boldsymbol{c}^{\mathrm{T}}=[1 \quad 2 \quad 0]$ 是目标函数的梯度。

图 6.3 是用内点法图形投影显示线性规划问题的增广形式。

根据内点法思想，每一个 x_j 都有作用去迫使另一个 x 远离可行域边界三条线中的一条。其具体解算方法如下：

设初始解为 $(x_1, x_2, x_3)=(2,2,4)$。加入梯度［1，2，0］使其垂直于给定的线。

$(x_1{}^F, x_2{}^F, x_3{}^F)=[2,2,4]+[1,2,0]=[3,4,4]$

由于初始解（2，2，4）不在可行域内，内点算法求解时不能从（2，2，4）移到［3，4，4］。

检查是否 $x_1=3$，$x_2=4$：$x_3\neq 4, 8-3-4=1$ 但垂直线与三角形相交与点（2，3，3），即（2，3，3）=（2，2，4）+（0，1，－1）。因此，投影梯度由原始 $\boldsymbol{c}^{\mathrm{T}}$ 变为 $\boldsymbol{c}_{new}^{\mathrm{T}}=[0,1,-1]$。这样就定义了所示算法方向的梯度。详细计算如下：

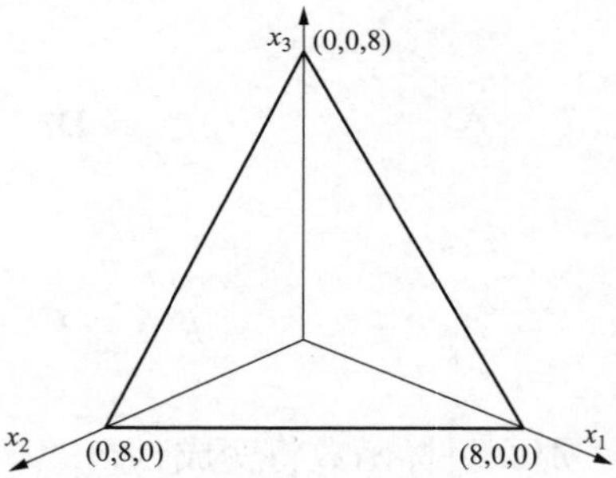

图 6.3　内点法图形投影表示

构造 $\boldsymbol{c}_{new}^{\mathrm{T}}$。

投影矩阵 $\boldsymbol{P}=\boldsymbol{I}-\boldsymbol{A}^{\mathrm{T}}(\boldsymbol{AA}^{\mathrm{T}})^{-1}\boldsymbol{A}$

投影梯度为 $\boldsymbol{c}_P=\boldsymbol{P}c$，即：

$$P = \begin{bmatrix}1&0&0\\0&1&0\\0&0&1\end{bmatrix} - \begin{bmatrix}1\\1\\1\end{bmatrix}\left(\begin{bmatrix}1&1&1\end{bmatrix}\begin{bmatrix}1\\1\\1\end{bmatrix}\right)^{-1}\begin{bmatrix}1&1&1\end{bmatrix}$$

$$= \begin{bmatrix}1&0&0\\0&1&0\\0&0&1\end{bmatrix} - \frac{1}{3}\begin{bmatrix}1\\1\\1\end{bmatrix}\begin{bmatrix}1&1&1\end{bmatrix}$$

$$= \begin{bmatrix}1&0&0\\0&1&0\\0&0&1\end{bmatrix} - \frac{1}{3}\begin{bmatrix}1&1&1\\1&1&1\\1&1&1\end{bmatrix} = \begin{bmatrix}\frac{2}{3}&-\frac{1}{3}&-\frac{1}{3}\\-\frac{1}{3}&\frac{2}{3}&-\frac{1}{3}\\-\frac{1}{3}&-\frac{1}{3}&\frac{2}{3}\end{bmatrix}$$

$$\boldsymbol{c}_P = \boldsymbol{Pc} = \begin{bmatrix}\frac{2}{3}&-\frac{1}{3}&-\frac{1}{3}\\-\frac{1}{3}&\frac{2}{3}&-\frac{1}{3}\\-\frac{1}{3}&-\frac{1}{3}&\frac{2}{3}\end{bmatrix}\begin{bmatrix}1\\2\\0\end{bmatrix} = \begin{bmatrix}0\\1\\-1\end{bmatrix}$$

下面公式中 α 从 0 开始变化，在投影梯度（0，1，1）方向移动（2，2，4），即

$$x = \begin{bmatrix}2\\2\\4\end{bmatrix} + 4\alpha c_p = \begin{bmatrix}2\\2\\4\end{bmatrix} + 4\alpha\begin{bmatrix}0\\1\\-1\end{bmatrix}$$

式中的系数 4 用于简单地给出 α 的上界 1 以保持解的可行性（所有 $x_j \geqslant 0$）。因此 α 测量离开可行区域之前可以移动的距离。对于 α 的取值，一般建议在计算时接近可行区域的中心或附近的地方更利于求解，而不取太接近任何约束边界。Karmarker 在他的算法中建议 $\alpha = 0.25$。

例如 $\boldsymbol{AX} = \boldsymbol{B}$ 中，$x_1 + x_2 + x_3 = 8$，初始解为 $(x_1, x_2, x_3) = (2,2,4)$，这代表 x_1 在矢量 $(x_1, x_2, x_3) = (2,2,4)$ 移动 2 个单位，x_2 移动 2 个单位，x_3 移动 4 个单位。通过尺度缩小变化属性得

$$\widetilde{x}_1 = \frac{x_1}{2},\ \widetilde{x}_2 = \frac{x_2}{2},\ \widetilde{x}_3 = \frac{x_3}{4}$$

由 $(x_1, x_2, x_3) = (2, 2, 4)$ 得 $(\widetilde{x}_1, \widetilde{x}_2, \widetilde{x}_3) = (1, 1, 1)$

从而得到新的线性规划问题：

$$\max \boldsymbol{Z} = 2\widetilde{x}_1 + 4\widetilde{x}_2$$

约束于 $2\widetilde{x}_1 + 2\widetilde{x}_2 + 4\widetilde{x}_3 = 8,\ x_i \geqslant 0$

上述问题用图 6.4 表示。

得到 $(1,1,1) \rightarrow \widetilde{x}_1 = 1, \widetilde{x}_2 = 1, \widetilde{x}_3 = 1$。对于每个后续的迭代，再次进行尺度缩小变化以实现相同的属性，因此在当前坐标中的解始终是（1，1，1）。

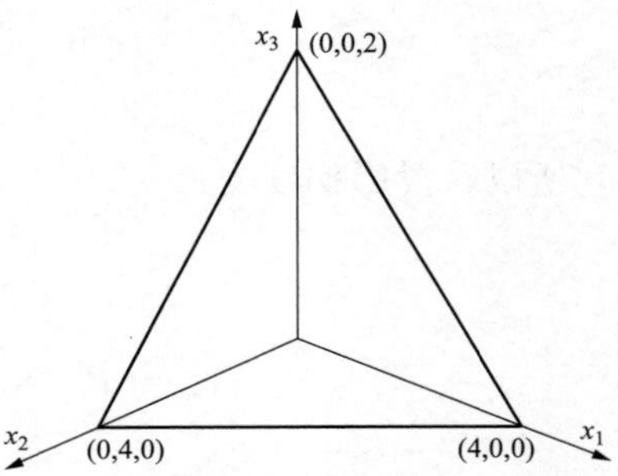

图 6.4 内点法图形投影表示

6.2.3 算法总结和说明

现通过对算例的第一次迭代来总结和演示算法，然后给出一般过程的计算步骤，最后将这个总结应用到第二次迭代中。

第一次迭代：给定初始解（x_1，x_2，x_3）＝（2，2，4），假设$\boldsymbol{D}$为相应的对角矩阵$\boldsymbol{x}=\widetilde{\boldsymbol{D}}\boldsymbol{x}$，有：

$$\boldsymbol{D}=\begin{bmatrix}2&0&0\\0&2&0\\0&0&4\end{bmatrix}$$

然后重新计算变量：

$$\tilde{\boldsymbol{x}}=\boldsymbol{D}^{-1}\boldsymbol{x}=\begin{bmatrix}\frac{1}{2}&0&0\\0&\frac{1}{2}&0\\0&0&\frac{1}{4}\end{bmatrix}\begin{bmatrix}x_1\\x_2\\x_3\end{bmatrix}=\begin{bmatrix}\frac{x_1}{2}\\\frac{x_2}{2}\\\frac{x_3}{4}\end{bmatrix}$$

在这些新的坐标下，$\boldsymbol{A}$和$\boldsymbol{c}$变为：

$$\widetilde{\boldsymbol{A}}=\boldsymbol{A}\boldsymbol{D}=[1\quad1\quad1]\begin{bmatrix}2&0&0\\0&2&0\\0&0&4\end{bmatrix}=[2\quad2\quad4]$$

$$\tilde{\boldsymbol{c}}=\boldsymbol{D}\boldsymbol{c}=\begin{bmatrix}2&0&0\\0&2&0\\0&0&4\end{bmatrix}\begin{bmatrix}1\\2\\4\end{bmatrix}=\begin{bmatrix}2\\4\\0\end{bmatrix}$$

因此，对应的投影矩阵为：

$$\begin{aligned}\boldsymbol{P}&=\boldsymbol{I}-\widetilde{\boldsymbol{A}}^{\mathrm{T}}(\widetilde{\boldsymbol{A}}\widetilde{\boldsymbol{A}}^{\mathrm{T}})^{-1}\widetilde{\boldsymbol{A}}\\&=\begin{bmatrix}1&0&0\\0&1&0\\0&0&1\end{bmatrix}-\begin{bmatrix}2\\2\\4\end{bmatrix}\left([2\quad2\quad4]\begin{bmatrix}2\\2\\4\end{bmatrix}\right)^{-1}[2\quad2\quad4]\\&=\begin{bmatrix}1&0&0\\0&1&0\\0&0&1\end{bmatrix}-\frac{1}{24}\begin{bmatrix}4&4&8\\4&4&8\\8&8&16\end{bmatrix}=\begin{bmatrix}\frac{5}{6}&-\frac{1}{6}&-\frac{1}{3}\\-\frac{1}{6}&\frac{5}{6}&-\frac{1}{3}\\-\frac{1}{3}&-\frac{1}{3}&\frac{1}{3}\end{bmatrix}\end{aligned}$$

所以，投影梯度为：

$$\boldsymbol{c}_p=\boldsymbol{P}_{\tilde{c}}=\begin{bmatrix}\frac{5}{6}&-\frac{1}{6}&-\frac{1}{3}\\-\frac{1}{6}&\frac{5}{6}&-\frac{1}{3}\\-\frac{1}{3}&-\frac{1}{3}&\frac{1}{3}\end{bmatrix}\begin{bmatrix}2\\2\\4\end{bmatrix}=\begin{bmatrix}1\\3\\-2\end{bmatrix}$$

将 v 定义为 $\boldsymbol{c}_p$ 的负分量的最大绝对值。因此，在当前坐标下，该算法从当前求解方案 $(\widetilde{x_1},\widetilde{x_2},\widetilde{x_3})=(1,1,1)$ 转变为：

$$\widetilde{\boldsymbol{x}}=\begin{bmatrix}1\\1\\1\end{bmatrix}+\frac{\alpha}{v}\boldsymbol{c}_p=\begin{bmatrix}1\\1\\1\end{bmatrix}+0.5\begin{bmatrix}1\\3\\-2\end{bmatrix}=\begin{bmatrix}\frac{5}{4}\\\frac{7}{4}\\\frac{1}{2}\end{bmatrix}$$

该问题的解为：

$$\begin{bmatrix}x_1\\x_2\\x_3\end{bmatrix}=\boldsymbol{D}\widetilde{\boldsymbol{x}}=\begin{bmatrix}2&0&0\\0&2&0\\0&0&4\end{bmatrix}\begin{bmatrix}\frac{5}{4}\\\frac{7}{4}\\\frac{1}{2}\end{bmatrix}=\begin{bmatrix}\frac{5}{2}\\\frac{7}{2}\\2\end{bmatrix}$$

这样就完成了迭代，这个新的解将被用于下一次迭代中。因此这些步骤可归纳如下（适合于任何一次迭代）：

步骤 1：给定现在的初始解 $(x_1,x_2,x_3)=\left(\frac{5}{2},\frac{7}{2},2\right)$，设：

$$\boldsymbol{D}=\begin{bmatrix}\frac{5}{2}&0&0\\0&\frac{7}{2}&0\\0&0&2\end{bmatrix}$$

则变量为：

$$\begin{bmatrix}\widetilde{x_1}\\\widetilde{x_2}\\\widetilde{x_3}\end{bmatrix}=\boldsymbol{D}^{-1}\boldsymbol{x}=\begin{bmatrix}x_1\\x_2\\x_3\end{bmatrix}=\begin{bmatrix}\frac{2}{5}x_1\\\frac{2}{7}x_2\\\frac{1}{2}x_3\end{bmatrix}$$

因此，在新坐标系下的基本可行解为：

$$\widetilde{\boldsymbol{x}}=\boldsymbol{D}^{-1}\begin{bmatrix}8\\1\\1\end{bmatrix}=\begin{bmatrix}\frac{16}{5}\\1\\1\end{bmatrix},\quad \widetilde{\boldsymbol{x}}=\boldsymbol{D}^{-1}\begin{bmatrix}0\\8\\0\end{bmatrix}=\begin{bmatrix}0\\\frac{16}{7}\\0\end{bmatrix},\quad \widetilde{\boldsymbol{x}}=\boldsymbol{D}^{-1}\begin{bmatrix}0\\0\\8\end{bmatrix}=\begin{bmatrix}0\\0\\4\end{bmatrix}$$

步骤 2：计算新的矩阵。

$$\widetilde{\mathbf{A}}=\boldsymbol{A}\boldsymbol{D}=\begin{bmatrix}\frac{5}{2}&\frac{7}{2}&2\end{bmatrix}\quad 且\ \widetilde{\boldsymbol{c}}=\boldsymbol{D}\boldsymbol{c}=\begin{bmatrix}\frac{5}{2}\\7\\0\end{bmatrix}$$

步骤 3：

$$\boldsymbol{P}=\begin{bmatrix}\frac{13}{18} & \frac{-7}{18} & \frac{-2}{9}\\ \frac{-7}{18} & \frac{41}{90} & \frac{-14}{45}\\ \frac{-2}{9} & \frac{14}{45} & \frac{37}{45}\end{bmatrix}\quad 且\ \boldsymbol{c}_p=\begin{bmatrix}-\frac{11}{12}\\ \frac{133}{60}\\ -\frac{41}{15}\end{bmatrix}$$

步骤 4：在步骤 3 中 $\left|-\frac{41}{15}>\left|-\frac{11}{12}\right|\right|$，因此 $v=\frac{41}{15}$，有：

$$\tilde{\boldsymbol{x}}=\begin{bmatrix}8\\1\\1\end{bmatrix}+\frac{0.5}{\frac{41}{15}}=\begin{bmatrix}-\frac{11}{12}\\ \frac{133}{60}\\ -\frac{41}{15}\end{bmatrix}=\begin{bmatrix}\frac{273}{328}\\ \frac{461}{328}\\ \frac{1}{2}\end{bmatrix}\approx\begin{bmatrix}0.83\\1.40\\0.50\end{bmatrix}$$

步骤 5：计算新的解。

$$\boldsymbol{x}=\boldsymbol{D}\tilde{\boldsymbol{x}}=\begin{bmatrix}\frac{1365}{656}\\ \frac{3227}{656}\\ 1\end{bmatrix}\approx\begin{bmatrix}2.08\\4.92\\1.00\end{bmatrix}$$

迭代 2 的解为迭代 3 的初始解。

6.2.4 对偶仿射法应用

Karmarkar 所提出的初始和对偶内点法都可以看作是应用于原始或对偶问题的对数障碍法的特例。本节主要介绍对偶和原始仿射方法解决的问题及其算法。

6.2.4.1 对偶仿射法

对偶仿射法的优化问题表示为：

$$\max\ \boldsymbol{c}^{\mathrm{T}}\boldsymbol{x}$$
$$\text{s. t. } \boldsymbol{Ax}\leqslant\boldsymbol{b} \tag{6.5}$$

对偶仿射法的计算步骤如下：

步骤 1：初始化。

$$令\ k=0, x^0>0, \boldsymbol{A}x^0=\boldsymbol{b}$$

步骤 2：获得变换方向。

$$\boldsymbol{V}_k=\boldsymbol{b}-\boldsymbol{A}x^k$$

步骤 3：确定其无界性。

$$\boldsymbol{D}_k=diag\left(\frac{1}{v_1^k},\cdots,\frac{1}{v_m^k}\right)$$

步骤 4：原始估计的计算。

$$dx=(\boldsymbol{A}^{\mathrm{T}}\boldsymbol{D}_k{}^2\boldsymbol{A})^{-1}\boldsymbol{C}, dx=-\boldsymbol{A}dx$$

步骤 5：最优性检查。

$$y^k=-\boldsymbol{D}_k{}^2dx$$

$y^k \leqslant \varepsilon$（一个给定的系数），则停止优化。否则，转至下一步。

步骤 6：计算步长。

$$\alpha = rx\min\left\{\frac{v_i{}^k}{(dv)_i}:(dv)_i < 0, i = 1,\cdots,m\right\}$$

步骤 7：更新解。

$$x^{k+1} = x^k + \alpha dx$$

转至步骤 2。

6.2.4.2 仿射法应用

仿射法主要用于解决以下优化问题：

$$\begin{aligned} &\min \boldsymbol{c}^{\mathrm{T}}\boldsymbol{x} \\ &s.t. \boldsymbol{A}\boldsymbol{x} = \boldsymbol{b} \\ &1 \leqslant x \leqslant u \end{aligned} \tag{6.6}$$

原始仿射法的计算步骤如下：

步骤 1：初始化。

$$k = 0, x^0 > 0, \boldsymbol{A}x^0 = \boldsymbol{b}$$

步骤 2：对偶估计的计算。

$$w^k = (\boldsymbol{A}x_k^2\boldsymbol{A}^{\mathrm{T}})^{-1}\boldsymbol{A}x_k^2 c$$

其中，x^k是对角矩阵。

步骤 3：缩减成本计算。

$$r^k = c - \boldsymbol{A}^{\mathrm{T}}w^k$$

步骤 4：最优性检查。

若 $r^k \geqslant 0$ 且 $e^{\mathrm{T}}X^k r^k \leqslant e$（一个给定的系数），则停止优化。否则，转至下一步。其中，x^k为原始最佳解，w^k为对偶最佳解。

步骤 5：获得变换方向。

$$d_y^k = -X_k r^k$$

步骤 6：检查无界性及约束目标值。

若 $d_y^k > 0$，则该问题是无界的，停止；若 $d_y^k = 0$，则停止，x^k为原始最佳解；否则，转至步骤 7。

步骤 7：计算步长。

$$\alpha_k = \min\left\{\frac{\alpha}{-(d_y^k)_i} \mid (d_y^k)_i < 0\right\}, 0 \leqslant \alpha \leqslant 1$$

步骤 8：更新解。

$$\begin{aligned} x^{k+1} &= x^k + \alpha x_k d_y^k \\ k &\leftarrow k + 1 \end{aligned}$$

转至步骤 2。

6.2.4.3 障碍法应用

对于有上下限约束的线性规划问题的障碍法计算如下所示：

$$\min \boldsymbol{c}^{\mathrm{T}}\boldsymbol{x}$$

约束条件为 $\boldsymbol{A}\boldsymbol{x} = \boldsymbol{b}$

$$1 \leqslant x \leqslant u$$
$$m \leqslant n \tag{6.7}$$

当使用障碍法解决以上问题时，有如下子问题：

$$\min \quad F(x) \equiv c^{\mathrm{T}} x - \mu \sum_{j=1}^{n} \ln x_j$$
$$\text{约束条件为 } \boldsymbol{A} x = b$$
$$\mu > 0 \tag{6.8}$$

在每次迭代开始时，μ、x、π、η 已知，且 $\mu > 0$、$x > 0$、$\boldsymbol{Ax} = \boldsymbol{b}$、$\eta = c - \boldsymbol{A}^{\mathrm{T}} p$。在每个阶段都计算 π 的校正值，因为之前的迭代可以获得良好的估计。其计算步骤如下：

步骤 1：定义 $\boldsymbol{D} = diag(x_j), r = \boldsymbol{D}\eta - \mu e$，$r$ 是障碍子问题的最优条件的剩余部分，因此若 $x = x^*(m)$，则 $\|r\| = 0$。

步骤 2：若 μ 和 $\|r\|$ 足够小，则停止。

步骤 3：若合适，则减小 μ 并重置 r。

步骤 4：解决最小平方问题 $\min \|r - \boldsymbol{DA}^{\mathrm{T}} \delta\pi\|$

步骤 5：计算更新向量。

$$\pi \leftarrow \pi + \delta\pi, \eta \leftarrow \eta - A^{\mathrm{T}} \delta\pi$$
$$r = \boldsymbol{D}\eta - \mu e, \pi = -\frac{1}{\mu} \boldsymbol{D} r$$

步骤 6：找出 α 的最大值 α_M，且 $x + \alpha p \geqslant 0$

步骤 7：决定步长 $\alpha \in (0, \alpha_M)$，使障碍函数 $F(x + \alpha p)$ 适当的少。

步骤 8：更新 $x = x + \alpha p$

当所有迭代满足 $\boldsymbol{A} x = b$ 且 $x > 0$，向量 p 和 η 接近 π^* 和 η^*。

6.3 非线性规划内点法

6.3.1 内点法之罚函数法

内点法每次迭代总是从可行域的内点出发，并保持在可行域内部进行搜索。因此，内点法适用于不等式约束的问题，而且还可适用于非线性规划问题：

$$\begin{cases} \min f(\boldsymbol{X}), \quad \boldsymbol{X} \in \boldsymbol{R} \\ \boldsymbol{R} = \{\boldsymbol{X} \mid g_j(\boldsymbol{X}) \geqslant 0, \quad j = 1, 2, \cdots, l\} \end{cases} \tag{6.9}$$

其中 $f(\boldsymbol{X})$ 和 $g_j(\boldsymbol{X})$ 都是 $\boldsymbol{R}$ 上的连续函数。

现把可行域记为：

$$\boldsymbol{R}_0 = \left\{ \boldsymbol{X} \ g_j(\boldsymbol{X}) > 0, j = 1, 2, \cdots, l \right\} \tag{6.10}$$

根据上一节介绍的障碍函数法，要保持迭代点含于可行域内部的方法是定义一个函数，如：

$$\boldsymbol{G}(\boldsymbol{X}, r) = f(\boldsymbol{X}) + rB(\boldsymbol{X}) \tag{6.11}$$

其中，$B(\boldsymbol{X})$ 是连续函数，当点 $\boldsymbol{X}$ 趋向可行域边界时，$B(\boldsymbol{X}) \to +\infty$。

因此，可通过求解下列问题得到上述非线性规划的近似解：

$$\begin{cases}\min G(\boldsymbol{X},r) \\ s.t. \boldsymbol{X} \in R\end{cases} \tag{6.12}$$

由于 $B(x)$ 的存在，在可行域边界形成“围墙”，因此，式（6.12）的解必含于可行域的内部。值得注意的是，式（6.12）仍然是约束，看起来它的约束条件比原来的问题还要复杂。但是，由于函数 $B(x)$ 的阻挡作用是自动实现的，因此从计算的观点看，式（6.12）可当成是无约束问题来处理。

实际计算中，罚因子 r 的选择十分重要。r 若越小，式（6.12）的最优解越接近非线性规划的最优解。但是 r 太小，会给罚函数的极小化问题增加计算上的困难；因此仍然采用序列极小化方法，取一个严格单调递减且趋于零的罚因子（障碍因子）数列，对每一个 k，从内部出发，求解问题（6.12），得到一个极小点的序列，在适当的条件下，这个序列将收敛到约束问题的最优解。

非线性规划内点法的计算步骤总结如下：

步骤 1：给定初始点 $\boldsymbol{X}^{(0)}$，初始参数 r_1，缩小系数 $\beta \in (0,1)$，允许误差 $\varepsilon > 0$，置 $k=1$。

步骤 2：以 $X^{(k-1)}$ 为初始点，求解无约束优化问题 $\min f(\boldsymbol{X}) + r_k B(\boldsymbol{X})$。设其极小点为 $X^{(k)}$。

步骤 3：若 $r_k B(X^{(k)}) < \varepsilon$，则停止计算，得到点 $\boldsymbol{X}^{(k)}$；否则，令 $r_k = \beta r_k$，置 $k=k+1$ 转步骤 2。

6.3.2 内点法之障碍罚函数法

罚函数法的一个重要特点是函数 $P(X,M)$ 可以在整个 E^n 空间内进行优化，可以任意选择初始点，这给计算带来了很大的方便。但是，由于迭代过程常常在可行域外部进行，因而不能以中间结果直接作为近似解使用。如果要求每次的近似解都是可行的，以便观察目标函数值的改善情况，就无法使用罚函数法。

前面介绍了用障碍函数内点法求解线性规划问题，这种方法也可用于求解非线性规划问题。障碍函数法与罚函数法不同，它要求迭代过程始终在可行域内进行。可以仿照罚函数法，通过函数叠加的办法来改造原来约束极值问题的目标函数，使改造后的目标函数具有这种性质：在可行域 R 的内部与边界较远的地方，其值与原来的目标函数值尽可能的相近，而在接近于边界面时可以达到任意值。如果将初始迭代点取在可行域内部（内点），在进行无约束极小化时，这样的函数就会像障碍一样阻止迭代点到可行域 R 的边界上去，而使迭代过程始终在可行域内部进行。经过这样改造后的新目标函数，称为障碍函数。可以想象，满足这种要求的障碍函数，其最小解自然不会在可行域 R 边界上达到。这就是说，这时的极小化是在不包括可行域边界的可行开集上进行的，因而实际上是一种具有无约束性质的极值问题，可以利用无约束极小化的方法进行计算。

考虑非线性规划：

$$\begin{cases}\min f(\boldsymbol{X}), \quad \boldsymbol{X} \in \boldsymbol{R} \\ \boldsymbol{R} = \{\boldsymbol{X} \mid g_j(\boldsymbol{X}) \geqslant 0, \quad j = 1,2,\cdots,l\}\end{cases} \tag{6.13}$$

当 X 点从可行域 R 内部趋于其边界时，至少有某一个约束函数 $g_j(X)(1 \leqslant j \leqslant l)$ 趋于零，从而下述倒数函数：

$$\sum_{j=1}^{l} \frac{1}{g_j(\boldsymbol{X})} \tag{6.14}$$

和对数函数：

$$-\sum_{j=1}^{l} \log(g_j(\boldsymbol{X})) \tag{6.15}$$

都将无限增大。如果将式（6.14）或式（6.15）加到非线性规划式（6.13）的目标函数 $f(\boldsymbol{X})$ 上去，就能构造成新的目标函数。为了逐步逼近问题式（6.13）的极小点，取实数 $r_k > 0$，并构成一系列无约束性质的极小化问题如下：

$$\min_{X \in R_0} \bar{\boldsymbol{P}}(\boldsymbol{X}, r_k) \tag{6.16}$$

其中：

$$\bar{\boldsymbol{P}}(\boldsymbol{X}, r_k) = f(\boldsymbol{X}) + r_k \sum_{j=1}^{l} \frac{1}{g_j(\boldsymbol{X})} \tag{6.17}$$

或：

$$\bar{\boldsymbol{P}}(\boldsymbol{X}, r_k) = f(\boldsymbol{X}) - r_k \sum_{j=1}^{l} \log(g_j(\boldsymbol{X})) \tag{6.18}$$

此处，R_0 为所有严格内点的集合，即：

$$\boldsymbol{R}_0 = \left\{ \boldsymbol{X} \,\middle|\, g_j(\boldsymbol{X}) > 0,\ j = 1, 2, \cdots, l \right\} \tag{6.19}$$

式（6.17）和式（6.18）右端的第二项称为障碍项，r_k 称为障碍因子。函数 $\bar{P}(X, r_k)$ 称为障碍函数。

如果从某一点 $X^{(0)} \in \boldsymbol{R}_0$ 出发，按无约束极小化方法（但在进行一维搜索时需注意控制步长，不要使迭代点越出 $\boldsymbol{R}_0$）对式（6.16）进行迭代，则随着障碍因子 r_k 的逐渐减小，即

$$r_1 > r_2 > \cdots > r_k > \cdots > 0$$

障碍项所起的作用也越来越小，因而，求出的问题（6.16）的解 $X(r_k)$ 就会逐步逼近原约束问题的极小解。若式（6.13）的极小点在可行域的边界上，则随着 r_k 的逐渐减小，“障碍”作用逐步降低，所求出的障碍函数的极小点就会不断靠近 R 的边界，直到满足某一精度要求为止。

障碍函数法的迭代步骤如下：

（1）取第一个障碍因子 $r_1 > 0$（比如说取 $r_1 = 1$），允许误差 $\varepsilon > 0$，并令 $k := 1$。

（2）构造障碍函数，障碍项可采取倒数函数，也可采用对数函数。

（3）求下述无约束极值问题的最优解：

$$\min_{X \in R_0} \bar{P}(X, r_k)$$

其中 $\bar{P}(X, r_k)$ 可取式（6.17）或式（6.18）。设其极小点为 $X^{(k)} \in \boldsymbol{R}_0$。

（4）检查是否满足收敛准则：

$$r_k \sum_{j=1}^{l} \frac{1}{g_j(X^{(k)})} \leqslant \varepsilon \tag{6.20}$$

或：

$$\left| r_k \sum_{j=1}^{l} \log(g_j(X^{(k)})) \right| \leqslant \varepsilon \tag{6.21}$$

如果满足此准则，则以 $X^{(k)}$ 为原来约束问题的近似极小解，停止迭代。否则，取 $r_{k+1}<r_k$，令 $k:=k+1$，转回第（3）步，继续进行迭代。

［例 6.3］ 使用内点法解下列问题。

$$\begin{cases}\min f(X)=\dfrac{1}{3}(x_1+1)^3+x_2\\ g_1(X)=x_1-1\geqslant 0\\ g_2(X)=x_2\geqslant 0\end{cases}$$

解：构造障碍函数：

$$\bar{P}(X,r)=\frac{1}{3}(x_1+1)^3+x_2+\frac{r}{x_1-1}+\frac{r}{x_2}$$

$$\frac{\partial \bar{P}}{\partial x_1}=(x_1+1)^2-\frac{r}{(x_1-1)^2}=0$$

$$\frac{\partial \bar{P}}{\partial x_2}=1-\frac{r}{{x_2}^2}=0$$

联立上述两个方程得：

$$x_1(r)=\sqrt{1+\sqrt{r}},x_2(r)=\sqrt{r}$$

如此得到最优解：

$$X_{\min}=\lim_{r\to 0}(\sqrt{1+\sqrt{r}},\sqrt{r})^{\mathrm{T}}=(1,0)^{\mathrm{T}}$$

如前所述，内点法的迭代过程必须由某一个严格的内点开始，在处理实际问题时，如果凭直观即可找到一个初始内点，当然十分方便；如果找不到，则可是用下述方法。

先任找一点 $X^{(0)}\in E^n$，如果它以严格不等式满足所有约束，则可以它作为初始点。若该点以严格不等式满足一部分约束，而不能以严格不等式满足另外的约束，则以不能严格满足的这些约束函数为假拟目标函数，而以严格满足的约束函数形成障碍项，构成一无约束性质的问题。求解这个问题，可得一新点 $X^{(1)}$，若 $X^{(1)}$ 仍不是内点，就按上述步骤继续进行，并减小障碍因子，直至求出一个初始内点为止。

求初始内点的迭代步骤如下：

（1）任取一点 $X^{(1)}\in E^n,r_1>0$（比如说取 $r_1=1$），令 $k:=1$。

（2）确定指标集 T_k 和 $\bar{T}_k$：

$$T_k=\{j\ \ g_j(X^{(k)})>0,1\leqslant j\leqslant l\}$$

$$\bar{T}_k=\{j\ \ g_j(X^{(k)})\leqslant 0,1\leqslant j\leqslant l\}$$

（3）检查 $\bar{T}_k$ 是否为空集，若为空集，则取 $X^{(k)}$ 为初始点，迭代停止；否则，转下一步。

（4）构造函数

$$\widetilde{P}(X,r_k)=-\sum_{j\in \bar{T}_k}g_j(X)+r_k\sum_{j\in T_k}\frac{1}{g_j(X)}(r_k>0)$$

以 $X^{(k)}$ 为初始点求解 $\min\limits_{X\in\widetilde{R}_k}\widetilde{P}(X,r_k)$，

其中 $\widetilde{R}_k=\{X\mid g_j(X)>0,\ j\in T_k\}$。

设求出的极小点为 $X^{(k+1)}$，则 $X^{(k+1)}\in\widetilde{R}_k$。令 $0<r_{k+1}<r_k$，令 $k:=k+1$，转回第（2）步，继续进行迭代。

问题与练习

1. 什么是内点法?
2. 什么是罚函数法?
3. 什么是障碍函数法?
4. 内点法图解法与线性规划图解法的异同。
5. 内点算法大致可分为哪三种类型?
6. 阐述 Karmarkar 梯度投影算法的具体步骤。
7. Karmarkar 梯度投影算法有什么特点?
8. 内点法可否用于求解非线性规划问题?为什么?
9. 内点法初始点是否可选择可行域外?为什么?
10. 用内点法求解下列线性规划问题

$$
\begin{aligned}
\max \quad & Z = 2x_1 + 3x_2 \\
& x_1 + x_2 \leqslant 8 \\
\text{约束为} \quad & x_1 \geqslant 0, x_2 \geqslant 0
\end{aligned}
$$

参 考 文 献

[1] Karmarkar N. A new polynomial - time algorithm for linear programming [J]. Combinatorica, 1984, 4 (4): 373 - 395.
[2] Monteiro R D C, Adler I. Interior path following primal - dual algorithms. Part II: Convex quadratic programming [J]. Mathematical Programming, 1989, 44 (1 - 3): 43 - 66.
[3] Monteiro R D C. A globally convergent primal—dual interior point algorithm for convex programming [J]. Mathematical Programming, 1994, 64 (1 - 3): 123 - 147.
[4] Luenberger D. Introduction to linear and nonlinear programming [M]. Addison - wesley Publishing Company, Inc. USA, 1973.
[5] G. Hadley. Linear programming [M]. Addison - Wesley, Reading, MA, 1962.
[6] Momoh J A, Zhu J Z. Improved interior point method for OPF problems [J]. IEEE Transactions on Power Systems, 1999, 14 (3): 1114 - 1120.
[7] Zhu J. Optimization of Power System Operation [M]. 2nd ed. New Jersey: Wiley - IEEE Press. 2015.

7 智 能 算 法

7.1 优化神经网络方法

优化神经网络（Optimization Neural Network，ONN）最初于 1986 年用来解决线性规划问题。最近，该方法被扩展至求解非线性规划问题。与传统的优化方法完全不同，它将一个优化问题的解转化为一个非线性动态系统的平衡点（或平衡状态），并将其转化为动态系统的能量函数的最优准则。由于其并行计算结构和动力学演化，ONN 的方法优于传统的优化方法。笔者曾用 ONN 的方法求解经典经济调度和多区域系统的经济调度。

7.1.1 非线性优化神经网络模型

神经网络方法是基于优化理论和神经优化方法的具有权重的最小化神经网络方法。它可以用于解决具有等式约束和不等式约束的非线性问题，即：

$$\min f(x) \tag{7.1}$$

$$h_j(x) = 0 \quad j = 1, \cdots, m \tag{7.2}$$

$$g_i(x) \geqslant 0 \quad i = 1, \cdots, k \tag{7.3}$$

为了将式（7.3）的不等式约束变为等式约束，引入新变量 y_1，……，y_m，此时，式（7.1）～式（7.3）可以改写为：

$$\begin{gathered} \min f(x) \\ h_j(x) = 0 \quad j = 1, \cdots, m \\ g_i(x) - {y_i}^2 = 0 \quad i = 1, \cdots, k \end{gathered} \tag{7.4}$$

优化神经网络方法不同于传统的优化方法，它将优化问题的解变为非线性动态系统的平衡点，并将最优目标变为动态系统的能量函数，是一个非线性优化神经网络（NLONN）问题。因此，NLONN 的能量函数需要在初始时给定，上述模型的神经网络的能量函数如下：

$$\begin{aligned} E(x, y, \lambda, \mu, S) = {} & f(x) - \mu^{\mathrm{T}} h(x) - \lambda^{\mathrm{T}}[g(x) - y^2] + (S/2)\|h(x)\|^2 \\ & + (S/2)\|g(x) - y^2\|^2 \end{aligned} \tag{7.5}$$

其中 λ，μ 是拉格朗日乘子或因子。

值得注意的是，不同的能量函数对应不同的神经网络且具有不同特性。NLONN 方法有两个优点：①能量函数方程中前三项是对传统非线性规划中拉格朗日函数的扩展，该方法能保证能量函数的最优解；②存在二次罚因子，它是式（7.5）（能量函数），和式（7.2）、式（7.4）（等式约束）的一部分。这些罚因子对处理任何违反约束的情况都非常有效。

神经网络的动态方程可以根据式（7.5）得到。

$$\mathrm{d}x/\mathrm{d}t=-\{\nabla_x f(x)+(Sh(x)-\mu)^{\mathrm{T}}\nabla_x h(x)+[S(g(x)-y^2)-\lambda]^{\mathrm{T}}\quad\nabla_x(g(x)-y^2)\}\tag{7.6}$$

$$\mathrm{d}y/\mathrm{d}t=-\{\nabla_y f(x)+(Sh(x)-\mu)^{\mathrm{T}}\nabla_y h(x)+[S(g(x)-y^2)-\lambda]^{\mathrm{T}}\quad\nabla_y(g(x)-y^2)\}\tag{7.7}$$

$$\partial\mu/\partial t=Sh(x)\tag{7.8}$$

$$\partial\lambda/\partial t=S(g(x)-y^2)\tag{7.9}$$

从式（7.5）可知变量 x，y 是可分离的，因此可以得到下式：

$$\begin{aligned}\min_{x,y}E(x,y,\lambda,\mu,S)&=\min_x\min_y E(x,y,\lambda,\mu,S)\\&=\min_x E(x,y^*(x,\lambda,\mu,S),\lambda,\mu,S)\end{aligned}\tag{7.10}$$

其中 $y^*(x,\lambda,\mu,S)$ 满足以下等式：

$$\min_x E(x,y,\lambda,\mu,S)=E(x,y^*(x,\lambda,\mu,S),\lambda,\mu,S)\tag{7.11}$$

为得到 $y^*(x,\lambda,\mu,S)$，令 $\mathrm{d}E/\mathrm{d}y=0$。由式（7.5）可得

$$2y^{\mathrm{T}}[\lambda+Sy^2-Sg(x)]=0\tag{7.12}$$

显然，由式（7.12）可得：

$$y^2=\begin{cases}0, & 若\ \lambda-Sg(x)\geqslant 0\\ [Sg(x)-\lambda]/S, & 若\ \lambda-Sg(x)<0\end{cases}\tag{7.13}$$

或者

$$y^2-g(x)=\begin{cases}-g(x), & 若\ -g(x)\geqslant-\lambda/S\\ -\lambda/S, & 若\ -g(x)<-\lambda/S\end{cases}\tag{7.14}$$

从式（7.14），可得到以下表达式：

$$y^2-g(x)=\max(-g(x),-\lambda/S)\tag{7.15}$$

$$y^2-g(x)=-\min(g(x),\lambda/S)\tag{7.16}$$

$$g(x)-y^2=\min(g(x),\lambda/S)\tag{7.17}$$

将方程（7.15）代入方程（7.5），可得：

$$\begin{aligned}E(x,\lambda,\mu,S)&=f(x)-\mu^{\mathrm{T}}h(x)+(S/2)\|h(x)\|^2-\lambda^{\mathrm{T}}[-\max(-g(x),-\lambda/S)]\\&\quad+(S/2)\|\max(-g(x),-\lambda/S)\|^2\\&=f(x)-\mu^{\mathrm{T}}h(x)+(S/2)\|h(x)\|^2-(S/2)[2\lambda^{\mathrm{T}}\max(-Sg(x),\\&\quad-\lambda)]+(S/2)\|\max(-Sg(x),-\lambda)\|^2\\&=f(x)-\mu^{\mathrm{T}}h(x)+(S/2)\|h(x)\|^2+(S/2)\{-\|\lambda\|^2+\|\lambda\|^2\\&\quad+2\lambda^{\mathrm{T}}\max[-Sg(x),-\lambda]+\|\max[-Sg(x),-\lambda]\|^2\}\\&=f(x)-\mu^{\mathrm{T}}h(x)+(S/2)\|h(x)\|^2\\&\quad+(S/2)\{\|\lambda+\max[-Sg(x),-\lambda]\|^2-\|\lambda\|^2\}\\&=f(x)-\mu^{\mathrm{T}}h(x)+(S/2)\|h(x)\|^2+(S/2)\{\|\max[0,\lambda-Sg(x)]\|^2\\&\quad-\|\lambda\|^2\}\end{aligned}\tag{7.18}$$

将式（7.15）代入式（7.16），可得：

$$\begin{aligned}
\mathrm{d}x/\mathrm{d}t &= -\{\nabla_x f\ (x) + [Sh(x)-\mu]^{\mathrm{T}}\nabla_x h(x) + [S-\max(-g(x),\ -\lambda/S)-\lambda\ ]^{\mathrm{T}}\nabla_x g(x)\} \\
&= -\{\nabla_x f\ (x) + [Sh(x)-\mu]^{\mathrm{T}}\nabla_x h(x) + 81[-\max(-Sg(x),\ -\lambda)-\lambda]^{\mathrm{T}}\nabla_x g(x)\} \\
&= -\{\nabla_x f\ (x) + [Sh(x)-\mu]^{\mathrm{T}}\nabla_x h(x) - [\max(-g(x),\ -\lambda)+\lambda]^{\mathrm{T}}\nabla_x g(x)\} \\
&= -\{\nabla_x f\ (x) + [Sh(x)-\mu]^{\mathrm{T}}\nabla_x h(x) - \max[0,\ \lambda - Sg(x)]^{\mathrm{T}}\nabla_x g(x)\}
\end{aligned} \tag{7.19}$$

将式（7.17）代入式（7.9），可得：

$$\mathrm{d}\lambda/\mathrm{d}t = S\cdot\min(g(x),\ \lambda/S) = \min[Sg(x),\ \lambda] \tag{7.20}$$

根据式（7.18）、式（7.19）、式（7.8）和式（7.20），推导出了一个新的非线性优化神经网络模型，可用于解决等式和不等式约束的优化问题。NLONN 模型可以写成如下形式：

$$\begin{aligned}
E(x,\ \lambda,\ \mu,\ S) = f(x) - \mu^{\mathrm{T}}h(x) + (S/2)\|h(x)\|^2 \\
+ (1/2S)\{\|\max[0,\ \lambda - Sg(x)]\|^2 - \|\lambda\|^2\}
\end{aligned} \tag{7.21}$$

$$\mathrm{d}x/\mathrm{d}t = -\{\nabla_x f\ (x) + [Sh(x)-\mu]^{\mathrm{T}}\nabla_x h(x) - \nabla_x g(x)\max[0,\ \lambda - Sg(x)]^{\mathrm{T}}\} \tag{7.22}$$

$$\mathrm{d}\mu/\mathrm{d}t = Sh(x) \tag{7.23}$$

$$\mathrm{d}\lambda/\mathrm{d}t = \min[Sg(x),\ \lambda] \tag{7.24}$$

上述模型的能量函数对时间 t 的导数可从以下计算得到：

$$\begin{aligned}
\frac{\mathrm{d}E}{\mathrm{d}t} &= \frac{\partial E}{\partial x}\frac{\mathrm{d}x}{\mathrm{d}t} + \frac{\partial E}{\partial \mu}\frac{\mathrm{d}\mu}{\mathrm{d}t} + \frac{\partial E}{\partial \lambda}\frac{\partial \lambda}{\partial t} \\
&= -\left\|\frac{\mathrm{d}x}{\mathrm{d}t}\right\|^2 - S\|h(x)\|^2 + \frac{1}{S}\{\max[0,\lambda - Sg(x)] - \lambda\}^{\mathrm{T}}\min[Sg(x),\lambda] \\
&= -\left\|\frac{\mathrm{d}x}{\mathrm{d}t}\right\|^2 - S\|h(x)\|^2 + \frac{1}{S}\{\max[-\lambda, Sg(x)]\}^{\mathrm{T}}[-\max(-Sg(x),\ -\lambda)] \\
&= -\left\|\frac{\mathrm{d}x}{\mathrm{d}t}\right\|^2 - S\|h(x)\|^2 + \frac{1}{S}\|\max[-Sg(x),\ -\lambda]\|^2
\end{aligned} \tag{7.25}$$

显然，从式（7.25）可知 $\frac{\mathrm{d}E}{\mathrm{d}t} \leqslant 0$。

当且仅当 $$h(x) = 0;\ \max[-\lambda,\ -Sg(x)] = 0;\ \frac{\mathrm{d}x}{\mathrm{d}t} = 0 \tag{7.26}$$

有：

$$\frac{\mathrm{d}E}{\mathrm{d}t} = 0 \tag{7.27}$$

$\max[-\lambda,\ -Sg(x)] = 0$，可理解为：

$$Sg(x) \geqslant 0,\ \text{当}\ \lambda = 0 \tag{7.28}$$

$$\lambda \geqslant 0,\ \text{当}\ Sg(x) = 0 \tag{7.29}$$

式（7.28）和式（7.29）是优化理论中的 Kuhn—Tucker 条件。因此，$\max[-\lambda,\ -Sg(x)] = 0$ 是成立的。当然，包括最优解的所有可行解都满足方程 $h(x) = 0$。从式（7.22）可以得到以下表达式。

$$\mathrm{d}x/\mathrm{d}t = -\{\nabla_x f\ (x) - \mu\nabla_x h(x) - \max[0,\ \lambda - Sg(x)]\ \nabla_x g(x)\} \tag{7.30}$$

由式（7.28）和式（7.29），可得：

$$\max[0,\ \lambda - Sg(x)]\nabla_x g(x) = \lambda\nabla_x g(x) \tag{7.31}$$

由式（7.30）和式（7.31），可得：

$$\mathrm{d}x/\mathrm{d}t = -\{\nabla_x f(x) - \mu\nabla_x h(x) - \lambda\nabla_x g(x)\} \tag{7.32}$$

当且仅当：

$$\nabla_x f(x) - \mu\nabla_x h(x) - \lambda\nabla_x g(x) = 0 \tag{7.33}$$

才有 $\mathrm{d}x/\mathrm{d}t = 0$，

式（7.33）是优化问题的最优条件，因此这个条件是成立的。这意味着 $\mathrm{d}x/\mathrm{d}t = 0$ 也是成立的。现已证明式（7.26）中的所有条件都满足，因此，式（7.27）也满足。这也证明了所提出的 NLONN 神经网络的能量函数是 Lyapunov 函数，相应的神经网络是稳定的，神经网络的平衡点对应于约束优化问题的最优解。

7.1.2 NLONN 网络的数值仿真

一阶欧拉法可以用于 NLONN 网络的数值分析，即：

$$\mathrm{d}Z/\mathrm{d}t = [Z(t+\Delta t) - Z(t)]/\Delta t \tag{7.34}$$

$$Z(t+\Delta t) = Z(t) + (\mathrm{d}Z/\mathrm{d}t)\Delta t \tag{7.35}$$

因此，NLONN 网络的动态方程式（7.22）～式（7.24）可等价于以下等式：

$$\begin{aligned} x(t+\Delta t) = x(t) - \Delta t\{&\nabla_x f(x(t)) + [Sh(x(t)) - \mu]^{\mathrm{T}}\nabla_x h(x(t)) \\ &- \nabla_x g(x(t))\max[0, \lambda - Sg(x(t))]^{\mathrm{T}}\} \end{aligned} \tag{7.36}$$

$$\mu(t+\Delta t) = \mu(t) + \Delta t\, S\, h(x(t)) \tag{7.37}$$

$$\lambda(t+\Delta t) = \lambda(t) + \Delta t \min[S\, g(x(t)), \lambda(t)] \tag{7.38}$$

下面给出 NLONN 方法的计算步骤。

步骤 1：选择一组初始值 $x(0)$，$\lambda(0)$，$\mu(0)$，以及一组正序数 $\{S(k)\}$，且 $S(k+1) = \rho S(k)$。

步骤 2：计算梯度。

$$\begin{aligned} \Phi(x) &= \nabla_x E[x(k), \lambda(k), \mu(k), S(k)] \\ &= \nabla_x f(x(k)) + [S(k)h(x(k)) - \mu(k)]^{\mathrm{T}}\nabla_x h(x(k))] \\ &\quad - [\max[0, \lambda(k) - S(k)g(x(k))]^{\mathrm{T}}\nabla_x g(x(k) \end{aligned} \tag{7.39}$$

步骤 3：计算新状态。

$$x(k+1) = x(k) - \Delta t\, \phi_x(k) \tag{7.40}$$

步骤 4：乘子迭代计算。

$$\mu(k+1) = \mu(k) + \Delta t\, S(k)h(x(k+1)) \tag{7.41}$$

$$(k+1) = \lambda(k) + \Delta t \min[S(k)g(x(k+1)), \lambda(k)] \tag{7.42}$$

$$S(k+1) = \rho S(k) \tag{7.43}$$

步骤 5：收敛性检查，收敛准则如下：

$$\|x(k+1) - x(k)\| \leqslant \varepsilon_1 \tag{7.44}$$

$$\|\mu(k+1) - \mu(k)\| \leqslant \varepsilon_2 \tag{7.45}$$

$$\|\lambda(k+1) - \lambda(k)\| \leqslant \varepsilon_3 \tag{7.46}$$

如果满足式（7.44）～式（7.46），则停止。否则令 $k = k + 1$，返回步骤 2。

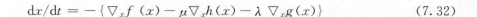

7.2 遗传算法

7.2.1 基本的遗传算法

遗传算法（Genetic Algorithm，GA）首先由 Holland 提出，后来 Goldberg 拓展了遗传算法。GA 提供了一种面向由个体组成的解集来解决问题的方法，其中每一个个体都代表一个可能的解决方案，每一个可能的解决方案都称为一个染色体。搜索空间的新数据点通过 GA 操作得到，GA 操作三种方式是复制、交叉、变异。这些操作通过连续执行而一致产生适应度更强的后代个体，从而迅速指向全局最优方案。GA 的特点在以下方面与其他搜索技术不同：

（1）搜索方式是多路并行搜索，降低了陷入局部最优解的概率。

（2）GA 面向串编码而不是实际的参数，参数编码可以实现遗传算子在最小计算量的前提下，将当前状态进化到下一个状态。

（3）GA 通过评估每一个串的适应性来引导搜索方向，而不是通过最优化函数，遗传算法只需要评估目标函数（适应性）来引导搜索，不必进行微分求解。

（4）GA 在性能提升几率高的搜索域里搜索最优解。

几种常用的 GA 算子有：

（1）交叉算子以一定概率发生，两个父代（或母本）组合（交换某些位）形成子代，他们继承了两个父代的特性，尽管交叉是基本的搜索算子，它并不能产生新的原本解集里不存在的信息。

（2）变异算子以一个小概率事件发生，随机抽取后代基因型的某些位，从 0 翻转到 1，反之亦然，以此来产生不存在于现有解集里的新特性。一般而言，变异是次级但非无效算子，它使得每一种可能的解都有一定概率被考虑评估到。

（3）执行精英筛选，每一个最优解都被复制到下一代中，避免经过基因算子运算后被破坏。

（4）适应度尺度缩放是指基因型适应性的一种非线性变换，以比较收敛解集里接近最优化的解之间质量的不同。

GA 算法实际上是无约束优化，所有信息都表示在适应度函数里。

遗传算法的基本步骤如下：

（1）初始化。

对于控制变量 X，产生随机种群 $\{X_0^1, X_0^2, \cdots, X_0^p\}$，式中 X_0^i 为二进制代码串。每一个串由一些二进制代码组成，每一个代码是 0 或者 1。每一个个体的适应度为 $f(X_0^i)$，种群的适应度集合为 $\{f(X_0^1), f(X_0^2), \cdots, f(X_0^p)\}$。令种群代数为 $k=0$，进入下一步。

（2）选择。

从种群中选择一对个体作为父代。通常来说，具有更大适应度的个体被选择的概率更大。

（3）交叉。

交叉是遗传算法中重要的操作。交叉的目的是交换个体之间的信息。交叉的方法较多，如单点交叉和多点交叉。

1）单点交叉。在父代串中随机选择一个截断点，将其分为两个部分。交换父代串的尾部。单点交叉示例如下：

父代			子代	
100110	01101	单点交叉 →	100110	10000
111011	10000		111011	01101

2）多点交叉。在父代串中随机选择多个截断点将其分成多段。交换父代串的多个部分。两点和三点交叉示例如下：

父代				子代		
100	11001	101	两点交叉 →	100	01110	101
111	01110	000		111	11001	000

父代					子代			
100	110	01	101	两点交叉 →	100	011	01	000
111	011	10	000		111	110	10	101

（4）变异。

变异是遗传算法中另外一个重要操作。好的变异将被保持而坏的变异将被舍弃。通常来说，具有较小适应度的个体变异概率较大。与交叉类似，有单点变异和多点变异。

1）单点变异。随机选择父串中任一二进制代码改变其取值。单点变异示例如下：

父代 → 子代

1101000001 —单点变异→ 1101001001

2）多点变异。随机选择父串中多个截断点将其分成若干段，改变其中一些段的二进制代码。多点变异示例如下：

父代				子代		
101	01110	000	两点变异 →	111	10001	000

父代					子代			
111	01	110	000	两点变异 →	111	10	110	111

通过步骤（2）～步骤（4），产生新一代种群。采用新一代种群代替父代种群并舍弃一些较差个体。通过这种方式，形成新的父代种群。当收敛条件满足时计算停止。否则，返回步骤（2）。

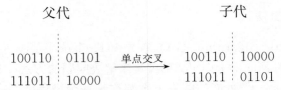

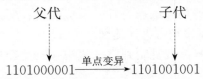

7.2.2 基于拟阵论的遗传算法

网络拓扑编码是 GA 收敛的基础。一方面，采用复杂策略会增加收敛时间。另一方面，简单策略不能实现研究空间的有效搜索。本节详细阐述一种可变编码策略及遗传算子。

7.2.2.1 不同拓扑编码策略

GA 最简单的拓扑表征方法是由网络支路的二进制状态（闭合或断开）形成拓扑串。可采用每条支路的 arc 编号和开关位置表征辐射状拓扑结构，拓扑串中只存储了断开开关的位置。

对每一个网络节点确定其路径（该点到源点的支路集）。对于辐射结构，每个节点到源点 S 只有一条路径。举例来说，在图 7.1 的简单拓扑中，每个节点到源点 S 的路径为：

a：$\pi_1^a = [1,10]$，$\pi_2^a = [2,3,4,10]$，$\pi_3^a = [7,8,9]$

$\pi_4^a = [2,3,5,6,8,9]$，$\pi_5^a = [2,3,5,6,7,10]$，$\pi_6^a = [2,3,4,7,8,9]$

b：$\pi_1^b = [3,4,10]$，$\pi_2^b = [2,1,10]$，$\pi_3^b = [3,4,6,8,9]$

$\pi_4^b = [3,5,6,7,10]$，$\pi_5^b = [2,1,7,8,9]$，$\pi_6^b = [3,4,7,8,9]$

c：$\pi_1^g = [8,7,10]$，$\pi_2^g = [9]$，$\pi_3^g = [8,6,5,4,10]$，$\pi_4^g = [8,6,5,3,2,1,10]$

正如前面提到的，π_i^j为节点 j 到源点 S 的第 i 条路径。

图 7.1 所示网络的拓扑串生成方法如下：对于节点 a，4 条路径中的 1 条设置为 1，其他设置为 0。其他节点以此类推。

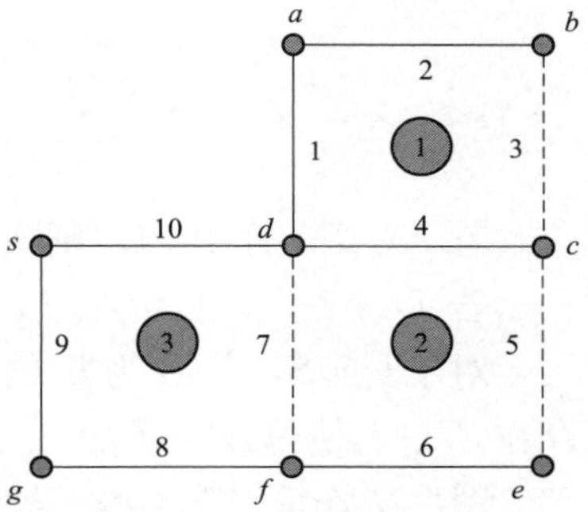

图 7.1 简单网孔拓扑

7.2.2.2 遗传算子

如前所述，遗传算子为变异、选择、交叉，其中，交叉是最重要的算子。传统的交叉过程为随机选择两个父代（染色体），依据一定的交叉率交换二者基因。该算子的目的为混合两个父代的基因，产生新的个体。

编码对交叉算子具有重要影响。二进制编码方法不能实现高效率的交叉过程。而且，为了验证每次拓扑结构，需要进行环网检查。

变异算子能够防止算法陷入局部最优。该算子依据一定的概率随机改变染色体基因。正如交叉过程，拓扑编码策略对快速有效的变异算子非常重要。

7.2.2.3 图形生成树的 Kruskal 定理

Kruskal 证明了生成树的交换特性：

令 U 和 T 分别为图 G 的两个生成树，且 $a\in U$ ，$a \notin T$，则存在 $b\in T$，使得 $U-a\ b$ 为图 G 的一个生成树。

对于图 7.1，其两个生成树如图 7.2（a）和图 7.2（b）所示，两个生成树之间的边交换（如在生成树 U 中边 5 取代边 6）。在图 7.2（a）中，考虑 $a = 6(a \in T)$，为 U 的边。在图 7.2（b）中，用 b 代替 $a = 6$，形成另一个生成树。在环网中选择边 b，形成 $T \cup a$（6）。图 7.2（b）中，该环网由支路 4、5、6、7 组成（虚线箭头）。在 U 中，只有边 5 和边 7 能够替代边 6。最终在 U 中选择边 5 代替边 6 形成新的生成树，如图 7.2（c）所示。

拟阵论包含矩阵论和图论的重要特点，拟阵由独立集公理定义。

设 S 为有限集，T 为 S 的非空子集，一对（S，T）被称为拟阵：

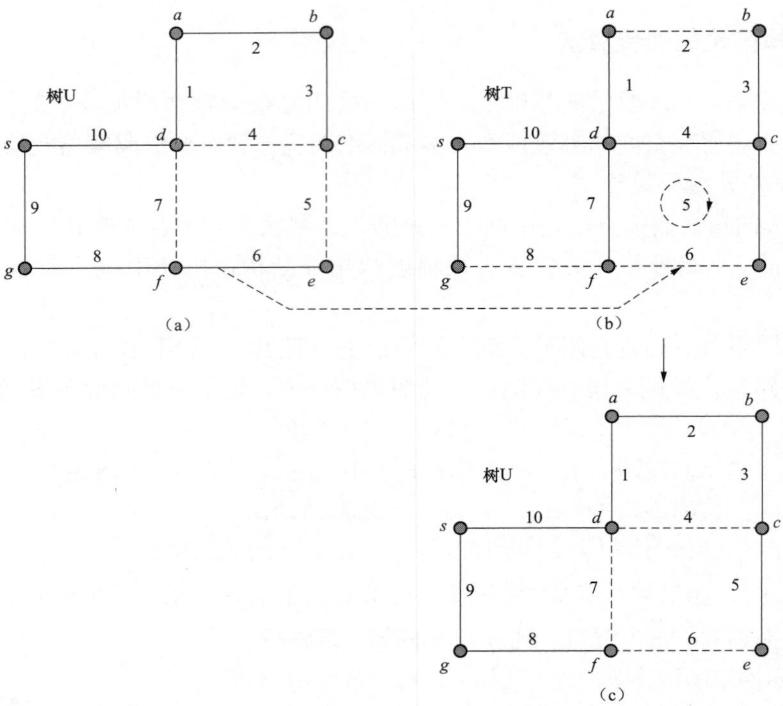

图 7.2　两个生成树之间的支路交换

(a) 生成树 U；(b) 生成树 T；(c) 最后产生的生成树 U

若 $I \in T$，且 $J \subseteq I$，则 $J \in T$；

若 $I, J \in T$，且 $I \leqslant J$，则对于 $z \in J \setminus I$，$I+z \in T$。

对于 $U \subseteq S$，若 B 为 U 的最大独立子集，则称 U 的子集 B 为 U 的基。即，$B \in T$ 且不存在 $Z \in T$ 使得 $B \subset Z \subseteq U$。

图形拟阵是拟阵类的一种。令图表示为 $G=(V, E)$，其中 V 为顶点集，E 为边集。令 T 为所有 E 的子集的集合，则 $M=(E, T)$ 为拟阵。拟阵 M 称为图 G 的循环拟阵，记为 $M(G)$。$M(G)$ 的基为 G 的最大森林（树的集合）。因此，如果图 G 连通，则其基为生成树。

为了在生成树问题中应用该理论，考虑如下的基交换特性。

令 $M=(S, T)$ 为拟阵，B_1、B_2 为基，$x \in B_1 \setminus B_2$，则存在 $y \in B_2 \setminus B_1$ 使得 B_1-x+y 和 B_2-y+x 均为基。

7.2.2.4　基于拟阵方法的遗传算子

结合图 7.1，对采用拟阵方法的交叉和遗传操作举例如下：

(1) 交叉。

交叉算子在两个染色体之间交换基因，可随机选择单点或多点交叉。如对于电力配电网络重构问题，该算子意味着两个生成树之间的一条或几条边发生交换。

图 7.3 显示了交叉操作的第 1 步。每个染色体代表了两个生成树，如图 7.3 (a) 和图 7.3 (b) 所示，只考虑断开支路，在图论中，这称为余树，即图 7.3 (a) 中的 4、7、5 和图 7.3 (b) 中的 8、6、2。对余树，采用前面给出的理论方法重新阐述：为了获得新的余树，进行双向支路交换。在余树的顶端第一和第二基因之间随机选择交叉点。在相应余树中，基

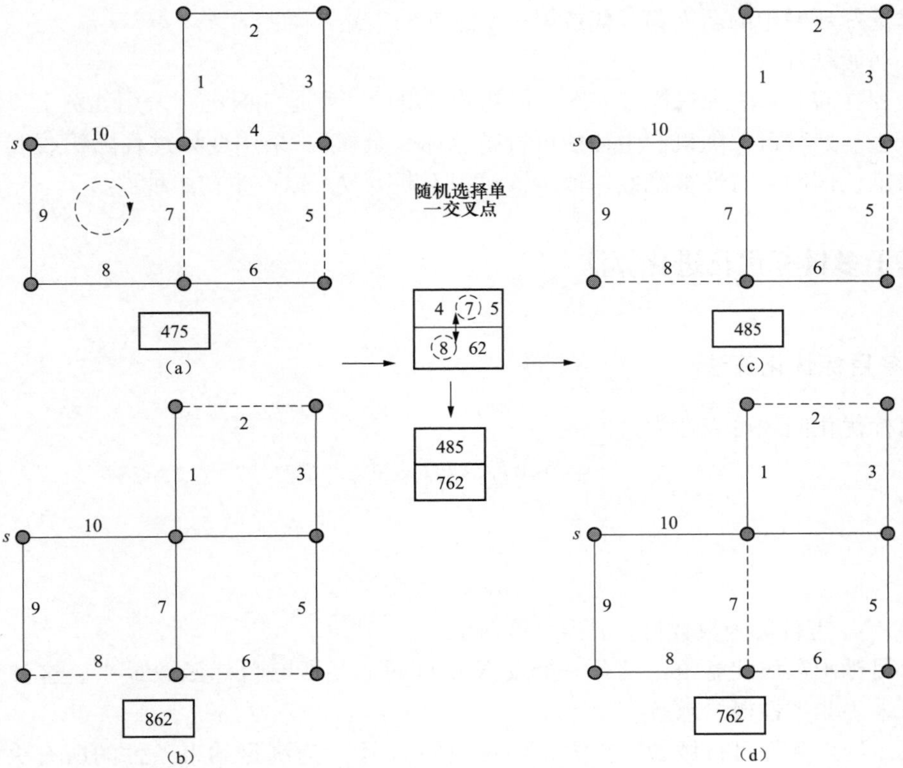

图 7.3　基于拟阵方法的交叉过程（步骤 1）

(a) 生成树 1；(b) 生成树 2；(c) 生成树 3；(d) 生成树 4

因（支路)7、5 与第二余树中的支路交换。

首先交换支路 7。为了快速确定第二余树中哪条支路可以替换支路 7，在树的顶端闭合支路 7 形成环网（图 7.3 中虚线箭头）。采用深度优先搜索算法。支路 7、8、9、10 形成环网。只有支路 8 是最低树，其可替换支路 7，交换后产生两个新的生成树，如图 7.3（c）和图 7.3（d）所示。在第二步中采用同样的方法。

(2) 变异。

变异过程如图 7.4 所示。在余树中随机选择一条（或多条）支路进行变异后，采用深度优先搜索算法确定相应环网（图 7.4 中虚箭头）。

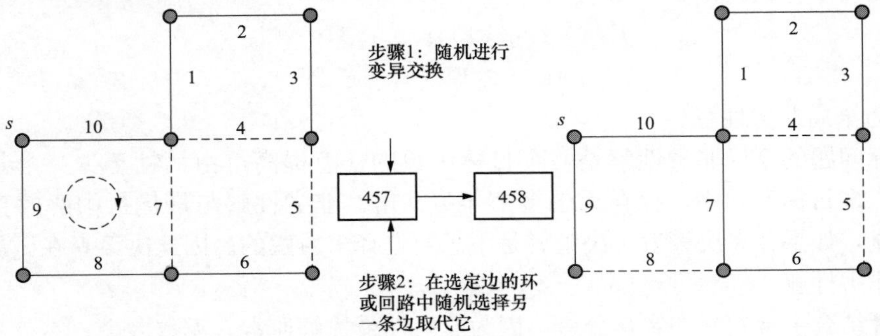

图 7.4　基于拟阵方法的变异过程

随机选择环网中的新支路，代替第一次选择的支路。

(3) 初始种群。

该步骤在 GA 算法中只执行一次，但初始种群的产生是耗时的。采用如图 7.4 所示的变异过程产生初始种群。随机产生初始可行染色体（余树）。采用变异过程随机改变初始余树支路，新染色体的可行性被隐性保证。该过程不断重复，以产生初始种群。

7.3 基于多目标优化进化算法

7.3.1 多目标优化算法

多目标优化问题可表达为

$$\min f_i(x), i \in N_o \tag{7.47}$$

使得

$$g(x) = 0 \tag{7.48}$$

$$h(x) \leqslant 0 \tag{7.49}$$

式中，N_o 为目标函数数目，x 为决策向量。

三个目标函数彼此竞争，没有一个点 X 能同时满足所有目标函数最小。这种多目标优化问题可采用非劣性概念求解。

定义：约束条件可行域 Ω，在决策向量空间 X 中，为满足约束条件的所有决策向量 x 的集合，即：

$$\Omega = \{x \mid g(x) = 0, h \leqslant (x) = 0\} \tag{7.50}$$

目标函数可行域 ψ，为决策向量空间可行域 Ω 在目标函数空间 F 中的映射 f。

$$\psi = \{f \mid f = f(x), x \in \Omega\} \tag{7.51}$$

当且仅当 $\hat{x} \in \Omega$ 的领域不存在 Δx 使得

$$\hat{x} + \Delta x \in \Omega \tag{7.52}$$

并且

$$f_i(x + \Delta x) \leqslant f_i(\hat{x}), i = 1, 2, \cdots, N_o \tag{7.53}$$

$$f_j(x + \Delta x) < f_j(\hat{x}),\ j \in N_o \tag{7.54}$$

称 $\hat{x}$ 为局部非劣性解。

当且仅当不存在其他 $x \in \Omega$ 使得：

$$f_i(x) \leqslant f_i(\hat{x}), i = 1, 2, \cdots, N_o \tag{7.55}$$

$$f_j(x) < f_j(\hat{x}),\ j \in N_o \tag{7.56}$$

称 $\hat{x}$ 为全局非劣性解。

多目标问题的全局非劣性解是一个目标函数的任意提高可由牺牲至少一个其他目标实现。在一个多目标问题中，存在无限多个非劣性解。非劣性解与最优折中解的直觉概念相同。很明显，如果存在决策者，决策者是不想要选择劣质解的。因此决策者在做最终决策时尝试选择非劣性解。

决策者结合主观判断和定量分析，因为非劣性最优解通常有无数多个。本节介绍基于进化规划的交互式模糊满意算法来确定最优非劣性解。

7.3.2 含模糊目标函数的进化算法

7.3.2.1 模糊目标函数

模糊集通常由隶属度函数表示。较高的隶属度函数意味着对解的更高的满意度。典型的隶属度函数为三角形函数，如图 7.5 所示。

我们采用三角函数作为模糊目标函数。三角隶属函数由下界、上界、单调递减函数组成，由式（7.57）表示。

$$\mu_{f_i(\overline{X})}=\begin{cases}1, & f_i\leqslant f_{i\min}\\ \dfrac{f_{i\max}-f_i}{f_{i\max}-f_{i\min}}, & f_{i\min}\leqslant f_i\leqslant f_{i\max}\\ 0, & f_i\geqslant f_{i\max}\end{cases} \tag{7.57}$$

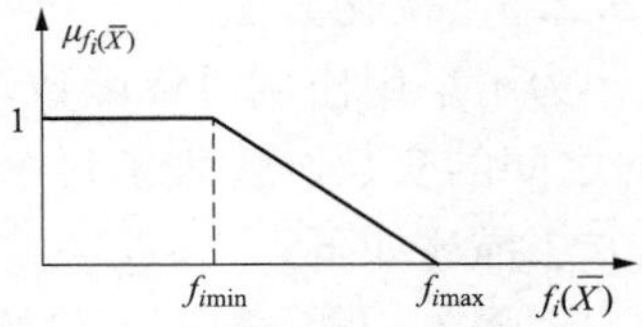

图 7.5 模糊隶属模型

7.3.2.2 进化规划

以电力配电网络重构问题为例说明该方法。状态变量 $\overline{X}$ 代表一个染色体，每个基因代表一个断开开关。$\overline{X}$ 的适应度函数定义为

$$C(\overline{X})=\frac{1}{1+F(\overline{X})} \tag{7.58}$$

$$F(\overline{X})=\min_{X\in\Omega}\{\max_{i=1,2,\cdots N_o}[\overline{\mu_{f_i}}-\mu_{f_i(\overline{X})}]\} \tag{7.59}$$

其中：$\overline{\mu_{f_i}}$ 为目标函数期望；$\mu_{f_i(\overline{X})}$ 为目标函数实际值；$C(\overline{X})$ 为适应度函数。

函数 $F(\overline{X})$ 为最小化多目标函数与其期望值的最大距离。对于给定 $\overline{\mu_{f_i}}$，随着适应度值增加，解到达最优。

进化规则的步骤如下：

步骤 1：输入参数。

输入进化规则的参数，如个体长度和种群规模 N_P。

步骤 2：初始化。

初始种群通过从原始开关及其派生集中选择 P_j 确定。P_j 为个体，$j=1,2,\cdots,N_P$ 为维数，N_S 为总开关数。

步骤 3：计算。

由式（7.58）和式（7.59）计算每个个体的适应度值。

步骤 4：变异。

在配网重构问题中，辐射结构必须保持，功率必须供应到每个负荷节点。因此，每一个 P_j 发生变异，分配给 P_{j+N_P}。每个个体 P_j 的后代数 n_j 为

$$n_j=G\left(N_P\times\frac{C_j}{\sum_{j=1}^{N}C_j}\right) \tag{7.60}$$

式中，$G(x)$ 为向上取整函数。适应度越大的个体产生的后代更多。联合种群由旧代和新代种群组成。

步骤 5：竞争。

联合种群中的每个个体 P_j 需要同其他个体竞争，以获得转录到下代的机会。依据适应度大小降序排列所有个体。前 N_P 个个体转录到下一代。

步骤 6：停止准则。

当迭代次数达到最大次数或者平均适应度不再发生明显改变时，算法收敛，计算停止，否则，返回到变异操作。

7.3.2.3 优化方法

为了采用模糊目标函数，选择期望目标函数值产生多目标问题的候选解。期望值为 [0，1] 之间的实数，代表了每个目标函数的权重。求解上述的最小—最大问题产生最优解。优化方法描述如下：

步骤 1：输入数据，设置交互指针 $p=0$。

步骤 2：确定每个目标函数的上、下边界 $f_{i\max}$、$f_{i\min}$，以及隶属度函数 $\mu_{f_i(X)}$。

步骤 3：设置每一目标函数的初始期望值 $\overline{\mu_{f_i(0)}}, i=1,2,\cdots,N_o$。

步骤 4：应用进化规划求解最小—最大问题（7.59）。

步骤 5：计算 $\overline{X}$、$f_i(\overline{X})$、$\mu_{f_i(\overline{X})}$ 的值，满足时进入下一步，否则，设置 $p=p+1$，选择新的期望值 $\overline{\mu_{f_i(p)}}, i=1,2,\cdots,N_o$，然后转入步骤 4。

步骤 6：输出最优满意度可行解 X^*、$f_i(X^*)$、$\mu_{f_i(X^*)}$。

7.4 粒子群优化方法

7.4.1 传统粒子群优化法

在传统的（Particle Swarm Optimization，PSO）算法中，每个粒子以合适的速度在搜索空间移动，并且记录其到目前为止发现的最好位置。整个群体中的每个粒子获得的最好位置可传递到其他所有粒子。传统的 PSO 假定有 n 维搜索空间，即 $S\subset R^n$，其中 n 是优化问题中变量的数量，也表示由 N 个粒子组成的群体。

在 PSO 算法中，在整个搜索空间，各粒子在飞行过程中形成一个群，以搜索最优或近似最优解。每个粒子的坐标表示相关联的两个矢量，位置 X 和速度 V 矢量。在搜索期间，粒子以某种方式相互联系，以优化其搜索空间。粒子群模型有很多种，但最常见的是 P_{gb} 模型，在优化过程中，整个群体认为是一个邻域。在每次迭代中，具有最佳解的粒子与群体跟其他粒子共享其位置坐标（P_{gb}）信息。

定义如下变量：

第 i 个粒子在时间 t 的位置由一个 n 维向量表示

$$\boldsymbol{X}_i(t)=(x_{i,1},\ x_{i,2},\cdots,\ x_{i,n})\in\boldsymbol{S} \tag{7.61}$$

该粒子在时间 t 的速度也由一个 n 维向量表示

$$\boldsymbol{V}_i(t)=(v_{i,1},v_{i,2},\cdots,v_{i,n})\in\boldsymbol{S} \tag{7.62}$$

第 i 个粒子在时间 t 的最佳位置是 S 空间中的一个点，表示为：

$$\boldsymbol{P}_i=(p_{i,1},\ p_{i,2},\cdots,\ p_{i,n})\in\boldsymbol{S} \tag{7.63}$$

所有粒子在 S 空间中获得的全局最佳位置表示为：

$$\boldsymbol{P}_{gb}=(p_{gb,1},\ p_{gb,2},\cdots,\ p_{gb,n})\in\boldsymbol{S} \tag{7.64}$$

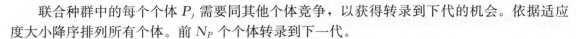

对于每次迭代，每个粒子按以下公式更新自己的速度和位置。

$$V_i^{t+1} = wV_i^t + C_1 \times r_1 \times (P_i - X_i^t) + C_2 \times r_2 \times (P_{gb} - X_i^t) \tag{7.65}$$

$$X_i^{t+1} = X_i^t + V_i^{t+1} \tag{7.66}$$

其中，w 是惯性权重系数。

C_1，C_2 是加速权重系数。

r_1，r_2 是［0，1］范围内的两个随机常数。

粒子速度的惯性权重系数由惯性加权法定义

$$w^t = w_{\max} - \frac{w_{\max} - w_{\min}}{t_{\max}} \times t \tag{7.67}$$

其中，$t_{\max}$ 是最大迭代次数，t 是当前迭代次数。$w_{\max}$ 和 $w_{\min}$ 分别是惯性权重系数的上限和下限。

此外，为了保证 PSO 算法的收敛性，定义收缩因子 k 为：

$$k = \frac{2}{\left|2 - \varphi - \sqrt{\varphi^2 - 4\varphi}\right|} \tag{7.68}$$

其中 $\varphi = C_1 + C_2$，$\varphi \geqslant 4$ 。

在这种收缩因子方法（Constriction Factor Approach，CFA）中，PSO 的基本系统方程式（7.65）和式（7.66）可认为是差分方程。因此，通过特征值来分析系统动力学，即搜索过程，并且通过控制特征值，使得系统具有以下特征：

（1）系统收敛。

（2）系统可以有效地搜索不同区域。

在 CFA 中，φ 必须大于 4.0 以保证稳定性。但随着 φ 增加，k 也减少，导致响应速度慢。因此，选择最小的值 4.1 以保证稳定性，同时也可以获得最快的响应速度。当 $4.1 \leqslant \varphi \leqslant 4.2$ 时可获得好的解。

7.4.2 基于被动聚集的 PSO

根据局部邻域变化的粒子群算法（Local - neighborhood variant PSO，简称 L - PSO），每个粒子移向其上一个最佳位置，并朝向其受限邻域中的最佳粒子。作为粒子的局部邻域引领者，比其他最近粒子（在搜索空间中的距离）具有更好评估价值。由于收缩因子法在基本 PSO 法中能产生更好的解，因此可增大收缩因子的权重系数。尤其是 Parrish 和 Hammer 提出了一个数学模型，该模型可以分为两类：聚合力和集合力。

聚合有时候代表有机群体的无社会性的外部物理力量。有两种类型的聚合：被动聚合和主动聚合。

集合是社会力量的聚集，是由社会力量推动群聚的，就是说吸引聚合的源头是这个群体本身。集合分为社会性集合和被动集合。社会性聚合通常发生在高度相关的群中，例如遗传关系。社会性集合需要主动传递信息，例如具有高遗传关系的蚂蚁使用触角接触来传递相关资源位置的信息。

被动集合是粒子对其他粒子群成员的吸引力，需要传递的信息是邻近的位置和速度，具有被动集合算子（Passive Congregation Operator，PAC）的混合 L - PSO 称为 LPAC，该方法也可以改进为基于全局变量的被动集合 PSO（Global variant - based Passive Congregation，GPAC）。

改进型 GPAC 和 LPAC 的粒子群使用式（7.69）来更新速度。

$$V_i^{t+1} = k[w^t V_i^t + C_1 \times r_1 \times (P_i - X_i^t) + C_2 \times r_2 \times (P_k - X_i^t) + C_3 \times r_3 \times (P_r - X_i^t)]\ i = 1, 2, \cdots, N \tag{7.69}$$

其中，C_1，C_2，C_3是认知、社会和被动的聚集参数。

P_i 是第 i 个粒子的上一个最佳位置。

P_k是在改进的 GPAC 情况下所有粒子已处于全局最佳位置；或者在 LPAC 的情况下粒子 i 处于局部最优位置，即可更好地评估其最近粒子 k 的位置。

Pr 是被动聚集器的位置（随机选择粒子 r 的位置）。

使用式（7.66）更新位置。n 维搜索空间中的第 i 个粒子的位置范围：

$$X_{i\min} \leqslant X_i \leqslant X_{i\max} \tag{7.70}$$

n 维搜索空间中的第 i 个粒子的速度范围为：

$$V_{i\min} \leqslant V_i \leqslant V_{i\max} \tag{7.71}$$

搜索空间的第 m 维的最大速度的计算式为：

$$V_{i\max}^m = \frac{s_{i\max}^m - s_{i\min}^m}{Nr}, m = 1, 2, \cdots, n \tag{7.72}$$

其中 $s_{i\max}^m$ 和 $s_{i\min}^m$ 是搜索空间第 m 维的限值。最大速度在搜索空间中以小间隔收缩，以在搜索过程中获得更好的平衡。Nr 是粒子搜索间隔数量，它是改进的 GPAC 和 LPAC PSO 算法中的重要参数。小的 Nr 促进全局探索（搜索新的领域），大的 Nr 更倾向于促进局部探索。适当的 Nr 值可以平衡全局和局部探索能力，并且减少定位最优解所需的迭代次数。改进型 GPAC 和 LPAC 的基本步骤如下：

步骤 1：随机初始化种群中各粒子的位置 $X_i(0)$ 和速度 $V_i(0)$，$(i = 1, 2, \cdots, N)$，用目标函数 f（比如最小化）评估每个粒子 i。

步骤 2：计算每个粒子 i 和其他粒子之间的距离，$d_{ij} = \| X_i - X_j \| (i = 1, 2, \cdots, N,\ i \neq j)$

其中 X_i和 X_j分别是粒子 i 和粒子 j 的位置向量。

步骤 3：确定每个粒子 i 和比自己有更好评价的粒子 k，即 $d_{ik} = \min_j (d_{ij})$，$f_k \leqslant f_j$，将其设置为粒子 i 的引领方向。

在改进的 GPAC 的情况下，认为粒子 k 是全局最佳。

步骤 4：对每个粒子 i，随机选择粒子 r 并将其设置为粒子 i 的被动聚集器。

步骤 5：分别使用式（7.69）和式（7.66）更新粒子的速度和位置。

步骤 6：检查粒子的速度和位置是否满足了式（7.70）中位置限制和式（7.71）～式（7.72）中的速度限制。如果违反了这些公式中的任一限制值，则用限制值替换相应违反参数。

步骤 7：使用目标函数 f 来评估每个粒子。通过计算目标函数 f。在粒子不存在解决方案的情况下，返回误差，并且粒子保持其先前的位置。

步骤 8：如果不满足迭代停止条件，返回步骤 2。

如果满足以下标准之一，将终止改进的 GPAC 和 LPAC PSO 算法：①迭代的最后 30 次中全局最佳没改善；②达到了允许的最大迭代数。

最后，式（7.69）的最后一项表示粒子的被动聚集与随机选择的粒子 r 传递的信息。这个被动聚集粒子可认为是一个随机变量，表示在搜索过程中引入的扰动量。每个粒子 i 的扰动与其和随机选择的粒子 r 的距离成比例。收缩因子法比扰动因子法更有助于算法的收敛，原因是：①搜索早期，各粒子之间的距离大，扰动因子也大，导致收敛速度慢；②在搜索的最后阶段，随着粒子之间的距离变小，扰动因子也变小，使得种群在全局最优中收敛。因此，LPAC 法比其他传统的 PSO 法探测搜索空间的效率更高，避免了局部优化并且提高了种群中信息传播的速度。

7.4.3 基于协调聚合的 PSO

协调聚合是在种群中引入的一个全新算子，除了随机移动的最佳粒子，每个粒子移动仅考虑比它更好位置的粒子。协调聚合可认为是一种主动性聚合。

粒子 i 和粒子 j 在迭代周期 t 的位置分别是 $X_i(t)$ 和 $X_j(t)$。两粒子距离之差 $X_i(t)-X_j(t)$ 定义为粒子速度的协调器。粒子 i 的位置函数 $A(X_i)$ 与有更好位置的粒子 j 的函数 $A(X_j)$ 距离之差与所有距离差之和的比称为权重因子：

$$\omega_{ij}=\frac{A(X_j)-A(X_i)}{\sum_l A(X_l)-A(X_i)},\ j,\ l\in\Omega_i \tag{7.73}$$

其中 Ω_i 表示粒子 i 和粒子 j 的集合

粒子的速度通过协调器乘以权重因子来调整。下面是基于协调聚合的 PSO（Coordinated Aggregation based PSO，CAPSO）算法的步骤。

步骤 1：初始化。产生 N 个粒子，给每个粒子 i 随机选择初始位置 $X_i(0)$。用目标函数 f 计算 $A(X_i(0))$，并找到全局最佳的最大值 $A_g(0)=\max_i A(X_i(0))$。然后，粒子按以下步骤更新它们的位置。

步骤 2：种群处理。除了最好的粒子，其他粒子根据式（7.74）调整它们的速度：

$$V_i^{t+1}=w^t V_i^t+\sum_j r_j\omega_{ij}^t(X_j^t-X_i^t)j\in\Omega_i,i=1,2,\cdots,N \tag{7.74}$$

其中，ω_{ij}^t 是加权因子；惯性权重因子 w^t 由式（7.67）确定。惯性权重因子对 CAPSO 收敛非常重要。它表示粒子之前速度对当前速度的影响力。因此，惯性权重函数起到平衡群体全局和局部探索能力的作用。

步骤 3：最佳粒子处理。种群中最好粒子通过随机协调器计算其位置和随机选择的粒子在群中的位置之间的距离，并更新其速度。最佳粒子的处理看起来像扰动因子一样，帮助群体远离局部最小值。

步骤 4：检查式（7.71）～式（7.72）中的速度是否满足极限。如果粒子速度违反了限制，将被相应的限制值替换。

步骤 5：位置更新。用式（7.66）更新粒子的位置。检查式（7.70）中位置极限是否满足。

步骤 6：评估。用目标函数 f 计算每个粒子的 $A(X_i(t))$ 。$A(X_i(t))$ 通过计算得到。在粒子不存在解的情况下，返回误差并且保持粒子之前的结果。

步骤 7：如果不满足停止标准，则转到步骤 2。如果在迭代的最后 30 次全局最佳结果没得到改进，或者达到了允许的最大迭代次数，则 CAPSO 算法将被终止。

步骤 8：全局最优解。选择最优解作为全局最佳。

问题与练习

1. 非线性优化神经网络的特点是什么？
2. 证明 NLONN 神经网络的能量函数是 Lyapunov 函数。
3. 遗传算法与进化规划算法的区别在哪里？
4. 描述传统粒子群优化法。
5. 什么是 LPSO 算法？
6. 什么是 GPSO 算法？
7. 在基因算法中染色体交叉是一个重要的运算，对于下面给定的父代染色体：

（1）用一点交叉运算给出子代染色体。

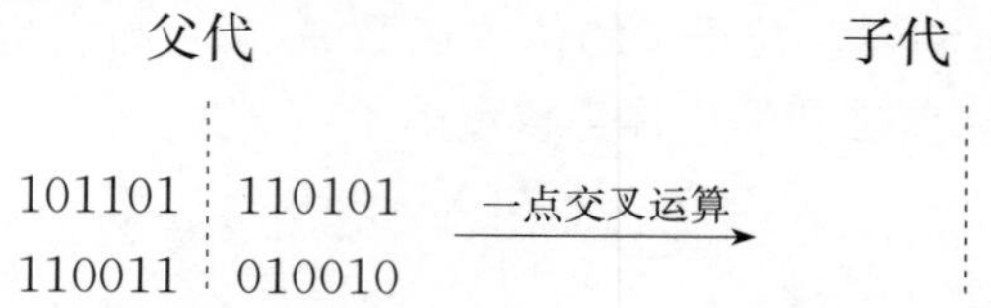

（2）用两点交叉运算给出子代染色体。

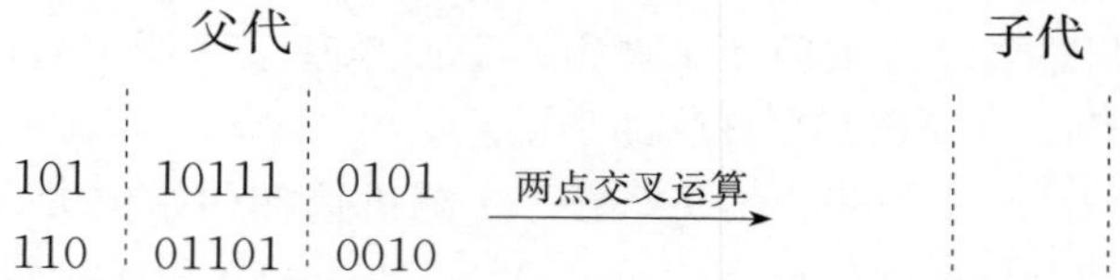

（3）用三点交叉运算给出子代染色体。

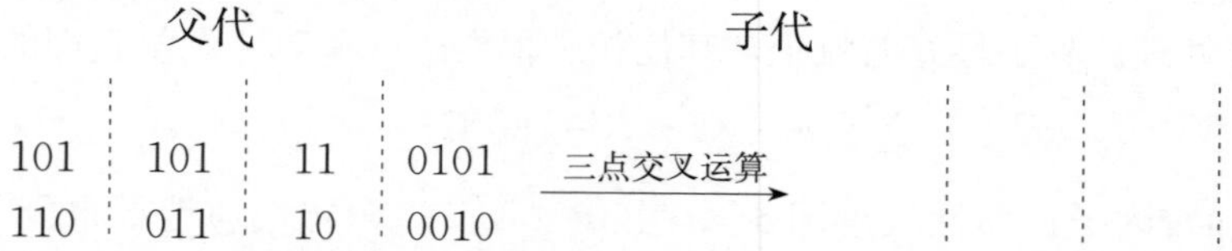

8. 在基因算法中染色体变异是另外一个重要的运算，对于下面给定的父代染色体：

（1）用一点交变异算给出子代染色体。

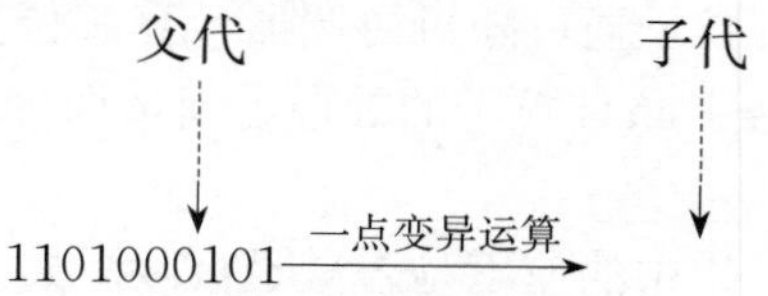

（2）用两点交变异算给出子代染色体。

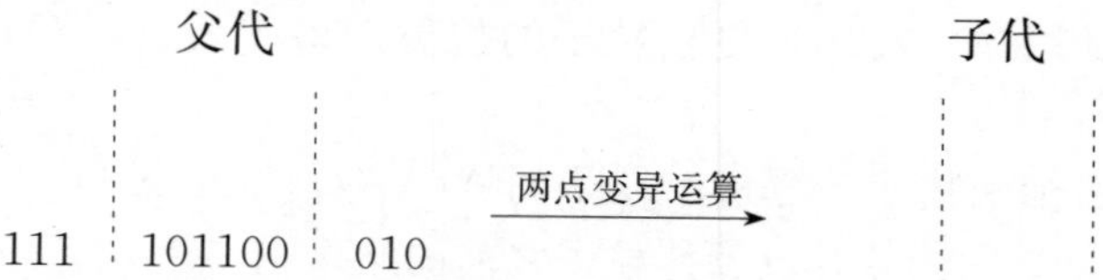

（3）用三点交变异算给出子代染色体。

父代　　　　子代

111 ⋮ 01 ⋮ 100 ⋮ 010 —三点变异运算→ ⋮ ⋮ ⋮

参 考 文 献

[1] Maa C Y, Schanblatt M A. A two - phase optimization neuralnetwork [J]. IEEE Transactions on Neural Networks, 1992, 3 (6): 1003 - 9.

[2] Dimo P. Nodal analysis of power systems [M]. Editura Academiei Republicii Socialisté România, Abacus Press, 1975.

[3] Holland J H. Adaptation in natural and artificial systems [J]. Ann Arbor, 1992, 6 (2): 126 - 137.

[4] Goldberg D E. Genetic Algorithms in Search [J]. Optimization & Machinelearning, 1989.

[5] Yang J B, Chen C, Zhang Z J. The interactive step trade - off method (ISTM) for multiobjective optimization [J]. Systems Man & Cybernetics IEEE Transactions on, 1990, 20 (3): 688 - 695.

[6] J. G. Lin. Multiple - objective problems: pareto - optimal solutions by method of proper equality constraints [J]. IEEE Trans. Automat. Contr, vol. AC - 21: 641 - 650.

[7] J. B. Kruskal Jr. On the Shortest Spanning Subtree of a Graph and the Traveling Salesman Problem [J]. Proceedings of the American Mathematical Society, 7 (1): 48 - 50.

[8] Combinatorial optimization: polyhedra and efficiency [M]. Springer, Berlin, 2004.

[9] Zitzler E, Thiele L. An Evolutionary Algorithm for Multiobjective Optimization: The Strength Pareto Approach [J]. 1998. Swiss Federal Institute of Technology, 1998.

[10] Morse J N. Reducing the size of the nondominated set: Pruning byclustering [J]. Computers & Operations Research, 1980, 7 (1): 55 - 66.

[11] Vlachogiannis J G, Lee K Y. A Comparative Study on Particle Swarm Optimization for Optimal Steady - State Performance of PowerSystems [J]. IEEE Transactions on Power Systems, 2006, 21 (4): 1718 - 1728.

[12] Eberhart R, Kennedy J. A new optimizer using particle swarm theory [C]. Proceedings of the Sixth International Symposium on Micro Machine and Human Science. IEEE, 2002: 39 - 43.

[13] Kennedy J, Eberhart R. Particle swarm optimization [C]. International Conference on Neural Networks. IEEE, 2002: 1942 - 1948.

[14] Eberhart R C, Shi Y. Guest Editorial Special Issue on Particle Swarm Optimization [J]. Evolutionary Computation IEEE Transactions on, 2004, 8 (3): 201 - 203.

[15] Kennedy J. Swarm Intelligence [J]. Swarm Intelligence, 2006, 2 (1): 475 - 495.

[16] Parrish J K, Hamner W M. Animal Groups in Three Dimensions [J]. Mathematical Gazette, 1997, 83 (497) .

[17] He S, Wu Q H, Wen J Y, et al. A particle swarm optimizer with passive congregation [J]. Biosystems, 2004, 78 (1 - 3): 135 - 147.

8 不确定性分析方法

8.1 概率统计方法

8.1.1 概率基础

8.1.1.1 概率的统计定义

研究随机试验，仅知道可能发生哪些随机事件是不够的，还需了解各种随机事件发生的可能性大小，以揭示这些事件的内在的统计规律性，从而指导实践。因此要求有一个能够刻划事件发生可能性大小的数量指标，这指标应该是事件本身所固有的，且不随人的主观意志而改变，人们称之为概率（probability）。事件 A 的概率记为 $P(A)$。

在相同条件下进行 n 次重复试验，如果随机事件 A 发生的次数为 m，那么 m/n 称为随机事件 A 的频率（frequency）；当试验重复数 n 逐渐增大时，随机事件 A 的频率越来越稳定地接近某一数值 p，那么就把 p 称为随机事件 A 的概率。这样定义的概率称为统计概率（statistics probability），或者称后验概率（posterior probability）。

在一般情况下，随机事件的概率 p 是不可能准确得到的。通常以试验次数 n 充分大时随机事件 A 的频率作为该随机事件概率的近似值。即

$$P(A) = p \approx m/n \ (n \text{ 充分大}) \tag{8.1}$$

8.1.1.2 概率的古典定义

上面介绍了概率的统计定义，但对于某些随机事件，不用进行多次重复试验来确定其概率，而是根据随机事件本身的特性直接计算其概率。

有很多随机试验具有以下特征：

（1）试验的所有可能结果只有有限个，即样本空间中的基本事件只有有限个。

（2）各个试验的可能结果出现的可能性相等，即所有基本事件的发生是等可能的。

（3）试验的所有可能结果两两互不相容。

具有上述特征的随机试验，称为古典模型（classical model）。对于古典模型，概率的定义如下：

设样本空间由 n 个等可能的基本事件所构成，其中事件 A 包含有 m 个基本事件，则事件 A 的概率为 m/n，即

$$P(A) = m/n \tag{8.2}$$

这样定义的概率称为古典概率（classical probability）或先验概率（prior probability）。

［**例 8.1**］ 在编号为 1、2、3、…、10 的十头猪中随机抽取 1 头，求下列随机事件的

概率。

(1) $A=$“抽得一个编号$\leqslant 4$”;

(2) $B=$“抽得一个编号是 2 的倍数”。

解:因为该试验样本空间由 10 个等可能的基本事件构成，即 $n=10$，而事件 A 所包含的基本事件有 4 个，既抽得编号为 1，2，3，4 中的任何一个，事件 A 便发生，即 $m_A=4$，所以

$$P(A)=m_A/n=4/10=0.4$$

同理，事件 B 所包含的基本事件数 $m_B=5$，即抽得编号为 2，4，6，8，10 中的任何一个，事件 B 便发生，故 $P(B)=m_B/n=5/10=0.5$。

[**例 8.2**] 在 N 头奶牛中，有 M 头曾有流产史，从这群奶牛中任意抽出 n 头奶牛，试求：

(1) 其中恰有 m 头有流产史奶牛的概率是多少?

(2) 若 $N=30$，$M=8$，$n=10$，$m=2$，其概率是多少?

解:我们把从 N 头奶牛中任意抽出 n 头奶牛，其中恰有 m 头有流产史这一事件记为 A，因为从 N 头奶牛中任意抽出 n 头奶牛的基本事件总数为 C_N^n，事件 A 所包含的基本事件数为 $C_M^m \cdot C_{N-M}^{n-m}$，因此所求事件 A 的概率为:

$$P(A)=\frac{C_M^m \cdot C_{N-M}^{n-m}}{C_N^n}$$

将 $N=30$，$M=8$，$n=10$，$m=2$ 代入上式，得:

$$P(A)=\frac{C_8^2 \cdot C_{30-8}^{10-2}}{C_{30}^{10}}=0.0695$$

即在 30 头奶牛中有 8 头曾有流产史，从这群奶牛随机抽出 10 头奶牛其中有 2 头曾有流产史的概率为 6.95%。

8.1.1.3 概率的性质

根据概率的定义，概率有如下基本性质:

(1) 对于任何事件 A，有 $0\leqslant P(A)\leqslant 1$。

(2) 必然事件的概率为 1，即 $P(\Omega)=1$。

(3) 不可能事件的概率为 0，即 $P(\phi)=0$。

8.1.2 概率统计分布

事件的概率表示了一次试验某一个结果发生的可能性大小。若要全面了解试验，则必须知道试验的全部可能结果及各种可能结果发生的概率，即必须知道随机试验的概率分布。

做一次试验，其结果有多种可能。每一种可能结果都可用一个数来表示，把这些数作为变量 x 的取值范围，则试验结果可用变量 x 来表示。

如果表示试验结果的变量 x，其可能取值至多为可列个，且以各种确定的概率取这些不同的值，则称 x 为离散型随机变量；如果表示试验结果的变量 x，其可能取值为某范围内的任何数值，且 x 在其取值范围内的任一区间中取值时，其概率是确定的，则称 x 为连续型随机变量。

例如，电力负荷，特别是居民负荷是可变的不确定数据。一户居民的电力消耗变化量通常取决于家庭成员在家里的时间、短时使用大功率电气的时间，这些均具有极大的不确定

性。概率分析可以用来分析不确定性负荷。不同类型的不确定性负荷可以选取不同的概率分布函数，以下概率分布函数经常被用来表示不确定性负荷。

8.1.2.1 正态分布

正态分布（Normal distribution），也称“常态分布”，又名高斯分布（Gaussian distribution），是一个在数学、物理及工程等领域都非常重要的概率分布，在统计学的许多方面有着重大的影响力。正态曲线呈钟形，左右对称，因此人们又经常称之为钟形曲线。

不确定性负荷 P_D 的通用正态分布概率密度函数是

$$f(P_D)=\frac{e^{-\frac{(P_D-\mu)^2}{2\sigma^2}}}{\sigma\sqrt{2\pi}} \tag{8.3}$$

$$\begin{cases}-\infty\leqslant P_D\leqslant\infty\\ \sigma>0\end{cases} \tag{8.4}$$

式中 P_D——不确定性负荷；

μ——不确定性负荷的均值，也称为位置参数；

σ——不确定性负荷的标准差，也称为尺度参数。

正态分布概率密度函数的曲线如图 8.1 所示。

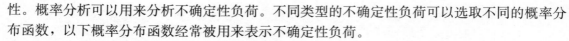

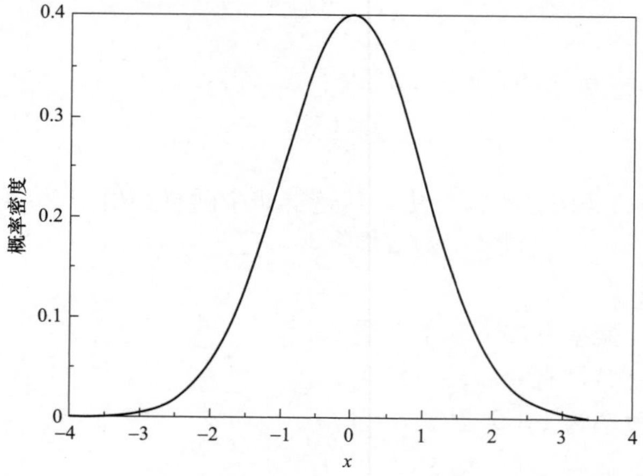

图 8.1 正态分布概率密度函数

由式（8.3）和图 8.1 可以看出正态分布具有以下几个重要特征：

（1）正态分布密度曲线是单峰、对称的悬钟形曲线，对称轴为 $x=\mu$。

（2）$f(x)$ 在 $x=\mu$ 处达到极大，极大值 $f(\mu)=\dfrac{1}{\sigma\sqrt{2\pi}}$。

（3）$f(x)$ 是非负函数，以 x 轴为渐近线，分布从 $-\infty$ 至 $+\infty$。

（4）曲线在 $x=\mu\pm\sigma$ 处各有一个拐点，即曲线在 $(-\infty,\ \mu-\sigma)$ 和 $(\mu+\sigma,\ +\infty)$ 区间上是下凸的，在 $[\mu-\sigma,\ \mu+\sigma]$ 区间内是上凸的。

（5）正态分布有两个参数，即平均数 μ 和标准差 σ。当 σ 恒定时，μ 愈大，则曲线沿 x 轴愈向右移动；反之，μ 愈小，曲线沿 x 轴愈向左移动。当 μ 恒定时，σ 愈大，表示 x 的取值愈分散，曲线愈“胖”；σ 愈小，x 的取值愈集中在 μ 附近，曲线愈“瘦”。

（6）分布密度曲线与横轴所夹的面积为 1，即

$$P(-\infty < x < +\infty) = \int_{-\infty}^{+\infty} \frac{1}{\sigma\sqrt{2\pi}} e^{-\frac{(x-\mu)^2}{2\sigma^2}} \mathrm{d}x = 1$$

8.1.2.2 对数正态分布

许多概率分布不是单一分布，而是一系列分布的组合，这是由于分布有一个或者多个形状参数。如对数正态分布（logarithmic normal distribution）就是指一个随机变量的对数服从正态分布，即该随机变量服从对数正态分布。对数正态分布从短期来看，与正态分布非常接近。但长期来看，对数正态分布向上分布的数值更多一些。

形状参数使得一个分布可以有不同的曲线形状，这取决于形状参数的取值，这些分布在建模应用中十分实用，因为其能够灵活地对多种不确定性负荷数据集进行建模，以下是不确定性负荷 P_D 的对数正态分布方程：

$$f(P_D) = \frac{e^{-\frac{\{\ln[(P_D-\mu)/m]\}^2}{2a^2}}}{\sigma(P_D-\mu)\sqrt{2\pi}} \tag{8.5}$$

$$\begin{cases} P_D \geqslant \mu \\ \sigma > 0 \end{cases} \tag{8.6}$$

式中，m 为尺度参数。

图 8.2 是四种 σ 参数的对数正态分布概率密度函数的曲线。

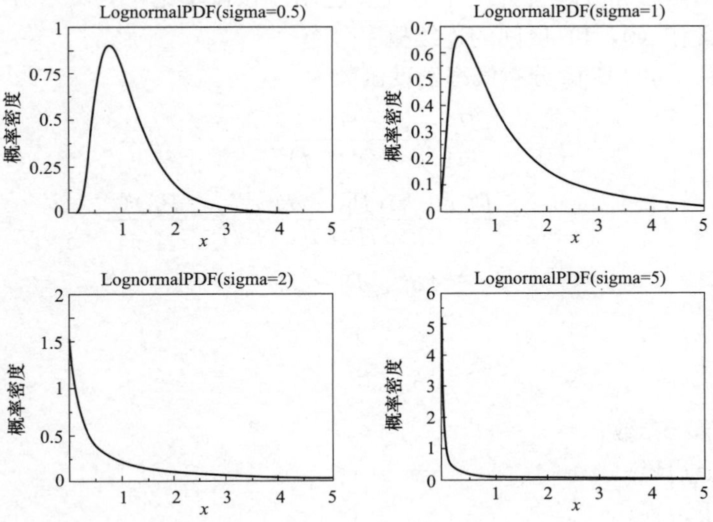

图 8.2 对数正态分布概率密度函数

8.1.2.3 指数分布

在概率理论和统计学中，指数分布（也称为负指数分布）是描述泊松过程中的事件之间的时间的概率分布，即事件以恒定平均速率连续且独立地发生的过程。这是伽玛分布的一个特殊情况。它是几何分布的连续模拟，具有无记忆的关键性质。

不确定性负荷 P_D 的指数分布概率密度函数为

$$f(P_D) = \frac{e^{-\frac{P_D-\mu}{b}}}{b} \tag{8.7}$$

$$\begin{cases} P_D \geqslant \mu \\ b > 0 \end{cases} \tag{8.8}$$

式中，b 为尺度系数。

图 8.3 给出一种形态的指数分布密度函数的曲线。

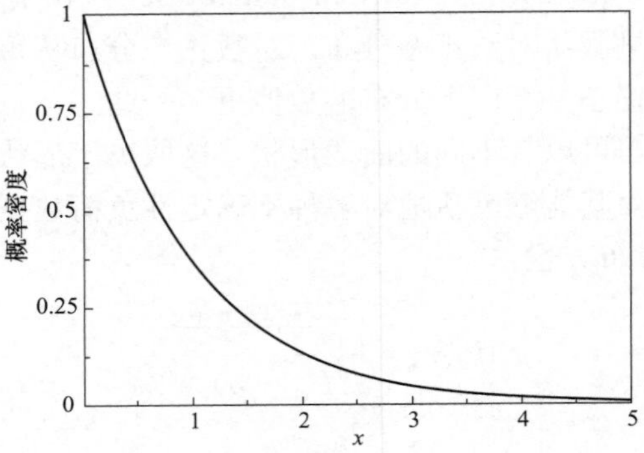

图 8.3　指数分布密度函数

8.1.2.4　贝塔分布

贝塔分布（Beta Distribution）是一个作为伯努利分布和二项式分布的共轭先验分布的密度函数，在机器学习和数理统计学中有重要应用。在概率论中，贝塔分布，也称 Beta 分布，是指一组定义在（0，1）区间的连续概率分布。

不确定性负荷 P_D的 Beta 分布概率密度函数为

$$\begin{aligned} f(P_D) &= \frac{(P_D - d)^{a-1}(c - P_D)^{b-1}}{B(a,b)(c-d)^{a+b-1}} \\ &= \frac{\Gamma(a+b)(P_D - d)^{a-1}(c - P_D)^{b-1}}{\Gamma(a)\Gamma(b)(c-d)^{a+b-1}} \end{aligned} \tag{8.9}$$

$$\begin{cases} d \leqslant P_D \leqslant c \\ a > 0 \\ b > 0 \end{cases} \tag{8.10}$$

式中　a，b——形状参数；

c——上边界；

d——下边界；

$B(a, b)$ ——Beta 函数。

通常通过位置参数与尺度参数定义一个分布的通用形式，Beta 分布则不同，其通过上边界与下边界来定义 Beta 函数，然而，位置参数与尺度参数也可以用上下边界来定义：

$$位置 = d$$

$$尺度 = c - d$$

图 8.4 给出四种形状参数下的 Beta 分布概率密度函数的曲线。

8.1.2.5　Gamma 分布

伽玛分布（Gamma Distribution）是统计学的一种连续概率函数，是概率统计中一种非常重要的分布。指数分布是伽马分布的特例。

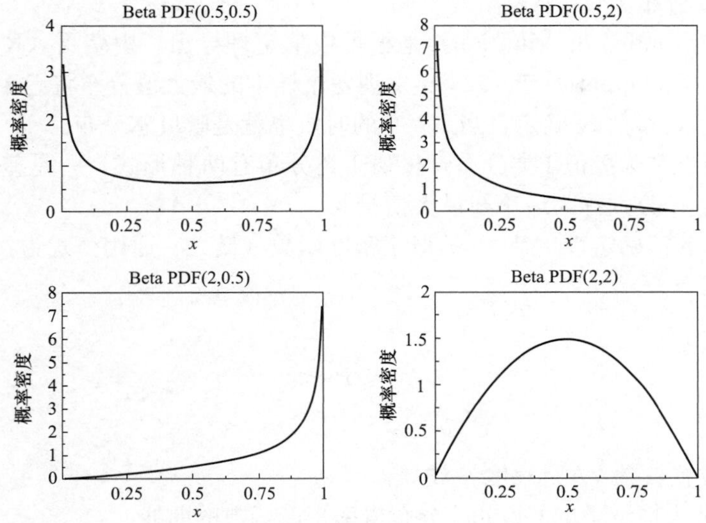

图 8.4　四种形状参数下的 Beta 分布概率密度函数

不确定性负荷 P_D的 Gamma 概率密度分布函数为

$$f(P_D)=\frac{(P_D-\mu)^{a-1}}{b^a\Gamma(a)}e^{-\left(\frac{P_D-\mu}{b}\right)} \tag{8.11}$$

$$\begin{cases}P_D\geqslant\mu\\ a>0\\ b>0\end{cases} \tag{8.12}$$

式中，a 是形状参数，μ 是位置参数，b 是尺度参数，Γ 是 Gamma 函数，其表达式为

$$\Gamma(a)=\int_0^{\infty}t^{a-1}e^{-t}\,\mathrm{d}t \tag{8.13}$$

图 8.5 给出 Gamma 分布概率密度函数的曲线。

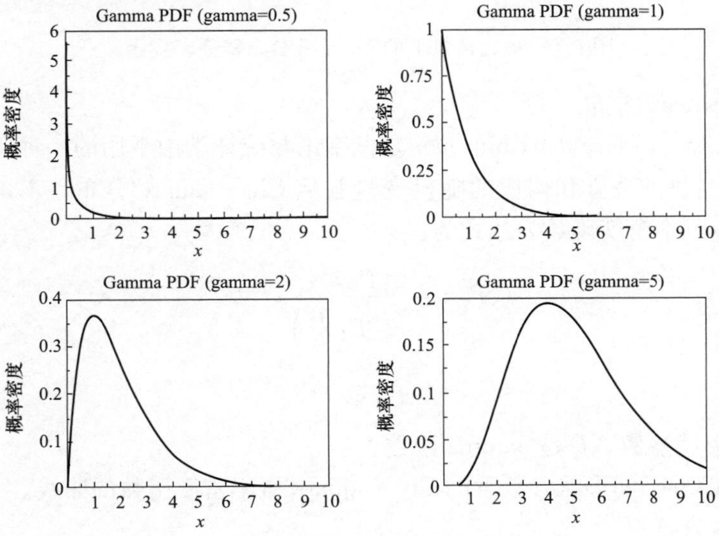

图 8.5　Gamma 分布概率密度函数

8.1.2.6 Gumbel 分布

耿贝尔分布（Gumbel distribution）是根据极值定理导出，由费雪（R·A·Fisher）和蒂培特（L·H·C·Tippett）于 1928 年发现各个样本的最大值分布将趋于三种极限形式种的一种，具体由型式参数 K 确定，当 $K=0$ 的时候也就是耿贝尔分布。

Gumbel 分布也称为极值 I 类分布，极值 I 类分布有两种形式，一是基于最小极值，另一是基于最大极值，分别称为最小与最大情景。

Gumbel 分布的不确定性负荷 P_D的概率密度函数（最大）通用公式为：

$$f(P_D)=\frac{1}{b}e^{\left(\frac{\mu-P_D}{b}\right)}e^{-e^{\left(\frac{\mu-P_D}{b}\right)}} \tag{8.14}$$

$$\begin{cases}-\infty\leqslant P_D\leqslant\infty\\ b>0\end{cases} \tag{8.15}$$

其中，μ 是位置参数，b 是尺度参数

图 8.6 给出最大情景下的 Gumbel 分布概率密度函数的曲线。

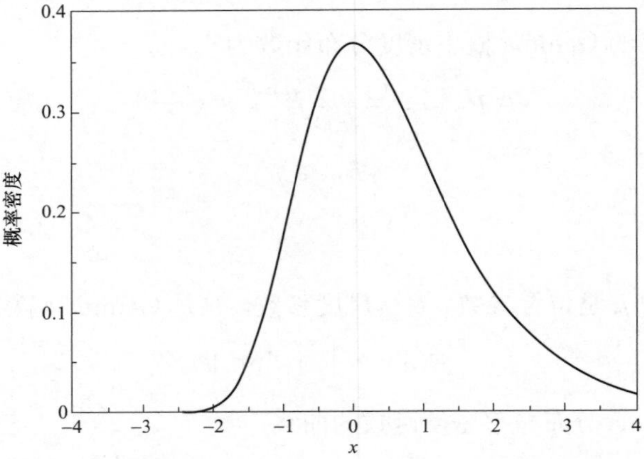

图 8.6　最大情景下的 Gumbel 分布概率密度函数

8.1.2.7 Chi-Square 分布

卡方分布（Chi-square distribution）是概率论与统计学中常用的一种概率分布。v 个独立正态分布随机变量的平方和构成的随机变量服从 Chi-square 分布，不确定性负荷 P_D的 Chi-square 分布概率密度函数表达式为：

$$f(P_\mathrm{D})=\frac{P_\mathrm{D}^{\frac{v}{2}-1}}{2^{\frac{v}{2}}\Gamma\left(\frac{v}{2}\right)}e^{-\left(\frac{P_\mathrm{D}}{2}\right)} \tag{8.16}$$

$$P_\mathrm{D}\geqslant 0 \tag{8.17}$$

其中，v 是形状参数，Γ 是 gamma 函数。

图 8.7 给出四种不同形状参数下的 Chi-square 概率密度函数的曲线。

8.1.2.8 威布尔分布

从概率论和统计学角度看，威布尔分布（Weibull Distribution）是连续性的概率分布，

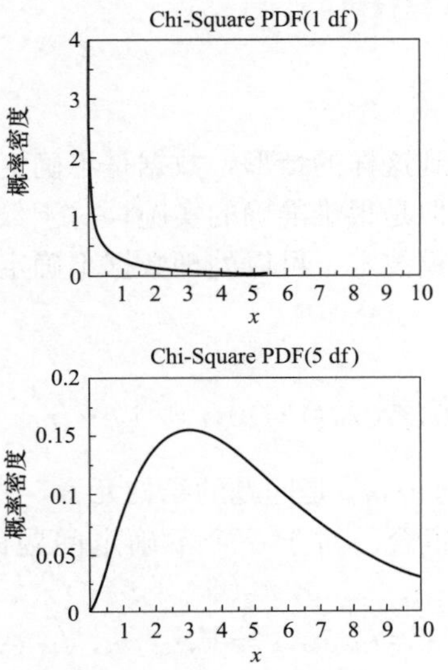

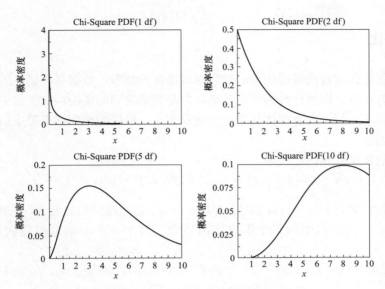

图 8.7 Chi - square 分布概率密度函数

威布尔分布函数可以看成是扩展的指数分布函数。

威布尔分布的不确定性负荷 P_D的概率密度函数表达式为：

$$f(P_D)=\frac{a(P_D-\mu)^{a-1}}{b^a}e^{-(\frac{P_D-\mu}{b})^a} \tag{8.18}$$

$$\begin{cases}P_D\geqslant\mu\\ a>0\\ b>0\end{cases} \tag{8.19}$$

其中，a 是形状参数，μ 是位置参数，b 是尺度参数。

图 8.8 是威布尔分布的一种概率密度函数的曲线。

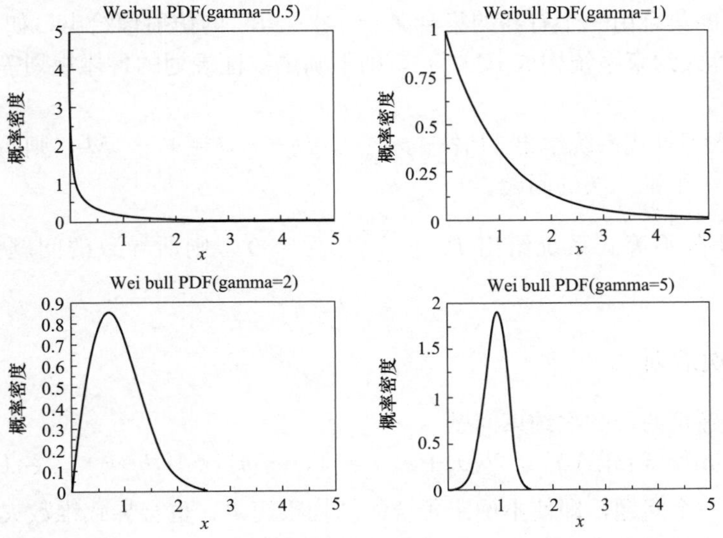

图 8.8 威布尔分布概率密度函数

8.2 鲁棒优化

在电力系统优化运行决策过程中，经常遇到这样的情形，数据是不确定的或者是非精确的；最优解不易计算，即使计算的非常精确，但是很难准确的实施；对于数据的一个小的扰动可能导致解是不可行。而鲁棒优化是一个建模技术，可以处理数据不确定但属于一个不确定集合的优化问题。

一个一般的数学规划的形式为：

$$\min_{x_0 \in R, x \in R^n} \{x_0 : f_0(x,\xi) - x_0 \leqslant 0, f_i(x,\xi) \leqslant 0, i = 1,\cdots,m\} \tag{8.20}$$

式中 x 为设计向量，f_0 为目标函数，$f_1, f_2, \cdots, f_m$ 是问题的结构元素。ξ 表示属于特定问题的数据。U 是数据空间中的某个不确定的集合。对于一个不确定问题的相应的鲁棒问题为：

$$\min_{x_0 \in R, x \in R^n} \{x_0 : f_0(x,\xi) - x_0 \leqslant 0, f_i(x,\xi) \leqslant 0, i = 1,\cdots,m, \forall \xi \in U\} \tag{8.21}$$

这个问题的可行解和最优解分别称为不确定问题的鲁棒可行和鲁棒最优解。

下面介绍常用的鲁棒优化的基本方法。

8.2.1 鲁棒线性规划

一个不确定线性规划问题可以表示如下：

$$\{\min_x \{\boldsymbol{c}^{\mathrm{T}} x : \boldsymbol{A}\boldsymbol{x} \geqslant \boldsymbol{b}\} \mid (\boldsymbol{c}, \boldsymbol{A}, \boldsymbol{b}) \in \boldsymbol{U} \subset \boldsymbol{R}^n \times \boldsymbol{R}^{m \times n} \times \boldsymbol{R}^m\} \tag{8.22}$$

它所对应的鲁棒优化问题为：

$$\min_x \{\boldsymbol{t} : \boldsymbol{t} \geqslant \boldsymbol{c}^{\mathrm{T}} \boldsymbol{x}, \boldsymbol{A}\boldsymbol{x} \geqslant \boldsymbol{b}, (\boldsymbol{c}, \boldsymbol{A}, \boldsymbol{b}) \in \boldsymbol{U}\} \tag{8.23}$$

如果不确定的集合是一个计算上易处理的问题，则这个线性规划也是一个计算上易处理的问题。并且有下列的结论：

假设不确定的集合由一个有界的集合 $\boldsymbol{Z} = \{\xi\} \subset \boldsymbol{R}^N$ 的仿射像给出，如果 $\boldsymbol{Z}$ 是

1）线性不等式约束系统构成 $P\xi \leqslant p$，则不确定线性规划的鲁棒规划等价于一个线性规划问题。

2）由锥二次不等式系统给出 $\| P_i\xi - p_i \|_2 \leqslant q_i^{\mathrm{T}}\xi - r_i, i = 1,\cdots,M$，则不确定线性规划的鲁棒规划等价于一个锥二次的问题。

3）由线性矩阵不等式系统给出 $P_0 + \sum_{i=1}^{\dim\xi} \xi_i P_i \geqslant 0$，则所导致的问题为一个半定规划问题。

8.2.2 鲁棒二次规划

考虑一个不确定的凸二次约束问题

$$\{\min_x \{c^{\mathrm{T}} x : x^{\mathrm{T}} A_i x \leqslant 2b_i^{\mathrm{T}} x + c_i, i = 1,\cdots,m\} \mid (A_i, b_i, c_i)_{i=1}^m \in U\} \tag{8.24}$$

对于这样的一个问题，即使不确定集合的结构很简单，也会导致维数灾难的问题，所以对于这种问题的处理通常是采用它的近似的鲁棒规划问题。

考虑一个不确定的优化问题

$$\boldsymbol{P} = \{\min_x\{\boldsymbol{c}^{\mathrm{T}}\boldsymbol{x}: F(\boldsymbol{x},\xi) \leqslant 0\} \mid \xi \in \boldsymbol{U}\}$$

假设不确定集合为 $\boldsymbol{U} = \xi^n + \boldsymbol{V}$，而 ξ^n 表示名义的数据，而 $\boldsymbol{V}$ 表示一个扰动的集合，假设 V 是一个包含原点的凸紧集。不确定问题 P 可以看成是一个不确定问题的参数族：

$$P_\rho = \{\min_x\{\boldsymbol{c}^{\mathrm{T}}\boldsymbol{x}: F(x,\xi) \leqslant 0\} \mid \xi \in U_\rho = \xi^n + \rho\boldsymbol{V}\}, \rho \geqslant 0 \tag{8.25}$$

其中 $\rho \geqslant 0$ 表示不确定的水平。

具有椭圆不确定性的不确定的凸二次规划问题的近似鲁棒问题表示为

$$\boldsymbol{U} = \{\{(c_i, A_i, b_i) = (c_i^n, A_i^n, b_i^n) + \sum_{l=1}^{L}\xi_l(c_i^l, A_i^l, b_i^l)\}_{i=1}^{m} \mid \xi^{\mathrm{T}}Q_j\xi \leqslant 1, j = 1,\cdots,k\} \tag{8.26}$$

其中 $Q_j \geqslant 0, \sum_{j=1}^{k}Q_j > 0$

则问题可以转化为一个半定规划问题：

$$\min \quad \boldsymbol{c}^{\mathrm{T}}\boldsymbol{x}$$

$$s.t. \begin{pmatrix} 2x^{\mathrm{T}}b_i^n + c_i^n - \sum_{j=1}^{k}\lambda_{ij} & \frac{c_i^1}{2} + x^{\mathrm{T}}b_i^1 \cdots \frac{c_i^L}{2} + x^{\mathrm{T}}b_i^L & [A_i^n x]^{\mathrm{T}} \\ \frac{c_i^1}{2} + x^{\mathrm{T}}b_i^1 & & \\ \vdots & & [A_i^1 x]^{\mathrm{T}} \\ \frac{c_i^L}{2} + x^{\mathrm{T}}b_i^L & \sum_{j=1}^{k}\lambda_{ij}Q_i & \vdots \\ & & [A_i^L x]^{\mathrm{T}} \\ A_i^n x & A_i^1 x \cdots A_i^L x & I \end{pmatrix} \geqslant 0,\ i = 1,\cdots,m \tag{8.27}$$

这是一个具有椭圆不确定集合的不确定锥二次问题的近似鲁棒规划。考虑如下不确定锥二次规划

$$\{\min_x\{c^{\mathrm{T}}x: \|A_i x + b_i\|_2 \leqslant \alpha_i^{\mathrm{T}}x + \beta_i, i = 1,\cdots,m\} \mid \{(A_i, b_i, \alpha_i, \beta_i)\}_{i=1}^{m} \in U\} \tag{8.28}$$

它的约束为左右侧的不确定，即

$$\boldsymbol{U} = \left\{(A_i, b_i, \alpha_i, \beta_i)\}_{i=1}^{m} \left| \begin{array}{l} \{A_i, b_i\}_{i=1}^{m} \in U^{left} \\ \{\alpha_i, \beta_i\}_{i=1}^{m} \in U^{right} \end{array} \right.\right\} \tag{8.29}$$

它的左侧的不确定的集合是一个椭圆，可以表示为

$$U^{left} = \{\{(A_i, b_i) = (A_i^n, b_i^n) + \sum_{l=1}^{L}\xi_l(A_i^l, b_i^l)\}_{i=1}^{m} \mid \xi^{\mathrm{T}}Q_j\xi \leqslant 1, j = 1,\cdots,k\} \tag{8.30}$$

式中 $Q_j \geqslant 0, \sum_{j=1}^{k}Q_j > 0$

右侧的不确定集合是有界的，它的半定表示为

$$U^{right} = \{\{(\alpha_i, \beta_i) = (\alpha_i^n, \beta_i^n) + \sum_{r=1}^{R}\eta_r(\alpha_i^r, \beta_i^r)\}_{i=1}^{m} \mid \eta \in V\} \tag{8.31}$$

其中 $\boldsymbol{V}=\{\eta \mid \exists u: P(\eta)+Q(u)-R \geqslant 0\}$，$P(\eta)$，$Q(u)$ 为线性映射。

则半定规划为

$$
\min \quad \boldsymbol{c}^{\mathrm{T}} \boldsymbol{x}
$$

$$
\text{s.t.} \quad \begin{pmatrix}
\tau-\sum_{j=1}^{k} \lambda_{ij} & & [A_i^n x+b_i^n]^{\mathrm{T}} \\
& & [A_i^1 x+b_i^1]^{\mathrm{T}} \\
& \sum_{j=1}^{k} \lambda_{ij} Q_i & \vdots \\
& & [A_i^L x+b_i^L]^{\mathrm{T}} \\
A_i^n x+b_i^n & A_i^1 x \cdots A_i^L x & \tau_i I
\end{pmatrix} \geqslant 0, i=1,\cdots,m \tag{8.32}
$$

$$
\lambda_{ij} \geqslant 0, i=1,\cdots,m, j=1,\cdots,k
$$

$$
\tau_i=x^{\mathrm{T}} \alpha_i^n+\beta_i^n+Tr(RV_i), i=1,\cdots,m
$$

其中

$$
P^*(V_i)=\begin{pmatrix}
x^{\mathrm{T}} \alpha_i^1+\beta_i^1 \\
\vdots \\
x^{\mathrm{T}} \alpha_i^R+\beta_i^R
\end{pmatrix}, i=1,\cdots,m \tag{8.33}
$$

$$
Q^*(V_i)=0, i=1,\cdots,m
$$

$$
V_i \geqslant 0, i=1,\cdots,m
$$

8.2.3 鲁棒半定规划

一个不确定的半定规划的鲁棒规划为

$$
\{\min_x\{c^{\mathrm{T}} x: A_0+\sum_{i=1}^{n} x_i A_i \geqslant 0\} \mid \{(A_0,\cdots,A_n)\}_{i=1}^{m} \in U\} \tag{8.34}
$$

如果是一个箱式不确定集合，则不确定半定规划的近似鲁棒问题

$$
\boldsymbol{U}=\{(A_0,\cdots,A_n)=(A_0^n,\cdots,A_n^n)+\sum_{l=1}^{L} \xi_l(A_0^l,\cdots,A_n^l) \mid \|\xi\|_{\infty} \leqslant 1\} \tag{8.35}
$$

则半定规划的近似的鲁棒优化为

$$
\min_{x, X^l}\left\{c^{\mathrm{T}} x: \begin{array}{c}
X^l \geqslant A_l[x] \equiv A_0^l+\sum_{j=1}^{n} x_j A_j^l, l=1,\cdots,L \\
X^l \geqslant -A_l[x], l=1,\cdots,L \\
\sum_{l=1}^{L} X^l \leqslant A_0^l+\sum_{j=1}^{n} x_j A_j^l, l=1,\cdots,L
\end{array}\right\} \tag{8.36}
$$

如果是一个球不确定集合，则不确定半定规划的近似鲁棒问题

$$
\boldsymbol{U}=\{(A_0,\cdots,A_n)=(A_0^n,\cdots,A_n^n)+\sum_{l=1}^{L} \xi_l(A_0^l,\cdots,A_n^l) \mid \|\xi\|_2 \leqslant 1\} \tag{8.37}
$$

则半定规划问题为具有易处理的鲁棒的不确定线性规划，即

$$\min_{x,F,G}\left\{c^{\mathrm{T}}x:\begin{pmatrix} G & A_1[x]A_2[x]\cdots & A_L[x] \\ A_1[x] & & \\ A_2[x] & F & \\ \vdots & & \vdots \\ A_L[x] & & F \end{pmatrix}\geqslant 0, F+G\leqslant 2(A_0^n+\sum_{j=1}^{n}x_jA_j^n)\right\} \tag{8.38}$$

8.2.4 可调节的鲁棒线性规划

不确定线性规划为 $LP_Z\{\min_{u,v} c^{\mathrm{T}}u:Uu+Vv\leqslant b\}_{\zeta=[U,V,b]\in Z}$，其中不确定集合 $Z\subset R^n\times R^{m\times n}\times R^m$ 是一个非空的紧的凸集，V 称为补偿矩阵。当 V 是确定的情况下，则称相应的不确定线性规划为固定补偿的。

定义：线性规划 LP_Z 的鲁棒对应模型为

$$(RC):\min_u\{\boldsymbol{c}^{\mathrm{T}}\boldsymbol{u}:\exists v\forall(\zeta=[\boldsymbol{U},\boldsymbol{V},\boldsymbol{b}]\in Z):\boldsymbol{U}u+\boldsymbol{V}v\leqslant\boldsymbol{b}\} \tag{8.39}$$

则它的可调节的鲁棒对应模型为

$$(ARC):\min_u\{\boldsymbol{c}^{\mathrm{T}}\boldsymbol{u}:\forall(\zeta=[\boldsymbol{U},\boldsymbol{V},\boldsymbol{b}]\in Z),\exists v:\boldsymbol{U}\boldsymbol{u}+\boldsymbol{V}\boldsymbol{v}\leqslant\boldsymbol{b}\} \tag{8.40}$$

可调节的鲁棒规划比一般的鲁棒规划灵活，但是同时它也比一般的鲁棒规划难解。对于一个不确定线性规划的鲁棒规划是一个计算上易处理的问题，然而它相应的可调节的鲁棒规划却是不易处理的问题。但是如果不确定集合是有限集合的凸包，则固定补偿的 ARC 是通常的线性规划。从实际的应用来看，只有当原不确定问题的鲁棒对应模型在计算上容易处理的时候，鲁棒优化方法才有意义。当可调节的变量是数据的仿射函数时，可以得到一个计算上易处理的鲁棒对应模型。

对于 LP_Z 的仿射可调节的鲁棒对应（AARC）可以表示为

$$(AARC):\min_{u,w,W}\{\boldsymbol{c}^{\mathrm{T}}u:Uu+V(w+W\zeta)\leqslant b,\forall(\zeta=[\boldsymbol{U},\boldsymbol{V},\boldsymbol{b}]\in Z)\} \tag{8.41}$$

如果 Z 是一个计算上易处理的集合，则在固定补偿的情况下，LP_Z 的仿射可调节的鲁棒对应（AARC）是一个计算上易处理的问题。如果 Z 是这样的一个集合，

$$\boldsymbol{Z}=\{[\boldsymbol{U},\boldsymbol{V},\boldsymbol{b}]=[U^0,V^0,b^0]+\sum_{l=1}^{L}\xi_l[U^l,V^l,b^l]:\xi\in\aleph\} \tag{8.42}$$

其中$\aleph$是一个非空的凸紧集。

在固定补偿的情况下，$AARC$ 具有这样的形式

$$\min_{u,v^0,v^1,\cdots,v^L}\{\boldsymbol{c}^{\mathrm{T}}\boldsymbol{u}:[U^0+\sum\xi_lU^l]u+V[v^0+\sum\xi_lv^l]\leqslant[b^0+\sum\xi_lb^l],\forall\xi\in\aleph\} \tag{8.43}$$

如果不确定的集合是一个锥表示的，则 LP_Z 的仿射可调节的鲁棒对应模型（AARC）是一个锥二次或半定规划。

如果补偿也是可变的，则 AARC 是不易处理的问题，这时采用它的近似形式。在简单椭圆不确定集合的情况下，AARC 等价于一个半定规划。当扰动的集合是一个中心在原点的箱式集合或者是一个关于原点对称的多胞形集合，则 AARC 可以有一个半定规划来近似。

8.2.5 鲁棒凸二次约束的规划

一个凸二次约束的规划问题为

$$\begin{aligned} &\min \quad \boldsymbol{c}^{\mathrm{T}}\boldsymbol{x} \\ &s.t.\ x^{\mathrm{T}}Q_i x + 2q_i^{\mathrm{T}}x + \gamma_i \leqslant 0, i = 1,\cdots,p \end{aligned} \tag{8.44}$$

其中 $\boldsymbol{x}$ 为决策向量，$c \in R^n, \gamma_i \in R, q_i \in R^n, Q_i \in R^{n\times n}, Q_i \geqslant 0$ 为参数。

上面的这个问题可以转化为一个二阶的锥规划问题

$$\begin{aligned} &\min \quad \boldsymbol{c}^{\mathrm{T}}\boldsymbol{x} \\ &s.t. \left\| \begin{bmatrix} 2V_i x \\ (1+\gamma_i+2q_i^{\mathrm{T}}x) \end{bmatrix} \right\| \leqslant 1-\gamma_i-2q_i^{\mathrm{T}}x, i = 1,\cdots,p \end{aligned} \tag{8.45}$$

由于上述的模型对于参数很敏感，所以有必要研究其对应的鲁棒问题。一个一般的鲁棒凸二次规划问题为

$$\begin{aligned} &\min \quad \boldsymbol{c}^{\mathrm{T}}\boldsymbol{x} \\ &s.t.\ x^{\mathrm{T}}Q_i x + 2q_i^{\mathrm{T}}x + \gamma_i \leqslant 0, (Q_i, q_i, \gamma_i) \in S_i, i = 1,\cdots,p \end{aligned} \tag{8.46}$$

当不确定的集合 $S_i, i=1,\cdots,p$ 是椭球时，上面的问题可以转化为一个半定规划问题，这里我们来确定 S_i 的结构，使它能够转化为一个二阶锥规划。分成以下的三种情况。

(1) 离散集合和多边形不确定集合。

对于离散形式的集合定义为

$$S_a = \{(Q,q,\gamma):(Q,q,\gamma) = (Q_j, q_j, \gamma_j), Q_j \geqslant 0, j = 1,\cdots,k\} \tag{8.47}$$

鲁棒约束 $x^{\mathrm{T}}Qx+2q^{\mathrm{T}}x+\gamma \leqslant 0, (Q,q,\gamma) \in S_a$ 等价于 K 个凸二次约束（或者等价的 k 个二阶锥约束）

$$x^{\mathrm{T}}Q_i x + 2q_i^{\mathrm{T}}x + \gamma_i \leqslant 0, \forall j = 1,\cdots,k \tag{8.48}$$

对于离散集合的凸包为

$$S_a = \{(Q,q,\gamma):(Q,q,\gamma) = \sum_{j=1}^{k}\lambda_j(Q_j,q_j,\gamma_j), Q_j \geqslant 0, \lambda_j \geqslant 0, \forall j, \sum_{j=1}^{k}\lambda_j = 1\} \tag{8.49}$$

则鲁棒约束 $x^{\mathrm{T}}Qx+2q^{\mathrm{T}}x+\gamma \leqslant 0, (Q,q,\gamma) \in S_a$ 等价于

$$\sum_{j=1}^{k}\lambda_j x^{\mathrm{T}}Q_i x + 2q_i^{\mathrm{T}}x + \gamma_i \leqslant 0, \lambda_j \geqslant 0, \forall j, \sum_{j=1}^{k}\lambda_j = 1 \tag{8.50}$$

将上面的两种情况下的集合推广到多边形的不确定集合

$$S_b = \{(Q,q,\gamma):(Q,q,\gamma) = \sum_{j=1}^{k}\lambda_j(Q_j,q_j,\gamma_j), Q_j \geqslant 0, j = 1,\cdots,k, A\lambda = b, \lambda \geqslant 0\} \tag{8.51}$$

如果决策向量 $x \in R^n$ 满足鲁棒约束 $x^{\mathrm{T}}Qx+2q^{\mathrm{T}}x+\gamma \leqslant 0$，对于所有的 $(Q,q,\gamma) \in S_b$，当且仅当存在着 $\mu \in R^k$，使得

$$\begin{aligned} &b^{\mathrm{T}}\mu \leqslant 0 \\ &s.t. \left\| \begin{bmatrix} 2V_i x \\ (1+\gamma_i+2q_i^{\mathrm{T}}x - A_j^{\mathrm{T}}\mu) \end{bmatrix} \right\| \leqslant 1-\gamma_i-2q_i^{\mathrm{T}}x + A_j^{\mathrm{T}}\mu, i = 1,\cdots,p \end{aligned} \tag{8.52}$$

其中 A_j 是 A 的第 j 列，$Q_j = V_j^{\mathrm{T}}V_j, j = 1,\cdots,k$ 。

(2) 范数约束的不确定的集合。

范数约束的不确定的集合表示为：

$$S_c = \{(Q,q,\gamma):(Q,q,\gamma) = (Q_0,q_0,\gamma_0) + \sum_{j=1}^{k}u_j(Q_j,q_j,\gamma_j), Q_j \geqslant 0, u \geqslant 0, \|u\|_p \leqslant 1\} \tag{8.53}$$

一个决策向量 $x \in R^n$ 满足鲁棒约束 $x^{\mathrm{T}}Qx + 2q^{\mathrm{T}}x + \gamma \leqslant 0$，对于所有的 $(Q,q,\gamma) \in S_c$，当且仅当存在 $f \in R_+^k$ 和 $\nu \geqslant 0$，满足：

$$\left\|\begin{bmatrix} 2V_i x \\ (1+\gamma_i + 2q_i^{\mathrm{T}}x - f_j) \end{bmatrix}\right\| \leqslant 1 - \gamma_i - 2q_i^{\mathrm{T}}x + f_j, i = 1,\cdots,p \tag{8.54}$$

$$\left\|\begin{bmatrix} 2V_0 x \\ 1-\upsilon \end{bmatrix}\right\| \leqslant 1+\upsilon, \|f\|_q \leqslant -\upsilon - 2q_0^{\mathrm{T}}x - \gamma_0 \tag{8.55}$$

其中 $\dfrac{1}{p} + \dfrac{1}{q} = 1, Q_j = V_j^{\mathrm{T}}V_j, j = 0,\cdots,k$

二次项和锥项的不确定性是独立的，即

$$S_d = \{(Q,q,\gamma):(Q,q,\gamma) = (Q_0,q_0,\gamma_0) + \sum_{j=1}^{k} u_j(Q_j,q_j,\gamma_j), Q_j \geqslant 0, j = 1,\cdots,k, \|u\|_p \leqslant 1$$

$$(q,\gamma) = (q_0,\gamma_0) + \sum_{j=1}^{k} v_j(q_j,\gamma_j), \|v\|_r \leqslant 1\} \tag{8.56}$$

一个决策向量 $x \in R^n$ 满足鲁棒约束 $x^{\mathrm{T}}Qx + 2q^{\mathrm{T}}x + \gamma \leqslant 0$，对于所有的 $(Q,q,\gamma) \in S_d$，当且仅当存在 $f,g \in R^k$ 和 $\nu \geqslant 0$，满足：

$$g_j = 2q_j^{\mathrm{T}}x + \gamma_j, j = 1,\cdots,k, \left\|\begin{bmatrix} 2V_i x \\ (1-f_j) \end{bmatrix}\right\| \leqslant 1 + f_j, i = 1,\cdots,k \tag{8.57}$$

$$\left\|\begin{bmatrix} 2V_0 x \\ 1-\upsilon \end{bmatrix}\right\| \leqslant 1+\nu, \|f\|_q + \|g\|_s \leqslant -\upsilon - 2q_0^{\mathrm{T}}x - \gamma_0 \tag{8.58}$$

其中 $\dfrac{1}{p} + \dfrac{1}{q} = 1, \dfrac{1}{r} + \dfrac{1}{s} = 1, Q_j = V_j^{\mathrm{T}}V_j, j = 0,\cdots,k$

(3) 因子化的不确定的集合。

如果不确定的集合定义为：

$$S_e = \left\{(Q,q,\gamma_0): \begin{array}{l} Q = V^{\mathrm{T}}FV, F \in R^{m\times m}, V \in R^{m\times n} \\ F = F_0 + \Delta, \Delta = \Delta^{\mathrm{T}}, \|N^{-\frac{1}{2}}\Delta N^{-\frac{1}{2}}\| \leqslant \eta, F_0 \geqslant 0, N > 0 \\ \\ V = V_0 + \Delta, \|W_i\|_g = \sqrt{W_i^{\mathrm{T}}GW_i} \leqslant \rho_i, \forall i, G > 0 \\ q = q_0 + \xi \in R^n, \|\xi_i\|_s = \sqrt{\xi^{\mathrm{T}}S\xi} \leqslant \delta, S > 0 \end{array}\right\} \tag{8.59}$$

一个决策向量 $x \in R^n$ 满足鲁棒约束 $x^{\mathrm{T}}Qx + 2q^{\mathrm{T}}x + \gamma \leqslant 0$，对于所有的 $(Q,q,\gamma) \in S_e$，当且仅当存在 $\tau,v,\sigma,r \in R, u \in R^n, w \in R^m, t \in R_+^m$，使得下式成立

$$\tau \geqslant 0, v \geqslant \tau + 1^{\mathrm{T}}t, \sigma \leqslant \frac{1}{\lambda_{\max}(H)}, r \geqslant \sum\nolimits_{i=1}^{n} \rho_i u_i, u_j \geqslant x_j, u_j \geqslant -x_j, j = 1,\cdots,n \tag{8.60}$$

$$2\delta\|S^{-\frac{1}{2}}x\| \leqslant -v - 2q_0^{\mathrm{T}}x - \gamma_0 \tag{8.61}$$

$$\left\|\begin{bmatrix} 2r \\ \sigma - \tau \end{bmatrix}\right\| \leqslant \sigma + \tau, \left\|\begin{bmatrix} 2w_i \\ (\lambda_i - \sigma - \tau_i) \end{bmatrix}\right\| \leqslant (\lambda_i - \sigma + \tau_i), i = 1,\cdots,m \tag{8.62}$$

其中：$H = G^{-\frac{1}{2}}(F_0 + \eta N)G^{-\frac{1}{2}}, H = Q^{\mathrm{T}}\Lambda Q$ 是 H 的谱分解，$\Lambda = diag(\lambda)$，$\lambda_{\max}(H) = \max_{1\leqslant i\leqslant m}\{\lambda_i\}, w = Q^{\mathrm{T}}F^{\frac{1}{2}}G^{\frac{1}{2}}V_0 x$。

8.3 层次分析法

8.3.1 层次分析法原理

层次分析法（Analytic Hierarchy Process，AHP）是一种决策方法，它是一种分析复杂问题的简单而方便的方法，特别适用于那些难以分析或不能定量分析的复杂问题。AHP通过将复杂问题分成不同的层次，并定义不同的性能指标或准则，对于难以定量的因素构造相对重要性的判断矩阵，作为替代方案，然后进行评估权衡，并根据综合分析以达成最终决策。因此AHP可同时适用于定性和定量分析的情况。AHP算法的步骤如下：

步骤1：建立层次结构模型。

步骤2：构造判断矩阵。

判断矩阵中元素的值反映了用户对每对因素之间的相对重要性的了解。可用9－标度法表示判断矩阵中的元素的值，如两个因素同等重要，其元素的值为1；如果因素A比因素B重要，其元素的值为3；如果因素A比因素B重要许多，其元素的值可以为5；如果因素A比因素B超级重要，其元素的值可以为9等。

步骤3：计算矩阵的最大特征值和对应的特征向量。

步骤4：结果的层次等级和一致性检验。

可以根据特征向量中的元素的值来安排等级，其表示相应因子的相对重要性。层次结构排名的一致性指标定义为

$$CI = \frac{\lambda_{\max} - n}{n - 1} \tag{8.63}$$

式中，$\lambda_{\max}$是判断矩阵的最大特征值，n是判断矩阵的阶数。

随机一致性比率定义为

$$CR = \frac{CI}{RI} \tag{8.64}$$

式中，RI是给定的平均随机一致性指数的集合，CR是随机一致性比率。

对于1至9维的矩阵，RI的值分别对应为0.00、0.00、0.58、0.90、1.12、1.24、1.32、1.41、1.45。

显然，一维或二维的矩阵不需要检查随机一致性比率。一般来讲，如果随机一致性比率$CR<0.10$，则判断矩阵满足一致性要求。

8.3.2 层次分析法中特征值算法

当矩阵维数较高时，要精确计算矩阵的特征值和对应的特征向量是很耗时的。由于层次分析法中判断矩阵元素本身是相对准确的，是专家或用户的主观判断形成，本身就具有一定的误差，即不是精确的，因此，可不必精确计算判断矩阵的特征值和对应的特征向量，可用以下两种近似方法来计算矩阵最大特征值和对应的特征向量。

8.3.2.1 根法

（1）计算判断矩阵中每行的所有元素乘积。

$$M_i = \Pi_i X_{ij}, \quad i = 1,\cdots,n; \quad j = 1,\cdots,n \tag{8.65}$$

其中：n 是判断矩阵 $\boldsymbol{A}$ 的阶数。

X_{ij} 是判断矩阵 $\boldsymbol{A}$ 的元素值。

(2) 计算 M_i 的 n 次方根。

$$W_i^* = \sqrt[n]{M_i}, \quad i = 1,\cdots,n \tag{8.66}$$

得到矢量向量：

$$W^* = [W_1^*, W_2^*, \cdots, W_n^*]^{\mathrm{T}} \tag{8.67}$$

(3) 对向量 W^* 进行归一化处理

$$W_i = \frac{W_i^*}{\sum_{j=1}^{n} W_j^*} \quad i = 1,\cdots,n \tag{8.68}$$

因此，可以得到判断矩阵 $\boldsymbol{A}$ 的特征向量：

$$\boldsymbol{W} = [W_1, W_2, \cdots, W_n]^{\mathrm{T}} \tag{8.69}$$

(4) 计算判断矩阵的最大特征值 $\lambda_{\max}$。

$$\lambda_{\max} = \sum_{i=1}^{n} \frac{(AW)_j}{nW_i} \quad j = 1,\cdots,n \tag{8.70}$$

其中 $(\boldsymbol{AW})_i$ 表示矢量向量 $\boldsymbol{AW}$ 的第 i 个元素。

[例 8.3] 计算下面矩阵的最大特征值 $\lambda_{\max}$ 和相应的特征向量。

$$\boldsymbol{A} = \begin{bmatrix} 1 & 1/5 & 1/3 \\ 5 & 1 & 3 \\ 3 & 1/3 & 1 \end{bmatrix}$$

解： 计算步骤如下：

(1) 计算矩阵中每行所有元素的乘积。

$$M_1 = 1 \times \frac{1}{5} \times \frac{1}{3} = \frac{1}{15} = 0.067$$

$$M_2 = 5 \times 1 \times 3 = 15$$

$$M_3 = 3 \times \frac{1}{3} \times 1 = 1$$

(2) 计算 M_i 的 n 次方根。

$$W_1^* = \sqrt[3]{M_1} = \sqrt[3]{0.067} = 0.405$$

$$W_2^* = \sqrt[3]{M_2} = \sqrt[3]{15} = 2.466$$

$$W_3^* = \sqrt[3]{M_3} = \sqrt[3]{1} = 1$$

得到向量：

$$W^* = [W_1^*, W_2^*, W_3^*]^{\mathrm{T}} = [0.405, 2.466, 1]^{\mathrm{T}}$$

(3) 对向量 W^* 进行归一化处理。

$$\sum_{j=1}^{3} W_j^* = 0.405 + 2.466 + 1 = 3.871$$

$$W_1=\frac{W_1^*}{\sum_{j=1}^{3}W_j^*}=\frac{0.405}{3.871}=0.105$$

$$W_2=\frac{W_2^*}{\sum_{j=1}^{3}W_j^*}=\frac{2.466}{3.871}=0.637$$

$$W_3=\frac{W_3^*}{\sum_{j=1}^{3}W_j^*}=\frac{1}{3.871}=0.258$$

矩阵$\boldsymbol{A}$的特征向量如下：

$$\boldsymbol{W}=[W_1,W_2,W_3]^{\mathrm{T}}=[0.105,0.637,0.258]^{\mathrm{T}}$$

（4）计算矩阵的最大特征值$\lambda_{\max}$。

$$\boldsymbol{AW}=\begin{bmatrix}1&1/5&1/3\\5&1&3\\3&1/3&1\end{bmatrix}\begin{bmatrix}0.105\\0.637\\0.258\end{bmatrix}$$

$$AW_1=1\times0.105+\frac{1}{5}\times0.637+\frac{1}{3}\times0.258=0.318$$

$$AW_2=5\times0.105+1\times0.637+3\times0.258=1.936$$

$$AW_3=3\times0.105+\frac{1}{3}\times0.637+1\times0.258=0.785$$

$$\begin{aligned}\lambda_{\max}&=\sum_{i=1}^{n}\frac{(AW)_j}{nW_i}=\frac{(AW)_1}{3W_1}+\frac{(AW)_2}{3W_2}+\frac{(AW)_3}{3W_3}\\&=\frac{0.318}{3\times0.105}+\frac{1.936}{3\times0.637}+\frac{0.785}{3\times0.258}\\&=3.037\end{aligned}$$

8.3.2.2 和法

（1）归一化判断矩阵中的每一列。

$$X_{ij}^*=\frac{X_{ij}}{\sum_{k=1}^{n}X_{kj}}\quad i,j=1,\cdots,n \tag{8.71}$$

现在将判断矩阵$\boldsymbol{A}$变为新的矩阵$\boldsymbol{A}^*$，它每个列元素已被归一化处理了。

（2）将矩阵$\boldsymbol{A}$中每行的所有元素相加。

$$\boldsymbol{W}_i^*=\sum_{j=1}^{n}X_{ij},\quad i=1,\cdots,n \tag{8.72}$$

（3）归一化向量$\boldsymbol{W}^*$。

$$\boldsymbol{W}_i=\frac{W_i^*}{\sum_{j=1}^{n}W_j^*}\quad i=1,\cdots,n \tag{8.73}$$

因此，得到判断矩阵A的特征向量：

$$\boldsymbol{W}=[W_1,W_2,\cdots,W_n]^{\mathrm{T}} \tag{8.74}$$

（4）计算判断矩阵的最大特征值$\lambda_{\max}$。

$$\lambda_{\max} = \sum_{i=1}^{n} \frac{(\boldsymbol{AW})_j}{nW_i} \quad j = 1,\cdots,n \tag{8.75}$$

其中 $(\boldsymbol{AW})_i$表示矢量$\boldsymbol{AW}$中的第i个元素。

［**例 8.4**］ 判断矩阵$\boldsymbol{A}$与例8.3相同，使用和法计算最大特征值$\lambda_{\max}$和相应的特征向量。

解：计算步骤如下。

(1) 归一化判断矩阵中的每一列。

$$\sum_{k=1}^{3} X_{k1} = 1+5+3 = 9$$

$$X_{11}^{*} = \frac{X_{11}}{\sum_{k=1}^{3} X_{k1}} = \frac{1}{9} = 0.111$$

$$X_{21}^{*} = \frac{X_{21}}{\sum_{k=1}^{3} X_{k1}} = \frac{5}{9} = 0.556$$

$$X_{31}^{*} = \frac{X_{31}}{\sum_{k=1}^{3} X_{k1}} = \frac{3}{9} = 0.333$$

$$\sum_{k=1}^{3} X_{k2} = \frac{1}{5}+1+\frac{1}{3} = 1.533$$

$$X_{12}^{*} = \frac{X_{12}}{\sum_{k=1}^{3} X_{k2}} = \frac{0.2}{1.533} = 0.130$$

$$X_{22}^{*} = \frac{X_{22}}{\sum_{k=1}^{3} X_{k2}} = \frac{0.2}{1.533} = 0.652$$

$$X_{32}^{*} = \frac{X_{32}}{\sum_{k=1}^{3} X_{k2}} = \frac{0.333}{1.533} = 0.217$$

$$\sum_{k=1}^{3} X_{k3} = \frac{1}{3}+3+1 = 4.333$$

$$X_{13}^{*} = \frac{X_{13}}{\sum_{k=1}^{3} X_{k3}} = \frac{0.333}{4.333} = 0.077$$

$$X_{23}^{*} = \frac{X_{23}}{\sum_{k=1}^{3} X_{k3}} = \frac{3}{4.333} = 0.692$$

$$X_{33}^{*} = \frac{X_{33}}{\sum_{k=1}^{3} X_{k3}} = \frac{1}{4.333} = 0.231$$

现将判断矩阵$\boldsymbol{A}$变为新的矩阵$\boldsymbol{A}^{*}$，其中每列已经进行归一化处理了。

$$A^* = \begin{bmatrix} 0.111 & 0.130 & 0.077 \\ 0.556 & 0.652 & 0.692 \\ 0.333 & 0.217 & 0.231 \end{bmatrix}$$

（2）将矩阵 A^* 中每行的所有元素相加。

$$W_1^* = \sum_{j=1}^{3} X_{1j}^* = 0.111 + 0.130 + 0.077 = 0.317$$

$$W_2^* = \sum_{j=1}^{3} X_{2j}^* = 0.556 + 0.652 + 0.692 = 1.900$$

$$W_3^* = \sum_{j=1}^{3} X_{3j}^* = 0.333 + 0.217 + 0.231 = 0.781$$

（3）归一化向量 W^*。

$$\sum_{j=1}^{3} W_j^* = 0.317 + 1.900 + 0.781 = 2.998$$

$$W_1 = \frac{W_1^*}{\sum_{j=1}^{3} W_j^*} = \frac{0.317}{2.998} = 0.106$$

$$W_2 = \frac{W_2^*}{\sum_{j=1}^{3} W_j^*} = \frac{1.900}{2.998} = 0.634$$

$$W_3 = \frac{W_3^*}{\sum_{j=1}^{3} W_j^*} = \frac{0.781}{2.998} = 0.261$$

判断矩阵 $\boldsymbol{A}$ 的特征向量如下：

$$\boldsymbol{W} = [W_1, W_2, W_3]^{\mathrm{T}} = [0.106, 0.634, 0.261]^{\mathrm{T}}$$

（4）计算判断矩阵的最大特征值 $\lambda_{\max}$。

$$\boldsymbol{AW} = \begin{bmatrix} 1 & 1/5 & 1/3 \\ 5 & 1 & 3 \\ 3 & 1/3 & 1 \end{bmatrix} \begin{bmatrix} 0.106 \\ 0.634 \\ 0.261 \end{bmatrix}$$

$$AW_1 = 1 \times 0.106 + \frac{1}{5} \times 0.634 + \frac{1}{3} \times 0.261 = 0.320$$

$$AW_2 = 5 \times 0.106 + 1 \times 0.634 + 3 \times 0.261 = 1.941$$

$$AW_3 = 3 \times 0.106 + \frac{1}{3} \times 0.634 + 1 \times 0.261 = 0.785$$

$$\begin{aligned} \lambda_{\max} &= \sum_{i=1}^{n} \frac{(AW)_j}{nW_i} = \frac{(AW)_1}{3W_1} + \frac{(AW)_2}{3W_2} + \frac{(AW)_3}{3W_3} \\ &= \frac{0.320}{3 \times 0.106} + \frac{1.941}{3 \times 0.634} + \frac{0.785}{3 \times 0.261} \\ &= 3.036 \end{aligned}$$

从例 8.3 和例 8.4 可以看到，根法和和法得到的结果一样。

8.3.3 层次分析法的数学证明

AHP法对判断矩阵有很高依赖性，该判断矩阵是专家或用户用一些标度方法凭经验得来，可能无法获得一致性。判断矩阵的阶数越高，则问题越严重。在这种情况下，必须解决以下问题：

判断矩阵存在单个最大特征值吗？判断矩阵的特征向量对应的最大特征值是否为正？是否有必要检查判断矩阵的一致性？

为了解决这些问题，进行如下分析。

（1）判断矩阵的最大特征值和对应的特征向量

一般来说，判断矩阵 **A** 具有以下特点：

$$\begin{aligned} & a_{ij} > 0 \\ & a_{ji} = \frac{1}{a_{ij}}, i \neq j \\ & a_{ii} = 1 \\ & i, j = 1, 2, \cdots, n \end{aligned} \tag{8.76}$$

其中，a_{ij} 是判断矩阵 **A** 的元素。

N 是判断矩阵 **A** 的阶数。

显然，判断矩阵 **A** 是正的。自然地，它也是非负和不可约矩阵。因此判断矩阵 **A** 有唯一的正特征值 $\lambda_{\max}$，其对应的特征向量 $\boldsymbol{W}$ 具有正分量，由 Perron - Frobenius 的定理和判断矩阵的性质可知，该矩阵是唯一的。

（2）判断矩阵的一致性。

首先给出一致性矩阵的定义：如果对所有 i、j、k 都有 $a_{ij} = \frac{a_{ik}}{a_{jk}}$，则矩阵 $A = [a_{ij}]$ 是一致的。

如果正矩阵 **A** 一致，则它具有以下性质。

1）对矩阵 **A**

$$\begin{gathered} a_{ij} = \frac{1}{a_{ji}} \\ a_{ii} = 1 \\ i, j = 1, 2, \cdots, n \end{gathered} \tag{8.77}$$

2）**A** 的转置是一致的。

3）**A** 中的每一行可以通过将每行乘以一个正数获得。

4）**A** 的最大特征值为 $\lambda_{\max} = n$。其他特征值都为零。

5）如果矩阵 **A** 最大特征值 $\lambda_{\max}$ 对应的特征向量是 $\boldsymbol{X} = [X_1, X_2, \cdots, X_n]^{\mathrm{T}}$，则：

$$a_{ij} = \frac{X_i}{X_j}; i, j = 1, 2, \cdots, n \tag{8.78}$$

现在，讨论正一致性矩阵的元素受扰动后但仍满足性质 1）的情况。显然，在本节中提到的判断矩阵就满足该情况。

假设判断矩阵 **A** 的最大特征值 $\lambda_{\max}$ 对应的特征向量为 $\boldsymbol{W} = [W_1, W_2, \cdots, W_n]^{\mathrm{T}}$。

$$a_{ij} = \left(\frac{W_i}{W_j}\right)\times \varepsilon_{ij}; i,j = 1,2,\cdots,n \tag{8.79}$$

其中：

$$\varepsilon_{ii} = 1,$$
$$\varepsilon_{ij} = \frac{1}{\varepsilon_{ji}} \tag{8.80}$$

对于所有 i 和 j，式（8.79）被转换为式（8.78）。在这种情况下，判断矩阵是一致的。当 $\varepsilon_{ij} \neq 1(i \neq j, i,j = 1,2,\cdots,n)$ 时，判断矩阵 **A** 认为是基于一致性的扰动矩阵。

根据一致正矩阵的性质 4）和 n 个特征值 λ_1 （$=\lambda_{\max}$），λ_2，…，λ_n，有：

$$\sum_i \lambda_i = n, i = 1,2,\cdots,n \tag{8.81}$$

用式（8.82）定义判断矩阵与一致矩阵的偏差：

$$\mu = -\left(\frac{1}{n-1}\right)\sum_i \lambda_i, i = 1,2,\cdots,n \tag{8.82}$$

从式（8.81）得到：

$$\mu = \frac{\lambda_{\max} - n}{n-1} \tag{8.83}$$

事实上，可以得到以下定理。

定理 1：如果判断矩阵 **A** 的最大特征值对应的正特征向量 $\boldsymbol{W} = [W_1, W_2, \cdots, W_n]^{\mathrm{T}}, a_{ij} = \left(\frac{W_i}{W_j}\right)\times \varepsilon_{ij}, \varepsilon_{ij} > 0$，于是有：

$$\mu = -1 + \left(\frac{1}{n(n-1)}\right)\sum_{1\leqslant i\leqslant j\leqslant n}\left[\varepsilon_{ij} + \frac{1}{\varepsilon_{ij}}\right] \tag{8.84}$$

证明：根据 Perron－Frobenius 定理，有：

$$\lambda_{\max} = \sum_j a_{ij}\left(\frac{W_j}{W_i}\right), i,j = 1,2,\cdots,n \tag{8.85}$$

$$\lambda_{\max} - 1 = \sum_{j\neq i} a_{ij}\left(\frac{W_j}{W_i}\right), i,j = 1,2,\cdots,n \tag{8.86}$$

那么：

$$n\lambda_{\max} - n = \sum_{1\leqslant i\leqslant j\leqslant n}\left[a_{ij}\left(\frac{W_j}{W_i}\right) + a_{ji}\left(\frac{W_i}{W_j}\right)\right] \tag{8.87}$$

最后，得到：

$$\mu = \frac{\lambda_{\max} - n}{n-1} = -1 + \frac{1}{n(n-1)}\sum_{1\leqslant i\leqslant j\leqslant n}\left[a_{ij}\left(\frac{W_j}{W_i}\right) + a_{ji}\left(\frac{W_i}{W_j}\right)\right] \tag{8.88}$$

将 $a_{ij} = \left(\frac{W_i}{W_j}\right)\times \varepsilon_{ij}$ 代入式（8.88），则完成了定理 1 的证明。

从定理 1 可知，对所有 i 和 j，$\varepsilon_{ij} = 1$，μ 的最小极值为零。

定理 2：令 $\lambda_{\max}$ 为判断矩阵 A 的最大特征值，则有：

$$\lambda_{\max} \geqslant n \tag{8.89}$$

令

$$\varepsilon_{ij} = 1 + \delta_{ij}$$
$$\delta_{ij} > -1 \tag{8.90}$$

则：

$$a_{ij}=\frac{W_j}{W_i}+\left(\frac{W_i}{W_j}\right)\delta_{ij} \tag{8.91}$$

因此可以把 δ_{ij} 当成是一致性扰动矩阵的相对变化。

从式（8.88），有：

$$\mu=\left[\frac{1}{n(n-1)}\right]\sum_{1\leqslant i\leqslant j\leqslant n}\left(\frac{\delta_{ij}^2}{1+\delta_{ij}}\right) \tag{8.92}$$

根据式（8.83）和式（8.92），可得定理 2。

当 $\delta=\max\limits_{ij}\delta_{ij}$，

$$\lambda_{\max}-n<\frac{1}{n}\sum_{1\leqslant i\leqslant j\leqslant n}\delta_{ij}^2\leqslant\frac{(n-1)\delta^2}{2} \tag{8.93}$$

从式（8.89）和式（8.93），有：

$$n\leqslant\lambda_{\max}\leqslant n+\frac{(n-1)\delta^2}{2} \tag{8.94}$$

因此，为了使判断矩阵接近一致性矩阵，希望 μ 接近零，或者 $\lambda_{\max}$ 接近 n。通常，δ_{ij} 越小，则 $\lambda_{\max}$ 越接近 n。

问题与练习

1. 概率的统计定义及古典定义分别是什么？
2. 事件的概率具有哪些基本性质？
3. 离散型随机变量概率分布与连续型随机变量概率分布有何区别？
4. 什么是正态分布？什么是标准正态分布？
5. 正态分布的密度曲线有何特点？
6. Gamma 分布概率密度曲线有何特点？
7. Beta 分布概率密度曲线有何特点？
8. chi - square 分布概率密度曲线有何特点？
9. 威布尔分布概率密度曲线有何特点？
10. 什么是鲁棒可行和鲁棒最优解？
11. 介绍两种常用的鲁棒优化的基本方法。
12. 什么是层次分析法？
13. 什么是判断矩阵？判断矩阵有什么特点？
14. 什么是判断矩阵最大特征值？
15. 判断题。

（1）判断矩阵是对称矩阵。

（2）判断矩阵的特征值和对应的特征向量必须精确计算。

（3）AHP 是一种精确的计算方法。

（4）AHP 可用于非定量问题的分析。

（5）可用近似方法计算判断矩阵。

（6）AHP 方法实施首先要建立层次结构模型。

(7) 判断矩阵最大特征值没有对应的特征向量。

(8) 判断矩阵的主对角元素都相等并且为1。

16. 简述判断矩阵的根法步骤。

17. 简述判断矩阵的和法步骤。

18. 用和法计算下面判断矩阵最大特征值和对应的特征向量。

$$\boldsymbol{A}=\begin{bmatrix}1 & 1/6 & 1/4\\ 6 & 1 & 3\\ 4 & 1/3 & 1\end{bmatrix}$$

19. 用根法计算下面判断矩阵最大特征值和对应的特征向量。

$$\boldsymbol{A}=\begin{bmatrix}1 & 1/8 & 1/6\\ 8 & 1 & 5\\ 6 & 1/5 & 1\end{bmatrix}$$

参考文献

[1] Watson G S, Kendall M, Stuart A, et al. The Advanced Theory of Statistics [J]. Journal of the American Statistical Association, 1984, 79 (388): 947.

[2] Kendall M G, Stuart A S. The Advanced Theory of Statistics, 4e, Vol. I [J]. Biometrics, 1969, 25 (2).

[3] 王明慈,沈恒范. 概率论与数理统计 [M],北京,高等教育出版社,2007.

[4] 周荫清. 随机过程理论 [M]. 北京,北京航空航天大学出版社,2013.

[5] 于洪霞,金丽. 鲁棒优化研究综述 [J]. 数学进展,2016,45 (3):321-331.

[6] 周克敏,J. C. Doyle,K. Glover. 鲁棒与最优控制 [M]. 北京,国防工业出版社,2002.

[7] M. Sim, Robust Optimization [J], Cambridge: Sloan School of Management, 2004.

[8] Ben-Tal A, El Ghaoui L, Nemirovski A. Robust optimization [J]. Princeton University Press Princeton Nj, 2009, 2 (3).

[9] Ben-Tal A, Nemirovski A. Robust solutions of Linear Programming problems contaminated with uncertain data [J]. Mathematical Programming, 2000, 88 (3): 411-424.

[10] A. Bental A N. Robust solutions of uncertain linear programs [C]. Operations Research Letters. 1999: 1-13.

[11] BenTal, Nemirovski. Robust Convex Optimization [J]. Mathematics of Operations Research, 1998, 23 (4): 769-805.

[12] Saaty T. AHP: The Analytic Hierarchy Process [J]. McGraw Hill, Inc, 1980.

[13] Momoh J A, Zhu J. Optimal generation scheduling based on AHP/ANP [J]. IEEE Transactions on Systems Man & Cybernetics Part B Cybernetics A Publication of the IEEE Systems Man & Cybernetics Society, 2003, 33 (3): 531.

[14] Zhu J Z, Irving M R. Combined Active and Reactive Dispatch with Multiple Objectives Using Analytic Hierarchical Process [J]. IEE Proceedings - Generation, Transmission and Distribution, 1996, 143 (4): 344-352.

[15] Zhu J, Momoh J A. Optimal VAr pricing and VAr placement using analytic hierarchical process [J]. Electric Power Systems Research, 1998, 48 (1): 11-17.

[16] Zhu J. Optimization of Power System Operation [M]. 2nd ed. New Jersey: Wiley-IEEE Press. 2015.

第二篇　电网安全经济运行技术

9 电力系统潮流分析

电力系统潮流计算是电网安全经济运行计算分析的基础。潮流计算方法包括极坐标系和直角坐标系下的牛顿迭代法，高斯—塞德尔法、直流潮流法和各种解耦潮流方法如快速解耦潮流法等。

9.1 潮流计算数学模型

潮流计算是根据给定的电网结构、参数和发电机、负荷等元件的运行条件，确定电力系统各部分稳态运行状态参数的计算，包括计算有功功率、无功功率及电压在电网中的分布。通常给定的运行条件有系统中各电源和负荷点的功率、枢纽点的电压、平衡点的电压和相位角。待求的运行状态参量包括电网各母线节点的电压幅值和相角，以及各支路的功率分布、网络的功率损耗等。

因为线路和变压器等元件的参数是恒定的，所以电力系统网络是一个线性网络。然而在电网潮流问题中，每个母线节点的电压和电流之间的关系是非线性的。同样母线节点消耗的有功或无功功率，以及发电机节点的有功功率和电压的相互关系也是非线性的，因此潮流计算涉及非线性方程组的求解。

一般来说，对一个具有 n 个独立节点的网络，我们可以写出如下的 n 个方程：

$$\left.\begin{aligned} Y_{11}\dot{U}_1 + Y_{12}\dot{U}_2 +,\cdots, + Y_{1n}\dot{U}_n &= \dot{I}_1 \\ Y_{21}\dot{U}_1 + Y_{22}\dot{U}_2 +,\cdots, + Y_{2n}\dot{U}_n &= \dot{I}_2 \\ \cdots\cdots \\ Y_{n1}\dot{U}_1 + Y_{n2}\dot{U}_2 +,\cdots, + Y_{nn}\dot{U}_n &= \dot{I}_n \end{aligned}\right\} \tag{9.1}$$

矩阵形式为：

$$\begin{bmatrix} Y_{11} & Y_{12} & \cdots & Y_{1n} \\ Y_{21} & Y_{22} & \cdots & Y_{2n} \\ \vdots & \vdots & & \vdots \\ Y_{n1} & Y_{n2} & \cdots & Y_{nn} \end{bmatrix} \begin{bmatrix} \dot{U}_1 \\ \dot{U}_2 \\ \vdots \\ \dot{U}_n \end{bmatrix} = \begin{bmatrix} \dot{I}_1 \\ \dot{I}_2 \\ \vdots \\ \dot{I}_n \end{bmatrix} \tag{9.2}$$

或者是：

$$[\boldsymbol{Y}][\boldsymbol{U}] = \boldsymbol{I} \tag{9.3}$$

其中 $\boldsymbol{I}$ 为节点注入电流，$\boldsymbol{U}$ 为节点电压，$\boldsymbol{Y}$ 为节点导纳矩阵。$\boldsymbol{Y}$ 的对角线元素 Y_{ii} 被称为

节点自导纳，它等于与该节点相连接的各支路导纳之和，式中 Y_{i0} 为节点 i 对地支路的导纳。非对角线元素为互导纳，互导纳为两个节点之间支路导纳的相反数。如果节点 i 与节点 j 没有相连，该项为零。显然，节点导纳矩阵是一个稀疏矩阵。

此外，节点电流可以由节点电压和节点功率表示，即：

$$\dot{I}_i=\frac{\hat{S}_i}{\hat{U}_i}=\frac{\hat{S}_{Gi}-\hat{S}_{Di}}{\hat{U}_i}=\frac{(P_{Gi}-P_{Di})-\mathrm{j}(Q_{Gi}-Q_{Di})}{\hat{U}_i} \tag{9.4}$$

其中，$\boldsymbol{S}$ 是复功率注入矢量。

P_{Gi} 是连接到节点 i 的发电机有功输出功率。

Q_{Gi} 是连接到节点 i 的发电机无功输出功率。

P_{Di} 是连接到节点 i 的有功负荷。

Q_{Di} 是连接到节点 i 的无功负荷。

将式（9.4）代入式（9.3）得到

$$\frac{(P_{Gi}-P_{Di})-\mathrm{j}(Q_{Gi}-Q_{Di})}{\hat{U}_i}=Y_{i1}\dot{U}_1+Y_{i2}\dot{U}_2+,\cdots,+Y_{in}\dot{U}_n,i=1,2,\cdots,n \tag{9.5}$$

在潮流问题中，负荷需求是已知的变量。我们用式（9.6）定义节点注入功率：

$$P_i=P_{Gi}-P_{Di} \tag{9.6}$$

$$Q_i=Q_{Gi}-Q_{Di} \tag{9.7}$$

把式（9.6）和式（9.7）代入式（9.5），可以得到一般的潮流方程：

$$\frac{P_i-\mathrm{j}Q_i}{\hat{U}_i}=\sum_{j=1}^{n}Y_{ij}\dot{U}_j,i=1,2,\cdots,n \tag{9.8}$$

或者：

$$P_i+\mathrm{j}Q_i=\dot{U}_i\sum_{j=1}^{n}\hat{Y}_{ij}\hat{U}_j,i=1,2,\cdots,n \tag{9.9}$$

如果我们将方程分为实部和虚部，可以得到两个方程共四个变量，节点有功功率 P、无功功率 Q，电压 V 和相角 θ。为求解潮流方程，其中两个变量应该是已知量。根据电力系统运行的实际情况，以及已知节点的变量，可以将节点划分为如下三种类型：

（1）PV 节点：这种类型的节点有功功率 P 和电压大小 U 是已知的，而节点无功功率 Q 和电压相角 θ 是未知的。一般来说，连接到发电机的节点是一个 PV 节点。

（2）PQ 节点：这种类型的节点有功功率 P 和无功功率 Q 是已知的，而电压的大小和相角（U，θ）是未知的。一般来说，PQ 节点是连接到负荷的。然而，如果一些发电机的功率输出是恒定的或在某些特定的条件下不能进行调整，相应的节点也将成为 PQ 节点。

（3）平衡节点：平衡节点也被称为松弛节点或参考节点。由于在潮流计算过程中，网络的功率损耗是未知的，至少有一个电源节点不能给定，以平衡系统的功率。此外，有必要选择一个电压相角为零的节点作为参考以方便其他电压相角的计算。一般来说，平衡节点是一个与发电机相关的节点，其电压的大小和相角（U，θ）是已知的，而节点有功功率 P 和无功功率 Q 是未知变量。通常在潮流计算中只有一个平衡节点。在实际应用中可使用分布式平衡节点，即所有连接可调发电机的节点都可以被选择为平衡节点，并通过一些规则来平衡功率不匹配的情况，其中的一个规则是通过基于平衡发电机的分配因子的来计算平衡系统功率误差。

由于平衡节点电压是已知的，只需要对 $N-1$ 个节点进行电压计算。因此，潮流方程的

数目是 $2(n-1)$。

9.2 牛顿—拉夫逊法

9.2.1 牛顿—拉夫逊法的原理

一个单变量的非线性方程可以表示为：

$$f(x)=0 \tag{9.10}$$

为求解该方程，选择一个初始值 x^0 。初始值和最终解之间的差异为 Δx^0 。因此，$x=x^0+\Delta x^0$ 为非线性方程的解，即：

$$f(x^0+\Delta x^0)=0 \tag{9.11}$$

用泰勒级数展开上述方程，得：

$$\begin{aligned} f(x^0+\Delta x^0) &= f(x^0)+f'(x^0)\Delta x^0+f''(x^0)\frac{(\Delta x^0)^2}{2!}+,\cdots, \\ &+f^{(n)}(x^0)\frac{(\Delta x^0)^n}{n!}+,\cdots=0 \end{aligned} \tag{9.12}$$

其中，$f'(x^0),\cdots,f^{(n)}(x^0)$ 导数 $f(x)$ 的导数。

如果两者之差 Δx^0 是非常小的（即初始值十分接近函数的解），第二阶及更高阶的导数函数可以被忽略。因此，上述方程变为如下线性方程：

$$f(x^0+\Delta x^0)=f(x^0)+f'(x^0)\Delta x^0=0 \tag{9.13}$$

从而得到：

$$\Delta x^0=-\frac{f(x^0)}{f'(x^0)} \tag{9.14}$$

新的解为：

$$x^1=x^0+\Delta x^0=x^0-\frac{f(x^0)}{f'(x^0)} \tag{9.15}$$

由于式（9.13）是一个近似的方程，Δx^0 也是一个近似的值所以该方程的解 x 不是一个真正的解。需要进行进一步的迭代，迭代方程为：

$$x^{k+1}=x^k+\Delta x^{k+1}=x^k-\frac{f(x^k)}{f'(x^k)} \tag{9.16}$$

如果满足下列条件之一，可以停止迭代：

$$|\Delta x^k|<\varepsilon_1$$

或者

$$|f(x^k)|<\varepsilon_2 \tag{9.17}$$

其中，$\varepsilon_1,\varepsilon_2$ 为允许收敛精度，可取非常小的正数。

牛顿方法也可以扩展为一个 n 变量的非线性方程

$$\left.\begin{aligned} f_1(x_1,x_2,\cdots,x_n)&=0 \\ f_2(x_1,x_2,\cdots,x_n)&=0 \\ &\cdots \\ f_n(x_1,x_2,\cdots,x_n)&=0 \end{aligned}\right\} \tag{9.18}$$

对于一组给定的初始值 $x_1^0,x_2^0,\cdots,x_n^0$ ，得到一系列的修正量 $\Delta x_1^0,\Delta x_2^0,\cdots,\Delta x_n^0$ ，方程

变为：

$$\left.\begin{aligned}f_1(x_1^0+\Delta x_1^0,x_2^0+\Delta x_2^0,\cdots,x_n^0+\Delta x_n^0)=0\\f_2(x_1^0+\Delta x_1^0,x_2^0+\Delta x_2^0,\cdots,x_n^0+\Delta x_n^0)=0\\\cdots\\f_n(x_1^0+\Delta x_1^0,x_2^0+\Delta x_2^0,\cdots,x_n^0+\Delta x_n^0)=0\end{aligned}\right\}\tag{9.19}$$

同样，用泰勒级数展开方程，忽略了第二和更高阶的导数，可得到：

$$\left.\begin{aligned}f_1(x_1^0,x_2^0,\cdots,x_n^0)+\left.\frac{\partial f_1}{\partial x_1}\right|_{x_1^0}\Delta x_1^0+\left.\frac{\partial f_1}{\partial x_2}\right|_{x_2^0}\Delta x_2^0+\cdots+\left.\frac{\partial f_1}{\partial x_n}\right|_{x_n^0}\Delta x_n^0=0\\f_2(x_1^0,x_2^0,\cdots,x_n^0)+\left.\frac{\partial f_2}{\partial x_1}\right|_{x_1^0}\Delta x_1^0+\left.\frac{\partial f_2}{\partial x_2}\right|_{x_2^0}\Delta x_2^0+\cdots+\left.\frac{\partial f_2}{\partial x_n}\right|_{x_n^0}\Delta x_n^0=0\\\cdots\\f_n(x_1^0,x_2^0,\cdots,x_n^0)+\left.\frac{\partial f_n}{\partial x_1}\right|_{x_1^0}\Delta x_1^0+\left.\frac{\partial f_n}{\partial x_2}\right|_{x_2^0}\Delta x_2^0+\cdots+\left.\frac{\partial f_n}{\partial x_n}\right|_{x_n^0}\Delta x_n^0=0\end{aligned}\right\}\tag{9.20}$$

式（9.20）也可以写成矩阵形式：

$$\begin{bmatrix}f_1(x_1^0,x_2^0,\cdots,x_n^0)\\f_2(x_1^0,x_2^0,\cdots,x_n^0)\\\cdots\\f_n(x_1^0,x_2^0,\cdots,x_n^0)\end{bmatrix}=-\begin{bmatrix}\left.\frac{\partial f_1}{\partial x_1}\right|_{x_1^0} & \left.\frac{\partial f_1}{\partial x_2}\right|_{x_2^0} & \cdots & \left.\frac{\partial f_1}{\partial x_n}\right|_{x_n^0}\\\left.\frac{\partial f_2}{\partial x_1}\right|_{x_1^0} & \left.\frac{\partial f_2}{\partial x_2}\right|_{x_2^0} & \cdots & \left.\frac{\partial f_2}{\partial x_n}\right|_{x_n^0}\\\vdots & \vdots & & \vdots\\\left.\frac{\partial f_n}{\partial x_1}\right|_{x_1^0} & \left.\frac{\partial f_n}{\partial x_2}\right|_{x_2^0} & \cdots & \left.\frac{\partial f_n}{\partial x_n}\right|_{x_n^0}\end{bmatrix}\begin{bmatrix}\Delta x_1^0\\\Delta x_2^0\\\vdots\\\Delta x_n^0\end{bmatrix}\tag{9.21}$$

从式（9.21）中可得到 $\Delta x_1^0,\Delta x_2^0,\cdots,\Delta x_n^0$，从而可以得到新的解。迭代方程可以写成如下形式：

$$\begin{bmatrix}f_1(x_1^k,x_2^k,\cdots,x_n^k)\\f_2(x_1^k,x_2^k,\cdots,x_n^k)\\\cdots\\f_n(x_1^k,x_2^k,\cdots,x_n^k)\end{bmatrix}=-\begin{bmatrix}\left.\frac{\partial f_1}{\partial x_1}\right|_{x_1^k} & \left.\frac{\partial f_1}{\partial x_2}\right|_{x_2^k} & \cdots & \left.\frac{\partial f_1}{\partial x_n}\right|_{x_n^k}\\\left.\frac{\partial f_2}{\partial x_1}\right|_{x_1^k} & \left.\frac{\partial f_2}{\partial x_2}\right|_{x_2^k} & \cdots & \left.\frac{\partial f_2}{\partial x_n}\right|_{x_n^k}\\\vdots & \vdots & & \vdots\\\left.\frac{\partial f_n}{\partial x_1}\right|_{x_1^k} & \left.\frac{\partial f_n}{\partial x_2}\right|_{x_2^k} & \cdots & \left.\frac{\partial f_n}{\partial x_n}\right|_{x_n^k}\end{bmatrix}\begin{bmatrix}\Delta x_1^k\\\Delta x_2^k\\\vdots\\\Delta x_n^k\end{bmatrix}\tag{9.22}$$

$$x_i^{k+1}=x_i^k+\Delta x_i^k,i=1,2,\cdots,n\tag{9.23}$$

式（9.22）和（9.23）可以表示为：

$$F(X^k)=-J^k\Delta X^k\tag{9.24}$$

$$X^{k+1}=X^k+\Delta X^k\tag{9.25}$$

其中，J 为一个 $n\times n$ 的矩阵，并称为雅可比矩阵。

9.2.2 极坐标系下的潮流计算

如果式（9.9）中的节点电压用极坐标表示，则电压复数以及有功和无功功率可写成：

$$\dot{U}_i=U_i(\cos\theta_i+j\sin\theta_i)\tag{9.26}$$

$$P_i = U_i \sum_{j=1}^{n} U_j (G_{ij}\cos\theta_{ij} + B_{ij}\sin\theta_{ij}) \tag{9.27}$$

$$Q_i = U_i \sum_{j=1}^{n} U_j (G_{ij}\sin\theta_{ij} - B_{ij}\cos\theta_{ij}) \tag{9.28}$$

其中 $\theta_{ij} = \theta_i - \theta_j$，为节点 i 与节点 j 的功角差。

假设节点 $1 \sim m$ 为 PQ 节点，节点 $m+1 \sim n-1$ 为 PU 节点，节点 N 为平衡节点。平衡节点电压和相角 U_n、θ_n 和 PU 节点的电压大小 $U_{m+1} \sim U_{n-1}$ 给定。$n-1$ 节点的电压角度和 m 个节点电压大小是未知的。对于每个 PU 或 PQ 节点，有以下有功功率方程：

$$\Delta P_i = P_{is} - P_i = P_{is} - U_i \sum_{j=1}^{n} U_j (G_{ij}\cos\theta_{ij} + B_{ij}\sin\theta_{ij}) = 0 \tag{9.29}$$

对于 PQ 节点，也有以下无功功率方程：

$$\Delta Q_i = Q_{is} - Q_i = Q_{is} - U_i \sum_{j=1}^{n} U_j (G_{ij}\sin\theta_{ij} - B_{ij}\cos\theta_{ij}) = 0 \tag{9.30}$$

其中 P_{is}、Q_{is} 分别为计算的注入节点的有功功率和无功功率。

根据牛顿法，潮流方程（9.29）和（9.30）可以用泰勒级数展开，取一阶近似可以得到：

$$\begin{bmatrix}\Delta P \\ \Delta Q\end{bmatrix} = -J\begin{bmatrix}\Delta\theta \\ \Delta U/U\end{bmatrix}$$

或者

$$\begin{bmatrix}\Delta P \\ \Delta Q\end{bmatrix} = -\begin{bmatrix}H & N \\ K & L\end{bmatrix}\begin{bmatrix}\Delta\theta \\ U_D^{-1}\Delta U\end{bmatrix} \tag{9.31}$$

其中：

$$\Delta P = \begin{bmatrix}\Delta P_1 \\ \Delta P_2 \\ \vdots \\ \Delta P_{n-1}\end{bmatrix} \tag{9.32}$$

$$\Delta Q = \begin{bmatrix}\Delta Q_1 \\ \Delta Q_2 \\ \vdots \\ \Delta Q_m\end{bmatrix} \tag{9.33}$$

$$\Delta\theta = \begin{bmatrix}\Delta\theta_1 \\ \Delta\theta_2 \\ \vdots \\ \Delta\theta_{n-1}\end{bmatrix} \tag{9.34}$$

$$\Delta U = \begin{bmatrix}\Delta U_1 \\ \Delta U_2 \\ \vdots \\ \Delta U_m\end{bmatrix} \tag{9.35}$$

$$U_D = \begin{bmatrix} U_1 & & & \\ & U_2 & & \\ & & \ddots & \\ & & & U_m \end{bmatrix} \tag{9.36}$$

$\boldsymbol{H}$ 是一个 $(n-1)\times(n-1)$ 矩阵，它的元素为 $H_{ij} = \dfrac{\partial \Delta P_i}{\partial \theta_j}$。

$\boldsymbol{N}$ 是一个 $(n-1)\times m$ 矩阵，它的元素是 $N_{ij} = U_j \dfrac{\partial \Delta P_i}{\partial U_j}$。

$\boldsymbol{K}$ 是一个 $m\times(n-1)$ 矩阵，它的元素是 $K_{ij} = \dfrac{\partial \Delta Q_i}{\partial \theta_j}$。

$\boldsymbol{L}$ 是一个 $m \times m$ 矩阵，它的元素是 $L_{ij} = U_j \dfrac{\partial \Delta Q_i}{\partial U_j}$。

如果 $i \neq j$，矩阵中的元素的表达式如下：

$$H_{ij} = -U_iU_j(G_{ij}\sin\theta_{ij} - B_{ij}\cos\theta_{ij}) \tag{9.37}$$

$$N_{ij} = -U_iU_j(G_{ij}\cos\theta_{ij} - B_{ij}\sin\theta_{ij}) \tag{9.38}$$

$$K_{ij} = U_iU_j(G_{ij}\cos\theta_{ij} - B_{ij}\sin\theta_{ij}) \tag{9.39}$$

$$L_{ij} = -U_iU_j(G_{ij}\sin\theta_{ij} - B_{ij}\cos\theta_{ij}) \tag{9.40}$$

如果 $i = j$，矩阵中的元素的表达式如下：

$$H_{ii} = U_i^2B_{ii} + Q_i \tag{9.41}$$

$$N_{ii} = -U_i^2G_{ii} - P_i \tag{9.42}$$

$$K_{ii} = U_i^2G_{ii} - P_i \tag{9.43}$$

$$L_{ii} = U_i^2B_{ii} - Q_i \tag{9.44}$$

牛顿法计算潮流的步骤可归纳如下：

步骤 1：给定输入数据。

步骤 2：构建节点导纳矩阵。

步骤 3：假设节点电压的初始值。

步骤 4：根据式 (9.29) 和式 (9.30) 计算不平衡功率。检查收敛条件是否满足以下式子：

$$\max|\Delta P_i^k| < \varepsilon_1 \tag{9.45}$$

$$\max|\Delta Q_i^k| < \varepsilon_2 \tag{9.46}$$

如果满足式 (9.45) 和式 (9.46)，停止迭代，并计算出的支路潮流和平衡节点的有功和无功功率。如果不满足，进行下一步。

步骤 5：根据式 (9.37) ～式 (9.44) 计算雅可比矩阵中的元素。

步骤 6：用式 (9.31) 计算节点电压的校正值，然后计算节点电压。

$$U_i^{k+1} = U_i^k + \Delta U_i^k \tag{9.47}$$

$$\theta_i^{k+1} = \theta_i^k + \Delta\theta_i^k \tag{9.48}$$

步骤 7：把新的电压数据代入步骤 4。

[例 9.1] 四节点电力系统如图 9.1 所示，对该电网进行潮流计算。

导线参数如下：

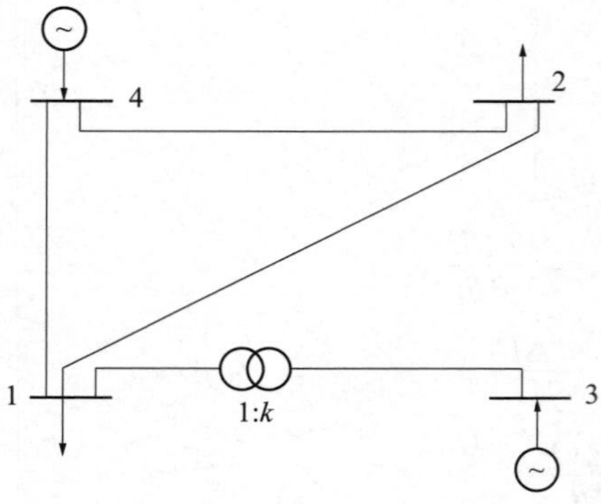

图 9.1 四节点电力系统

$z_{12} = 0.10 + j0.40$

$y_{120} = y_{210} = j0.01528$

$z_{13} = j0.30$，$k = 1.1$

$z_{14} = 0.12 + j0.50$

$y_{140} = y_{410} = j0.01920$

$z_{24} = 0.08 + j0.40$

$y_{240} = y_{420} = j0.01413$

节点 1 和 2 是 PQ 节点、节点 3 是 PU 节点，节点 4 是平衡节点。给定的数据为：

$P_1 + jQ_1 = -0.30 - j0.18$

$P_2 + jQ_2 = -0.55 - j0.13$

$P_3 = 0.5$；$U_3 = 1.1$；

$U_4 = 1.05$；$\theta_4 = 0$

首先，形成节点导纳矩阵如下：

$$Y = \begin{bmatrix} 1.0421 - j8.2429 & -0.5882 + j2.3529 & j3.6666 & -0.4539 + j1.8911 \\ -0.5882 + j2.3529 & 1.0690 - j4.7274 & 0 & -0.4808 + j2.4038 \\ j3.6666 & 0 & -j3.3333 & 0 \\ -0.4539 + j1.8911 & -0.4808 + j2.4038 & 0 & 0.9346 - j4.2616 \end{bmatrix}$$

假定节点电压初始值为

$$\dot{U}_1^0 = \dot{U}_2^0 = 1.0\angle 0^\circ, \dot{U}_3^0 = 1.1\angle 0^\circ$$

用式（9.29）和式（9.30）计算节点不平衡功率，得

$\Delta P_1^0 = P_{1s} - P_1^0 = -0.30 - (-0.02269) = -0.27731$

$\Delta P_2^0 = P_{2s} - P_2^0 = -0.55 - (-0.02404) = -0.52596$

$\Delta P_3^0 = P_{3s} - P_3^0 = 0.5$

$\Delta Q_1^0 = Q_{1s} - Q_1^0 = -0.18 - (-0.12903) = -0.05097$

$\Delta Q_2^0 = Q_{2s} - Q_2^0 = -0.13 - (-0.14960) = 0.0196$

然后利用式（9.31）计算节点电压校正值：

$\Delta\theta_1^0 = -0.5059^\circ$，$\Delta\theta_2^0 = -6.1776^\circ$，$\Delta\theta_3^0 = 6.5970^\circ$

$\Delta U_1^0 = -0.0065$，$\Delta U_2^0 = -0.0237$

得到新的节点电压：

$\theta_1^1 = \theta_1^0 + \Delta\theta_1^0 = -0.5059^\circ$

$\theta_2^1 = \theta_2^0 + \Delta\theta_2^0 = -6.1776^\circ$

$\theta_3^1 = \theta_3^0 + \Delta\theta_3^0 = 6.5970^\circ$

$U_1^1 = U_1^0 + \Delta U_1^0 = 0.9935$

$U_2^1 = U_2^0 + \Delta U_2^0 = 0.9763$

使用新的电压值进行第二次迭代。如果收敛门槛值为 $\varepsilon = 10^{-5}$，功率潮流将在三次迭代后收敛，如表 9.1 和表 9.2 所示。

表 9.1　节点不平衡功率变化

迭代次数 k	ΔP_1	ΔP_2	ΔP_3	ΔQ_1	ΔQ_2
0	−0.27731	−0.52596	0.5	−0.05097	0.01960
1	-4.0×10^{-3}	-2.047×10^{-2}	4.51×10^{-3}	-4.380×10^{-2}	-2.454×10^{-2}
2	1.0×10^{-4}	-4.2×10^{-4}	8.0×10^{-5}	-4.5×10^{-4}	-3.2×10^{-4}
3	$<10^{-5}$	$<10^{-5}$	$<10^{-5}$	$<10^{-5}$	$<10^{-5}$

表 9.2　节 点 电 压 变 化

迭代次数 k	θ_1	θ_2	θ_3	U_1	U_2
1	−0.5059°	−6.1776°	6.5970°	0.9935	0.9763
2	−0.5008°	−6.4452°	6.7300°	0.9848	0.9650
3	−0.5002°	−6.4504°	6.7323°	0.9847	0.9648

节点的功率和所有支路的功率潮流结果如下：

对于松弛节点：

$$P_4+jQ_4=0.36788+j0.26470$$

对于支路：

$$P_{12}+jQ_{12}=0.24624-j0.01465$$

$$P_{13}+jQ_{13}=-0.50000-j0.02926$$

$$P_{14}+jQ_{14}=-0.04624-j0.13609$$

$$P_{21}+jQ_{21}=-0.23999+j0.01063$$

$$P_{24}+jQ_{24}=-0.31001-j0.14063$$

$$P_{31}+jQ_{31}=0.50000+j0.09341$$

$$P_{41}+jQ_{41}=0.04822+j0.10452$$

$$P_{42}+jQ_{42}=0.31967+j0.16018$$

9.2.3　直角坐标系下的功率潮流解

如果式（9.9）中的节点电压用直角坐标系表示，则可以将复杂的电压和无功功率写成：

$$\dot{U}_i=e_i+jf_i \tag{9.49}$$

$$P_i=e_i\sum_{j=1}^{n}(G_{ij}e_j-B_{ij}f_j)+f_i\sum_{j=1}^{n}(G_{ij}f_j+B_{ij}e_j) \tag{9.50}$$

$$Q_i=f_i\sum_{j=1}^{n}(G_{ij}e_j-B_{ij}f_j)-e_i\sum_{j=1}^{n}(G_{ij}f_j+B_{ij}e_j) \tag{9.51}$$

对于每个 PQ 节点，有以下的功率不平衡方程：

$$\Delta P_i = P_{is} - P_i = P_{is} - e_i \sum_{j=1}^{n}(G_{ij}e_j - B_{ij}f_j) - f_i \sum_{j=1}^{n}(G_{ij}f_j + B_{ij}e_j) = 0 \tag{9.52}$$

$$\Delta Q_i = Q_{si} - Q_i = Q_{si} - f_i \sum_{j=1}^{n}(G_{ij}e_j - B_{ij}f_j) + e_i \sum_{j=1}^{n}(G_{ij}f_j + B_{ij}e_j) = 0 \tag{9.53}$$

对于每个 PQ 节点，有以下的功率不平衡方程：

$$\Delta P_i = P_{is} - P_i = P_{is} - e_i \sum_{j=1}^{n}(G_{ij}e_j - B_{ij}f_j) - f_i \sum_{j=1}^{n}(G_{ij}f_j + B_{ij}e_j) = 0 \tag{9.54}$$

$$\Delta U_i^2 = U_{is}^2 - U_i^2 = U_{is}^2 - (e_i^2 + f_i^2) = 0 \tag{9.55}$$

式（9.52）～式（9.55）有 2（n−1）个方程。根据牛顿法，有以下的校正方程：

$$\Delta \boldsymbol{F} = -\boldsymbol{J}\Delta \boldsymbol{U} \tag{9.56}$$

其中：

$$\Delta \boldsymbol{F} = \begin{bmatrix} \Delta P_1 \\ \Delta Q_1 \\ \vdots \\ \Delta P_m \\ \Delta Q_m \\ \Delta P_{m+1} \\ \Delta U_{m+1}^2 \\ \vdots \\ \Delta P_{n-1} \\ \Delta U_{n-1}^2 \end{bmatrix} \tag{9.57}$$

$$\Delta \boldsymbol{U} = \begin{bmatrix} \Delta e_1 \\ \Delta f_1 \\ \vdots \\ \Delta e_m \\ \Delta f_m \\ \Delta e_{m+1} \\ \Delta f_{m+1} \\ \vdots \\ \Delta e_{n-1} \\ \Delta f_{n-1} \end{bmatrix} \tag{9.58}$$

$$J=\begin{bmatrix}
\frac{\partial \Delta P_1}{\partial e_1} & \frac{\partial \Delta P_1}{\partial f_1} & \cdots & \frac{\partial \Delta P_1}{\partial e_m} & \frac{\partial \Delta P_1}{\partial f_m} & \frac{\partial \Delta P_1}{\partial e_{m+1}} & \frac{\partial \Delta P_1}{\partial f_{m+1}} & \cdots & \frac{\partial \Delta P_1}{\partial e_{n-1}} & \frac{\partial \Delta P_1}{\partial f_{n-1}} \\
\frac{\partial \Delta Q_1}{\partial e_1} & \frac{\partial \Delta Q_1}{\partial f_1} & \cdots & \frac{\partial \Delta Q_1}{\partial e_m} & \frac{\partial \Delta Q_1}{\partial f_m} & \frac{\partial \Delta Q_1}{\partial e_{m+1}} & \frac{\partial \Delta Q_1}{\partial f_{m+1}} & \cdots & \frac{\partial \Delta Q_1}{\partial e_{n-1}} & \frac{\partial \Delta Q_1}{\partial f_{n-1}} \\
\vdots & \vdots & & \vdots & \vdots & \vdots & \vdots & & \vdots & \vdots \\
\frac{\partial \Delta P_m}{\partial e_1} & \frac{\partial \Delta P_m}{\partial f_1} & \cdots & \frac{\partial \Delta P_m}{\partial e_m} & \frac{\partial \Delta P_m}{\partial f_m} & \frac{\partial \Delta P_m}{\partial e_{m+1}} & \frac{\partial \Delta P_m}{\partial f_{m+1}} & \cdots & \frac{\partial \Delta P_m}{\partial e_{n-1}} & \frac{\partial \Delta P_m}{\partial f_{n-1}} \\
\frac{\partial \Delta Q_m}{\partial e_1} & \frac{\partial \Delta Q_m}{\partial f_1} & \cdots & \frac{\partial \Delta Q_m}{\partial e_m} & \frac{\partial \Delta Q_m}{\partial f_m} & \frac{\partial \Delta Q_m}{\partial e_{m+1}} & \frac{\partial \Delta Q_m}{\partial f_{m+1}} & \cdots & \frac{\partial \Delta Q_m}{\partial e_{n-1}} & \frac{\partial \Delta Q_m}{\partial f_{n-1}} \\
\frac{\partial \Delta P_{m+1}}{\partial e_1} & \frac{\partial \Delta P_{m+1}}{\partial f_1} & \cdots & \frac{\partial \Delta P_{m+1}}{\partial e_m} & \frac{\partial \Delta P_{m+1}}{\partial f_m} & \frac{\partial \Delta P_{m+1}}{\partial e_{m+1}} & \frac{\partial \Delta P_{m+1}}{\partial f_{m+1}} & \cdots & \frac{\partial \Delta P_{m+1}}{\partial e_{n-1}} & \frac{\partial \Delta P_{m+1}}{\partial f_{n-1}} \\
\frac{\partial \Delta U_{m+1}^2}{\partial e_1} & \frac{\partial \Delta U_{m+1}^2}{\partial f_1} & \cdots & \frac{\partial \Delta U_{m+1}^2}{\partial e_m} & \frac{\partial \Delta U_{m+1}^2}{\partial f_m} & \frac{\partial \Delta U_{m+1}^2}{\partial e_{m+1}} & \frac{\partial \Delta U_{m+1}^2}{\partial f_{m+1}} & \cdots & \frac{\partial \Delta U_{m+1}^2}{\partial e_{n-1}} & \frac{\partial \Delta U_{m+1}^2}{\partial f_{n-1}} \\
\vdots & \vdots & & \vdots & \vdots & \vdots & \vdots & & \vdots & \vdots \\
\frac{\partial \Delta P_{n-1}}{\partial e_1} & \frac{\partial \Delta P_{n-1}}{\partial f_1} & \cdots & \frac{\partial \Delta P_{n-1}}{\partial e_m} & \frac{\partial \Delta P_{n-1}}{\partial f_m} & \frac{\partial \Delta P_{n-1}}{\partial e_{m+1}} & \frac{\partial \Delta P_{n-1}}{\partial f_{m+1}} & \cdots & \frac{\partial \Delta P_{n-1}}{\partial e_{n-1}} & \frac{\partial \Delta P_{n-1}}{\partial f_{n-1}} \\
\frac{\partial \Delta U_{n-1}^2}{\partial e_1} & \frac{\partial \Delta U_{n-1}^2}{\partial f_1} & \cdots & \frac{\partial \Delta U_{n-1}^2}{\partial e_m} & \frac{\partial \Delta U_{n-1}^2}{\partial f_m} & \frac{\partial \Delta U_{n-1}^2}{\partial e_{m+1}} & \frac{\partial \Delta U_{n-1}^2}{\partial f_{m+1}} & \cdots & \frac{\partial \Delta U_{n-1}^2}{\partial e_{n-1}} & \frac{\partial \Delta U_{n-1}^2}{\partial f_{n-1}}
\end{bmatrix} \tag{9.59}$$

如果 $i \neq j$，则在矩阵中的元素的表达式如下：

$$\frac{\partial \Delta P_i}{\partial e_i} = -\frac{\partial \Delta Q_i}{\partial f_i} = -(G_{ij}e_i + B_{ij}f_i) \tag{9.60}$$

$$\frac{\partial \Delta P_i}{\partial f_i} = -\frac{\partial \Delta Q_i}{\partial e_i} = -(G_{ij}f_i - B_{ij}e_i) \tag{9.61}$$

$$\frac{\partial \Delta U_i^2}{\partial e_i} = -\frac{\partial \Delta U_i^2}{\partial f_i} = 0 \tag{9.62}$$

如果 $i = j$，在矩阵中的元素表达式如下：

$$\frac{\partial \Delta P_i}{\partial e_i} = -\sum_{j=1}^{n}(G_{ij}e_j - B_{ij}f_j) - G_{ii}e_i - B_{ii}f_i \tag{9.63}$$

$$\frac{\partial \Delta P_i}{\partial f_i} = -\sum_{j=1}^{n}(G_{ij}f_j + B_{ij}e_j) - G_{ii}f_i + B_{ii}e_i \tag{9.64}$$

$$\frac{\partial \Delta Q_i}{\partial e_i} = \sum_{j=1}^{n}(G_{ij}f_j + B_{ij}e_j) - G_{ii}f_i + B_{ii}e_i \tag{9.65}$$

$$\frac{\partial \Delta Q_i}{\partial f_i} = -\sum_{j=1}^{n}(G_{ij}e_j - B_{ij}f_j) + G_{ii}e_i + B_{ii}f_i \tag{9.66}$$

$$\frac{\partial \Delta U_i^2}{\partial e_i} = -2e_i \tag{9.67}$$

$$\frac{\partial \Delta U_i^2}{\partial f_i} = -2f_i \tag{9.68}$$

上述方程可以写成矩阵形式：

$$\begin{bmatrix} \Delta F_1 \\ \Delta F_2 \\ \cdots \\ \Delta F_{n-1} \end{bmatrix} = -\begin{bmatrix} J_{11} & J_{12} & \cdots & J_{1,n-1} \\ J_{21} & J_{22} & \cdots & J_{2,n-1} \\ \vdots & \vdots & & \vdots \\ J_{n-1,1} & J_{n-1,2} & \cdots & J_{n-1,n-1} \end{bmatrix} \begin{bmatrix} \Delta U_1 \\ \Delta U_2 \\ \vdots \\ \Delta U_{n-1} \end{bmatrix} \tag{9.69}$$

其中，ΔF_i 与 ΔU_i 是二维向量。J_{ij} 是一个 2×2 矩阵。

$$\Delta U_i = \begin{bmatrix} \Delta e_i \\ \Delta f_i \end{bmatrix} \tag{9.70}$$

对于 PQ 节点有：

$$\Delta F_i = \begin{bmatrix} \Delta P_i \\ \Delta Q_i \end{bmatrix} \tag{9.71}$$

$$J_{ij} = \begin{bmatrix} \dfrac{\partial \Delta P_i}{\partial e_j} & \dfrac{\partial \Delta P_i}{\partial f_j} \\ \dfrac{\partial \Delta Q_i}{\partial e_j} & \dfrac{\partial \Delta Q_i}{\partial f_j} \end{bmatrix} \tag{9.72}$$

对于 PV 节点有：

$$\Delta F_i = \begin{bmatrix} \Delta P_i \\ \Delta U_i^2 \end{bmatrix} \tag{9.73}$$

$$J_{ij} = \begin{bmatrix} \dfrac{\partial \Delta P_i}{\partial e_j} & \dfrac{\partial \Delta P_i}{\partial f_j} \\ \dfrac{\partial \Delta U_i^2}{\partial e_j} & \dfrac{\partial \Delta U_i^2}{\partial f_j} \end{bmatrix} \tag{9.74}$$

可以从式（9.60）～式（9.68）中观察到，雅可比矩阵的元素是节点电压的函数，这将通过迭代进行更新。在式（9.69）里的雅可比矩阵的子矩阵元素与节点导纳矩阵对应元素相关。如 $Y_{ij}=0$，则 $J_{ij}=0$。因此，式（9.69）中的雅可比矩阵与节点导纳矩一样也是一个稀疏矩阵。

直角坐标系下基于牛顿法的潮流求解的类似于极坐标下的情况，这在 9.2.2 节中有所描述。

［例 9.2］对于图 9.1 所示的系统，采用直角坐标系的牛顿法求解潮流。

解：节点导纳矩阵与例 9.1 相同。给定节点电压的初始值：

$$e_1^0 = e_2^0 = e_3^0 = 1.0,$$
$$f_1^0 = f_2^0 = f_3^0 = 0.0,$$
$$e_4^0 = 1.05, f_4^0 = 0.0$$

使用式（9.52）、式（9.55）和计算节点不平衡功率与 ΔU_i^2，得到：

$$\Delta P_1^0 = P_{1s} - P_1^0 = -0.30 - (-0.02269) = -0.2773$$
$$\Delta P_2^0 = P_{2s} - P_2^0 = -0.55 - (-0.02404) = -0.5260$$
$$\Delta P_3^0 = P_{3s} - P_3^0 = 0.500$$
$$\Delta Q_1^0 = Q_{1s} - Q_1^0 = -0.18 - 0.23767 = -0.4176$$
$$\Delta Q_2^0 = Q_{2s} - Q_2^0 = -0.13 - (-0.14960) = 0.0196$$
$$\Delta U_3^{2(0)} = |U_{3s}|^2 - |U_3^0|^2 = 0.210$$

计算式（9.60）和式（9.68）的矩阵的元素，得到校正方程：

$$-\begin{bmatrix} -1.01936 & -8.00523 & 0.58823 & 2.35294 & 0.00000 & 3.66666 \\ -8.48049 & 1.06478 & 2.35294 & -0.58823 & 3.66666 & 0.00000 \\ 0.58823 & 2.35294 & -1.04496 & -4.87698 & 0.00000 & 0.00000 \\ 2.35294 & -0.58823 & -4.57777 & 1.09304 & 0.00000 & 0.00000 \\ 0.00000 & 3.66666 & 0.00000 & 0.00000 & 0.00000 & -3.66666 \\ 0.00000 & 0.00000 & 0.00000 & 0.00000 & -2.00000 & 0.00000 \end{bmatrix} \begin{bmatrix} \Delta e_1^0 \\ \Delta f_1^0 \\ \Delta e_2^0 \\ \Delta f_2^0 \\ \Delta e_3^0 \\ \Delta f_3^0 \end{bmatrix} = \begin{bmatrix} \Delta P_1^0 \\ \Delta Q_1^0 \\ \Delta P_2^0 \\ \Delta Q_2^0 \\ \Delta P_3^0 \\ \Delta Q_3^0 \end{bmatrix}$$

由上可知，雅可比矩阵中的具有最大绝对值的大部分元素都不在对角线上，这很容易造成计算误差。为了避免这一点，可进行行交换，如交换换第 1 行和第 2 行，第 3 行和第 4 行，第 5 行和第 6 行，然后得到：

$$-\begin{bmatrix} -8.48049 & 1.06478 & 2.35294 & -0.58823 & 3.66666 & 0.00000 \\ -1.01936 & -8.00523 & 0.58823 & 2.35294 & 0.00000 & 3.66666 \\ 2.35294 & -0.58823 & -4.57777 & 1.09304 & 0.00000 & 0.00000 \\ 0.58823 & 2.35294 & -1.04496 & -4.87698 & 0.00000 & 0.00000 \\ 0.00000 & 0.00000 & 0.00000 & 0.00000 & -2.00000 & 0.00000 \\ 0.00000 & 3.66666 & 0.00000 & 0.00000 & 0.00000 & -3.66666 \end{bmatrix} \begin{bmatrix} \Delta e_1^0 \\ \Delta f_1^0 \\ \Delta e_2^0 \\ \Delta f_2^0 \\ \Delta e_3^0 \\ \Delta f_3^0 \end{bmatrix} = \begin{bmatrix} \Delta Q_1^0 \\ \Delta P_1^0 \\ \Delta Q_2^0 \\ \Delta P_2^0 \\ \Delta Q_3^0 \\ \Delta P_3^0 \end{bmatrix}$$

求解上述修正方程，得到：

$$\begin{bmatrix} \Delta e_1^0 \\ \Delta f_1^0 \\ \Delta e_2^0 \\ \Delta f_2^0 \\ \Delta e_3^0 \\ \Delta f_3^0 \end{bmatrix} = \begin{bmatrix} -0.0037 \\ -0.0094 \\ -0.0222 \\ -0.1081 \\ 0.1050 \\ 0.1269 \end{bmatrix}$$

修正后的节点电压可计算如下：

$$e_1^1 = e_1^0 + \Delta e_1^0 = 0.9963$$
$$f_1^1 = f_1^0 + \Delta f_1^0 = -0.0094$$
$$e_2^1 = e_2^0 + \Delta e_2^0 = 0.9778$$
$$f_2^1 = f_2^0 + \Delta f_2^0 = -0.1081$$
$$e_3^1 = e_3^0 + \Delta e_3^0 = 1.1050$$
$$f_3^1 = f_3^0 + \Delta f_3^0 = 0.1269$$

然后进行第二次迭代，使用新的电压值。如果收敛误差允许度为 $\varepsilon = 10^{-5}$ ，功率潮流将在三次迭代收敛，如表 9.3 和表 9.4 所示。

表 9.3　不平衡节点的变化

迭代次数 k	ΔP_1	ΔQ_1	ΔP_2	ΔQ_2	ΔP_3	ΔU_3^2
0	−0.2773	−0.4176	−0.5260	0.0196	0.500	0.210
1	2.90×10^{-3}	-4.18×10^{-3}	-1.28×10^{-2}	-5.50×10^{-2}	-1.91×10^{-3}	-2.71×10^{-2}
2	-1.29×10^{-5}	-6.74×10^{-5}	-2.86×10^{-4}	-1.07×10^{-3}	4.58×10^{-5}	-1.60×10^{-4}
3	$<10^{-5}$	$<10^{-5}$	$<10^{-5}$	$<10^{-5}$	$<10^{-5}$	$<10^{-5}$

表 9.4　节点电压变化

迭代次数 k	e_1+jf_1	e_2+jf_2	e_3+jf_3
1	0.9963−j0.0094	0.9778−j0.1081	1.1050+j0.1269
2	0.9848−j0.0086	0.9590−j0.1084	1.0925+0.1289
3	0.9846−j0.0086	0.9587−j0.1084	1.0924+j0.1290

将最后的节点电压表示成极坐标形式：

$$\dot{U}_1 = 0.9847\angle -0.500°$$

$$\dot{U}_2 = 0.9648\angle -6.450°$$

$$\dot{U}_3 = 1.1\angle 6.732°$$

最后，计算的平衡节点功率为：

$$P_4 + jQ_4 = 0.36788 + j0.26469$$

与例 9.1 相比，得到了相同的功率潮流解。

9.3　高斯消去法

对于具有 n 个变量的非线性方程，可以得到的如下解：

$$\left.\begin{aligned} x_1 &= g_1(x_1, x_2, \cdots, x_n) \\ x_2 &= g_2(x_1, x_2, \cdots, x_n) \\ &\cdots \\ x_n &= g_n(x_1, x_2, \cdots, x_n) \end{aligned}\right\} \tag{9.75}$$

如果得到 k 次迭代变量的值，代入式（9.75）的右边可以得到这些变量的新值如下：

$$\left.\begin{aligned} x_1^{k+1} &= g_1(x_1^k, x_2^k, \cdots, x_n^k) \\ x_2^{k+1} &= g_2(x_1^k, x_2^k, \cdots, x_n^k) \\ &\cdots \\ x_n^{k+1} &= g_n(x_1^k, x_2^k, \cdots, x_n^k) \end{aligned}\right\} \tag{9.76}$$

或者

$$x_i^{k+1} = g_i(x_1^k, x_2^k, \cdots, x_n^k), \quad i = 1, 2, \cdots, n \tag{9.77}$$

如果满足所有变量的收敛条件，则将停止迭代：

$$|x_i^{k+1} - x_i^k| < \varepsilon \tag{9.78}$$

第 9.2 节所描述的牛顿法是基于此迭代计算的。为了加快收敛速度，迭代计算的公式被修改如下：

$$\left.\begin{aligned} x_1^{k+1} &= g_1(x_1^k, x_2^k, \cdots, x_n^k) \\ x_2^{k+1} &= g_2(x_1^{k+1}, x_2^k, \cdots, x_n^k) \\ &\cdots \\ x_n^{k+1} &= g_n(x_1^{k+1}, x_2^{k+1}, \cdots, x_{n-1}^{k+1}, x_n^k) \end{aligned}\right\} \tag{9.79}$$

或者

$$x_i^{k+1} = g_i(x_1^{k+1}, x_2^{k+1}, \cdots, x_{n-1}^{k+1}, x_n^k), \quad i = 1, 2, \cdots, n \tag{9.80}$$

该方法的主要思想是：在计算下一个变量时立即用新的变量值代替原值，而不是等到下一次迭代。这种迭代方法称为高斯—塞德尔法。它也可以用来解决潮流方程

假设系统有 n 个节点。节点 $1 \sim m$ 为 PQ 节点，节点 $m+1 \sim n-1$ 为 PV 节点，节点 n 为平衡节点。迭代计算不包括平衡节点。

根据式（9.8），可以得到：

$$\dot{U}_i = \frac{1}{Y_{ii}}\left(\frac{P_i - jQ_i}{\hat{U}_i} - \sum_{\substack{j=1 \\ j\neq i}}^{n} Y_{ij}\dot{U}_j\right) \tag{9.81}$$

根据高斯—赛德尔法，式（9.81）的迭代公式可以写为：

$$\dot{U}_i^{k+1} = \frac{1}{Y_{ii}}\left[\frac{P_i - jQ_i}{\hat{U}_i^k} - \sum_{j=1}^{i-1} Y_{ij}\dot{U}_j^{k+1} - \sum_{j=i+1}^{n} Y_{ij}\dot{U}_j^k\right] \tag{9.82}$$

对于 PQ 节点，有功和无功功率是已知的。因此，如果给定初始节点电压 $\dot{V}_i^0$，我们可以用方程来进行迭代计算。

对于 PV 节点，节点的有功功率和电压的大小是已知的。有必要给出节点无功功率的初始值，然后通过迭代计算节点无功功率，即：

$$Q_i^k = \mathrm{lm}[\dot{U}_i^k \hat{I}_i^k] = \mathrm{lm}\left[\dot{U}_i^k\left(\sum_{j=1}^{i-1} \hat{Y}_{ij}\hat{U}_j^{k+1} + \sum_{j=i}^{n} \hat{Y}_{ij}\hat{U}_j^k\right)\right] \tag{9.83}$$

迭代结束后，所有节点的有功和无功功率以及电压都已得到。可以通过式（9.84）求解，得到平衡节点的功率。

$$P_n + jQ_n = \dot{U}_n \sum_{j=1}^{n} \hat{Y}_{nj}\hat{U}_j \tag{9.84}$$

线路功率潮流可以计算如下：

$$S_{ij} = P_{ij} + jQ_{ij} = \dot{U}_i \hat{I}_{ij} = \dot{U}_i^2 y_{i0} + \dot{U}_i(\hat{U}_i - \hat{U}_j)\hat{y}_{ij} \tag{9.85}$$

其中 y_{ij} 是导线 ij 的导纳，而 y_{i0} 为接地支路的导纳。

9.4 *P—Q* 分解法

根据第 9.2.2 节，牛顿潮流法的修正方程如下：

$$\begin{bmatrix} \Delta \boldsymbol{P} \\ \Delta \boldsymbol{Q} \end{bmatrix} = -\begin{bmatrix} \boldsymbol{H} & \boldsymbol{N} \\ \boldsymbol{K} & \boldsymbol{L} \end{bmatrix}\begin{bmatrix} \Delta\theta \\ \boldsymbol{U}_D^{-1}\Delta\boldsymbol{U} \end{bmatrix} \tag{9.86}$$

牛顿潮流法是一种非常有效的潮流算法。因为在计算中没有进行简化，它也被称为全交

流潮流算法。牛顿法的缺点是，在每一次迭代中必须重新计算雅可比矩阵中的元素。事实上，一般实际电力系统中支路的电抗比支路电阻大得多，因此，有功功率和电压相角之间存在着很强的耦合关系，但有功功率和电压大小只有弱耦合关系。这意味着有功功率受电压幅度变化的影响很小，即：

$$\frac{\partial \Delta P_i}{\partial U_j} \approx 0 \tag{9.87}$$

但无功功率和电压幅值有很强的耦合关系，无功功率和电压相角之间为弱耦合。这意味着，无功功率受电压相角变化的影响很小，即：

$$\frac{\partial \Delta Q_i}{\partial \theta_j} \approx 0 \tag{9.88}$$

因此，式（9.86）中矩阵 N、K 中元素的值非常小，即：

$$N_{ij} = V_j \frac{\partial \Delta P_i}{\partial U_j} \approx 0 \tag{9.89}$$

$$K_{ij} = \frac{\partial \Delta Q_i}{\partial \theta_j} \approx 0 \tag{9.90}$$

式（9.86）变为：

$$\begin{bmatrix} \Delta \boldsymbol{P} \\ \Delta \boldsymbol{Q} \end{bmatrix} = -\begin{bmatrix} \boldsymbol{H} & 0 \\ 0 & \boldsymbol{L} \end{bmatrix} \begin{bmatrix} \Delta\theta \\ \boldsymbol{U}_D^{-1}\Delta \boldsymbol{U} \end{bmatrix} \tag{9.91}$$

或者

$$\Delta \boldsymbol{P} = -\boldsymbol{H}\Delta\theta \tag{9.92}$$

$$\Delta \boldsymbol{Q} = -\boldsymbol{L}\boldsymbol{U}_D^{-1}\Delta \boldsymbol{U} = -\boldsymbol{L}(\Delta \boldsymbol{U}/\boldsymbol{U}_D) \tag{9.93}$$

简化的式（9.92）和式（9.93）使得潮流迭代很容易。节点不平衡有功功率只用于校正电压相角，而不平衡无功功率仅用于校正电压幅值。分别对这两个方程进行迭代计算，直到收敛条件满足。这种潮流计算方法被称为有功和无功功率解耦算法。

事实上，还可以对式（9.92）和式（9.93）作进一步简化。由于线路 ij 两端的电压相角差很小（一般小于10°～20°），因此有如下简化成立：

$$\cos\theta_{ij} = \cos(\theta_i - \theta_j) \cong 1$$

$$G_{ij}\sin\theta_{ij} \ll B_{ij}$$

假设

$$Q_i \ll U_i^2 B_{ii}$$

于是矩阵 H 和 L 的元素可以表示为：

$$H_{ij} = U_i U_j B_{ij} i,j = 1,2,\cdots,n-1 \tag{9.94}$$

$$L_{ij} = U_i U_j B_{ij} i,j = 1,2,\cdots,m \tag{9.95}$$

或者存在以下的导数：

$$\frac{\partial P_i}{\partial \theta_j} = -U_i U_j B_{ij} i,j = 1,2,\cdots,n-1 \tag{9.96}$$

$$\frac{\partial Q_i}{\left(\dfrac{\partial U_j}{U_j}\right)} = -U_i U_j B_{ij} i,j = 1,2,\cdots,m \tag{9.97}$$

因此，矩阵 H 和 L 可以写为：

$$\boldsymbol{H}=\begin{bmatrix} U_1B_{11}U_1 & U_1B_{12}U_2 & \cdots & U_1B_{1,n-1}U_{n-1} \\ U_2B_{21}U_1 & U_2B_{22}U_2 & \cdots & U_2B_{2,n-1}U_{n-1} \\ \vdots & \vdots & & \vdots \\ U_{n-1}B_{n-1,1}U_1 & U_{n-1}B_{n-1,1}U_2 & \cdots & U_{n-1}B_{n-1,n-1}U_{n-1} \end{bmatrix}$$

$$=\begin{bmatrix} U_1 & & & \\ & U_2 & & \\ & & \ddots & \\ & & & U_{n-1} \end{bmatrix}\begin{bmatrix} B_{11} & B_{12} & \cdots & B_{1,n-1} \\ B_{21} & B_{22} & \cdots & B_{2,n-1} \\ \vdots & \vdots & & \vdots \\ B_{n-1,1} & B_{n-1,2} & \cdots & B_{n-1,n-1} \end{bmatrix}\times\begin{bmatrix} U_1 & & & \\ & U_2 & & \\ & & \ddots & \\ & & & U_{n-1} \end{bmatrix}$$

$$=\boldsymbol{U}_{D1}\boldsymbol{B}'\boldsymbol{U}_{D1} \tag{9.98}$$

$$\boldsymbol{L}=\begin{bmatrix} U_1B_{11}U_1 & U_1B_{12}U_2 & \cdots & U_1B_{1m}U_m \\ U_2B_{21}U_1 & U_2B_{22}U_2 & \cdots & U_2B_{2m}U_m \\ \vdots & \vdots & & \vdots \\ U_mB_{m1}U_1 & U_mB_{m2}U_2 & \cdots & U_mB_{mm}U_m \end{bmatrix}$$

$$=\begin{bmatrix} U_1 & & & \\ & U_2 & & \\ & & \ddots & \\ & & & U_m \end{bmatrix}\begin{bmatrix} B_{11} & B_{12} & \cdots & B_{1m} \\ B_{21} & B_{22} & \cdots & B_{2m} \\ \vdots & \vdots & & \vdots \\ B_{m1} & B_{m2} & \cdots & B_{mm} \end{bmatrix}\times\begin{bmatrix} U_1 & & & \\ & U_2 & & \\ & & \ddots & \\ & & & U_m \end{bmatrix}$$

$$=U_{D2}B''U_{D2} \tag{9.99}$$

将式（9.98）和式（9.99）代入到式（9.92）和式（9.93），得到：

$$\boldsymbol{\Delta P}=\boldsymbol{U}_{D1}\boldsymbol{B}'\boldsymbol{U}_{D1}\boldsymbol{\Delta}\theta \tag{9.100}$$

$$\boldsymbol{\Delta Q}=\boldsymbol{U}_{D2}\boldsymbol{B}''\boldsymbol{\Delta}\mathrm{U} \tag{9.101}$$

式（9.100）和式（9.101）可重写为：

$$\frac{\boldsymbol{\Delta P}}{\boldsymbol{U}_{D1}}=\boldsymbol{B}'\boldsymbol{U}_{D1}\Delta\boldsymbol{\theta} \tag{9.102}$$

$$\frac{\Delta\boldsymbol{Q}}{\boldsymbol{U}_{D2}}=B''\Delta\boldsymbol{U} \tag{9.103}$$

其中

$$\boldsymbol{B}'=-\begin{bmatrix} B_{11} & B_{12} & \cdots & B_{1,n-1} \\ B_{21} & B_{22} & \cdots & B_{2,n-1} \\ \vdots & \vdots & & \vdots \\ B_{n-1,1} & B_{n-1,2} & \cdots & B_{n-1,n-1} \end{bmatrix}=\begin{bmatrix} -B_{11} & -B_{12} & \cdots & -B_{1,n-1} \\ -B_{21} & -B_{22} & \cdots & -B_{2,n-1} \\ \vdots & \vdots & & \vdots \\ -B_{n-1,1} & -B_{n-1,2} & \cdots & -B_{n-1,n-1} \end{bmatrix}$$

$$\boldsymbol{B}''=-\begin{bmatrix} B_{11} & B_{12} & \cdots & B_{1m} \\ B_{21} & B_{22} & \cdots & B_{2m} \\ \vdots & \vdots & & \vdots \\ B_{m1} & B_{m2} & \cdots & B_{mm} \end{bmatrix}=\begin{bmatrix} -B_{11} & -B_{12} & \cdots & -B_{1m} \\ -B_{21} & -B_{22} & \cdots & -B_{2m} \\ \vdots & \vdots & & \vdots \\ -B_{m1} & -B_{m2} & \cdots & -B_{mm} \end{bmatrix}$$

式（9.102）和式（9.103）是简化的潮流修正方程，可以写成矩阵形式：

$$\begin{bmatrix} \dfrac{\Delta P_1}{U_1} \\ \dfrac{\Delta P_2}{U_2} \\ \vdots \\ \dfrac{\Delta P_{n-1}}{U_{n-1}} \end{bmatrix} = \begin{bmatrix} -B_{11} & -B_{12} & \cdots & -B_{1,n-1} \\ -B_{21} & -B_{22} & \cdots & -B_{2,n-1} \\ \vdots & \vdots & & \vdots \\ -B_{n-1,1} & -B_{n-1,2} & \cdots & -B_{n-1,n-1} \end{bmatrix} \begin{bmatrix} U_1\Delta\theta_1 \\ U_2\Delta\theta_2 \\ \vdots \\ U_{n-1}\Delta\theta_{n-1} \end{bmatrix} \tag{9.104}$$

$$\begin{bmatrix} \dfrac{\Delta Q_1}{U_1} \\ \dfrac{\Delta Q_2}{U_2} \\ \vdots \\ \dfrac{\Delta Q_m}{U_m} \end{bmatrix} = \begin{bmatrix} -B_{11} & -B_{12} & \cdots & -B_{1m} \\ -B_{21} & -B_{22} & \cdots & -B_{2m} \\ \vdots & \vdots & & \vdots \\ -B_{m1} & -B_{m2} & \cdots & -B_{mm} \end{bmatrix} \begin{bmatrix} \Delta U_1 \\ \Delta U_2 \\ \vdots \\ \Delta U_m \end{bmatrix} \tag{9.105}$$

在式（9.104）和式（9.105）中，矩阵$\boldsymbol{B}'$与$\boldsymbol{B}''$只包含节点导纳矩阵的虚部，因此它们是恒定的对称矩阵，并且只需要在分析的开始进行一次三角分解。式（9.104）和式（9.105）为也被称为“快速解耦潮流模型”。

在实际应用中，式（9.102）和式（9.104）右侧的电压幅值被假定为1.0p.u.，则有功功率修正方程的快速解耦潮流模型可以进一步简化为：

$$\frac{\Delta \boldsymbol{P}}{\boldsymbol{U}} = \boldsymbol{B}'\Delta\boldsymbol{\theta} \tag{9.106}$$

$$\begin{bmatrix} \dfrac{\Delta P_1}{U_1} \\ \dfrac{\Delta P_2}{U_2} \\ \vdots \\ \dfrac{\Delta P_{n-1}}{U_{n-1}} \end{bmatrix} = \begin{bmatrix} -B_{11} & -B_{12} & \cdots & -B_{1,n-1} \\ -B_{21} & -B_{22} & \cdots & -B_{2,n-1} \\ \vdots & \vdots & & \vdots \\ -B_{n-1,1} & -B_{n-1,2} & \cdots & -B_{n-1,n-1} \end{bmatrix} \begin{bmatrix} \Delta\theta_1 \\ \Delta\theta_2 \\ \vdots \\ \Delta\theta_{n-1} \end{bmatrix} \tag{9.107}$$

此外，根据对常数矩阵$\boldsymbol{B}'$、$\boldsymbol{B}''$不同的处理方式，存在两种快速的解耦潮流方法，即BX和XB。

XB方法在$\boldsymbol{B}'$的计算中忽略了电阻。经过计算，得到$\boldsymbol{B}'$、$\boldsymbol{B}''$中的元素为：

$$B'_{ij} = B_{ij} \tag{9.108}$$

$$B'_{ii} = -\sum_{j\neq i} B'_{ij} \tag{9.109}$$

$$B''_{ij} = \frac{B_{ij}^2 + G_{ij}^2}{B_{ij}} \tag{9.110}$$

$$B''_{ii} = -2B_{i0} - \sum_{j\neq i} B''_{ij} \tag{9.111}$$

其中 B_{i0} 为并联接地电抗。

在实际计算中，以下的假设也在 XB 快速解耦潮流模型中采用。

(1) 假设 $r_{ij} \ll x_{ij}$，得 $B_{ij} = -\frac{1}{x_{ij}}$。

(2) 消除所有的接地并联电抗器。

(3) 忽略所有移相变压器的影响。

于是，XB 快速解耦潮流模型可以表示为：

$$B'_{ij} = -\frac{1}{x_{ij}} \tag{9.112}$$

$$B'_{ii} = \sum_{j\neq i} \frac{1}{x_{ij}} \tag{9.113}$$

$$B''_{ij} = -\frac{x_{ij}}{r_{ij}^2 + x_{ij}^2} \tag{9.114}$$

$$B''_{ii} = -\sum_{j\neq i} B''_{ij} \tag{9.115}$$

其中 r_{ij}、x_{ij} 分别为线路 ij 的电阻与电抗。

BX 方法在 B'' 的计算中忽略了电阻。得 B'、B'' 的元素计算如下：

$$B'_{ij} = \frac{B_{ij}^2 + G_{ij}^2}{B_{ij}} \tag{9.116}$$

$$B'_{ii} = -\sum_{j\neq i} B'_{ij} \tag{9.117}$$

$$B''_{ij} = B_{ij} \tag{9.118}$$

$$B''_{ii} = -2B_{i0} - \sum_{j\neq i} B''_{ij} \tag{9.119}$$

这样 BX 快速解耦潮流模型可简化为：

$$B'_{ij} = -\frac{x_{ij}}{r_{ij}^2 + x_{ij}^2} \tag{9.120}$$

$$B'_{ii} = \sum_{j\neq i} \frac{x_{ij}}{r_{ij}^2 + x_{ij}^2} \tag{9.121}$$

$$B''_{ij} = -\frac{1}{x_{ij}} \tag{9.122}$$

$$B''_{ii} = -\sum_{j\neq i} B''_{ij} \tag{9.123}$$

值得指出的是，如果一些关键假设 $r_{ij} \ll x_{ij}$ 不成立，快速解耦潮流算法可能无法收敛。在这种情况下，建议使用牛顿法潮流或无近似的解耦潮流。

[例 9.3] 在这个例子中采用 PQ 分解法求解例 9.1 中的电力系统潮流问题。

解： 首先形成如下矩阵 B'、B''：

$$B' = \begin{bmatrix} -8.2429 & 2.3529 & 3.6666 \\ 2.3529 & -4.7274 & 0.0000 \\ 3.6666 & 0.0000 & -3.3333 \end{bmatrix}$$

$$B'' = \begin{bmatrix} -8.2429 & 2.3529 \\ 2.3539 & -4.7274 \end{bmatrix}$$

分别对 B'、B'' 进行三角分解，分别得到和表 9.5 和表 9.6。

表 9.5　　B'的三角分解结果

−0.121317	−0.285452	−0.444829
	−0.246565	−0.258069
		−0.698234

表 9.6　　B''的三角分解结果

−0.121317	−0.285452
	−0.246565

假定节点电压如下：

$$\dot{U}_1^0 = \dot{U}_2^0 = 1.0\angle 0°, \dot{U}_3^0 = 1.1\angle 0°, \dot{U}_4^0 = 1.05\angle 0°$$

根据式（9.29）计算节点有功功率不平衡量，得到：

$\Delta P_1^0 = P_{1s} - P_1^0 = -0.30 - (-0.02269) = -0.27731$

$\Delta P_2^0 = P_{2s} - P_2^0 = -0.55 - (-0.02404) = -0.52596$

$\Delta P_3^0 = P_{3s} - P_3^0 = 0.5$

$\dfrac{\Delta P_1^0}{U_1^0} = -0.27731$

$\dfrac{\Delta P_2^0}{U_2^0} = -0.52596$

$\dfrac{\Delta P_3^0}{U_3^0} = 0.45455$

根据修正式（9.104）计算电压相角：

$\Delta\theta_1^0 = -0.737°$，$\Delta\theta_2^0 = -6.742°$，$\Delta\theta_3^0 = 6.366°$

$\theta_1^1 = \theta_1^0 + \Delta\theta_1^0 = -0.737°$

$\theta_2^1 = \theta_2^0 + \Delta\theta_2^0 = -6.742°$

$\theta_3^1 = \theta_3^0 + \Delta\theta_3^0 = 6.366°$

然后进行无功功率迭代计算。用式（9.30）计算节点无功功率不平衡量，得到：

$\Delta Q_1^0 = Q_{1s} - Q_1^0 = -0.18 - (-0.14041) = -3.95903 \times 10^{-2}$

$\Delta Q_2^0 = Q_{2s} - Q_2^0 = -0.13 - (-0.00155) = -0.13155$

$\dfrac{\Delta Q_1^0}{U_1^0} = -0.03959$

$\dfrac{\Delta Q_2^0}{U_2^0} = -0.13155$

利用修正式（9.105）计算电压幅值：

$\Delta U_1^0 = -0.0149$，$\Delta U_2^0 = -0.0352$

$U_1^1 = U_1^0 + \Delta U_1^0 = 0.9851$

$U_2^1 = U_2^0 + \Delta U_2^0 = 0.9648$

用新的电压值进行第二次迭代计算。如果收敛误差允许度为 $\varepsilon = 10^{-5}$，五次迭代后功率潮流将会收敛，如表 9.7 和表 9.8 所示。

表 9.7 节点功率不平衡量变化

迭代次数 k	ΔP_1	ΔP_2	ΔP_3	ΔQ_1	ΔQ_2
0	-0.27731	-0.52596	0.5	-3.95903×10^{-2}	-0.13155
1	4.051×10^{-3}	1.444×10^{-2}	8.691×10^{-3}	-2.037×10^{-3}	1.568×10^{-3}
2	-6.603×10^{-3}	-3.488×10^{-3}	6.826×10^{-4}	-1.537×10^{-3}	-1.123×10^{-3}
3	-1.227×10^{-3}	2.148×10^{-3}	-4.967×10^{-5}	-2.694×10^{-4}	7.3477×10^{-4}
4	9.798×10^{-5}	-1.552×10^{-4}	-1.140×10^{-5}	2.513×10^{-5}	-3.277×10^{-5}
5	$<10^{-5}$	$<10^{-5}$	$<10^{-5}$	$<10^{-5}$	$<10^{-5}$

表 9.8 节点电压变化

迭代次数 k	θ_1	θ_2	θ_3	U_1	U_2
1	$-0.737°$	$-6.742°$	$6.366°$	0.9851	0.9648
2	$-0.349°$	$-6.356°$	$6.871°$	0.9850	0.9650
3	$-0.497°$	$-6.475°$	$6.737°$	0.9847	0.9646
4	-0.500^0	$-6.448°$	$6.732°$	0.9847	0.9648
5	$-0.500°$	$-6.450°$	$6.732°$	0.9847	0.9648

PQ 分解法得到的潮流计算结果与牛顿法几乎相同。

9.5 直流潮流算法

交流潮流算法具有很高的计算精度，但不具有很快的速度。在实际大型电力系统调度运行分析中，有时需关注计算的速度。一种最简化的潮流算法是直流潮流计算，它只计算系统中有功功率。直流潮流计算采用以下假设：

（1）所有的电压幅值均为 1.0p.u.。

（2）忽视线路电阻，也就是说线路电纳为：

$$B_{ij}=-\frac{1}{x_{ij}} \tag{9.124}$$

（3）支路两端的电压角度差很小，所以有：

$$\sin\theta_{ij}=\theta_i-\theta_j \tag{9.125}$$

$$\cos\theta_{ij}=1 \tag{9.126}$$

（4）忽视所有接地支路，也就是说：

$$B_{i0}=B_{j0}=0 \tag{9.127}$$

因此，直流潮流模型可表示为：

$$\begin{bmatrix}\Delta P_1\\ \Delta P_2\\ \vdots\\ \Delta P_{n-1}\end{bmatrix}=[B']\begin{bmatrix}\Delta\theta_1\\ \Delta\theta_2\\ \vdots\\ \Delta\theta_{n-1}\end{bmatrix} \tag{9.128}$$

或者

$$[\Delta\boldsymbol{P}]=[\boldsymbol{B}'][\Delta\boldsymbol{\theta}] \tag{9.129}$$

其中，矩阵 B' 的元素与 XB 快速解耦潮流算法的相同，但这里忽略了矩阵 B''，即：

$$B'_{ij} = -\frac{1}{x_{ij}} \tag{9.130}$$

$$B'_{ii} = \sum_{j \neq i} B'_{ij} \tag{9.131}$$

直流潮流是一个纯粹的线性方程，所以只需一次迭代计算就可获得潮流解。因此，用直流潮流法计算每一线路上的有功功率的公式可表示为：

$$P_{ij} = -B_{ij}(\theta_i - \theta_j) = \frac{\theta_i - \theta_j}{x_{ij}} \tag{9.132}$$

9.6 概率潮流计算

在前面的潮流分析中，输入变量被视为确定性数据，对于实际运行中包含的不确定因素不予考虑，可能导致潮流计算结果不符合实际系统运行的状况，应用概率或模糊方法可以克服这种弊端。

9.6.1 概率潮流

从 9.2 可以得到标准的潮流方程为：

$$P_i = P_{Gi} - P_{Di} = \sum_j Y_{ij} U_i U_j \cos(\theta_i - \theta_j - \delta_{ij}) \tag{9.133}$$

$$Q_i = Q_{Gi} - Q_{Di} = \sum_j Y_{ij} U_i U_j \sin(\theta_i - \theta_j - \delta_{ij}) \tag{9.134}$$

其中，i，j 是节点编号。

P_i 是网络注入有功。

Q_i 是网络注入无功。

U 是节点电压幅值。

θ 是节点电压相角。

Y_{ij} 是导纳矩阵第 i 行 j 列元素的幅值。

δ_{ij} 是导纳矩阵第 i 行 j 列元素的相角。

潮流问题也可以表示为非线性方程组的形式：

$$\boldsymbol{Y} = g(\boldsymbol{X}) \tag{9.135}$$

$$\boldsymbol{Z} = h(\boldsymbol{X}) \tag{9.136}$$

其中，$\boldsymbol{X}$ 是未知状态变量向量（PQ 节点的电压幅值和相角，PV 节点的电压相角和无功），$\boldsymbol{Y}$ 是预先定义的输入变量向量（PQ 节点的有功和无功，PV 节点的电压幅值和有功），Z 是未知输出变量向量（网络中的有功无功），g 和 h 是潮流计算函数。

根据本文第 8 部分内容，输入变量如负荷是不确定的，可以表示为概率分布的形式，概率潮流模型以概率方式输入数据，计算线路潮流的概率分布。

假设输入数据具有正态分布属性，输入变量 Y 的平均值和方差分别是 $\overline{Y}$ 和 σ_Y^2。利用均值 $\overline{Y}$，可以通过传统的潮流计算方法计算状态变量和输出变量的均值，之后，状态变量和支路潮流的方差可以通过以下公式求解：

$$\sigma_X^2 = diag(J^{\mathrm{T}} \Lambda^{-1} J)^{-1} \tag{9.137}$$

$$\sigma_Z^2 = diag[D(J^T\Lambda^{-1}J)^{-1}D^T] \tag{9.138}$$

其中，σ_X^2 是状态变量的方差。

σ_Z^2 是支路潮流的方差。

$\boldsymbol{J}$ 是潮流方程的雅可比矩阵。

$\boldsymbol{\Lambda}$ 是注入功率 σ_Y^2 的对角矩阵。

$\boldsymbol{D}$ 是 $g(x)$ 泰勒级数展开式一阶矩阵。

得出输出变量和状态变量的均值后，可以得到潮流的概率分布。

概率潮流提供了输出变量以概率形式的全方位的取值，如节点电压和潮流，考虑了发电机组故障检修、负荷不确定性、调度基准影响和拓扑变化。

9.6.2 模糊潮流

不确定负荷 P_D 可以用模糊集表示，模糊集定义在数集 R 中，且满足模糊数表示的正态条件和边界条件，不确定负荷 P_D 的模糊关系函数表示为：

$$\mu_{P_D(x)}: R \in [0,1] \tag{9.139}$$

LR 模糊数是表示模糊数最简单的方法，如果以下方程成立的话，不确定负荷 P_D 是 LR 类型的模糊数：

$$\mu_{P_D(x)} = \begin{cases} L\left(\dfrac{m-x}{a}\right), x \leqslant m, a > 0 \\ R\left(\dfrac{x-m}{b}\right), x \geqslant m, b > 0 \end{cases} \tag{9.140}$$

其中，m 是 P_D 的平均数。

不确定负荷 P_D 的 LR 类型模糊数可以表示为：

$$P_D = (m,a,b)_{LR} \tag{9.141}$$

常见的 LR 模糊数是三角模糊数，如图 9.2 所示。

图 9.2 的模糊负荷函数可以表示为：

$$\mu_{P_D(x)} = \begin{cases} \dfrac{x-(d-\alpha)}{\alpha}, if x \in [(d-\alpha), d] \\ \dfrac{(d+\beta)-x}{\beta}, if x \in [d, (d+\beta)] \\ 0, 其他 \end{cases} \tag{9.142}$$

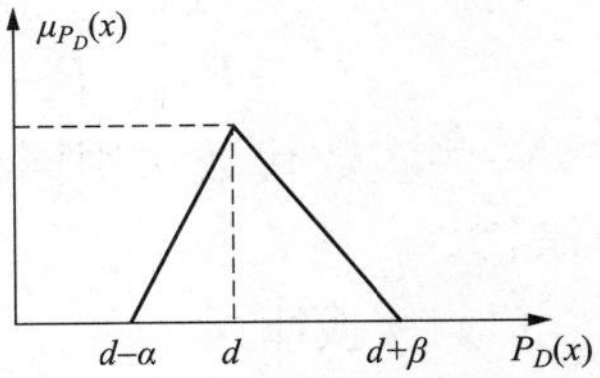

图 9.2 三角模糊数表示不确定性负荷

其中，d 是不确定潮流模型数值。

α 是不确定潮流的下限值。

β 是不确定潮流的上限值。

模糊数定理可以用来处理不确定性负荷问题，例如，为得到两个正三角模糊数表示的不确定性负荷之和，可行进行以下操作：

假设不确定负荷 1：

$$P_{D1} = (d1, \alpha 1, \beta 1)_{LR} \tag{9.143}$$

不确定负荷 2：

$$P_{D2} = (d2, \alpha 2, \beta 2)_{LR} \tag{9.144}$$

两个不确定负荷之和为：

$$(d1,\alpha1,\beta1)_{LR} \oplus (d2,\alpha2,\beta2)_{LR} = (d1+d2,\alpha1+\alpha2,\beta1+\beta2)_{LR} \tag{9.145}$$

有时为简便起见，根据模糊数的 γ 截集（γ - cuts)，用区间的形式表示不确定负荷，γ 取值在 0 到 1 之间，应用 γ 截集的不确定负荷可以表示为：

$$P_D^\gamma = [\gamma\alpha + (d-\alpha), (d+\beta) - \gamma\beta] \tag{9.146}$$

或

$$P_D^\gamma = [P_{D\min}^\gamma, P_{D\max}^\gamma] \tag{9.147}$$

$$P_{D\min}^\gamma = \gamma\alpha + (d-\alpha) \tag{9.148}$$

$$P_{D\max}^\gamma = (d+\beta) - \gamma\beta \tag{9.149}$$

对于不同的 γ 截集（$\gamma1 < \gamma2$)，不确定负荷两个区间的关系是：

$$[P_{D\min}^{\gamma2}, P_{D\max}^{\gamma2}] \subset [P_{D\min}^{\gamma1}, P_{D\max}^{\gamma1}] \tag{9.150}$$

如果两个不确定负荷分别是 P_{D1} 和 P_{D2}：

$$P_{D1} = [P_{D1\min}, P_{D1\max}] \tag{9.151}$$

$$P_{D2} = [P_{D2\min}, P_{D2\max}] \tag{9.152}$$

不确定潮流负荷的加减乘除运算可定义为：

$$\begin{aligned} P_{D1} + P_{D2} &= [P_{D1\min}, P_{D1\max}] + [P_{D2\min}, P_{D2\max}] \\ &= [P_{D1\min} + P_{D2\min}, P_{D1\max} + P_{D2\max}] \end{aligned} \tag{9.153}$$

$$\begin{aligned} P_{D1} - P_{D2} &= [P_{D1\min}, P_{D1\max}] - [P_{D2\min}, P_{D2\max}] \\ &= [P_{D1\min} - P_{D2\max}, P_{D1\max} - P_{D2\min}] \end{aligned} \tag{9.154}$$

$$\begin{aligned} P_{D1} \times P_{D2} &= [P_{D1\min}, P_{D1\max}] \times [P_{D2\min}, P_{D2\max}] \\ &= [\min(P_{D1\min} \times P_{D2\min}, P_{D1\min} \times P_{D2\min}, P_{D1\max} \times P_{D2\min}, P_{D1\max} \\ &\quad \times P_{D2\max}), \max(P_{D1\min} \times P_{D2\min}, P_{D1\min} \times P_{D2\min}, P_{D1\max} \times P_{D2\min}, \\ &\quad P_{D1\max} \times P_{D2\max})] \end{aligned} \tag{9.155}$$

$$\begin{aligned} P_{D1}/P_{D2} &= [P_{D1\min}, P_{D1\max}]/[P_{D2\min}, P_{D2\max}] \\ &= [P_{D1\min}, P_{D1\max}][1/P_{D2\max}, 1/P_{D2\min}] if 0 \notin [P_{D2\min}, P_{D2\max}] \end{aligned} \tag{9.156}$$

一些实数代数法则同样适用于模糊数区间运算，即区间加法和乘法满足交换律和结合律：

（1）交换律：

$$P_{D1} + P_{D2} = P_{D2} + P_{D1} \tag{9.157}$$

$$P_{D1} \times P_{D2} = P_{D2} \times P_{D1} \tag{9.158}$$

（2）结合律：

$$(P_{D1} + P_{D2}) \pm P_{D3} = P_{D1} + (P_{D2} \pm P_{D3}) \tag{9.159}$$

$$(P_{D1} \times P_{D2}) P_{D3} = P_{D1}(P_{D2} \times P_{D3}) \tag{9.160}$$

（3）零元素：

$$P_{D1} + 0 = 0 + P_{D1} = P_{D1} \tag{9.161}$$

$$1 \times P_{D1} = P_{D1} \times 1 = P_{D1} \tag{9.162}$$

[例 9.4]

解：两个不确定负荷 P_{D1}=(20，3，5)，P_{D2}=(23，8，5)，如图 9.3 所示。

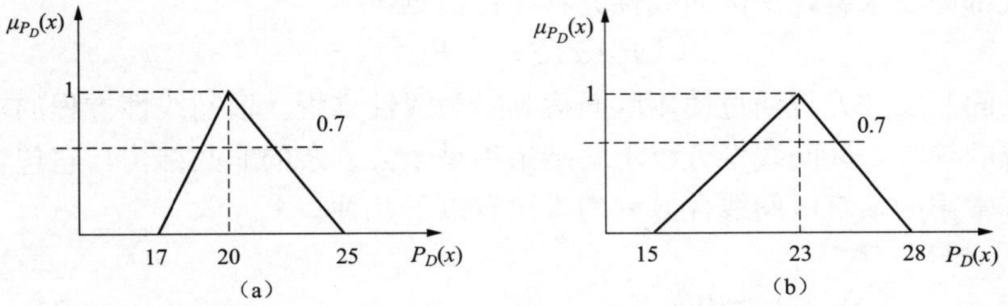

图 9.3　两个以三角模糊数表示的不确定负荷

相应的模糊关系函数表述如下：

$$\mu_{P_{D1}(x)}=\begin{cases}\dfrac{x-17}{3}, if x\in[17,20]\\ \dfrac{25-x}{5}, if x\in[20,25]\\ 0, 其他\end{cases}$$

$$\mu_{P_{D2}(x)}=\begin{cases}\dfrac{x-15}{8}, if x\in[15,23]\\ \dfrac{28-x}{5}, if x\in[23,28]\\ 0, 其他\end{cases}$$

两个不确定负荷之和是：

$$(20,3,5)_{LR}\oplus(23,8,5)_{LR}=(43,11,10)_{LR}$$

如果采用区间形式的 0.7 截集模糊数表示两个不确定负荷，则 P_{D1} 和 P_{D2} 表示为：

$$P_{D1}^{0.7}=[0.7\times3+(20-3),(20+5)-0.7\times5]=[19.1,21.5]$$

$$P_{D2}^{0.7}=[0.7\times8+(23-8),(23+5)-0.7\times5]=[20.6,24.5]$$

两者之和为：

$$\begin{aligned}P_{D1}^{0.7}+P_{D2}^{0.7}&=[P_{D1\min}^{0.7},P_{D1\max}^{0.7}]+[P_{D2\min}^{0.7},P_{D2\max}^{0.7}]\\&=[P_{D1\min}^{0.7}+P_{D2\min}^{0.7},P_{D1\max}^{0.7}+P_{D2\max}^{0.7}]\\&=[19.1+20.6,21.5+24.5]\\&=[39.7,46]\end{aligned}$$

如果用两个不确定负荷之和表示的模糊数 $P_{Dsum}=(43,11,10)_{LR}$ 取 0.7 截集，可以得到同样的结果，即：

$$P_{Dsum}^{0.7}=[0.7\times11+(43-11),(43+10)-0.7\times10]=[39.7,46]$$

当负荷和发电功率以模糊数的形式给出时，需要进行模糊潮流分析。潮流问题可表示为非线性方程 $F(x)$，一种求解区间非线性方程的迭代算法是牛顿运算：

$$N(x,\tilde{x}):=\tilde{x}-F'(x)^{-1}F(\tilde{x}) \tag{9.163}$$

其中，$F'(x)$ 是区间雅可比矩阵。

$N(x,\tilde{x})$ 是牛顿运算。

$\tilde{x}$ 是区间 $[x_{\min},x_{\max}]$ 中点，定义为：

$$\tilde{x}:=\frac{x_{\min}+x_{\max}}{2} \tag{9.164}$$

每次迭代都需要求解以下区间线性方程，得出 Δx ：

$$F'(x)\Delta x = F(\tilde{x}) \tag{9.165}$$

因此，区间非线性方程通过使用区间运算降为线性方程。区间线性方程的求解是非线性方程迭代求解的核心，区间线性方程求解结果集是十分复杂的非凸结构，它包含求解集的最小区间向量。常用的求解区间线性方程的方法有以下几种：

(1) Krawczyk's 法。

(2) 区间 Gauss—Seidel 迭代法。

(3) LDU 分解法。

其中，求解区间线性方程的最普遍方法是 Gauss—Seidel 迭代法，该方法的目的不是为了求解潮流方程，而是求解牛顿法中的线性方程。

简而言之，模糊潮流问题可以通过线性化的区间算法求解，然而，其中的线性方程必须使用 Gauss—Seidel 迭代法求解而不是直接 LDU 因式分解。求解结果是保守的，且包含所有求解结果以及许多非解的结果。

问题与练习

1. 什么是 PV 节点?

2. 什么是 PQ 节点 ?

3. 什么是松弛节点?

4. 一个 PV 能否成为 PQ 节点，为什么?

5. 说明牛顿—拉夫逊法的准则。

6. 快速解耦潮流方法的 XB 和 BX 的版本有什么区别呢?

7. 阐明各种主要功率潮流计算方法的优缺点（牛顿—拉夫逊法，PQ 分解法与直流功率潮流法）

8. 什么是雅可比矩阵?

9. 什么是“只限有功”功率潮流法?

10. 判断题。

(1) 松弛节点也称为参考节点。

(2) 一般来说，一个连接着负载的节点为 PQ 节点。

(3) 一个连接着发电机的节点肯定为 PV 节点。

(4) 在 PQ 分解法潮流，有功功率和电压有很强的耦合关系。

(5) 在 PQ 分解法潮流，有功功率和电压相角有很强的耦合关系。

(6) 直流潮流计算没有迭代步骤。

(7) 直流潮流法比“只算有功”潮流法有更高的精度。

(8) 快速解耦潮流法比直流潮流法快。

(9) 直流潮流法使用了电压的 1.0p.u.。

(10) 电力系统潮流计算只能采用单节点。

11. 图 9.1 为一个电力系统，线路参数如下所述：

$$z_{12} = 0.10 + j0.30$$
$$y_{120} = y_{210} = j0.015$$
$$z_{13} = j0.30,\ k = 1.1$$
$$z_{14} = 0.10 + j0.50$$
$$y_{140} = y_{410} = j0.019$$
$$z_{24} = 0.12 + j0.50$$
$$y_{240} = y_{420} = j0.014$$

节点 1 和节点 2 为 PQ 节点，节点 3 为 PV 节点，节点 4 为松弛节点。给定数据为：

$$P_1 + jQ_1 = -0.3 - j0.15$$
$$P_2 + jQ_2 = -0.6 - j0.10$$
$$P_3 = 0.5;\ V_3 = 1.1;$$
$$V_4 = 1.05;\ \theta_4 = 0$$

（1）使用角坐标系下的牛顿－拉夫逊法解决功率潮流问题。

（2）使用直角坐标系下的牛顿－拉夫逊法解决功率潮流问题。

（3）使用 PQ 分解法解决功率潮流问题。

参 考 文 献

[1] Zhu J. Optimization of Power System Operation [M]. 2nd ed. New Jersey: Wiley - IEEE Press. 2015.

[2] Y. He, Z. Y. Wen, F. Y. Wang, and etal. Power Systems Analysis [J]. Huazhong Polytechnic University Press, 1985.

[3] Keyhani A, Abur A, Hao S. Evaluation of power flow techniques for personal computers [J]. IEEE Transactions on Power Systems, 1989, 4 (2): 817 - 826.

[4] Keyhani A, Abur A, Hao S. Evaluation of power flow techniques for personal computers [J]. IEEE Transactions on Power Systems, 1989, 4 (2): 817 - 826.

[5] O. Alsac, and B. Sttot. Fast decoupled power flow [J]. IEEE Trans. on Power System, 93: 859 - 869.

[6] Van Amerongen R A M. A General - Purpose Version of the Fast Decoupled Load flow [J]. Power Engineering Review IEEE, 1989, 9 (5): 74 - 75.

[7] A. J. Monticelli, Ariovaldo V. Garcia, O. R. Saavedra. Decoupled power flow: Hypothesis, Derivations, and Testing [J]. IEEE Transactions on Power Systems, 1990, 5 (4): 1425 - 1431.

[8] Silva A M L D, Arienti V L, Allan R N. Probabilistic Load Flow Considering Dependence between Input Nodal Powers [J]. IEEE Transactions on Power Apparatus & Systems, 1984, PAS - 103 (6): 1524 - 1530.

[9] El - Hawary M E, Mbamalu G A N. A comparison of probabilistic perturbation and deterministic based optimal power flow solutions [J]. IEEE Transactions on Power Systems, 1991, 6 (3): 1099 - 1105.

[10] Sauer P W, Hoveida B. Constrained stochastic power flow analysis [J]. Electric Power Systems Research, 1982, 5 (2): 87 - 95.

[11] Karakatsanis T S, Hatziargyriou N D. Probabilistic constrained load flow based on sensitivity analysis [J]. IEEE Transactions on Power Systems, 2002, 9 (4): 1853 - 1860.

[12] Wang Z, Alvarado F L. Interval arithmetic in power flow analysis [J]. IEEE Transactions on Power Systems, 1992, 7 (3): 1341 - 1349.

[13] F. N. Ris, Interval Analysis and Applications to Linear Algebra [J]. D. Phil, Thesis, Oxford, 1972.

10　经典经济调度方法

10.1　引言

电力系统经济调度是指在满足电网安全约束的前提下，合理分配各机组出力，以最低的发电成本或燃料费用保证对用户可靠供电的一种调度方法。因为早期电力系统比较简单，以就地供电为主，所以输电线路的安全限制或约束影响可以忽略，早期经济调度问题主要是并列运行机组间负荷分配问题。最初的方法是按机组效率和经济负荷点的原则进行发电机出力分配，实际并未达到最优。20 世纪 30 年代初期提出了按等微增率分配负荷，这就是早期经典经济调度的概念。网络输电损失对经济负荷分配有一定的影响，但在没有计算机的年代涉及网络计算是一个难题，同时早期的电网比较简单，采用以各发电厂出力表示的网损公式（即 B 系数法）来计算网损及其微增率，这是一种简单而可行的方法。20 世纪 50 年代初根据 B 系数公式提出了发电与输电的协调方程式，扩展了等微增率准则。

水火电联合调度也是早期受关注的一个经济调度问题，50 年代将火电系统的等微增率准则应用到水火电联合运行，分别产生了定水头水电站的水火电协调方程式和变水头水电站的水火电协调方程式。

本章将对经典经济调度的主要理论基础——等微增率、发电输电协调（网损修正）和水火电协调逐一进行介绍。

10.2　忽略网损的火电系统经济调度

10.2.1　等微增率准则

经典经济调度中最主要的方法就是等耗量微增率法，即等微增率准则。已知一个两台发电机连接在供电负荷为 P_D 的单母线系统中，两发电单元输入—输出曲线分别是 $F_1(P_{G1})$ 和 $F_2(P_{G2})$，系统总的燃料消耗 F 是两机组燃料消耗之和。假设两机组没有出力限制，系统运行必要的约束条件是输出功率之和等于负荷需求。系统经济调度问题就是在上述约束条件下求系统总的燃料消耗 F 最小，数学描述为：

$$\min F = F_1(P_{G1}) + F_2(P_{G2}) \tag{10.1}$$

约束条件：

$$P_{G1} + P_{G2} = P_D \tag{10.2}$$

根据等微增率准则，当两台发电机的燃料损耗增长率相等时，总燃料损耗达到最小，即最优条件：

$$\frac{dF_1}{dP_{G1}}=\frac{dF_2}{dP_{G2}}=\lambda \tag{10.3}$$

式中：$\frac{dF_i}{dP_{Gi}}$ 表示机组 i 的燃料消耗微增率，对应于发电机单元输入—输出特性曲线的斜率。

如果两台发电机工作在不同微增率的条件下，且

$$\frac{dF_1}{dP_{G1}}>\frac{dF_2}{dP_{G2}}$$

保持输出功率相同，如果发电机 1 减少输出功率 ΔP，发电机 2 将增加输出功率 ΔP，于是发电机 1 减少燃料消耗 $\frac{dF_1}{dP_{G1}}\Delta P$，同时发电机 2 增加燃料消耗 $\frac{dF_2}{dP_{G2}}\Delta P$，节省的燃料消耗是：

$$\Delta F=\frac{dF_1}{dP_{G1}}\Delta P-\frac{dF_2}{dP_{G2}}\Delta P=\left(\frac{dF_1}{dP_{G1}}-\frac{dF_2}{dP_{G2}}\right)\Delta P>0 \tag{10.4}$$

从方程（10.4）可以看出，当 $\frac{dF_1}{dP_{G1}}=\frac{dF_2}{dP_{G2}}$ 时，ΔF 等于零，即两台发电机燃料微增率相等。

［例 10.1］ 两台发电机单元的输入—输出特性如下：

$$F_1=0.0008P_{G1}^2+0.2P_{G1}+5\ \text{Btu/h}$$

$$F_2=0.0005P_{G2}^2+0.3P_{G2}+4\ \text{Btu/h}$$

求负荷需求为 500MW 时两台发电机的最优济运行点。

解：首先，求取两台发电机组的燃料微增率如下：

$$\lambda_1=\frac{dF_1}{dP_{G1}}=0.0016P_{G1}+0.2$$

$$\lambda_2=\frac{dF_2}{dP_{G2}}=0.001P_{G2}+0.3$$

根据等微增率准则，得到：

$$\lambda_1=\lambda_2$$

即：

$$0.0016P_{G1}+0.2=0.001P_{G2}+0.3$$

或

$$1.6P_{G1}-P_{G2}=100$$

已知系统负荷 500MW，所以：

$$P_{G1}+P_{G2}=500$$

求解关于 P_{G1}、P_{G2} 的方程组，得到：

$$P_{G1}=230.77\ (\text{MW})$$

$$P_{G2}=269.23\ (\text{MW})$$

［例 10.2］ 假设两台发电机组的输入—输出特性与［例 10.1］略微不同，如下所示：

$$F_1=0.0008P_{G1}^2+0.02P_{G1}+5\ \text{Btu/h}$$

$$F_2=0.0005P_{G2}^2+0.03P_{G2}+4\ \text{Btu/h}$$

仍在系统负荷需求 500MW 时确定发电机组的经济运行点。

解：首先，求取两台发电机组的微增率如下：

$$\lambda_1 = \frac{\mathrm{d}F_1}{\mathrm{d}P_{G1}} = 0.0016P_{G1} + 0.02$$

$$\lambda_2 = \frac{\mathrm{d}F_2}{\mathrm{d}P_{G2}} = 0.001P_{G2} + 0.03$$

根据等微增率准则，可得：

$$\lambda_1 = \lambda_2$$

也即：

$$0.0016P_{G1} + 0.02 = 0.001P_{G2} + 0.03$$

或

$$1.6P_{G1} - P_{G2} = 10$$

已知负荷需求为500MW，所以：

$$P_{G1} + P_{G2} = 500$$

求解以上两个关于 P_{G1}、P_{G2} 的方程，得到：

$$P_{G1} = 196.15\ (\mathrm{MW})$$

$$P_{G2} = 303.85\ (\mathrm{MW})$$

10.2.2 忽略网络损耗

10.2.2.1 忽略输出功率限制

等微增率准则可以用于 N 台火电机组的系统，已知 N 台火电机组的输入—输出特性分别为 $F_1(P_{G1})$，$F_2(P_{G2})$，…，$F_n(P_{Gn})$，系统总负荷为 P_D，则问题可以表示为：

$$\min F = F_1(P_{G1}) + F_2(P_{G2}) + \cdots + F_n(P_{Gn}) = \sum_{i=1}^{N} F_i(P_{Gi}) \tag{10.5}$$

约束条件：

$$\sum_{i=1}^{N} P_{Gi} = P_D \tag{10.6}$$

这是一个带约束条件的最优化问题，可通过拉格朗日乘子法求解。首先，通过将约束方程乘上未知乘子后加到目标函数上来构造拉格朗日函数：

$$L = F + \lambda\left(P_D - \sum_{i=1}^{N} P_{Gi}\right) \tag{10.7}$$

其中，λ 被称为拉格朗日乘子。

拉格朗日函数取得极值的必要条件是拉格朗日函数对各独立变量的一阶偏微分等于零：

$$\frac{\partial L}{\partial P_{Gi}} = \frac{\partial F}{\partial P_{Gi}} - \lambda = 0 \quad i = 1,2,\cdots,N \tag{10.8}$$

或

$$\frac{\partial F}{\partial P_{Gi}} = \lambda \quad i = 1,2,\cdots,N \tag{10.9}$$

由于各个发电机组的燃料消耗函数仅与本机组输出功率有关，所以方程又可以写成：

$$\frac{\mathrm{d}F_i}{\mathrm{d}P_{Gi}} = \lambda \quad i = 1,2,\cdots,N \tag{10.10}$$

或

$$\frac{dF_1}{dP_{G1}} = \frac{dF_2}{dP_{G2}} = \cdots \frac{dF_N}{dP_{GN}} = \lambda \tag{10.11}$$

方程（10.11）就是多发电机组经济运行的等微增率准则。

［**例 10.3**］ 假设 3 台发电机组的输入—输出特性为：

$$F_1 = 0.0006P_{G1}^2 + 0.5P_{G1} + 6\ \text{Btu/h}$$
$$F_2 = 0.0005P_{G2}^2 + 0.6P_{G2} + 5\ \text{Btu/h}$$
$$F_3 = 0.0007P_{G3}^2 + 0.4P_{G3} + 3\ \text{Btu/h}$$

求取系统负荷功率需求为 500MW 和 800MW 时的经济运行点。

解：(1) 总负荷 P_D=500MW 时，3 台发电机组的微增率分别为

$$\lambda_1 = \frac{dF_1}{dP_{G1}} = 0.0012P_{G1} + 0.5$$

$$\lambda_2 = \frac{dF_2}{dP_{G2}} = 0.001P_{G2} + 0.6$$

$$\lambda_3 = \frac{dF_3}{dP_{G3}} = 0.0014P_{G3} + 0.4$$

根据等微增率准则，有：

$$\lambda_1 = \lambda_2 = \lambda_3$$

即：

$$0.0012P_{G1} + 0.5 = 0.001P_{G2} + 0.6 = 0.0014P_{G3} + 0.4$$

从以上方程得到：

$$1.2P_{G1} - P_{G2} = 100$$
$$1.2P_{G1} - 1.4P_{G3} = -100$$

已知负荷需求总功率为 500MW，所以：

$$P_{G1} + P_{G2} + P_{G3} = 500$$

求解关于 P_{G1}、P_{G2}、P_{G3} 的方程组，得到：

$$P_{G1} = 172.897\ (\text{MW})$$
$$P_{G2} = 107.477\ (\text{MW})$$
$$P_{G3} = 219.626\ (\text{MW})$$

在此负荷条件下系统的燃料损耗微增率为：

$$\lambda = 0.70748$$

(2) 总负荷 P_D=800MW 时，与 (1) 相同，可以得到如下方程：

$$1.2P_{G1} - P_{G2} = 100$$
$$1.2P_{G1} - 1.4P_{G3} = -100$$
$$P_{G1} + P_{G2} + P_{G3} = 800$$

求解以上关于 P_{G1}、P_{G2}、P_{G3} 的方程组，得到：

$$P_{G1} = 271.028\ (\text{MW})$$
$$P_{G2} = 225.234\ (\text{MW})$$
$$P_{G3} = 303.738\ (\text{MW})$$

相应的燃料损耗微增率为：

$$\lambda = 0.82523$$

10.2.2.2 考虑输出功率限制

上述已经讨论过经济运行的等微增率准则，可知火电机组经济运行的必要条件是所有机组的燃料消耗微增率都相等。然而，并没有考虑两个不等式约束条件，即每台机组的输出功率必须大于本机组最小允许输出功率，同时小于本机组最大允许输出功率。

考虑不等式约束后，经济调度问题又可描述为：

$$\min F = F_1(P_{G1}) + F_2(P_{G2}) + \cdots + F_n(P_{Gn}) = \sum_{i=1}^{N} F_i(P_{Gi}) \tag{10.12}$$

约束条件：

$$\sum_{i=1}^{N} P_{Gi} = P_D \tag{10.13}$$

$$P_{Gimin} \leqslant P_{Gi} \leqslant P_{Gimax} \tag{10.14}$$

等微增率原则仍然可以被应用到上述方程，计算过程如下：

（1）忽略不等式约束，根据等微增率准则在机组间分配功率。

（2）检查每台发电机组的输出功率限制，如果功率输出超出限制，将其设置为相应的限制值，即：

若 $$P_{Gk} \geqslant P_{Gkmax}, P_{Gk} = P_{Gkmax} \tag{10.15}$$

若 $$P_{Gk} \leqslant P_{Gkmin}, P_{Gk} = P_{Gkmin} \tag{10.16}$$

（3）把越限机组处理为负的功率负荷，即

$$P'_{Dk} = -P_{Gk}$$ [对越限机组 k（$k=1$，…，nk）]

（4）重新计算功率平衡方程如下：

$$\sum_{\substack{i=1 \\ i \notin nk}}^{N} P_{Gi} = P_D + \sum_{k=1}^{nk} P'_{Dk} \tag{10.17}$$

或

$$\sum_{\substack{i=1 \\ i \notin nk}}^{N} P_{Gi} = P_D - \sum_{k=1}^{nk} P_{Gk} \tag{10.18}$$

（5）返回步骤（1），直到满足所有不等式约束。

[例 10.4] 在例 10.2 的基础上，考虑如下的不等式约束条件：

$$100\text{MW} \leqslant P_{G1} \leqslant 250\ \text{MW}$$

$$150\text{MW} \leqslant P_{G2} \leqslant 300\ \text{MW}$$

从［例 10.2］可知，不考虑不等式约束时，当系统有功输出为 500MW 时，两机组的经济运行点为：

$$P_{G1} = 196.15\ \text{MW}$$

$$P_{G2} = 303.85\ \text{MW}$$

检查不等式约束条件，可知机组 2 的功率输出超过上限，所以把机组 2 的功率输出设为上限。

$$P_{G2} = 303.85 \geqslant 300(P_{G2max}), P_{G2} = 300\ \text{MW}$$

所以功率调度变为：

$$P_{G1} = 200\ \text{MW}$$

$$P_{G2} = 300\ \text{MW}$$

［例 10.5］ 在例 10.3 的基础上，考虑如下的不等式约束：

$$100\text{MW} \leqslant P_{G1} \leqslant 250\ \text{MW}$$
$$100\text{MW} \leqslant P_{G2} \leqslant 250\ \text{MW}$$
$$150\text{MW} \leqslant P_{G3} \leqslant 350\ \text{MW}$$

（1）总负荷 $P_D = 500\text{MW}$：

当系统功率负荷需求为 500MW 时，［例 10.3］中的功率分配为：

$$P_{G1} = 172.897\ \text{MW}$$
$$P_{G2} = 107.477\ \text{MW}$$
$$P_{G3} = 219.626\ \text{MW}$$

通过检验机组的不等式约束，可知所有机组的输出功率都在限制值之内，因此，以上便是最优功率分配，不存在功率越限的情况。

（2）总负荷 $P_D = 800\text{MW}$：

当系统功率负荷需求为 800MW 时，［例 10.3］中的功率分配为：

$$P_{G1} = 271.028\ \text{MW}$$
$$P_{G2} = 225.234\ \text{MW}$$
$$P_{G3} = 303.738\ \text{MW}$$

检验机组的不等式约束，可见机组 1 输出功率超过上限，根据方程（10.15）可得：

$$P_{G1} = 250\ \text{MW}$$

即：

$$P'_{D1} = -250\ \text{MW}$$

由（10.18）得到新的功率平衡方程：

$$P_{G2} + P_{G3} = 800 - 250 = 550\ (\text{MW})$$

对机组 2、机组 3 应用等微增率原则，可得：

$$\lambda_2 = \frac{dF_2}{dP_{G2}} = 0.001P_{G2} + 0.6$$

$$\lambda_3 = \frac{dF_3}{dP_{G3}} = 0.0014P_{G3} + 0.4$$

$$\lambda_2 = \lambda_3$$

即：

$$0.001P_{G2} + 0.6 = 0.0014P_{G3} + 0.4$$

最终得到如下两个方程：

$$P_{G2} - 1.4P_{G3} = -200$$
$$P_{G2} + P_{G3} = 550$$

求解上述方程，功率分配变为：

$$P_{G1} = 250.0\ \text{MW}$$
$$P_{G2} = 237.5\ \text{MW}$$
$$P_{G3} = 312.5\ \text{MW}$$

10.3 考虑网损的火电机组经济调度

前面章节介绍的经济调度方法忽略了网络损耗。网络有功损耗对经济调度负荷分配产生影响，本节将对其进行分析。一般有两种方式求解网络损耗和相应的网损微增率。第一种是建立网络损耗的数学表达式，即把网损仅仅表达为每个发电机组输出有功功率的函数，称为B系数法；另一种是基于潮流方程的方法。早期经典经济调度采用的是B系数法计算网络损耗和网损微增率。B系数法公式可表示为：

$$\boldsymbol{P}_{\mathrm{L}}=\boldsymbol{P}_{\mathrm{G}}^{\mathrm{T}}\boldsymbol{B}_{\mathrm{L}}\boldsymbol{P}_{\mathrm{G}}+\boldsymbol{B}_{\mathrm{L0}}^{\mathrm{T}}\boldsymbol{P}_{\mathrm{G}}+\boldsymbol{B}_{0} \tag{10.19}$$

其中：

$$B_{\mathrm{L}}=FA_{\mathrm{GG}}F+A_{\mathrm{GG}}+2FB_{\mathrm{GG}} \tag{10.20}$$

$$B_{\mathrm{L0}}^{\mathrm{T}}=2Q_{\mathrm{G0}}^{\mathrm{T}}(A_{\mathrm{GG}}F+B_{\mathrm{GG}})+C_{\mathrm{DG}}^{\mathrm{T}}F+C_{\mathrm{GD}}^{\mathrm{T}} \tag{10.21}$$

$$B_{0}=Q_{\mathrm{G0}}^{\mathrm{T}}A_{\mathrm{GG}}Q_{\mathrm{G0}}+C_{\mathrm{DG}}^{\mathrm{T}}Q_{\mathrm{G0}}+C \tag{10.22}$$

网损微增率可以从方程（10.19）得出：

$$\frac{\partial P_{\mathrm{L}}}{\partial P_{\mathrm{G}}}=2B_{\mathrm{L}}P_{\mathrm{G}}+B_{\mathrm{L0}}^{\mathrm{T}} \tag{10.23}$$

考虑了网络损耗的火电机组经济调度问题，在数学上可以描述为：

$$\min F=F_{1}(P_{\mathrm{G1}})+F_{2}(P_{\mathrm{G2}})+\cdots+F_{n}(P_{\mathrm{G}n})=\sum_{i=1}^{N}F_{i}(P_{\mathrm{G}i}) \tag{10.24}$$

约束条件：

$$\sum_{i=1}^{N}P_{\mathrm{G}i}=P_{\mathrm{D}}+P_{\mathrm{L}} \tag{10.25}$$

$$P_{\mathrm{G}i\min}\leqslant P_{\mathrm{G}i}\leqslant P_{\mathrm{G}i\max} \tag{10.26}$$

构造拉格朗日函数，即：

$$L=F+\lambda\left(P_{\mathrm{D}}+P_{\mathrm{L}}-\sum_{i=1}^{N}P_{\mathrm{G}i}\right) \tag{10.27}$$

拉格朗日函数取极值的必要条件是对各个独立变量的一阶导数都等于零。

$$\frac{\partial L}{\partial P_{\mathrm{G}i}}=\frac{\mathrm{d}F_{i}}{\mathrm{d}P_{\mathrm{G}i}}-\lambda\left(1-\frac{\partial P_{L}}{\partial P_{\mathrm{G}i}}\right)=0\quad i=1,2,\cdots,N \tag{10.28}$$

或

$$\frac{\mathrm{d}F_{i}}{\mathrm{d}P_{\mathrm{G}i}}\times\frac{1}{1-\dfrac{\partial P_{\mathrm{L}}}{\partial P_{\mathrm{G}i}}}=\frac{\mathrm{d}F_{i}}{\mathrm{d}P_{\mathrm{G}i}}a_{i}=\lambda\quad i=1,2,\cdots,N \tag{10.29}$$

其中，

$$a_{i}=\frac{1}{1-\dfrac{\partial P_{\mathrm{L}}}{\partial P_{\mathrm{G}i}}} \tag{10.30}$$

式中：a_i 是网络损耗修正系数。

考虑网络损耗后，经济调度等微增率准则可以表述为：

$$\frac{\mathrm{d}F_{i}}{\mathrm{d}P_{\mathrm{G}i}}a_{i}=\lambda\quad i=1,2,\cdots,N \tag{10.31}$$

或

$$\frac{\mathrm{d}F_{1}}{\mathrm{d}P_{\mathrm{G1}}}a_{1}=\frac{\mathrm{d}F_{2}}{\mathrm{d}P_{\mathrm{G2}}}a_{2}=\cdots\frac{\mathrm{d}F_{N}}{\mathrm{d}P_{\mathrm{G}N}}a_{N}=\lambda \tag{10.32}$$

方程（10.31）也被称为经济运行的协调方程。

火电机组经济调度的求解过程如下：

（1）选择一组机组有功功率初值 P_{G0i}，使其总和等于负荷；

（2）计算机组燃料微增率 $\dfrac{\mathrm{d}F_i}{\mathrm{d}P_{Gi}}$；

（3）计算网损微增率 $\dfrac{\partial P_L}{\partial P_{Gi}}$ 和总网损；

（4）根据协调方程（10.32）和功率平衡方程计算 λ 与 P_{Gi} 的值；

（5）比较步骤（4）的 P_{Gi} 与初始数值 P_{Gi0}，如果没有显著差异，转到步骤（6），否则转到步骤（2）；

（6）完成。

10.4 水火电混合系统经济调度

10.4.1 忽略网络损耗

水火电混合系统的经济调度通常比单纯的火电系统情况复杂。所有的水电系统都是有差异的，这是因为有流域的天然差异、用于控制水流的储水放水机制的差异以及对水电系统运行所施加的许多不同类型的自然或人为的约束。水电厂的协调运行涉及水量的规划调度计划，根据规划时间长短，水电系统运行可分为长期计划和短期计划。

长期水电运行计划包括长期可利用水力预测和在一定时间周期内根据水库容量确定的水电调度计划。典型的长期调度时间为从一周、一年或几年。对于超过几个季节蓄水能力的水电调度，长期调度包括气象和数据统计的分析。这里仅考虑短期水电调度问题。

短期水电调度的时间长度为一天或一周，包括水火电系统在给定时间为实现最小发电成本（或最小燃料消耗）的所有发电机每个小时的发电计划。

设 P_T、$F(P_T)$ 为火电厂的有功输出和输入—输出特性，P_H、$W(P_H)$ 为水电厂的有功输出和输入—输出特性，则水火电混合系统的经济调度问题可被描述为：

$$\min F_{\Sigma} = \int_0^T F[P_T(t)]\mathrm{d}t \tag{10.33}$$

约束条件：

$$P_H(t) + P_T(t) - P_D(t) = 0 \tag{10.34}$$

$$\int_0^T W[P_H(t)]\mathrm{d}t - W_{\Sigma} = 0 \tag{10.35}$$

把时间 T 分为 s 个阶段：

$$T = \sum_{k=1}^{s} \Delta t_k \tag{10.36}$$

对于任意一个时间段，假设水电厂和火电厂的有功输出以及负荷需求都是常数，则式（10.34）和式（10.35）可变为：

$$P_{Hk} + P_{Tk} - P_{Dk} = 0, k = 1,2,\cdots,s \tag{10.37}$$

$$\sum_{k=1}^{s} W(P_{Hk})\Delta t_k - W_{\Sigma} = \sum_{k=1}^{s} W_k \Delta t_k - W_{\Sigma} = 0 \tag{10.38}$$

目标函数变为：

$$F_{\Sigma}=\sum_{k=1}^{s}F(P_{\mathrm{T}k})\Delta t_k=\sum_{k=1}^{s}F_k\Delta t_k \tag{10.39}$$

构造拉格朗日函数：

$$L=\sum_{k=1}^{s}F_k\Delta t_k-\sum_{k=1}^{s}\lambda_k(P_{\mathrm{H}k}+P_{\mathrm{T}k}-P_{\mathrm{D}k})\Delta t_k+\gamma\Big(\sum_{k=1}^{s}W_k\Delta t_k-W_{\Sigma}\Big) \tag{10.40}$$

拉格朗日函数取得极值的必要条件：

$$\frac{\partial L}{\partial P_{\mathrm{H}k}}=\gamma\frac{\mathrm{d}W_k}{\mathrm{d}P_{\mathrm{H}k}}\Delta t_k-\lambda_k\Delta t_k=0\quad k=1,2,\cdots,s \tag{10.41}$$

$$\frac{\partial L}{\partial P_{\mathrm{T}k}}=\frac{\mathrm{d}F_k}{\mathrm{d}P_{\mathrm{T}k}}\Delta t_k-\lambda_k\Delta t_k=0\quad k=1,2,\cdots,s \tag{10.42}$$

$$\frac{\partial L}{\partial \lambda_k}=-(P_{\mathrm{H}k}+P_{\mathrm{T}k}-P_{\mathrm{D}k})\Delta t_k=0\quad k=1,2,\cdots,s \tag{10.43}$$

$$\frac{\partial L}{\partial \gamma}=\sum_{k=1}^{s}W_k\Delta t_k-W_{\Sigma}=0 \tag{10.44}$$

从式（10.41）和式（10.42）可以得到：

$$\frac{\mathrm{d}F_k}{\mathrm{d}P_{\mathrm{T}k}}=\gamma\frac{\mathrm{d}W_k}{\mathrm{d}P_{\mathrm{H}k}}=\lambda_k\quad k=1,2,\cdots,s \tag{10.45}$$

如果时间段非常短，方程（10.45）可以表示为：

$$\frac{\mathrm{d}F}{\mathrm{d}P_{\mathrm{T}}}=\gamma\frac{\mathrm{d}W}{\mathrm{d}P_{\mathrm{H}}}=\lambda \tag{10.46}$$

方程（10.46）就是水火电混合系统经济调度的等微增率准则，表示当火电机组增加 ΔP 的有功输出时，增加的燃料消耗是：

$$\Delta F=\frac{\mathrm{d}F}{\mathrm{d}P_{\mathrm{T}}}\Delta P \tag{10.47}$$

当水电机组增加有功输出 ΔP 时，增加的水量消耗是：

$$\Delta W=\frac{\mathrm{d}W}{\mathrm{d}P_{\mathrm{H}}}\Delta P \tag{10.48}$$

从式（10.46）～式（10.48），得到：

$$\gamma=\frac{\Delta F}{\Delta W} \tag{10.49}$$

式中：γ 是水量转化为燃料的转化系数。即水电机组的水力消耗量乘上以 γ 便是等值的火电机组燃料消耗量，这样水电机组等效于火电机组。

一般而言，γ 的数值与一段时间内（如 1 天）的给定水消耗量有关，如果给定的水消耗量很大，水电机组可以发出更多的电量来满足负荷需求。在这种情况下，γ 取值相对较小，否则，γ 可取较大值。水火电系统经济调度问题的计算流程如下：

（1）给定初始数值 $\gamma(0)$，迭代次数 $k=0$。

（2）根据方程（10.45）计算水火电混合系统在全时段的功率分配。

（3）检验总的水量消耗是否等于给定的水量，即：

$$|W(k)-W_{\Sigma}|<\varepsilon \tag{10.50}$$

如果满足条件，则停止计算；否则，进行下一步计算。

(4) 如果 $W(k)>W_{\Sigma}$，意味着选择的 γ 太小，取 $\gamma(k+1)>\gamma(k)$，如果 $W(k)<W_{\Sigma}$，意味着选择的 γ 太大，取 $\gamma(k+1)<\gamma(k)$，返回步骤 (2)。

[例 10.6] 一个电力系统里有一个火电厂和一个水电厂，火电厂输入—输出特性是：

$$F=0.00035P_{\mathrm{T}}^{2}+0.4P_{\mathrm{T}}+3\ \mathrm{Btu/h}$$

水电厂输入—输出特性是：

$$W=0.0015P_{\mathrm{H}}^{2}+0.8P_{\mathrm{H}}+2\mathrm{m^3/s}$$

水电厂一天的水消耗量是：

$$W_{\Sigma}=1.5\times10^{7}\mathrm{m^3}$$

系统日负荷需求如图 10.1 所示。

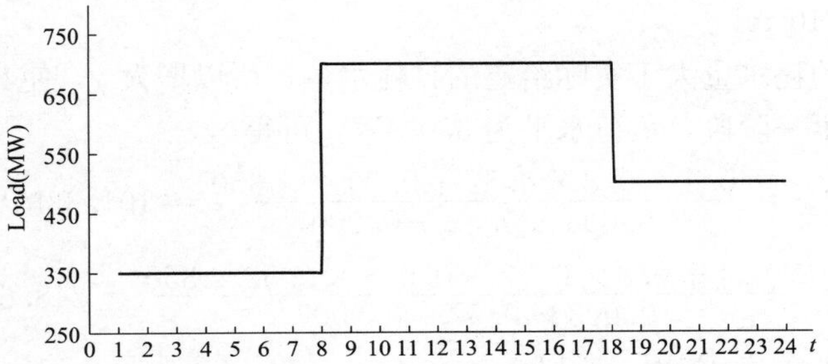

图 10.1 例 10.6 的日负荷曲线

火电厂输出功率限制为：

$$50\leqslant P_{\mathrm{T}}\leqslant600\mathrm{MW}$$

水电厂输出功率限制为：

$$50\leqslant P_{\mathrm{H}}\leqslant450\mathrm{MW}$$

求解此水火电混合系统的经济调度调度问题。

解： 根据水电厂和火电厂的输入—输出特性以及方程，可以得到以下方程：

$$0.0007P_{\mathrm{T}}+0.4=\gamma(0.003P_{\mathrm{H}}+0.8)$$

从负荷曲线可知有三个时间阶段，每个时间段里负荷维持不变，因此，对于每个时段有如下功率平衡方程：

$$P_{\mathrm{H}k}+P_{\mathrm{T}k}=P_{\mathrm{D}k}k=1,2,3$$

从以上两个方程可得：

$$P_{\mathrm{H}k}=\frac{0.4-0.8\gamma+0.0007P_{\mathrm{D}k}}{0.003\gamma+0.0007}k=1,2,3$$

$$P_{\mathrm{T}k}=\frac{-0.4+0.8\gamma+0.003\gamma P_{\mathrm{D}k}}{0.003\gamma+0.0007}k=1,2,3$$

选择 γ 初始值为 0.5，第一阶段的负荷水平是 350MW，可以得到：

$$P_{\mathrm{H1}}=\frac{0.4-0.8\times0.5+0.0007\times350}{0.003\times0.5+0.0007}=111.36\mathrm{MW}$$

$$P_{\mathrm{T1}}=\frac{-0.4+0.8\times0.5+0.003\times0.5\times350}{0.003\times0.5+0.0007}=238.64\mathrm{MW}$$

第二阶段负荷水平为 700MW，同样得到：

$$P_{\mathrm{H2}}=\frac{0.4-0.8\times0.5+0.0007\times700}{0.003\times0.5+0.0007}=222.72\mathrm{MW}$$

$$P_{T2}=\frac{-0.4+0.8\times0.5+0.003\times0.5\times700}{0.003\times0.5+0.0007}=477.28\text{MW}$$

第三阶段负荷水平为 500MW，同理可得：

$$P_{H3}=\frac{0.4-0.8\times0.5+0.0007\times500}{0.003\times0.5+0.0007}=159.09\text{MW}$$

$$P_{T3}=\frac{-0.4+0.8\times0.5+0.003\times0.5\times500}{0.003\times0.5+0.0007}=340.91\text{MW}$$

根据水电厂的输出功率和输入—输出特性，可计算得到 1 天的耗水量为：

$$\begin{aligned}W_{\Sigma}=&(0.0015\times111.36^2+0.8\times111.36+2)\times8\times3600+(0.0015\times222.72^2+0.8\\&\times222.72+2)\times10\times3600+(0.0015\times159.09^2+0.8\times159.09+2)\times6\times3600\\&=1.5937\times10^7\text{m}^3\end{aligned}$$

可见计算得到的耗水量大于实际给定的日耗水量，所以增大 γ，使其等于 0.52，重新计算功率输出。对于第一阶段，负荷水平为 350MW，可得：

$$P_{H1}=\frac{0.4-0.8\times0.52+0.0007\times350}{0.003\times0.52+0.0007}=101.33\text{MW}$$

$$P_{T1}=\frac{-0.4+0.8\times0.52+0.003\times0.52\times350}{0.003\times0.52+0.0007}=248.67\text{MW}$$

第二阶段负荷水平 700MW，所以：

$$P_{H2}=\frac{0.4-0.8\times0.52+0.0007\times700}{0.003\times0.52+0.0007}=209.73\text{MW}$$

$$P_{T2}=\frac{-0.4+0.8\times0.52+0.003\times0.52\times700}{0.003\times0.52+0.0007}=490.27\text{MW}$$

第三阶段负荷水平 500MW，因此：

$$P_{H3}=\frac{0.4-0.8\times0.52+0.0007\times500}{0.003\times0.52+0.0007}=147.79\text{MW}$$

$$P_{T3}=\frac{-0.4+0.8\times0.52+0.003\times0.52\times500}{0.003\times0.52+0.0007}=352.21\text{MW}$$

计算日总耗水量得到：

$$\begin{aligned}W_{\Sigma}=&(0.0015\times101.33^2+0.8\times101.33+2)\times8\times3600+(0.0015\times209.73^2+0.8\\&\times209.73+2)\times10\times3600+(0.0015\times147.79^2+0.8\times147.79+2)\times6\times3600\\&=1.4628\times10^7\text{m}^3\end{aligned}$$

计算得出的耗水量比给定的日总耗水量小，因此减小 γ 值，重新计算功率输出，直到计算得出的耗水量等于实际给定的耗水量或满足不等式为止。迭代过程如表 10.1 所示。四次迭代之后，耗水量几乎等于给定日总耗水量，停止迭代。

表 10.1　例 10.6 水火电系统调度的迭代过程

迭代次数	γ	P_{H1}（MW）	P_{H1}（MW）	P_{H1}（MW）	W_{Σ}（10^7m^3）
1	0.5000	111.360	222.720	159.090	1.5937
2	0.5200	101.330	209.730	147.790	1.4628
3	0.5140	104.280	213.560	151.110	1.5010
4	0.5145	104.207	213.463	151.031	1.5000

10.4.2 考虑网络损耗

假设水火电系统中有 m 个水电厂、n 个火电厂，水火电混合系统时间周期内的负荷已知，给定第 j 个水电厂耗水量是 $W_{\Sigma j}$，考虑网损的水火电混合系统经济调度可描述为：

$$\min F_{\Sigma}=\sum_{i=1}^{n}\int_{0}^{T}F_i[P_{Ti}(t)]\mathrm{d}t \tag{10.51}$$

约束条件：

$$\sum_{j=1}^{m}P_{Hj}(t)+\sum_{i=1}^{n}P_{Ti}(t)-P_{L}(t)-P_{D}(t)=0 \tag{10.52}$$

$$\int_{0}^{T}W_j[P_{Hj}(t)]\mathrm{d}t-W_{\Sigma j}=0 \tag{10.53}$$

与前一节相似，把时间段 T 分为 s 个阶段：

$$T=\sum_{k=1}^{s}\Delta t_k \tag{10.54}$$

可得：

$$F_{\Sigma}=\sum_{i=1}^{n}\sum_{k=1}^{s}F_{ik}(P_{Tik})\Delta t_k \tag{10.55}$$

$$\sum_{j=1}^{m}P_{Hjk}+\sum_{i=1}^{n}P_{Tik}-P_{Lk}-P_{Dk}=0\quad k=1,2,\cdots,s \tag{10.56}$$

$$\sum_{k=1}^{s}W_{jk}(P_{Hjk})\Delta t_k-W_{\Sigma j}=0,j=1,2,\cdots,m \tag{10.57}$$

构造拉格朗日函数：

$$L=\sum_{i=1}^{n}\sum_{k=1}^{s}F_{ik}(P_{Tik})\Delta t_k-\sum_{k=1}^{s}\lambda_k\Big(\sum_{j=1}^{m}P_{Hjk}+\sum_{i=1}^{n}P_{Tik}-P_{Lk}-P_{Dk}\Big)\Delta t_k+\sum_{j=1}^{m}\gamma_j\Big(\sum_{k=1}^{s}W_{jk}(P_{Hjk})\Delta t_k-W_{\Sigma j}\Big) \tag{10.58}$$

拉格朗日函数极值必要条件是：

$$\frac{\partial L}{\partial P_{Hjk}}=\gamma_j\frac{\mathrm{d}W_{jk}}{\mathrm{d}P_{Hjk}}\Delta t_k-\lambda_k\Big(1-\frac{\partial P_{Lk}}{\partial P_{Hjk}}\Big)\Delta t_k=0$$
$$j=1,2,\cdots,m;k=1,2,\cdots,s \tag{10.59}$$

$$\frac{\partial L}{\partial P_{Tik}}=\frac{\mathrm{d}F_{ik}}{\mathrm{d}P_{Tik}}\Delta t_k-\lambda_k\Big(1-\frac{\partial P_{Lk}}{\partial P_{Tik}}\Big)\Delta t_k=0\quad i=1,2,\cdots,n;k=1,2,\cdots,s \tag{10.60}$$

$$\frac{\partial L}{\partial \lambda_k}=-\Big(\sum_{j=1}^{m}P_{Hjk}+\sum_{i=1}^{n}P_{Tik}-P_{Lk}-P_{Dk}\Big)\Delta t_k=0\quad k=1,2,\cdots,s \tag{10.61}$$

$$\frac{\partial L}{\partial \gamma_j}=\sum_{k=1}^{s}W_{jk}\Delta t_k-W_{j\Sigma}=0\quad j=1,2,\cdots,m \tag{10.62}$$

从（10.59）和（10.60）可得：

$$\frac{\mathrm{d}F_{ik}}{\mathrm{d}P_{Tik}}\times\frac{1}{1-\frac{\partial P_{Lk}}{\partial P_{Tik}}}=\gamma_j\frac{\mathrm{d}W_{jk}}{\mathrm{d}P_{Hjk}}\times\frac{1}{1-\frac{\partial P_{Lk}}{\partial P_{Hjk}}}=\lambda_k\quad k=1,2,\cdots,s \tag{10.63}$$

方程（10.63）对任何时间阶段都成立，即：

$$\frac{\mathrm{d}F_i}{\mathrm{d}P_{\mathrm{T}i}} \times \frac{1}{1-\dfrac{\partial P_{\mathrm{L}}}{\partial P_{\mathrm{T}i}}} = \gamma_j \frac{\mathrm{d}W_j}{\mathrm{d}P_{\mathrm{H}j}} \times \frac{1}{1-\dfrac{\partial P_{\mathrm{L}}}{\partial P_{\mathrm{H}j}}} = \lambda \tag{10.64}$$

方程（10.64）即是考虑网损的水火电混合系统经济调度问题的协调方程。

10.5　梯度法经济调度

10.5.1　简介

前述章节已经讨论了基于等微增率准则的经典经济调度问题。总体来说，等微增率准则仅适用于发电机组的输入—输出特性是二次函数或者输入—输出特性的增量是分段线性函数，但发电机组的输入—输出特性可能是三次函数或更复杂的形式，例如：

$$F_{\mathrm{G}i} = A + BP_{\mathrm{G}i} + CP_{\mathrm{G}i}{}^2 + DP_{\mathrm{G}i}{}^3 + \cdots$$

因此，需要用其他方法来得到以上函数的最优结果，于是本章引入梯度法求解经典的经济调度问题。

10.5.2　经济调度的梯度搜索

梯度法的原理是：函数 $f(x)$ 的最小值在沿着一系列下降方向计算后，总可以被找到。函数 $f(x)$ 的梯度可以描述为：

$$\nabla f = \begin{bmatrix} \dfrac{\partial f}{\partial x_1} \\ \dfrac{\partial f}{\partial x_2} \\ \vdots \\ \dfrac{\partial f}{\partial x_n} \end{bmatrix} \tag{10.65}$$

梯度方向指向最大增长方向，最大下降方向与之相反，取为梯度的负值。因此，最小化函数的最大下降方向可以用负梯度表示。给定初始点 x^0，新得到的点 x^1 是：

$$x^1 = x^0 - \varepsilon \nabla f \tag{10.66}$$

式中：ε 是处理梯度法收敛性的步长单位。

把梯度法应用到经济调度问题，目标函数是：

$$\min F = \sum_{i=1}^{N} f_i(P_{\mathrm{G}i}) \tag{10.67}$$

约束条件是有功平衡方程，即：

$$\sum_{i=1}^{N} P_{\mathrm{G}i} = P_{\mathrm{D}} \tag{10.68}$$

如前所述，解决此类经典经济调度问题，应先构建拉格朗日函数，即：

$$L = F + \lambda\left(P_{\mathrm{D}} - \sum_{i=1}^{N} P_{\mathrm{G}i}\right) = \sum_{i=1}^{N} f_i(P_{\mathrm{G}i}) + \lambda\left(P_{\mathrm{D}} - \sum_{i=1}^{N} P_{\mathrm{G}i}\right) \tag{10.69}$$

拉格朗日函数梯度是：

$$\nabla L=\begin{bmatrix}\dfrac{\partial L}{\partial P_{G1}}\\ \dfrac{\partial L}{\partial P_{G2}}\\ \vdots\\ \dfrac{\partial L}{\partial P_{GN}}\\ \dfrac{\partial L}{\partial \lambda}\end{bmatrix}=\begin{bmatrix}\dfrac{df_1(P_{G1})}{dP_{G1}}-\lambda\\ \dfrac{df_2(P_{G2})}{dP_{G2}}-\lambda\\ \vdots\\ \dfrac{df_N(P_{GN})}{dP_{GN}}-\lambda\\ P_D-\sum_{i=1}^{N}P_{Gi}\end{bmatrix} \tag{10.70}$$

应用梯度 ∇L 解决经济调度问题，要先给出一系列初始值 $P_{G1}^0,P_{G2}^0,\cdots,P_{GN}^0,\lambda^0$，新的结果将通过以下方程计算得到：

$$x^1=x^0-\varepsilon\nabla L \tag{10.71}$$

其中，向量 x^1、x^0 分别是：

$$x^0=\begin{bmatrix}P_{G1}^0\\ P_{G2}^0\\ \vdots\\ P_{GN}^0\\ \lambda^0\end{bmatrix} \tag{10.72}$$

$$x^1=\begin{bmatrix}P_{G1}^1\\ P_{G2}^1\\ \vdots\\ P_{GN}^1\\ \lambda^1\end{bmatrix} \tag{10.73}$$

梯度搜索更一般的表达形式为：

$$x^n=x^n-1-\varepsilon\nabla L \tag{10.74}$$

式中：n 是迭代次数。

梯度法应用到经典经济调度问题的计算步骤总结如下：

(1) 选取初始值 $P_{G1}^0,P_{G2}^0,\cdots,P_{GN}^0$，其中：

$$P_{G1}^0+P_{G2}^0+,\cdots,+P_{GN}^0=P_D$$

(2) 计算每台发电机的初始 λ_i^0 值：

$$\lambda_i^0=\left.\frac{df_i(P_{Gi})}{\partial P_{Gi}}\right|_{P_{Gi}^0},i=1,\cdots,N$$

(3) 计算初始平均微增费用 λ^0：

$$\lambda^0=\frac{1}{N}\sum_{i=1}^{N}\lambda_i^0$$

(4) 计算梯度：

$$\nabla L^{1}=\begin{bmatrix}\dfrac{\mathrm{d}f_{1}(P_{G1}^{0})}{\mathrm{d}P_{G1}}-\lambda^{0}\\ \dfrac{\mathrm{d}f_{2}(P_{G2}^{0})}{\mathrm{d}P_{G2}}-\lambda^{0}\\ \vdots\\ \dfrac{\mathrm{d}f_{N}(P_{GN}^{0})}{\mathrm{d}P_{GN}}-\lambda^{0}\\ P_{D}-\sum_{i=1}^{N}P_{Gi}^{0}\end{bmatrix}$$

(5) 如果 $\nabla L=0=0$，结果收敛，停止迭代，否则进入下一步。

(6) 选取尺度 ε 处理收敛

(7) 根据方程（10.74），计算新解 $P_{G1}^{1},P_{G2}^{1},\cdots,P_{GN}^{1},\lambda^{1}$ 。

(8) 将新解代入步骤（4）的方程，重新计算梯度。

[例 10.7] 在与[例 10.3]相同数据的情况下，解决负荷 500*MW* 时的经济调度问题。

解：计算过程如下：

(1) 选择初始数据 $P_{G1}^{0}=300,P_{G2}^{0}=150,P_{G3}^{0}=250$ ，并且 $P_{G1}^{0}+P_{G2}^{0}+P_{G3}^{0}=500$。

(2) 对每一台发电机计算初始值 λ_i^0 ：

$$\lambda_{i}^{0}=\frac{\mathrm{d}f_{1}(P_{G1}^{0})}{\mathrm{d}P_{G1}}=0.0012\times150+0.5=0.68$$

$$\lambda_{2}^{0}=\frac{\mathrm{d}f_{2}(P_{G2}^{0})}{\mathrm{d}P_{G2}}=0.001\times100+0.6=0.70$$

$$\lambda_{3}^{0}=\frac{\mathrm{d}f_{3}(P_{G3}^{0})}{\mathrm{d}P_{G3}}=0.0014\times250+0.4=0.75$$

(3) 计算初始平均微增费用 λ^0：

$$\lambda^{0}=\frac{1}{3}\sum_{i-1}^{3}\lambda_{i}^{0}=\frac{1}{3}(0.68+0.7+0.75)=0.71$$

(4) 计算如下梯度：

$$\nabla L^{1}=\begin{bmatrix}0.68-0.71\\0.70-0.71\\0.75-0.71\\500-(150+100+250)\end{bmatrix}=\begin{bmatrix}-0.03\\-0.01\\0.04\\0.00\end{bmatrix}$$

(5) 选取尺度 ε=300 处理收敛，根据方程计算新解 P_{G1}^{1}，$P_{G2}^{1}\cdots$，P_{GN}^{1}，λ^{1}：

$$\begin{bmatrix}P_{G1}^{1}\\P_{G2}^{1}\\P_{G3}^{1}\\\lambda^{1}\end{bmatrix}=\begin{bmatrix}150\\100\\250\\0.71\end{bmatrix}-300\begin{bmatrix}-0.03\\0.01\\0.04\\0.00\end{bmatrix}=\begin{bmatrix}159\\103\\238\\0.71\end{bmatrix}$$

(6) 计算新梯度：

$$\nabla L^{2}=\begin{bmatrix}(0.0012\times159+0.5)-0.71\\(0.0010\times103+0.6)-0.71\\(0.0014\times238+0.4)-0.71\\500-(159+103+238)\end{bmatrix}=\begin{bmatrix}-0.0192\\-0.0070\\0.0232\\0.0000\end{bmatrix}$$

$$\begin{bmatrix} P_{G1}^2 \\ P_{G2}^2 \\ P_{G3}^2 \\ \lambda^2 \end{bmatrix} = \begin{bmatrix} 159 \\ 103 \\ 238 \\ 0.71 \end{bmatrix} - 300 \begin{bmatrix} -0.0192 \\ 0.0070 \\ 0.0232 \\ 0.0 \end{bmatrix} = \begin{bmatrix} 164.76 \\ 105.10 \\ 231.04 \\ 0.71 \end{bmatrix}$$

再次计算梯度：

$$\nabla L^3 = \begin{bmatrix} (0.0012 \times 164.76 + 0.5) - 0.71 \\ (0.0010 \times 105.10 + 0.6) - 0.71 \\ (0.0014 \times 231.04 + 0.6) - 0.71 \\ 500 - (164.76 + 105.1 + 231.04) \end{bmatrix} = \begin{bmatrix} -0.0123 \\ -0.0049 \\ 0.0135 \\ 0.9000 \end{bmatrix}$$

梯度 $\nabla L^3 \neq 0$，因此计算新的结果：

$$\begin{bmatrix} P_{G1}^3 \\ P_{G2}^3 \\ P_{G3}^3 \\ \lambda^3 \end{bmatrix} = \begin{bmatrix} 164.76 \\ 105.10 \\ 231.04 \\ 0.71 \end{bmatrix} - 300 \begin{bmatrix} -0.0123 \\ 0.0049 \\ 0.01346 \\ 0.900 \end{bmatrix} = \begin{bmatrix} 168.45 \\ 107.80 \\ 227.00 \\ 270.71 \end{bmatrix}$$

由于梯度里的 λ 有很大变动，迭代不收敛，得不出有效结果。以下是解决此类问题的三种方法。

10.5.2.1 第一种梯度法

该梯度法是在计算梯度过程中，把 λ 元素移除，即：

$$\nabla L = \begin{bmatrix} \dfrac{\partial L}{\partial P_{G1}} \\ \dfrac{\partial L}{\partial P_{G2}} \\ \vdots \\ \dfrac{\partial L}{\partial P_{GN}} \end{bmatrix} = \begin{bmatrix} \dfrac{\mathrm{d}f_1(P_{G1})}{dP_{G1}} - \lambda \\ \dfrac{\mathrm{d}f_2(P_{G2})}{dP_{G2}} - \lambda \\ \vdots \\ \dfrac{\mathrm{d}f_3(P_{G3})}{\mathrm{d}P_{G3}} - \lambda \end{bmatrix} \tag{10.75}$$

设 λ 的值总等于发电机迭代后出力点处的平均微增费用，即：

$$\lambda^k = \frac{1}{N} \sum_{i-1}^{N} \left[\frac{\mathrm{d}f_i(P_{Gi}^k)}{\mathrm{d}P_{Gi}} \right] \tag{10.76}$$

［例 10.8］ 用第一种梯度法重新计算［例 10.7］，结果如表 10.2 所示。

表 10.2　第一种梯度法的计算结果($\varepsilon = 300$)

迭代次数	P_{G1}	P_{G2}	P_{G3}	λ
0	150	100	250	0.71
1	159	103	238	0.709
2	164.46	104.8	230.74	0.7084
3	169.7388	105.5388	226.348	0.7086

续表

迭代次数	P_{G1}	P_{G2}	P_{G3}	λ
4	171.21	106.4688	223.888	0.7085
5	172.11	107.0688	222.418	0.7083
6	172.65	107.4288	221.518	0.7082

与通常的经济调度梯度法相比，此梯度法计算结果更加稳定且收敛到最优解。然而第一梯度法不能保证发电机总输出满足负荷总需求。

10.5.2.2 第二种梯度法

此种方法通过修正第一种梯度法得到，每次完成梯度迭代运算后检验功率平衡方程，具体如下：

如果 $\sum_{i-1}^{N} P_{Gi}^{k} > P_{D}$，选择最大微增费用机组来弥补功率不平衡部分：

$$P_{GS}^{k\prime}|_{\lambda_{max}} = P_{GS}^{k}(\sum_{i-1}^{N} P_{Gi}^{k} - P_{D}) \tag{10.77}$$

如果 $\sum_{i-1}^{N}(P_{Gi}^{k}) < P_{D}$，选择最小微增费用的机组来弥补功率不平衡的部分：

$$P_{GS}^{k\prime}|_{\lambda_{max}} = P_{GS}^{k} + (P_{D}\sum_{i-1}^{N} P_{Gi}^{k}) \tag{10.78}$$

然后重新计算增量损耗，进行一次新的迭代。

［例 10.9］ 使用第二种梯度法重新计算［例 10.7］，结果如表 10.3 所示。

表 10.3　第二种梯度法计算结果(ε=300)

迭代次数	P_{G1}	P_{G2}	P_{G3}	P_{total}	λ
0	150	100	250	500	0.71
1	159	103	238	500	0.709
2	164.46	104.8	230.74	500	0.7084
3	169.7388	105.5388	224.7224*	500	0.7079
4	171.0108*	106.2678	222.7214	500	0.7078

* 表示相应的发电机被选来平衡总的发电和负荷需求。

与通常的经济调度梯度法相比，此梯度法计算结果更加稳定且收敛到最优解。显然第二种梯度法比第一种梯度法好，它能保证发电机总输出满足负荷总需求。

10.5.2.3 第三种梯度法

此种方法在第二种梯度法的基础上做了一些简化，一台固定的机组充当松弛或平衡机组，例如，选取最后一台机组作为松弛发电机，可得：

$$P_{GN} = + P_{D}\sum_{i-1}^{N-1}(P_{Gi}) \tag{10.79}$$

目标函数变为：

$$F = f_1(P_{G1}) + f_2(P_{G2}) +,\cdots f_N(P_{GN})$$

$$= f_1(P_{G1}) + f_2(P_{G2}) +, \cdots f_N\left(P_D - \sum_{i-1}^{N-1}(P_{Gi})\right) \tag{10.80}$$

梯度变为：

$$\nabla F = \begin{bmatrix} \dfrac{dF}{dP_{G1}} \\ \dfrac{dF}{dP_{G2}} \\ \vdots \\ \dfrac{dF}{dP_{G(N-1)}} \end{bmatrix} = \begin{bmatrix} \dfrac{df_1(P_{G1})}{dP_{G1}} - \dfrac{df_N(P_{GN})}{dP_{GN}} \\ \dfrac{df_2(P_{G2})}{dP_{G2}} - \dfrac{df_N(P_{GN})}{dP_{GN}} \\ \vdots \\ \dfrac{df_{(N-1)}(P_{G(N-1)})}{dP_{G(N-1)}} - \dfrac{df_N(P_{GN})}{dP_{GN}} \end{bmatrix} \tag{10.81}$$

梯度迭代与前面相同。

$$x^n = x^{n-1} - \varepsilon \nabla F \tag{10.82}$$

$$x = \begin{bmatrix} P_{G1} \\ P_{G2} \\ \vdots \\ P_{G(N-1)} \end{bmatrix} \tag{10.83}$$

[例 10.10] 用第三种梯度法重新计算［例 10.7］，计算结果如表 10.4 所示。

表 10.4　　梯度法 3 计算结果($\varepsilon = 300$)

迭代次数	P_{G1}	P_{G2}	P_{G3}	P_{total}
0	150	100	250	500
1	171	115	214	500
2	169.32	110.38	220.3	500
3	170.8908	109.792	219.317	500
4	171.4728	108.937	219.590	500

与通常的经济调度梯度法相比，此梯度法计算结果更加稳定且收敛到最优解。与第二种梯度法类似，显然第三种梯度法也能保证发电机总输出满足负荷总需求。

问题与练习

1. 什么是等微增率？
2. 什么是 B 系数法公式？
3. 网络损耗修正系数？
4. 水火电混合系统经济调度的计算公式是什么？
5. 阐述 GA 经济调度的优缺点。
6. 两个发电机组的输入—输出特性如下：

$$F_1 = 0.0012P_{G1}^2 + 0.3P_{G1} + 2\text{Btu/h}$$
$$F_2 = 0.0009P_{G2}^2 + 0.5P_{G2} + 1\text{Btu/h}$$

求解这两个发电机组在负荷需求 600MW 时的经济运行点。

7. 3 个发电机组的输入—输出特性如下：

$$F_1 = 0.0005P_{G1}^2 + 0.8P_{G1} + 9\text{Btu/h}$$
$$F_2 = 0.0009P_{G2}^2 + 0.5P_{G2} + 6\text{Btu/h}$$
$$F_3 = 0.0006P_{G3}^2 + 0.7P_{G2} + 8\text{Btu/h}$$

求解这 3 个发电机组在负荷需求为 600MW 和 800MW 时的经济运行点。

8. 两个发电机组的输入—输出特性如下：

$$F_2 = 0.001P_{G1}^2 + 0.5P_{G1} + 3\text{Btu/h}$$
$$F_2 = 0.002P_{G2}^2 + 0.3P_{G2} + 5\text{Btu/h}$$

功率输出限制是：

$100 \leqslant P_{G1} \leqslant 280\text{MW}$

$150 \leqslant P_{G2} \leqslant 300\text{MW}$

求解这两个发电机组在负荷需求为 500MW 时的经济运行点。

9. 3 个发电机组的输入—输出特性如下：

$$F_2 = 0.0005P_{G1}^2 + 0.6P_{G1} + 9\text{Btu/h}$$
$$F_2 = 0.0013P_{G2}^2 + 0.5P_{G2} + 6\text{Btu/h}$$
$$F_2 = 0.0008P_{G3}^2 + 0.7P_{G3} + 5\text{Btu/h}$$

功率输出限制是：

$$100 \leqslant P_{G1} \leqslant 200\text{MW}$$
$$150 \leqslant P_{G2} \leqslant 300\text{MW}$$
$$150 \leqslant P_{G3} \leqslant 300\text{MW}$$

求解这 3 个发电机组在负荷需求为 400MW 和 700MW 时的经济运行点。

10. 3 个发电机组的输入—输出特性如下：

$$F_1 = 0.0005P_{G1}^2 + 0.8P_{G1} + 9\text{Btu/h}$$
$$F_2 = 0.0009P_{G2}^2 + 0.5P_{G2} + 6\text{Btu/h}$$
$$F_3 = 0.0006P_{G3}^2 + 0.7P_{G3} + 8\text{Btu/h}$$

（1）使用梯度法求解负荷需求为 600MW 时的经济调度问题。

（2）使用梯度法 1 求解负荷需求为 600MW 时的经济调度问题。

（3）使用梯度法 2 求解负荷需求为 600MW 时的经济调度问题。

（4）使用梯度法 3 求解负荷需求为 600MW 时的经济调度问题。

参 考 文 献

[1] Kirchmayer L K. Economic operation of power systems [J]. 1958.

[2] 朱继忠，徐国禹．用网流法求解水火电力系统有功负荷分配 [J]. 系统工程理论与实践，1995，15 (1)：69 - 73.

[3] Zhu J. Optimization of Power System Operation [J]. Oil Shale，2015，30 (2S)：193 - 194.

[4] Fletcher R. Practical methods of optimization [J]. Journal of the Operational Research Society，1987，33 (7)：675 - 676.

[5] Fletcher R，Powell M J D. A Rapidly Convergent Descent Method for Minimization [J]. Computer J，1963，6 (6)：163 - 168.

11 安全约束经济调度

第 10 章分析的经典经济调度模型和算法忽略了网络的安全约束，但在实际的电力系统运行中，解决具有安全约束的经济调度问题却十分重要。安全约束经济调度（Security Constrained Economic Dispatch，SCED）是一种简化的最优潮流（Optimal Power Flow，OPF），因其忽略无功相关的优化控制，所以 SCED 也被称为有功优化或有功优化潮流，在电网运行中被广泛应用。本章介绍求解 SCED 问题的主要方法，如线性规划和二次规划。

11.1 安全约束经济调度的数学模型

安全约束的有功经济调度数学模型可以被描述为：

$$\min F = \sum_{i \in \mathrm{NG}} f_i(P_{\mathrm{G}i}) \tag{11.1}$$

约束条件：

$$\sum_{i \in \mathrm{NG}} P_{\mathrm{G}i} = \sum_{k \in \mathrm{ND}} P_{\mathrm{D}k} + P_{\mathrm{L}} \tag{11.2}$$

$$|P_{ij}| \leqslant P_{ij\max}, ij \in NT \tag{11.3}$$

$$P_{\mathrm{G}i\min} \leqslant P_{\mathrm{G}i} \leqslant P_{\mathrm{G}i\max}, i \in NG \tag{11.4}$$

式中：P_{D}为有功负荷；P_{ij}为输电线路 ij 间的有功潮流；$P_{ij\max}$为输电线路 ij 间的功率限制；$P_{\mathrm{G}i}$为发电机母线 i 的有功输出；$P_{\mathrm{G}i\min}$为发电机 i 的有功输出下限；$P_{\mathrm{G}i\max}$为发电机 i 的有功输出上限；P_{L}为网络损耗；f_i为发电机 i 的成本函数；NT 为输电线路数目；NG 为发电机数目。

由于发电机输入—输出特性以及系统有功损耗是非线性函数，所以有功安全经济调度模型是非线性规划模型。

11.2 线性规划求解安全约束经济调度

用线性规划解决安全约束经济调度问题，需要将模型（11.1）～（11.4）中的目标函数和约束条件进行线性化处理。

11.2.1 线性化的 SCED 模型

11.2.1.1 线性化目标函数

假设发电机 i 初始运行点为 $P_{\mathrm{G}i}^0$，非线性目标函数可以表示为泰勒级数展开式，且只考虑前面两项，即：

$$f_i(P_{Gi}) \approx f_i(P_{Gi}^0) + \left.\frac{\mathrm{d}f_i(P_{Gi})}{\mathrm{d}P_{Gi}}\right|_{P_{Gi}^0} \Delta P_{Gi} = b\Delta P_{Gi} + c$$

或

$$f_i(\Delta P_{Gi}) = b\Delta P_{Gi} \tag{11.5}$$

其中：

$$b = \left.\frac{\mathrm{d}f_i(P_{Gi})}{\mathrm{d}P_{Gi}}\right|_{P_{Gi}^0} \tag{11.6}$$

$$c = f_i(P_{Gi}^0) \tag{11.7}$$

b 和 c 都是常数，并且，

$$\Delta P_{Gi} = P_{Gi} - P_{Gi}^0 \tag{11.8}$$

11.2.1.2 线性化功率平衡方程

通常负荷在给定时间内是常数，于是通过线性化功率平衡方程，得到如下表达式：

$$\sum_{i\in NG}\left.\left(1-\frac{\partial P_L}{\partial P_{Gi}}\right)\right|_{P_{Gi}^0} \Delta P_{Gi} = 0 \tag{11.9}$$

11.2.1.3 线性化支路潮流约束

支路有功潮流方程可以描述为：

$$P_{ij} = U_i{}^2 g_{ij} - U_i U_j (g_{ij}\cos\theta_{ij} + b_{ij}\sin\theta_{ij}) \tag{11.10}$$

式中：P_{ij} 为输送端在支路 ij 上的有功功率；U_j 为节点 j 的电压幅值；θ_{ij} 为支路 ij 输送端与接收端之间的电压相角差；b_{ij} 为支路 ij 的电纳；g_{ij} 为支路 ij 的电导。

线性化得到增量形式的支路潮流表达式如下：

$$\Delta P_{ij} = -U_i^0 U_j^0 (-g_{ij}\sin\theta_{ij}^0 \Delta\theta_{ij} + b_{ij}\cos\theta_{ij}^0 \Delta\theta_{ij}) \tag{11.11}$$

在高压输电网中，线路上相角差 θ_{ij} 特别小，以下关系近似成立：

$$\sin\theta_{ij} \cong 0 \tag{11.12}$$

$$\cos\theta_{ij} \cong 1 \tag{11.13}$$

除此之外，假设所有母线电压幅值都相等，且等于 1.0p.u.。进一步假设输电线路电抗值远大于电阻值，于是可以忽略支路电阻，则：

$$g_{ij} = \frac{R_{ij}}{R_{ij}^2 + X_{ij}^2} \approx 0 \tag{11.14}$$

$$b_{ij} = -\frac{X_{ij}}{R_{ij}^2 + X_{ij}^2} \approx -\frac{X_{ij}}{X_{ij}^2} \approx -\frac{1}{X_{ij}} \tag{11.15}$$

将式（11.12）～式（11.15）代入式（11.11），得到：

$$\Delta P_{ij} = -b_{ij}\Delta\theta_{ij} = -b_{ij}(\Delta\theta_i - \Delta\theta_j) = \frac{\Delta\theta_i - \Delta\theta_j}{X_{ij}} \tag{11.16}$$

以上方程也可以表述为矩阵形式，即：

$$\boldsymbol{\Delta P}_b = \boldsymbol{B}'\Delta\boldsymbol{\theta} \tag{11.17}$$

其中导纳矩阵 $\boldsymbol{B}'$ 的元素是：

$$B'_{ij} = b_{ij} = -\frac{1}{X_{ij}} \tag{11.18}$$

$$B'_{ii} = -\sum_{\substack{j=1\\ j\neq i}}^{n} b_{ij} \tag{11.19}$$

根据第 9 章，节点潮流注入方程可以表示为：

$$P_{Gi} - P_{Di} = U_i \sum_{j=1}^{n} U_j (g_{ij} \cos\theta_{ij} + b_{ij} \sin\theta_{ij}) \tag{11.20}$$

由于负荷需求是常数，因此线性化表达式如下：

$$\begin{aligned}\Delta P_{Gi} &= U_i^0 \sum_{j=1}^{n} U_j^0 (-g_{ij} \sin\theta_{ij}^0 \Delta\theta_{ij} + b_{ij} \cos\theta_{ij}^0 \Delta\theta_{ij}) \\ &= U_i^0 \sum_{j=1}^{n} U_j^0 (-g_{ij} \sin\theta_{ij}^0 + b_{ij} \cos\theta_{ij}^0) \Delta\theta_{ij}\end{aligned} \tag{11.21}$$

上述方程描述为以下矩阵形式：

$$\Delta \boldsymbol{P}_G = \boldsymbol{H} \Delta \boldsymbol{\theta} \tag{11.22}$$

方程（11.22）描述了增量形式的发电机输出功率（除了松弛发电机）和母线电压相角之间的关系，矩阵 $\boldsymbol{H}$ 同样可以用式（11.12）～式（11.15）进行简化。

根据式（11.17）和式（11.22），可以得到增量形式支路潮流和发电机有功输出之间直接的关系，即：

$$\Delta \boldsymbol{P}_b = \boldsymbol{B}' \Delta \boldsymbol{\theta} = \boldsymbol{B}' \boldsymbol{H}^{-1} \Delta \boldsymbol{P}_G = \boldsymbol{D} \Delta \boldsymbol{P}_G \tag{11.23}$$

其中：

$$\boldsymbol{D} = \boldsymbol{B}' \boldsymbol{H}^{-1} \tag{11.24}$$

也被称为支路潮流对于发电机有功输出的线性灵敏度。因此，支路潮流限制的线性表达式可以表示为：

$$|\boldsymbol{D} \Delta \boldsymbol{P}_G| \leqslant \Delta \boldsymbol{P}_{bmax} \tag{11.25}$$

矩阵 $\Delta \boldsymbol{P}_{bmax}$ 的元素是支路 ij 上的增量潮流限制 $\Delta \boldsymbol{P}_{ijmax}$，即：

$$\Delta \boldsymbol{P}_{ijmax} = \boldsymbol{P}_{ijmax} - \boldsymbol{P}_{ij}^0 \tag{11.26}$$

如果在有功安全经济调度中考虑支路故障，则用线路故障转移分布因子（Outage Transfer Distribution Factor，OTDF）可导出考虑故障的支路安全约束。当线路 l 开断时，支路 ij 上潮流与发电机 i 的出力之间的灵敏因子 $OTDF$ 是：

$$OTDF_{ij,i} = \frac{\Delta \boldsymbol{P}_{ij}}{\Delta \boldsymbol{P}_{Gi}} = (S_{ij,i} + LODF_{ij,i} S_{l,i}) \tag{11.27}$$

式中：$S_{ij,i}$ 和 $S_{l,i}$ 分别是支路 ij 和开断线路 l 对节点 i 的灵敏度；$LODF$（Line Outage Distribution Factor）是线路故障分布因子。

因此，由式（11.27）可得到考虑线路故障情况下的支路潮流表达式：

$$\Delta \boldsymbol{P}_{ij} = (S_{ij,i} + LODF_{ij,i} S_{l,i}) \Delta \boldsymbol{P}_{Gi} \tag{11.28}$$

上述方程矩阵形式表示为：

$$\Delta \boldsymbol{P}_b = \boldsymbol{D}' \Delta \boldsymbol{P}_G \tag{11.29}$$

相应的支路潮流限制表达式写为：

$$|\boldsymbol{D}' \Delta \boldsymbol{P}_G| \leqslant \Delta \boldsymbol{P}'_{bmax} \tag{11.30}$$

对比方程（11.25）中的 $\boldsymbol{D}$、$\Delta \boldsymbol{P}_{bmax}$，方程（11.30）中的 $\boldsymbol{D}'$、$\Delta \boldsymbol{P}'_{bmax}$ 考虑了支路故障的影响。此时，可称有功经济调度为 $N-1$ 安全经济调度。

11.2.1.4 发电机输出功率限制

增量形式的发电机输出功率限制为：

$$\boldsymbol{P}_{Gimin} - P_{Gi}^0 \leqslant \Delta \boldsymbol{P}_{Gi} \leqslant P_{Gimax} - P_{Gi}^0, i \in NG \tag{11.31}$$

11.2.2 线性规划模型

线性化的经济调度模型可以描述为线性规划的标准形式：

$$\min Z = c_1x_1 + c_2x_2 + \cdots + c_Nx_N$$

约束条件：

$$\begin{gathered} a_{11}x_1 + a_{12}x_2 + \cdots + a_{1N}x_N \geqslant b_1 \\ a_{21}x_1 + a_{22}x_2 + \cdots + a_{2N}x_N \geqslant b_2 \\ \vdots \\ a_{N1}x_1 + a_{N2}x_2 + \cdots + a_{NN}x_N \geqslant b_N \\ x_{i\min} \leqslant x_i \leqslant x_{i\max} \end{gathered}$$

基本 LP 算法可以参考本书第四章。

11.2.3 算法实现

11.2.3.1 线性规划 ED 问题求解步骤

通过 LP 求解上述有功安全经济调度时，可使用迭代的方法获取最优解，所以称为连续线性规划法（SLP）。SLP 求解经济调度问题总结如下：

（1）选取初始控制变量集。

（2）求解潮流问题，得到满足功率平衡约束的一个可行解。

（3）在潮流可行解处对目标函数和不等式约束进行线性化，构造 LP 问题。

（4）求解 LP，得到增量形式的控制变量 $\Delta P_{\mathrm{G}i}$。

（5）更新控制变量 $P_{\mathrm{G}i}{}^{(k+1)} = P_{\mathrm{G}i}{}^{(k)} + \Delta P_{\mathrm{G}i}$。

（6）以新的控制变量作为新的潮流可行解。

（7）检查收敛条件，如果步骤（4）的 $\Delta P_{\mathrm{G}i}$ 小于用户定义的可接受误差，则结果收敛；否则，返回步骤（3）。

11.2.3.2 测试结果

用线性规划法对 IEEE 5 节点和 30 节点系统求解经济调度问题，IEEE5 节点测试系统的网络拓扑结构如图 11.1 所示，相应系统数据和配置参数列于表 11.1～表 11.3，IEEE 30 节点系统的网络拓扑结构如图 11.2 所示，相应的系统参数列于表 11.4～表 11.6。

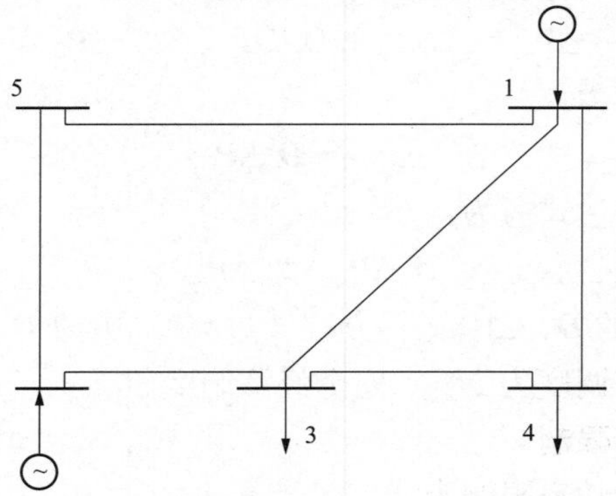

图 11.1 IEEE 5 节点系统接线图

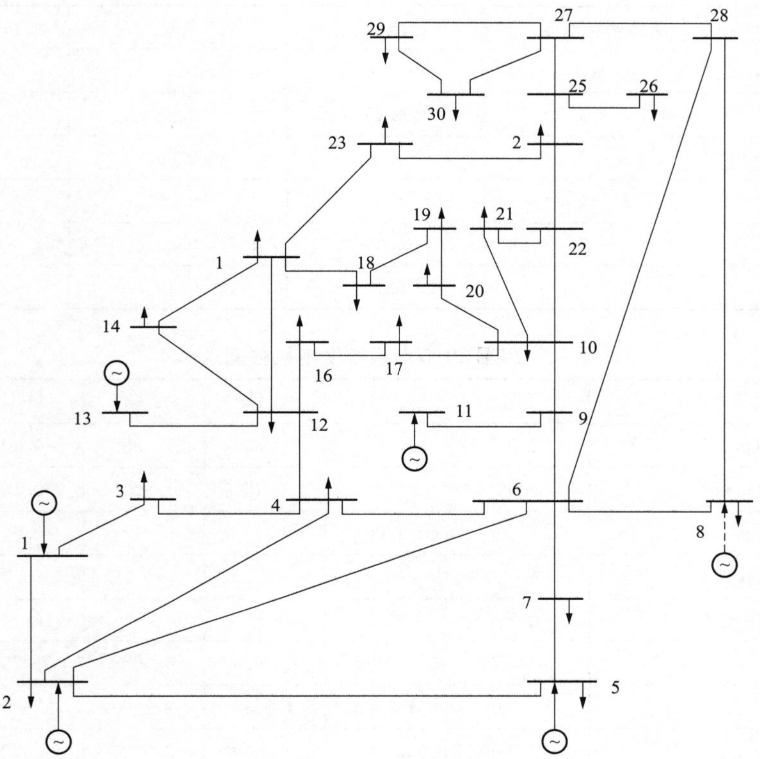

图 11.2　IEEE 30 节点系统接线图

表 11.1　　IEEE 5 节点系统发电机数据

发电机节点	1 号	2 号
P_{Gimax}（p. u.）	1.00	1.00
P_{Gimin}（p. u.）	0.20	0.20
Q_{Gimax}（p. u.）	0.80	0.80
Q_{Gimin}（p. u.）	−0.20	−0.20
二次费用函数系数	1 号	2 号
a_i	50.00	50.00
b_i	351.00	389.00
c_i	44.40	40.60

表 11.2　　IEEE 5 节点系统负荷数据

负荷节点	3 号	4 号	5 号
有功负荷 P_D（p. u.）	0.60	0.40	0.60
无功负荷 Q_D（p. u.）	0.30	0.10	0.20

表 11.3　　**IEEE 5 节点系统线路数据**

支路号	支路两端节点	电阻	电抗	线路充电功率（p. u.）
1	1 - 3	0.10	0.40	0.00
2	4 - 1	0.15	0.60	0.00
3	5 - 1	0.05	0.20	0.00
4	3 - 2	0.05	0.20	0.00
5	2 - 5	0.05	0.20	0.00
6	3 - 4	0.10	0.40	0.00

表 11.4　　**IEEE 30 节点系统发电机数据**

发电机节点	1 号	2 号	5 号	8 号	11 号	13 号
$P_{Gi\max}$（p. u.）	2.00	0.80	0.50	0.35	0.30	0.40
$P_{Gi\min}$（p. u.）	0.50	0.20	0.15	0.10	0.10	0.12
$Q_{Gi\max}$（p. u.）	2.50	1.00	0.80	0.60	0.50	0.60
$Q_{Gi\min}$（p. u.）	−0.20	−0.20	−0.15	−0.15	−0.10	−0.15
二次费用函数	1 号	2 号	5 号	8 号	11 号	13 号
a_i	0.00375	0.0175	0.0625	0.0083	0.0250	0.0250
b_i	2.00000	1.7500	1.0000	3.2500	3.0000	3.0000
c_i	0.00000	0.0000	0.0000	0.0000	0.0000	0.0000

表 11.5　　**IEEE 30 节点负荷数据**

节点号	P_D（p. u.）	Q_D（p. u.）	节点号	P_D（p. u.）	Q_D（p. u.）
1	0.000	0.000	16	0.035	0.016
2	0.217	0.127	17	0.090	0.058
3	0.024	0.012	18	0.032	0.009
4	0.076	0.016	19	0.095	0.034
5	0.942	0.190	20	0.022	0.007
6	0.000	0.000	21	0.175	0.112
7	0.228	0.109	22	0.000	0.000
8	0.300	0.300	23	0.032	0.016
9	0.000	0.000	24	0.087	0.067
10	0.058	0.020	25	0.000	0.000
11	0.000	0.000	26	0.035	0.023
12	0.112	0.075	27	0.000	0.000
13	0.000	0.000	28	0.000	0.000
14	0.062	0.016	29	0.024	0.009
15	0.082	0.025	30	0.106	0.019

表 11.6 IEEE 30 节点系统线路数据

支路号	支路两端节点	电阻（p.u.）	电抗（p.u.）	支路功率极限（p.u.）
1	1 - 2	0.0192	0.0575	1.30
2	1 - 3	0.0452	0.1852	1.30
3	2 - 4	0.0570	0.1737	0.65
4	3 - 4	0.0132	0.0379	1.30
5	2 - 5	0.0472	0.1983	1.30
6	2 - 6	0.0581	0.1763	0.65
7	4 - 6	0.0119	0.0414	0.90
8	5 - 7	0.0460	0.1160	0.70
9	6 - 7	0.0267	0.0820	1.30
10	6 - 8	0.0120	0.0420	0.32
11	6 - 9	0.0000	0.2080	0.65
12	6 - 10	0.0000	0.5560	0.32
13	9 - 10	0.0000	0.2080	0.65
14	9 - 11	0.0000	0.1100	0.65
15	4 - 12	0.0000	0.2560	0.65
16	12 - 13	0.0000	0.1400	0.65
17	12 - 14	0.1231	0.2559	0.32
18	12 - 15	0.0662	0.1304	0.32
19	12 - 16	0.0945	0.1987	0.32
20	14 - 15	0.2210	0.1997	0.16
21	16 - 17	0.0824	0.1932	0.16
22	15 - 18	0.1070	0.2185	0.16
23	18 - 19	0.0639	0.1292	0.16
24	19 - 20	0.0340	0.0680	0.32
25	10 - 20	0.0936	0.2090	0.32
26	10 - 17	0.0324	0.0845	0.32
27	10 - 21	0.0348	0.0749	0.32
28	10 - 22	0.0727	0.1499	0.32
29	21 - 22	0.0116	0.0236	0.32
30	15 - 23	0.1000	0.2020	0.16
31	22 - 24	0.1150	0.1790	0.16
32	23 - 24	0.1320	0.2700	0.16
33	24 - 25	0.1885	0.3292	0.16
34	25 - 26	0.2544	0.3800	0.16
35	25 - 27	0.1093	0.2087	0.16
36	28 - 27	0.0000	0.3960	0.65

续表

支路号	支路两端节点	电阻（p. u.）	电抗（p. u.）	支路功率极限（p. u.）
37	27 - 29	0.2198	0.4153	0.16
38	27 - 30	0.3202	0.6027	0.16
39	29 - 30	0.2399	0.4533	0.16
40	8 - 28	0.0636	0.2000	0.32
41	6 - 28	0.0169	0.0599	0.32
42	10 - 10	0.0000	−5.2600	—
43	24 - 24	0.0000	−25.0000	—

5 节点系统 N 安全约束的经济调度问题求解结果列于表 11.7，30 节点 N 安全约束的经济调度问题求解结果列于表 11.8，$N-1$ 安全约束经济调度求解结果列于表 11.9。

表 11.7　　LP 求解 5 节点系统经济调度结果

发电机	最优结果	P_{imin}	P_{imax}
P_{G1}（p. u.）	0.9786	0.2	1.0
P_{G2}（p. u.）	0.6662	0.2	1.0
总发电费用（$/h)	757.74	—	—
系统有功损耗（p. u.）	0.0449	—	—

表 11.8　　LP 求解 30 节点 N 安全约束经济调度结果

发电机	最优结果	P_{Gimin}	P_{Gimax}
P_{G1}	1.7626	0.50	2.00
P_{G2}	0.4884	0.20	0.80
P_{G5}	0.2151	0.15	0.50
P_{G8}	0.2215	0.10	0.35
P_{G11}	0.1214	0.10	0.30
P_{G13}	0.1200	0.12	0.40
总发电量	2.9290	—	—
系统有功损耗（p. u.）	0.0948	—	—
总发电费用（$/h)	802.4000	—	—

表 11.9　　LP 求解 30 节点 $N-1$ 安全约束经济调度结果

发电机	出力分配	P_{Gimin}	P_{Gimax}
P_{G1}（p. u.）	1.3854	0.50	2.00
P_{G2}（p. u.）	0.5756	0.20	0.80
P_{G5}（p. u.）	0.2456	0.15	0.50
P_{G8}（p. u.）	0.3500	0.10	0.35
P_{G11}（p. u.）	0.1793	0.10	0.30
P_{G13}（p. u.）	0.1691	0.12	0.40
总发电量（p. u.）	2.9050	—	—

续表

发电机	出力分配	P_{Gimin}	P_{Gimax}
总发电费用（$/h）	813.74	—	—
系统有功损耗（p.u.）	0.0711	—	—

11.2.4　分段线性化

假设目标函数是二次函数，目标函数也可以通过分段线性化的方法来进行线性化。如果目标函数被分为 N 段，则每一台发电机有功出力也可以被分为 N 个出力变量，图 11.3 是被分为 3 段的目标函数，相应斜率分别是 b_1，b_2 和 b_3。

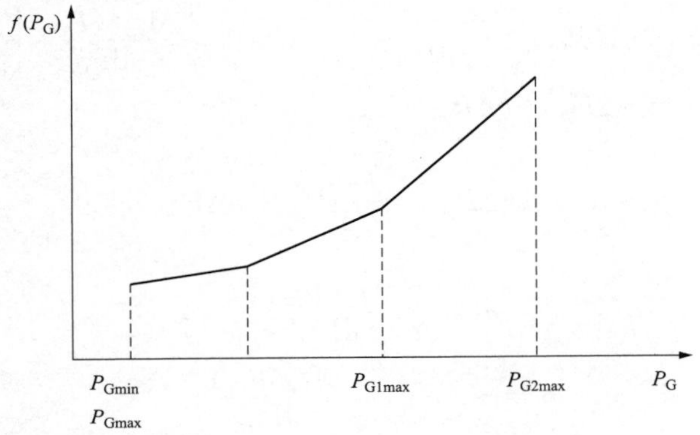

图 11.3　分段线性化目标函数

从图 11.3 可见，每一段发电机有功输出变量可以表示为：

$$P_{Gimin} \leqslant P_{Gi1} \leqslant P_{G1max} \tag{11.32}$$

$$P_{G1max} \leqslant P_{Gi2} \leqslant P_{G2max} \tag{11.33}$$

$$P_{G2max} \leqslant P_{Gi3} \leqslant P_{Gimax} \tag{11.34}$$

如果 P_{Gimin} 被选取为初始有功输出，则每一段的发电机增量形式的有功输出为：

$$\Delta P_{Gi1} = P_{Gi1} - P_{Gimin} \tag{11.35}$$

$$\Delta P_{Gi2} = P_{Gi2} - P_{Gi1max} \tag{11.36}$$

$$\Delta P_{Gi3} = P_{Gi3} - P_{Gi2max} \tag{11.37}$$

因此，约束方程（11.32）～（11.34）可以表示为：

$$0 \leqslant \Delta P_{Gi1} \leqslant P_{Gi1max} - P_{Gimin} \tag{11.38}$$

$$0 \leqslant \Delta P_{Gi2} \leqslant P_{Gi2max} - P_{Gi1max} \tag{11.39}$$

$$0 \leqslant \Delta P_{Gi3} \leqslant P_{Gimax} - P_{Gi2max} \tag{11.40}$$

分段线性化的目标函数变为：

$$F = \sum_{i=1}^{NG} f_i(P_{Gi}) = \sum_{k=1}^{3}\sum_{i=1}^{NG} b_k \Delta P_{Gik} \tag{11.41}$$

把约束条件（11.9）和（11.30）中的 ΔP_{Gi} 取代为 $\sum_{k=1}^{3} \Delta P_{Gik}$ ，一样可以得到经济调度问题的线性规划模型。

11.3 二次规划求解安全约束经济调度

二次规划模型（Quadratic Programming，QP）包含了二次目标函数和线性约束条件。如本章前面所述，经济调度问题是一个非线性数学模型，第11.2节中讨论了求解经济调度问题的连续线性规划法，连续线性规划法也可以在二次规划求解经济调度问题中应用。

11.3.1 经济调度问题的QP模型

假设发电机 i 初始运行点为 P_{Gi}^0，非线性目标函数可以用泰勒级数展开的前三项表示，即：

$$\begin{aligned} f_i(P_{Gi}) &\approx f_i(P_{Gi}^0) + \left.\frac{\mathrm{d}f_i(P_{Gi})}{\mathrm{d}P_{Gi}}\right|_{P_{Gi}^0} \Delta P_{Gi} + \frac{1}{2}\left.\frac{\mathrm{d}f_i{}^2(P_{Gi})}{\mathrm{d}P_{Gi}^2}\right|_{P_{Gi}^0} \Delta P_{Gi}^2 \\ &= a\Delta P_{Gi}^2 + b\Delta P_{Gi} + c \end{aligned} \tag{11.42}$$

或

$$f_i(\Delta P_{Gi}) = a\Delta P_{Gi}^2 + b\Delta P_{Gi} \tag{11.43}$$

其中：

$$a = \frac{1}{2}\left.\frac{\mathrm{d}f_i'(P_{Gi})}{\mathrm{d}P_{Gi}}\right|_{P_{Gi}^0} \tag{11.44}$$

$$b = f_i'(P_{Gi}) = \left.\frac{\mathrm{d}f_i(P_{Gi})}{\mathrm{d}P_{Gi}}\right|_{P_{Gi}^0} \tag{11.45}$$

$$c = f_i(P_{Gi}^0) \tag{11.46}$$

a、b、c 是常数，并且：

$$\Delta P_{Gi} = P_{Gi} - P_{Gi}^0 \tag{11.47}$$

使用11.2节的方法将约束条件线性化，就可得到安全约束经济调度的二次规划模型，即：

$$\min f_i(\Delta P_{Gi}) = \sum_{i=1}^{N}(a\Delta P_{Gi}^2 + b\Delta P_{Gi}) \tag{11.48}$$

约束条件：

$$\sum_{i\in NG}\left.\left(1 - \frac{\partial P_L}{\partial P_{Gi}}\right)\right|_{P_{Gi}^0} \Delta P_{Gi} = 0 \tag{11.49}$$

$$P_{G i\min} - P_{Gi}^0 \leqslant \Delta P_{Gi} \leqslant P_{G i\max} - P_{Gi}^0, \qquad i \in NG \tag{11.50}$$

$$|\boldsymbol{D}'\Delta P_G| \leqslant \Delta P'_{b\max} \tag{11.51}$$

11.3.2 QP算法

方程（11.48）－（11.51）的经济调度模型可以表示为标准的二次规划模型：

$$\min f(X) = \boldsymbol{CX} + \boldsymbol{X}^{\mathrm{T}}\boldsymbol{QX} \tag{11.52}$$

约束条件：

$$\boldsymbol{AX} \leqslant \boldsymbol{B} \tag{11.53}$$

$$\boldsymbol{X} \geqslant 0 \tag{11.54}$$

式中：$\boldsymbol{C}$ 是 n 维行向量，表示目标函数线性项的参数；$\boldsymbol{Q}$ 是（$n\times n$）对称矩阵，表示目

标函数二次项的参数。

与线性规划一样，决策变量用 n 维列向量 $\boldsymbol{X}$ 表示，线性约束条件由（$m\times n$）矩阵 $\boldsymbol{A}$ 和不等式右端的 m 维列向量 $\boldsymbol{B}$ 表示。对于经济调度问题而言，存在可行解并且约束区域有界。

当目标函数在可行点是严格凸函数时，只有唯一一个局部最优解，即全局最优解，保证严格凸性的一个充分条件是 $\boldsymbol{Q}$ 正定。对于大多数经济调度问题，这个结论是成立的。

方程（11.53）可以表示为：

$$g(X)=(\boldsymbol{AX}-\boldsymbol{B})\leqslant 0 \tag{11.55}$$

由式（11.52）和式（11.55）构造拉格朗日函数，即：

$$L(X,\mu)=\boldsymbol{CX}+\boldsymbol{X}^{\mathrm{T}}\boldsymbol{QX}+\boldsymbol{\mu}g(X) \tag{11.56}$$

其中，μ 是 m 维行向量。

根据最优理论，局部最小值的库恩塔克条件（KT）条件如下：

$$\begin{cases}\dfrac{\partial L}{\partial X_j}\leqslant 0,j=1,\cdots,n\\ C+2X^{\mathrm{T}}Q+\mu A\geqslant 0\end{cases} \tag{11.57}$$

$$\begin{cases}\dfrac{\partial L}{\partial \mu_i}\leqslant 0,i=1,\cdots,m\\ AX-B\leqslant 0\end{cases} \tag{11.58}$$

$$\begin{cases}X_j\dfrac{\partial L}{\partial X_j}=0,j=1,\cdots,n\\ X^{\mathrm{T}}(C^{\mathrm{T}}+2QX+A^{\mathrm{T}}\mu)=0\end{cases} \tag{11.59}$$

$$\begin{cases}\mu_i g_i(X)=0,i=1,\cdots,m\\ \mu(AX-B)=0\end{cases} \tag{11.60}$$

$$\begin{cases}X\geqslant 0\\ \mu\geqslant 0\end{cases} \tag{11.61}$$

如果在不等式（11.57）中引入剩余变量 y，在不等式（11.58）中引入非负的松弛变量，得到以下等效形式：

$$C^{\mathrm{T}}+2QX+A^{\mathrm{T}}\mu^{\mathrm{T}}-y=0 \tag{11.62}$$

$$AX-B+v=0 \tag{11.63}$$

则 KT 条件可以表述为：

$$2QX+A^{\mathrm{T}}\mu^{\mathrm{T}}-y=-C^{\mathrm{T}} \tag{11.64}$$

$$AX+v=B \tag{11.65}$$

$$X\geqslant 0,\mu\geqslant 0,y\geqslant 0,v\geqslant 0 \tag{11.66}$$

$$y^{\mathrm{T}}X=0,\mu v=0 \tag{11.67}$$

前两个表达式是线性等式，第三个约束表示所有变量非负，第四个是互补松弛条件。

显然，式（11.64）～式（11.67）的 KT 条件是变量 X、μ、y、v 的线性形式，用与修正单纯形法相似的方法来求解式（11.64）～式（11.67），求解过程如下：

（1）约束条件化为 KT 条件，即式（11.64）和式（11.65）形式。

（2）如果等式右边数值为负，则把相应等式乘以-1。

（3）给每一个等式加上人工变量。

（4）定义目标函数为人工变量的求和。

（5）把以上问题套进单纯形法的形式。

目标是寻找满足互补松弛条件并且使人工变量求和最小的线性规划最优解，如果求和为零，则结果满足等式（11.64）～式（11.67）。为满足式（11.67），需要按以下关系修正选取进基变量的规则：

X_j和 y_j互补，$j = 1$，…，n

μ_i和 v_i互补，$j = 1$，…，n

进基变量是其互补变量不在基里或者在同一次迭代中离基的且降低成本作用最小的变量。计算结束后，向量 $\boldsymbol{x}$ 对应最优解，向量 $\boldsymbol{\mu}$ 对应最优对偶变量。

该方法在目标函数正定且要求计算复杂度与带 $m + n$ 个约束条件的线性方法相当时，求解效果很好，其中，m 是约束数量，n 是 QP 变量数。由于经济调度问题的目标函数是正定的，所以此方法很适用于求解经济调度问题的 QP 模型。

11.3.3 算法实现

［**例 11.1**］ 应用 11.3.2 节的算法求解以下 QP 问题：

$$\min f(x) = x_1^2 + 4x_2^2 - 8x_1 - 16x_2$$

约束条件：

$$x_1 + x_2 \leqslant 5$$
$$x_1 \leqslant 3$$
$$x_1 \geqslant 0, x_2 \geqslant 0$$

解：把上述问题转化为以下二次规划模型：

$$\min f(X) = \boldsymbol{CX} + \boldsymbol{X}^{\mathrm{T}}\boldsymbol{QX}$$

约束条件：

$$\boldsymbol{AX} \leqslant B$$
$$\boldsymbol{X} \geqslant 0$$

其中：

$$\boldsymbol{C}^{\mathrm{T}} = \begin{bmatrix} -8 \\ -16 \end{bmatrix}$$

$$\boldsymbol{Q} = \begin{bmatrix} 1 & 0 \\ 0 & 4 \end{bmatrix}$$

$$\boldsymbol{A} = \begin{bmatrix} 1 & 1 \\ 1 & 0 \end{bmatrix}$$

$$\boldsymbol{B} = \begin{bmatrix} 5 \\ 3 \end{bmatrix}$$

$$\boldsymbol{X} = \begin{bmatrix} x_1 \\ x_2 \end{bmatrix}$$

显然，$\boldsymbol{Q}$ 是正定矩阵，所以 KT 条件是全局最优解的充分必要条件。

令
$$y = \begin{bmatrix} y_1 \\ y_2 \end{bmatrix}, v = \begin{bmatrix} v_1 \\ v_2 \end{bmatrix}, \mu = \begin{bmatrix} \mu_1 \\ \mu_2 \end{bmatrix}$$

根据方程和，可得：

$$2x_1+\mu_1+\mu_2-y_1=8$$
$$8x_2+\mu_1-y_2=16$$
$$x_1+x_2+v_1=5$$
$$x_1+v_2=3$$

为构造一个恰当的线性规划模型，在每个约束条件里加入人工变量，并使其求和最小：

$$\min Z=w_1+w_2+w_3+w_4$$

约束条件：

$$2x_1+\mu_1+\mu_2-y_1+w_1=8$$
$$8x_2+\mu_1-y_2+w_2=16$$
$$x_1+x_2+v_1+w_3=5$$
$$x_1+v_2+w_4=3$$
$$x_1\geqslant 0,x_2\geqslant 0,y_1\geqslant 0,y_2\geqslant 0,v_1\geqslant 0,v_2\geqslant 0,\mu_1\geqslant 0,\mu_2\geqslant 0$$

将上述算法应用到此例子，初始问题的最优解是 $(x_1^*,x_2^*)=(3,2)$，表 11.10 列出了二次规划求解迭代的过程。

表 11.10　　QP 迭代过程

迭代	基变量	计算结果	目标函数值	进基变量	离基变量
1	(w_1, w_2, w_3, w_4)	(8, 16, 5, 3)	32	x_2	w_2
2	(w_1, x_2, w_3, w_4)	(8, 2, 3, 3)	14	x_1	w_3
3	(w_1, x_2, x_1, w_4)	(2, 2, 3, 0)	2	μ_1	w_4
4	(w_1, x_2, x_3, μ_1)	(2, 2, 3, 0)	2	μ_1	w_1
5	(μ_1, x_2, x_3, μ_1)	(2, 2, 3, 0)	0	—	—

［例 11.2］　应用上述 QP 算法求解有功经济调度问题，测试系统是 IEEE30 节点系统，基本数据与 11.2 节相同，并测试以下两种情况：

情景 1：原始数据的 IEEE30 节点系统

情景 2：原始数据的 IEEE30 节点系统，但线路 1 潮流限制下降到 1.0p.u.

解：安全经济调度求解结果如表 11.11 所示。情景 1 得到的结果与线性规划的计算结果比较列于表 11.12 中。从表中可见，二次规划求解经济调度问题的效果比线性规划求解要稍微好一点。

表 11.11　　IEEE30 节点系统 QP 求解经济调度结果

发电机	情景 1	情景 2
P_{G1}	1.7586	1.5174
P_{G2}	0.4883	0.5670
P_{G5}	0.2151	0.2326
P_{G8}	0.2233	0.3045
P_{G11}	0.1231	0.1517
P_{G13}	0.1200	0.1400

续表

发电机	情景 1	情景 2
总发电量（p. u.）	2.9285	2.9132
系统有功损耗（p. u.）	0.0945	0.0792
总发电费用（$）	802.3900	807.2400

表 11.12　　QP 与 LP 求解 IEEE30 节点经济调度结果对比

发电机	QP 方法	LP 方法
P_{G1}	1.7586	1.7626
P_{G2}	0.4883	0.4884
P_{G5}	0.2151	0.2151
P_{G8}	0.2233	0.2215
P_{G11}	0.1231	0.1214
P_{G13}	0.1200	0.1200
总发电量（p. u.）	2.9285	2.9290
系统有功损耗（p. u.）	0.0945	0.0948
总发电费用（$）	802.3900	802.4000

11.4　改进内点法求解含风电的经济调度问题

近年来，由于石油和天然气价格上涨，以及各种新技术的快速发展，可再生能源如风电得到迅猛发展。由于可再生能源的引入，电网具有了多类电源，有些地方存在大量电源过剩，出现严重的弃风问题。如何在电力系统经济运行中综合考虑各种可再生能源如风电，在保证复杂电网安全可靠运行的条件下提高电网的经济运行水平的同时最大限度地减少弃风量，是十分必要和重要的。本节介绍一种研究计及风能和储能的综合经济调度方法，该方法在传统的经济调度模型中引入风能模型和储能模型，并用改进的内点法求解。本节经济调度中的风电模型没有考虑其不确定性，含可再生能源不确定性的电力系统经济调度将在第 14 章中专门讨论。

11.4.1　风力发电模型与储能模型

11.4.1.1　风力发电模型

风力发电模型描述风力发电功率与风的参数之间的关系，计算风电功率的数学表达式为：

$$P_{W(s,k)} = \frac{1}{2}\rho_{(s,k)} A_S C_{(s,k)} \eta_{g(s,k)} \eta_{b(s,k)} v_{(s,k)}^3 \tag{11.68}$$

$$1 \leqslant s \leqslant n_W,\ 1 \leqslant k \leqslant n_T$$

式中：P_W为风力发电机产生的有功功率；$\rho_{(s,k)}$ 为第 k 时段第 s 风能发电机所处环境的空气密度；A_S 为第 s 风能发电机的风轮扫风面积；$C_{(s,k)}$ 为第 k 时段第 s 风能发电机发电时风的可利用系数；$\eta_{g(s,k)}$ 为第 k 时段第 s 风能发电机的发电效率；$\eta_{b(s,k)}$ 为第 k 时段第 s 风能发电机的变速效率；$v_{(s,k)}^3$ 为第 k 时段第 s 风能发电机所处环境的风速；n_W 为风力发电机数；n_T 为时段数。

11.4.1.2 储能模型

本节采用的储能模型如式（11.69）所示，它表示第 k 时段第 j 储能设备的功率与储能关系：

$$P_{B(j,k)} = \frac{1}{e_{(j,k)}}\left(\frac{E_{(j,k)}}{\Delta t_k} + E_j^{stb}\right), 1 \leqslant j \leqslant n_B, k = 1 \tag{11.69}$$

$$P_{B(j,k)} = \frac{1}{e_{(j,k)}}\left(\frac{E_{(j,k)} - E_{(j,k-1)}}{\Delta t_k} + E_j^{stb}\right)$$

$$1 \leqslant j \leqslant n_B, 2 \leqslant k \leqslant n_T \tag{11.70}$$

式中：P_B为第 k 时段第 j 储能设备的功率；$e_{(j,k)}$ 为第 k 时段第 j 储能设备充电时的充电效率或第 k 时段第 j 储能设备放电时的放电效率；$E_{(j,k)}$ 为第 k 时段第 j 储能设备储存的能量；$E_{(j,k-1)}$ 为第 $k-1$ 时段第 j 储能设备储存的能量；Δt_k 为第 k 时段的间隔时长；E_j^{stb} 为第 j 储能设备不受时间变化的能量。

11.4.2 计及风电和储能的经济调度模型

11.4.2.1 初始经济调度模型

对于传统的电力系统（即未含可再生能源电源和储能装置的电力系统）来说，电力系统的经济调度只需通过建立简单的线性模型即可实现电力系统的经济调度。然而，可再生能源电源并网后，由于可再生能源电站的间歇性、波动性和不确定性，采用传统的经济调度的方法难于获得综合费用最小的经济调度结果（整个电力系统的能耗或运行费用最少）。本节介绍一种通过初始经济调度和优化经济调度两个阶段来解决计及风电和储能的综合经济调度问题。在初始经济调度中，风力发电机的功率估计值为 80%预测量，此时的风机类似于不可调节的火电机组，所有的负荷为定值以及储能设备处于充电状态。初始经济调度模型为：

目标函数：

$$\min F = \sum_{k=1}^{n_T}\sum_{i=1}^{n_G} F_{Gi}(P_{G(i,k)}) + \sum_{k=1}^{n_T}\sum_{j=1}^{n_B} h_{Bj}(|P_{B(j,k)} - P_{B(j,k)\max}|)^2 \tag{11.71}$$

约束条件：

$$\sum_{i=1}^{n_G} P_{G(i,k)} + \sum_{s=1}^{n_W} P_{W(s,k)} = \sum_{r=1}^{n_D} P_{D(r,k)} + \sum_{j=1}^{n_B} P_{B(j,k)} + P_{Mk} \tag{11.72}$$

$$1 \leqslant k \leqslant n_T$$

$$P_{Gi\min} \leqslant P_{G(i,k)} \leqslant P_{Gi\max} 1 \leqslant i \leqslant n_G, 1 \leqslant k \leqslant n_T \tag{11.73}$$

$$|P_{B(j,k)}| \leqslant P_{B(j,k)\max}, 1 \leqslant j \leqslant n_B, 1 \leqslant k \leqslant n_T \tag{11.74}$$

$$|P_{L(u,k)}| \leqslant P_{Lu\max}, 1 \leqslant u \leqslant n_L, 1 \leqslant k \leqslant n_T \tag{11.75}$$

式中：n_G 为传统能源发电机的个数；$P_{G(i,k)}$ 为第 k 时段第$_i$传统能源发电机的发电功率；$P_{Gi\min}$ 为第 i 传统能源发电机的发电功率最小值；$P_{Gi\max}$ 为第i传统能源发电机的发电功率最大值；$F_{Gi}(P_{G(i,k)})$ 为第k时段第i传统能源发电机发电时的发电成本函数；n_B 为储能设备的个数；n_{Bj} 为第j储能设备的惩罚因子；$P_{B(j,k)}$ 为第k时段第j储能设备的储能模型；$P_{B(j,k)\max}$ 为第k时段第j储能设备的储能最大限制；n_W 为风能发电机的个数；$P_{W(s,k)}$ 为第k时段第s风能发电机的发电功率；n_D 为电力系统中负荷的个数；$P_{D(r,k)}$ 为第k时段第r负荷的负荷模型；n_L 为所述电力系统中输电支路的个数；$P_{L(u,k)}$ 为第k时段第u输电支路的输电功率；$P_{Lu\max}$ 为第u输电支路的输电功率最大值；P_{Mk} 为第k时段所述电力系统的有功损耗。

11.4.2.2 第二阶段优化调度模型

优化调度阶段可分为三个场景来实现：①风能发电可在许可范围内弃风，也不用储能；②风能发电可在许可范围内弃风，同时可用储能；③使用储能的同时以风能发电弃风量最小为目标。三个场景的优化模型如下：

（1）场景一——优化调度模型。

目标函数：

$$\min F = Q_1\Big[\sum_{k=1}^{n_T}\sum_{i=1}^{n_G}F_{Gi}(P_{G(i,k)}) + \sum_{k=1}^{n_T}\sum_{s=1}^{n_W}F_{Ws}(P_{W(s,k)})\Big] + Q_2\sum_{k=1}^{n_T}P_{Mk} \tag{11.76}$$

约束条件：

$$\sum_{i=1}^{n_G}P_{G(i,k)} + \sum_{s=1}^{n_W}P_{W(s,k)} = \sum_{r=1}^{n_D}P_{D(r,k)} + P_{Mk}, 1\leqslant k\leqslant n_T \tag{11.77}$$

$$\max\{-\Delta P_{GRCi\max} + P_{G(i,k-1)}, P_{Gi\min}\}\leqslant P_{G(i,k)}\leqslant \min\{\Delta P_{GRCi\max} + P_{G(i,k-1)}, P_{Gi\max}\}$$

$$1\leqslant i\leqslant n_G, 2\leqslant k\leqslant n_T; \tag{11.78}$$

$$P_{Gi\min}\leqslant P_{G(i,k)}\leqslant P_{Gi\max}, 1\leqslant i\leqslant n_G, k=1 \tag{11.79}$$

$$|P_{L(u,k)}|\leqslant P_{Lu\max}, 1\leqslant u\leqslant n_L, 1\leqslant k\leqslant n_T \tag{11.80}$$

$$P_{Ws\min}\leqslant P_{W(s,k)}\leqslant P_{Ws\max}, 1\leqslant s\leqslant n_W, 1\leqslant k\leqslant n_T \tag{11.81}$$

式中：$F_{Ws}(P_{W(s,k)})$ 为第k段第s风能发电机发电时的发电成本函数；Q_1 为优化调度模型中发电成本权重因子；Q_2 为优化调度模型中损耗权重因子；$\Delta P_{GRCi\max}$ 为第 i 传统能源发电机的爬坡速度限制；$P_{G(i,k-1)}$ 为第$k-1$时段第i传统能源发电机的发电功率；$P_{Ws\min}$ 为第s风能发电机的发电出力最小值；$P_{Ws\max}$ 为第s风能发电机的发电出力最大值。

（2）场景二——优化调度模型。

目标函数：

$$\begin{aligned}\min F = {} & Q_1\sum_{k=1}^{n_T}\sum_{i=1}^{n_G}F_{Gi}(P_{G(i,k)}) + Q_1\sum_{k=1}^{n_T}\sum_{s=1}^{n_W}F_{Ws}(P_{W(s,k)}) \\ & + Q_1\sum_{k=1}^{n_T}\sum_{j=1}^{n_B}(|P_{B(j,k)} - P_{B(j,k)\min}|)^2 + Q_2\sum_{k=1}^{n_T}P_{Mk}\end{aligned} \tag{11.82}$$

约束条件：

$$\sum_{i=1}^{n_G}P_{G(i,k)} + \sum_{s=1}^{n_W}P_{W(s,k)} + \sum_{j=1}^{n_B}P_{B(j,k)} = \sum_{e=1}^{n_D}P_{D(r,k)} + P_{Mk}\quad 1\leqslant k\leqslant n_T; \tag{11.83}$$

$$\max\{-\Delta P_{GRCi\max} + P_{G(i,k-1)}, P_{Gi\min}\}\leqslant P_{G(i,k)}\leqslant \min\{\Delta P_{GRCi\max} + P_{G(i,k-1)}, P_{Gi\max}\}$$

$$1\leqslant i\leqslant n_G, 2\leqslant k\leqslant n_T; \tag{11.84}$$

$$P_{Gi\min}\leqslant P_{G(i,k)}\leqslant P_{Gi\max}, 1\leqslant i\leqslant n_G, k=1 \tag{11.85}$$

$$P_{Bj\min}\leqslant P_{B(j,k)}\leqslant P_{Bj\max}, 1\leqslant j\leqslant n_B, 1\leqslant k=n_T \tag{11.86}$$

$$|P_{L(u,k)}|\leqslant P_{Lu\max}, 1\leqslant u\leqslant n_L, 1\leqslant k\leqslant n_T \tag{11.87}$$

$$P_{Ws\min}\leqslant P_{W(s,k)}\leqslant P_{Ws\max}, 1\leqslant s\leqslant n_W, 1\leqslant k\leqslant n_T \tag{11.88}$$

式中：$F_{Ws}(P_{W(s,k)})$ 为第 k 时段第 s 风能发电机发电时的发电成本函数；$P_{B(j,k)\min}$ 为第 k 时段第 j 储能设备的储能最小限制。

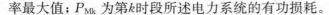

(3) 场景三——优化调度模型。

目标函数:

$$\min F = Q_1 \sum_{k=1}^{n_T} \sum_{i=1}^{n_G} F_{Gi}(P_{G(i,k)}) + Q_1 \sum_{k=1}^{n_T} \sum_{s=1}^{n_W} F_{Ws}(P_{W(s,k)}) + Q_1 \sum_{k=1}^{n_T} \sum_{s=1}^{n_W} (|P_{W(s,k)} - P^0_{W(s,k)}|)^2$$
$$+ Q_1 \sum_{k=1}^{n_T} \sum_{j=1}^{n_B} (|P_{B(j,k)} - P_{B(j,k)\min}|)^2 + Q_2 \sum_{k=1}^{n_T} P_{Mk} \tag{11.89}$$

约束条件:

$$\sum_{i=1}^{n_G} P_{G(i,k)} + \sum_{s=1}^{n_W} P_{W(s,k)} + \sum_{j=1}^{n_B} P_{B(j,k)} = \sum_{e=1}^{n_D} P_{D(r,k)} + P_{Mk} \quad 1 \leqslant k \leqslant n_T \tag{11.90}$$

$$\max\{-\Delta P_{GRCi\max} + P_{G(i,k-1)}, P_{Gi\min}\} \leqslant P_{G(i,k)} \leqslant \min\{\Delta P_{GRCi\max} + P_{G(i,k-1)}, P_{Gi\max}\}$$
$$1 \leqslant i \leqslant n_G, 2 \leqslant k \leqslant n_T \tag{11.91}$$

$$P_{Gi\min} \leqslant P_{G(i,k)} \leqslant P_{Gi\max}, 1 \leqslant i \leqslant n_G, k = 1 \tag{11.92}$$

$$P_{Bj\min} \leqslant P_{B(j,k)} \leqslant P_{Bj\max}, 1 \leqslant j \leqslant n_B, 1 \leqslant k = n_T \tag{11.93}$$

$$|P_{L(u,k)}| \leqslant P_{Lu\max}, 1 \leqslant u \leqslant n_L, 1 \leqslant k \leqslant n_T \tag{11.94}$$

$$P_{Ws\min} \leqslant P^0_{W(s,k)} \leqslant P_{W(s,k)}, \leqslant P_{Ws\max} 1 \leqslant s \leqslant n_W, 1 \leqslant k \leqslant n_T \tag{11.95}$$

式中:$F_{Ws}(P_{W(s,k)})$ 为第k时段第s风能发电机发电时的发电成本函数;$P^0_{W(s,k)}$ 为电力系统中可再生能源放弃量为零时第k时段第s风能发电机的发电功率;$P_{B(i,k)\min}$ 为第 k 时段第 j 储能设备的储能最小限制。

11.4.3 算法步骤

上节提出的优化模型可转换为下面的二次规划模型:

$$\min F = \frac{1}{2} X^T Q X + G^T X + C \tag{11.96}$$

$$\text{s.t. } AX = B \tag{11.97}$$
$$X \geqslant 0$$

式中:X 是变量;Q、G、C 是二次目标函数系数;A 和 B 是约束方程的系数。

上述模型中,式(11.96)对应第 11.3 节经济调度模型中的目标函数(全部化成二次函数);式(11.97)是将 11.3 节经济调度模型中的约束经过线性化处理而得。

传统的内点法依赖一个良好的初始点。本节介绍改进的二次内点法(Improved Quadratic Interior Point,IQIP),它具有更快的收敛速度和可选择一般初始点的特点。改进的内点法用来求解二次规划模型的计算步骤如下:

(1) 给出起始运行点 X_1;

(2) 计算 X_1:$=A X_1$;

(3) 计算每个约束的不平衡量(约束违反差值)Δ:$= B - A X_1$;

(4) 选出所有约束中最大的约束违反差值 $\Delta\max$:$=\max|\Delta i|$;

(5) 如果 $\Delta\max < \varepsilon_0$(给定误差许可值),进入第 10 步,否则进入下一步;

(6) 计算 U:$= [A_1(A_1 A_1^T)^{-1}]\Delta$;

(7) 选出最小的 R:$=\min\{U_i\}$;

(8) 如果 $R+1 \geqslant 0, X_1 := X_1(1+U)$,返回第 3 步,否则进入下一步;

(9) 计算 $QB:=-1/R$，$X_1:=X_1(1+QBU)$，返回第 3 步；

(10) 获取变量矩阵对角元素：

$$D_k:=\mathrm{diag}\ [x_1,\ x_2,\ \cdots,\ x_n]$$

(11) 计算新的约束方程 $B_k:=AD_k$

(12) $dp^k:=[B_k^{\mathrm{T}}(B_kB_k^{\mathrm{T}})^{-1}B_k-1]D_k[QX^k+G]$

(13) 计算变步长一：

$$\beta_1:=-\frac{1}{\gamma},\gamma<0;\beta_1:=10^6,\gamma\geqslant 0,\gamma=\min[dp_j^k]$$

(14) 计算变步长二：

$$\beta_2:=\frac{(dp^k)^{\mathrm{T}}(dp^k)}{W},\ if\quad W>0;\beta_2:=10^6,\ if\quad W\leqslant 0,$$

$$W=(D_kdp^k)^{\mathrm{T}}Q(D_kdp^k)$$

(15) 通过选最小的变步长得到新的解：

$$X^{k+1}:=X^k+\alpha(\beta D_kdp^k)$$

$$\beta=\min[\beta_1,\beta_2];\alpha(<0)$$

如果 $dp^k<m$ 计算收敛结束，否则进入下一次迭代 $k:=k+1$（k 为迭代次数），即返回到第（11）步重新迭代。

11.4.4 算例分析

对于本节的电力系统经济调度方法，用改进的 IEEE 30 节点系统进行验证，即在标准的 IEEE 30 节点系统的基础上并入风能发电机 WP 和储能设备 S（参见图 11.4），并以 IEEE 30 节点系统运行 1h 的时间为例进行说明。改进的 IEEE 30 节点系统包括 30 个节点、5 个传统能源发电机、一个风能发电机和一个储能设备，5 个传统能源发电机分别为位于节点 1、2、5、11、13，风能发电机位于节点 9，风能发电机的功率最大限制为 12.5MW，储能设备 7 位于节点 4，

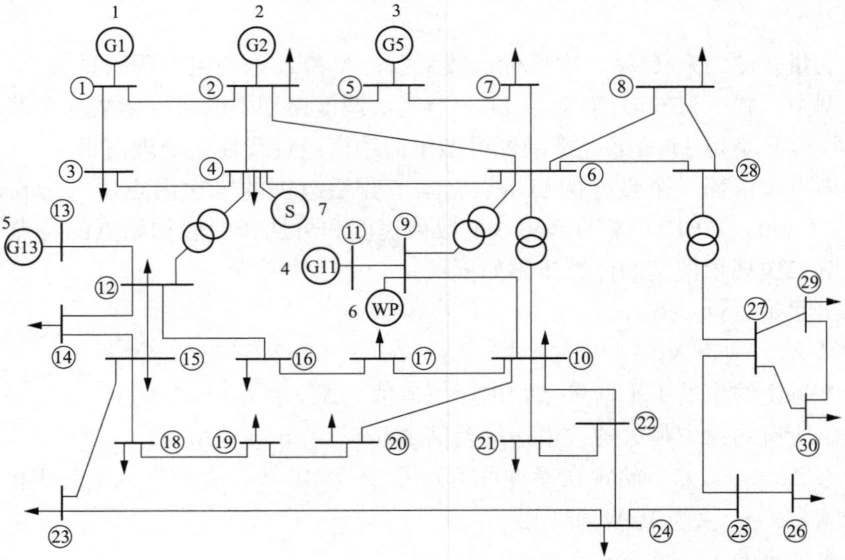

图 11.4　改进的 IEEE 30 节点系统

储能设备的容量为 20MW。发电成本参数（即发电费用二次函数系数）如表 11.13 所示。

表 11.13　　发 电 成 本 参 数

发电机	*a*	*b*	*c*
1	0.009 84	0.335 00	0.000 00
2	0.008 34	0.225 00	0.000 00
5	0.008 50	0.185 00	0.000 00
11	0.008 84	0.135 00	0.000 00
13	0.008 34	0.225 00	0.000 00
WP	0.000 00	0.400 00	0.000 00

改进的 IEEE 30 节点系统在各种情况下的经济调度结果列于表 11.14 和表 11.15 中，各种情况的优化调度结果及比较如图 11.5 和图 11.6 所示。其中，S1 表示初始经济调度结果，S2a、S2b、S2c 分别表示第二阶段优化调度的三个场景。风能发电机的功率许可范围为9～12.5MW。

表 11.14　　IEEE30 节点系统经济调度结果

发电机	S1	S2a	S2b	S2c
1	0.603 06	0.760 99	0.71224	0.70968
2	0.596 34	0.379 11	0.35482	0.35355
5	0.603 84	0.662 04	0.61963	0.61740
11	0.575 80	0.563 90	0.52778	0.52588
13	0.595 23	0.599 98	0.56154	0.55952
St	－0.2	0.0	0.2	0.19
WP	0.100 00	0.108 16	0.09	0.1100

表 11.15　　IEEE30 节点系统各种情况优化结果

优化结果	S1	S2a	S2b
网损	0.040 38	0.040 18	0.032 01
发电费用	0.734 259	0.729 131	0.681 061

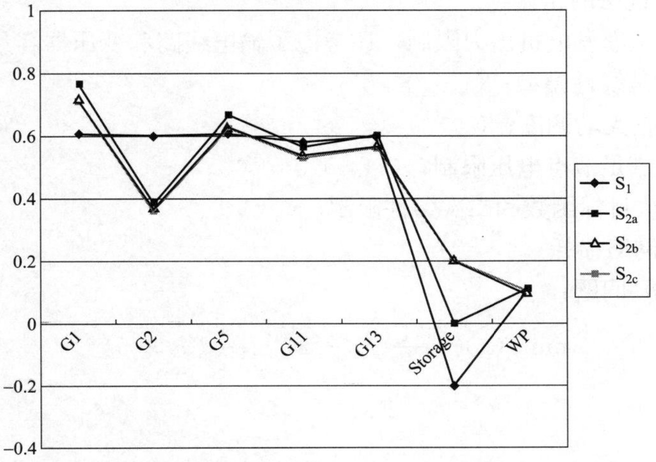

图 11.5　IEEE 30 节点系统发电功率比较

从表 11.15 和图 11.6 可看出，第二阶段三种场景（S2a、S2b 和 S2c）优化调度后的系统网损和发电费用都比第一阶段（S1）初始调度时低。在第二阶段优化调度中，如果储能装置参与调度，则系统网损和发电费用可进一步降低（如 S2b 和 S2c）。如果在优化调度中追求系统网损和发电费用最小的同时兼顾弃风量小，则第二阶段的第三种优化模型（S2c）在使用储能的同时以弃风量最小为目标能达到此目的，其弃风量为 0.015p.u.，其他两种优化调度的弃风量分别为 0.01684p.u 和 0.035p.u.。

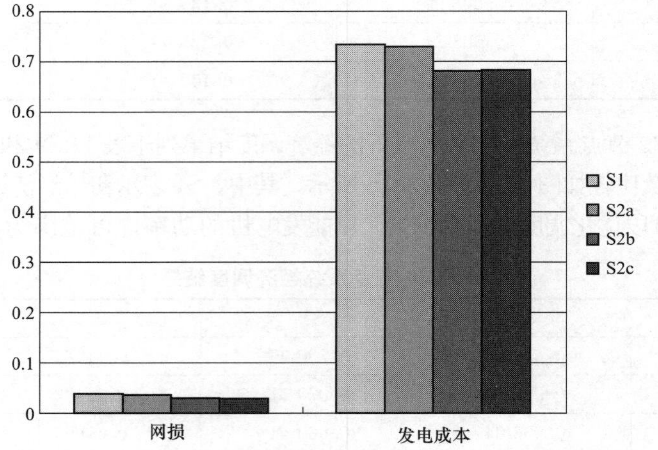

图 11.6　IEEE 30 节点系统网损和发电费用比较

问题与练习

1. 什么是 SCED?
2. $N-1$ 安全限制经济调度表示什么?
3. 对比求解 SCED 的 LP、QP 算法?
4. 什么是 $N-1$ 约束域?
5. 请判断以下说法的正误：

a. SCED 不仅考虑发电机出力限制，还考虑了输电线路和变压器容量限制；(　　)

b. SCED 必须是线性模型；(　　)

c. SCED 不包括无功调度；(　　)

d. SCED 必须满足节点电压限制；(　　)

e. QP 具有二次目标函数和二次条件限制；(　　)

f. SCED 忽略网络损耗。(　　)

6. 求解以下 QP 问题：

$$\min f(x) = \frac{1}{2}(x_1 - 1)^2 + \frac{1}{2}(x_2 - 5)^2$$

约束条件：

$$-2x_1 + x_2 \leqslant 2$$
$$-x_1 + x_2 \leqslant 3$$

$$x_1 \leqslant 3$$
$$x_1 \geqslant 0, x_2 \geqslant 0$$

7. 已知电力网络包含两台发电机（P_{G1}和 P_{G2}）、三条输电线路及一个负荷 P_D，系统参数如下：

$$F_1(P_{G1}) = C_1 P_{G1} = 3P_{G1}$$
$$F_2(P_{G2}) = C_2 P_{G2} = 5P_{G2}$$
$$0 \leqslant P_{Gi} \leqslant 4$$
$$0 \leqslant P_{G2} \leqslant 3$$
$$P_D = 4$$
$$0 \leqslant P_{l1} \leqslant 1$$
$$0 \leqslant P_{l2} \leqslant 4$$
$$1 \leqslant P_{l3} \leqslant 3$$

请运用 LP 求解经济调度问题。

8. 已知发电机成本函数是如下的二次函数：

$$F_1(P_{G1}) = a_1 P_{G1}^2 + b_1 P_{G1} = P_{G1}^2 + 4P_{G1}$$
$$F_2(P_{G2}) = a_2 P_{G2}^2 + b_2 P_{G2} = 3P_{G2}^2 + 2P_{G2}$$

其余参数与第 7 题相同，请运用二次规划求解经济调度问题。

参 考 文 献

[1] 朱继忠，徐国禹．网流技术的不良状态校正法用于安全有功经济调度［J］. 重庆大学学报，1988（2）：10－16.
[2] 朱继忠，徐国禹．电力系统有功安全经济再调度［J］. 重庆大学学报，1989，12（6）：40－47.
[3] 朱继忠，徐国禹．多发电计划有功安全经济调度的网流算法［J］. 控制与决策，1989（5）：14－18.
[4] 朱继忠，徐国禹．有功安全经济调度的凸网流规划模型及其求解［J］. 控制与决策，1991（1）：48－52.
[5] 朱继忠，徐国禹．N 及 N－1 安全性经济调度的综合研究［J］. 中国电机工程学报，1991（S1）：141－146.
[6] 朱继忠，徐国禹．用网流法求解水火电力系统有功负荷分配［J］. 系统工程理论与实践，1995，15（1）：69－73.
[7] 朱继忠，徐国禹．电力系统 N－1 安全有功经济调度［J］. 重庆大学学报，1992，15（2）：105－109.
[8] 江长明，朱继忠，徐国禹．有功调度中经济性与安全性的协调问题［J］. 电力系统自动化，1995，19（11）：43－48.
[9] 王鲁，徐国禹．应用二次规划解算安全性有功经济调度［J］. 重庆大学学报，1987（3）：6－15.
[10] 李文源，徐国禹．实时安全经济调度的惩罚线性规划模型［J］. 中国电机工程学报，1989（6）：1－6.
[11] 韩学山，柳焯．动态经济调度的新算法——辅助变量法［J］. 电力系统自动化，1993（9）：35－39.
[12] 夏清，张伯明，康重庆，等．电力系统短期安全经济调度新算法［J］. 电网技术，1997（11）：61－65.
[13] 李文沅．电力系统安全经济运行：模型与方法［M］. 重庆：重庆大学出版社，1989.
[14] Alsac O, Stott B. Optimal Load Flow with Steady－State Security［J］. IEEE Transactions on Power Apparatus & Systems，1974，PAS－93（3）：745－751.
[15] Zhu J, Xu G. A new economic power dispatch method with security［J］. Electric Power Systems Research，1992，25（1）：9 － 15.
[16] Irving M R, Sterling M J H. Sterling, Economic dispatch of Active power with constraint relaxation［J］.

1983，130 (4)：172 - 177.

[17] Lee T H，Thorne D H，Hill E F. A Transportation Method for Economic Dispatching - Application and Comparison [J]. Power Apparatus & Systems IEEE Transactions on，1980，PAS - 99 (6)：2373 - 2385.

[18] E. Hobson，D. L. Fletcher，and W. O. Stadlin. Network flow linear programming techniques and their application to fuel scheduling and contingency analysis [J] . IEEE Trans. ，1984，Vol. 103：1684 - 1691.

[19] Elacqua A J，Corey S L. Security constrained dispatch at the New York Power Pool [J]. 1982，101 (8)：2876 - 2884.

[20] J. A. Momoh，G. F. Brown，and R. Adapa. Evaluation of interior point methods and their application to power system economic dispatch [J]. Proceedings of the 1993 North American Power Symposium，1993.

[21] Zhu J Z，Irving M R. Combined Active and Reactive Dispatch with Multiple Objectives Using Analytic Hierarchical Process [J]. IEE Proceedings - Generation，Transmission and Distribution，1996，143 (4)：344 - 352.

[22] Zhu J Z，Chang C S，Xu G Y. A new model and algorithm of secure and economic automatic generation control [J]. Electric Power Systems Research，1998，45 (2)：119 - 127.

[23] Zhu J Z，Irving M R，Xu G Y. A new approach to secure economic power dispatch [J]. International Journal of Electrical Power & Energy Systems，1998，20 (8)：533 - 538.

[24] J. Z. Zhu and G. Y. Xu. Network flow model of multi - generation plan for on - line economic dispatch with security [J]. Modeling，Simulation & Control，A，1991，32 (1) ：49 - 55.

[25] J. Z. Zhu and G. Y. Xu. Secure economic power reschedule of power systems，Modeling [J]. Measurement & Control，D，1994，10 (2)：59 - 64.

[26] Nanda J，Narayanan R B. Application of genetic algorithm to economic load dispatch with Lineflow constraints [J]. International Journal of Electrical Power & Energy Systems，2002，24 (9)：723 - 729.

[27] King T D，El - Hawary M E，El - Hawary F. Optimal environmental dispatching of electric power systems via an improved Hopfield neural network model [J]. IEEE Transactions on Power Systems，2002，10 (3)：1559 - 1565.

[28] Wong K P，Fung C C. Simulated annealing based economic dispatch algorithm [J]. IEE Proceedings C - Generation，Transmission and Distribution，2002，140 (6)：509 - 515.

[29] Zhu J Z，Xu G Y. Approach to automatic contingency selection by reactive type performance index [J]. IEE Proceedings C - Generation，Transmission and Distribution，1991，138 (1)：65 - 68.

[30] Zhu J，Xu G. A unified model and automatic contingency selection algorithm for the P，and Q，subproblems [J]. Electric Power Systems Research，1995，32 (2)：101 - 105.

[31] D. K. Smith. Network optimization practice [M]. Ellie Horwood Ltd，UK，1982.

[32] Dantzig G B. Linear Programming and Extensions [J]. Students Quarterly Journal，1998，34 (136)：242 - 243.

[33] Luenberger D. Introduction to linear and nonlinear programming [M]. Addison - wesley Publishing Company，Inc. USA，1973.

[34] G. Hadley. Linear programming [M]. Addison - Wesley，Reading，MA，1962.

[35] J. K. Strayer. Linear Programming and Applications [M]. Springer - Verlag，1989.

[36] Bazaraa M S，Jarvis J J. Linear Programming and Network Flows [M]. John Wiley，New York. 1977.

[37] Zhu J. Optimization of Power System Operation [M]. 2nd ed. New Jersey：Wiley - IEEE Press. 2015.

12　网络流规划用于安全经济调度

12.1　引言

网络流规划（Network Flow Programming，NFP）是一种特殊的线性规划方法，特点是操作简单、收敛速度快。20 世纪 80 年代中外专家开始用网络流规划求解安全经济调度问题。

在本书第五章介绍的一个网络流图（见图 5.6）中，每一个源点对应一个电力系统中的电源（发电机），在网络流模型中对应于一条弧，我们称之为发电弧。每一个汇点对应一个电力系统中的负荷，在 OKA 模型中也对应于一条弧，我们称之为负荷弧。每一支路对应于电力系统中的输电线路或变压器支路，在网络流模型中对应于一条弧，我们称之为输电弧。这样电力系统就可化成一个网络流图，并用网络流规划方法求解电网经济调度问题。

本书第五章介绍了网络流模型及网络流规划方法，包括不良状态校正法（Out - of - Kilter Algorithm，OKA）。下面将利用这些网流规划方法求解 N 与 $N-1$ 安全经济调度问题。

12.2　安全约束经济调度网络流规划模型

正常运行状态下，考虑 N 安全约束的有功经济调度网络流规划模型 M—1 的数学形式为：

$$\min F^0 = \sum_{i\in NG}(a_i P^{0\,2}_{Gi} + b_i P^0_{Gi} + c_i) + h\sum_{j\in NT} R_j {P^{0}_{Tj}}^2 \tag{12.1}$$

约束条件：

$$\sum_{i(\omega)} P^0_{Gi} + \sum_{j(\omega)} P^0_{Tj} + \sum_{k(\omega)} \hat{P}^0_{Dk} = 0 \quad \omega \in n \tag{12.2}$$

$$\underline{P_{Gi}} \leqslant P^0_{Gi} \leqslant \overline{P_{Gi}} \tag{12.3}$$

$$\underline{P_{Tj}} \leqslant P^0_{Tj} \leqslant \overline{P_{Tj}} \tag{12.4}$$

$$i \in NG, \quad j \in NT, \quad k \in ND$$

式中：a_i，b_i，c_i 为第 i 台发电机的成本系数；P^0_{Gi} 为正常运行状态下发电机支路 i 的有功潮流；P^0_{Tj} 为正常运行状态下输电支路 j 的有功潮流；P^0_{Dk} 为正常运行状态下负荷支路的有功潮流；NG 为发电机支路数目；NT 为输电支路数目；ND 为负荷支路数目；N 为节点数目；R_j 为输电支路（线路）电阻；$\underline{P}$ 为流经支路的有功潮流下限；$\overline{P}$ 为流经支路的有功潮流上限。

潮流正方向指定为流入节点，负方向为流出节点，$i(w)$ 表示支路 i 比邻节点 w；$j(w)$ 和 $k(w)$ 同理。

需要注意以下几点：

（1）目标函数的第二项
$$h\sum_{j\in NT}R_jP_{\mathrm{T}j}^{02} \tag{12.5}$$
是与系统边际成本 h（\$/MWh）有关的输电损耗惩罚项，线路总损耗以线路阻抗和传输功率平方的乘积表示。此种方式是近似的表示，但十分有效，它由以下输电线路有功损耗计算简化后得出
$$P_{\mathrm{L}j}=\frac{P_{\mathrm{T}j}^2+Q_{\mathrm{T}j}^2}{U_{\mathrm{T}j}^2}\times R_j \tag{12.6}$$
即在方程（12.6）中假设通过系统采用 1.0p.u. 电压和就地无功补偿。

（2）线路损耗假定均匀分布于线路两端之间，因此，方程（12.2）中的有功负荷 $P_{\mathrm{D}k}^0$ 包括了所有连接到节点 k 的输电线路损耗的一半。这部分损耗预先从正常运行状态下的潮流计算中求取，并保持恒定，有需要时也可以进行修正，即：
$$\hat{P}_{\mathrm{D}k}^0=P_{\mathrm{D}k}^0+\frac{1}{2}\sum_{j\to k}R_jP_{\mathrm{T}j}^{02} \tag{12.7}$$
另外一半与负荷无关的输电线路损耗加到 OKA 网络模型并返回支路的潮流中。

（3）输电有功功率作为独立变量，并且直接将线路安全约束引入模型之中，线路安全限制值是基于线路自然功率（Surge Impedance Loading，SIL）和线路长度，而不是发热限制。

（4）通常情况下，由于没有计算惩罚因子，电力系统网络拓扑不变，所以，模型可以很容易通过 NFP 或 OKA 求解。

尽管本模型与传统经济调度模型不同，但已经证实它们是等价的。

方程（12.1）的经济调度目标函数是二次函数，可以用平均成本线性化。本章引言中指出，电力网络可以化为 OKA 网络流图，共有三种类型的支路：发电机支路、输电支路以及负荷支路，即每一个发电机支路对应于一台发电机，每一个输电支路对应于一条输电线或一台变压器，每一个负荷支路对应于一个有功负荷需求。除此之外，还有一条特殊支路——返回支路，电力网络支路总数是 $m+1$，其中 $m=NG+NT+ND$。

对比式（12.1）～式（12.4）的经济调度模型与第五章的 OKA 模型，平均成本和每种支路的潮流限制是：

（a）发电机支路：
$$\overline{C_{ij}}=a_iP_{\mathrm{G}i}+b_i \tag{12.8}$$
$$L_{ij}=\underline{P_{\mathrm{G}i}} \tag{12.9}$$
$$U_{ij}=\overline{P_{\mathrm{G}i}} \tag{12.10}$$
（b）输电支路：
$$\overline{C_{ij}}=hR_jP_{\mathrm{T}j} \tag{12.11}$$
$$L_{ij}=\underline{P_{\mathrm{T}j}} \tag{12.12}$$
$$U_{ij}=\overline{P_{\mathrm{T}j}} \tag{12.13}$$
（c）负荷支路：
$$\overline{C_{ij}}=0 \tag{12.14}$$
$$L_{ij}=\hat{P}_{\mathrm{D}k}^0 \tag{12.15}$$
$$U_{ij}=\hat{P}_{\mathrm{D}k}^0 \tag{12.16}$$
（d）返回支路：
$$\overline{C_{ij}}=0 \tag{12.17}$$

$$L_{ij}=\sum_{k\in ND}\hat{P}^0_{Dk}+\frac{1}{2}\sum_{j\in NT}R_jP^{0\ 2}_{Tj} \tag{12.18}$$

$$U_{ij}=\sum_{k\in ND}\hat{P}^0_{Dk}+\frac{1}{2}\sum_{j\in NT}R_jP^{0\ 2}_{Tj} \tag{12.19}$$

如果在 OKA 经济调度模型中忽略网络损耗，输电支路损耗成本是零，负荷 $\hat{P}_{Dk}$ 由 P_{Dk} 代替，同时，返回支路的功率损耗也是零。

注意到返回支路上的潮流 P_{ts} 限制了总负荷和网络损耗，即：

$$P_{ts}=\sum_{k\in ND}\hat{P}^0_{Dk}+\frac{1}{2}\sum_{j\in NT}R_jP^{02}_{Tj} \tag{12.20}$$

将（12.7）代入（12.20），可得：

$$\begin{aligned}P_{ts}&=\sum_{k\in ND}\left(P^0_{Dk}+\frac{1}{2}\sum_{j\to k}R_jP^{0\ 2}_{Tj}\right)+\frac{1}{2}\sum_{j\in NT}R_jP^{0\ 2}_{Tj}\\&=\sum_{k\in ND}(P^0_{Dk})+\frac{1}{2}\sum_{j\in NT}R_jP^{0\ 2}_{Tj}+\frac{1}{2}\sum_{j\in NT}R_jP^{0\ 2}_{Tj}\\&=\sum_{k\in ND}(P^0_{Dk})+\sum_{j\in NT}R_jP^{0\ 2}_{Tj}\\&=P_D+P_L\end{aligned} \tag{12.21}$$

显然连接在返回支路的超源点处的 KCL 定律是：

$$\sum_{i=1}^{NG}P_{Gi}=P_D+P_L \tag{12.22}$$

这正是传统经济调度的有功平衡方程，因此 OKA 经济调度模型可以很容易计算出网络损耗，其方法是通过调整含返回支路的增量流环的流。

12.3　N－1 安全约束经济调度网络流规划模型

12.3.1　N－1 安全约束计算

从理论上讲，$N-1$ 安全约束数量很多，对于带有 n 条输电支路和变压器支路的系统，等于 $n(n-1)$。从实际应用上讲，输电网络规划和设计通常都考虑了 $N-1$ 准则，一般不会发生大量的 $N-1$ 安全约束违反情况，即使是发生单一的支路故障，也仅仅只有小部分的输电线路可能会过载。因此，把所有 $N-1$ 安全约束直接合并入计算模型不仅没必要，也不合理。为检测所有可能的越限情况，有必要对单一支路故障进行快速故障分析。

在从 $M-1$ 模型得到的正常发电计划基础上，$N-1$ 安全分析的 NFP 模型 $M-2$ 表述为：

$$\min F_l=\sum_{j\in NT}R_jP_{Tj}{}^2(l) \tag{12.23}$$

约束条件：

$$\sum_{i(\omega)}P^0_{Gi}+\sum_{j(\omega)}P_{Tj}(l)+\sum_{k(\omega)}P^0_{Dk}=0\quad \omega\in n \tag{12.24}$$

$$|P_{Tj}(l)|\leqslant\gamma\overline{P_{Tj}}\qquad l\in NL \tag{12.25}$$

$$P_{Tl}=0 \tag{12.26}$$

式中：$P_{Tl}(l)$ 为当线路 l 故障时，线路 j 传输的有功功率；NL 为故障线路集；γ 为大于 1 的常数（比如 $1<\gamma<1.3$）；

$M-1$ 与 $M-2$ 模型的区别如下：

（1）由于所有的发电功率和负荷功率保持不变，所以不再需要目标函数（12.1）中的发电成本部分和不等式约束（12.3）。

（2）只有传输的有功功率作为变量调整潮流分布，不等式约束（12.25）取代方程（12.4）。引入常数 γ 的目的是在线路 l 故障时能有效找到过载线路。

一旦检测到越限情况，通过以下方程，可以确定线路 j 的最大越限值：

$$\Delta \overline{P_{\mathrm{T}j}} = \max_{l \in NL}\{P_{\mathrm{T}j}(l) - \overline{P_{\mathrm{T}j}}\} \quad j \in NT_1 \tag{12.27}$$

$$\Delta \underline{P_{\mathrm{T}j}} = \min_{l \in NL}\{P_{\mathrm{T}j}(l) - \underline{P_{\mathrm{T}j}}\} \quad j \in NT_2 \tag{12.28}$$

式中：NT_1 和 NT_2 分别代表线路 l 故障时，越上限和下限的线路集合。

12.3.2 N－1 安全经济调度

正常运行下的 N 安全经济调度不能保证当单一偶发事故（或多偶发事故）发生时不出现功率越限，如果偶发状况真的发生了，就必须重新分配发电出力以使输电线路满足约束条件。因此，寻求一种将 $N-1$ 安全约束合并入经济调度问题的方法显得十分必要，在考虑 N 安全约束和快速故障分析的正常状况基础上，$N-1$ 安全经济调度的 $M-3$ 网络流模型表述为：

$$\min \Delta F = \sum_{i \in NG}\left(\left.\frac{\partial f_i}{\partial P_{\mathrm{G}i}}\right|_{P_{\mathrm{G}i}^0} \Delta P_{\mathrm{G}i}\right) + h\sum_{j \in NT}\left(\left.\frac{\partial P_{\mathrm{L}j}}{\partial P_{\mathrm{T}j}}\right|_{P_{\mathrm{T}j}^0} \Delta P_{\mathrm{T}j}\right) \tag{12.29}$$

约束条件：

$$\sum_{i(\omega)} \Delta P_{\mathrm{G}i} + \sum_{j(\omega)} \Delta P_{\mathrm{T}j} = 0 \quad \omega \in (NG + NT) \tag{12.30}$$

$$\underline{P_{\mathrm{G}i}} - P_{\mathrm{G}i}^0 \leqslant \Delta P_{\mathrm{G}i} \leqslant \overline{P_{\mathrm{G}i}} - P_{\mathrm{G}i}^0 \quad i \in NG \tag{12.31}$$

$$|\Delta P_{\mathrm{G}i}| \leqslant \Delta \overline{P_{\mathrm{Grc}i}} \quad i \in NG \tag{12.32}$$

$$\Delta P_{\mathrm{T}j} = -\Delta \overline{P_{\mathrm{T}j}} \quad j \in NT_1 \tag{12.33}$$

$$\Delta P_{\mathrm{T}j} = -\Delta \underline{P_{\mathrm{T}j}} \quad j \in NT_2 \tag{12.34}$$

$$\underline{P_{\mathrm{T}j}} - P_{\mathrm{T}j}^0 \leqslant \Delta P_{\mathrm{T}j} \leqslant \overline{P_{\mathrm{T}j}} - P_{\mathrm{T}j}^0 \quad j \in (NT - NT_1 - NT_2) \tag{12.35}$$

式中：ΔF 是总生产成本目标函数；$\Delta P_{\mathrm{G}i}$ 和 $\Delta P_{\mathrm{T}j}$ 分别是增量形式的发电和输电功率，增量形式的发电和输电成本是：

$$\left.\frac{\partial f_i}{\partial P_{\mathrm{G}i}}\right|_{P_{\mathrm{G}i}^0} = 2a_i P_{\mathrm{G}i}^0 + b_i \tag{12.36}$$

$$\left.\frac{\partial P_{\mathrm{L}j}}{\partial P_{\mathrm{T}j}}\right|_{P_{\mathrm{T}j}^0} = 2R_j P_{\mathrm{T}j}^0 \tag{12.37}$$

显然，$M-3$ 是增量优化模型，应注意下述几点：

（1）目标函数式和等式约束都是在负荷保持不变的假设下得到，即 $\Delta P_{\mathrm{D}k}=0$。特别情况下如果 $M-3$ 问题没有可行解，一些负荷需要被部分或者全部削减，才能使得问题有解。此种情况下，增量式负荷被当成零成本变量引入 $M-3$。

(2) 为了有效实现从 N 到 $N-1$ 安全计划过渡，必须考虑发电有功功率调节（调节速率）约束，它是由相关调节速率与特定调节时间的乘积决定的。因此，发电机功率调节受到不等式（12.31）和（12.32）的限制，可以合并为一个表达式：

$$\max\{-\Delta \overline{P_{\mathrm{Grc}i}},\ \underline{P_{\mathrm{G}i}}-P^0_{\mathrm{G}i}\}\leqslant \Delta P_{\mathrm{G}i}\leqslant \min\{\Delta \overline{P_{\mathrm{Grc}i}},\ \overline{P_{\mathrm{G}i}}-P^0_{\mathrm{G}i}\}\quad i\in NG \tag{12.38}$$

(3) 方程（12.33）～（12.35）反映了线路安全约束的数量变化，通过计算这些方程可以确定出 $N-1$ 约束域（由所有单一故障安全域的交集确定）。这样处理后，意味着 $N-1$ 安全经济调度问题与 N 安全经济调度问题有相同数量约束，同样可以被引入网络流模型。

把方程（12.27）和（12.28），以及方程（12.36）～（12.38）代入 $M-3$ 模型，得到 $N-1$ 安全经济调度的增量式网络流模型，即 $M-4$ 模型。

$$\min\Delta F=\sum_{i\in NG}(2a_iP^0_{\mathrm{G}i}+b_i)\Delta P_{\mathrm{G}i}+h\sum_{j\in NT}(2R_jP^0_{\mathrm{T}j})\Delta P_{\mathrm{T}j} \tag{12.39}$$

约束条件：

$$\sum_{i(\omega)}\Delta P_{\mathrm{G}i}+\sum_{j(\omega)}\Delta P_{\mathrm{T}j}=0\quad \omega\in(NG+NT) \tag{12.40}$$

$$\max\{-\Delta \overline{P_{\mathrm{Grc}i}},\ \underline{P_{\mathrm{G}i}}-P^0_{\mathrm{G}i}\}\leqslant \Delta P_{\mathrm{G}i}\leqslant \min\{\Delta \overline{P_{\mathrm{Grc}i}},\ \overline{P_{\mathrm{G}i}}-P^0_{\mathrm{G}i}\}\quad i\in NG \tag{12.41}$$

$$\Delta \overline{P_{\mathrm{T}j}}=-\max_{l\in NL}\{P_{\mathrm{T}j}(l)-\overline{P_{\mathrm{T}j}}\}\quad j\in NT_1 \tag{12.42}$$

$$\Delta \underline{P_{\mathrm{T}j}}=-\min_{l\in NL}\{P_{\mathrm{T}j}(l)-\underline{P_{\mathrm{T}j}}\}\quad j\in NT_2 \tag{12.43}$$

$$\underline{P_{\mathrm{T}j}}-P^0_{\mathrm{T}j}\leqslant \Delta P_{\mathrm{T}j}\leqslant \overline{P_{\mathrm{T}j}}-P^0_{\mathrm{T}j}\quad j\in(NT-NT_1-NT_2) \tag{12.44}$$

线性模型 $M-4$ 对应于 OKA 模型，可通过 OKA 算法求解。

注意：本节方法可以提供双发电计划，$M-1$ 模型求解的正常发电计划在正常运行状态下使用，$M-4$ 模型求解的故障后发电计划仅在故障后的情况下使用。此外，还可以被用作正常和故障后的单一发电计划，即单一发电计划不仅保证正常情况下的安全运行，还可以防止发生可能的单一故障后的过载现象。此种方案很容易实现，因为不需要重新安排任何机组的出力。然而，因为所有 $N-1$ 线路安全约束都要满足，约束域十分狭窄，因此运行费用也随着上升。

12.4 不良状态校正法求解安全经济调度

12.4.1 不良状态校正法 OKA 模型

安全经济调度模型可以化为如下不良状态校正法 OKA 数学模型：

$$\min C=\sum_{ij}C_{ij}f_{ij}\quad ij\in(m+ss+tt+1) \tag{12.45}$$

约束条件：

$$\sum_{j\in n}(f_{ij}-f_{ji})=0\quad i\in n \tag{12.46}$$

$$L_{ij}\leqslant f_{ij}\leqslant U_{ij}\quad ij\in(m+ss+tt+1) \tag{12.47}$$

式中：C_{ij} 为支路 ij 的传输费用成本，在电网中包括发电支路、输电支路和负荷支路；f_{ij} 为支路 ij 通过的流或有功潮流；L_{ij} 为支路 ij 的有功潮流下界；U_{ij} 为支路 ij 的有功潮流上界；n 为网络节点数；m 为电网中输电支路数；ss 为电网中电源（发电机数），对应于发电支路数；tt 为电网中负荷数，对应于负荷支路数。

根据对偶理论，可推导出不良状态校正法最优解的互补松弛条件为：

$$f_{ij} = L_{ij} \quad \text{for} \quad \overline{C}_{ij} > 0 \tag{12.48}$$

$$L_{ij} \leqslant f_{ij} \leqslant U_{ij} \quad \text{for} \quad \overline{C}_{ij} = 0 \tag{12.49}$$

$$f_{ij} = U_{ij} \quad \text{for} \quad \overline{C}_{ij} < 0 \tag{12.50}$$

式中：$\overline{C}_{ij}$ 被称为相对费用，可由原问题的支路费用 C_{ij} 和对偶变量 π 计算出，即

$$\overline{C}_{ij} = C_{ij} + \pi_i - \pi_j \tag{12.51}$$

不良状态校正法根据 OKA 的优化互补松弛条件并利用标号方法，处理网络模型计算中的违反约束支路（不良状态支路）。如果所有支路达到良好状态，则得出最优解；否则，需要通过标号方法改变相关支路流和节点电参数 π，使不良状态的支路变为良好状态。

12.4.2　不良状态校正法主要流程

这里先用一个简单例子来描述 OKA（不良状态校正法）的求解过程。图 12.1 是一个简单电力系统，有两台发电机（P_{G1} 和 P_{G2}）和 3 条输电线路，为负荷 P_D 供电。系统参数如下：

$$F_1(P_{G1}) = C_1 P_{G1} = 2P_{G1}$$

$$F_2(P_{G2}) = C_2 P_{G2} = 5P_{G2}$$

$$0 \leqslant P_{G1} \leqslant 2$$

$$0 \leqslant P_{G2} \leqslant 2$$

$$P_D = 3$$

$$0 \leqslant P_{l1} \leqslant 1$$

$$0 \leqslant P_{l2} \leqslant 4$$

$$1 \leqslant P_{l3} \leqslant 2$$

式中：l_1 是发电机 P_{G1} 与 P_{G2} 之间的输电线路；l_2 是发电机 P_{G1} 与负荷 P_D 之间的输电线路；l_3 是 P_{G2} 与负荷 P_D 之间的输电线路。

为简化起见，忽略网络损耗，则该系统的经济调度模型可表述为：

$$\min F = 2P_{G1} + 5P_{G2}$$

约束条件：

$$P_{G1} + P_{G2} = 3$$

$$0 \leqslant P_{G1} \leqslant 2$$

$$0 \leqslant P_{G2} \leqslant 2$$

$$0 \leqslant P_{l1} \leqslant 1$$

$$0 \leqslant P_{l2} \leqslant 4$$

$$1 \leqslant P_{l3} \leqslant 2$$

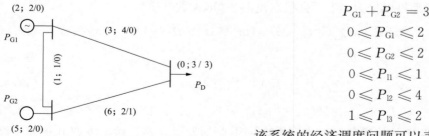

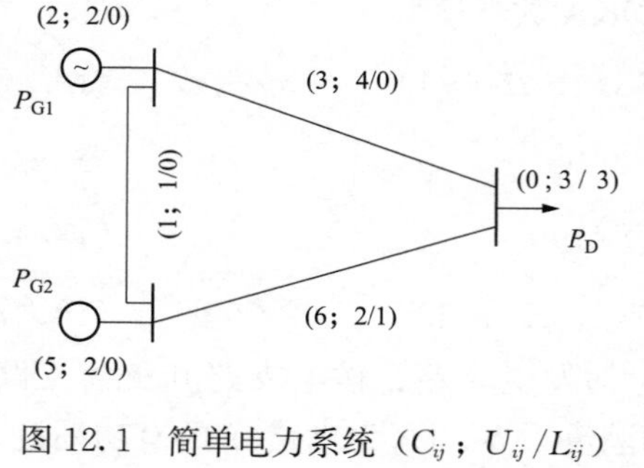

图 12.1　简单电力系统（C_{ij}；U_{ij}/L_{ij}）

该系统的经济调度问题可以表述为 OKA 网络流模型，如图 12.2 所示。

根据图 12.2 的 OKA 模型和不良状态校正算法，用 OKA 求解经济调度的过程如下：

(1) 数值初始化：$f_{13}=f_{32}=f_{24}=f_{41}=2$、$f_{12}=f_{34}=0$、$\pi_1=\pi_2=\pi_3=\pi_4=0$，这些数值和相关参数在图 12.3 (a) 给出，然后计算相对成本 $\overline{C_{ij}}$ 。

(2) 检验支路状态，从图 12.3 (a) 可知，除了标星号的支路 1-2 外，所有的支路都处于不良状态。

(3) 选取不良状态支路，比如支路 4-1，通过标号技术（又称标记方法，或着色方法），由于只有节点 1 可以被标记，因此不存在流的增广回路。然后改变节点 2-4 的 π 值，如图 12.3 (b) 所示。这种情况下，支路 4-1 仍然为不良状态，但所有节点都可以被标记，找到流的增广回路 1-2-3-4，并将增量数值取为 1，调整回路中的流后，结果如图 12.3 (c) 所示。现在，支路 4-1 处于良好状态，同时支路 3-4 也变为良好状态。

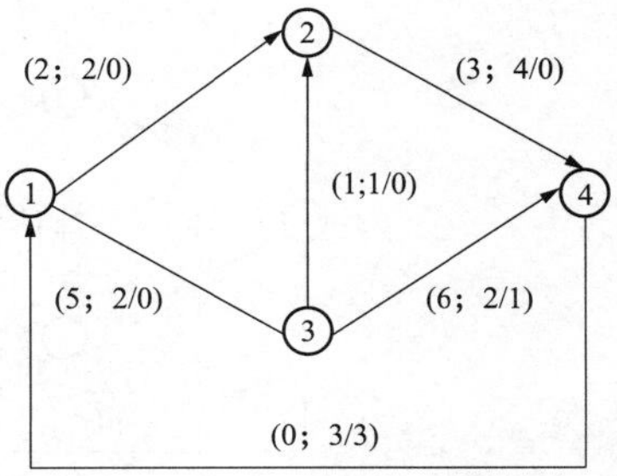

图 12.2　简单电力系统的 OKA 网络流模型

(4) 再次检验支路状态，发现支路 1-3、3-2、2-4 处于不良状态。

(5) 修正支路 1-3 状态。由于 1、2 和 3 可以被标记，所以有增广回路 1-2-3-1，修改回路中的流后，结果如图 12.3 (d) 所示。这种情况下，支路 1-3 仍然为不良状态，并且除了节点 1 之外，没有节点可以被标记。通过改变 π 和 $\overline{C_{ij}}$ ，支路 1-3 进入良好状态，如图 12.3 (e) 所示。

(6) 再次检验支路状态，仅支路 2-4 处于不良状态。

(7) 修正支路 2-4 状态。因为只有节点 2 可以被标记，所以不存在增广回路。在 1、3、4 节点的 π 和 $\overline{C_{ij}}$ 被修改后，支路 2-4 进入良好，如图 12.3 (f) 所示。

(8) 检验支路状态。这时，所有支路都处于良好状态，并且所有最优化条件都已经满足，这表示已经得到系统的最优潮流解（最小成本），停止迭代。

最优结果如下：

相对成本：

$$\overline{C}_{12}=0\,,\overline{C}_{13}=0\,,\overline{C}_{23}=4\,,\overline{C}_{24}=0\,,\overline{C}_{34}=6\,,\overline{C}_{41}=5$$

顶点（节点）值：

$$\pi_1=3\,,\pi_2=5\,,\pi_3=8\,,\pi_4=8$$

支路流：

$$f_{12}=2\,,f_{13}=1\,,f_{23}=0\,,f_{24}=2\,,f_{34}=1\,,f_{41}=3$$

12.4.3　*N* 安全约束经济调度例子

为进一步检验不良状态校正法 OKA 在 *N* 安全经济调度中的应用情况，这里列出了 IEEE 5 节点和 30 节点系统的测试结果。表 12.1 列出了在 5 节点系统上用 OKA 算法求解的经济调度结果，其中总发电成本是 757.50 $/h，总系统损耗是 0.043p.u. 与前面章节通过线性规划求解的结果几乎一样。

对于 30 节点系统，对以下不同情景用 OKA 算法进行经济调度计算。

情景 1：包括线路功率限制的原始数据。

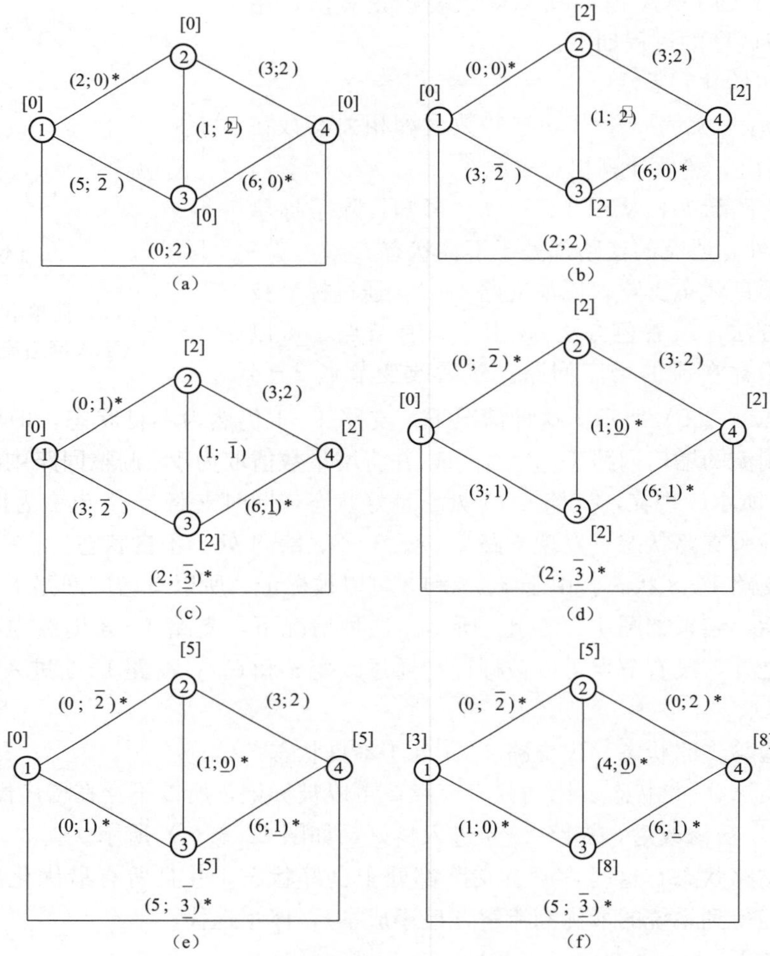

图 12.3　OKA 求解过程

情景 2：线路 2 和 6 功率限制分别下降到 0.45 和 0.35p.u. 其他数据不变。

情景 3：线路 1 功率限制下降到 0.65p.u. 其他数据不变。

情景 4：线路 1 功率限制下降到 1p.u. 其他数据不变。

以上四种情景所对应的经济调度求解结果如表 12.2 所示。

为分析权值 h 对计算结果的影响，以情景 3 为例选取不同的权值 h 进行分析，结果列于表 12.3 中。结果表明，最优结果出现在权值 h 等于 20～25 之间。

表 12.1　　OKA 经济调度结果(5 节点)

发电机或输电支路	有功功率 (p.u.)	功率下限 (p.u.)	功率上限 (p.u.)
P_{G1}	0.9270	0.3000	1.2000
P_{G2}	0.7160	0.3000	1.2000
P_{13}	0.2160	0.0000	1.0000
P_{41}	−0.4110	0.0000	0.5000

续表

发电机或输电支路	有功功率 (p. u.)	功率下限 (p. u.)	功率上限 (p. u.)
P_{51}	−0.3000	0.0000	0.3000
P_{32}	−0.4000	0.0000	0.4000
P_{25}	0.3160	0.0000	1.0000
P_{34}	0.0000	0.0000	0.5000

表 12.2　　OKA 经济调度结果(30 节点)

发电机	情景 1	情景 2	情景 3	情景 4
P_{G1} (p. u.)	1.7588	1.75000	1.34665	1.69665
P_{G2} (p. u.)	0.4881	0.26236	0.64571	0. 33295
P_{G5} (p. u.)	0.2151	0.15000	0.15000	0.15000
P_{G8} (p. u.)	0.2236	0.31270	0.31270	0.31270
P_{G11} (p. u.)	0.1230	0.30000	0.30000	0.30000
P_{G13} (p. u.)	0.12000	0.12000	0.12000	0.12000
总费用 ($/h)	802.51	813.75	814.24	809.68
系统损耗 (p. u.)	0.0950	0.0782	0.0793	0.0783

表 12.3　　不同 *h* 值的 OKA 经济调度结果(30 节点)

h	>1600	200−1600	29−200	20−25
P_{G1} (p. u.)	0.56236	0.84236	1.34665	1.34665
P_{G2} (p. u.)	0.80000	0.80000	0.29571	0.64571
P_{G5} (p. u.)	0.50000	0.50000	0.15000	0.15000
P_{G8} (p. u.)	0.31270	0.31270	0.31270	0.31270
P_{G11} (p. u.)	0.30000	0.30000	0.30000	0.30000
P_{G13} (p. u.)	0.40000	0.12000	0.12000	0.12000
总费用 ($/h)	964.86	915.21	872.52	814.24
系统损耗 (p. u.)	0.0594	0.0620	0.0691	0.0793
迭代次数	1	1	2	3

12.4.4　*N*−1 安全约束经济调度例子

同样，为进一步检验不良状态校正法 OKA 在 *N*−1 安全经济调度中的应用情况，使用与 IEEE 30 节点相同的数据计算 *N*−1 安全约束的经济调度，结果列于表 12.4 和表 12.5 中。表中括弧内数字为线路上的功率，负号表示与正常情况下该线路功率流动的方向相反。

表 12.4　　$N-1$ 安全分析与计算结果（IEEE 30 节点系统）

线路故障支路编号	线路故障引起的其他线路过载情况
1	L_1（1.75662），L_4（1.73162），L_7（－1.08480）
2	L_1（1.75662），L_{10}（0.56510），L_{12}（－0.39087）
4	L_1（1.73162），L_{10}（0.56510），L_{12}（0.39087）
5	L_1（1.73162），L_6（1.30000），L_8（－0.72573），L_{10}（0.56508）

从表 12.4 可知，通过 $N-1$ 安全分析与计算，$N-1$ 安全性在 4 条线路单一故障（线路 1、2、4、5）出现时无法得到满足，因此需要在 $N-1$ 模型中引入这些越限约束，从而重新调整发电机出力直到没有越限现象发生。最终结果如表 12.5 所示。

通过与求解经济调度问题的线性规划方法比较，可以发现 OKA 网络流规划方法可以得到几乎与 LP 同样的结果，尽管有些时候 OKA 求解精度比 LP 方法略低，但从工程的角度可以忽略不计。

需要注意的是，通过 OKA 快速 $N-1$ 安全分析建立 $N-1$ 安全约束域，并将其应用于 $N-1$ 安全经济调度 OKA 模型，可大大降低 $N-1$ 安全经济调度的计算量。

表 12.5　　$N-1$ 安全经济调度求解结果与比较

发电机	OKA	LP
P_{G1}（p. u.）	1.40625	1.38540
P_{G2}（p. u.）	0.60638	0.57560
P_{G5}（p. u.）	0.25513	0.24560
P_{G8}（p. u.）	0.30771	0.35000
P_{G11}（p. u.）	0.17340	0.17930
P_{G13}（p. u.）	0.16154	0.16910
总发电量（p. u.）	2.91041	2.90500
总费用（$/h）	813.44	813.74
系统功率损耗（p. u.）	0.07641	0.0711

12.5　非线性凸网络流规划求解安全经济调度

12.5.1　引言

前面介绍的求解 ED 的网络流规划和模型都是线性的，是线性规划的一种特殊形式。本节呈现一种新的 ED 非线性凸网络流规划（NLCNFP）方法，它是通过结合二次规划（QP）和网络流规划（NFP）进行求解。首先，在潮流方程的基础上，推导一种新的安全经济调度 NLCNFP 模型，接着建立一种新的增量式安全经济调度 NLCNFP 模型。新的 ED 模型可以转换为二次规划模型，在二次规划模型中寻找流变量空间的搜索方向。通过引入网络流图中的最大基的概念，实现将带约束的二次规划模型转变为不带约束的 QP 模型，于是可以通过梯度下降法进行求解。

12.5.2 非线性凸网络流规划 ED 模型

12.5.2.1 数学模型推导

输电线路的有功潮流方程可以表述为：

$$P_{ij}=U_i^2 g_{ij}-U_i U_j g_{ij}\cos\theta_{ij}-U_i U_j b_{ij}\sin\theta_{ij} \tag{12.52}$$

$$P_{ji}=U_j^2 g_{ij}+U_i U_j(-g_{ij}\cos\theta_{ij}+b_{ij}\sin\theta_{ij}) \tag{12.53}$$

式中：P_{ij}为线路ij送端有功功率；P_{ji}为线路ij受端有功功率；U_i为节点i的电压幅值；θ_{ij}为线路ij送端与受端的电压相角差；b_{ij}为线路ij的电纳；g_{ij}为线路ij的电导。

在高压电力网络中，θ_{ij}的数值很小，容易得到以下近似方程：

$$U\approx 1.0\ \text{p.u.} \tag{12.54}$$

$$\sin\theta_{ij}\approx\theta_{ij} \tag{12.55}$$

$$\cos\theta_{ij}\approx 1-\theta_{ij}^2/2 \tag{12.56}$$

把方程（12.54）～（12.56）代入方程（12.52）和（12.53），线路有功潮流方程可以简化并推导如下：

$$P_{ij}=P_{ij\text{C}}+\frac{1}{2}\left(-\frac{P_{ij\text{C}}}{b_{ij}}\right)^2 g_{ij} \tag{12.57}$$

$$P_{ji}=-P_{ij\text{C}}+\frac{1}{2}\left(-\frac{P_{ij\text{C}}}{b_{ij}}\right)^2 g_{ij} \tag{12.58}$$

其中

$$P_{ij\text{C}}=-b_{ij}\theta_{ij} \tag{12.59}$$

称为线路ij的等效潮流。

由方程（12.57）和（12.58）可以得到线路ij的有功损耗：

$$\begin{aligned}P_{\text{L}ij}&=P_{ij}+P_{ji}=\left(-\frac{P_{ij\text{C}}}{b_{ij}}\right)^2 g_{ij}\\&=P_{ij\text{C}}^2\frac{(R_{ij}^2+X_{ij}^2)}{X_{ij}^2}R_{ij}\end{aligned} \tag{12.60}$$

式中：R_{ij}为线路ij的电阻；X_{ij}为线路ij的电抗。

令

$$Z_{ij\text{C}}=\frac{(R_{ij}^2+X_{ij}^2)}{X_{ij}^2}R_{ij} \tag{12.61}$$

线路ij的有功损耗可以表述如下：

$$P_{\text{L}ij}=P_{ij\text{C}}^2 Z_{ij\text{C}} \tag{12.62}$$

传统经济调度问题 NFP 模型可以表述如下，即模型 M－5：

$$\min F=\sum_{i\in NG}(a_iP_{\text{G}i}^2+b_iP_{\text{G}i}+c_i)+h\sum_{ij\in NT}P_{\text{L}ij} \tag{12.63}$$

约束条件：

$$P_{\text{G}i}=P_{\text{D}i}+\sum_{j\to i}P_{ij} \tag{12.64}$$

$$P_{\text{G}i\text{m}}\leqslant P_{\text{G}i}\leqslant P_{\text{G}i\text{M}},\ i\in NG \tag{12.65}$$

$$-P_{ij\text{M}}\leqslant P_{ij}\leqslant P_{ij\text{M}},\ j\in NT \tag{12.66}$$

式中：P_{Gi}为发电机i的有功功率；P_{Di}为负荷母线i的有功需求；P_{ij}为连接节点i的线路潮流，如果潮流流向节点i，则为负值。a_i，b_i，c_i为第i台发电机的成本系数；NG为电力网络内的发电机数目；NT为电力网络内的输电线路数目；$P_{ij\mathrm{M}}$为线路ij的有功潮流限制；$P_{\mathrm{L}ij}$为输电线路ij的有功损耗；h为输电损耗的权值系数；$j \rightarrow i$表示节点j通过线路ij连接到节点i；下标 m 与 M 表示约束的下限与上限。

目标函数中第二项是基于系统边际成本h（＄/MWh）的输电损耗惩罚项，式（12.66）是线路功率安全限制，式（12.65）为发电机出力限制约束，式（12.64）是基尔霍夫第一定律（KCL 节点电流定律）。

把式（12.60）或式（12.62）代入方程（12.63），把式（12.57）代入式（12.64），新的 NLCNFP 模型 M－6 可以描述为：

$$\min F = \sum_{i \in NG}(a_i P_{Gi}^2 + b_i P_{Gi} + c_i) + h \sum_{ij \in NT} P_{ij\mathrm{C}}^2 Z_{ij\mathrm{C}} \tag{12.67}$$

约束条件：

$$P_{Gi} = P_{Di} + \sum_{j \rightarrow i}\left(P_{ij\mathrm{C}} + \frac{P_{ij\mathrm{C}}^2}{2b_{ij}^2} g_{ij}\right) \tag{12.68}$$

$$P_{Gim} \leqslant P_{Gi} \leqslant P_{Gi\mathrm{M}}\ ,\ i \in NG \tag{12.69}$$

$$-P_{ij\mathrm{CM}} \leqslant P_{ij\mathrm{C}} \leqslant P_{ij\mathrm{CM}}\ ,\ j \in NT \tag{12.70}$$

式中：$Z_{ij\mathrm{C}}$称为输电线路ij的等效阻抗，如方程（12.61）所示。

显然，方程（12.68）等效于传统电力系统 ED 模型中的有功平衡方程，即：

$$\sum_{i \in NG} P_{Gi} = \sum_{k \in ND} P_{Dk} + P_{\mathrm{L}} \tag{12.71}$$

式中：ND为负荷节点的数目；P_{L}为总系统有功损耗，通过计算下列方程得到而不是通常意义的潮流计算。

$$P_{\mathrm{L}} = \sum_{ij \in NT} P_{\mathrm{L}ij} = \sum_{ij \in NT} P_{ij\mathrm{C}}^2 Z_{ij\mathrm{C}} \tag{12.72}$$

式（12.70）中的等效线路有功潮流$P_{ij\mathrm{CM}}$的限制值通过求解如下方程得到，即：

$$P_{ij\mathrm{M}} = P_{ij\mathrm{CM}} + \frac{1}{2}\left(-\frac{P_{ij\mathrm{CM}}}{b_{ij}}\right)^2 g_{ij} \tag{12.73}$$

根据上述方程，得到等效线路潮流$P_{ij\mathrm{CM}}$的正值限制（忽略$P_{ij\mathrm{CM}}$的负根），即：

$$P_{ij\mathrm{CM}} = \frac{\sqrt{1 + (2g_{ij}P_{ij\mathrm{M}}/b_{ij}^2)} - 1}{g_{ij}} \tag{12.74}$$

12.5.2.2 考虑 KVL

通常用 NFP 法求解安全经济调度问题时并没有考虑到基尔霍夫第二定律（回路电压定律，KVL），本节将考虑 KVL，其方法如下。

输电线路ij的电压降落可以近似表示为：

$$U_{ij} = P_{ij\mathrm{C}} Z_{ij\mathrm{C}} \tag{12.75}$$

如此，第l个电压回路的电压方程可以表示为：

$$\sum_{ij}(P_{ij\mathrm{C}} Z_{ij\mathrm{C}})\mu_{ij,1} = 0\ (l=1,\ 2,\ \cdots,\ NM) \tag{12.76}$$

式中：NM是网络环数目；$\mu_{ij,1}$是相关环矩阵的元素，取 0 或者 1。

把 KVL 方程引入模型 M－6，得到以下模型 M－7，其中，扩增目标函数是由 KVL 方程以及模型 M-6 的目标函数组合而得。

$$\min F_{\mathrm{L}} = \sum_{i\in NG}(a_i P_{\mathrm{G}i}^2 + b_i P_{\mathrm{G}i} + c_i) + h\sum_{ij\in NT} P_{ij\mathrm{C}}{}^2 Z_{ij\mathrm{C}} - \lambda_l \sum_{ij}(P_{ij\mathrm{C}} Z_{ij\mathrm{C}})\mu_{ij,l}\ (l=1,\ 2,\ \cdots,\ NM) \tag{12.77}$$

约束条件：式（12.68）～式（12.70）

式中，λ_l是拉格朗日乘子，可通过目标函数对于变量 $P_{ij\mathrm{C}}$求最小化得到：

$$2hP_{ij\mathrm{C}} Z_{ij\mathrm{C}} - \lambda_l \sum_{ij} Z_{ij\mathrm{C}}\mu_{ij,l} = 0\ (l=1,\ 2,\ \cdots,\ NM) \tag{12.78}$$

$$\lambda_l = 2hP_{ij\mathrm{C}} / \sum_{ij}\mu_{ij,l} \qquad (l=1,\ 2,\ \cdots\cdots,\ NM) \tag{12.79}$$

通过求解 NLCNFP 优化模型 M-7，可以得到发电机出力 $P_{\mathrm{G}i}$以及等效输电线路潮流 $P_{ij\mathrm{C}}$。所以，线路潮流 P_{ij}以及送受端节点电压相角之差 θ_{ij}和系统有功损耗 P_{L}可分别通过方程（12.57）、（12.59）和（12.72）求解得到，而不是通常的潮流计算。

同样，12.3 节提出的 $N-1$ 安全约束的方法这里也可采用，因此，增量式的 $N-1$ 安全经济调度 NLCNFP 模型 M-8 变为：

$$\min \Delta F = \sum_{i\in NG}(2a_i P_{\mathrm{G}i}^0 + b_i)\Delta P_{\mathrm{G}i} + h\sum_{ij\in NT}(2Z_{ij\mathrm{C}} P_{ij\mathrm{C}}^0)\Delta P_{ij\mathrm{C}} + \lambda_l \sum_{ij} Z_{ij\mathrm{C}}\mu_{ij,l} \tag{12.80}$$

约束条件：

$$\Delta P_{\mathrm{G}i} = \sum_{j\to i}\left(1 + \frac{P_{ij\mathrm{C}}}{b_{ij}^2} g_{ij}\right)\Delta P_{ij\mathrm{C}} \tag{12.81}$$

$$\max\{-\Delta P_{\mathrm{GRC}i\mathrm{M}},\ P_{\mathrm{G}i\mathrm{m}} - P_{\mathrm{G}i}^0\} \leqslant \Delta P_{\mathrm{G}i} \leqslant \min\{\Delta P_{\mathrm{GRC}i\mathrm{M}},\ P_{\mathrm{G}i\mathrm{M}} - P_{\mathrm{G}i}^0\},\quad i\in NG \tag{12.82}$$

$$\Delta P_{ij\mathrm{C}} = -\max_{l\in NL}\{P_{ij\mathrm{C}}(l) - P_{ij\mathrm{CM}}\}, j\in NT_1 \tag{12.83}$$

$$\Delta P_{ij\mathrm{C}} = -\min_{l\in NL}\{P_{ij\mathrm{C}}(l) + P_{ij\mathrm{CM}}\}, j\in NT_2 \tag{12.84}$$

$$-P_{ij\mathrm{CM}} - P_{ij\mathrm{C}}^0 \leqslant \Delta P_{ij\mathrm{C}} \leqslant P_{ij\mathrm{CM}} - P_{ij\mathrm{C}}^0 \quad j\in(NT - NT_1 - NT_2) \tag{12.85}$$

值得注意的是，由于将所有的单一故障产生的约束条件都引入到 $N-1$ 安全经济调度模型中，所以形成的 $N-1$ 安全域可能会十分狭窄。也就是说，发电机有功功率的可行范围变得很小，造成 $N-1$ 安全条件满足，但系统经济要求没法满足的现象。因此，引入多发电计划的方法，该方法在每一次的经济调度求解中只考虑一个严重而起作用的单一故障，这意味着每一个有效单一故障都对应于一种发电计划。一般而言，系统不会出现过多的有效单一故障，所以实际的发电计划也不会很多，多发电计划的增量式模型可以描述如下：

$$\min \Delta F = \sum_{i\in NG}(2a_i P_{\mathrm{G}i}^0 + b_i)\Delta P_{\mathrm{G}i}(l) + h\sum_{ij\in NT}(2Z_{ij\mathrm{C}} P_{ij\mathrm{C}}^0)\Delta P_{ij\mathrm{C}}(l) + \lambda_l \sum_{ij} Z_{ij\mathrm{C}}\mu_{ij,l} \tag{12.86}$$

约束条件：

$$\Delta P_{\mathrm{G}i}(l) = \sum_{j\to i}\left(1 + \frac{P_{ij\mathrm{C}}{}^0}{b_{ij}^2} g_{ij}\right)\Delta P_{ij\mathrm{C}}(l) \tag{12.87}$$

$$\max\{-\Delta P_{\mathrm{GRC}i\mathrm{M}},\ P_{\mathrm{G}i\mathrm{m}} - P_{\mathrm{G}i}^0\} \leqslant \Delta P_{\mathrm{G}i}(l) \leqslant \min\{\Delta P_{\mathrm{GRC}i\mathrm{M}},\ P_{\mathrm{G}i\mathrm{M}} - P_{\mathrm{G}i}^0\},\quad i\in NG \tag{12.88}$$

$$\Delta P_{ij\mathrm{C}}(l) = -[P_{ij\mathrm{C}}(l) - P_{ij\mathrm{CM}}], j\in NT_1,\ l\in NL \tag{12.89}$$

$$\Delta P_{ij\mathrm{C}}(l) = -[P_{ij\mathrm{C}}(l) + P_{ij\mathrm{CM}}], j\in NT_2,\ l\in NL \tag{12.90}$$

$$-P_{ij\text{CM}}-P_{ij\text{C}}^{0}\leqslant\Delta P_{ij\text{C}}\leqslant P_{ij\text{CM}}-P_{ij\text{C}}^{0},j\in(NT-NT_{1}-NT_{2})\tag{12.91}$$

12.5.3 求解方法

由于M－7与M－8的特殊形式，使用以下算法进行求解：

模型M－7或M－8很容易转变为非线性凸网络流规划的标准模型，即模型M－9：

$$\min C=\sum_{ij}c(f_{ij})\tag{12.92}$$

约束条件：

$$\sum_{j\in n}(f_{ij}-f_{ji})=r_{i}\quad i\in n\tag{12.93}$$

$$L_{ij}\leqslant f_{ij}\leqslant U_{ij}\quad ij\in m\tag{12.94}$$

方程（12.93）可以表述如下：

$$\boldsymbol{A}f=r\tag{12.95}$$

其中，$\boldsymbol{A}$是$n\times(n+m)$矩阵，每一列对应于网络中的一个支路，每一行对应于网络中的一个节点。矩阵$\boldsymbol{A}$可以分解为基矩阵与非基矩阵，类似于单纯形法，即：

$$\boldsymbol{A}=[\boldsymbol{B},\boldsymbol{S},\boldsymbol{N}]\tag{12.96}$$

其中，$\boldsymbol{B}$的每一列构成一个基；$\boldsymbol{S}$、$\boldsymbol{N}$则对应于非基支路，$\boldsymbol{S}$对应于支路流在其限制范围内的非基支路，$\boldsymbol{N}$对应于流触及边界的非基支路。

其他变量也可按同样方法划分，即：

$$f=[f_{B},f_{S},f_{N}]\tag{12.97}$$

$$g(f)=[g_{B},g_{S},g_{N}]\tag{12.98}$$

$$\boldsymbol{G}(f)=\text{diag}[\boldsymbol{G}_{B},\boldsymbol{G}_{S},\boldsymbol{G}_{N}]\tag{12.99}$$

$$D=[D_{B},D_{S},D_{N}]\tag{12.100}$$

式中：$g(f)$为目标函数一阶梯度；$G(f)$为目标函数海森矩阵；D为流变量空间的搜索方向。

为求解模型M－9，首先用牛顿法计算流变量的搜索方向，将目标函数近似为二次函数，然后对近似二次函数直接求其最小。

假设f是一个流的可行解，沿着变量空间的搜索方向步长为$\beta=1$，则新的可行解可表示为：

$$f'=f+D\tag{12.101}$$

把方程（12.101）代入模型M－9的方程中，非线性凸网络流规划模型M—9变为以下的二次规划模型M－10，在M－10中求解流变量空间的搜索方向。

$$\min C(D)=\frac{1}{2}D^{\mathrm{T}}\boldsymbol{G}(f)D+g(f)^{\mathrm{T}}D\tag{12.102}$$

约束条件：

$$\boldsymbol{A}D=0\tag{12.103}$$

$$D_{ij}\geqslant 0,\quad\text{当}\ f_{ij}=L_{ij}\tag{12.104}$$

$$D_{ij}\leqslant 0,\quad\text{当}\ f_{ij}=U_{ij}\tag{12.105}$$

模型（12.102）～（12.105）是一个特殊的二次规划模型，有着网络流规划的形式，为加快计算速率，采用一种新的求解方法来取代通用二次规划算法，其主要计算步骤参见本书

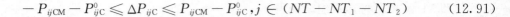

第五章。

12.5.4 计算实例

为测试NLCNFP模型和算法，在IEEE 5节点和IEEE 30节点系统上进行数值仿真，安全经济调度问题的求解结果和算法比较列于表12.6～表12.8。为进一步提高精确度和检查系统运行状态，快速解耦潮流计算也在模型中使用，但只在初始阶段以及优化的最后才采用。

表12.6列出了5节点系统通过非线性凸网络流规划求解的经济调度结果，不良状态校正算法的结果也在表12.6（第三列）给出。

将30节点系统上通过NLCNFP求解的经济调度结果，与12.4节中的OKA求解ED结果进行比较，分以下两种情况：

情景1：原始数据。

情景2：将原始数据中线路1的功率限制值从1.3p.u.下降至1 p.u.，其余数据不变。

表12.7列出了两种情景下使用以上两种不同求解技术（NLCNFP和OKA）得到的求解结果。显然，通过NLCNFP方法求解ED问题的精确度比用OKA方法求解的高。

表12.8列出了NLCNFP法、传统线性规划法以及二次规划法求解ED问题的结果，结果显示通过潮流计算的传统ED方法与NLCNFP法具有一致性。

表12.6 经济调度求解结果比较（5节点）

发电机	OKA方法	NLCNFP方法
P_{G1}（p.u.）	0.92700	0.97800
P_{G2}（p.u.）	0.71600	0.66670
发电总费用（$）	757.500	757.673
系统功率损耗（p.u.）	0.04300	0.04470

表12.7 IEEE 30节点NLCNFP与OKA算法ED求解结果与比较

情景	情景1	情景1	情景2	情景2
方法	NLCNFP方法	OKA方法	NLCNFP方法	OKA方法
P_{G1}（p.u.）	1.7595	1.7588	1.5018	1.69665
P_{G2}（p.u.）	0.4884	0.4881	0.5645	0.33295
P_{G5}（p.u.）	0.2152	0.2151	0.2321	0.15000
P_{G8}（p.u.）	0.2229	0.2236	0.3207	0.31270
P_{G11}（p.u.）	0.1227	0.1230	0.1518	0.30000
P_{G13}（p.u.）	0.1200	0.12000	0.1413	0.12000
总发电量	2.9286	2.9290	2.9121	2.9151
系统功率损耗	0.0946	0.0950	0.0781	0.0783
发电总费用（$）	802.3986	802.51	807.80	809.68

表 12.8　　IEEE 30 节点上 NLCNFP、QP、LP 算法求解结果与比较

发电机	NLCNFP 方法	QP 方法	LP 方法
P_{G1}	1.7595	1.7586	1.7626
P_{G2}	0.4884	0.4883	0.4884
P_{G5}	0.2152	0.2151	0.2151
P_{G8}	0.2229	0.2233	0.2215
P_{G11}	0.1227	0.1231	0.1214
P_{G13}	0.1200	0.1200	0.1200
总发电量	2.9286	2.9285	2.9290
系统功率损耗	0.0946	0.0945	0.0948
发电总费用（$）	802.3986	802.3900	802.4000

根据 12.3 节的 $N-1$ 安全分析，存在四个单一故障，会引起 30 节点系统的线路潮流越限，分别是线路 1、2、4 和 5。在 30 节点系统应用多发电计划的概念，将会有五种发电计划：一种是正常运行状态，四种是有效的单一故障状态，分别如表 12.9 所示。

表 12.9　　IEEE 30 节点多发电计划

发电机	正常状态发电计划	线路 1 故障时发电计划	线路 2 故障时发电计划	线路 4 故障时发电计划	线路 5 故障时发电计划
P_{G1}	1.7595	1.42884	1.40919	1.41584	1.57840
P_{G2}	0.4884	0.55222	0.57188	0.56521	0.38880
P_{G5}	0.2152	0.24135	0.24135	0.24135	0.25512
P_{G8}	0.2229	0.35000	0.35000	0.35000	0.35000
P_{G11}	0.1227	0.17340	0.17340	0.17340	0.17340
P_{G13}	0.1200	0.16154	0.16154	0.16154	0.16154
总发电量	2.9286	2.90735	2.90736	2.90734	2.90726
系统功率损耗	0.0946	0.07335	0.07336	0.07334	0.07326
发电总费用（$）	802.3986	811.36192	812.64862	812.18859	808.30441
N 安全性	满足	—	—	—	—
$N-1$ 安全性	当线路 1，2，4，5 单一故障时不满足	满足	满足	满足	满足

12.6　网络流规划用于安全经济自动发电控制

12.6.1　引言

电力系统自动发电控制（AGC）有两项基本功能：经济调度控制（EDC）和负荷频率控制（LFC）。EDC 的目标是在满足所有负荷需求与网络安全约束条件下实现电力系统总生产成本或运行费用最小。LFC 的目标包括：

（1）实现零静态频率偏差。

（2）在整个控制区域内分配发电出力使得联络线潮流符合规定的计划值。

（3）平衡总发电量与总负荷。

LFC 的时间尺度在 2～10s 之间。EDC 通过优化每 5min 或 15min 更改 LFC 的设定点。在实时有功安全经济调度中，关键是要保证计算的速度和精度。通常，EDC 和 LFC 是分开控制的，但实际上，这两种控制之间存在一组共同的控制变量，即每个机组发出的有功功率。因此，有必要对 LFC 与 EDC 进行协调控制，这就意味着要实现安全和经济的 AGC 需要一个快速安全的经济调度计算模型。本节介绍非线性凸网络潮流规划（NLCNFP）在安全经济自动发电控制中的应用。

12.6.2 AGC 的增量 NLCNFP 模型

在第 12.5 节中推导的经济调度 NFP 模型 M－7 中，负荷 P_{Dk} 和系统频率在正常运行状态下保持不变。P_{Gi}^0、$P_{ij}{}^0*$ 是正常值。基于 P_{Gi}^0 和 $P_{ij}{}^0*$，模型 M－7 中的方程（12.68）～（12.70）可以用忽略高阶的泰勒级数表示。为了保持模型的准确性，模型 M－7 中的目标函数也由泰勒级数表示，但非近似。于是得到如下增量模型 M－11。

$$\min\Delta F_L = \sum_{i\in NG}(a_i\Delta P_{Gi}^2 + (2a_iP_i^0 + b_i)\Delta P_{Gi}) + h\sum_{ij\in NT}\Delta P_{ij}^{*2}Z_{ij}^* + h\sum_{ij}(2Z_{ij}^*P_{ij}^0)\Delta P_{ij}^* - \lambda_1\sum_{ij}(\Delta P_{ij}^*Z_{ij}^*)\mu_{ij,1}$$

$$l=1, 2, \cdots, NM \tag{12.106}$$

约束条件：

$$\sum_i\left(\frac{1-\partial P_L}{\partial P_{Gi}}\right)\Delta P_{Gi} = 0 \tag{12.107}$$

$$P_{Gim} - P_{Gi}^0 \leqslant \Delta P_{Gi} \leqslant P_{GiM} - P_{Gi}^0 \quad i\in NG \tag{12.108}$$

$$\sum_i\left(\frac{\partial P_{ij}^*}{\partial P_{Gi}}\right)\Delta P_{Gi} \leqslant P_{ijM}^* - P_{ij}^{0*} \tag{12.109}$$

当负荷和频率改变 ΔP_{Dk} 和 Δf 时，M－11 中的方程（12.107）和（12.109）变为：

$$\sum_i\left(1-\frac{\partial P_L}{\partial I_i}\right)\Delta P_{Gi} = \sum_i\left(1-\frac{\partial P_L}{\partial I_i}\right)\Delta P_{Di} + K_1\Delta f \tag{12.110}$$

$$\sum_i\left(\frac{\partial P_{ij}^*}{\partial I_i}\right)\Delta P_{Gi} \leqslant P_{ijM}^* - P_{ij}^{0*} + \sum_i\left(\frac{\partial P_{ij}^*}{\partial I_i}\right)\Delta P_{Di} + K_1\Delta f \tag{12.111}$$

式中：ΔP_{Gi} 为发电功率的变化；ΔP_{Dk} 为负荷需求的变化；Δf 为系统频率变化；K_1 为频率偏差常数；l_i 为注入节点 i 的有功功率，即

$$l_i = P_{Gi} - P_{Di} \tag{12.112}$$

在式（12.110）和式（12.111）的右侧，含有 ΔP_{Dk} 和 Δf 的项表示由于负荷和/或频率的变化所导致的有功功率平衡和线路潮流的扰动。

P_{ij}^* 为负荷和频率变化时线路 ij 上的等效有功功率。我们用它代替式（12.111）中的功率极限 P_{ijM}^*。于是，不等式约束（12.111）变为等式约束，即：

$$\sum_i\left(\frac{\partial P_{ij}^*}{\partial I_i}\right)\Delta P_{Gi} = P_{ij}^* - P_{ij}^{0*} + \sum_i\left(\frac{\partial P_{ij}^*}{\partial I_i}\right)\Delta P_{Di} + K_l\Delta f \tag{12.113}$$

使

$$\delta P_{ij}^* = P_{ij}^* - P_{ij\mathrm{M}}^* \tag{12.114}$$

从式（12.113）可以得到：

$$\delta P_{ij}^* = \sum_i \left(\frac{\partial P_{ij}^*}{\partial I_i}\right)\Delta P_{\mathrm{G}i} + P_{ij}^{0*} - P_{ij\mathrm{M}}^* - \sum_i \left(\frac{\partial P_{ij}^*}{\partial I_i}\right)\Delta P_{\mathrm{D}i} - K_l \Delta f \tag{12.115}$$

定义

$$r_0 = \sum_i \left(1 - \frac{\partial P_{\mathrm{L}}}{\partial I_i}\right)\Delta P_{\mathrm{D}i} \tag{12.116}$$

$$r_{ij} = \sum_i \left(1 - \frac{\partial P_{ij}^*}{\partial I_i}\right)\Delta P_{\mathrm{D}i} \tag{12.117}$$

根据方程（12.115）～（12.117），等式（12.110）和（12.111）可以用下式表示。

$$\sum_i \left(1 - \frac{\partial P_{\mathrm{L}}}{\partial I_i}\right)\Delta P_{\mathrm{G}i} = r_0 + K_l \Delta f \tag{12.118}$$

$$\sum_i \left(\frac{\partial P_{ij}^*}{\partial I_i}\right)\Delta P_{\mathrm{G}i} = \delta P_{ij}^* + (P_{ij\mathrm{M}}^* - P_{ij}^{0*} - r_{ij}) + K_l \Delta f \tag{12.119}$$

为了满足系统频率和联络线交换功率的控制要求，可以在方程（12.118）和（12.119）中采用积分控制方案，即：

$$\sum_i \left(1 - \frac{\partial P_{\mathrm{L}}}{\partial I_i}\right)\Delta P_{\mathrm{G}i} = -\alpha \int_0^t \Delta f \mathrm{d}t \tag{12.120}$$

$$\sum_i \left(\frac{\partial P_{ij}^*}{\partial I_i}\right)\Delta P_{\mathrm{G}i} = -\alpha \int_0^t \frac{\delta P_{ij}^*}{\lambda_{ij}} \mathrm{d}t \tag{12.121}$$

于是获得安全经济 AGC 的增量 NLCNFP 模型 M－12：

$$\begin{aligned} \min \Delta F_{\mathrm{L}} = & \sum_{i \in NG} (a_i \Delta P_{\mathrm{G}i}^2 + (2a_i P_i^0 + b_i)\Delta P_{\mathrm{G}i}) + h \sum_{ij \in NT} \Delta P_{ij}^{*2} Z_{ij}^* \\ & + h \sum_{ij} (2Z_{ij}^* P_{ij}^0) \Delta P_{ij}^* - \lambda_1 \sum_{ij} (\Delta P_{ij}^* Z_{ij}^*) \mu_{ij,1} \\ & l = 1, 2, \cdots, NM \end{aligned} \tag{12.122}$$

约束条件：

$$\sum_i \left(1 - \frac{\partial P_{\mathrm{L}}}{\partial I_i}\right)\Delta P_{\mathrm{G}i} = -\alpha \int_0^t \Delta f \mathrm{d}t \tag{12.123}$$

$$\sum_i \left(\frac{\partial P_{ij}^*}{\partial I_i}\right)\Delta P_{\mathrm{G}i} = -\alpha \int_0^t \frac{\delta P_{ij}^*}{\lambda_{ij}} \mathrm{d}t \qquad ij \in S_{\mathrm{k}} \tag{12.124}$$

$$\max(-\Delta P_{\mathrm{GRCM}}, P_{\mathrm{G}im} - P_{\mathrm{G}i}^*) \leqslant \Delta P_{\mathrm{G}i} \leqslant \min(\Delta P_{\mathrm{GRCM}}, P_{\mathrm{G}i\mathrm{M}} - P_{\mathrm{G}i}^*) \tag{12.125}$$

$$\sum_i \left(\frac{\partial P_{ij}^*}{\partial I_i}\right)\Delta P_{\mathrm{G}i} \leqslant P_{ij\mathrm{M}} - P_{ij}^* \qquad ij \in NT - S_{\mathrm{k}} \tag{12.126}$$

式中：S_{k}为关键或临界线路集合；ΔP_{GRCM}为发电速率约束的极限，又称爬坡速度约束。

不难发现，式（12.123）是系统频率控制约束，式（12.124）是临界线的功率控制约束。式（12.125）代表发电功率及发电速率约束，式（12.126）表示非临界线的安全约束。

通过用上节推导的非线性凸网络流规划（NLCNFP）方法求解 AGC 增量模型 M－12，可以得到安全经济的快速 AGC 发电计划。

对于互联电力系统，应做少量修改，即将模型 M－12 中的频率偏差 Δf 用区域控制偏差

（ACE）替代。

12.6.3 算例分析

将所提出的 AGC 模型和算法在 IEEE 30 节点系统中进行测试。该系统由 6 台发电机组、21 个负荷和 41 条输电线路组成，基础数据和参数参见本书其他章节。分以下两种情况进行分析计算：

情况 1：为进行安全经济 AGC 的计算，计算数据如下：第 2 和第 6 条线路约束的上限分别降到标幺值的 0.45 和 0.35。第 5 和第 7 条线路被选为控制线路，其控制功率分别为标幺值的 0.5722 和 0.3833。系统负荷变化时相关量的偏差如表 12.10 所示（这些偏差是控制前的数据，应通过实际系统测量收集）。安全经济 AGC 发电计划的结果如表 12.11 及图 12.4 所示。情况 1 表明若负荷变化后无 AGC 控制将会出现线路过载和控制线路功率偏差。从表 12.11 可以看出，进行 AGC 控制后，虽然总燃料成本高于正常运行情况下的值，但控制线路的功率与给定值保持一致且没有过载线路。

情况 2：IEEE 30 节点系统的安全经济 AGC 计算。16s 内的数据（步长为 4s）和负荷变化列于表 12.12 中，如图 12.5 所示。其他系统参数与情况 1 相同。安全经济 AGC 的结果如表 12.13～表 12.16 所示。可以看出，尽管负荷在给定时段内是变化的，但临界线的功率在 AGC 控制下仍保持不变。

表 12.10　用于模拟 AGC 控制的一些相关偏差（p. u.）

总系统不平衡功率	0.02834	
控制线路	5 号	7 号
功率变化	−0.0055	−0.0100
过载线路	2 号	
过载功率	0.012	

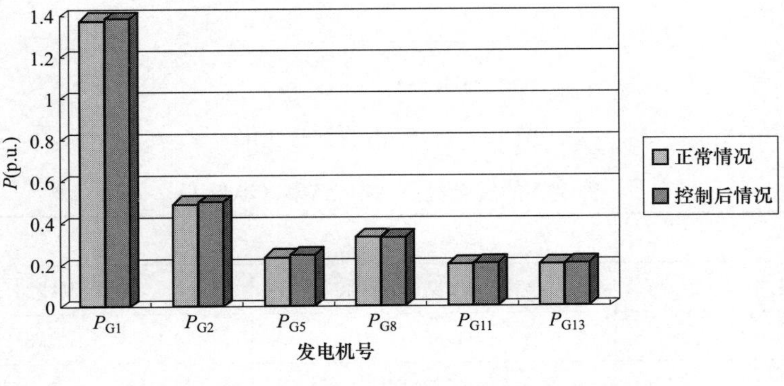

图 12.4　情况 1 的安全经济 AGC 结果

表 12.11　情况 1 的 30 节点系统的安全经济 AGC 结果

发电机	运行点（p. u.）	控制后（p. u.）
P_{G1}	1.3762	1.3799
P_{G2}	0.5052	0.5083

续表

发电机	运行点（p. u.）	控制后（p. u.）
P_{G5}	0.2464	0.2546
P_{G8}	0.3500	0.3500
P_{G11}	0.2128	0.2198
P_{G13}	0.2116	0.2181
总发电量	2.90218	2.93065
总实际功率损耗	0.06818	0.06831
总发电费用（$）	815.715	826.8123
线路2的潮流	0.4500	0.4500
线路5的潮流	0.5722	0.5722
线路7的潮流	0.3833	0.3833

表 12.12　16s内的负荷变化（步长为4s）

步长	系统负荷（标幺值）	步长	系统负荷（标幺值）
正常负荷	2.83400	步长3	2.87651
步长1	2.89068	步长4	2.93319
步长2	2.90485		

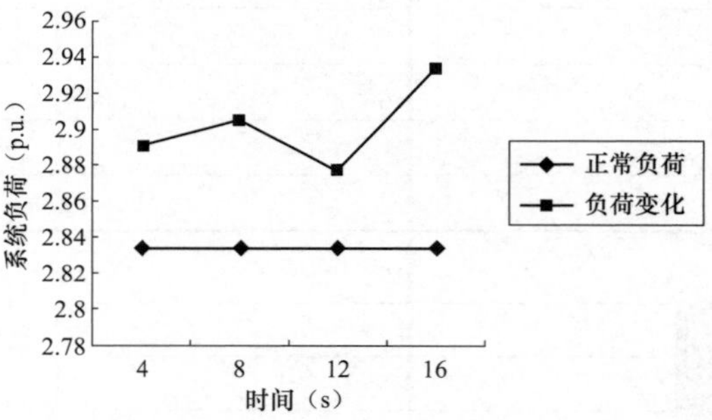

图 12.5　16s内的负荷变化

表 12.13　算例3的安全经济AGC结果（步长1）

步长	步长1	
控制模式	忽略控制线路的功率控制	考虑控制线路段功率控制
P_{G1}	1.3513	1.3521
P_{G2}	0.5201	0.5082
P_{G5}	0.2439	0.2605
P_{G8}	0.3500	0.3500
P_{G11}	0.2459	0.2472
P_{G13}	0.2479	0.2403

续表

步长	步长 1	
控制模式	忽略控制线路的功率控制	考虑控制线路段功率控制
总发电量	2.95914	2.95826
总负荷	2.89068	2.89068
功率损耗	0.06846	0.06759
发电费用	841.263	841.478
控制线 5 的功率 P_5	0.5813	0.5722
控制线 7 的功率 P_7	0.3846	0.3833

表 12.14　　算例 3 的安全经济 AGC 结果（步长 2）

步长	步长 2	
控制模式	忽略控制线路的功率控制	考虑控制线路段功率控制
P_{G1}	1.3516	1.3525
P_{G2}	0.5232	0.5088
P_{G5}	0.2454	0.2656
P_{G8}	0.3500	0.3500
P_{G11}	0.2507	0.2528
P_{G13}	0.2528	0.2429
总发电量	2.97366	2.97257
总负荷	2.90485	2.90485
功率损耗	0.06881	0.06773
发电费用（$）	847.162	847.487
控制线 5 的功率 P_5	0.5839	0.5722
控制线 7 的功率 P_7	0.3888	0.3833

表 12.15　　算例 3 的安全经济 AGC 结果（步长 3）

步长	步长 3	
控制模式	忽略控制线路的功率控制	考虑控制线路段功率控制
P_{G1}	1.3511	1.3518
P_{G2}	0.5170	0.5076
P_{G5}	0.2424	0.2553
P_{G8}	0.3500	0.3500
P_{G11}	0.2412	0.2416
P_{G13}	0.2430	0.2376
总发电量	2.94463	2.94396
总负荷	2.87651	2.87651
功率损耗	0.06812	0.06745

续表

步长	步长 3	
控制模式	忽略控制线路的功率控制	考虑控制线路段功率控制
发电费用（$）	835.396	835.524
控制线 5 的功率 P_5	0.5796	0.5722
控制线 7 的功率 P_7	0.3864	0.3833

表 12.16　算例 3 的安全经济 AGC 结果（步长 4）

步长	步长 4	
控制模式	忽略控制线路的功率控制	考虑控制线路段功率控制
P_{G1}	1.3521	1.3532
P_{G2}	0.5293	0.5099
P_{G5}	0.2483	0.2759
P_{G8}	0.3500	0.3500
P_{G11}	0.2602	0.2641
P_{G13}	0.2628	0.2482
总发电量	3.00271	3.00121
总负荷	2.93319	2.93319
功率损耗	0.06952	0.06801
发电费用（$）	859.058	859.671
控制线 5 的功率 P_5	0.5881	0.5722
控制线 7 的功率 P_7	0.3911	0.3833

问题与练习

1. 什么是 NFP?
2. 什么是 NLCNFP?
3. LP 和 NFP 算法求解安全经济调度时的区别在哪里?
4. 陈述 OKA 应用到 SCED 中的算法特点。
5. NFP 与 NLCNFP 有什么异同?
6. NLCNFP 用于 ED 时如何考虑 KVL 定律?
7. 请判断下列说法的正误。

(1) NFP 中的 KCL 等效于有功平衡方程式。(　　)

(2) NFP 是特殊的 LP 算法。(　　)

(3) 所有的网络流规划方法只能用于线性模型。(　　)

(4) NFP 求解 SCED 比 LP 精度高。(　　)

(5) NFP 经济调度不能考虑网络损耗。(　　)

(6) NLCNFP 可以求解非线性 SCED 问题。(　　)

8. 已知图 12.1 的电力网络包含 2 台发电机（P_{G1} 和 P_{G2}）、3 条输电线路及 1 个负荷 P_D，系统参数如下：

$$F_1(P_{G1}) = C_1 P_{G1} = 3P_{G1}$$
$$F_2(P_{G2}) = C_2 P_{G2} = 5P_{G2}$$
$$0 \leqslant P_{Gi} \leqslant 4$$
$$0 \leqslant P_{G2} \leqslant 3$$
$$P_D = 4$$
$$0 \leqslant P_{l1} \leqslant 1$$
$$0 \leqslant P_{l2} \leqslant 4$$
$$1 \leqslant P_{l3} \leqslant 3$$

（1）运用 OKA 求解经济调度问题。

（2）运用 LP 求解经济调度问题。

参 考 文 献

[1] 朱继忠，徐国禹．网流技术的不良状态校正法用于安全有功经济调度［J］．重庆大学学报，1988（2）：10-16.

[2] 徐国禹，朱继忠．用网络规划法进行事故自动选择［J］．重庆大学学报（自然科学版），1988（03）：60-66.

[3] 徐国禹，朱继忠．按有功和无功指标自动故障选择和排序的统一模型和统一算法［J］．重庆大学学报，1990（2）：47-53.

[4] 朱继忠，徐国禹．用无功负荷削减量进行自动故障选择和排序［J］．重庆大学学报，1989（5）：40-43.

[5] 朱继忠，徐国禹．用层次分析法研究自动故障选择和排序［J］．重庆大学学报，1992，15（3）：31-36.

[6] 朱继忠，徐国禹．电力系统有功安全经济再调度［J］．重庆大学学报，1989，12（6）：40-47.

[7] 朱继忠，徐国禹．多发电计划有功安全经济调度的网流算法［J］．控制与决策，1989（5）：14-18.

[8] 朱继忠，徐国禹．有功安全经济调度的凸网流规划模型及其求解［J］．控制与决策，1991（1）：48-52.

[9] 朱继忠，徐国禹．N 及 $N-1$ 安全性经济调度的综合研究［J］．中国电机工程学报，1991（S1）：141-146.

[10] 朱继忠，徐国禹．安全经济自动发电控制的网流算法［J］．控制与决策，1990（a01）：35-40.

[11] 朱继忠，徐国禹．用网流法求解电力系统动态经济调度［J］．系统工程学报，1991（1）：33-40.

[12] 朱继忠，徐国禹．网络理论用于电力系统最优负荷削减［J］．系统工程理论与实践，1991，11（1）：42-48.

[13] 朱继忠，徐国禹．用网流法求解水火电力系统有功负荷分配［J］．系统工程理论与实践，1995，15（1）：69-73.

[14] 朱继忠，徐国禹．电力系统 $N-1$ 安全有功经济调度［J］．重庆大学学报，1992，15（2）：105-109.

[15] 江长明，朱继忠，徐国禹．有功调度中经济性与安全性的协调问题［J］．电力系统自动化，1995，19（11）：43-48.

[16] 朱继忠．实时安全经济调度及其与负荷频率控制相结合的问题［D］．重庆大学博士论文，1989.

[17] 于尔铿，白晓民，刘广一，等．广义网络流规划在电力系统燃料调度计划中的应用［J］．中国电机工程学报，1990（S1）：51-55.

[18] 白晓民，于尔铿，傅书逖，等．一种安全约束经济调度的广义网络流规划算法［J］．中国电机工程学报，1992（3）：66-72.

[19] 夏清，相年德，王世缨，等．非线性最小费用网络流新算法及其应用［J］．清华大学学报：自然科学版，1987（4）：1-10.

[20] Zhu J, Xu G. A new economic power dispatch method with security [J]. Electric Power Systems Research, 1992, 25 (1): 9 - 15.

[21] Lee T H, Thorne D H, Hill E F. A Transportation Method for Economic Dispatching - Application and Comparison [J]. Power Apparatus & Systems IEEE Transactions on, 1980, PAS-99 (6): 2373-2385.

[22] E. Hobson, D. L. Fletcher, and W. O. Stadlin. Network flow linear programming techniques and their application to fuel scheduling and contingency analysis [J]. IEEE Trans., 1984: 1684-1691.

[23] Zhu J Z, Chang C S, Xu G Y. A new model and algorithm of secure and economic automatic generation control [J]. Electric Power Systems Research, 1998, 45 (2): 119-127.

[24] J. Z. Zhu and G. Y. Xu, "Network flow model of multi-generation plan for on-line economic dispatch with security," Modeling, Simulation & Control, A, 1991, 32 (1): 49-55.

[25] J. Z. Zhu and G. Y. Xu, "Secure economic power reschedule of power systems," Modeling, Measurement & Control, D, 1994, 10 (2): 59-64.

[26] Zhu J Z, Xu G Y. Approach to automatic contingency selection by reactive type performance index [J]. IEE Proceedings C-Generation, Transmission and Distribution, 1991, 138 (1): 65-68.

[27] Zhu J, Xu G. A unified model and automatic contingency selection algorithm for the P, and Q, subproblems [J]. Electric Power Systems Research, 1995, 32 (2): 101-105.

[28] Network optimization practice [M]. Ellie Horwood Ltd, Chichester, UK, 1982.

[29] Dantzig G B. Linear Programming and Extensions [J]. Students Quarterly Journal, 1998, 34 (136): 242-243.

[30] Luenberger D. Introduction to linear and nonlinear programming [M]. Addison-wesley Publishing Company, Inc. USA, 1973.

[31] G. Hadley. Linear programming [M]. Addison - Wesley, Reading, MA, 1962.

[32] J. K. Strayer. Linear Programming and Applications [M]. Springer-Verlag, 1989.

[33] Bazaraa M S, Jarvis J J. Linear Programming and Network Flows [M]. John Wiley, 1977.

[34] Zhu J Z, Irving M R, Xu G Y. A new approach to secure economic power dispatch [J]. International Journal of Electrical Power & Energy Systems, 1998, 20 (8): 533-538.

[35] Zhu J. Optimization of Power System Operation [M]. 2nd ed. New Jersey: Wiley-IEEE Press. 2015.

13　智能算法用于经济调度

13.1　遗传算法经典经济调度

13.1.1　简介

解决经典经济调度问题的一种智能方法是遗传算法（Genetic Algorithm，GA）。遗传算法首先由 Holland 提出，后来 Goldberg 拓展了遗传算法。GA 提供了一种面向由个体组成的解集来解决问题的方法，其中每一个个体都代表一个可能的解决方案，每一个可能的解决方案都称为一个染色体。搜索空间的新数据点通过 GA 操作得到，GA 操作三种方式是复制、交叉和变异。这些操作通过连续执行而一致产生适应度更强的后代个体，从而迅速指向全局最优方案。与其他搜索方法不同，GA 有以下方面的特点：

（1）搜索方式是多路并行搜索，降低了陷入局部最优解的概率。

（2）GA 面向串编码而不是实际的参数，参数编码可以实现遗传算子在最小计算量的前提下，将当前状态进化到下一个状态。

（3）GA 通过评估每一个串的适应性而不是通过最优化函数来引导搜索方向，即遗传算法只需要评估目标函数（适应度函数或适配函数）来引导搜索，不必进行微分求解。

（4）GA 在性能提升几率高的搜索域里搜索最优解。

常用的 GA 运算有：

（1）交叉运算。两个父代组合（交换某些基因）形成两个新的子代，他们继承了两个的特性，尽管交叉是遗传算法中主要的搜索运算，但它并不能产生新的父代中不存在的信息。

（2）变异运算。随机抽取后代的某些基因从 0 翻转到 1 或从 1 翻转到 0，以此来产生不存在于现有父代里的新特性。一般而言，变异是次级但并非无效运算，它使每一种可能的解（非零概率）都被考虑评估到。

（3）执行精英筛选。每一个最优解都被复制到下一代中，避免经过基因算子运算后被破坏。

（4）适应度尺度缩放。这是指基因型适应性的一种非线性变换，以处理收敛解集里接近最优化解之间微小差异。

GA 算法实际上是无约束优化，所有信息都表示在适应度函数里。如第十章讲到的经典经济调度忽略了网络损耗和网络限制，因此，可以很容易建立经典经济调度问题的适应度函数。

13.1.2 基于 GA 的经济调度问题求解

根据第十章，经典经济调度问题可以描述如下：

$$\min F = \sum_{i=1}^{N} F_i(P_{Gi}) \tag{13.1}$$

约束条件：

$$\sum_{i=1}^{N} P_{Gi} = P_D \tag{13.2}$$

把 GA 应用到经典经济调度中，$N-1$ 台可调机组在其出力限制范围内可以随机选取功率输出，而参考机组（平衡或松弛机组）的有功输出受限于系统功率平衡，假设第 N 台机组是参考机组。GA 不直接计算机组的实际有功出力，而是面向它们的位串编码。自由发电机组以串的形式被编码，例如，一个 8 位的位串编码（无符号型 8 位二进制整数），它提供了在一段区间（P_{Gmin}，P_{Gmax}）有 2^8 个离散功率值的分辨率。这 $N-1$ 个串被连接到一起形成一个统一的 8（$N-1$）位串编码，称为基因型。求解 ED 问题首先必须随机产生含有 m 个基因型的解集种群，每一个基因型都可以被解码为一个功率输出向量，参考机组的功率输出是：

$$P_{GN} = P_D - \sum_{i=1}^{N-1} P_{Gi} \tag{13.3}$$

$$P_{GNmin} \leqslant P_{GN} \leqslant P_{GNmax} \tag{13.4}$$

对松弛机组的越限功率加入惩罚因子 h_1 和 h_2，于是（13.1）和（13.4）可以被统一表示为：

$$F_A = \sum_{i=1}^{N} F_i(P_{Gi}) + h_1(P_{GN} - P_{GNmax})^2 + h_2(P_{GNmin} - P_{GN})^2 \tag{13.5}$$

式中：P_{GNmin}、P_{GNmax}是松弛机组相应的功率输出上限和下限，惩罚因子在数值上必须足够大，以保证最终结果没有功率越限的情况发生。

GA 用于求解最大化问题，因此适应度函数被定义为方程的倒数：

$$F_{fitness} = \frac{1}{F_A} \tag{13.6}$$

在经典经济调度问题中，问题的变量对应于所有发电机组的功率输出，每一个串代表一个可能的解，并由代表每一个发电机组的子串构成。子串的长度由相应机组的功率输出最大/最小限制以及求解精度要求决定，串长度取决于每一个子串的长度，是在求解精度和求解时间上取得的折衷长度，较长的串可以求解得到较为精确的结果，但计算时间较长，因此机组步长可计算如下：

$$\varepsilon_i = \frac{P_{Gimax} - P_{Gimin}}{2^n - 1} \tag{13.7}$$

式中：n 是相应机组二进制子串代码的长度。

例如，系统中有 6 台机组，第 6 台机组被选取为松弛机组，其他机组功率输出限制为：

$$20 \leqslant P_{G1} \leqslant 100\text{MW}$$
$$10 \leqslant P_{G2} \leqslant 100\text{MW}$$
$$50 \leqslant P_{G3} \leqslant 200\text{MW}$$
$$20 \leqslant P_{G4} \leqslant 120\text{MW}$$

$$50 \leqslant P_{G5} \leqslant 250\text{MW}$$

如果子串二进制代码长度被选取为 4，则每台机组的步长是：

$$\varepsilon_1 = \frac{P_{G1max} - P_{G1min}}{2^4 - 1} = \frac{100 - 20}{15} = 5.33(\text{MW})$$

$$\varepsilon_2 = \frac{P_{G2max} - P_{G2min}}{2^4 - 1} = \frac{100 - 10}{15} = 6.00(\text{MW})$$

$$\varepsilon_3 = \frac{P_{G3max} - P_{G3min}}{2^4 - 1} = \frac{200 - 50}{15} = 10.00(\text{MW})$$

$$\varepsilon_4 = \frac{P_{G4max} - P_{G4min}}{2^4 - 1} = \frac{120 - 20}{15} = 6.67(\text{MW})$$

$$\varepsilon_5 = \frac{P_{G5max} - P_{G5min}}{2^4 - 1} = \frac{250 - 50}{15} = 13.33(\text{MW})$$

如果子串二进制代码长度选取为 5，则每台机组的步长为：

$$\varepsilon_1 = \frac{P_{G1max} - P_{G1min}}{2^5 - 1} = \frac{100 - 20}{31} = 2.58(\text{MW})$$

$$\varepsilon_2 = \frac{P_{G2max} - P_{G2min}}{2^5 - 1} = \frac{100 - 10}{31} = 2.90(\text{MW})$$

$$\varepsilon_3 = \frac{P_{G3max} - P_{G3min}}{2^5 - 1} = \frac{200 - 50}{31} = 4.84(\text{MW})$$

$$\varepsilon_4 = \frac{P_{G4max} - P_{G4min}}{2^5 - 1} = \frac{120 - 20}{31} = 3.23(\text{MW})$$

$$\varepsilon_5 = \frac{P_{G5max} - P_{G5min}}{2^5 - 1} = \frac{250 - 50}{31} = 6.45(\text{MW})$$

可以看出，长子串有较小的步长，验证了子串二进制代码的长度会影响求解的精度和求解的速度。

在标准遗传算法中，解集里所有的串在衍生过程被重构。父代交叉建立在它们与种群平均适应度的性能比较上，并且变异也被允许出现在后代中。竞争压力来自于适应度的评估。这样微小的差异就可以产生较好的结果。竞争压力和初始种群规模与问题的求解空间相匹配，交叉种类和变异概率需要根据问题类型来选取。大规模电力系统中有许多发电机，标准遗传算法应用到经济调度中时，需要提高算法性能，以及在 GA 运算上做一点改进，即不以子代来完全取代种群，而是以一定概率选取两个父代来重建两个子代个体，重组和变异发生后，其中一个子代个体被随机丢弃，剩下的后代个体根据与其他串的适应性关系放入种群中，最小值的串被丢弃。这种操作使得高值串被保留在种群中，同时把再生机会建立在种群等级基础上，减少竞争选择压力波动带来的影响，也降低了选取一个恰当的适应性评估函数的重要性。

运用遗传算法程序解决经典经济调度问题，需要输入下列参数：

- 染色体数目（包括一个子代）
- 每台发电机的位分辨率
- 交叉点数目
- 产生子代代数
- 初始化交叉概率（%）

- 初始化变异概率（%）
- 每台发电机组最大功率输出
- 每台发电机组最小功率输出
- 发电机组状态
- 单位损耗函数参数
- 总负荷需求

［例 13.1］ 对第 10 章算例 10.5 使用遗传算法把 500MW 的负荷分配到 3 个机组，GA 参数选择如下：

- 染色体数目＝100
- 每台发电机的位分辨率＝8
- 交叉点数目＝2
- 产生子代代数＝9000
- 初始化交叉概率（%）＝92%
- 初始化变异概率（%）＝0.1%

总负荷是 500MW，输出结果如下：

$$P_{G1} = 172.897(\text{MW})$$
$$P_{G2} = 107.477(\text{MW})$$
$$P_{G3} = 219.626(\text{MW})$$

13.2 基于霍普菲尔德神经网络的经典经济调度方法

自霍普菲尔德在 19 世纪 80 年代提出神经网络后，霍普菲尔德神经网络算法（HNN）已经在许多方面得到应用，本节阐述 HNN 在经典调度问题的应用。

13.2.1 霍普菲尔德神经网络模型

假设 u_i 是神经元的 i 个输入，U_i 是其输出，N 个神经元连接在一起，霍普菲尔德神经网络非线性微分方程可以描述为：

$$\begin{cases} C_i \dfrac{\mathrm{d}u_i}{\mathrm{d}t} = \sum\limits_{j=1}^{N} T_{ij} U_j + \dfrac{u_i}{R_i} + I_i \\ U_i = g(u_i) \quad i = 1,2,\cdots,N \end{cases} \tag{13.8}$$

其中：

$$\frac{1}{R_i} = \theta_i + \sum_{j=1}^{N} T_{ij} \qquad U_i = g(u_i) \tag{13.9}$$

是神经元的非线性特性。

对于一个高增益神经元参数 λ，输出方程可定义为：

$$U_i = g(\lambda u_i) = g\left(\frac{u_i}{u_0}\right) = \frac{1}{1 + \exp\left(\dfrac{u_i + \theta_i}{u_0}\right)} \tag{13.10}$$

式中：θ_i 是阈值偏差。

系统的能量函数表示为：

$$E=-\frac{1}{2}\sum_{i=1}^{N}\sum_{j=1}^{N}T_{ij}U_iU_j-\sum_{i=1}^{N}U_iI_i+\sum_{i=1}^{N}\frac{1}{R_i}\int_0^{U_i}g^{-1}(U)\mathrm{d}U \tag{13.11}$$

从方程（13.11）可得：

$$\frac{\mathrm{d}E}{\mathrm{d}t}=\sum_i\frac{\partial E}{\partial U_i}\frac{\mathrm{d}U_i}{\mathrm{d}t} \tag{13.12}$$

其中：

$$\begin{aligned}\frac{\partial E}{\partial U_i}&=-\frac{1}{2}\sum_j T_{ij}U_j-\frac{1}{2}\sum_j T_{ji}U_j+\frac{u_i}{R_i}-I_i\\&=-\frac{1}{2}\sum_j(T_{ji}-T_{ij})U_j-\left(\sum_j T_{ij}U_j-\frac{u_i}{R_i}+I_i\right)\\&=-\frac{1}{2}\sum_j(T_{ji}-T_{ij})U_j-C_i\frac{\mathrm{d}u_i}{\mathrm{d}t}\\&=-\frac{1}{2}\sum_j(T_{ji}-T_{ij})U_j-C_i\left[g^{-1}(U_i)\right]'\frac{\mathrm{d}U_i}{\mathrm{d}t}\end{aligned} \tag{13.13}$$

将方程（13.13）代入方程（13.12），得到：

$$\frac{\mathrm{d}E}{\mathrm{d}t}=-\frac{1}{2}\sum_j(T_{ji}-T_{ij})U_j-\frac{\mathrm{d}U_i}{\mathrm{d}t}-C_i\left[g^{-1}(U_i)\right]'\left(\frac{\mathrm{d}U_i}{\mathrm{d}t}\right)^2 \tag{13.14}$$

由于式（13.8）中的权值矩阵 T 是对称的，有：

$$T_{ji}=T_{ij} \tag{13.15}$$

将式（13.15）代入式（13.14），得到：

$$\frac{\mathrm{d}E}{\mathrm{d}t}=-C_i\left[g^{-1}(U_i)\right]'\left(\frac{\mathrm{d}U_i}{\mathrm{d}t}\right)^2 \tag{13.16}$$

由于 g^{-1} 是一个单调递增函数，且 $C_i>0$，所以：

$$\frac{\mathrm{d}E}{\mathrm{d}t}=-C_i\left[g^{-1}(U_i)\right]'\left(\frac{\mathrm{d}U_i}{\mathrm{d}t}\right)^2\leqslant 0 \tag{13.17}$$

上式表示系统的时间演化是一个在状态空间寻找最小 E，并且在最优点停止的过程。

13.2.2　经济调度映射到神经网络

如前面第 10 章介绍的，不考虑线路安全的经济调度问题可以描述为：

$$\min F=F_1(P_{\mathrm{G1}})+F_2(P_{\mathrm{G2}})+\cdots+F_n(P_{\mathrm{G}n})=\sum_{i=1}^{N}F_i(P_{\mathrm{G}i}) \tag{13.18}$$

约束条件：

$$\sum_{i=1}^{N}P_{\mathrm{G}i}=P_{\mathrm{D}}+P_{\mathrm{L}} \tag{13.19}$$

$$P_{\mathrm{G}i\min}\leqslant P_{\mathrm{G}i}\leqslant P_{\mathrm{G}i\max} \tag{13.20}$$

假设发电机成本函数是二次函数，即：

$$F_i(P_{\mathrm{G}i})=a_iP_{\mathrm{G}i}^2+b_iP_{\mathrm{G}i}+C_i \tag{13.21}$$

网络损耗可以由B参数法确定：

$$P_{\mathrm{L}}\sum_{i=1}^{N}\sum_{j=1}^{N}P_{\mathrm{G}i}B_{ij}P_{\mathrm{G}j} \tag{13.22}$$

为应用HNN来求解经济调度问题，将约束条件引入目标函数来定义能量函数：

$$E=\frac{1}{2}A\left(P_{\mathrm{D}}+P_{\mathrm{L}}-\sum_{i}P_{\mathrm{G}i}\right)^{2}+\frac{1}{2}B\sum_{i}(a_{i}P_{\mathrm{G}i}^{2}+b_{i}P_{\mathrm{G}i}+c_{i}) \tag{13.23}$$

通过比较式（13.23）和阈值被设定为0的式（13.11），可以得出网络中权值参数和神经元外部输入I：

$$T_{ii}=-A-Bc_{i} \tag{13.24}$$

$$T_{ij}=-A \tag{13.25}$$

$$I_{i}=A(P_{\mathrm{D}}+P_{\mathrm{L}})-\frac{Bb_{i}}{2} \tag{13.26}$$

其中，对角线上的权值为非零。

通过修正S型函数（Sigmoid函数）来满足功率约束，表示如下：

$$U_{i}(k+1)=(P_{i\max}-P_{i\min})\frac{1}{1+\exp\left(\dfrac{u_{i}(k)+\theta_{i}}{u_{0}}\right)}+P_{i\min} \tag{13.27}$$

为加速HNN求解ED问题的收敛速度，可应用以下两种调节方法。

13.2.2.1 斜率调整法

由于能量最小化过程中的收敛情况取决于增益参数u_0，所以可以用梯度下降法来调整增益参数。

$$u_{0}(k+1)=u_{0}(k)-\eta_{\mathrm{s}}\frac{\partial E}{\partial u_{0}} \tag{13.28}$$

式中：η_{s}是学习率。

能量函数关于增益参数的梯度，可以通过式（13.23）和式（13.27）得到：

$$\frac{\partial E}{\partial u_{0}}=\sum_{i}\frac{\partial E}{\partial P_{i}}\frac{\partial P_{i}}{\partial u_{0}} \tag{13.29}$$

式（13.28）的修正公式中，需合理选取学习率η_{s}，对于较小的η_{s}值，收敛性可得到保证，但收敛速度太慢；另一方面，如果η_{s}太大，算法会变得不稳定，推荐的取值是：

$$0<\eta_{\mathrm{s}}<\frac{2}{g_{\mathrm{s},\max}^{2}} \tag{13.30}$$

其中，

$$g_{\mathrm{s},\max}=\max\|g_{\mathrm{s}}(k)\|$$

$$g_{\mathrm{s}}(k)=\frac{\partial E(k)}{\partial u_{0}} \tag{13.31}$$

此外，收敛性最优对应于：

$$\eta_{\mathrm{s}}^{*}<\frac{1}{g_{\mathrm{s},\max}^{2}} \tag{13.32}$$

13.2.2.2 偏差调整法

S型函数在饱和点附近的斜率很小，使斜率调整法受到一定的限制，如果每一个输入量都可以使用最大可能的斜率，收敛速度将会有很大提高，通过改变偏差量，使输入点靠近S

型函数中心可以实现这个目标，即：

$$\theta_i(k+1)=\theta_i(k)-\eta_b\frac{\partial E}{\partial\theta_i} \tag{13.33}$$

式中：η_b是学习率。

上述偏差可以应用到式（13.10）中的每一个神经元，因此，从式（13.23）和式（13.27）可得到能量函数对于偏差量的导数：

$$\frac{\partial E}{\partial\theta_i}=\frac{\partial E}{\partial P_i}\frac{\partial P_i}{\partial\theta_i} \tag{13.34}$$

推荐的学习率数值是：

$$0<\eta_b<-\frac{2}{g_b(k)} \tag{13.35}$$

其中：

$$g_b(k)=\sum_i\sum_j T_{ij}\frac{\partial U_i}{\partial\theta}\frac{\partial U_j}{\partial\theta} \tag{13.36}$$

此外，最优收敛性对应于：

$$\eta_b=-\frac{1}{g_b(k)} \tag{13.37}$$

13.2.3 仿真结果

下面是一个应用 HNN 求解 ED 问题的例子。系统数据显示在表 13.1 中。每一台发电机有三种燃料类型，负荷需求有四种不同水平，即 2400、2500、2600MW 及 2700MW。

表 13.1　发电费用系数分段二次成本函数

机组	分成三段对应四点三个函数				F	c	b	a
	min	P_1	P_2	max				
	F_1		F_2	F_3				
1	100	196	250	250	1	0.2697E2	−0.3975E0	0.2176E−2
	1	2	2		2	0.2113E2	−0.3059E0	0.1861E−2
					2	0.2113E2	−0.3059E0	0.1861E−2
2	50	114	157	230	1	0.1184E3	−0.1269E1	0.4194E−2
	2	3	1		2	0.1865E1	−0.3988E−1	0.1138E−2
					3	0.1365E2	−0.1980E−1	0.1620E−2
3	200	332	388	500	1	0.3979E2	−0.3116E0	0.1457E−2
	1	2	3		2	−0.5914E2	0.4864E0	0.1176E−4
					3	−0.2876E1	0.3389E−1	0.8035E−3
4	9	138	200	265	1	0.1983E1	−0.3114E−1	0.1049E−2
	1	2	3		2	0.5285E2	−0.6348E0	0.2758E−2
					3	0.2668E3	−0.2338E1	0.5935E−2
5	190	338	407	490	1	0.1392E2	−0.8733E−1	0.1066E−2
	1	2	3		2	0.9976E2	−0.5206E0	0.1597E−2
					3	0.5399E2	0.4462E0	0.1498E−3

续表

机组	分成三段对应四点三个函数 min	P_1	P_2	max	F_1	F_2	F_3	F	c	b	a
6	85	138	200	265	2	1	3	1	0.5285E2	−0.6348E0	0.2758E−2
								2	0.1983E1	−0.3114E−1	0.1049E−2
								3	0.2668E3	−0.2338E1	0.5935E−2
7	200	331	391	500	1	2	3	1	0.1893E2	−0.1325E0	0.1107E−2
								2	0.4377E2	−0.2267E0	0.1165E−2
								3	−0.4335E2	0.3559E0	0.2454E−3
8	99	138	200	265	1	2	3	1	0.1983E1	−0.3114E−1	0.1049E−2
								2	0.5285E2	−0.6348E0	0.2758E−2
								3	0.2668E3	−0.2338E1	0.5935E−2
9	130	213	370	440	3	1	2	1	0.8853E2	−0.5675E0	0.1554E−2
								2	0.1530E2	−0.4514E−1	0.7033E−2
								3	0.1423E2	−0.1817E−1	0.6121E−3
10	200	362	407	490	1	3	2	1	0.1397E2	−0.9938E−1	0.1102E−2
								2	−0.6113E2	0.5084E0	0.4164E−4
								3	0.4671E2	−0.2024E0	0.1137E−2

斜率法求解ED问题的结果显示于表13.2中，对比传统的霍普菲尔德神经网络，迭代次数降低了一半，并且振荡程度极大降低，从40000次迭代到100以下。除此之外，系统自由度 u_0 由1变为2。由表13.2可见，自适应学习率的最终结果与固定学习率的求解结果相近。

表13.2　基于固定学习率（A）与自适应学习率（B）的斜率调整法求解结果

机组	2400（MW）		2500（MW）		2600（MW）		2700（MW）	
	A	B	A	B	A	B	A	B
1	196.8	189.9	205.6	205.1	215.7	214.5	223.2	224.6
2	202.7	202.9	206.7	206.5	211.1	211.4	216.1	215.7
3	251.2	252.1	265.3	266.4	278.9	278.8	292.5	291.9
4	232.5	232.9	236.0	235.8	239.2	239.3	242.6	242.6
5	240.4	241.7	257.9	256.8	276.1	276.1	294.1	293.6
6	232.5	232.9	236.0	235.9	239.2	239.1	242.4	242.5
7	252.5	253.4	269.5	269.3	286.0	286.7	303.5	303.0
8	232.5	232.9	236.0	235.8	239.2	239.3	242.7	242.6
9	320.2	321.0	331.8	334.0	343.4	343.6	355.8	355.7
10	238.9	240.4	255.5	254.4	271.2	271.2	287.3	287.8
总功率（MW）	2400.0	2400.0	2500.0	2500.0	2600.0	2600.0	2700.0	2700.0
费用（$）	481.83	481.71	526.23	526.23	574.36	574.37	626.27	626.24
迭代次数	99992	84791	80156	86081	72993	79495	99948	99811
U_0	95.0	110.0	120.0	100.0	130.0	120.0	160.0	120.0
n	1.5	1.0E−4	1.0	1.0E−4	1.0	1.0E−4	1.0	1.0E−4

基于偏差调整的ED求解结果如表13.3所示，其结果与斜率调整法相近，自适应学习率迭代次数降低，并且最终的求解结果优于固定学习率的求解结果。

表13.3 基于固定学习率（A）与自适应学习率（B）的偏差调整法求解结果

机组	2400（MW）		2500（MW）		2600（MW）		2700（MW）	
	A	B	A	B	A	B	A	B
1	197.6	189.4	208.3	206.7	212.4	217.9	221.4	228.8
2	201.6	201.8	206.2	205.8	209.6	210.5	213.8	214.1
3	252.3	253.5	265.2	265.6	280.0	278.8	293.3	292.0
4	232.7	232.9	235.9	235.8	238.8	239.0	242.1	242.2
5	239.9	242.1	257.1	258.2	277.9	275.8	295.4	293.6
6	232.7	232.9	235.9	235.8	238.6	239.0	242.0	242.1
7	251.5	253.8	268.3	269.4	288.1	285.5	305.3	302.6
8	232.7	232.9	235.8	235.8	238.8	239.0	242.1	242.1
9	318.8	319.3	330.9	330.1	341.9	342.1	345.2	352.3
10	240.3	241.6	256.4	256.9	274.0	272.3	290.4	290.1
总功率（MW）	2400.0	2400.0	2500.0	2500.0	2600.0	2600.0	2700.0	2700.0
费用（$）	481.83	481.72	526.24	526.23	574.43	574.37	626.32	626.27
迭代次数	99960	99904	99987	88776	99981	99337	99972	73250
u_0	100.0	100.0	100.0	100.0	100.0	100.0	100.0	100.0
θ_i	0.0	50.0	0.0	50.0	0.0	50.0	0.0	100.0
n	1.0	1.0	1.0	5.0	1.0	5.0	1.0	5.0

13.3 模糊数学用于经济调度

13.3.1 经济调度模型中的不确定性参数

第十章至第十二章讨论了经济调度问题，然而并没有考虑不确定因素，所采用的算法都是确定性方法。对于计及不确定因素的经济调度问题，需要采用概率随机和模糊等方法求解。本节重点介绍模糊数学用于经济调度，其他不确定性的经济调度方法将于第14章介绍。

经济调度中主要有两种不确定因素：不确定性负荷和不准确的燃料消耗函数。负荷预测是重要的输入信息，负荷统计特性有着不确定和不精确的特点。以区间的形式给出负荷曲线$P_{\mathrm{D}}(t)$：

$$P_{\mathrm{Dmin}}(t) \leqslant P_{\mathrm{D}}(t) \leqslant P_{\mathrm{Dmax}}(t), \quad 0 \leqslant t \leqslant T \tag{13.38}$$

式中：T是时段。

不准确的燃料消耗函数表现在：①输入数据测量或预测的不精确；②机组在测量与运行的时段之间运行方式改变。

稳定运行下的成本函数不精确是受到火电机组动态运行的参数精度限制、冷却水温度变化、产热值变化以及对锅炉和涡轮机的摩擦损耗、腐蚀、污染等，这些偏差导致热量输入量和燃料价格的不精确。

与不确定性负荷类似，发电机组燃料消耗函数或成本函数也可以表示为以下区间形式：

$$F_{\min}(P_{Gi}) \leqslant F(P_{Gi}) \leqslant F_{\max}(P_{Gi}), \quad i \in NG \tag{13.39}$$

其中：

$$P_{Gi\min} \leqslant P_{Gi} \leqslant P_{Gi\max}, \quad i \in NG \tag{13.40}$$

考虑不确定性因素后，经济调度的风险函数可表述为：

$$R\left(\overline{P}_{Gi}(t), \widetilde{U}(t)\right) = F_{\Sigma} - F_{\Sigma\min} \tag{13.41}$$

其中，F_{Σ} 为发电机组实际总燃料费用，表示为：

$$F_{\Sigma} = \sum_{i=1}^{NG} F_i\left(\overline{P}_{Gi}(t), \widetilde{U}(t)\right) \tag{13.42}$$

$F_{\Sigma\min}$ 为发电机组燃料最小值，如果可以得到不确定性因素的确定信息，则可以表示为：

$$F_{\Sigma\min} = \min \sum_{i=1}^{NG} F_i\left(P_{Gi}(t), \widetilde{U}(t)\right) \tag{13.43}$$

式中：$\widetilde{U}(t)$ 为不确定因素；$\overline{P}_{Gi}(t)$ 为发电机组在时段 T 的计划或预期功率曲线。

由不确定因素导致的最大风险的最小化可表示为：

$$\min_{\overline{P}_{Gi}(t)} \max_{\widetilde{U}(t)} \int_0^T R\left(\overline{P}_{Gi}(t), \widetilde{U}(t)\right) \mathrm{d}t \tag{13.44}$$

最小—最大化最优条件来源于博弈论，可以表述为：

如果 $\overline{P}^0_{Gi}(t)$ 是满足 minmaxR 准则下的最优计划，则：

$$R\left(\overline{P}^0_{Gi}(t), U^-(t)\right) = R\left(\overline{P}^0_{Gi}(t), U^+(t)\right) \tag{13.45}$$

令 E 是风险 R 的期望值，Ω 是不确定因素的混合策略集，最小—最大化问题描述为：

$$\min_{\overline{P}_{Gi}(t)} \max_{\Omega} \int_0^T E\left(R(\overline{P}_{Gi}(t), \widetilde{U}(t))\right) \mathrm{d}t \tag{13.46}$$

在上述给出条件的基础上，可以构造最小—最大化问题的确定性等效转换，这就要求找到最小—最大化负荷需求曲线和发电机组燃料消耗函数。如果用最小—最大曲线代替确定性曲线，则可以使用初始确定性模型求解最小—最大化问题的优化结果。

另外，还可采用随机模型的方法处理发电机组燃料消耗不确定性问题，通过以下步骤将确定性模型转化为随机模型：

（1）引入随机变量作为输入变量或参数；

（2）引入等式误差作为扰动量。

由于此类模型是一种近似模型，因此，采取有效措施使随机过程能够准确反映实际状况是非常重要的。

从第 10 章可知，经济调度模型描述如下：

$$\min F = \sum_{i=1}^{N} F_i(P_{Gi}) \tag{13.47}$$

约束条件：

$$\sum_{i=1}^{N} P_{Gi} = P_D + P_L \tag{13.48}$$

$$P_{Gi\min} \leqslant P_{Gi} \leqslant P_{Gi\max} \tag{13.49}$$

假设燃料消耗是二次函数，即：

$$F_i = a_i P_{Gi}^2 + b_i P_{Gi} + c_i \tag{13.50}$$

通过将确定性燃料消耗参数 a、b、c 和发电机有功功率 P_{Gi} 当作随机变量处理，可以建立随机模型，运行消耗参数的任何偏离预期值的偏差都可以通过发电机有功功率的随机性进行控制，由于发电机功率 P_{Gi} 的随机性，潮流方程不再是刚性约束。

将随机模型转化为确定性模型的一种简单方法是取期望值；运行消耗期望值是：

$$\begin{aligned}\overline{F} &= E\Big[\sum_{i=1}^{N}(a_i P_{Gi}^2 + b_i P_{Gi} + c_i)\Big]\\ &= \sum_{i=1}^{N}[E(a_i)E(P_{Gi}^2) + E(b_i)E(P_{Gi}) + E(c_i)]\\ &= \sum_{i=1}^{N}[\overline{a}_i(\mathrm{var}P_{Gi} + \overline{P}_{Gi}^2) + \overline{b}_i\overline{P}_{Gi} + \overline{c}_i]\\ &= \sum_{i=1}^{N}[\overline{a}_i\nu\overline{P}_{Gi}^2 + \overline{a}\,\overline{P}_{Gi}^2 + \overline{b}_i\overline{P}_{Gi} + \overline{c}_i]\\ &= \sum_{i=1}^{N}[\overline{a}_i\overline{P}_{Gi}^2(\nu+1) + \overline{b}_i\overline{P}_{Gi} + \overline{c}_i]\end{aligned} \tag{13.51}$$

其中，ν 是随机变量 P_{Gi} 的变系数，它是标准差与均值的比值，用于衡量随机变量的离散和不确定程度。如果 $\nu=0$，说明变量没有随机性，是确定性变量。

使用 B 参数计算系统网络损耗，得到：

$$P_L = \sum_i \sum_j P_{Gi} B_{ij} P_{Gj} \tag{13.52}$$

网络损耗期望值为：

$$\begin{aligned}\overline{P}_L &= E\Big[\sum_i \sum_j P_{Gi} B_{ij} P_{Gj}\Big] = \sum_i \sum_j \overline{P}_{Gi} B_{ij} \overline{P}_{Gj} + \sum_i B_{ii}\,\mathrm{var}P_{Gi}\\ &\approx \sum_i \sum_j \overline{P}_{Gi} B_{ij} \overline{P}_{Gj}\end{aligned} \tag{13.53}$$

其中，由于网络损耗的方差通常较小，可以忽略不计。

除此之外，负荷期望值可以表示为：

$$\overline{P}_D = E[P_D] = \overline{P}_D \tag{13.54}$$

经济调度随机模型可以描述为：

$$\min \overline{F} = \sum_{i=1}^{N}[\overline{a}_i\overline{P}_{Gi}^2(\nu+1) + \overline{b}_i\overline{P}_{Gi} + \overline{c}_i] \tag{13.55}$$

约束条件：

$$\sum_{i=1}^{N}\overline{P}_{Gi} = \overline{P}_D + \overline{P}_L \tag{13.56}$$

$$\overline{P}_{Gi\min} \leqslant \overline{P}_{Gi} \leqslant \overline{P}_{Gi\max} \tag{13.57}$$

由于随机模型有随机误差，与发电亏损和盈余有关的期望值可以看成正比于有功不平衡量平方的期望值。

$$\delta = E\Big[\big(\overline{P}_D + \overline{P}_L - \sum_{i=1}^{N}P_{Gi}\big)^2\Big] = \sum_{i=1}^{N}E[\overline{P}_{Gi} - P_{Gi}]^2 = \sum_{i=1}^{N}\mathrm{var}P_{Gi} \tag{13.58}$$

使用拉格朗日乘子法求解上述模型，得到：

$$L = \sum_{i=1}^{N}[\bar{a}_i\bar{P}_{Gi}^2(\nu+1)+\bar{b}_i\bar{P}_{Gi}+\bar{c}_i]+\lambda(\bar{P}_D+\bar{P}_L-\sum_{i=1}^{N}P_{Gi})+\mu\sum_{i=1}^{N}\mathrm{var}P_{Gi} \quad (13.59)$$

根据最优化条件 $\frac{\partial L}{\partial P_{Gi}}=0$，得：

$$2\bar{a}_i\bar{P}_{Gi}+\bar{b}_i+\lambda(\sum_j 2B_{ij}\bar{P}_{Gj})+2(\bar{a}_i+\mu)\nu\bar{P}_{Gi}=0 \quad (13.60)$$

求解上述方程，可以求得随机经济调度模型最优化结果。

13.3.2 模糊经济调度模型

上一小节介绍用随机方法处理经济调度中不确定性数据方法，本节采用模糊数来表示这些不确定参数，并用模糊数学的方法求解经济调度问题。

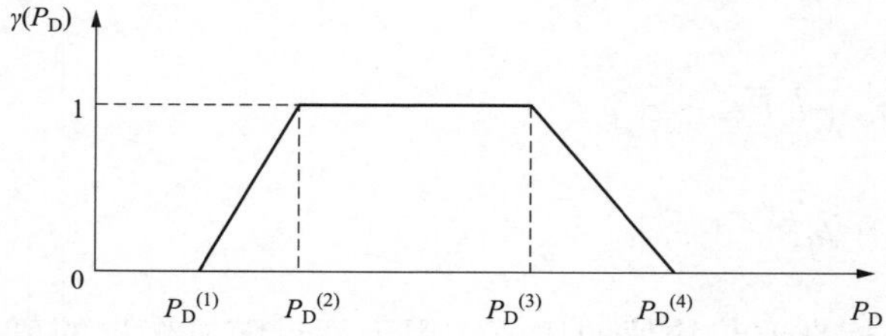

图 13.1 梯形概率分布的不确定性负荷

假设模糊负荷是梯形概率分布，如图 13.1 所示，有 $P_D^{(1)}$、$P_D^{(2)}$、$P_D^{(3)}$ 和 $P_D^{(4)}$ 四个转折点。每一个负荷的概率分布都对应于［0，1］区间上的一个模糊变量的映射，并且都在 $P_D^{(1)}$ 和 $P_D^{(4)}$ 之间，但更加可能是在 $P_D^{(2)}$ 和 $P_D^{(3)}$ 之间。

同理，发电机有功功率也可以进行模糊建模，也可以用梯形概率分布表示，如图 13.2 所示。因此，含有模糊负荷经济调度模型描述如下：

$$\min F = \sum_{i=1}^{NG} F_i(\tilde{P}_{Gi}) \quad (13.61)$$

约束条件：

$$\sum_{i=1}^{NG}\tilde{P}_{Gi} = \sum_{j=1}^{ND}\tilde{P}_{Dj}+\tilde{P}_L \quad (13.62)$$

$$P_{G\min} \leqslant \tilde{P}_{Gi} \leqslant P_{G\max} \quad (13.63)$$

式中：$\tilde{P}_{Gi}$ 为发电机模糊有功功率；$\tilde{P}_{Dj}$ 为模糊有功负荷需求；$\tilde{P}_L$ 为模糊网损。

为简化模糊经济调度模型，忽略网络损耗，假设燃料成本函数是线性函数，即：

$$F_i = c_i\tilde{P}_{Gi} \quad (13.64)$$

最小化成本函数于是等价于最小化模糊变量 $\tilde{P}_{Gi}$，其又可以转化为最小化 $\gamma(P_G)$ 轴的扰动量。

根据图 13.2，模糊变量 $\tilde{P}_{Gi}$ 的扰动量是：

$$d = \frac{A_1+(A_1+A_2)}{2} \quad (13.65)$$

其中，A_1、A_2 如图 13.2 所示区域，计算如下：

$$A_1 = \frac{P_{Gi}^{(1)}+P_{Gi}^{(2)}}{2} \quad (13.66)$$

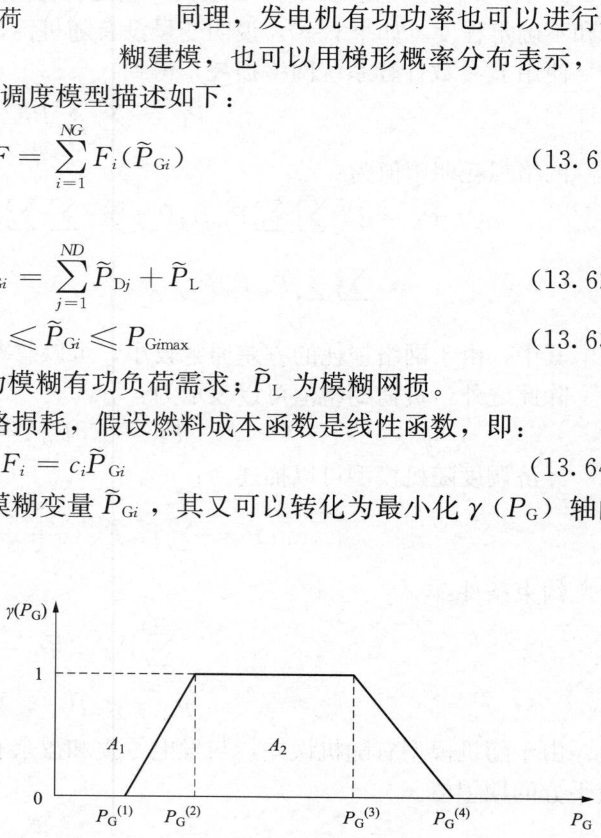

图 13.2 梯形概率分布的不确定性发电功率

$$A_2=\frac{(P_{Gi}^{(3)}-P_{Gi}^{(2)})+(P_{Gi}^{(4)}-P_{Gi}^{(1)})}{2} \tag{13.67}$$

将式（13.66）和式（13.67）代入式（13.65），得到：

$$d=\frac{P_{Gi}^{(1)}+P_{Gi}^{(2)}+P_{Gi}^{(3)}+P_{Gi}^{(4)}}{4}=\sum_{k=1}^{4}\frac{P_{Gi}^{(k)}}{4} \tag{13.68}$$

于是，上述模糊经济调度模型描述为：

$$\min F=\sum_{i=1}^{NG}\sum_{k=1}^{4}c_i\frac{P_{Gi}^{(k)}}{4} \tag{13.69}$$

约束条件：

$$\sum_{i=1}^{NG}P_{Gi}^{(k)}=\sum_{j=1}^{ND}P_{Di}^{(k)},\quad k=1,\cdots,4 \tag{13.70}$$

$$P_{Gi\min}\leqslant P_{Gi}^{(1)}\leqslant P_{Gi}^{(2)}\leqslant P_{Gi}^{(3)}\leqslant P_{Gi}^{(4)}\leqslant P_{Gi\max},i=1,\cdots,NG \tag{13.71}$$

13.3.3 模糊线路约束

上述有功负荷的模糊表达式将会使线路潮流呈梯形概率分布，由于经济调度分析中采用DC潮流，模糊线路潮流可以描述为：

$$\tilde{P}_l=\sum_{m=1}^{NB}S_{lm}\tilde{P}_m,\quad l=1,\cdots,NL \tag{13.72}$$

式中：$\tilde{P}_m$ 为模糊节点注入有功功率；$\tilde{P}_l$ 为模糊线路潮流；S 为DC模型灵敏度矩阵。

事故分析用于检测最严重故障，通过在基础模型中加入事故限制，确保预防控制有效，故障或事故约束描述类似于式（13.72），只是灵敏系数根据考虑的事故进行调整，即：

$$\tilde{P}_l=\sum_{m=1}^{NB}S'_{lm}\tilde{P}_m,\quad l=1,\cdots,NL \tag{13.73}$$

式中：$\tilde{P}'_l$ 为事故状态下的有功线路潮流；S' 为事故状态下的DC模型灵敏度矩阵。

如果考虑调相机，则以等效注入功率代表调相机，假设调相机安装于连接节点 i 与 j 的线路 t，节点 i 和 j 的等效注入功率以及调相机相角可以简化为：

$$P_{\varphi i}=b_t\varphi_t=-\frac{\varphi_t}{x_t} \tag{13.74}$$

$$P_{\varphi j}=-b_t\varphi_t=\frac{\varphi_t}{x_t} \tag{13.75}$$

式中：$P_{\varphi i}$ 为调相机导致的节点注入有功功率；φ_t 为调相机线路 t 上的调相机相角；x_t 为调相机线路 t 的电抗；b_t 为调相机线路 t 的电纳。

因此，模糊建模中，与调相机相角相关的约束条件可以表示成：

$$\varphi_{i\min}\leqslant x_t\tilde{P}_{\varphi i}\leqslant\varphi_{i\max} \tag{13.76}$$

调相机模糊线路潮流可以描述为：

$$\tilde{P}_l=\sum_{m=1}^{NB}S_{lm}(\tilde{P}_m+\tilde{P}_{\varphi n}),\quad l=1,\cdots,NL \tag{13.77}$$

$$\tilde{P}_l{}'=\sum_{m=1}^{NB}S'_{lm}(\tilde{P}_m+\tilde{P}_{\varphi n}),\quad l=1,\cdots,NL \tag{13.78}$$

于是，考虑线路约束的模糊经济调度模型可以表示为：

$$\min F = \sum_{i=1}^{NG}\sum_{k=1}^{4} c_i \frac{P_{Gi}^{(k)}}{4} \tag{13.79}$$

约束条件：

$$\sum_{i=1}^{NG} P_{Gi}^{(k)} = \sum_{j=1}^{ND} P_{Di}^{(k)}, \quad k = 1,\cdots,4 \tag{13.80}$$

$$P_{l\min} \leqslant \sum_{m=1}^{NB} S_{lm}(\widetilde{P}_m + \widetilde{P}_{\varphi m}) \leqslant P_{l\max}, \quad l = 1,\cdots,NL \tag{13.81}$$

$$P_{l\min} \leqslant \sum_{m=1}^{NB} S'_{lm}(\widetilde{P}_m + \widetilde{P}_{\varphi m}) \leqslant P_{l\max}, \quad l = 1,\cdots,NL \tag{13.82}$$

$$P_{Gi\min} \leqslant P_{Gi}^{(1)} \leqslant P_{Gi}^{(2)} \leqslant P_{Gi}^{(3)} \leqslant P_{Gi}^{(4)} \leqslant P_{Gi\max}, \quad i = 1,\cdots,NG \tag{13.83}$$

$$\frac{\varphi_{i\min}}{x_t} \leqslant P_{\varphi i}^{(1)} \leqslant P_{\varphi i}^{(2)} \leqslant P_{\varphi i}^{(3)} \leqslant P_{\varphi i}^{(4)} \leqslant \frac{\varphi_{i\max}}{x_t}, \quad t = 1,\cdots,NP \tag{13.84}$$

式中：NP 为调相机数目；NB 为节点数目；NL 为线路数目。

由于使用四个变量集分别描述概率分布的转折点，Dantzig－Wolf（DWD）分解法可以将问题分解为四个子问题，子问题间通过约束（13.83）和（13.84）耦合在一起。主问题的维数等于耦合约束数量加上子问题数量，每一个子问题的维数等于与相应转折点相关的约束数量。主问题的求解方案产生了新的单纯形乘子（对偶解），可以调节子问题的成本函数。带有可调节目标函数的子问题的求解为主问题提供了进入主基矩阵的新列。

13.3.4 算例分析

算例以 IEEE－30 节点系统为基础进行一些修改，测试模糊经济调度模型。系统有 6 台发电机、41 条支路以及 3 台调相机，调相机线匝比都为 1，以梯形概率分布表示系统模糊有功负荷的概率分布，负荷概率分布转折点列于表 13.4，发电机参数列于表 13.5，其中发电机成本函数用分段线性近似表示。

表 13.4　　负荷概率分布　　(p.u.)

负荷节点	$P_D^{(1)}$	$P_D^{(2)}$	$P_D^{(3)}$	$P_D^{(4)}$
3	0.000	0.020	0.030	0.050
4	0.020	0.040	0.070	0.100
7	0.100	0.150	0.220	0.270
10	0.020	0.030	0.060	0.080
12	0.050	0.080	0.110	0.150
14	0.030	0.050	0.080	0.100
15	0.040	0.070	0.100	0.130
16	0.010	0.030	0.050	0.060
17	0.030	0.070	0.100	0.140
18	0.000	0.020	0.040	0.070

续表

负荷节点	$P_D^{(1)}$	$P_D^{(2)}$	$P_D^{(3)}$	$P_D^{(4)}$
19	0.040	0.060	0.090	0.130
20	0.000	0.010	0.020	0.040
21	0.100	0.150	0.200	0.230
23	0.000	0.020	0.030	0.050
24	0.050	0.070	0.100	0.120
26	0.010	0.030	0.050	0.060
29	0.000	0.010	0.020	0.030
30	0.060	0.090	0.110	0.140

表 13.5　　发电机参数　　(p. u.)

发电机节点	线性分段数	P_{Gmin}	P_{Gmax}	分段函数费用系数（$/MWh)
G_1	1 2 3	0.30 0.00 0.00	0.90 0.35 0.75	25.0 37.5 42.0
G_2	1 2	0.20 0.00	0.50 0.30	28.0 37.0
G_5	1 2	0.15 0.00	0.25 0.25	30.0 36.5
G_8	1 2	0.10 0.00	0.15 0.20	27.0 38.0
G_{11}	1 2	0.10 0.00	0.20 0.10	27.5 37.0
G_{13}	1 2	0.12 0.00	0.20 0.20	36.0 39.0

本例中，不考虑支路潮流限制，求解与模糊负荷相关的最优发电出力。发电机出力概率转折点结果列于表 13.6。为便于比较，在表 13.6 中第 6 列，引入对应于固定负荷范围 $P_D^{(1)}$ 和 $P_D^{(4)}$ 的发电出力，极值范围的负荷产生了比模糊模型更大的支路潮流，这意味着固定潮流区间计算在不确定环境下对系统运行的评估过于保守。

使用表 13.6 的发电有功出力计算相应线路潮流概率分布，线路 2－6 模糊潮流的转折点分别是 0.2252、0.2808、0.4333 和 0.5238p. u.，固定潮流区间则是 0.2248 和 0.5430p. u.，再次说明固定区间下评估的保守性。由于线路 2－6 潮流限制是 0.5，固定潮流区间计算出的潮流越限，为此，需要再次进行最优有功功率计算以消除越限。本例中安装于线路 4－6 之间的调相机在不改变表 13.5 的发电出力下改善了越限潮流，线路 4－6 上的调相机的角度转折点分别是 0.0、0.0、0.0 和 0.56°。然而对于固定负荷区间，调相范围是 0.00 和 1.02°，因此，利用负荷概率分布可以减小调相机角度。

表 13.6　　模糊经济调度求解结果

发电机节点	$P_G^{(1)}$	$P_G^{(2)}$	$P_G^{(3)}$	$P_G^{(4)}$	对应最小、最大负荷的发电机出力范围
G_1	0.900	0.900	0.968	1.217	0.900　1.250
G_2	0.478	0.500	0.800	0.800	0.466　0.800
G_5	0.150	0.488	0.500	0.500	0.150　0.500
G_8	0.150	0.150	0.150	0.150	0.150　0.272
G_{11}	0.200	0.200	0.300	0.300	0.200　0.300
G_{13}	0.120	0.200	0.200	0.200	0.120　0.200

13.4　机组组合中的智能算法

机组组合问题（Unit Commitment，UC），是电力系统经济运行的一个重要方面，也称为开停机计划。传统的机组组合方法有优先顺序法、动态规划法和拉格朗日松弛法。这里仅介绍几种解决机组组合问题的智能算法，这些算法是基于进化规划的禁忌搜索法和粒子群优化法。

13.4.1　机组组合数学模型

机组组合的数学模型可以表示如下：

（1）目标函数：

$$\min\sum_{t=1}^{T}\sum_{i=1}^{n}\left[F_i(P_{Gi}^t)x_i^t+F_{si}(t)x_i^t\right]=F(P_{Gi}^t,x_i^t) \tag{13.85}$$

（2）约束条件：

1）有功平衡方程：

$$\sum_{i=1}^{n}P_{Gi}^t x_i^t=P_D^t,\quad t=1,2,\cdots,T \tag{13.86}$$

2）发电机输出功率约束：

$$x_i^t P_{G i\min}^t\leqslant P_{Gi}^t\leqslant x_i^t P_{G i\max}^t,\quad t=1,2,\cdots,T \tag{13.87}$$

3）发电机功率备用约束：

$$\sum_{i=1}^{n}P_{G i\max}x_i^t\geqslant P_D^t+P_R^t,\quad t=1,2,\cdots,T \tag{13.88}$$

4）最小开停时间：

$$(U_{t-1,i}^{\rm up}-T_i^{\rm up})(x_i^{t-1}-x_i^t)\geqslant 0,\quad t=1,2,\cdots,T,\ i=1,2,\cdots,n \tag{13.89}$$

$$(U_{t-1,i}^{\rm down}-T_i^{\rm down})(x_i^t-x_i^{t-1})\geqslant 0,\quad t=1,2,\cdots,T,\ i=1,2,\cdots,n \tag{13.90}$$

式中：F_{si} 为机组 i 在时间段 t 的启动成本；P_R^t 为时间段 t 的功率备用；T_i^{up} 为机组 i 的最小开机时间，h；T_i^{down} 为机组 i 的最小停机时间，h；$U_{t-1,i}^{up}$ 为连续运行到时间段 t 的时间，h；$U_{t-1,i}^{down}$ 为连续停机到时间段 t 的时间，h。

13.4.2 基于进化规划的禁忌搜索法

13.4.2.1 禁忌搜索法

禁忌搜索法（Tabu Search，TS）是一种元启发式（meta - heuristic）随机搜索算法，它从一个初始可行解出发，选择一系列的特定搜索方向（移动）作为试探，确定使目标函数值变化最多的方向为下一步搜索方向。为了避免陷入局部最优解，TS 搜索中采用了一种灵活的“记忆”技术，对已经进行的优化过程进行记录和选择，指导下一步的搜索方向，这就是禁忌表（Tabu List，TL）的建立。

机组组合问题是整数变量和连续变量的组合问题，可将其分解为两个子问题：整数变量中的组合问题和输出功率变量中的非线性优化问题。禁忌搜索方法用于求解组合优化问题，非线性优化通过二次规划求解，具体步骤如下：

步骤 1：假设每个小时的燃料成本是固定的，并且所有发电机均等地分担负荷。

步骤 2：通过最优分配，找出机组的初始可行解。

步骤 3：将需求作为控制参数。

步骤 4：生成试探解。

步骤 5：计算总运行成本，包括运行费用和启停费用。

步骤 6：列出每个机组每小时的燃料成本。

试探解的邻域是随机生成的。由于机组组合问题中的约束条件复杂，最难满足的约束是最小启停时间，因此，禁忌搜索算法需要满足所有的系统和机组约束的初始可行计划。

一旦获得试探解，相应的总运行成本也就确定了。由于生产成本是二次函数，因此可以使用二次规划方法来求解子问题，然后计算给定计划的启动成本。如果满足以下条件，则停止计算。

- 满足负荷平衡约束；
- 满足旋转旋备用约束。

禁忌表按照试探解的顺序排列。禁忌表是一个循环表，在搜索过程中被循环修改，每次将新元素添加到列表的“底部”时，列表上最早的元素将从“顶部”删除。但在超过禁忌表维数后循环内的移动是禁止的，以避免回到原来的解，从而避免陷入循环。因此，必须给定停止准则以避免出现循环。当迭代内所发现的最好解无法改进或无法离开它时，算法停止。

为了降低计算量，禁忌长度和禁忌表的集合不宜太大，但是禁忌长度太小容易循环搜索，禁忌表太大则容易陷入“局部极优解”。

13.4.2.2 进化规划法

进化规划法（Evolutionary Programming，EP）是进化算法的一种方法。进化计算是基于自然选择和自然遗传等生物进化机制的一种搜索算法。它是从一组随机产生的个体开始进行搜索，通过选择和变异等操作使个体向着搜索空间中越来越靠近全局最优值的区域进化。与普通的搜索方法一样，进化计算也是一种迭代算法，不同的是进化计算在最优解的搜索过程中，一般是从原问题的一组解出发改进到另一组较好的解，再从这组改进的解出发进一步改进。而且在进化问题中，要求当原问题的优化模型建立后，还必须对原问题的解进行编码。进化计算在搜索过程中利用结构化和随机性的信息，使最满足目标的决策获得最大的生存可能，是一种概率型的算法。

进化规划算法的具体步骤如下。

（1）初始种群确定。

$$s_i = S_i \sim U(a_k, b_k)^k, \quad i = 1, \cdots, m \tag{13.91}$$

式中：S_i 为随机向量；s_i 为随机向量的输出结果；$U(a_k, b_k)^k$ 为在 k 维中的每一维 $[a_k, b_k]$ 的均匀分布；m 为上代数量。

（2）每个 s_i 赋值一个适应度。

$$\varphi(s_i) = G(F(s_i), v_i), \quad i = 1, \cdots, m \tag{13.92}$$

式中：F 表示 s_i 的真实适应度。v_i 表示 s_i 中的随机变量；$G(F(s_i), v_i)$ 表示要分配的适应度。

通常，函数 F 和 G 根据需要来确定其复杂度。例如，F 不仅是特定群体 s_i 的函数，而且是特定群体的其他成员的函数。

（3）每个 s_i 修改后确定出 s_{i+m} 。

$$s_{i+m} = s_{i,j} + N(0, \beta_j \varphi(s_i) + z_j), \; j = 1, \cdots, k \tag{13.93}$$

式中：$N(0, \beta_j \varphi(s_i) + z_j)$ 表示高斯随机变量，β_j 是 $\varphi(s_i)$ 的比例常数，z_j 表示保证最小方差量的偏移量。

（4）每个 s_{i+m} 赋值一个适应度。

$$\varphi(s_{i+m}) = G(F(s_{i+m}), v_{i+m}), \quad i = 1, \cdots, m \tag{13.94}$$

（5）对每个 $s_i, i = 1, \cdots, 2m$ ，根据下式确定 w_i 的赋值。

$$w_i = \sum_{t=1}^{c} w_t^* \tag{13.95}$$

$$w_t^* = \begin{cases} 1, & \text{if } \varphi(s_i^*) \leqslant \varphi(s_i) \\ 0, & \text{otherwise} \end{cases} \tag{13.96}$$

式中：c 是竞争者的数量。

（6）对所有 $s_i, i = 1, \cdots, 2m$ ，根据 w_i 值按降序排列。第一组 m 解与其对应的 $\varphi(s_i)$ 值一起将作为下一代的基础。

（7）除非允许的执行时间已到或已得到充分解，否则回到步骤（3）。

将上述进化规划法应用于机组组合问题，计算步骤如下所示。

（1）初始化父代矢量 $p = [p_1, p_2, \cdots, p_n]$，$i = 1, 2, \cdots, N_p$ ，使矢量中的每个元素由 $p_j \sim random(p_{j\min}, p_{j\max})$，$j = 1, 2, \cdots, N$ 来确定（对应 UC 中的发电机）。

（2）用试探向量 p_i ，计算 UC 问题的目标函数，并找到目标函数的最小值。

（3）按如下方法创建后代试探解 p'_i 。

1）计算标准偏差：

$$\sigma_j = \beta\left(\frac{F_{Tij}}{\min F_{Ti}}\right)(P_{j\max} - P_{j\min}) \tag{13.97}$$

2）将高斯随机变量 $N(0, \sigma_j^2)$ 加到 p_i 的所有状态变量中以得到 p'_i 。

（4）从包括 p_i 和 p'_i 的 $2N_p$ 总个体中选择前 N_p 个，并通过 $W_{pi} = sum(W_x)$ ，评估每个向量，其中 $x = 1, 2, \cdots, N_p$，$i = 1, 2, \cdots, 2N_p$ 。

$$W_x = \begin{cases} 1, & \text{if } \dfrac{F_{Tij}}{F_{Tij} + F_{Tir}} < random(0,1) \\ 0, & \text{otherwise} \end{cases} \tag{13.98}$$

（5）将 W_{pi} 按降序排序，前 N_p 个个体将继续存活并与其元素一起复制到下代个体。

（6）直到达到最大迭代数 N_m，否则返回步骤（2）。

13.4.2.3 基于 TS 的 EP 解决机组组合问题

在解决机组组合问题的 TS 算法中，每个机组的最大有功功率作为初始状态输入，并通过避免局部最小值来改善 TS 的给定状态。从 EP 算法获得的下代作为 TS 的输入以改善其值。考虑到 EP 和 TS 算法的特点，将两种算法进行组合，从而得到基于 TS 的 EP 算法并用于解决机组组合问题。具体计算步骤如下：

（1）获得一定时间周期如 24 小时内的负荷需求，并设定迭代次数。

（2）将当前解（机组出力）调节到给定负荷需求，以此作为状态变量的形式来生成父辈群体（N）。

（3）根据机组停机时间随机确定机组的停机。

（4）通过 TS 检查新调度计划中的约束。如果不满足约束，则修改调度计划。用于调整违反约束到可行性的修复方法描述如下。

1）在某个违约的小时中，随机选择一个 OFF 机组。

2）应用 13.4.2.1 节中的规则将所选机组从 OFF 切换到 ON，并保持最小停机时间满足要求。

3）检查此时段的备用限制。否则，在该时段内对另一个机组重复上述过程。

（5）解决 UC 的主问题，并计算每个父代的总生产成本。

（6）将高斯随机变量加到每个状态变量，这就创建了一个子代。但需要进行一些修正，然后检查新调度计划是否满足所有约束。

（7）改善进化后子代的状态，并用 TS 验证约束。

（8）对整个种群排名。

（9）为下一次迭代选择最佳 N 个种群。

（10）是否已达到迭代次数？如果是，转到步骤 11，否则，回到步骤 2。

（11）通过进化策略选择最佳种群。

（12）打印最佳调度计划。

13.4.3 机组组合的粒子群优化法

13.4.3.1 PSO 算法

粒子群算法也称粒子群优化算法或鸟群觅食算法（Particle Swarm Optimization，PSO），是近年来由 J. Kennedy 和 R. C. Eberhart 等于 1995 年开发的一种新算法。PSO 算法属于进化算法（Evolutionary Algorithm，EA）的一种，和模拟退火算法相似，它也是从随机解出发，通过迭代寻找最优解，它也是通过适应度来评价解的品质，但比遗传算法规则更为简单，它没有遗传算法的“交叉”（Crossover）和“变异”（Mutation）操作，而是通过追随当前搜索到的最优值来寻找全局最优。这种算法以其实现容易、精度高、收敛快等优点引起了学术界的重视，并且在解决实际问题中展示了其优越性。粒子群算法是一种并行算法。

PSO 通过将粒子吸引到具有最优解的位置来改进其搜索。每个粒子能记住在搜索过程中的最佳位置，这个位置用 P_{bi}^t 表示。在这些 P_{bi}^t 中，只有一个具有最佳适应值的粒子，称为全局最佳，用 P_{gbi}^t 表示。PSO 的速度和位置更新公式由下式给出：

$$V_i^t = wV_i^{t-1} + C_1 \times r_1 \times (P_{bi}^{t-1} - X_i^{t-1}) + C_2 \times r_2 \times (P_{gbi}^{t-1} - X_i^{t-1}) \tag{13.99}$$

$$X_i^t = X_i^{t-1} + V_i^t,\ i = 1,\ \cdots,\ N_D \tag{13.100}$$

式中：w 为惯性量；C_1，C_2为加速度系数；N_D为优化问题的维数（决策变量的数量）；r_1，r_2为两个单独生成的均匀分布的随机数 0 或 1；X 为粒子的位置；V_i为第 i 维的速度。

与传统优化算法相比，PSO 具有以下主要特征：

(1) 它只需要一个适应值函数来测量解的“质量”，而不是复杂的数学运算，如梯度、海森矩阵或矩阵求逆。这降低了计算复杂度并减轻了目标函数上的一些限制（如可微分性，连续性或凸性）。

(2) 它对好的初始解不太敏感，因其是一种基于种群的方法。

(3) 很容易与其他优化方法结合成混合型。

(4) 因它符合概率转换规则，因此具有避开局部最小值的能力。

与进化算法的其他方法相比，PSO 具有如下优点：

(1) 可以通过基本的数学和逻辑运算进行编程和修改。

(2) 省时和节约内存。

(3) 需要调用的参数少。

(4) 与实值数字一起运算，不需要像经典遗传算法那样进行二进制转换。

最简单的 PSO 允许每个个体从一个确定点移动到一个新的位置。PSO 算法的参数（如惯性权重）对算法的速度和效率至关重要。

如果在机组组合中也考虑经济调度（ED），则可使用混合 PSO 法（Hybrid PSO，HPSO）。具有二进制值 PSO（求解 UC）与混合实值 PSO（求解 ED）是独立且同时运行的。通过对粒子群算法的简单修改，可产生二进制 PSO（Binary PSO，BPSO）。这个 BPSO 求解二进制问题与传统方法类似。在二进制粒子群中，X_i和 P_{bi}^t 仅可取值 0 或 1。速度 V_i决定概率门槛值或阈值。如果 V_i较大，个体更可能选择 1；如果 V_i较小，则更利于 0 的选择。这样阈值需要保持在［0.0，1.0］的范围内。神经网络中通常用一个简洁函数来实现这一功能，该函数称为 Sigmoid 函数，定义如下：

$$s(V_i) = \frac{1}{1 + \exp(-V_i)} \tag{13.101}$$

该函数将其输入限定在所需范围内，并且具有适合用作概率阈值的特性。然后生成随机数（从 0.0 和 1.0 之间），如果随机数小于 Sigmoid 函数的值，则将 X_i设置为 1，即

$$X_i = \begin{cases} 1, & \text{if } r < s(V_i) \\ 0, & \text{otherwise} \end{cases} \tag{13.102}$$

在 UC 问题中，X_i表示发电机 i 的开或关状态。为了确保始终有转换的可能（打开和关闭发电机），V_{max}开始时选取为常数以限制 V_i 的范围。V_{max}值大将使发电机改变状态的频率低，而 V_{max}值小将增加发电机的开/关的频率。

13.4.3.2 算法实现

13.4.1 节中描述的 UC 问题的数学模型可以表示为一般形式：

$$\min f(x) \tag{13.103}$$

约束条件：

$$h_j(x) = 0,\ j = 1, \cdots, m \tag{13.104}$$

$$g_i(x) \geqslant 0,\ i = 1, \cdots, k \tag{13.105}$$

为了处理不可行解，成本函数用于评估可行解，即：

$$\Phi_f(x) = f(x) \tag{13.106}$$

对 $r + m$ 违反约束形成约束违反检测函数 $\Phi_u(x)$，即：

$$\Phi_u(x) = \sum_{i=1}^{r} g_i^+(x) + \sum_{j=1}^{m} | h_j^+(x) | \tag{13.107}$$

或

$$\Phi_u(x) = \frac{1}{2}\Big[\sum_{i=1}^{r} (g_i^+(x))^2 + \sum_{j=1}^{m} (h_j^+(x))^2\Big] \tag{13.108}$$

式中：$g_i^+(x)$ 为违反第 i 个不等式约束的大小；$h_j^+(x)$ 为违反第 j 个等式约束的大小；r 为不等式约束的个数；m 为等式约束的个数。

然后，个体 x 的总评价函数为：

$$\Phi(x) = \Phi_f(x) + \gamma\Phi_u(x) \tag{13.109}$$

其中，γ 是用于最小化（或最大化）问题的正（或负）罚参数。通过将罚参数与所有约束违反条件组合，约束问题被转换为无约束问题，这样可以不考虑约束条件而生成潜在解。

根据方程（13.109），将 UC 问题的总生产成本作为主要目标，并与功率平衡和旋转备用组合作为不等式约束，然后得到：

$$\Phi(x) = F(P_{\mathrm{G}i}^t, x_i^t) + \frac{\gamma}{2}\sum_{t=1}^{T}\Big[C_1\ \big(P_{\mathrm{D}}^t - \sum_{i=1}^{n} P_{\mathrm{G}i}^t x_i^t\big)^2 + C_2\ \big(P_{\mathrm{D}}^t + P_{\mathrm{R}}^t - \sum_{i=1}^{n} P_{\mathrm{G}i\max}^t x_i^t\big)^2\Big] \tag{13.110}$$

第 k 代罚因子 γ 由下式计算：

$$\gamma = \gamma_0 + \log(k+1) \tag{13.111}$$

γ 的选择决定了收敛的精度和速度。根据经验，较大的 γ 值会增加收敛的精度和速度，因此，γ_0 的初值选为 100。在等式（13.110）中，如果违反有功平衡方程式（13.86），C_1 设为 1，不违反时 $C_1 = 0$。同样地，当检测到违反发电机备用约束（13.88）时，C_2 设为 1，否则为 0。

将式（13.85）代入方程（13.110），得到：

$$\begin{aligned}
\Phi(x) &= \sum_{t=1}^{T}\sum_{i=1}^{n}\big[F_i(P_{\mathrm{G}i}^t)x_i^t + F_{\mathrm{s}i}(t)x_i^t\big] \\
&\quad + \frac{\gamma}{2}\sum_{t=1}^{T}\Big[C_1\ \big(P_{\mathrm{D}}^t - \sum_{i=1}^{n} P_{\mathrm{G}i}^t x_i^t\big)^2 + C_2\ \big(P_{\mathrm{D}}^t + P_{\mathrm{R}}^t - \sum_{i=1}^{n} P_{\mathrm{G}i\max}^t x_i^t\big)^2\Big] \\
&= \sum_{t=1}^{T}\Big\{\sum_{i=1}^{n}\big[F_i(P_{\mathrm{G}i}^t) + F_{\mathrm{s}i}(t)\big]x_i^t + \frac{\gamma}{2}\Big[C_1\ \big(P_{\mathrm{D}}^t - \sum_{i=1}^{n} P_{\mathrm{G}i}^t x_i^t\big)^2 \\
&\quad + C_2\ \big(P_{\mathrm{D}}^t + P_{\mathrm{R}}^t - \sum_{i=1}^{n} P_{\mathrm{G}i\max}^t x_i^t\big)^2\Big]\Big\}
\end{aligned} \tag{13.112}$$

式（13.112）是在时间周期 T 内评估 PSO 群体中的每个粒子的适应值函数。初始功率值在发电机功率范围内随机生成。当粒子探索搜索空间时，从式（13.87）的功率范围内随机产生的初始值开始，当功率超过边界（最小或最大容量）时，属于违反约束条件。为了避免越界，当出现功率大于最大容量或小于最小容量时，重新在发电机的功率范围内进行初始化。

由于解是过去整个群体的最佳粒子（P^t_{gbi}），所以容易通过强制改变二进制值状态来处理最小启停时间约束。然而，这可能会改变当前适应度函数值，这意味着当前的 P^t_{gbi} 值可能不是所有粒子中最优的。为了避免这种情况，需要用式（13.112）重新评价。

问题与练习

1. 阐述 GA 经济调度的优缺点。
2. 经济调度计算中遗传算法和神经网络法有什么异同？
3. 经济调度中模糊数学求解结果是什么形式？
4. 与传统优化算法相比，基于智能算法的经济调度有何特点？
5. 什么是 UC？
6. UC 和 ED 的区别是什么？
7. 阐述基于 EP 的 TS 方法计算 UC 的特征。
8. 与传统优化算法相比，PSO 的主要特点是什么？

参 考 文 献

[1] Zhu J. Optimization of Power System Operation [M]. 2nd ed. New Jersey：Wiley - IEEE Press. 2015.

[2] Goldberg D E. Genetic Algorithms in Search，Optimization and Machine Learning [J]. 1989，xiii (7)：2104 - 2116.

[3] Nanda J，Narayanan R B. Application of genetic algorithm to economic load dispatch with Lineflow constraints [J]. International Journal of Electrical Power & Energy Systems，2002，24 (9)：723 - 729.

[4] Walters D C，Sheblé G B. Genetic algorithm solution of economic dispatch with valve point loading [J]. IEEE Transactions on Power Systems，1993，8 (3)：1325 - 1332.

[5] Sheble G B，Brittig K. Refined genetic algorithm - economic dispatch example [J]. '94 WM，1995，10 (1)：117 - 124.

[6] Hopfield J J. Neural networks and physical systems with emergent collective computational abilities [J]. Proceedings of the National Academy of Sciences of the United States of America，1982，79 (8)：2554 - 2558.

[7] Park J H，Kim Y S，Eom I K，et al. Economic load dispatch for piecewise quadratic cost function using Hopfield neural network [J]. Power Systems IEEE Transactions on，1993，8 (3)：1030 - 1038.

[8] King T D，El - Hawary M E，El - Hawary F. Optimal environmental dispatching of electric power systems via an improved Hopfield neural network model [J]. IEEE Transactions on Power Systems，2002，10 (3)：1559 - 1565.

[9] Lee K Y，Sode - Yome A，Park J H. Adaptive Hopfield neural networks for economic load dispatch [J]. IEEE Transactions on Power Systems Pwrs，1998，13 (2)：519 - 526.

[10] Fletcher R. Practical methods of optimization [J]. Journal of the Operational Research Society，1987，33 (7)：675 - 676.

[11] J. Z. Zhu，C. S. Chang，G. Y. Xu，and X. F. Xiong. Optimal Load Frequency Control Using Genetic Algorithm [C]. Proceedings of 1996 International Conference on Electrical Engineering，ICEE' 96，Beijing，China，August 12 - 15，1996：1103 - 1107.

[12] Zhu J Z, Chang C S, Yan W, et al. Reactive power optimisation using an analytic hierarchical process and a nonlinear optimisation neural network approach [J]. Iee Proceedings Generation Transmission & Distribution, 1998, 145 (1): 89-97.

[13] Zhu J Z. Optimal reconfiguration of electrical distribution network using the refined genetic algorithm [J]. Electric Power Systems Research, 2002, 62 (1): 37-42.

[14] Zhu J Z. Optimal power system steady-state security regions with fuzzy constraints [C]. Power Engineering Society Winter Meeting. IEEE, 2002: 1095-1099.

[15] Zhu J, Cheung K. Selection of wind farm location based on fuzzy set theory [C]. Power and Energy Society General Meeting. IEEE, 2010: 1-6.

[16] Momoh J A, Zhu J. Optimal generation scheduling based on AHP/ANP [J]. IEEE Transactions on Systems Man & Cybernetics Part B Cybernetics A Publication of the IEEE Systems Man & Cybernetics Society, 2003, 33 (3): 531.

[17] 朱继忠，徐国禹．网络模糊理论在有功静态安全域中的应用 [J]. 电力系统及其自动化学报，1994 (3): 23-32.

[18] 石立宝，徐国禹．遗传算法在有功安全经济调度中的应用 [J]. 电力系统自动化，1997 (6): 42-44.

[19] 张炯，刘天琪，苏鹏，等．基于遗传粒子群混合算法的机组组合优化 [J]. 电力系统保护与控制，2009，37 (9): 25-29.

14 含可再生能源不确定性的电力系统经济调度

14.1 引言

电力调度是整个电网的核心环节，随着大规模可再生能源的并网和绿色调度概念的提出，调度的方法也必将更新换代。传统的电网经济调度通常是基于准确的功率预测进行的，由于可再生能源出力的预测精度低，输出功率具有较大波动性，这给电网经济调度带来了新的挑战。

为应对各种运行场景，实现可再生能源的充分消纳，本章提出三种经济调度方法：①基于异质能源多时间尺度互补的经济调度策略；②基于变置信水平的多源互补系统多时间尺度鲁棒经济调度方法；③基于最优不确定集的鲁棒经济调度方法。

14.2 调度方法概述

本章的关键技术难题是如何安排可控机组的出力计划，使系统具有较强的鲁棒性，从而避免由于可再生能源的不确定性带来的弃风、切负荷或者线路潮流越限。本章从时间尺度、多能互补、不确定性建模三个方面入手，研究含可再生能源不确定性的电力系统经济调度问题。

14.2.1 多时间尺度的调度方式

针对大规模风电并网的经济调度问题，利用多个时间尺度逐级降低风电的预测偏差对电网调度的影响。多时间尺度的经济调度方法包含了日前 24h 计划、日内 4h 滚动计划和实时 15min 计划在内的三种时间尺度的调度计划。

日前 24h 计划在每日 24：00 制定一次，根据日前 24h 共 96 个时段的风、光及负荷的短期预测值，利用多种异质能源的互补特性，通过负荷跟踪指标 N_r 安排水电机组出力，在此基础上进一步安排火电机组的启停机计划和大致出力计划。

日内 4h 滚动计划每 15min 滚动制定一次，在日前 24h 计划基础上，依据最新上报的未来 4h 风、光及负荷超短期预测值，对 $[t+1, t+17]$ 时段的发电计划进行调整，同时为避免反复调整日内滚动计划，仅对 $[t+16, t+17]$ 时段的水电、火电出力和机组组合状态进行实际在线修正控制。

实时 15min 计划也是每 15min 滚动制定一次，在日内 4h 滚动计划确定的机组出力值基础上，依据最新的未来 15min 实时预测值，对下一个调度时段（未来 15min）的机组出力值进行在线修正。

三种时间尺度的调度计划如图 14.1 所示。

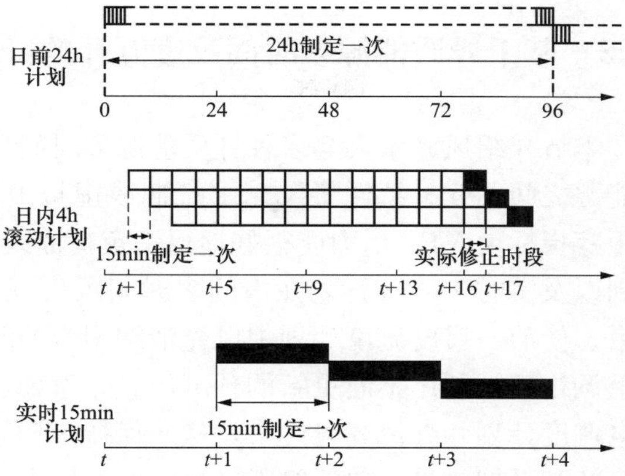

图 14.1 各时间尺度调度计划

14.2.2 异质能源的互补协调

异质能源是指能源种类和出力特性不同的能源。风光水火等异质能源在出力时空特性以及调节能力上具有一定的互补性，且其互补特性强弱与时间尺度有关。充分利用异质能源之间的互补特性，形成混合系统联合运行，可有效缓解单一风力或光伏发电带来的波动性和反调峰特性。在混合系统短期调度方面，有文献引入环境污染惩罚成本和备用容量惩罚成本，建立了含有风光互补电力的动态经济调度模型。有文献将新能源和常规电源打捆调度，提出了计及风光水火四种能源含三层调度模型的日前联合调度方案。还有文献通过提取不同频率下的风光出力分量，制定各类补偿电站出力计划，提出风光水气储联合系统日前调度策略。本章借助这个思路，提出风光水火等多种异质能源多时间尺度互补的动态经济调度策略。

14.2.3 不确定性的建模

为应对可再生能源出力的不确定性，传统的做法是直接预留固定的旋转备用容量，然而足以保证系统安全的备用量不易精确获取。更好的方法是随机优化技术，其基本思想是采用一系列场景（多用蒙特卡洛法采样）来描述可再生能源的不确定性并优化这些场景下调度成本的期望值。但基于随机优化的经济调度通常要考虑海量场景才能保证计算的准确性，具有一定的局限性。鲁棒调度是处理可再生能源出力不确定性的有效方法，其物理意义（工程意义）更加明确，这也是国际上电力系统经济调度研究的一个新趋势。

本章介绍三种经济调度方法的比较如表 14.1 所示。

表 14.1 三种调度方法的对比

方法名称	如何处理可再生能源	计算速度	实现难度	优点	缺点	应用场合
基于异质能源多时间尺度互补的经济调度策略	利用异质能源之间的互补特性将风光水打捆	快	易	计算速度快，容易实现	缺乏考虑可再生能源预期误差带来的影响	可再生能源占比较低，对计算时间要求高
基于变置信水平的多源互补系统多时间尺度鲁棒经济调度方法	采用不确定集描述可再生能源的不确定性，利用鲁棒预算调节调度的保守度	中	中	调节灵活，能获得较好的综合效益	保守度的选择具有一定的主观性	可再生能源占比高，要求调度的保守度可控
基于最优保守度的鲁棒经济调度方法	构建综合成本最小的不确定集优化模型	慢	难	能获得最优的综合效益	需要获得可再生能源的概率分布函数	可再生能源占比高能获得风光概率分布函数

14.3 基于异质能源多时间尺度互补的经济调度策略

本节介绍风光水火等多种异质能源多时间尺度互补的动态经济调度策略。首先，利用异质能源之间的互补特性将风光水打捆成虚拟电厂（Virtual Power Plant，VPP），并定义负荷跟踪指标使 VPP 出力能很好地追踪负荷曲线。同时，建立含日前 24h 计划、日内 4h 滚动计划以及实时 15min 计划在内的多时间尺度互补协同调度模型，设置递进修正的弃风弃光约束，使前一尺度调度计划中风光消纳困难的时段在下一尺度调度计划中具有更大的弃风弃光上调裕度。利用不断更新的预测信息，考虑不同时间尺度下的互补特性，滚动修正水电、火电调度计划和弃风弃光约束，从而保持 VPP 对负荷的良好追踪，有效提升互补系统实际的互补和平抑效果，并逐级减轻火电调度压力，最终达到兼顾系统调节效益、环保效益以及经济效益的目的。

14.3.1 负荷跟踪指标

风电和光伏出力具有良好的时空互补性，且水电可控性强，调节速率快，可以快速调节风光出力波动，故从出力时空特性和调节能力两方面综合考虑，将风光水三种能源配置为 VPP，即风光水电站。为了评价 VPP 出力对负荷曲线的跟踪能力，定义负荷跟踪指标 N_r。N_r越小，代表 VPP 出力曲线对负荷曲线的跟踪和平滑效果越好。通过优化，使 VPP 出力曲线与负荷曲线的波动基本一致，达到削峰填谷的目的。经虚拟电源平抑后的负荷曲线称为优化负荷曲线 P_r，其值等于在负荷曲线上扣除 VPP 后的值。

$$N_r = m_1 D_t + m_2 D_s + m_3 D_c \tag{14.1}$$

$$D_t = \frac{1}{\overline{P_L}}\sqrt{\frac{1}{T}\sum_{t=1}^{T}(P_{v.t} - P_{L.t})^2} \tag{14.2}$$

$$P_{v.t} = P_{w.t} + P_{p.t} + P_{h.t} \tag{14.3}$$

$$D_s = \sqrt{\frac{1}{T-1}\sum_{t=1}^{T}(P_{r.t} - \overline{P_r})^2} \tag{14.4}$$

$$P_{r.t} = P_{L.t} - P_{v.t} \tag{14.5}$$

$$D_c = \frac{P_{r.\max} - P_{r.\min}}{T} \tag{14.6}$$

式中：D_t为 VPP 出力相对于负荷的波动率，D_t越小，VPP 出力曲线与负荷曲线越接近，即 VPP 对负荷的跟踪能力越好；D_s为负荷波动标准差，D_c为负荷功率变化率，这两个指标共同表征经 VPP 平抑后优化负荷曲线 P_r的波动特性，值越小代表优化负荷曲线 P_r越平滑、波动越小；T 为调度周期；$\overline{P_L}$ 为 T 时段内负荷平均值；$P_{L.t}$为 t 时刻的负荷；$P_{v.t}$为 t 时刻 VPP 的总出力；$P_{w.t}$、$P_{p.t}$、$P_{h.t}$分别为 t 时刻风电、光伏及水电的出力；$P_{r.t}$为 t 时刻优化负荷曲线的值；$\overline{P_r}$ 为 T 时段内优化负荷曲线的平均值；$P_{r.\max}$和 $P_{r.\min}$分别为优化负荷曲线的最大值和最小值；m_1、m_2、m_3分别为对应指标的权重系数，可根据各指标的重要性调整权重系数大小。

由于风电和光伏出力可控性差，除少数负荷低谷时段需适当弃风弃光以外，优化 VPP

出力几乎等同于优化水电出力。让 VPP 与常规火电站一起参与系统调度，VPP 始终保持开机状态，并且当负荷一定时，VPP 的出力保持不变。

14.3.2 各时间尺度调度模型

14.3.2.1 日前 24h 计划

日前 24h 计划分为 2 层，即 VPP 优化调度层和火电优化调度层，每层需要遵循一个目标函数。第一层以负荷跟踪指标 N_r最小为目标函数，得到 VPP 出力曲线和日前优化负荷曲线 $P_{r.24h}$。接着，在 $P_{r.24h}$上安排常规火电的工作位置，以火电机组总发电成本最低为第二层的目标函数。

目标函数如下：

$$\min N_r = m_1 D_t + m_2 D_s + m_3 D_c \tag{14.7}$$

$$\min F_{24h} = \sum_{t=1}^{N_t^{24h}} \sum_{i=1}^{N_g} [U_{i.t}(a_i P_{G.i.t}{}^2 + b_i P_{G.i.t} + c_i) + U_{i.t}(1 - U_{i.t-1}) S_i] \tag{14.8}$$

式中：N_t^{24h} 日前 24h 计划划分的时段数；N_g为火电机组总数目；$U_{i.t}$为日前 24h 计划所确定的火电机组 i 在 t 时刻的启停状态；$P_{G.i.t}$为日前 24h 计划所确定的火电机组 i 在 t 时刻的出力状况；S_i为火电机组 i 的启动成本；a_i、b_i、c_i为火电机组 i 的经济特性参数。

约束条件如下：

（1）功率平衡约束：

$$\sum_{i=1}^{N_g} U_{i.t} P_{G.i.t} + P_{v.t} = P_{L.t} \tag{14.9}$$

（2）机组有功出力约束：

$$\begin{cases} 0 \leqslant P_{w.t} \leqslant P_{w.max} \\ 0 \leqslant P_{p.t} \leqslant P_{p.max} \\ P_{min.h} \leqslant P_{h.t} \leqslant P_{h.max} \\ P_{min.i} \leqslant P_{G.i.t} \leqslant P_{max.i} (i = 1, 2, \cdots, N_g) \end{cases} \tag{14.10}$$

式中：$P_{w.max}$为风电机组的出力上限；$P_{p.max}$为光伏电站的出力上限；$P_{h.min}$和 $P_{h.max}$分别为水电机组的出力下限和出力上限；$P_{min.i}$和 $P_{max.i}$分别为火电机组 i 的出力下限和出力上限。

（3）机组爬坡能力约束：

$$\begin{cases} P_{G.i.t} - P_{G.i.t-1} \leqslant U_{i.t-1} R_{u.i} + (1 - U_{i.t-1}) P_{max.i} \\ P_{G.i.t-1} - P_{G.i.t} \leqslant U_{i.t} R_{d.i} + (1 - U_{i.t}) P_{max.i} \end{cases} \tag{14.11}$$

式中：$R_{u.i}$、$R_{d.i}$分别为火电机组 i 的爬坡速率和滑坡速率。

（4）机组最小开停机时间约束：

$$\begin{cases} (T_{i.t-1}^{on} - T_{i.min}^{on})(U_{i.t-1} - U_{i.t}) \geqslant 0 \\ (T_{i.t-1}^{off} - T_{i.min}^{off})(U_{i.t} - U_{i.t-1}) \geqslant 0 \end{cases} \tag{14.12}$$

式中：$T_{i.t-1}^{on}$、$T_{i.t-1}^{off}$分别为火电机组 i 到 $t-1$ 时刻已连续开机时间和已连续停机的时间；$T_{i.min}^{on}$、$T_{i.min}^{off}$分别为火电机组 i 的最小连续开机时间、停机时间。

（5）弃风/弃光约束：

$$\begin{cases}\sum_{t=1}^{T} P_{\mathrm{w}.t} \geqslant (1-\delta_1)\sum_{t=1}^{T} \overline{P}_{\mathrm{w}.t} \\ \sum_{t=1}^{T} P_{\mathrm{p}.t} \geqslant (1-\delta_2)\sum_{t=1}^{T} \overline{P}_{\mathrm{p}.t}\end{cases} \tag{14.13}$$

式中：δ_1、δ_2分别为允许的最大弃风率和最大弃光率；$\overline{P}_{\mathrm{w}.t}$和$\overline{P}_{\mathrm{p}.t}$分别为$t$时刻最大风电和光伏可用出力。

(6) 系统旋转备用约束：

$$R_{\mathrm{st}} = R_{t.\mathrm{st}} + R_{\mathrm{h.st}} \geqslant \alpha P_{\mathrm{w}.t} + \beta P_{\mathrm{p}.t} + \gamma P_{\mathrm{L}.t} \tag{14.14}$$

式中：R_{st}为t时刻系统所能增加的旋转备用总容量，$R_{t.\mathrm{st}}$、$R_{\mathrm{h.st}}$分别表示t时刻火电机组和水电机组所能增加的旋转备用容量；a为系统风电出力预测误差对旋转备用的需求；β为光伏出力预测误差对旋转备用的需求；γ为负荷预测误差对旋转备用的需求。

14.3.2.2 日内 4h 滚动计划

对于当前时刻t，依据最新未来 4h 风、光及负荷超短期预测值，在保证 VPP 追踪能力的前提下，重新规划［$t+1$，$t+17$］时段水电和火电机组出力及机组组合状态。同时，为避免日内滚动计划反复调节，仅对［$t+16$，$t+17$］时段进行实际调整。

日内 4h 滚动计划仍包含 VPP 优化调度层和火电优化调度层两层计划。但是，由于本时间尺度较小，周期较短，异质能源互补性的全局性明显次于日前 24h 调度计划，若继续以［$t+1$，$t+17$］时段内N_{r}最小值作为 VPP 优化调度层的目标函数，将会使求出的该时段的日内 4h 优化负荷曲线$P_{\mathrm{r.4h.T}}$与该时段的日前 24h 优化负荷曲线$P_{\mathrm{r.24h.T}}$出现较大偏差，从而导致火电调度计划的大幅变动。基于此，VPP 优化调度层直接以本时段的$P_{\mathrm{r.4h.T}}$与$P_{\mathrm{r.24h.T}}$相同为目标函数来修正水电出力，超出水电调节范围的才更改$P_{\mathrm{r.4h.T}}$即调整火电出力计划。

火电优化调度层以本时段内火电出力调整成本和启停成本最低为目标函数。火电机组组合状态的微调主要是按照优先顺序法确定的机组开机优先权来安排中小火电机组的快速启停。

目标函数如下：

$$P_{\mathrm{r.4h.T}} = P_{\mathrm{r.24h.T}} \tag{14.15}$$

$$\min F_{4\mathrm{h}} = \sum_{t=1}^{N_t^{4\mathrm{h}}} \sum_{i=1}^{N\mathrm{g}} (U_{i.t}\varepsilon_{i.t}|\Delta P_{\mathrm{G}.i.t}| + U_{i.t}(1-U_{i.t-1})S_i) \tag{14.16}$$

式中：$P_{\mathrm{r.4h.T}}$、$P_{\mathrm{r.24h.T}}$分别为［$t+1$，$t+17$］时段内日内 4h 和日前 24h 优化负荷曲线的值；$N_t^{4\mathrm{h}}$为日内 4h 滚动周期的时段数；$\varepsilon_{i.t}$为火电机组单位出力调整成本，其值等于满负荷运行条件下机组的平均单位出力成本，优先调用单位出力调整成本低的机组；$\Delta P_{\mathrm{G}.i.t}$为火电机组$i$在$t$时刻的出力调整量，调整量是当前调度计划相对于前一尺度调度计划而言。

约束条件如下：

(1) 弃风弃光约束：

$$\begin{cases}\Delta W_{\mathrm{w.4h.T}} \leqslant \lambda_1 W_{\mathrm{w.24h.T}} + C_1 \\ \Delta W_{\mathrm{p.4h.T}} \leqslant \lambda_2 W_{\mathrm{p.24h.T}} + C_2\end{cases} \tag{14.17}$$

式中：$W_{\mathrm{w.24h.T}}$、$W_{\mathrm{p.24h.T}}$分别为日前计划在［$t+1$，$t+17$］时段内所确定的弃风、弃光容量；$\Delta W_{\mathrm{w.4h.T}}$、$\Delta W_{\mathrm{p.4h.T}}$分别为日内滚动计划在该时段内所允许增加的弃风、弃光容量调整量；

λ_1、λ_2 为调整系数，按需求设置；C_1、C_2为常数。

由于日前计划中弃风弃光量越多的时段，实际调度中越容易出现较强的反调峰特性，风光消纳越容易出现困难。通过这样的修正，可以使日前计划中弃风弃光量更大的时段，在日内4h滚动计划中具有更大的弃风弃光上调裕度，有效避免可能出现的风光消纳困难的情况，从而优化互补系统的实际互补和平抑效果，减少火电出力的波动，提升系统运行的经济性和安全性。

(2) 机组最小开停机时间约束：

启停时间小于4h的机组才参与启停，即：

$$\begin{cases} 0 < T_{\text{start.}\,i} \leqslant 4 \\ 0 < T_{\text{stop.}\,i} \leqslant 4 \end{cases} \tag{14.18}$$

式中：$T_{\text{start.}\,i}$和$T_{\text{stop.}\,i}$分别为机组i的启停时间。其余约束与日前24h计划类似。

(3) 实时15min计划

同样地，实时15min计划通过令下一调度时刻的实时15min优化负荷曲线的取值$P_{\text{r. min.}\,t}$与日内4h优化负荷曲线的取值$P_{\text{r. 4h.}\,t}$相同来调整VPP出力，同时，由于上一时间尺度下的超短期预测精度已经较高，故本时间尺度下水电和火电出力调整量较小，且机组组合状态不发生调整。此时，以火电机组实时调整成本最小为目标，且无机组启停费用项。

目标函数如下：

$$P_{\text{r. min.}\,t} = P_{\text{r. 4h.}\,t} \tag{14.19}$$

$$\min F_{15\text{min}} = \sum_{i=1}^{N_g} (U_{i.\,t}\varepsilon_{i.\,t} \mid \Delta P_{\text{G.}\,i.\,t} \mid) \tag{14.20}$$

弃风弃光约束：

$$\begin{cases} \Delta W_{\text{w. min.}\,t} \leqslant \lambda_3 W_{\text{w. 4h.}\,t} + C_3 \\ \Delta W_{\text{p. min.}\,t} \leqslant \lambda_4 W_{\text{p. 4h.}\,t} + C_4 \end{cases} \tag{14.21}$$

式中：$P_{\text{r. min.}\,t}$、$P_{\text{r. 4h.}\,t}$分别为t时刻实时15min和日内4h优化负荷曲线的值；$W_{\text{w. 4h.}\,t}$、$W_{\text{p. 4h.}\,t}$分别为日内4h滚动计划在t时刻所确定的弃风、弃光容量；$\Delta W_{\text{w. min.}\,t}$、$\Delta W_{\text{p. min.}\,t}$分别为实时15min调度计划在$t$时刻所允许增加的弃风、弃光容量调整量，$\lambda_3$、$\lambda_4$ 为调整系数，按需求设置；C_3、C_4为常数。

由于$\Delta W_{\text{w. min.}\,t}$和$\Delta W_{\text{p. min.}\,t}$对应的是一个时点（15min）的调整量，而$\Delta W_{\text{w. 4h. T}}$和$\Delta W_{\text{p. 4h. T}}$对应的是时间跨度为16个时点（4h）的弃风、弃光调整量，因此实时15min计划的C_3、C_4应比日内4h计划的C_1、C_2的值小，按照时间跨度的比例，同时考虑到实时调度阶段弃风、弃光的需求可能更为急迫，故令$C_3/C_1=C_4/C_2=1/10$。其余约束与日前24h计划类似。

14.3.3 模型求解

动态经济调度模型的求解主要包括两部分：VPP优化调度层的求解和火电机组滚动优化调度层的求解。首先通过萤火虫算法（FA）完成日前24h计划的第一层优化，即VPP的优化调度，求取使负荷跟踪度N_r最小的水电机组的出力曲线，基本步骤如图14.2所示。

完成VPP优化调度层的求解后，再采用优先顺序法求取各机组的启停机顺序，然后通过粒子群算法（PSO）的滚动计算来求出多种时间尺度调度计划下火电机组的机组组合状态、工作位置、发电总费用等，具体流程如下：

采用PSO算法对日前调度模型进行求解：首先随机初始化火电机组所有时段启停状态的初

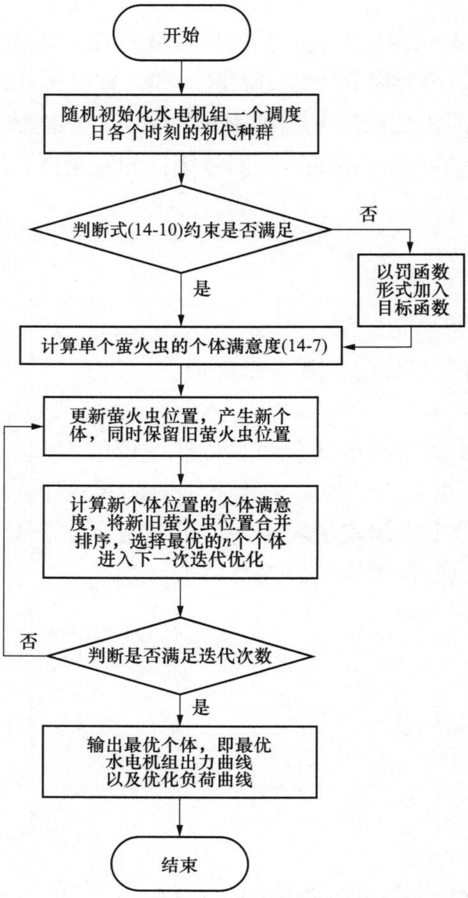

图 14.2 VPP 优化调度层萤火虫算法流程图

代种群；评价每个粒子的适应度，并得到当前个体最优位置和适应度值；更新粒子速度、个体最优位置和全局最优位置；满足迭代次数，则停止搜索，输出日前调度计划的机组组合状态、工作位置和发电总费用，否则返回继续搜索。

将日前调度计划求得的机组组合状态和工作位置直接代入日内滚动模型中作为输入量，以式（14.16）作为适应度值函数，仍采用 PSO 算法求解得到快速启停机组的机组状态、各机组工作位置以及调整费用；

将日内滚动计划求得的机组组合状态和工作位置直接代入实时调度模型中作为输入量，以式（14.20）作为适应度值函数，继续采用 PSO 算法优化求解得到所有机组的工作位置以及调整费用。

14.3.4 算例分析

以某地区为例，该地区共有 26 台火电机组，总装机容量为 3105MW；水电总装机容量为 1500MW，水电机组出力下限为 50MW，上限为 1500MW；风电总装机容量为 1400MW；光伏总装机容量为 800MW。图 14.3～图 14.5 分别为该地区电网某夏季典型日上报的各时间尺度下负荷、风电及光伏功率预测曲线。允许的最大弃风率 $\delta_1=0.05$，最大弃光率 $\delta_2=0.03$，调整系数 $\lambda_1=\lambda_2=\lambda_3=\lambda_4=0.1$，$C_1=C_2=10\text{MW}$，$C_3=C_4=1\text{MW}$。

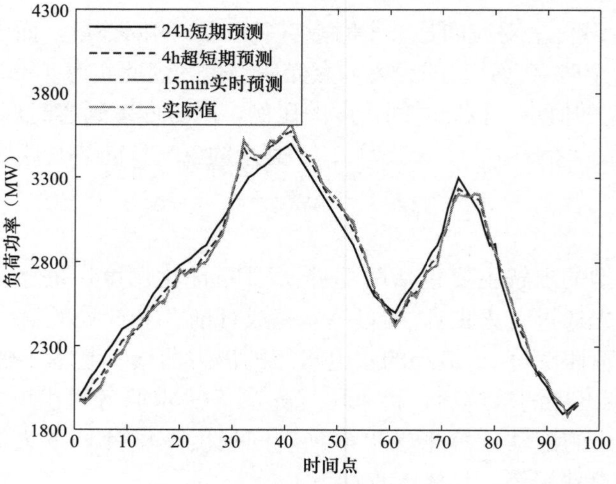

图 14.3 负荷预测曲线

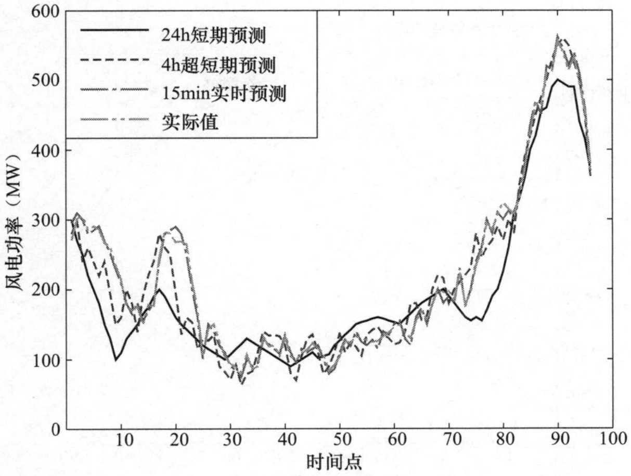

图 14.4 风电出力预测曲线

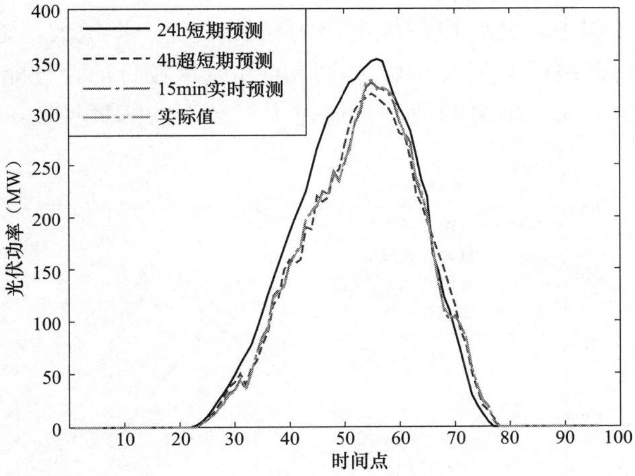

图 14.5 光伏出力预测曲线

14.3.4.1 优化调度结果

首先，对一天 24h 连续的日前—日内—实时调度结果进行分析。

在日前 24h 计划中，首先以式（14.7）为目标函数求出使 N_r 最小的 VPP 出力，负荷曲线扣除 VPP 出力后进一步得到日前优化负荷曲线 $P_{r.24h}$，即火电出力曲线。接着，在 $P_{r.24h}$ 的位置以式（14.8）为目标函数安排 26 台火电机组的工作位置，完成日前 24h 计划的第二层优化。接着，利用日内 4h 滚动调度和实时 15min 调度计划对日前调度结果进行递进修正，最终的调度结果如图 14.6 所示。可以看出，通过多时段滚动修正，VPP 出力曲线可以很好地跟踪负荷曲线，使火电出力曲线在大部分时段非常平滑，只在 30～40 时间点之间出现较明显凸起，其主要原因是此时段为负荷高峰期，而风电和光伏出力较弱，水电出力上调至最大值仍无法填补功率缺额，故只能上调火电出力。

图 14.7 显示了经过递进修正后的各时间尺度调度计划下的弃风弃光情况。88～96 时间段为深夜负荷低谷期，光伏出力为 0，但风电出力大大增加，具有强烈的反调峰特性，超过了水电的调节极限，日前 24h 计划确定的弃风容量已达弃风约束上限。接着，在日内 4h 滚

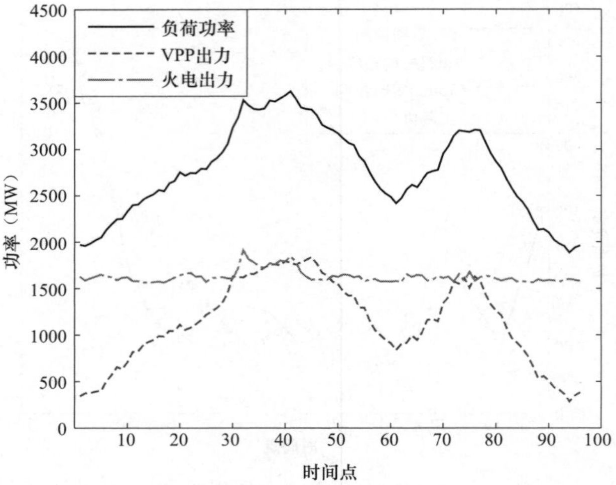

图 14.6　24h 连续的日前—日内—实时调度结果

动计划和实时 15min 计划中，此时段的风电出力预测值进一步增大，通过式（14.17）和式（14.21）对弃风弃光约束进行上调修正后，实际的弃风量较日前计划略微增加，避免了风光消纳困难的情况，减少了火电出力的波动，通过少量风电的牺牲换取了互补系统互补效果和平抑效果的提升。

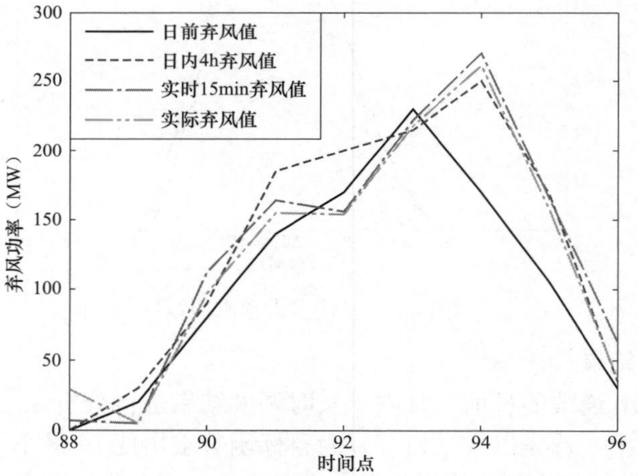

图 14.7　不同时间尺度调度计划下的弃风情况

为进一步分析不同时间尺度计划下火电机组的调节情况，选取第 32 个时点进行具体分析。该时点的风、光及负荷日内 4h 超短期预测值较日前 24h 短期预测值的偏差量分别为 −48.3%、−41.2%和 6.9%，而实时 15min 预测值相较于日内 4h 超短期预测值的偏差量分别为 −14.3%、−12.5%和 1.27%。

在日内 4h 滚动计划中，为了填补较大的功率缺额，首先应调用优先级更高的水电机组，上调水电机组出力至其上限后，剩余 303MW 的功率缺额需通过火电机组来填补，26 个火电机组的出力调整情况如表 14.2 所示。由于将日前 24h 计划中所有开机机组出力上调至其最大调节速率也无法填补功率缺额，故应按已求出的机组启停顺序表，新开经济性较好的 13

号快速启停机组，同时，其余已开机机组均达到其调节极限。

在实时 15min 调度计划中，由于功率缺额进一步增大，故需要继续上调火电出力。由于此时预测偏差量较小，无需开启新机组，只需上调已开启机组出力即可。优先将经济性最好的 17、18 号机组增出力至满发，再增加 19 号机组出力至满足功率缺额。实时 15min 计划调整量比日内 4h 滚动计划的功率调整量小，符合实际情况。通过各时间尺度调度计划的递进协调，实现了预测偏差量的逐级消纳，减轻了调度人员及 AGC 机组的调节负担。

表 14.2　第 32 时点的火电机组各时间尺度下的出力及调整值

机组编号	日前 24h 计划（MW）	日内 4h 滚动计划（调整量）（MW）	实时 15min 计划（调整量）（MW）	爬坡速率（MW/h）
1	0	0	0	12
2	0	0	0	12
3	0	0	0	12
4	0	0	0	12
5	0	0	0	12
6	0	0	0	20
7	0	0	0	20
8	0	0	0	20
9	0	0	0	20
10	0	0	0	55
11	15.2	29（+13.8）	29	55
12	15.2	29（+13.8）	29	55
13	0	16.8（+16.8）	16.8	55
14	25	47.05（+22.05）	47.05	88
15	25	47.05（+22.05）	47.05	88
16	25	47.05（+22.05）	47.05	88
17	101.7	133.5（+31.8）	155（+21.5）	127
18	101.7	133.5（+31.8）	155（+21.5）	127
19	97.2	129（+31.8）	144（+15）	127
20	93.1	124.9（+31.8）	124.9	127
21	0	0	0	197
22	0	0	0	197
23	0	0	0	197
24	269.9	338.15（+68.25）	338.15	273
25	400	400	400	400
26	400	400	400	400

14.3.4.2 对比分析

为了分析本节所提互补调度模型的优越性，将其与另外三种互补调度模型进行对比研究。

调度模型 A：多时段风光全消纳模型。采用多时间尺度滚动调度模型，但风光全消纳。

调度模型 B：日前调度风光全消纳模型。仅采用日前 24h 调度模型对各种能源进行配置，且风光全消纳。

调度模型 C：日前调度弃风弃光模型。仅采用日前 24h 调度模型对各种能源进行配置，但适当弃风弃光。

各种调度模式下，VPP 对负荷曲线的追踪情况以及火电出力曲线分别如图 14.8 和图 14.9 所示。可以看出，本节所提调度模型中 VPP 对负荷的追踪最好，相应地火电出力曲线也最平滑。同样，采用多时间尺度滚动调度模型的模型 A 与本节所提调度模型的曲线走势基本一致，但由于未适当弃风弃光，其火电出力曲线在 90 时间点之后出现明显缺口。同时，由于未进行滚动修正，模型 B 和 C 中 VPP 的追踪情况很差，火电出力曲线波动剧烈，其中，未适当弃风弃光的模型 B 最差。

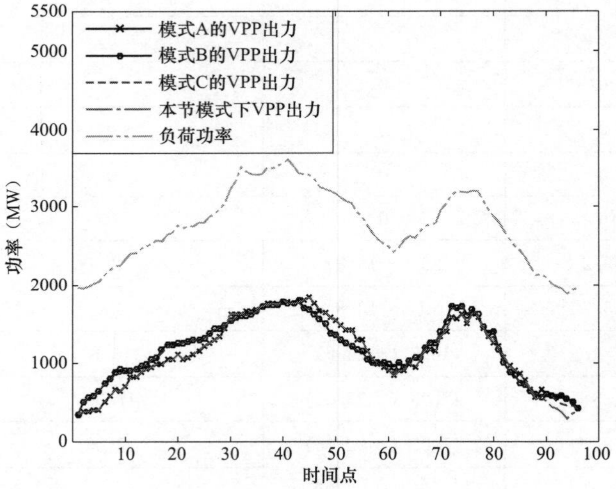

图 14.8 各调度模型下 VPP 出力情况

图 14.10～图 14.12 给出了四种调度模式下水电和火电的功率调整量，调整量是当前尺度调度计划相对于前一尺度调度计划而言。可以看出，本节所提调度模型的火电调整量最小，两种时间尺度的调度计划中，水电机组均承担了大部分的调节任务，且实时 15min 计划中水电、火电出力调整量要明显小于日内 4h 滚动计划中的调整量，实现了递进调节。模型 A 与本节所提调度模型的调整量接近，但由于未适当弃风弃光，深夜负荷低谷时段的火电调整量明显增大。模型 B 和 C 中无多尺度递进调节，没有对日前计划确定的水电出力进行修正，仅依靠 AGC 机组参与快速调节，故只有火电调整量，且调整量均很大。

表 14.3 比较了本节提到的调度模型与调度模型 A、B、C 的弃风弃光量和发电费用。可以看出，本节所提调度模型的发电费用最少，模型 B 的发电费用最多。尽管弃风容量非常接近，包含多时段滚动计划的本节调度模型的发电费用明显低于仅含日前调度的调度模型 C。

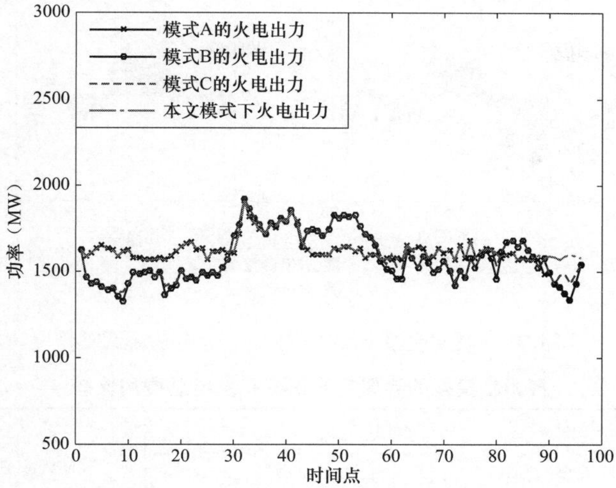

图 14.9 各调度模型下火电出力曲线

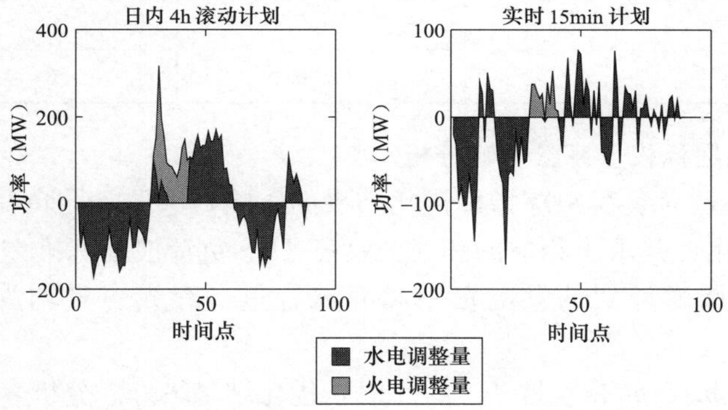

图 14.10 本节所提调度模型下水电、火电功率调整情况

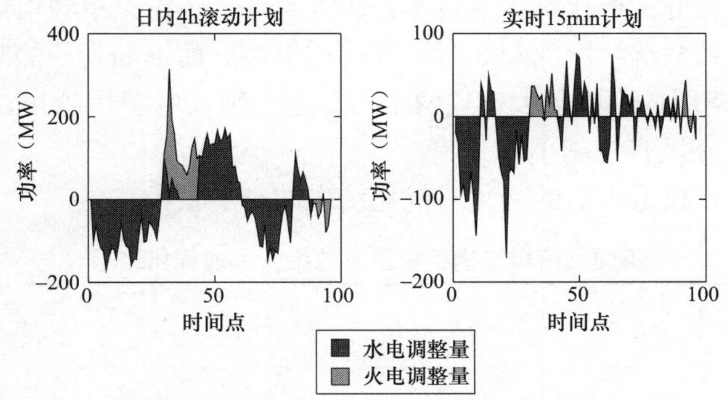

图 14.11 调度模型 A 下水电、火电功率调整情况

同时，对比本节调度模型和模型 A 可知，少量的弃风可以带来发电费用的明显降低，更有利于系统运行的经济性。

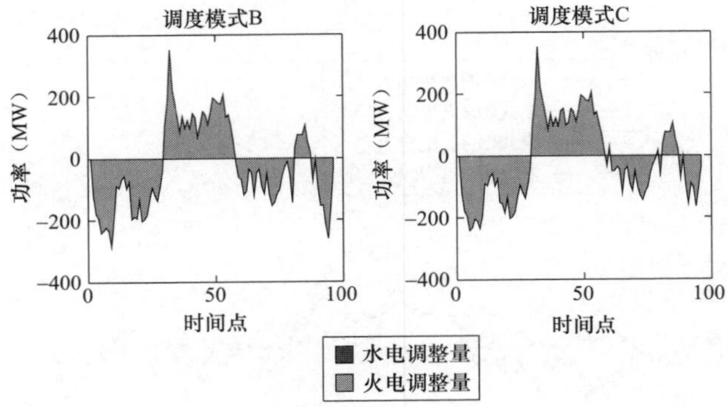

图 14.12 调度模型 B、C 下水电、火电功率调整情况

表 14.3　　各调度模型的弃风弃光指标和发电总费用比较

模型	弃风		弃光（MWh/日）	发电费用（万美元/日）
	容量（MWh/日）	比例（%）		
本节调度模型	278.25	5.5	0	47.325
调度模型 A	0	0	0	47.932
调度模型 B	0	0	0	49.265
调度模型 C	264.89	5.00	0	48.714

14.3.4.3 负荷跟踪指标权重系数影响分析

为了分析权重系数对负荷跟踪指标优化结果的影响，选取不同负荷跟踪指标权重系数的组合对 N_r进行优化，并求出相应的相对波动率 D_t、负荷波动标准差 D_s、负荷功率变化率 D_c以及日前 24h 调度计划的发电费用和弃风容量（弃光容量均为 0）等指标，如表 14.4 所示。

可以看出，m_1、m_2、m_3依次取 4、4、1 时，优化结果最好。分析表 14.4 数据可知，单独增加某一指标的权重，可适当减小该指标的优化结果，但同时会略微恶化另两个指标的优化结果。若同时增加两项指标的权重，则可适当减小该两项指标的值，优化结果较单独增加一项指标权重的结果更好。但权重系数也不是越大越好，不论是单独增加一项还是同时增加两项的权重，当权重系数继续增加到 8 时，优化结果都反而不如为 4 的时候好。进一步分析可知 D_t和 D_s对发电费用的影响较大，这两个指标越小则发电费用越小；D_t对弃风容量的影响也较大，D_t越小，弃风容量越小。

同时也可以看出，权重系数的变化对优化结果的影响较小。

表 14.4　　不同负荷跟踪指标权重系数组合下的优化结果

m_1	m_2	m_3	D_t	D_s	D_c	发电费用（万美元/日）	弃风（MWh/日）
1	1	1	0.63	205.12	10.43	47.18	268.67
2	1	1	0.61	215.61	10.56	47.13	267.33
4	1	1	0.60	217.34	10.49	47.10	266.34
8	1	1	0.63	218.82	10.77	47.20	269.16

续表

m_1	m_2	m_3	D_t	D_s	D_c	发电费用（万美元/日）	弃风（MWh/日）
1	2	1	0.62	202.42	10.86	47.11	268.17
1	4	1	0.62	198.76	11.20	47.11	267.93
1	8	1	0.62	210.23	11.72	47.16	268.14
1	1	2	0.63	210.85	9.54	47.19	268.75
1	1	4	0.63	216.27	9.33	47.21	268.99
1	1	8	0.63	237.53	10.31	47.23	269.27
1	2	2	0.62	203.24	9.38	47.11	268.55
2	1	2	0.61	210.56	9.34	47.11	267.34
2	2	1	0.61	200.52	10.52	47.10	267.13
1	4	4	0.63	187.94	9.04	47.10	269.48
4	1	4	0.60	205.23	8.58	47.09	266.16
4	4	1	0.59	192.24	10.82	47.07	265.15
1	8	8	0.64	201.72	9.79	47.19	269.83
8	1	8	0.63	199.58	9.82	47.12	268.78
8	8	1	0.63	193.58	10.24	47.11	268.64

从算例分析中可知：

（1）利用负荷跟踪指标，VPP 可以很好地跟踪负荷曲线的波动，从而有效平抑火电出力曲线。

（2）通过设置递进修正的弃风弃光约束，使前一尺度调度计划中弃风弃光容量更多的时段在下一尺度调度计划中具有更大的弃风弃光上调裕度，有效避免可能出现的风光消纳困难的情况，以少量的弃风弃光换取 VPP 互补效果和追踪能力的最大化。

（3）通过日内多时间尺度的互补调度计划，滚动修正水电和火电出力，能够保持 VPP 对负荷的良好追踪，从而保证互补系统实际的互补和平抑效果。同时，也实现了火电机组的递进调节，有效减轻了调度人员及 AGC 机组的调节负担。

14.4 基于变置信水平的多源互补系统多时间尺度鲁棒经济调度方法

当前应用于不确定性建模的方法主要有两类：随机规划法及鲁棒优化法。随机规划法是基于概率论的不确定性分析方法，主要包含场景分析法和机会约束规划等方法。有文献将风电描述为一系列带权重的随机场景，使用两阶段随机规划模型计算系统备用容量。应用机会约束规划建立了考虑失负荷和弃风风险的含风电场电力系统经济调度模型。采用机会约束的形式，保证正、负旋转备用在概率上能补偿风电实际出力的偏差。然而，随机规划法依赖于新能源概率模型，而且计算量大，计算精度和安全性也无法保证，从而导致其应用受到限制。

而鲁棒优化采用集合来描述不确定性，不依赖于不确定参数的概率分布，易于刻画，且只需考虑不确定性的最坏情况，适用于大规模计算。近年来鲁棒优化已被广泛应用于电力系统优化运行研究中：有文献描述了常规机组的鲁棒运行轨迹以适应所有的风电场景，提出鲁棒备用调度模式和鲁棒经济调度模式。有文献提及可调度电动汽车数量和风电的不确定性，构建了含电动汽车的虚拟电厂鲁棒随机优化调度模型。针对鲁棒模型的保守度控制问题，在不确定性集合描述中引入鲁棒预算的概念，提出自适应鲁棒优化方法，引入鲁棒测度来调节含有多个不确定因素的鲁棒模型的保守度。然而，当前文献多是针对日前调度计划鲁棒模型保守度的调节，而未考虑多时间尺度调度计划中鲁棒模型保守度的控制与协调问题。

基于上述分析，本节介绍基于变置信水平的互补系统多时间尺度鲁棒经济调度策略。首先，将风光水打捆成虚拟电厂（VPP），并定义负荷跟踪指标使 VPP 出力能很好地追踪负荷曲线。接着，对各时间尺度的风电、光伏及负荷预测值进行鲁棒建模，将各时间尺度下的确定性约束转化成计及不确定性的鲁棒约束，从而建立多时间尺度鲁棒经济调度模型。同时，设置随时间尺度减小而具有递增置信水平的鲁棒测度，逐级增加调度计划的保守度，以反映随着调度时刻的临近系统对不确定性因素最坏情况容忍度的降低，并提出各时间尺度鲁棒测度选取原则。通过算例证明该策略可有效降低风电、光伏及负荷预测不确定性的影响，有效减少机组的频繁启停、缓解调度压力、减少弃风水平和切负荷水平，实现了安全、经济与环保性的平衡。

14.4.1 基于变置信水平的鲁棒约束条件

14.4.1.1 基于变置信水平的鲁棒测度

采用多面体集合来表述系统中可再生能源出力和负荷需求的不确定性。设定 $\tilde{u}_{ij}$ 是第 i 个不确定因素在约束 j 上的参量，$i\in \boldsymbol{I}_j$，$j\in \boldsymbol{J}$，$\boldsymbol{J}$ 为不确定性约束条件的集合，$\boldsymbol{I}_j$ 为第 j 个不确定性约束上不确定因素的集合，个数为 M。u_{ij} 为参量的标称值，$\hat{u}_{ij}$ 为扰动量（通常为正值）。不确定性集合需遵循如下约束：

$$\tilde{u}_{ij} = u_{ij} + \eta_{ij}\hat{u}_{ij} \tag{14.22}$$

$$\tilde{u}_{ij} \in [u_{ij} - \hat{u}_{ij}, u_{ij} + \hat{u}_{ij}] \tag{14.23}$$

$$\boldsymbol{\Omega}_j = \{\eta \mid \|\eta_{ij}\|_1 \leqslant \Gamma_j\} = \left\{\eta \,\middle|\, \sum_{i\in I_j} |\eta_{ij}| \leqslant \Gamma_j\right\} \tag{14.24}$$

式中：$\boldsymbol{\Omega}_j = \prod_{i\in I_j}, \boldsymbol{\Omega}_i$ 为 η_{ij} 的多面体集合，不确定系数 $\eta_{ij} \in [-1,1]$ 为对称分布。$\Gamma \in [0,M]$ 为鲁棒测度，用以调节所有不确定因素可达到的最坏情况，即每个不确定性约束的保守度水平。Γ 越大则解越保守，调度计划安全性越高，而经济性越差。当 $\Gamma = 0$ 时，表明未计及不确定性的影响，模型退化为传统的确定性经济调度模型；而 $\Gamma = M$ 则表明在调度过程中考虑了所有可能的最恶劣情况，此时的调度结果最保守。

于是，系统鲁棒模型可以表示为：

$$\begin{cases} \min\limits_{x} f(x) \\ \text{s. t. } a_j^T x \geqslant \sum\limits_{i\in I_j} \tilde{u}_{ij} \\ P_{\min} \leqslant x \leqslant P_{\max} \end{cases} \tag{14.25}$$

式中：$f(x)$ 为调度模型目标函数，决策变量 x 是系统内所有可调度能源的出力；$P_{\min}$ 和 $P_{\max}$ 分别为各能源出力下、上限；a_j^T 为第 j 个约束上 x 的系数矩阵。

采用对偶锥性质转换内层规划模型，则式（14.25）可化为

$$\begin{cases} \min\limits_{x,\xi} f(x) \\ \text{s. t. } a_j^T x - \begin{Bmatrix} \min\limits_{z} z_j \Gamma_j \\ \text{s. t. } z_j \geqslant \max \hat{u}_{ij} \end{Bmatrix} \geqslant \sum\limits_{i \in I_j} u_{ij} \\ P_{\min} \leqslant x \leqslant P_{\max} \end{cases} \tag{14.26}$$

于是，鲁棒优化问题转换为确定性优化问题，可通过对鲁棒测度 Γ 值的调节来获取经济性与安全性最优平衡的鲁棒解（ x，z）。

进一步分析不确定性约束的越限概率，第 j 个不确定性约束越限的概率应满足：

$$P_{\mathrm{r}}\left(\sum_i \tilde{a}_{ij} x_j^* > b_j\right) \leqslant P_{\mathrm{r}}\left(\sum_{i \in I_j} \gamma_{ij} \eta_{ij} > \Gamma_j\right) \tag{14.27}$$

根据马尔科夫不等式，当 $\theta > 0$ 时，有：

$$\begin{aligned} & P_{\mathrm{r}}\left(\sum_{i \in I_j} \gamma_{ij} \eta_{ij} \geqslant \Gamma_j\right) \\ \leqslant & \frac{E\left[\exp\left(\theta \sum_{i \in I_j} \gamma_{ij} \eta_{ij}\right)\right]}{\exp(\theta \Gamma_j)} \\ = & \frac{\prod_{i \in I_j} E\left[\exp(\theta \gamma_{ij} \eta_{ij})\right]}{\exp(\theta \Gamma_j)} \\ = & \frac{\prod_{i \in I_j} 2 \int_0^1 \sum_{k=0}^{\infty} \left(\left(\theta \gamma_{ij} \eta\right)^{2k} / (2k)!\right) \mathrm{d}F_{\eta_{ij}}(\eta)}{\exp(\theta \Gamma_j)} \\ \leqslant & \frac{\prod_{i \in I_j} \sum_{k=0}^{\infty} \left(\left(\theta \gamma_{ij}\right)^{2k}\right) / (2k)!}{\exp(\theta \Gamma_j)} \leqslant \frac{\prod_{i \in I_j} \left(\theta^2 \gamma_{ij}^2 / 2\right)}{\exp(\theta \Gamma_j)} \\ \leqslant & \exp\left(M \frac{\theta^2}{2} - \theta \Gamma_j\right) \end{aligned} \tag{14.28}$$

令 $\theta = \Gamma_j / M$，则得到：

$$P_{\mathrm{r}}\left(\sum_{i \in I_j} \gamma_{ij} \eta_{ij} \geqslant \Gamma_j\right) \leqslant \exp\left(-\frac{\Gamma_j^2}{2M}\right) \tag{14.29}$$

假设要求不确定约束至少以 $1-\varepsilon$（即以 ε 的概率越限，ε 是一个门槛值）的概率得到满足，则鲁棒测度 Γ 的取值应满足如下关系：

$$\Gamma \geqslant \sqrt{-2M\ln\varepsilon} \tag{14.30}$$

14.4.1.2　基于鲁棒测度的日前 24h 计划约束

约束条件主要包括两部分：受风电、光伏及负荷不确定因素影响的鲁棒约束；其余传统的物理约束。

（1）鲁棒约束。功率平衡约束为：

$$\sum_{i=1}^{N_g} U_{i.t} P_{G.i.t}^{24h} + P_{h.t}^{24h} \geqslant \widetilde{P}_{L.t}^{24h} - \widetilde{P}_{w.t}^{24h} - \widetilde{P}_{p.t}^{24h} \tag{14.31}$$

系统旋转备用约束为：

$$R + \sum_{i=1}^{N_g} U_{i.t} P_{\max.i} + P_{h.\max} \geqslant \widetilde{P}_{L.t}^{24h} - \widetilde{P}_{w.t}^{24h} - \widetilde{P}_{p.t}^{24h} \tag{14.32}$$

式中：风、光及负荷预测值的不确定参数已经包含了对预测值不确定性的处理，因此备用容量 R 只需考虑机组故障停运即可。

结合鲁棒不确定性集合描述式（14.22）和式（14.23），系统内风电、光伏及负荷预测值的不确定性可表示为：

$$\widetilde{P}_{w.t}^{24h} \in [P_{w.t}^{24h} - \hat{P}_{w.t}^{24h}, P_{w.t}^{24h} + \hat{P}_{w.t}^{24h}] \tag{14.33}$$

$$\widetilde{P}_{p.t}^{24h} \in [P_{p.t}^{24h} - \hat{P}_{p.t}^{24h}, P_{p.t}^{24h} + \hat{P}_{p.t}^{24h}] \tag{14.34}$$

$$\widetilde{P}_{L.t}^{24h} \in [P_{L.t}^{24h} - \hat{P}_{L.t}^{24h}, P_{L.t}^{24h} + \hat{P}_{L.t}^{24h}] \tag{14.35}$$

不确定约束（14.36）和（14.37）中不确定性集合的鲁棒测度分别为：

$$\Gamma_1 = \xi_w + \xi_p + \xi_L \quad \Gamma_1 \in [0,3] \tag{14.36}$$

$$\Gamma_2 = \Gamma_1 \quad \Gamma_2 \in [0,3] \tag{14.37}$$

故 $M=3$，令不确定约束至少以 $1-\varepsilon_1$ 的概率得到满足，则：

$$\Gamma_1^{24h} = \Gamma_2^{24h} \geqslant \sqrt{-6\ln\varepsilon_1} \tag{14.38}$$

根据前述转换方式，约束（14.31）和（14.32）可转换为：

$$\sum_{i=1}^{N_g} U_{i.t} P_{G.i.t}^{24h} + P_{h.t}^{24h} - z_1 \Gamma_1^{24h} \geqslant P_{L.t}^{24h} - P_{w.t}^{24h} - P_{p.t}^{24h} \tag{14.39}$$

$$\sum_{i=1}^{N_g} U_{i.t} P_{\max.i} + P_{h.\max} - z_1 \Gamma_2^{24h} \geqslant P_{L.t}^{24h} - P_{w.t}^{24h} - P_{p.t}^{24h} + R \tag{14.40}$$

$$z_1 \geqslant \hat{P}_{w.t}^{24h}, z_1 \geqslant \hat{P}_{p.t}^{24h}, z_1 \geqslant \hat{P}_{L.t}^{24h} \tag{14.41}$$

(2) 其他约束。机组有功出力约束为：

$$\begin{cases} 0 \leqslant P_{w.t} \leqslant P_{w.\max} \\ 0 \leqslant P_{p.t} \leqslant P_{p.\max} \\ P_{\min.h} \leqslant P_{h.t} \leqslant P_{h.\max} \\ P_{\min.i} \leqslant P_{G.i.t} \leqslant P_{\max.i},\ i = 1,2,\cdots,N_g \end{cases} \tag{14.42}$$

式中：$P_{w.\max}$ 为风电机组的出力上限；$P_{p.\max}$ 为光伏电站的出力上限；$P_{h.\min}$ 和 $P_{h.\max}$ 分别为水电机组的出力下限和出力上限；$P_{\min.i}$ 和 $P_{\max.i}$ 分别为火电机组 i 的出力下限和出力上限。

机组爬坡能力约束：

$$\begin{cases} P_{G.i.t} - P_{G.i.t-1} \leqslant R_{u.i} \\ P_{G.i.t-1} - P_{G.i.t} \leqslant R_{d.i} \end{cases} \tag{14.43}$$

式中：$R_{u.i}$、$R_{d.i}$ 分别为火电机组 i 的爬坡速率和滑坡速率。

机组最小开停机时间约束：

$$\begin{cases} (T_{i,t-1}^{on} - T_{i,\min}^{on})(U_{i.t-1} - U_{i.t}) \geqslant 0 \\ (T_{i,t-1}^{off} - T_{i,\min}^{off})(U_{i.t} - U_{i.t-1}) \geqslant 0 \end{cases} \tag{14.44}$$

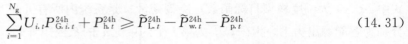

式中：$T^{\text{on}}_{i,t-1}$、$T^{\text{off}}_{i,t-1}$分别为火电机组 i 到 $t-1$ 时刻已连续开机时间和已连续停机的时间；$T^{\text{on}}_{i,\min}$、$T^{\text{off}}_{i,\min}$分别为火电机组 i 的最小连续开机时间、停机时间。

弃风、弃光约束：

$$\begin{cases} \sum_{t=1}^{T} P_{\text{w.}t} \geqslant (1-\delta_1)\sum_{t=1}^{T} \overline{P}_{\text{w.}t} \\ \sum_{t=1}^{T} P_{\text{p.}t} \geqslant (1-\delta_2)\sum_{t=1}^{T} \overline{P}_{\text{p.}t} \end{cases} \tag{14.45}$$

式中：δ_1、δ_2分别为允许的最大弃风率和最大弃光率；$\overline{P}_{\text{w.}t}$ 和 $\overline{P}_{\text{p.}t}$ 分别为 t 时刻最大风电和光伏可用出力。

14.4.1.3 基于鲁棒测度的 4h 计划约束

同日前 24h 计划一样，该时间尺度调度计划约束条件分为鲁棒约束和传统物理约束两部分。鲁棒约束如下：令鲁棒至少以 $1-\varepsilon_2$ 的概率得到满足，则：

$$\Gamma_1^{4\text{h}} = \Gamma_2^{4\text{h}} \geqslant \sqrt{-6\ln\varepsilon_2} \tag{14.46}$$

系统功率平衡约束为：

$$\sum_{i=1}^{N_{\text{g}}} U_{i.t} P^{4\text{h}}_{\text{G}.i.t} + P^{4\text{h}}_{\text{h}.t} - z_2 \Gamma_1^{4\text{h}} \geqslant P^{4\text{h}}_{\text{L}.t} - P^{4\text{h}}_{\text{w}.t} - P^{4\text{h}}_{\text{p}.t} \tag{14.47}$$

旋转备用约束为：

$$\sum_{i=1}^{N_{\text{g}}} U_{i.t} P_{\max.i} + P_{\text{h.max}} - z_2 \Gamma_2^{4\text{h}} \geqslant \widetilde{P}^{4\text{h}}_{\text{L}.t} - \widetilde{P}^{4\text{h}}_{\text{w}.t} - \widetilde{P}^{4\text{h}}_{\text{p}.t} + R \tag{14.48}$$

$$z_2 \geqslant \hat{P}^{4\text{h}}_{\text{w}.t}, z_2 \geqslant \hat{P}^{4\text{h}}_{\text{p}.t}, z_2 \geqslant \hat{P}^{4\text{h}}_{\text{L}.t} \tag{14.49}$$

除机组最小开停机时间约束以外，其余约束与日前 24h 计划类似。只有启停时间小于 4h 的机组才参与启停，即：

$$\begin{cases} 0 < T_{\text{start}.i} < 4\text{h} \\ 0 < T_{\text{stop}.i} < 4\text{h} \end{cases} \tag{14.50}$$

式中：$T_{\text{start}.i}$ 和 $T_{\text{stop}.i}$ 分别为机组 i 的启停时间。

14.4.1.4 基于鲁棒测度的实时 15min 计划约束

实时 15min 计划的约束条件仍分为两部分，其传统物理约束与日前 24h 计划一样，不再赘述，鲁棒约束如下：

令鲁棒约束至少以 $1-\varepsilon_3$ 的概率得到满足，则：

$$\Gamma_1^{15\text{m}} = \Gamma_2^{15\text{m}} \geqslant \sqrt{-6\ln\varepsilon_3} \tag{14.51}$$

系统功率平衡约束：

$$\sum_{i=1}^{N_{\text{g}}} U_{i,t} P^{15\text{m}}_{\text{G}.i.t} + P^{15\text{m}}_{\text{h}.t} - z_3 \Gamma_1^{15\text{m}} \geqslant P^{15\text{m}}_{\text{L}.t} - P^{15\text{m}}_{\text{w}.t} - P^{15\text{m}}_{\text{p}.t} \tag{14.52}$$

旋转备用约束：

$$\sum_{i=1}^{N_{\text{g}}} U_{i,t} P_{\max.i} + P_{\text{h.max}} - z_3 \Gamma_2^{15\text{m}} \geqslant P^{15\text{m}}_{\text{L}.t} - P^{15\text{m}}_{\text{w}.t} - P^{15\text{m}}_{\text{p}.t} + R \tag{14.53}$$

$$z_3 \geqslant \hat{P}^{15\text{m}}_{\text{w}.t}, z_3 \geqslant \hat{P}^{15\text{m}}_{\text{p}.t}, z_3 \geqslant \hat{P}^{15\text{m}}_{\text{L}.t} \tag{14.54}$$

14.4.2 鲁棒测度选取原则

定义如下多时间尺度鲁棒测度选取原则：

鲁棒测度值应随时间尺度的减小而逐级增大，且日前24h计划的鲁棒测度值Γ_1不需要设置得过高。随着实际调度时刻的临近，留给系统调整的时间越少，系统对不确定因素最坏情况的容忍度越小，因此越应以满足安全性为首要目标而适当牺牲经济性。同时，由式(14.40)可知，不确定性约束主要通过$z_j\Gamma_j$项来体现其鲁棒性，而Z_j项代表各不确定因素扰动量的最大值，即各不确定因素预测偏差量的最大值。由于各不确定因素的预测偏差量均随时间尺度的减小而减小，故时间尺度越小的调度计划若要提高其保守度则需要付出越小的经济代价，也就越值得增加其保守度。因此，日前24h计划的Γ_1值可以适当设置小一些，而在后续时间尺度调度计划中逐级提高鲁棒测度值，从而以相对较小的经济代价换取系统调度安全性的逐级提高，实现安全性与经济性的平衡。

各不确定因素的扰动量$\hat{u}_{ij}$数值越接近，即预测偏差量绝对值越接近，则日前24h计划的鲁棒测度值Γ_1可适当增大。根据式(14.40)，假设Γ_j均取极限值M，$\hat{u}_{max}=\max\hat{u}_{ij}$，则$z_j\Gamma_j \geqslant \hat{u}_{max}M$。若各扰动量差别较大，则$\hat{u}_{max}M$值比实际最坏情况还要大得多，模型保守度过高；若各扰动量$\hat{u}_{ij}$接近，则$\hat{u}_{max}M$的值与实际最坏情况较接近。因此，若各不确定因素的扰动量$\hat{u}_{ij}$差别很大，则鲁棒测度的值可以适当减小，以接近实际最坏情况。

若新能源接入比例增大，则各时间尺度调度计划的鲁棒测度值均应适当增大。新能源接入比例越高，则新能源出力预测偏差量数值越大，出现较坏情况时系统越难以应对，系统安全性越难得到保障，故应设置较大的鲁棒测度以提高调度计划保守度，尽量保障系统安全性。

14.4.3 算例分析

为验证本章所提出的多时段鲁棒调度模型的有效性，选取IEEE 9节点系统进行验证。火电厂、水电站、风电场及光伏电站依次接入1、2、3、5号节点。火电厂含10台火电机组，机组参数见表14.5。水电站、风电场及光伏电站的装机容量分别为500MW、1000MW和550MW。图14.13为某地区电网某夏季典型日上报的各时间尺度下负荷、风电及光伏功率预测曲线。令各时间尺度计划下约束的越限概率ε随时间尺度的减小而等幅增加，取越限概率向量为$\boldsymbol{\varepsilon}=(0.7,0.6,0.5)$，则其对应的鲁棒测度向量为$\boldsymbol{\Gamma}=(1.46,1.75,2.04)$。风电、光伏及负荷各时间尺度的预测偏差量可根据不同预测方式的预测精度进行选取和调整。风电的短期、超短期及实时预测值偏差量$\hat{P}_{w.t}^{24h}$、$\hat{P}_{w.t}^{4h}$、$\hat{P}_{w.t}^{15m}$分别取为$0.3\hat{P}_{w.t}^{15m}$、$0.15\hat{P}_{w.t}^{24h}$、$0.05\hat{P}_{w.t}^{4h}$，即风电出力的预测误差水平系数向量为$\boldsymbol{\lambda}_w=(0.3,0.15,0.05)$。光伏出力的预测误差水平系数向量$\boldsymbol{\lambda}_P=(0.18,0.12,0.03)$，负荷预测的误差水平系数向量$\boldsymbol{\lambda}_L=(0.05,0.02,0.005)$，使用CPLEX V12.6.2求解。

表14.5　火电机组参数

火电机组	Unit 1	Unit 2	Unit 3	Unit 4	Unit 5
P_{max}（MW）	455	455	130	130	162

续表

火电机组	Unit 1	Unit 2	Unit 3	Unit 4	Unit 5
P_{min}（MW）	150	150	20	20	25
a（\$/h）	1000	970	700	680	450
b（\$/MWh）	16.19	17.26	16.60	16.50	19.70
a（\$/MW²h）	0.00048	0.00031	0.002	0.00211	0.00398
最小开机时间（h）	8	8	5	5	6
最小停机时间（h）	8	8	5	5	6
热启动成本（\$）	4500	5000	550	560	900
冷启动成本（\$）	9000	10000	1100	1120	1800
冷启动时间（h）	5	5	4	4	4
初始状态（h）	8	8	−5	−5	−6
单位调整成本（\$/MWh）	18.57	19.533	22.245	22.005	23.122
火电机组	Unit 6	Unit 7	Unit 8	Unit 9	Unit 10
P_{max}（MW）	80	85	55	55	55
P_{min}（MW）	20	25	10	10	10
a（\$/h）	370	480	660	665	670
b（\$/MWh）	22.26	27.74	25.92	27.27	27.79
a（\$/MW²h）	0.00712	0.00079	0.00413	0.00222	0.00173
最小开机时间（h）	3	3	1	1	1
最小停机时间（h）	3	3	1	1	1
热启动成本（\$）	170	260	30	30	30
冷启动成本（\$）	340	520	60	60	60
冷启动时间（h）	2	2	0	0	0
初始状态（h）	−3	−3	−1	−1	−1
单位调整成本（\$/MWh）	27.455	34.059	38.147	40.582	40.067

14.4.3.1 机组组合状态比较

首先，将34～39时段内本节所提出的鲁棒多时段调度模型与传统多时段调度模型在各时间尺度调度计划中的机组组合状态进行比较，如图14.14所示。为了便于说明，此处只展示了在该时段内两种调度计划中有差异的机组。可以看出，虽然鲁棒多时段调度模型在日前24h调度计划中较传统模型会调用更多的机组，但在日内4h调度计划中，鲁棒多时间尺度调度模型并无机组组合状态的调整，而传统多时间尺度调度模型中8、9、10号机组均发生了组合状态的调整，调整量较大。而在实时15min计划中，两种调度方式均无机组组合状态的变化。

为进一步分析不同时间尺度计划下火电机组的调节情况，选取第34个时点进行具体分

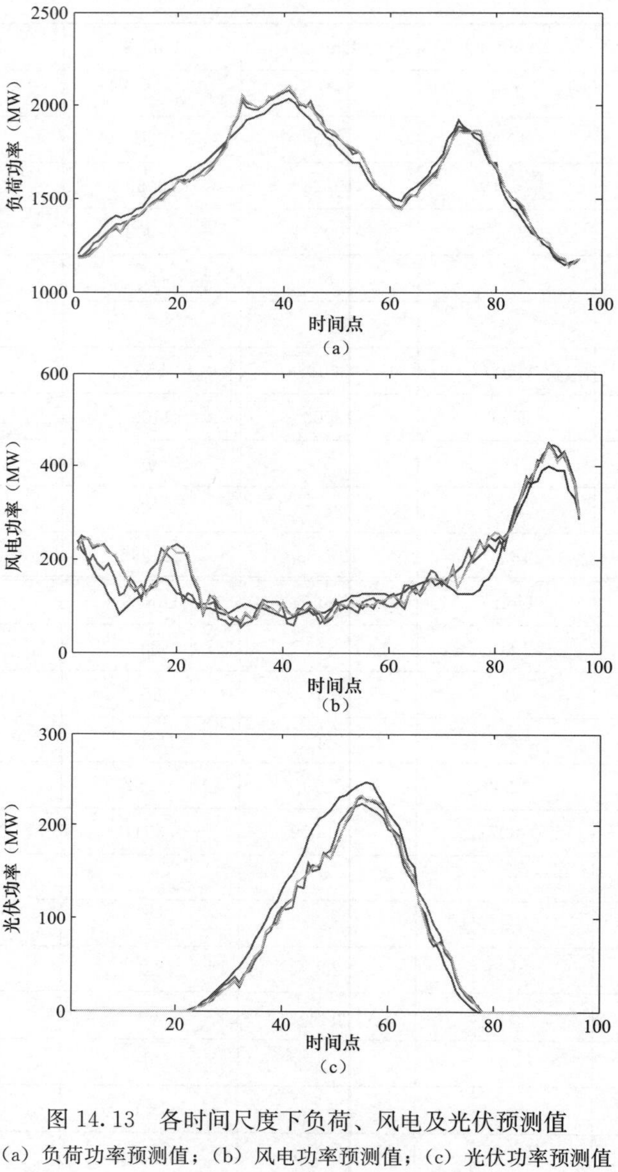

图 14.13　各时间尺度下负荷、风电及光伏预测值

（a）负荷功率预测值；（b）风电功率预测值；（c）光伏功率预测值

析。该时点的风电、光伏及负荷日内 4h 超短期预测值与日前 24h 短期预测值的偏差量分别为−33.60%、−32.60%、2.56%，而实时 15min 预测值与日内 4h 超短期预测值的偏差量分别为 8.43%、12.90%、1.06%。

首先，分析本节所提出的多时段鲁棒调度模型下各机组出力调节情况，如表 14.6 所示。尽管风电、光伏日内超短期预测值相对于日前短期预测值大幅减少，同时负荷预测值相对增大，造成较大功率缺额，但日前 24h 计划中已较充分地考虑了多个不确定量的波动，预留了足够的备用，因此要满足鲁棒测度 Γ_2 水平下的功率平衡，只需填补 23MW 的功率缺额即可。由于此时水电出力已达其上限，故需按已确定的机组开机优先权上调已开启机组中最经济的 6 号机组至其调节速率极限填补 12.5MW，剩余 10.5MW 功率缺额则

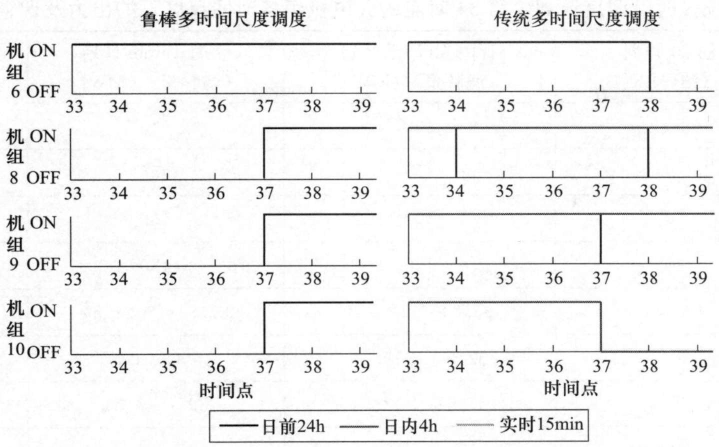

图 14.14 鲁棒多时段调度与传统多时段调度机组组合状态比较（34～39 时间点之间）

由 7 号机组上调出力满足。而在实时 15min 计划中，水火合出力要减小 29MW 才能满足鲁棒测度 Γ_3 水平下的功率平衡，仅通过下调水电出力即可达到要求，故此时间尺度计划下火电机组出力不发生变动。

表 14.6 鲁棒调度计划中第 34 时点的火电机组各时间尺度下的出力及调整值

机组编号	日前 24h 计划（MW）	日内 4h 滚动计划（调整量）（MW）	实时 15min 计划（调整量）（MW）	爬坡速率（MW/h）
1	455	455	455	130
2	455	455	455	130
3	130	130	130	60
4	130	130	130	60
5	162	162	162	90
6	51.9	64.4（+12.5）	64.4	50
7	25	35.5（+10.5）	35.5	50
8	0	0	0	40
9	0	0	0	40
10	0	0	0	40

再分析传统多时间尺度调度计划在 34 时点的火电出力情况，如表 14.7 所示。由于日前 24h 计划中未考虑风电、光伏及负荷预测值的不确定性，在日内 4h 计划中需要填补高达 104MW 的功率缺额，而此时水电机组已达出力上限，无调节能力，故只能靠火电机组来调节。然而，即使上调所有已开启机组至其调节速率极限，同时新开启 9 号和 10 号机组，仍有 26.5MW 的功率缺额无法满足，只能期望在下一尺度调度计划中进行填补，有较大切负荷的风险。而在实时 15min 计划中，加上上一尺度遗留的 26.5MW 功率缺额，共有 36.5MW 缺额需要填补，按照优先权顺序首先上调 5 号和 6 号机组至其功率极限，再上调 7 号机组才能填补剩余缺额。

表 14.7 传统多时段调度计划中第 34 时点的火电机组各时间尺度下的出力及调整值

机组编号	日前 24 计划（MW）	日内 4h 滚动计划（调整量）（MW）	实时 15min 计划（调整量）（MW）	爬坡速率（MW/h）
1	455	455	455	130
2	455	455	455	130
3	130	130	130	60
4	130	130	130	60
5	42.84	65.34（+22.5）	87.84（+22.5）	90
6	20	32.5（+12.5）	45（+12.5）	50
7	25	37.5（+12.5）	39（+1.5）	50
8	10	20（+10）	20	40
9	0	10（+10）	10	40
10	0	10（+10）	10	40

对比分析两种调度方式下的各火电机组出力调整情况可知，两种调度方式都实现了递进调节，日内计划的调整量较大，实时计划的调整量较小。然而，由于在不同时间尺度调度计划中计及了风电、光伏及负荷预测值的不确定性，鲁棒多时段调度方式下火电机组的出力调整动作要少得多，且切负荷的风险较小。而传统多时段调度方式下火电机组调节频繁，且在预测误差较大时，存在较大的切负荷风险。

14.4.3.2 指标比较

为了进一步分析本节所提出的多时段鲁棒调度模型的优越性，将其与另外三种调度模型进行各项调度结果指标的对比研究。

多时段鲁棒调度模型：即本节所提出的调度模型，鲁棒测度向量为 $\boldsymbol{\Gamma}=(1.46, 1.75, 2.04)$。

模型 1：传统多时段调度模型，除约束均为确定性约束以外，整个调度模型的实施流程与本节所提出的多时段鲁棒调度模型完全一致。

模型 2：日前单时段鲁棒调度模型（$\Gamma=1.46$），仅采用本节所提出的日前 24h 的鲁棒调度模型，且鲁棒测度 Γ 与多时段鲁棒调度模型日前计划阶段的 Γ_1 值相同，为 1.46。

模型 3：日前单时段鲁棒调度模型（$\Gamma=2.04$），仅采用本节所提出的日前 24h 的鲁棒调度模型，但鲁棒测度 Γ 为 2.04，大于多时段鲁棒调度模型日前计划阶段的 Γ_1 值。

各调度模式下的调度结果如表 14.8 所示，其中调整费用指后续调整所需的启停机费用和燃料费用。可以看出，由于模型 1 日前 24h 计划的发电费用较少，故其总运行费用较少，但其另外三个指标明显比多时段鲁棒调度模型更差，尤其是切负荷容量和调整费用，说明传统多时段调度模型较本节所提出的多时段鲁棒调度模型安全性更差，调度压力也更大。

对于模型 2，由于其鲁棒测度值 Γ 与本节所提出的多时段鲁棒调度模型日前 24h 计划的鲁棒测度值 Γ_1 相同，即日前计划阶段保守度相同，故模型 2 的日前计划发电费用与多时段鲁棒调度模型的相同，总运行费用也接近，但由于缺乏后续跟踪调整，模型 2 出现了切负荷的情况，说明对于日前单时段鲁棒调度模型来说，该鲁棒测度值过低，不能够满足系统安全性的要求。同时，模型 2 的弃风容量也远大于多时段鲁棒调度模型。模型 3 也是日前单时段鲁棒调度模型，但其鲁棒测度值比模型 2 的更大，保守度更高，尽管满足了系统安全性的要求，无切负荷情况，但其发电费用与弃风容量过大，经济性和环保性太差。通过与模型 2 和 3 的对比可以看出，相比于日前单时段鲁棒调度模型，本节所提出的多时段鲁棒调度模型能以更小的日前计划阶段的保守度，即以更小的经济代价满足系统安全性的要求，且能更好地消纳新能源。

综合来看，本节所提出的多时段鲁棒调度模型较好地实现了安全性、经济性及环保性的平衡，较其他调度模型更优。

表 14.8　各调度模型调度结果比较

模型	切负荷容量（MWh/日）	弃风容量（MWh/日）	日前计划发电费用（万美元/日）	调整费用（万美元/日）	总运行费用（万美元/日）
多时段鲁棒调度模型	0	6.25	62.19	1.17	63.36
模型 1	34.47	9.82	59.32	2.04	61.36
模型 2	19.38	313.52	62.19	1.12	63.31
模型 3	0	593.03	65.27	1.26	66.53

14.4.3.3　鲁棒测度向量的影响

选取不同的越限概率递减向量，得到不同的鲁棒测度递增向量，对应的一天内 96 个时段的日前计划发电费用、调整费用、总运行费用、切负荷容量及弃风容量指标比较如表 14.9 所示，由于负荷低谷时段通常出现在深夜，故弃光容量均为 0，表中不予展示。

不同时间尺度调度计划鲁棒测度的大小反映了当前时间尺度调度计划的保守程度，随着调度时刻的临近，留给系统调整的时间越来越少，即系统对不确定性因素最坏情况的容忍度会逐步降低。因此，设置递增的鲁棒测度向量，可以逐步提高调度计划的保守度，同时由于时间尺度越小的调度计划提高其保守度所需付出的经济代价越小，故此举可以以较小的经济代价实现安全性的提升。

分析可知，Γ_1主要奠定机组基本出力运行点的参考值，对调度计划总体保守度的影响最大，故Γ_1的增加主要引起切负荷容量的明显减小和日前计划发电费用的增加。Γ_2的增加反映了日内计划保守度的提升，分析 2、3、4 号机组组合可知，Γ_2的增加会引起切负荷容量的降低，同时也会适当影响调整费用。分析 1、2、3 号或 6、7、8 号机组组合可知，Γ_3也会略微影响切负荷容量和调整费用，但影响不大。

表 14.9　同鲁棒测度向量条件下调度结果比较

编号	Γ_1 (ε_1)	Γ_2 (ε_2)	Γ_3 (ε_3)	日前发电费用（万美元/日）	调整费用（万美元/日）	总运行费用（万美元/日）	切负荷容量（MWh/日）	弃风容量（MWh/日）
1	1.16（0.8）	1.46（0.7）	1.75（0.6）	60.74	1.02	61.76	21.45	0
2	1.16（0.8）	1.46（0.7）	2.34（0.4）	60.74	1.03	61.77	21.25	0
3	1.16（0.8）	1.46（0.7）	2.69（0.4）	60.74	1.05	61.79	21.07	0
4	1.16（0.8）	1.75（0.6）	2.34（0.4）	60.74	1.13	61.87	19.43	6.25

续表

编号	Γ_1 (ε_1)	Γ_2 (ε_2)	Γ_3 (ε_3)	日前发电费用（万美元/日）	调整费用（万美元/日）	总运行费用（万美元/日）	切负荷容量（MWh/日）	弃风容量（MWh/日）
5	1.16（0.8）	2.04（0.5）	2.34（0.4）	60.74	1.20	61.94	17.75	6.25
6	1.46（0.7）	1.75（0.6）	2.04（0.5）	62.19	1.17	63.36	0	6.25
7	1.46（0.7）	1.75（0.6）	2.69（0.3）	62.19	1.19	63.38	0	6.25
8	1.46（0.7）	1.75（0.6）	3.00（0.2）	62.19	1.22	63.41	0	6.25
9	1.46（0.7）	2.04（0.5）	2.69（0.3）	62.19	1.33	63.52	0	6.25
10	1.46（0.7）	2.34（0.4）	2.69（0.3）	62.30	1.47	63.77	0	6.25
11	1.75（0.6）	2.04（0.5）	2.34（0.4）	63.85	1.73	65.58	0	40.50

14.4.3.4 风电、光伏及负荷预测偏差水平的影响分析

进一步分析风电、光伏及负荷预测偏差水平对多时间尺度鲁棒调度模型调度结果的影响，见表14.10。在算例所给风电、光伏及负荷预测偏差水平的基础上，分别固定其中两项，而改变另一项的预测误差水平向量，表14.10中第一列显示了发生改变的不确定因素的预测误差水平向量。各时间尺度鲁棒测度与算例所给条件相同，即鲁棒测度向量均为$\boldsymbol{\Gamma}=(1.46, 1.75, 2.04)$。

分析表14.10可知，不确定因素预测偏差水平的变化会对调度结果产生一定的影响，其中，负荷预测水平的变化影响最大，而光伏出力预测偏差水平的变化几乎没有影响，主要是因为负荷预测偏差量的绝对值远大于光伏预测偏差量的绝对值，根据式（14.26）中$z_j \geqslant \max\hat{u}_{ij}$，故$Z_j$的值主要由负荷预测偏差量的大小来决定。然而，不管各不确定因素预测偏差水平怎样变化，可以看出其调度结果较前述模型1（传统多时间尺度调度模型）和模型2（日前鲁棒调度模型）仍有明显优势，说明了本节所提出的多时间尺度鲁棒调度模型的有效性。

表14.10 不同风电、光伏及负荷预测偏差向量条件下调度结果的比较

预测偏差量水平	切负荷容量（MWh/日）	弃风容量（MWh/日）	日前计划发电费用（万美元/日）	调整费用（万美元/日）	总运行费用（万美元/日）
风电：（0.35，0.18，0.06）	0	32.5	62.50	1.35	63.85
风电：（0.2，0.1，0.034）	0	6.25	61.89	0.87	62.76
光伏：（0.25，0.17，0.04）	0	6.25	62.19	1.17	63.36
光伏：（0.12，0.08，0.02）	0	6.25	62.19	1.17	63.36
负荷：（0.06，0.025，0.006）	0	6.25	63.47	1.01	64.48
负荷：（0.03，0.013，0.003）	15.35	6.25	59.86	1.19	61.05

本节建立的基于变置信水平的多源互补系统多时间尺度鲁棒经济调度策略具有如下特点：

（1）对不同时间尺度调度计划下的风电、光伏及负荷预测值进行不确定性鲁棒建模，引入鲁棒测度可较准确地描述不确定量的不确定性，并有效控制模型的保守度。

（2）随时间尺度的减小，设置置信水平逐级提高的鲁棒测度，反映了随调度时刻临近，

系统对不确定最坏情况的容忍度的降低以及对安全性重视程度的提升。

(3) 由于时间尺度越小的调度计划要提高其保守度需付出的经济代价越小，因此随时间尺度减小而逐级增加的鲁棒测度值可以使调度计划以较小的经济代价换取较大的安全保障，实现安全性与经济性的平衡。

14.5 基于最优不确定集的鲁棒经济调度方法

不确定集的选取反映了鲁棒调度的“保守度”，直接影响调度方案的经济性和鲁棒性。当取较大的不确定集时，鲁棒调度越保守，模型的约束越严格，优化出的发电成本越大；同时，不确定集越大意味着模型能适应更多的风电波动场景，降低了风险成本。反之，不确定集越小，鲁棒调度越不保守，发电成本越小，风险成本越大。由此可见，鲁棒调度的经济性（发电成本）和鲁棒性（风险成本）之间存在矛盾冲突的关系，有必要找出合适的不确定集大小，使得两者取得平衡。

目前，对鲁棒调度的不确定集优化问题的研究较少。在分析不确定集的大小对鲁棒调度的影响的基础上，上节提出了满足一定置信水平的不确定集选取方法，使调度人员可以根据风险偏好来控制鲁棒调度策略的保守度，但该文献强调的是调度的灵活性，并没有得出一个使经济性和鲁棒性两方面综合最优的不确定集（或者说最优保守度）。可见，目前仍没有很好地解决鲁棒调度的经济性和鲁棒性的冲突问题。针对该问题，本章将通过计算弃风和切负荷的风险成本将调度方案的鲁棒性转化为经济指标，从而构建以综合成本（发电成本与风险成本之和）最小为目标的不确定集优化模型，并提出一种双层优化算法进行求解。

14.5.1 基于线性区间的鲁棒调度模型

14.5.1.1 建立模型

考虑 G 台火电机组数和 W 个风电场，周期为 T。在某一置信概率下，各风电场出力 $p_{w,t}$ 和风电总出力 P_t^{Σ} 满足：

$$p_{w,t} \in [\underline{p_{w,t}}, \overline{p_{w,t}}] \tag{14.55}$$

$$P_t^{\Sigma} \in [\underline{P_t^{\Sigma}}, \overline{P_t^{\Sigma}}] \tag{14.56}$$

式中：$\underline{p_{w,t}}$ 和 $\overline{p_{w,t}}$ 分别为风电场 w 在时段 t 的不确定集的下限和上限；$\underline{P_t^{\Sigma}}$ 和 $\overline{P_t^{\Sigma}}$ 分别为风电总出力在时段 t 的不确定集的下限和上限。

(1) 目标函数。考虑火电机组的可变运行成本作为目标函数，如式（14.57）所示。发电成本 $F(g, t)$ 采用式（14.58）所示的二次曲线，系数 a_g、b_g、c_g 通过实际运行或实验获得，$p(g, t)$ 为火电机组 g 在时段 t 的输出功率。

$$\min f_1 = \sum_{g=1}^{G}\sum_{t=1}^{T} F_g(t) \tag{14.57}$$

$$F_g(t) = (a_g p_g^2(t) + b_g p_g(t) + c_g) \tag{14.58}$$

(2) 约束方程。调度模型可以表示为一个含区间数的大规模非线性优化问题。式（14.59）为有功平衡约束，$D(t)$ 为时段 t 的负荷；式（14.60）为上、下限约束，$p_g^{\min}$ 和 $p_g^{\max}$ 分别为火电机组 g 的出力下限和出力上限；式（14.61）为爬坡速度约束，r_g^{d} 和 r_g^{u} 分别为火电机组 g 的向下和向上爬坡速度，t_0 为调度时间间隔；式（14.62）为线路传输约束，

γ_{g-l}、γ_{d-l}、γ_{w-l}分别为火电机组 g、负荷 d、风电场 w 在线路 l 上的功率分布因子，$P_{\text{limit}}(l)$ 为线路 l 的最大传输功率。

$$\sum_{g=1}^{G} p_g(t) + [\underline{P_t^{\Sigma}}, \overline{P_t^{\Sigma}}] = D(t) \quad (t=1, 2, \cdots, T) \tag{14.59}$$

$$p_g^{\min} \leqslant p_g(t) \leqslant p_g^{\max} \quad (g=1,2,\cdots,G; t=1,2,\cdots,T) \tag{14.60}$$

$$-r_g^{\mathrm{d}} t_0 \leqslant p_g(t) - p_g(t-1) \leqslant r_g^{\mathrm{u}} t_0 \quad (g=1,2,\cdots,G;\ t=2,3,\cdots,T) \tag{14.61}$$

$$\left| \sum_{g=1}^{G} \gamma_{g-l} p_g(t) - \sum_{d=1}^{D} \gamma_{d-l} D_d(t) + \sum_{w=1}^{W} \gamma_{w-l} [\underline{p_{w,t}}, \overline{p_{w,t}}] \right| \leqslant P_{\text{limit}}(l) \quad (l=1,2,\cdots,L;\ t=1,2,\cdots,T) \tag{14.62}$$

14.5.1.2 消去区间变量

（1）含区间变量的约束方程包括功率平衡约束和线路潮流约束。在功率平衡约束方面，有功平衡只与风电总出力有关（无需考虑各自风电场的出力），因此该约束只需考虑风电总出力的不确定集即可。风电总出力的不确定集上限为最大场景 S1，风电总出力的不确定集下限为最小场景 S2，则有功平衡约束简化为无区间数的形式，如下所示：

$$\sum_{g=1}^{G} p_g(t) + P_{t0}^{\Sigma} = D(t) \quad (t=1, 2, \cdots, T) \tag{14.63}$$

$$\sum_{g=1}^{G} p_g^{(\mathrm{S1})}(t) + \underline{P_t^{\Sigma}} = D(t) \quad (t=1, 2, \cdots, T) \tag{14.64}$$

$$\sum_{g=1}^{G} p_g^{(\mathrm{S2})}(t) + \overline{P_t^{\Sigma}} = D(t) \quad (t=1, 2, \cdots, T) \tag{14.65}$$

（2）与功率平衡约束的处理方法不同，首先在线路潮流约束中直接给定区间变量的上、下限，即认为风电的波动范围为零到最大技术出力 $p_w^{\max}$，此时置信概率为 1，这样能保证线路潮流的绝对安全性（即使发生小概率的极端波动情况，线路潮流也满足要求），则线路潮流约束改写为式（14.66）的形式，其中 $P_{\mathrm{D}} = \sum_{d=1}^{D} \gamma_{d-l} D_d(t)$。

$$-\sum_{w=1}^{W} \gamma_{w-l} [0, p_w^{\max}] + P_{\mathrm{D}} - P_{\text{limit}}(l) \leqslant \sum_{g=1}^{G} \gamma_{g-l} p_g(t) \leqslant P_{\text{limit}}(l) + P_{\mathrm{D}} - \sum_{w=1}^{W} \gamma_{w-l} [0, p_w^{\max}] \tag{14.66}$$

其次，风电出力在 $[0, p_w^{\max}]$ 内波动，则风电对线路潮流的贡献 $\sum_{w=1}^{W} \gamma_{w-l} [0, p_w^{\max}]$ 必然也在某个区间 $[\underline{A}, \overline{A}]$ 内波动，当电网网架结构不变时，$\underline{A}$ 和 $\overline{A}$ 是可以获得的定值；最后，通过对潮流约束进行缩放，消去了区间 $[\underline{A}, \overline{A}]$，原潮流约束变成了与 $\underline{A}$、$\overline{A}$ 相关的无区间变量的不等式约束，如式（14.67）所示。

$$-\underline{A} + P_{\mathrm{D}} - P_{\text{limit}}(l) \leqslant \sum_{g=1}^{G} \gamma_{g-l} p_g(t) \leqslant P_{\text{limit}}(l) + P_{\mathrm{D}} - \overline{A} \tag{14.67}$$

（3）添加场景束约束。简化后的有功平衡约束涉及 S0、S1、S2 三个场景，场景之间的过渡受到了机组调节速率的限制。式（14.68）为预测场景与最小场景的过渡约束，式（14.69）为预测场景与最大场景的过渡约束。其中 t_0 为调整时间，即要求可控机组在 t_0 内完成出力调整。

$$-r_g^{\mathrm{d}}t_0 \leqslant p_g(t)-p_g^{(\mathrm{S1})}(t) \leqslant r_g^{\mathrm{u}}t_0 \quad (g=1,2,\cdots,G;\ t=1,2,\cdots,T) \tag{14.68}$$

$$-r_g^{\mathrm{d}}t_0 \leqslant p_g(t)-p_g^{(\mathrm{S2})}(t) \leqslant r_g^{\mathrm{u}}t_0 \quad (g=1,2,\cdots,G;\ t=1,2,\cdots,T) \tag{14.69}$$

14.5.2 不确定集优化模型

14.5.2.1 问题描述

不确定集的大小反映了鲁棒调度的“保守度”，直接影响鲁棒调度的经济性和鲁棒性。选取不确定集越大，鲁棒调度越保守，风险成本越小，经济性越差；反之，不确定集越小，鲁棒调度越不保守，发电成本越小，风险成本越大。由此可见，鲁棒调度的经济性（发电成本）和鲁棒性（风险成本）之间存在矛盾冲突的关系，需要寻找出合适的不确定集大小使得两者取得平衡。

为寻找经济性和鲁棒性的平衡点，本章根据风电预测的概率密度分布函数计算弃风和切负荷的风险成本，从而将鲁棒性转化为经济指标，进一步优化出使综合成本（发电成本与风险成本之和）最小的不确定集，即为最优不确定集。

为保证线路运行的绝对安全性，线路潮流约束中的不确定集固定为$[0,\ p_w^{\max}]$，无需进行优化。关键在于优化功率平衡约束中的不确定集变量。将 Y_t 定义如下：

$$Y_t=[P_0^{\Sigma}(t)(1-u(t)),\ P_0^{\Sigma}(t)(1+v(t))] \tag{14.70}$$

式中：$P_0^{\Sigma}(t)$ 为时段 t 时风电总出力的预测值，$u(t)$ 和 $v(t)$ 分别为风电的向下波动比例和向上波动比例。

图 14.15 中的实线为风电总出力的预测曲线，虚线包含的区域为不确定集 Y_t。鲁棒调度能适应 Y_t 内的风电波动，当风电出力超出 Y_t 时，将可能产生弃风或者切负荷。然而，适当的弃风或者切负荷能使综合成本达到最优。不确定集的优化实质上是寻找最优的“鲁棒边界”。

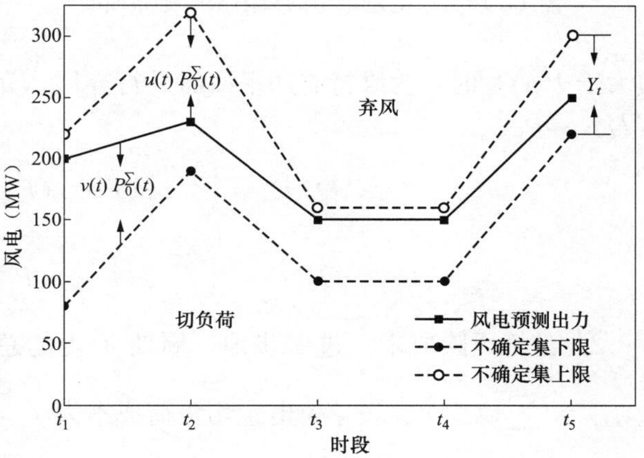

图 14.15 风电总出力的预测曲线及其不确定集

14.5.2.2 不确定集优化模型

根据风电总出力的预测值和概率密度分布函数建立不确定集优化模型，如下所示：

（1）控制变量。根据式（14.70）对 Y_t 的定义，考虑如下的控制变量 $\boldsymbol{X}$：

$$\boldsymbol{X}=\{u(1),v(1),\cdots,u(t),v(t),\cdots,u(T),v(T)\} \tag{14.71}$$

（2）目标函数。目标函数为综合成本最小：

$$\min f=f_1+f_2 \tag{14.72}$$

式中：f_1 为预测场景下的发电成本，如式（14.72）所示，当风功率满足以预测值为中心的对称分布（比如正态分布）时，f_1 可近似等于各场景下成本的期望值；f_2 为应对风电出力波动时产生的风险成本期望值，当风电向上波动较大时，火电机组的下调容量不足，此时风险成本为弃风成本，反之为切负荷成本；因此，f_1 和 f_2 相加为调度方案总的期望成本，即综合成本。

本章介绍一种计算风险成本 f_2 的方法，以时段 t 为例进行介绍。

1）计算功率缺额。当风电出力波动时，电网出现有功不平衡，火电机组需要在 t_0 内完成出力调整，使电网恢复功率平衡。火电机组的出力调整受到上下限和爬坡率的双重限制，火电的下调容量 $P_d(t)$ 和上调容量 $P_u(t)$ 分别根据式（14.73）和式（14.74）计算，其大小与机组的当前出力 $p_g(t)$ 相关。

$$P_d(t) = \sum_{g=1}^{G} \min(r_g^d \times t_0,\ p_g(t) - p_g^{\min}) \tag{14.73}$$

$$P_u(t) = \sum_{g=1}^{G} \min(r_g^u \times t_0,\ p_g^{\max} - p_g(t)) \tag{14.74}$$

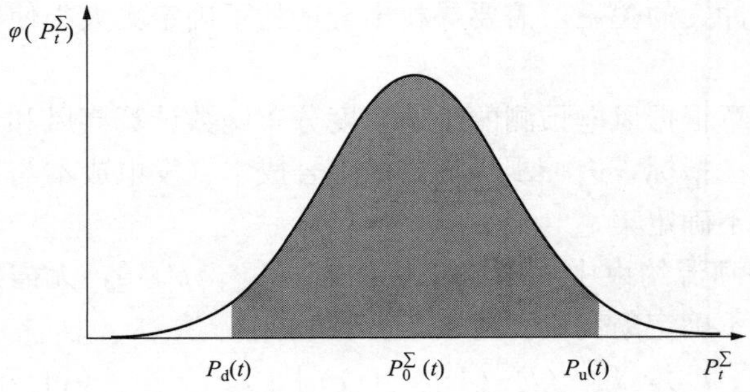

图 14.16　风电总出力的概率密度分布曲线

根据风电总出力的概率密度分布函数计算功率缺额的期望值。时段 t 时，风电总出力的概率密度分布曲线如图 14.16 所示，P_t^Σ 为风电的出力序列（取值范围为 $0\sim P_{\max}^\Sigma$，$P_{\max}^\Sigma$ 为各风电场最大技术出力总和），阴影部分为电网所能消纳的风电波动范围。当风电总出力小于 $P_d(t)$ 时，为维持功率平衡需进行切负荷，切负荷量如式（14.75）所示，积分区间为 $0\sim P_d(t)$；当风电总出力大于 $P_u(t)$ 时，为维持有功平衡需进行弃风，弃风电量如式（14.76）所示，积分区间为 $P_u(t)\ \sim P_{\max}^\Sigma$。

$$Q_c(t) = \int_0^{P_d(t)} \varphi(P_t^\Sigma)(P_d(t) - P_t^\Sigma)\mathrm{d}P_t^\Sigma \tag{14.75}$$

$$Q_w(t) = \int_{P_u(t)}^{P_{\max}^\Sigma} \varphi(P_t^\Sigma)(P_t^\Sigma - P_u(t))\mathrm{d}P_t^\Sigma \tag{14.76}$$

2）计算风险成本。进一步地，周期 T 内的总弃风量 $Q_{c,\mathrm{sum}} = \sum_{t\in T} Q_c(t)$，总切负荷量 $Q_{w,\mathrm{sum}} = \sum_{t\in T} Q_w(t)$。设单位电量切负荷成本为 f_c，单位电量弃风成本为 f_w，则有：

$$\begin{cases} f_c = \eta_c Q_{c,\mathrm{sum}} \\ f_w = \eta_w Q_{w,\mathrm{sum}} \\ f_2 = f_c + f_w \end{cases} \tag{14.77}$$

式中：η_c为单位切负荷量的损失成本，大小与负荷类型有关；η_w为单位弃风电量的损失成本，由于弃风量将由火电机组承担，可将 η_w的大小估算为火电机组的平均发电成本。

（3）约束方程。在优化过程中，风电总出力应满足上下限约束，如式（14.78）所示。

$$\begin{cases} 0 \leqslant P_0^\Sigma(t)(1-u(t)) \leqslant P_{\max}^\Sigma \\ 0 \leqslant P_0^\Sigma(t)(1+v(t)) \leqslant P_{\max}^\Sigma \end{cases} \tag{14.78}$$

14.5.3　双层优化算法

14.5.3.1　优化过程

图 14.17 为求解不确定集优化模型的双层优化算法流程图。以第 k 次迭代为例，优化过

程如下：

（1）输入不确定集变量 $\boldsymbol{X}_{(k)}$ 到内层优化求解鲁棒调度模型，并判断内层优化是否有解，若有解则进行下一步，否则调整不确定集的大小重新计算。

（2）输出第 k 次迭代的发电计划 $\Omega_{(k)}$ 与发电成本 $f_{1(k)}$ 到外层优化过程，根据式（14.72）～（14.77）计算出综合成本 $f_{(k)}$。

（3）判断 $f_{(k)}$ 是否达到最优。若达到最优则输出最优不确定集 $\boldsymbol{X}_{(k)}$ 并终止计算，否则继续下一步。

（4）调整寻优方向 $\Delta\boldsymbol{X}_{(k)}$，得出第 $k+1$ 次迭代的 $\boldsymbol{X}_{(k+1)}$，并将其作为输入，进行第 $k+1$ 次迭代计算。

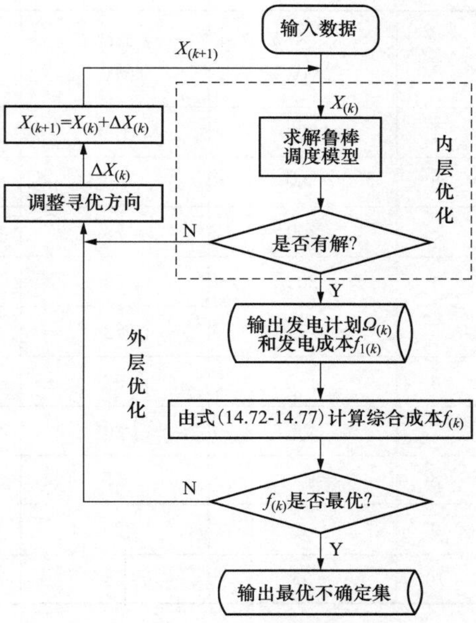

图 14.17　双层优化算法流程图

14.5.3.2　内层优化模块的实现

内层模块是求解鲁棒调度模型的过程。根据上节所建立模型可知，待求解的是一个大规模的非线性优化问题。原对偶内点法是求解大规模线性优化问题的有效工具，随着问题规模的增大，迭代次数不会有明显变化。因此，可以采用原始对偶内点算法求解内层优化问题。

14.5.3.3　外层优化模块的实现

外层模块是通过随机寻优策略求取使综合成本 f 最小的不确定集 X。目前，常用的随机寻优方法包括遗传算法和粒子群算法。传统的遗传算法中变异算子是对群体中的部分个体实施随机变异，与历史状态和当前状态无关。而粒子群算法中粒子则能保持历史状态和当前状态。标准粒子群算法通过追随个体极值和群体极值完成极值寻优，虽然操作简单，且能够快速收敛，但是随着迭代次数的不断增加，在种群收敛集中的同时，各粒子也越来越相似，可能在局部最优解周边无法跳出。本章在粒子群算法中引入遗传算法的交叉和变异操作，采用粒子群算法与遗传算法相结合的混合优化算法（GA－PSO）。该算法通过粒子同个体极值和群体极值的交叉以及自身变异的方式来搜索最优解，GA－PSO 算法流程如图 14.18 所示。

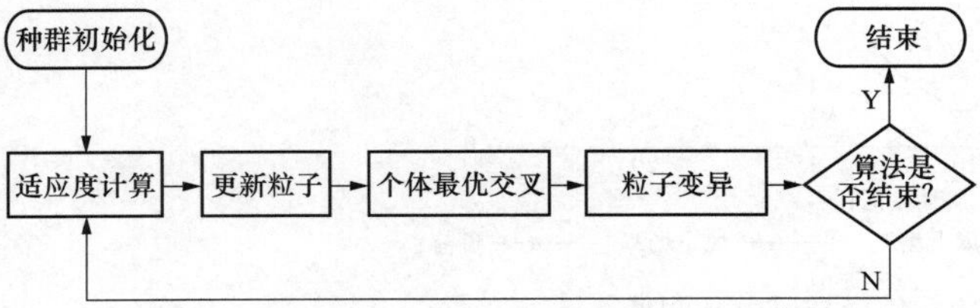

图 14.18　GA－PSO 算法流程图

14.5.4　算例分析

14.5.4.1　算例描述

测试算例为 10 机 39 节点系统，全天划分为 24 个时段。火电机组参数如表 14.11 所示，并假设全部机组在调度周期内均为开机状态。算例考虑 3 个风电场，分别在节点 1、3、7 并网，负荷和 3 个风电场的预测出力如图 14.19 所示。假设风电的总出力满足正态分布 $X\sim\varphi(\mu,\sigma^2)$，其中 μ 为风电预测出力 $P_0^{\Sigma}(t)$，标准差 $\sigma=0.2\mu$。单位切负荷成本 $\eta_c=20$ 元/kWh，

单位弃风成本 $\eta_w=0.5$ 元/kWh。

在双层优化算法中，内层模块采用原对偶内点算法求解鲁棒调度模型，外层模块采用 GA-PSO 算法寻找最优不确定集。测试环境为内存 4GB、主频 2.6GHz 的个人计算机。

表 14.11 火电机组参数

g	$p_{\max}(g)$ (MW)	$p_{\min}(g)$ (MW)	a_g (元/MWh)	b_g (元/MWh)	c_g (元/h)	$r_u=r_d$ (MW/h)
1	320	150	0.009	464.7	20613	50
2	360	135	0.014	452.9	28258	50
3	300	73	0.009	447.7	13014	50
4	200	60	0.015	514.1	10145	35
5	175	73	0.017	465.1	10332	35
6	150	57	0.012	384.5	12945	35
7	80	20	0.046	355.2	10814	25
8	100	47	0.103	499.8	13755	25
9	80	20	2.347	421.2	9801	25
10	56	54	0.205	484.9	14895	25

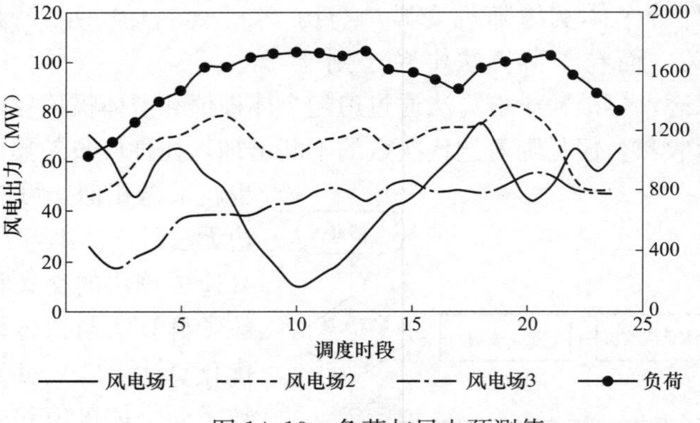

图 14.19 负荷与风电预测值

14.5.4.2 结果分析

根据式（14.71）对 Y_t 的定义，不确定集的变量个数为 $2T$。在工程应用中，可通过降低变量个数来提高计算速度。当假设 $v(t)=u(t)$ 时，不确定集的变量个数削减为 T；进一步地，各时段考虑相同的风电波动比例 θ，此时采用单个变量即可描述不确定集。

当采用单个变量描述不确定集时，θ 对调度结果的影响如表 14.12 和图 14.20 所示。一方面，θ 的增大意味着考虑了更为极端的最小场景和最大场景，约束更为严格，因此 f_1 变大；另一方面，θ 的增大使鲁棒调度能适应更多的风电波动情况，降低了风险成本 f_2。从图 14.20 可知，存在使综合成本最小的最优波动比例 θ^*。此时无须采用随机寻优算法求解，在区间（0.2，0.4）按一定步长逐步搜索即可求出 $\theta^*=0.32$。

表 14.12　　不确定集对鲁棒调度的影响

θ	f_1（元）	f_2（元）	f（元）
0.1	22226054	243160	22469214
0.2	22230133	237220	22467353
0.3	22254269	168477	22422746
0.4	22348605	95748	22444352
0.5	22462203	83639	22545842

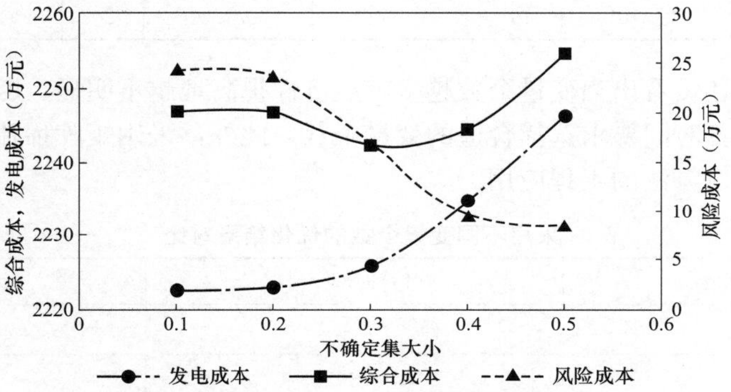

图 14.20　三种调度成本的变化曲线

为分析弃风和切负荷成本对计算结果的影响，通过给定不同的单位切负荷成本 η_c 进行计算，结果如图 14.21 所示。随着 η_c 的减小，风险成本将下降，使系统有空间追求更小的发电成本，最优不确定集将变小。

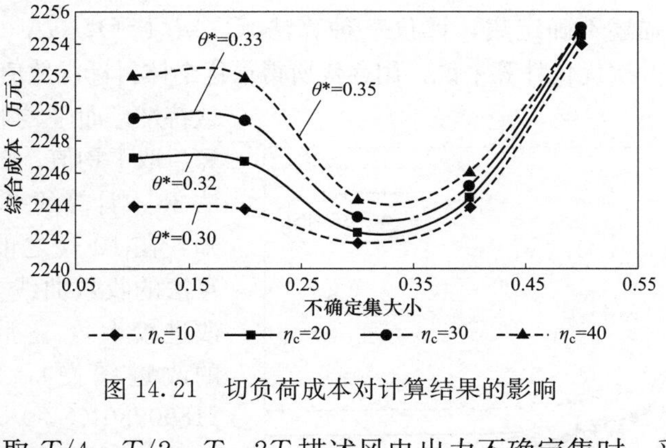

图 14.21　切负荷成本对计算结果的影响

当变量个数分别取 $T/4$、$T/2$、T、$2T$ 描述风电出力不确定集时，采用双层优化算法进行不确定集的优化，种群规模分别取 10/20/30/40，迭代次数为 50。表 14.13 为采用 $2T$ 个变量的优化结果，表 14.14 为五种情况的结果对比。可知，采用单个变量时，计算速度快，但忽略了各时段之间的差异性，综合成本尚有较大的优化空间。采用 $2T$ 个变量时，能最大限度地优化综合成本，但计算时间较长。

表 14.13　　采用 $2T$ 个变量的优化结果

t	向下波动比例	向上波动比例	t	向下波动比例	向上波动比例	t	向下波动比例	向上波动比例
1	0.180	0.227	9	0.427	0.515	17	0.159	0.180
2	0.172	0.332	10	0.271	0.260	18	0.340	0.340
3	0.025	0.424	11	0.445	0.353	19	0.338	0.185
4	0.392	0.425	12	0.518	0.382	20	0.347	0.041
5	0.235	0.237	13	0.290	0.291	21	0.307	0.219
6	0.366	0.196	14	0.247	0.182	22	0.393	0.199
7	0.440	0.328	15	0.209	0.196	23	0.119	0.327
8	0.336	0.570	16	0.212	0.122	24	0.348	0.292

根据表 14.14 还可看出当变量个数越多，经济性提高地越不明显。因此，在实际应用中可以根据具体的计算时间要求选择合适的变量个数。此外，采用矩阵稀疏技术能提高算法的效率，这有助于本章方法的工程应用。

表 14.14　　采用不同变量个数的优化结果对比

采用的变量个数	计算时间（s）	综合成本（元）
1	15	22421078
$T/4$	280	22051908
$T/2$	597	21932434
T	938	21895248
$2T$	1647	21889703

14.5.4.3　GA-PSO 算法的收敛性能

采用 $2T$ 个变量描述不确定集，评价三种算法（GA、PSO、GA-PSO）的收敛性能。根据文献的定义：对一次优化计算来说，用逐代所得最优个体目标函数值的变化情况表示其收敛特性，而平均收敛特性则为多次计算后取平均值。图 14.22 为三种优化算法 30 次计算的平均收敛特性。由图可知：在 10 代之前，GA 和 PSO 两种算法的收敛曲线下降较为明显（解的改进较大），之后曲线趋向平缓（解的改进缓慢），最优解分别收敛于 21890980（GA）和 21890423（PSO），两种算法均存在过早收敛的问题；GA-PSO 算法的收敛曲线在 10 代之后仍有下降趋势，直到 25 代左右最优解收敛于 21889703，全局收敛能力强于

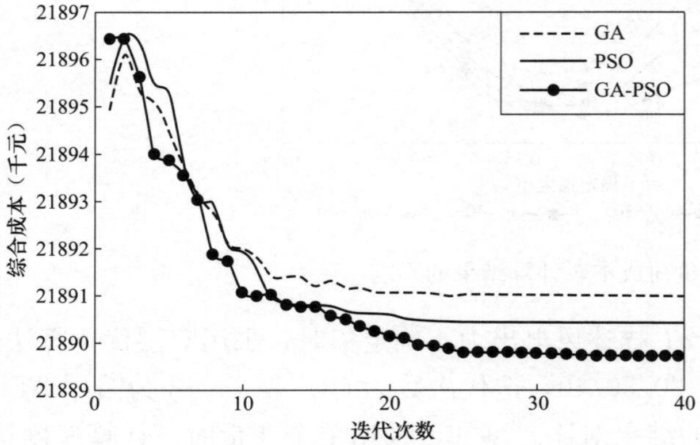

图 14.22　三种算法的平均收敛特性

GA和PSO算法。

根据上述算例分析，可得如下结论：

（1）选取的不确定集越大，发电成本越大，风险成本越小，反之亦然；

（2）经过不确定集优化后，鲁棒调度的综合成本得到了改善；

（3）采用不同变量个数描述风电出力不确定集时，将有不同的优化效果，变量个数越多，经济性越好，但计算时间越长；

（4）GA－PSO算法在求解不确定集优化问题时能克服过早收敛的问题，全局收敛能力强于GA和PSO算法。

14.6 小结

为应对各种运行场景，实现可再生能源的充分消纳，本章介绍如下三种调度方法：①基于异质能源多时间尺度互补的经济调度策略；②基于变置信水平的多源互补系统多时间尺度鲁棒经济调度方法；③基于最优不确定集的鲁棒经济调度方法。通过算例分析可得如下结论：

（1）方法一利用负荷跟踪指标，VP可以很好地跟踪负荷曲线的波动，从而有效平抑火电出力曲线。另一方面，通过日内多时间尺度的互补调度计划，滚动修正水电和火电出力，能够保持VP对负荷的良好追踪，从而保证互补系统实际的互补和平抑效果。

（2）方法二分别对不同时间尺度调度计划下的风电、光伏及负荷预测值进行不确定性鲁棒建模，引入鲁棒测度可较准确地描述不确定量的不确定性，并有效控制模型的保守度。

（3）方法三经过不确定集优化后，鲁棒调度的综合成本得到了改善。此外，GA－PSO算法在求解不确定集优化问题时能克服过早收敛的问题，全局收敛能力强于GA和PSO算法。

问题与练习

1. 大规模风电并网对电力系统经济调度带来哪方面的影响？
2. 在目前的经济调度中，处理风电不确定性有哪些建模方法？工程上通常采用哪种方法？
3. 什么是鲁棒经济调度？鲁棒经济调度和随机规划各有什么优劣？
4. 为什么要在模型中引入负荷跟踪指标？
5. 鲁棒测度的选取原则是什么？
6. 什么是最优不确定集？如何才能达到最优？

参考文献

[1] Orero S O, Irving M R. A genetic algorithm modelling framework and solution technique for short term optimal hydrothermal scheduling [J]. Power Systems IEEE Transactions on, 1998, 13 (2): 501－518.

[2] 张伯明，吴文传，郑太一，等．消纳大规模风电的多时间尺度协调的有功调度系统设计 [J]. 电力系统自动化，2011，35 (1)：1－6.

[3] 王魁，张步涵，闫大威，等．含大规模风电的电力系统多时间尺度滚动协调调度方法研究 [J]. 电网技术，2014，38 (9)：2434－2440.

[4] 徐立中，易永辉，朱承治，等．考虑风电随机性的微网多时间尺度能量优化调度 [J]. 电力系统保护与控制，2014 (23)：1-8.

[5] 周玮，彭昱，孙辉，等．含风电场的电力系统动态经济调度 [J]. 中国电机工程学报，2009，29 (25)：13-18.

[6] Chen C L，Lee T Y，Jan R M. Optimal wind-thermal coordination dispatch in isolated power systems with large integration of wind capacity [J]. Energy Conversion & Management，2006，47 (18)：3456-3472.

[7] 龙军，莫群芳，曾建．基于随机规划的含风电场的电力系统节能优化调度策略 [J]. 电网技术，2011，35 (9)：133-138.

[8] Tuohy A，Meibom P，Denny E，et al. Unit Commitment for Systems With Significant Wind Penetration [J]. IEEE Transactions on Power Systems，2009，24 (2)：592-601.

[9] Wu L，Shahidehpour M，Li T. Stochastic Security-Constrained Unit Commitment [J]. IEEE Transactions on Power Systems，2007，22 (2)：800-811.

[10] Wang Q，Guan Y，Wang J. A chance-constrained two-stage stochastic program for unit commitment with uncertain wind power output [C] // Power and Energy Society General Meeting. IEEE，2012：1-1.

[11] 杨明，韩学山，王士柏，等．不确定运行条件下电力系统鲁棒调度的基础研究 [J]. 中国电机工程学报，2011，31 (s1)：100-107.

[12] Zhigang Li，Wenchuan Wu，Boming Zhang，et al. Robust Look-Ahead Power Dispatch With Adjustable Conservativeness Accommodating Significant Wind Power Integration [J]. IEEE Transactions on Sustainable Energy，2015，6 (3)：781-790.

[13] 魏韡，刘锋，梅生伟．电力系统鲁棒经济调度（一）理论基础 [J]. 电力系统自动化，2013，37 (17)：37-43.

[14] 魏韡，刘锋，梅生伟．电力系统鲁棒经济调度（二）应用实例 [J]. 电力系统自动化，2013，37 (18)：60-67.

[15] 叶荣，陈皓勇，王钢，等．多风电场并网时安全约束机组组合的混合整数规划解法 [J]. 电力系统自动化，2010，34 (5)：29-33.

[16] 白杨，汪洋，夏清，等．水-火-风协调优化的全景安全约束经济调度 [J]. 中国电机工程学报，2013，33 (13)：2-9.

[17] Wang Y，Xia Q，Kang C. Unit Commitment With Volatile Node Injections by Using Interval Optimization [J]. IEEE Transactions on Power Systems，2011，26 (3)：1705-1713.

[18] 季峰，蔡兴国，岳彩国．含风电场电力系统的模糊鲁棒优化调度 [J]. 中国电机工程学报，2014，34 (28)：4791-4798.

[19] 李志刚，吴文传，张伯明．消纳大规模风电的鲁棒区间经济调度（二）不确定集合构建与保守度调节 [J]. 电力系统自动化，2014 (21)：32-38.

[20] Bertsimas D，Litvinov E，Sun X A，et al. Adaptive Robust Optimization for the Security Constrained Unit Commitment Problem [J]. IEEE Transactions on Power Systems，2013，28 (1)：52-63.

[21] Zhu J，Xuan P，Xie P，et al. Study on uncertainty set optimization in robust dispatch of power system [J]. 2017，37 (2) .

[22] Zhu J，Xiong X，Xuan P. Dynamic Economic Dispatching Strategy Based on Multi-time-scale Complementarity of Various Heterogeneous Energy [C] // Asia-Pacific Power and Energy Engineering Conference. 2018.

[23] Zhu J，Liu Q，Xiong X，et al. Multi-time scale robust economic dispatching method for power system with clean energy [C] // The 14th IET International Conference on AC and DC Power Transmission. 2018.

[24] 禤培正，朱继忠，谢平平．含风电电力系统鲁棒调度保守度的多目标优化方法 [J]. 南方电网技术，2017，11 (2)：8-15.

15 风电系统中抽水蓄能调峰优化运行

15.1 引言

风电出力的随机性、波动性及反调峰性等给电力系统的有功平衡造成影响，加大了电力系统有功调节的负担，且其出力特性在不同时间尺度上的表现差异较大，对系统有功平衡的影响也各不相同。按照不同时间尺度，大规模风电并网对电力系统有功功率平衡的影响主要可以分为秒级至分钟级尺度的短时持续风电波动对系统调频的影响，以及日内风电出力反调峰性对系统日前出力调度计划的影响。而在风电系统日前出力调度的层面上，风电出力的反调峰性增加了系统中其他电源所承担的系统负荷峰谷差，造成系统调峰需求的增加。当系统调峰容量不足时，电力系统则在无法消纳全部风电时切除部分风电，造成风电弃风。目前，风电弃风已成为限制电力系统消纳风电的主要因素，其造成的资源浪费也大大降低了系统运行的经济性。

风电出力的反调峰固有特性是造成风电弃风的根本原因，尤其在我国风电大基地的发展模式下，风电场建设集中，系统中风电的出力互补性被削弱，导致风电出力整体的波动性及反调峰趋势更为明显，系统在局部区域内的调峰需求更大，风电弃风形势也更为严峻。目前，已有不少学者对风电并网系统中的风电弃风现象进行了研究，研究主要集中在对影响弃风的因素分析，包括风电出力反调峰特性、电力系统运行约束、输电线路容量限制等因素，并提出了加强电网间互联、大规模建设新型储能设备等措施，但这些措施目前还存在较大的经济性问题，且建设周期也较长，因此，最大限度地利用电力系统现有调节设施和手段，充分发挥系统已有的调峰能力，对解决弃风问题具有重要的实际意义。

抽水蓄能电站作为目前电力系统中最灵活、最经济的大规模储能工具，在系统调峰中一直承担着重要作用。随着大规模风电的不断并网，系统对灵活调峰容量的需求增加，抽水蓄能电站灵活的调峰性能也将在减少电网风电弃风，促进风电消纳方面发挥更大的作用。在传统电力系统中，抽水蓄能电站运行模式相对固定，其出力调度也相对简单，而在风电大规模并网情况下，风电出力特性将给抽水蓄能电站调峰运行方式带来变化，其运行调度模型需要考虑的因素也更多。目前，针对抽水蓄能电站对风电调峰消纳的研究主要集中在孤岛电网或风电场与抽水蓄能电站捆绑联合运行系统等方面，从系统角度对抽水蓄能电站在风电系统中的调峰运行的研究还较少。而当从系统角度对风电系统中的抽水蓄能调峰运行进行研究时，除充分考虑风电出力特性外，系统中其他机组的运行特性、系统运行约束以及电网潮流特性等均可能对电网风电消纳产生影响，应同时进行考虑。此外，抽水蓄能电站的运行方式较多，且存在一些固有运行限制，应当在调峰调度模型中充分考虑抽水蓄能的运行特性。由于上述因素对系统风电消纳均构成影响，因此，在风电系统的抽水蓄能调峰运行调度研究中应充分考虑这些因素，以便更精确地模拟抽水蓄能电站的运行出力计划，更好地发挥抽水蓄能电站对风电的调峰作用，提高风电消纳能力。

本章首先对风电出力的特性进行分析，建立风电出力的时间序列模型，并在具体分析风电弃风的机理基础上，充分考虑抽水蓄能电站的运行特性，建立风电并网系统中的抽水蓄能电站协调运行的混合整数规划模型：以系统风电弃风量最小为优化目标，对抽水蓄能电站出力计划进行求解，并对抽水蓄能的容量需求进行分析。为计及系统电量传输和运行约束对风电弃风的影响，优化模型中同时考虑线路传输容量限制以及火电机组的运行特性。利用此优化模型可对风电系统中抽水蓄能电站减少风电弃风、提高风电利用率的作用进行评估。

15.2 风电出力特性统计分析

风力发电与传统电源出力特性的区别主要表现在两个方面：分散性及不可控性。风电出力的分散性是指风电资源在地理上分布较为分散，能量密度相比于传统电源较低，因此，接入电力系统的方式也更为复杂。而风电出力的不可控性主要表现在风电受其固有自然特性的影响，出力调节可控性较低，相比于传统电源，电力系统对其出力调节管理能力严重不足。上述特性导致风电接入对电力系统会对系统正常运行造成多层面、多尺度的不利影响，同时也增加了电力系统运行控制的不确定性。由于电力系统对风电的调节管理能力不足，导致影响电力系统发电侧和负荷侧有功功率平衡的不可控因素加强，在系统调度层面出现调峰问题，而在系统实时控制层面则出现频率调节问题。

为针对风电在不同尺度上的出力特性进行分析，本节采用两套数据对风电不同时间尺度上的出力进行分析。对于秒级至分钟级的风电出力快速波动特性，采用美国可再生能源国家实验室（NREL）采集的明尼苏达州某风电场 2008 年的实测功率数据，该风电场装机容量为 10.5MW，由 14 台单机额定容量为 0.75MW 的风机组成，数据分辨率为秒。而对于小时级的风电出力日内波动特性，则采用中国甘肃省酒泉风电基地昌马风电场 2012 年实测功率数据，该风电场装机容量为 201MW，由 134 台额定出力为 1.5MW 的风机组成，数据分辨率为 1h。下面将对风电场在这两个尺度上的出力特性进行具体分析。

15.2.1 风电秒级出力特性

在秒级时间尺度上，风电出力特性主要表现在其快速波动上，而风电的快速波动主要影响电力系统的暂态过程，尤其是电力系统的频率和电压的暂态响应。

图 15.1 为美国明尼苏达州某风电场在 2008 年内某天的实测风电秒级出力序列，从全天尺度来看，风电出力波动十分明显，且在某些时段存在较为剧烈的出力变化，现对其波动参数进行统计分析。

关于风电出力波动大小的表征方法，通常可采用风电出力变化率的分布特性来统计反映风电场出力波动的分布特性，如图 15.2 所示，图中分别对上述实测风电秒级出力数据的 1s、5s、10s 和 20s 平均出力变化率进行频数统计，可以看出：风电秒级出力波动基本符合正态分布，且随着时间尺度的增加，风电平均出力波动中的较大出力波动成分占比有所增加。

除此之外，风电出力波动特性还可以从频域角度进行表达，且频域方法可同时对各个时

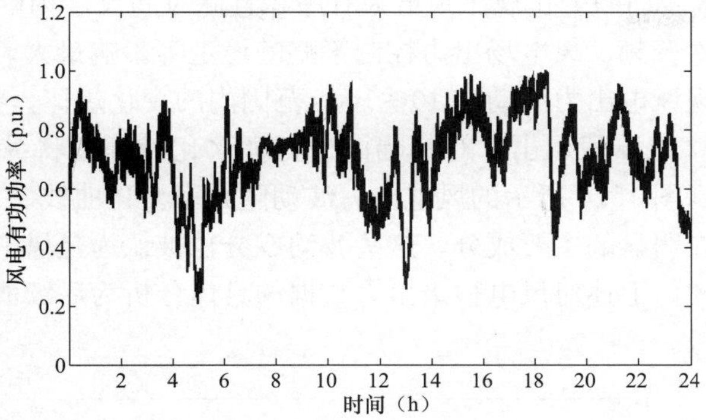

图 15.1 风电场某天内的秒级出力序列

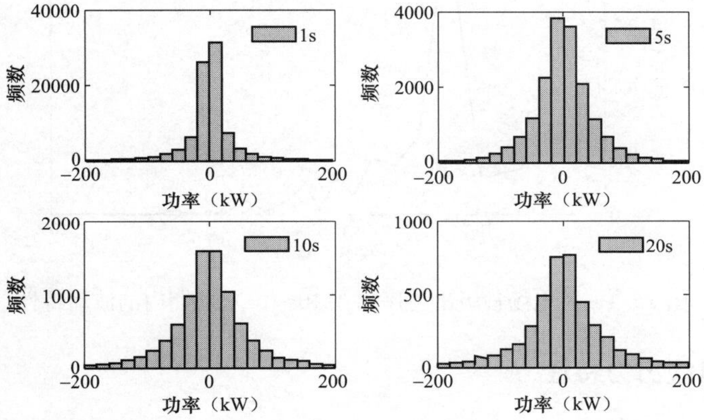

图 15.2 不同时间段内风电平均出力变化率频数分布直方图

间尺度的出力波动成分进行描述，相对时域方法具有独特的优势。功率谱密度（Power Spectral Density，PSD）表征了时间序列中各频率分量的能量值大小，可用来表示风电出力序列的不同频率波动分量。为整体表现风电出力的波动特性，将上述风电秒级出力序列进行标幺化，并计算其功率谱密度分布，如图 15.3 所示。由图中可以看出，风电出力波动在 1～10s（0.1～1Hz）范围内呈现较为密集、紊乱的变化，且其功率谱密度较小，可认为在这个时间范围内风电出力波动的主要原因是紊流作用造成的能量波动。而在 10～100s（0.01～

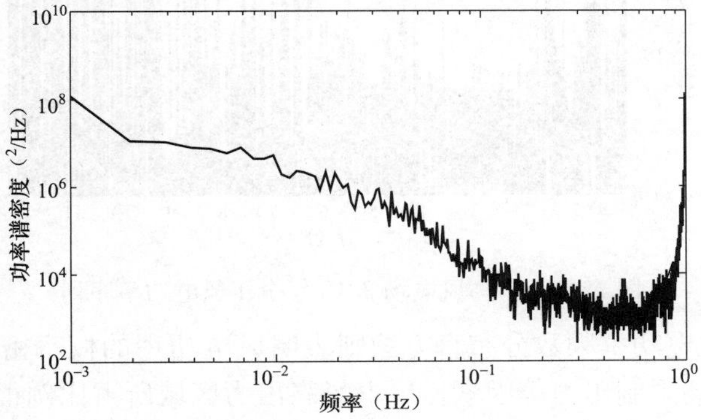

图 15.3 风电场秒级出力序列的功率谱密度曲线

0.1Hz）范围内的风电波动的变化规律则更为有序，且此时间尺度内的风电波动特性对风电接入后电力系统的一次调频、风电场出力控制策略的设定等影响最大。

为更为直观的表现风电出力波动在10～100s范围内的变化规律，将图15.3所示功率谱密度曲线中的0.01～0.1Hz段取出，对其幅值进行标幺化处理并将纵坐标方向的对数坐标改写为算数坐标，得到图15.4所示的风电出力波动随频率变化曲线。从图中可以明显看出，风电秒级出力波动存在明显的主要成分，这些波动成分也被认为是风电接入后影响电力系统频率的主要因素，因此，上述对风电秒级出力数据的具体分析为后续的风电电力系统调频控制研究提供了重要参考。

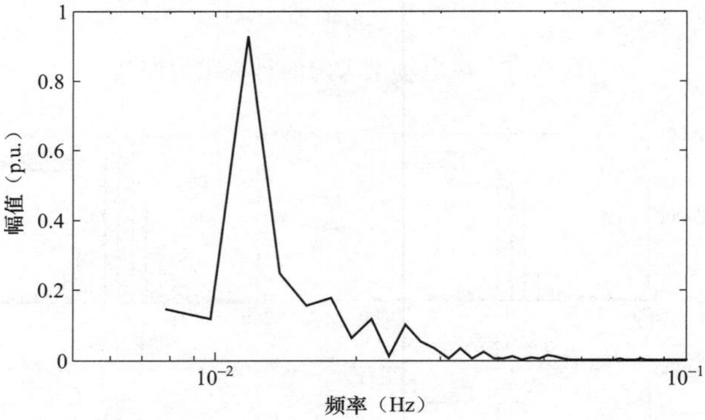

图15.4　风电场秒级出力序列在10～100s周期内的波动特性

15.2.2　风电小时级出力特性

风电小时级出力特性主要影响的电力系统的调峰调度，尤其对日前出力调度影响较大。对于风电小时级的出力特性，采用甘肃酒泉风电基地的昌马风电场2012年全年的实测风电功率数据进行分析。如图15.5所示，该风电场全年范围内风电出力分布不均，风电出力均值在某些月份明显高于其他月份。

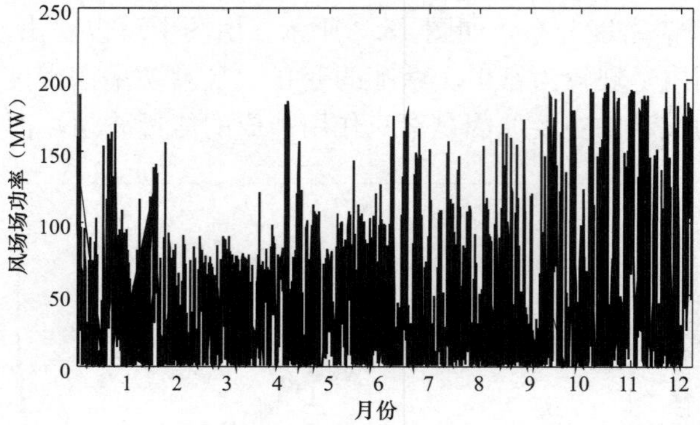

图15.5　昌马风电场2012年全年风电功率序列

图15.6所示的风电功率频数分布直方图则表明风电功率的概率密度不符合一般的概率分布。这是由于风电场限制出力等因素，风电场高出力区域所占比例很小，出力分布主要集中在零出力及低出力区域。

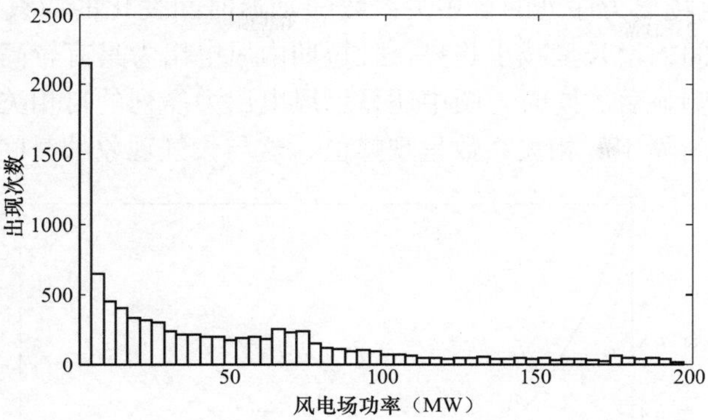

图 15.6　风电场全年出力频数分布直方图

从图 15.5 所示的全年功率曲线可以明显看出风电出力在时间维度上分布不均，为更为清楚的阐述风电出力的时间分布特性，对各月以及日内各小时的风电出力进行统计分析，画出风电出力的月间分布盒图和日内分布盒图，分别如图 15.7 和图 15.8 所示。由图可知，风电出力序列各月均值以及各小时均值均随时间变化，因此该序列为一非平稳过程，同时出力序列的各月分布和各小时分布各不相同且均为非正态分布。风电出力序列的上述特性表明其为非平稳、非正态的序列。

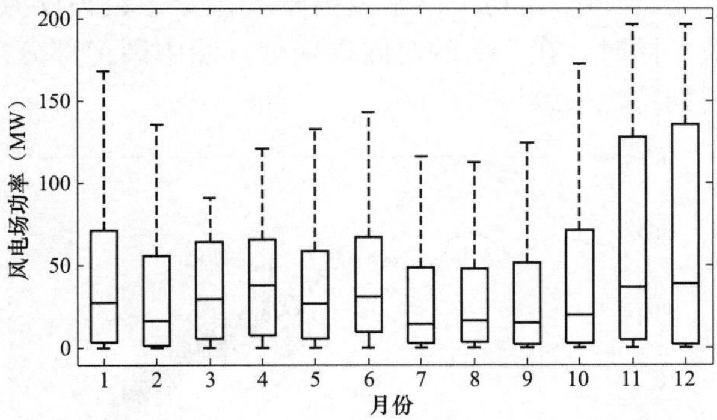

图 15.7　风电场全年出力序列的各月分布盒图

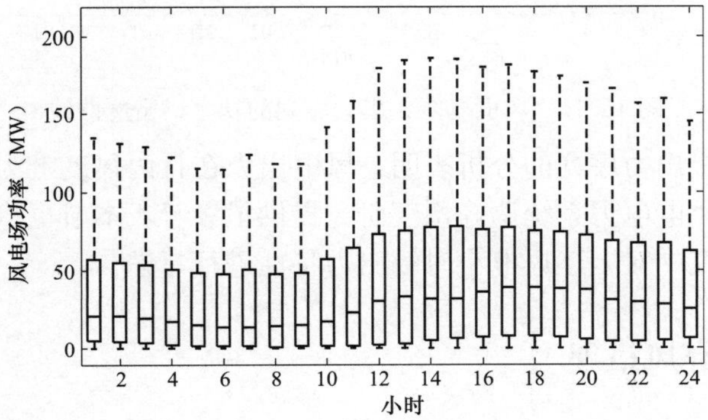

图 15.8　风电场全年出力序列日内各小时分布盒图

此外，风电出力在时间上还具有持续性，表现为风电出力序列各时刻间的时间相关性。

图 15.9 所示的是风电场出力序列的自相关系数随延迟时间变化的曲线，图中显示风电出力时间相关性随延迟时间的增长呈减小趋势，且短期内风电出力具有较高的相关性，这种相关性对电力系统运行影响显著。同时，图中还显示风电出力序列的自相关系数在间隔 24h 处的下降趋势有所放缓，间隔 48h 相关系数呈现峰值，这与大气现象的时间周期一致。

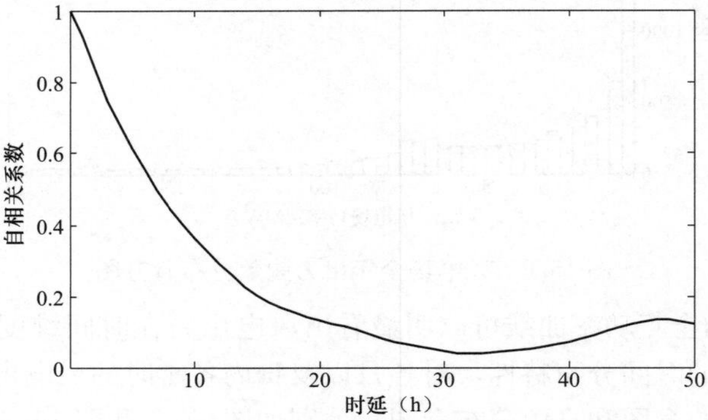

图 15.9　风电场全年出力序列的样本自相关曲线

同样，采用功率谱密度函数（PSD）对风电场小时级出力序列的波动特征进行分析，如图 15.10 所示。在时间周期小于 6h 的区域内，功率谱密度值较小，变化较为密集，而在时间周期较大的范围内（超过 24h），功率谱密度值较大，变化趋势较为平缓，可解释为大气循环现象的周期性所致。同时，在 24h 的时间周期处（图中圈记部分），功率谱密度呈现峰值，这与风电出力的周期特性一致。

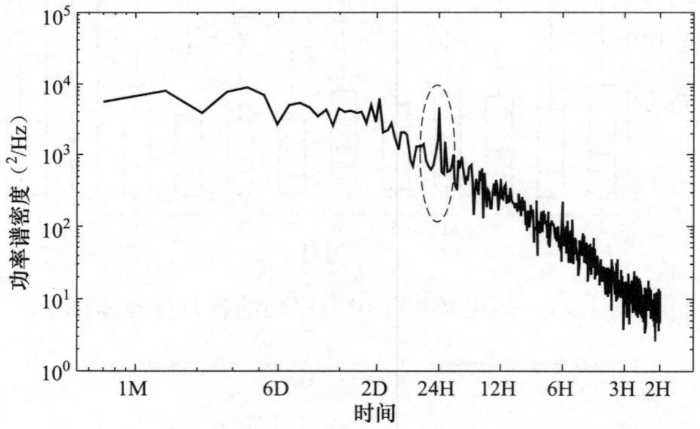

图 15.10　风电场全年出力序列的功率谱密度曲线

上述对风电小时级出力序列的分析表明：风电出力在日内尺度上为非平稳、非正态的随机序列，这些特征为风电电力系统调峰调度研究提供了参考，本节也将在后续的风电电力系统抽蓄调峰优化的研究中对上述风电小时级出力特性进行考虑。

15.3　风电系统的弃风机理

由于风电出力及负荷的峰谷特性以日内特性为主，且风电的日内出力调峰效应是造成风电弃风的根本原因，因此，本节将从风电出力的日内波动特性及调峰效应出发，对风电系统弃风机理进行分析。根据风电出力对系统等效负荷峰谷差改变模式的不同，风电日内调峰效应可分为反调峰、正调峰和过调峰三种。反调峰，即风电日内出力的增减变化趋势与系统负荷曲线相反，风电接入后系统等效负荷曲线的峰谷差将增大；正调峰指风电日内出力的增减趋势与系统负荷一致，且风电出力的峰谷差小于系统负荷峰谷差，风电接入后系统等效负荷曲线的峰谷差减小；过调峰则指风电日内出力的增减趋势与系统负荷一致，但风电出力的峰谷差大于系统负荷峰谷差，风电接入后将改变系统等效负荷曲线的增减趋势。

目前，我国主要的风电建设都集中在内陆地区，其风电出力受日照的影响，日变化周期中夜间风大白天风小，呈现较强的反调峰特性。风电出力的反调峰特性增加了传统电源所承担负荷的峰谷差，加大了系统内其他机组的调峰负担，严重时将造成系统风电弃风。从调峰的角度看，产生风电弃风的原因在于系统调峰能力不足以平衡风电反调峰性造成的影响，常规机组在负荷低谷时段、风电高峰时段无法继续降低出力以接纳风电，弃风机理可由图15.11表示：图中两条虚线分别为系统某日所有常规开机机组的最大出力和最小出力，由此常规机组的出力调节范围则在二者之间。显然，在任意时刻点系统所能接纳的风电最大出力等于该时刻系统负荷减去系统常规机组最小开机出力，即系统的调峰裕度，也可称之为系统的风电接纳空间，如图中所标记。而系统负荷与常规机组最大开机出力之间的空间为机组可承担的上调旋转备用容量；将风电出力曲线上移至风电接纳空间范围内，即以系统常规机组最小开机出力为风电出力曲线的基值坐标，此时，风电出力曲线在系统负荷曲线上方的部分即表示风电出力已超过该时刻的系统风电接纳空间，超出的部分需要被切除以保证系统电力供需的实时平衡，从而造成了风电的弃风，如图中阴影部分所示。

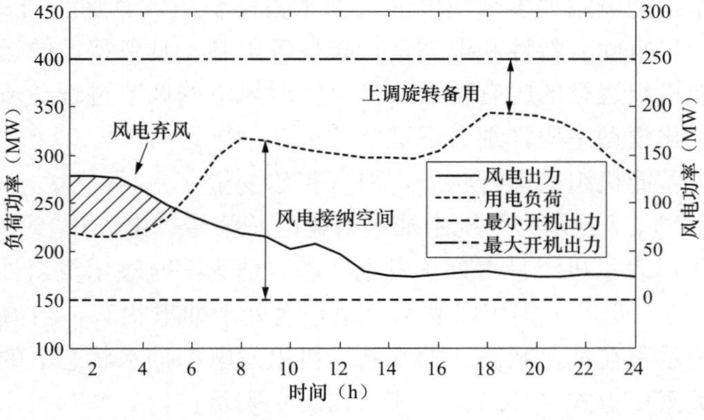

图 15.11　风电反调峰造成弃风机理示意图

而当进一步考虑电网传输容量限制时，系统的弃风形势则可能更加严峻。这是由于在输电线路容量不足的情况下，当局部区域内风电出力过高，风电将无法送出从而在更大范围内消纳，此时只能依靠本地的调峰容量进行调节。一旦本地调峰容量出现不足，风电将被迫弃风。电网传输容量限制了电力系统不同区域间风电出力及调峰容量的共享，进一步增大了各局部电网中风电出力与负荷在日内分布的不平衡，加剧了电力系统中由风电反调峰性造成的风电弃风。而在我国，风电发展不仅以大基地集中并网为主要特征，还存在风电区域与负荷中心地理位置极度不平衡的问题。在风电发展较为集中的“三北”地区，区域负荷相对较小，调峰容量有限，风电弃风问题十分突出，已成为限制风电发展的重要因素。

综合上述对风电弃风机理的分析，解决电力系统风电弃风问题的根本途径是增大系统可用调峰容量，而增大系统调峰容量则可以从加大电网区域互联以及储能建设两个方面进行考虑。基于抽水蓄能电站的调峰功能，本章采用抽水蓄能电站解决风电反调峰带来的系统弃风问题，通过建立大规模风电并网下的抽水蓄能电站运行优化模型，侧重研究抽水蓄能对减少电网风电弃风的作用，并对输电线路容量、抽水蓄能储能容量等对风电弃风量的影响进行分析。

15.4 抽水蓄能电站的调峰优化运行

抽水蓄能电站作为电网的重要调节工具，具有调峰填谷、调频调相、旋转备用等功能，可以较好地弥补风电出力的波动性和反调峰性，对促进大规模风电并网消纳具有重要作用。目前，风电与抽水蓄能协调运行模式大多以风电场和抽水蓄能电站捆绑运行方式为主，对电网结构和运行约束考虑较少，而当从系统调峰角度对风电弃风进行优化时，则需要对电网潮流、线路传输容量、机组运行限制等影响风电弃风的因素进行考虑，以建立完善、准确的优化模型。为更好地解决风电反调峰带来的电网弃风问题，本节将对含抽水蓄能电站的风电系统进行详细建模，充分考虑各类运行约束，并引入抽水蓄能电站的运行状态变量，建立大规模风电并网下抽水蓄能电站优化运行的混合整数规划模型。下面对该优化模型进行详细阐述。

15.4.1 抽水蓄能电站运行约束

目前主流的抽水蓄能电站大多采用可逆式抽水蓄能机组，其运行方式灵活多变。同时，由于抽水蓄能机组受自身固有特性和电站运行条件等限制，具备特定的运行约束。这些约束条件反映了抽水蓄能机组运行的固有特性，且可能对风电的调节过程造成影响，在风电并网下的抽水蓄能电站优化模型中应详细考虑这些约束。

为方便表征抽水蓄能机组的运行状态，引入布尔变量 $x_{k,j,t}$ 和 $y_{k,j,t}$ ，用以指示机组当前的运行状态：下标 k、j、t 分别为系统中抽水蓄能电站编号、电站中各台机组编号以及优化时段编号；变量 x 用以表示机组是否处于发电状态，值为 1 时表示机组处在发电状态，值为 0 时表示不在发电状态；变量 y 则用以表示机组是否处于抽水状态，当值为 1 时表示处于抽水状态，值为 0 时表示不在抽水状态。抽水蓄能机组发电、抽水状态下的功率限制以及机组运行状态间的互斥关系可由式（15.1）～式（15.3）表示：

$$P_{k,j}^{\mathrm{HGmin}} x_{k,j,t} \leqslant P_{k,j,t}^{\mathrm{g}} \leqslant P_{k,j}^{\mathrm{HGmax}} x_{k,j,t} \tag{15.1}$$

$$P_{k,j}^{\mathrm{HPmin}} y_{k,j,t} \leqslant P_{k,j,t}^{\mathrm{p}} \leqslant P_{k,j}^{\mathrm{HPmax}} y_{k,j,t} \tag{15.2}$$

$$x_{k,j,t} + y_{k,j,t} \leqslant 1 \tag{15.3}$$

式中：$P_{k,j}^{\mathrm{HGmin}}$ 、$P_{k,j}^{\mathrm{HGmax}}$ 、$P_{k,j}^{\mathrm{HPmin}}$ 、$P_{k,j}^{\mathrm{HPmax}}$ 分别表示系统中各抽水蓄能机组在发电和抽水工况下功率的上下限值。在常规抽水蓄能电站中，由于机组抽水工况下的吸收功率不可调节，因此可将 $P_{k,j}^{\mathrm{HPmin}}$ 与 $P_{k,j}^{\mathrm{HPmax}}$ 设置为同一数值。

为保证抽水蓄能电站整体运行的经济性，在实际运行中不允许同一电站出现不同机组同时发电和抽水的情形，该运行约束可由式（15.4）～式（15.6）体现：

$$\sum_{j \in N_k} x_{k,j,t} \leqslant N_k \delta_{k,t}^{\mathrm{g}} \tag{15.4}$$

$$\sum_{j\in N_k} y_{k,j,t} \leqslant N_k \delta_{k,t}^{\mathrm{p}} \tag{15.5}$$

$$\delta_{k,t}^{\mathrm{g}} + \delta_{k,t}^{\mathrm{p}} \leqslant 1 \tag{15.6}$$

式中：$\delta_{k,t}^{\mathrm{g}}$ 、$\delta_{k,t}^{\mathrm{p}}$ 二者同为布尔变量，分别用以表征抽水蓄能电站是否处于发电和抽水状态；N_k 表示编号 k 的抽水蓄能电站机组总台数。

抽水蓄能电站按调节周期可分为日调节、周调节、季调节等，在各个调节周期始末水库蓄水，也即水库储存的能量，应当保持平衡。抽水蓄能电站水库蓄能约束及各时刻蓄能的变化关系可由式（15.7）～式（15.9）表示：

$$E_k^{\min} \leqslant E_{k,t} \leqslant E_k^{\max} \tag{15.7}$$

$$E_{k,0} - E_{k,T} = 0 \tag{15.8}$$

$$E_{k,t+1} = E_{k,t} + \Delta T \cdot \eta_{\mathrm{p}} \cdot \sum_{k\in K}\sum_{j\in N_k} P_{k,j,t}^{\mathrm{g}} - \Delta T \cdot (1/\eta_{\mathrm{g}}) \cdot \sum_{k\in K}\sum_{j\in N_k} P_{k,j,t}^{\mathrm{p}} \tag{15.9}$$

式中：$E_k^{\min}$、$E_k^{\max}$ 表示水库的最小及最大蓄能值，对应水库最低及最高水位；η_{g}、η_{p} 分别为可逆式水泵水轮机的发电和抽水效率；ΔT、T 则分别表示出力优化的时段间隔及抽水蓄能优化运行周期内的时段总数。

由于抽水蓄能机组调节响应速度较快，机组启停及工况转换等动作能在很短时间内完成，因此，当优化模型的时段间隔为 0.5h 以上时，机组出力的爬坡约束可不作考虑。上述不等式即构成抽水蓄能电站的运行特性约束，这些约束将在后文连同风电系统中的其他约束共同组成风电与抽水蓄能协调运行优化模型。此外，当风电并网系统中包含其他形式的储能装置时，也应对其运行特性约束作具体考虑。

应当指出，常规可逆式抽水蓄能机组在抽水工况下的功率通常不可调节，这一特性在一定程度上限制了抽水蓄能机组对风电波动的调节，是抽水蓄能与风电协调运行的重要局限。而其他非常规形式的抽水蓄能机组，如三机式抽水蓄能机组、变速抽水蓄能机组等，具有抽水功率可调节功能，因此其与风电的协调运行，尤其是风电波动的动态调节具有更大的优势。本章将对这两种非常规抽水蓄能机组的调峰特性进行对比分析。

15.4.2 电力系统运行约束

前文分析中提到，影响系统风电弃风的主要因素包含系统可用调峰容量、系统运行限制以及线路传输容量限制等，本节将逐步对这些运行约束予以考虑。

对于火电机组，除出力限制外，同时对其出力爬坡限制、最小运行时间以及最小停运时间进行考虑。式（15.10）～式（15.12）表达了火电机组的出力及爬坡约束：

$$P_i^{\mathrm{Gmin}} u_{i,t} \leqslant P_{i,t} \leqslant P_i^{\mathrm{Gmax}} u_{i,t} \tag{15.10}$$

$$P_{i,t} - P_{i,t-1} \leqslant P_i^{\mathrm{Gmin}} (u_{i,t} - u_{i,t-1}) + R_i^{\max} u_{i,t-1} \tag{15.11}$$

$$P_{i,t} - P_{i,t-1} \geqslant - P_i^{\mathrm{Gmin}} (u_{i,t-1} - u_{i,t}) + R_i^{\min} u_{i,t} \tag{15.12}$$

上式中同样引入布尔变量 $u_{i,t}$ ，用以表征火电机组运行状态；P_i^{Gmin}、P_i^{Gmax} 分别为火电机组的功率上下限；$R_i^{\max}$、$R_i^{\min}$ 则为机组爬坡功率的上下限。

为表达火电机组最小运行时间和最小停运时间限制，引入火电机组开启和关闭动作的布尔变量 $\upsilon_{i,t}$ 、$\omega_{i,t}$ ，火电机组运行及停运时间限制由式（15.13）～式（15.16）表示：

$$\sum_{t'\in[t,t+UT_i-1]} u_{i,t'} \geqslant UT_i \cdot \upsilon_{i,t} \tag{15.13}$$

$$\sum_{t'\in[t,t+DT_i-1]}(1-u_{i,t'})\geqslant DT_i\cdot\omega_{i,t} \tag{15.14}$$

$$u_{i,t}-u_{i,t-1}=v_{i,t}-\omega_{i,t} \tag{15.15}$$

$$v_{i,t}+\omega_{i,t}\leqslant 1 \tag{15.16}$$

式中：T_i^U、T_i^D 分别表示第 i 台机组的最小运行时间和最小停运时间。

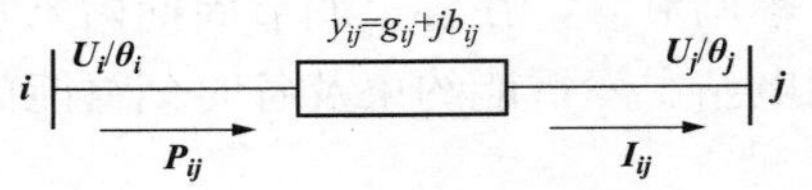

图 15.12　输电线路潮流示意图

为考虑线路传输容量限制对风电系统弃风的影响，优化模型中需要对系统的潮流进行求解。为简化模型，采用直流潮流模型对系统潮流进行求解，即假定电网各母线电压均保持恒定，模型仅计及系统的有功功率平衡。图 15.12 为电力系统中每条输电线路传输的有功功率的示意图。

线路传输的有功功率 $\boldsymbol{P}_{ij}$ 可由式（15.17）表示：

$$\boldsymbol{P}_{ij}=\mathrm{Re}[\boldsymbol{U}_i\overset{*}{\boldsymbol{I}}_{ij}]=[\boldsymbol{U}_i\overset{*}{y}_{ij}(\overset{*}{\boldsymbol{U}}_i-\overset{*}{\boldsymbol{U}}_j)]=U_i^2g_{ij}-U_iU_j(g_{ij}cos\theta_{ij}+b_{ij}sin\theta_{ij}) \tag{15.17}$$

对电力系统作如下简化假设：①$g_{ij}\approx0$，$b_{ij}\approx-1/x_{ij}$；②$\sin\theta_{ij}\approx\theta_{ij}=\theta_i-\theta_j$，$\cos\theta_{ij}\approx1$；③$U_i\approx U_j\approx1$；④忽略变压器和接地支路对有功功率分布的影响。则上述有功功率的表达式可以简化为式（15.18）所示的形式：

$$P_{ij}=-b_{ij}(\theta_i-\theta_j)=(\theta_i-\theta_j)/x_{ij}=B_{ij}(\theta_i-\theta_j) \tag{15.18}$$

根据系统节点的功率平衡关系，对于节点 i，其注入功率等于所有从节点流出的功率之和，因此，节点的注入功率表达式可以写为式（15.19），进而写为标准形式（15.20）：

$$\begin{cases}P_i=\sum\limits_{j\in i}P_{ij}=\sum\limits_{j\in i}B_{ij}(\theta_i-\theta_j)=-(-\sum\limits_{j\in i}B_{ij}\theta_i+\sum\limits_{j\in i}B_{ij}\theta_j)\\-\sum\limits_{j\in i}B_{ij}=B_{ii}\end{cases} \tag{15.19}$$

$$P_i=-(B_{ii}\theta_i+\sum_{j\in i}B_{ij}\theta_j)=\sum_{j=1}^{n}(-B_{ij}\theta_j) \tag{15.20}$$

上述推导即为直流潮流模型，基于直流潮流模型的电网传输容量约束可由式（15.21）～式（15.23）表示：

$$-PL_l^{\max}\leqslant PL_{l,t}\leqslant PL_l^{\max} \tag{15.21}$$

$$PL_{l,t}=(\theta_{m,t}-\theta_{n,t})/X_{mn} \tag{15.22}$$

$$\sum_{i\in B_b}P_{i,t}+\sum_{k\in B_b}\sum_{j\in N_k}P_{k,j,t}^g+\sum_{k\in B_b}\sum_{j\in N_k}P_{k,j,t}^p+\sum_{w\in B_b}WP_{w,t}-\sum_{w\in B_b}WC_{w,t}=\sum_{d\in B_b}D_{d,t} \tag{15.23}$$

其中，式（15.21）表示输电线路 l 的传输功率取值范围，$PL_l^{\max}$ 则为输电线路 l 的最大传输功率；式（15.22）为线路 l 的传输功率计算表达式，$\theta_{m,t}$ 为节点 m 在 t 时刻的相角，X_{mn} 为节点 m、n 之间的线路阻抗；式（15.23）则为整个系统总发电功率与总负荷间的实时平衡关系表达式，$WP_{w,t}$ 为风电场 w 在 t 时刻的理论可发功率，可由实测或预测风速经风电场功率曲线计算而得，$WC_{w,t}$ 表示风电场 w 在 t 时刻的弃风功率，$D_{d,t}$ 为系统负荷 d 在 t 时刻的功率，B_b 为与节点 b 相连的机组及负荷集合。

最后，对风电场弃风功率进行限制，如式（15.24）所示：

$$0\leqslant WC_{w,t}\leqslant WP_{w,t} \tag{15.24}$$

以上即为本章所采用的风电并网系统抽水蓄能电站优化模型所包含的所有约束，这些约束涵盖了造成及影响电力系统风电弃风的主要因素。

在本研究范畴中，抽水蓄能电站的调峰运行以减少系统风电弃风为首要目标，因此，假定系统优先考虑风电的消纳，对系统中各类发电机组的运行成本不予考虑，模型的优化目标可由式（15.25）表示：

$$\min\sum_{t\in T}\sum_{w\in W}WC_{w,t} \tag{15.25}$$

由于前面提出的模型约束条件中包含多个表示系统状态的布尔变量，因此由这些约束条件所建立的大规模风电并网系统抽水蓄能电站运行优化模型为混合整数规划模型，可采用 IBM ILOG Cplex 等优化软件对其进行求解，求解结果可同时得到风电并网系统弃风量最小时抽水蓄能机组的最优运行出力。值得说明的是，由于该模型主要用于研究抽水蓄能电站对解决风电弃风问题的作用，因此优化模型中着重考虑了抽水蓄能电站运行特性及可能造成风电弃风的系统运行约束。

15.5 实例分析

本节采用修改后的 IEEE 30 节点测试系统对大规模风电并网下的抽水蓄能电站调峰优化运行模型进行仿真测试。算例系统结构如图 15.13 所示，其中，算例系统内接有两台火电机组、三个风电场以及一个抽水蓄能电站。风电场 A（节点 5）、B（节点 11）、C（节点 13）装机容量均为 50MW，抽水蓄能电站（节点 8）包含两台额定容量为 15MW 的可逆式抽水蓄能机组，其抽水功率均为固定值 15MW。

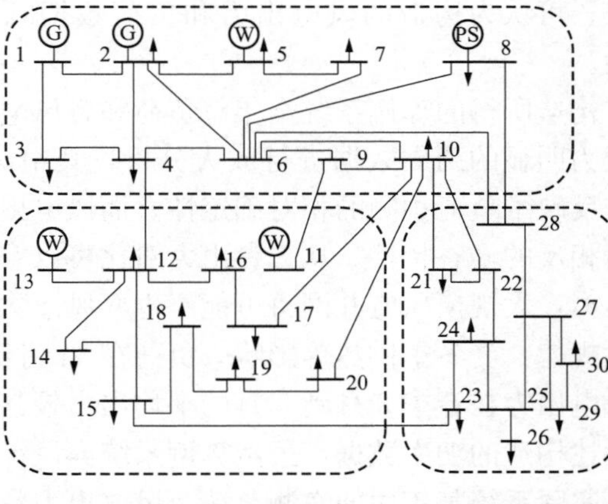

图 15.13 修改后的 IEEE 30 节点测试系统单线图

图 15.13 为修改后的 IEEE 30 节点测试系统结构示意图。算例系统中两台火电机组的运行参数如表 15.1 所示，具体参数包括机组最大和最小出力、爬坡速率限制以及机组最小运行、停运时间。此外，由于在实际情况中由系统网络阻塞导致电网弃风的主要原因是连接各区域电网的主干线路传输容量不足，因此，为简化算例分析，仿真测试过程中仅对连接算例系统中各区域间的线路输电容量进行约束，其他输电线路容量则不作约束。算例系统指定受限输电线路的传输容量及对应线路扩容后的传输容量如表 15.2 所示。

表 15.1 火电机组运行参数

节点编号	最大出力（MW）	最小出力（MW）	爬坡速率（MW/h）	最小运行时间（h）	最小停运时间（h）
1	360	160	60	8	7
2	140	60	25	7	6

表 15.2　　　　　　　　　　　　线路传输容量限制

起始节点	终止节点	传输容量（MW）	扩容后传输容量（MW/h）
4	12	60	75.0
10	20	20	25.0
10	17	20	25.0
10	21	30	37.5
10	22	20	25.0
6	28	40	50.0
15	23	20	25.0

风电出力反调峰特性造成风电弃风的本质原因是风电出力与负荷二者之间的负相关性，因此，为准确反应风电弃风的特征，算例系统中采用的风电出力数据与系统负荷数据需在时间及空间上保持一致，即保持二者之间的相关性。本算例采用实际系统风电场出力及负荷数据对系统弃风场景进行构造：算例系统中各风电场出力及负荷时间序列数据由美国 BPA 电力系统 2013 年的历史运行数据根据算例系统风电场额定容量、各节点负荷大小成比例缩放而得，可认为构造的风电出力和负荷数据既保持了各自的特性，也保持了二者间的相关特性。

构造所得的算例系统全年总负荷和各风电场总出力如图 15.14 所示，选取全年风电反调峰较为明显的两周数据进行放大分析，其中，负荷出力具有明显的日变化周期，且较为固定，反映了负荷预测的相对确定性。而风电出力变化规律则相对较为模糊，但总体上呈现与负荷相反的峰谷特性。从二者出力对比可以看出风电出力对负荷的反调峰性增大了系统的调峰压力，大规模风电并网将可能产生弃风。除此之外，风电出力及负荷在年内也具有一定的变化规律：受冬季供热等影响，负荷在 11 月到来年 1 月的时段内具有较为明显的增大趋势，而风电出力在春季 2 月到 5 月的平均出力较其他月份有所增大。后续算例系统弃风计算将采用上述构造的功率数据，虽然算例系统弃风计算结果基于构造的算例场景，但由于采用的数据是实际系统某年内的实测负荷及风电出力数据，因此所得的弃风计算结果具有较高的参考意义。

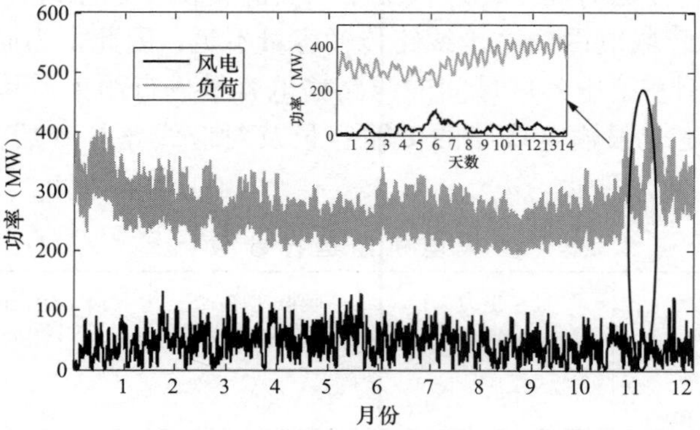

图 15.14　算例系统全年风电出力及负荷曲线

对算例系统规模分析如下：系统中包含 30 个节点、2 台常规火力发电机组、3 个风电场以及 1 个抽水蓄能电站，其中抽水蓄能电站包含 2 台可逆式抽水蓄能机组。优化模型中将同时考虑火电机组及抽水蓄能机组的运行特性，并采用直流潮流模型模拟电网的结构特性。

抽水蓄能电站调峰优化模型中包含的变量分为火电机组出力变量、火电机组运行状态布尔变量、节点相角变量、线路传输功率变量、抽水蓄能机组发电及抽水功率变量、抽水蓄能机组运行状态变量、抽水蓄能电站蓄能变量以及风电场弃风变量。其中，模型优化目标为风电场弃风之和，风电场的弃风变量为优化变量，同时，模型中包含表征机组运行状态的布尔变量，因此，优化模型为混合整数规划模型。

抽水蓄能电站调峰优化模型中的约束则主要分为：①抽水蓄能电站运行约束，包含机组出力、机组运行状态约束及水库蓄能约束；②常规火电机组运行约束，包含机组出力、爬坡约束以及最小运行/停运时间约束；③系统潮流约束，包含输电线路传输容量约束及节点功率平衡约束、以及风电弃风约束。

15.5.1 输电线路传输容量对弃风的影响

运用前文所描述的风电并网系统抽水蓄能电站调峰优化模型对电网弃风问题进行研究，在考虑抽水蓄能电站调峰作用之前，本节先就电网输电线路的传输容量对弃风的影响进行分析。如表 15.2 所示，本算例中拟通过对算例系统电网区域间连接线路的传输容量进行扩容以验证其对电网弃风的影响。在未接入抽水蓄能的情况下，将各区域间连接线路的传输容量扩大 25%，扩大后传输容量同样如表 15.2 所示。

采用前文构造的全年风电出力及负荷数据，应用优化计算模型对算例系统弃风进行仿真。以风电场 A 为例，其在扩容前后全年弃风计算结果如图 15.15 所示，图中数据统计表明在系统区域连接线传输容量增加后，风电场 A 全年弃风电量显著减少，由扩容前的 580MWh 减少到扩容后的 236MWh。另外，图中 3 月及 11 月处依然存在较大弃风，结合图 15.14 所示的风电出力和负荷曲线，两处弃风均存在低负荷、高风电的出力模式，此时系统调峰约束限制是造成风电弃风的主要原因。而对于另外两个风电场 B 和 C，如图 15.13 所示，二者同在另一个电网区域中，其弃风计算结果在线路扩容前后相差并不大，因此说明造成风电场 B 和 C 弃风的主要原因不是输电线路的传输容量限制。

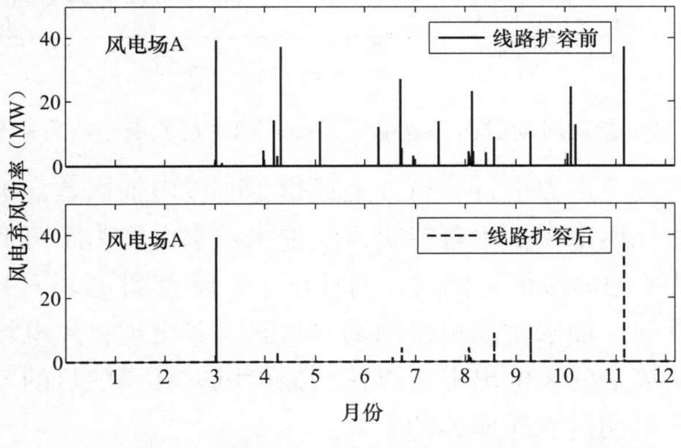

图 15.15 系统区域联接线路扩容前后风电场 A 弃风量对比

上述计算结果表明，输电线路传输容量的限制是造成风电弃风的重要原因之一，因此通过增大系统区域间输电线路的传输容量，可增加风电功率在不同区域间的传输交换，使得风电功率在更大的范围内消纳，以此减少风电弃风。同时，由于风电的反调峰特性以及系统调峰约束等固有限制，仅仅增大输电线路的传输容量无法完全消除风电弃风，需要同时采取其他手段从根本上解决由系统调峰约束造成的风电弃风问题，以促进风电的并网消纳。

15.5.2 抽水蓄能电站调峰运行优化

抽水蓄能电站作为目前电力系统中最成熟的大规模储能装置，具有灵活的调峰性能，可利用其与风电协调运行的方式来解决系统调峰容量不足造成的弃风问题。基于本节提出的风电系统抽水蓄能电站的调峰优化模型，采用图 15.14 中构造的风电出力及负荷曲线，对图 15.13 所示的算例系统在抽水蓄能电站调节下的风电弃风进行仿真计算。为方便分析，选全年中 11 月的两星期数据进行计算，如图 15.14 中子图所示。在这两星期时间内，系统负荷由低谷持续增长至最高点，而风电场出力则由系统负荷低谷时段处对应的较高值逐步下降到系统负荷峰值时段处对应的较低值，在这种风电—负荷模式下，风电出力对负荷的反调峰特性表现突出，电网弃风量将大幅增加。

将抽水蓄能电站的调节周期选为 24h，在算例系统中接入抽水蓄能电站前后两种情形下，对上述指定的两星期时间段内的系统弃风量进行仿真计算。计算结果表明，在这两星期的时间内，系统只在第六天产生弃风，当天内 3 个风电场的弃风时刻及弃风功率如图 15.16 所示。图中显示，在算例系统接入抽水蓄能电站之后，风电场 A、C 弃风量大幅减少，其中，风电场 C 弃风量减少至 0。

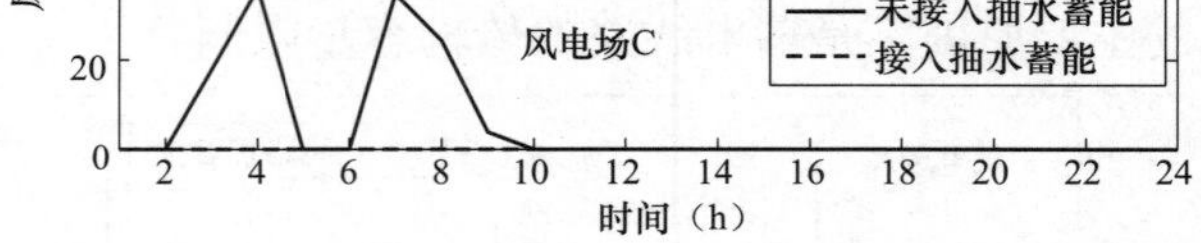

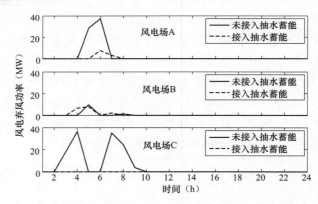

图 15.16 指定时间段内各风电场在接入抽水蓄能电站前后的弃风量

对抽水蓄能电站的调节出力进行分析：上述指定时段内抽水蓄能电站发电、抽水功率如图 15.17 所示，由于优化模型中抽水蓄能机组的抽水功率设置为不可调节，各个时段内的抽水功率为 0、15、30MW 的离散值。同时，对比图 15.16 及图 15.17 中风电场弃风时刻及抽水蓄能电站运行出力可知，抽水蓄能机组的抽水状态大多出现在风电场弃风时段，表明抽水蓄能机组通过抽水存储多余的风电出力，以达到减少风电弃风的目的，而其他时段则将存储的电能释放并维持调节周期内水库库容的平衡。

为进一步验证抽水蓄能电站调峰运行对电网弃风的影响，对算例系统全年范围内弃风进

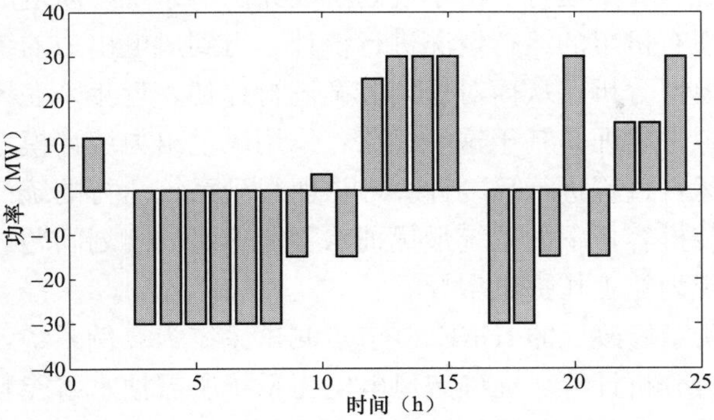

图 15.17 指定时间段内抽水蓄能电站发电及抽水功率

行计算，结果如图 15.18 所示。对计算结果进行统计分析表明：算例系统接入抽水蓄能电站后，风电弃风量在全年范围内大幅减少，由接入前的 8197MWh 下降至接入后的 1053MWh。而另一方面，算例系统在某些弃风量较大的时刻，如图 15.18 中的 3、4 月处，算例系统中抽水蓄能电站的调节能力并不能完全消除系统的风电弃风，此时需采取其他措施以进一步消除电网风电弃风，如增大输电线路容量等，这也说明造成系统风电弃风的因素是多方面的，实际中也可采取多种措施共同解决弃风问题。

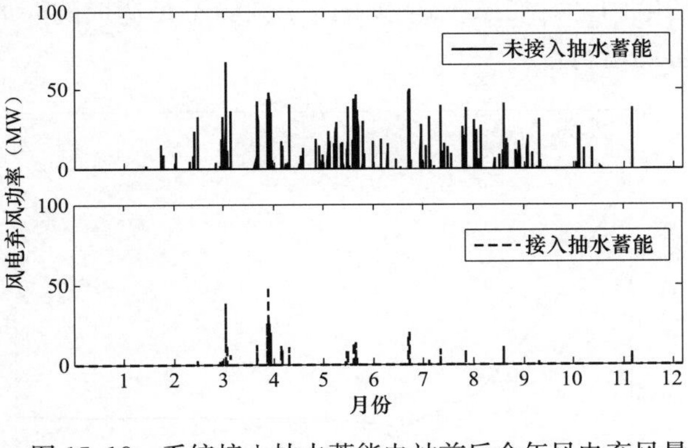

图 15.18 系统接入抽水蓄能电站前后全年风电弃风量

此外，本章关于抽水蓄能电站调峰优化运行计算以及关于输电线路传输容量限制对电网弃风影响的验证中，采用的风电出力及系统负荷数据均由实际系统数据转换而得，这些数据一方面准确反映了实际系统中的风电出力及负荷特性，因此能够准确反应系统弃风特性。但另一方面，在风电系统抽水蓄能电站调峰优化模型的具体应用过程中，风电出力及负荷数据有时并不能直接采用历史运行数据，如在采用调峰优化模型制定抽水蓄能电站日前出力计划以减少电网弃风的情形下，优化模型中采用的风电出力及负荷数据则为日前预测数据。而在基于电网弃风分析的系统规划等问题研究中，风电出力及负荷数据则采用能够反映其出力特性的统计模型代替，以计及系统未来运行的统计特征。

15.5.3 抽水蓄能电站容量优化

当电力系统规划新增风电装机容量时，需要提前对未来风电电力系统的运行情况进行模拟，以保证系统的经济、安全运行。由于规划阶段无法对系统中风电的运行情况进行精确预测，只能根据系统中现有机组的运行情况进行统计，得到风电出力的统计模型，再运用统计模型对系统运行进行模拟分析，从而对规划方案进行评估。近年来在风电并网研究中应用十分广泛的蒙特卡洛模拟方法即是基于这一思路：采用风电出力统计模型模拟产生大量出力的场景，并通过对系统运行过程进行反复计算，从而得到系统运行的统计特征量。下文利用这一思路，对一定风电装机容量下的系统最优抽水蓄能容量的规划问题进行分析计算，以为实际系统中的风电并网规划等工作提供指导。

仍然以图 15.13 所示修改后的 IEEE 30 节点测试系统为算例系统，对风电系统中抽水蓄能容量的优化问题进行分析计算。在确定风电电力系统所需抽水蓄能容量的过程中，同样以电力系统弃风最小为系统运行优化目标，因此，风电系统抽水蓄能容量优化计算中也可以直接采用本章介绍的风电电力系统抽水蓄能调峰优化模型。

改变算例系统中抽水蓄能的装机容量，对算例系统整年运行情况进行模拟，并统计全年弃风电量，得到系统弃风电量随抽水蓄能容量的变化曲线，如图 15.19 所示。弃风量变化曲线清楚地显示，对一定的风电装机容量，用于减少风电弃风的抽水蓄能容量存在上限值，即当抽水蓄能容量继续增加时，系统弃风量不再下降。这是由于对于一定风电装机容量的系统，所需的调峰容量固定，当配置的抽水蓄能容量超过所需的调峰容量后，系统调峰约束不再是造成风电弃风的因素。因此，在系统规划阶段，出于对系统运行经济性等因素考虑，对于一定风电装机容量的电网，为使系统运行中由于调峰不足造成的弃风最小，存在对应的最优抽水蓄能容量与之协调运行。

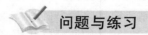

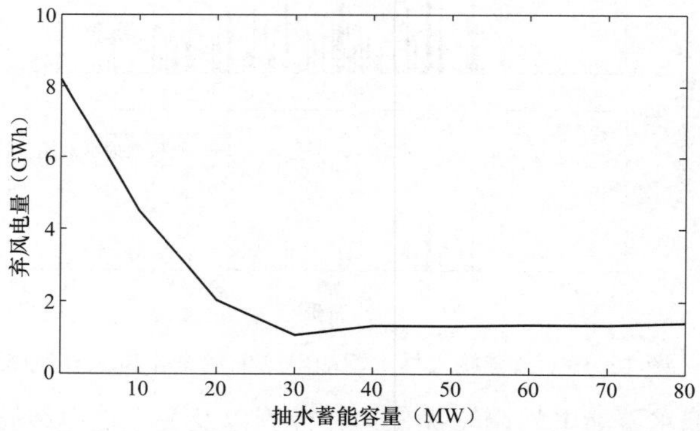

图 15.19　接入不同抽水蓄能容量时系统弃风量变化曲线

问题与练习

1. 造成风电弃风的主要因素有哪些？

2. 抽水蓄能电站的运行约束有哪些？

3. 风电系统中的抽水蓄能调峰优化模型中应当考虑电力系统运行的哪些约束和限制条件？

4. 抽水蓄能与风电的协调运行具有哪些优势？

参 考 文 献

[1] 徐玮，杨玉林，李政光，等．甘肃酒泉大规模风电参与电力市场模式及其消纳方案 [J]. 电网技术，2010 (6)：71 - 77.

[2] IBM. IBM ILOG CPLEX optimization studio user's guide [EB/OL]. 2013 [2014 - 12 - 03]. ftp：//public. dhe. ibm. com/software/websphere/ilog/ docs/optimization/cplex/ps _ usrmancplex. pdf.

[3] Power system test case archive [EB/OL]. http：//www. ee. washington. edu/research /pstca/.

[4] BPA. Wind generation & total load in the BPA balancing authority [EB/OL]. 2013 [2014 - 10 - 12]. http：//transmission. bpa. gov/Operations/Wind/default. aspx.

16 配电网优化运行

16.1 引言

配电网是从输电网或地区发电厂接受电能，通过配电设施就地或逐级分配给用户的电力网，在电力网中起分配电能的重要作用。配电设施包括配电线路、配电站、配电变压器、隔离开关、无功补偿器及一些附属设施等。配电网按照电压等级可分为高压配电网、中压配电网和低压配电网；按照配电线路类型可分为架空配电网和电缆配电网。由于配电网的电压较低，其网损也较大。配电网络重构的目标就是在正常运行条件下找到最小化配电网损的辐射状运行结构。一般来说，配电网是闭环设计、开环运行的。这意味着配电网被辐射状馈线分割成几个子系统。这些馈线通常包括一些常闭开关和常开开关。根据图论，配电网可以由一个含有 N 个节点、B 条支路的图 G（N，B）表示。每个节点代表一个电源节点或者负荷节点，每条支路代表一条分段馈线。由于网络是辐射状的，所有的分段馈线组成了一个树集，其中每个负荷节点只能唯一由一个电源节点供应。因此，配电网重构（distribution network reconfiguration，DNRC）为找到一个辐射状的运行结构来最小化系统网损，并同时满足运行约束。实际上，配电网重构可看成在给定图中确定最优树的问题。很多算法被用来求解配网重构问题，包括启发式算法、专家系统、离散分支界限法组合优化、进化规划、遗传算法。

由于大量的分布式电源（主要是风光水电等可再生能源）一般都接入配电网，而且近几年智能电网的发展使配电网运行变得更灵活，也更加多样化和复杂化。本章先简单介绍传统配电网运行模型，即配电网重构优化模型，然后介绍智能电网的基本概念以及智能电网调度的方法。

16.2 配电网重构优化模型

配电网重构的数学模型可以由支路电流或支路功率两种方式表示。下面分别进行简单介绍。

16.2.1 采用电流为变量的模型

$$\min f = \sum_{l=1}^{NL} k_l R_l I_l^2 \quad l \in NL \tag{16.1}$$

约束条件：

$$k_l|I_l| \leqslant I_{l\max} \qquad l \in NL \tag{16.2}$$

$$U_{i\min} \leqslant U_i \leqslant U_{i\max} \quad i \in N \tag{16.3}$$

$$g_i(I, k) = 0 \tag{16.4}$$

$$g_i(V, k) = 0 \tag{16.5}$$

$$\varphi(k) = 0 \tag{16.6}$$

式中：I_l为支路l电流；R_l为支路l阻抗；U_i为节点i的节点电压；k_l为支路的拓扑状态，支路闭合时$k_l=1$，支路断开时$k_l=0$；N为节点集；NL为支路集；

在上述模型中，式（16.2）为支路电流约束，式（16.3）为节点电压约束，式（16.4）为基尔霍夫第一定律（KCL），式（16.5）为基尔霍夫第二定律（KVL），式（16.6）为网络拓扑约束。拓扑约束能够保证候选拓扑的辐射状结构，由以下两部分组成：

1）可行性：网络中的所有节点必须与一些支路连接，即无孤立节点。

2）辐射状：网络中的支路数必须小于每个单元的节点数（$k_l\,NL=N-1$）。

因此，最终的网络运行结构必须是辐射状的，并且所有的负荷必须保持连接。

16.2.2 采用功率为变量的模型

$$\min f = \sum_{l=1}^{NL} k_l R_l \left(\frac{P_l^2 + Q_l^2}{U_l^2}\right) \qquad l \in NL \tag{16.7}$$

约束条件：

$$k_l|P_l| \leqslant P_{l\max},\ l \in NL \tag{16.8}$$

$$k_l|Q_l| \leqslant Q_{l\max},\ l \in NL \tag{16.9}$$

$$U_{i\min} \leqslant U_i \leqslant U_{i\max},\ i \in N \tag{16.10}$$

$$g_i(P, k) = 0 \tag{16.11}$$

$$g_i(Q, k) = 0 \tag{16.12}$$

$$g_i(U, k) = 0 \tag{16.13}$$

$$\varphi(k) = 0 \tag{16.14}$$

式中：P_l为支路l有功功率；Q_l为支路l无功功率。

式（16.7）的目标函数为功率损耗。假设电压幅值为1.0p.u.，忽略无功损耗，则目标函数式可简化为：

$$\min f = \sum_{l=1}^{NL} k_l R_l P_l^2,\ l \in NL \tag{16.15}$$

在上述模型中，式（16.8）和式（16.9）分别为支路有功和无功约束。式（16.11）为基尔霍夫第一定律（KCL），式（16.12）为基尔霍夫第二定律（KVL）。

很明显，无论采用支路电流表达还是功率表达，DNRC模型具有相同的作用和功能。计算配电网重构的方法有启发式方法、基于规则的综合方法、混合整数线性规划法、遗传算法、多目标进化规划、基于拟阵论的遗传算法等。其中，启发式方法又包括简单支路交换法（基本思路为通过操作一对开关，即闭合一个的同时断开一个来计算功率损耗的变化量，目标为减小功率损耗）、最优流模式和增强最优流模式。其余几种方法属于优化方法，本书不作详细阐述，有兴趣的读者可查阅本章末尾的参考文献。

16.3 智能电网与智能配电网

16.3.1 智能电网

目前为止，智能电网有不同的定义。有人称智能化输配电自动化网络为智能电网。有人认为智能电网是指分布式发电和电能存储，其中包括太阳能、风力发电、微型涡轮机、压缩空气、能源储存等。从终端用户端看，智能电网还有另一个方面含义，我们称之为需求响应和负荷控制。需求响应涉及终端用户对不同价格信号、不同可用性信号等的反应。此外，高级量测体系（Advanced Measurement Infrastructure，AMI）也很重要，它是家庭或终端用户与智能电网之间的纽带。AMI 技术使用远程双向无线通信，通过射频（Radio Frequency，RF）固定网络，从客户的智能电能表和/或天然气仪表周期性地检索客户能源使用信息。仪表数据管理系统接收并存放数据，供其他系统分析和使用，如客户信息和计费、停电管理、负荷研究和交付系统规划。所有这些都与智能电网有关。那么智能电网的通用定义是什么？根据美国能源部对智能电网的定义："智能电网就是将先进的传感技术、控制方法和通信综合融入当前的电网"。目前普遍认同的是，智能电网是建立在集成的、高速双向通信网络的基础上，通过先进的传感和测量技术、先进的设备技术、先进的控制方法以及先进的决策支持系统技术的应用，实现电网的可靠、安全、经济、高效、环境友好和使用安全的目标，其主要特征包括自愈、激励和包括用户、抵御攻击、提供满足用户需求的电能质量、容许各种不同发电形式的接入、启动电力市场以及资产的优化高效运行等。

归纳起来，智能电网具有以下七大特点：

（1）消费者参与：激励消费者的积极参与；

（2）适应各类发电：适应各种不同类型的发电和储能接入；

（3）启用电力市场：实现新产品、服务和市场；

（4）高质量的电：为数字化、计算机和通信提供经济而高质量的电力；

（5）优化资源：有效运作、优化利用现有和新的资产；

（6）自愈：以自我修复的方式预测和应对系统干扰；

（7）防御攻击：防御攻击和自然灾害。

建立智能电网工作将需要一系列可靠的技术，包括集成通信系统、传感器、高级仪表和存储设备。其中许多技术已经存在，有些技术需要进一步提升。

世界各国智能电网所涉及的关键技术领域虽然有所差异，但大体上可以归为以下几个方面：①坚强而灵活的网络拓扑；②开放、标准、集成的通信系统；③高级计量体系和需求侧管理；④智能调度技术和广域防护系统；⑤高级电力电子设备；⑥可再生能源和分布式能源接入。

16.3.2 智能配电网

16.3.2.1 智能配电网的定义

配电网将电力系统与分散的用户相连起来，它将电力从高压电网传送到商业、工业和居民用户。一般来讲，配电线路由 35kV～110V 的中低压线路组成。由于近 90%的停电和干扰源来自于配电网络，所以必须应用智能设备和技术以提高配电网运行的可靠性。目前，智能电网均采用分布式智能化方式，提高了可靠性、安全性和效率。传统的配电系统主要是被动和径向的，而智能配电系统将是主动配电网，由于这里讲的智能电网主要涉及配电系统，所以通常被称为“智能配电网”。智能配电网是利用现代电子技术、通信技术、计算机及网络技术，将配电网在线数据和离线数据、配电网数据和用户数据、电网结构和地理图形进行信息集成，实现配电系统正常运行及事故情况下的监测、保护、控制、用电和配电管理的智能化。

智能配电网的目标是在现有的自动化技术水平上提高效率和可靠性。先进的通信、计算和控制方案、分布式能源包括微电网和电力电子设备正在以前所未有的速度引入智能配电网。新兴的智能配电网将为配电系统提供更高的效率和可靠性。新一代配电管理系统（Distribution Management System，DMS）将基于从地理信息系统（Geographical Information System，GIS）导入的连接模式对配电网进行分析和控制。DMS 包括一系列应用，旨在有效和可靠地监控和控制整个配电网络。它作为决策支持系统，协助控制室和现场操作人员对配电系统的监控。DMS 的关键结果是提高可靠性和服务质量，以减少停机时间，减少停电时间，维持可接受的频率和电压水平。DMS 这些技术也是智能配电网的主要技术手段，DMS 属于配电系统二次技术的范畴，它的技术内容完全包含在智能配电网范围内。智能配电网是各种电力新技术在配电系统中应用的总和，几乎涉及配电系统一次和二次的所有技术领域。

16.3.2.2 智能配电网的要求

智能配电网中支持决策和控制措施的信息收集，要求具有新的双向通信系统和相关的数据管理框架。其中通信系统是实现数据传输的关键和核心，通信系统将主站的控制命令准确地传送到众多的远方终端，并将远方设备运行状况的数据信息收集到控制中心。智能配电网的通信系统由多种通信方式组成，主要采用光纤和电力载波通信方式。

为了使配电网真正“智能化”，需要采用：

- 智能基础设施、低成本的传感器和智能电能表；
- 智能规划和设计、智能运行和智能客户设备；
- 分布式能源资源、分布式信息；
- 高效率的变压器、新型存储设备以及改进的故障限制和保护装置；
- 新材料，如高温超导材料。

由于配电系统自动化没有一个综合全面的方法，因此，基于计算机和通信系统运行和管理的配电管理系统对不同的电力公司具有不同的意义。它可以是配网自动化（Distribution Automation，DA）、故障管理系统或使用 GIS 的工单管理系统。在某些情况下，它是具有增强 DA 功能的 SCADA。在许多情况下，同一公司会用不同的系统来解决不同的配电网管理问题，这些系统采用不同的应用程序，并且这些应用程序经常在单独的不兼容的数据库上运行。

由于变电站使用 SCADA 远程终端单元（Remote Terminal Unit，RTU），SCADA 系统能快速辨识导致暂时和永久性断路器跳闸的故障。利用高级 RTU 和传感器，DMS 可以支持故障检测技术以及评估电能质量。

智能配电系统所需的高级自动化要求更快速的决策，从而实现对配电系统的实时分析。例如，鲁棒性好的配网状态估计器是高级自动化所需的分析工具，用于分析的输入数据包括系统拓扑、系统中不同元件的参数、开关和刀闸的状态以及系统各个点的测量数据。由于可以测量得到更多的数据，所以分析变得更加复杂。实时分析可以对配电系统进行更快地控制，实时监控和分析不仅提供了设备运行的状态，而且可以预判确定下一步的操作，如下一个开关的关闭位置和时间，以恢复用户供电。通过明智的选择，可以在最短的时间内完成供电恢复，从而提高电力供应的可靠性。

为满足智能配电网的要求，新一代集成的 DMS 需要包括如下功能：

- 电压/无功优化；
- 在线潮流和短路分析；
- 高级和自适应性保护；
- $N-2$ 故障分析；
- 先进的故障检测和定位；
- 高级故障隔离和服务恢复；
- 电动汽车自动管理系统；
- 动态降低负荷中谐波对电力设备的影响；
- 配电网运行仿真系统；
- 具有高比例可再生能源的系统运行；
- 配网作为微电网运行；
- 实时定价和需求响应应用。

16.4 单个发电机的智能电网经济调度

16.4.1 SGED 数学模型

经济调度（Economic Dispatch，ED）问题是电力系统运行的主要问题之一。ED 的目标是在满足系统安全约束条件下，降低总发电成本。前几章讨论了各种数值方法和优化法来求解 ED 问题。由于智能电网中增加了不确定的风力发电机组和可充放电的储能设备，智能电网中的经济调度问题将更复杂。本节介绍一种不考虑网络安全约束的简单的智能电网经济调度（Smart Grid Economic Dispatch，SGED）方法。

最简单的 SGED 问题是系统只有一台发电机、一个负荷与一个电池储能设备。如前所述，发电机成本函数是二次函数，可以简单地表示为：

$$f(P_g) = \frac{1}{2}\alpha P_g^2 + \beta P_g + \gamma \tag{16.16}$$

电池的成本函数可以表示为：

$$h(P_b) = \eta(P_{bmax} - P_b) \tag{16.17}$$

为简化分析，假设每个时段的负荷是不变的，即：

$$P_d(t) = D \quad t = 1,2,\cdots,T \tag{16.18}$$

因此，最简单的 SGED 可表示为：

$$\min J = \sum_{t=1}^{T}[f(P_g(t)) + h(P_b(t))] \tag{16.19}$$

约束条件

$$P_b(t) = P_b(t-1) + P_g(t) - D \tag{16.20}$$

$$0 \leqslant P_b(t) \leqslant P_{bmax} \tag{16.21}$$

$$0 \leqslant P_g(t) \leqslant P_{gmax} \tag{16.22}$$

式中：P_g为发电机输出功率；P_{gmax}为发电机的最大输出功率；P_b为电池功率（充电或放电）；P_{bmax}为电池最大容量；D为恒定负荷值；T为智能电网运行时段；α、β、γ为发电成本函数系数；η为电池成本函数系数。

16.4.2 无约束的SGED

如果电池约束和发电机约束是不起作用的，即不等式约束可以忽略。从目标函数和功率平衡方程中，可得到以下最优条件：

$$\alpha P_g'(t) + \beta = \eta[T-(t-1)] \tag{16.23}$$

或

$$\alpha P_g'(t) + \beta = \eta(T+1-t) \tag{16.24}$$

由以上等式，可得最优发电功率表达式：

$$P_g'(t) = \frac{\eta}{\alpha}(T+1-t-\beta) \tag{16.25}$$

如果发电机成本函数简化为：

$$f(P_g) = \frac{1}{2}\alpha P_g^2 \tag{16.26}$$

那么最优发电功率表达式变成：

$$P_g'(t) = \frac{\eta}{\alpha}(T+1-t) \tag{16.27}$$

将式（16.27）代入式（16.20），可得电池的功率变化为：

$$P_b'(t) = P_b(t-1) + \frac{\eta}{\alpha}(T+1-t) - D \tag{16.28}$$

从式（16.27）可以看出，最优发电函数与时间的关系是线性下降。从式（16.28）知，电池开始充电，然后放电，电池从充电变为放电的条件是：

$$\frac{\eta}{\alpha}(T+1-t) - D = 0 \tag{16.29}$$

即

$$P_b'(t) = P_b(t-1) \tag{16.30}$$

当

$$t_D = T+1-\frac{\alpha}{\eta}D \tag{16.31}$$

式中：t_D是电池开始放电的时间。

简单的SGED如图16.1所示。

16.4.3 考虑约束的SGED

从式（16.27）可以看出，初始时发电量最大，运行周期T结束时发电量最小，即：

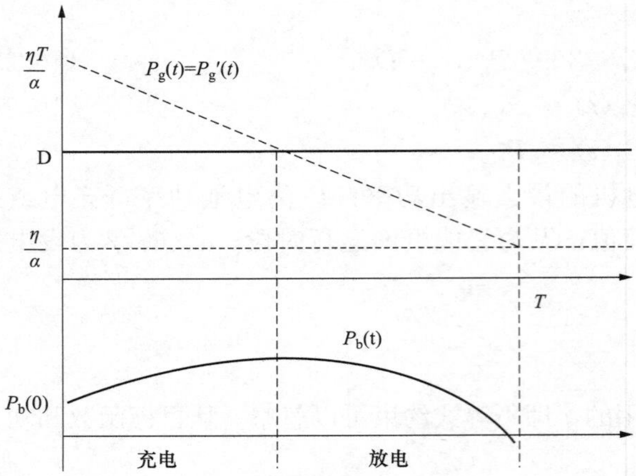

图 16.1 无约束的简单 SGED

$$\frac{\eta}{\alpha} \leqslant P_g^*(t) = \frac{\eta}{\alpha}T \tag{16.32}$$

这意味着为了满足发电约束不等式，需满足以下条件：

$$\frac{\eta T}{\alpha} \leqslant P_{gmax} \tag{16.33}$$

显然，如果满足上述方程，则不存在发电约束问题。由于发电机的容量必须大于负荷以给负荷和电池供电，所以简单的 SGED 将成为发电机容量的限制问题：

$$D \leqslant P_{gmax} \leqslant \frac{\eta T}{\alpha} \tag{16.34}$$

如果最优发电在初始时间 t_g 超过发电机的容量，那么此时的发电机容量将被设置为发电机的极限值，即：

$$P_g{}'(t) = \frac{\eta}{\alpha}(T+1-t) = P_{gmax} \tag{16.35}$$

$$t_g = T+1-\frac{\alpha}{\eta}P_{gmax} \tag{16.36}$$

最优发电与时间的关系是：

$$P_g^*(t) = \begin{cases} P_{gmax} & 当\ t \leqslant t_g \\ \frac{\eta}{\alpha}(T+1-t) & 当\ t > t_g \end{cases} \tag{16.37}$$

类似地，最优电池功率值与时间的关系是：

$$P_b^*(t) = \begin{cases} P_b(t-1)+P_{gmax}-D & 当\ t \leqslant t_g \\ P_b(t-1)+\frac{\eta}{\alpha}(T+1-t)-D & 当\ t > t_g \end{cases} \tag{16.38}$$

图 16.2 说明了受约束的简单 SGED 情况。

如果考虑电池功率的约束条件，并且由计算得到的最佳充电值在时间 t_B 超过电池容量，则实际充电功率必须设置为最大极限，即：

$$P_b(t_B) = P_{bmax}, \quad 当\ P_b(t_B) > P_{bmax} \tag{16.39}$$

由于电池充电的减少，最优发电机输出功率将减少，并且可计算如下：

$$\begin{aligned} P_b(t_B) &= P_{bmax} \\ &= P_b(t_B-1)+P_g(t_B)-D \end{aligned} \tag{16.40}$$

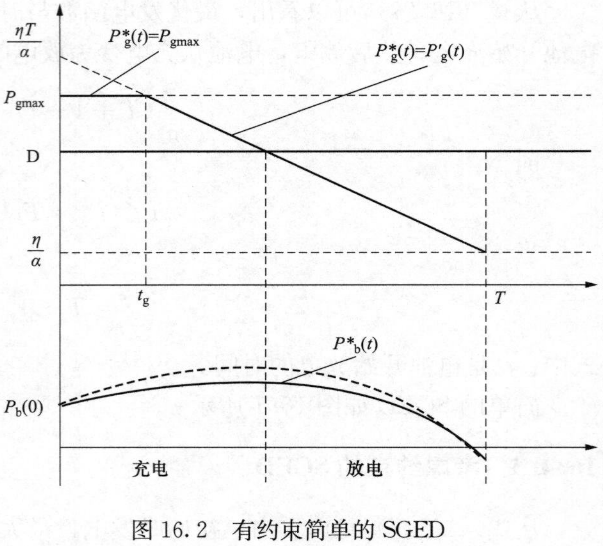

图 16.2 有约束简单的 SGED

$$P_g(t_B)=P_{bmax}-P_b(t_B-1)+D \tag{16.41}$$

因此，有电池容量限制的最佳发电功率函数与时间的关系是：

$$P_g^*(t)=\begin{cases}P_{bmax}-P_b(t_B-1)+D & 当\ t=t_B\\ \dfrac{\eta}{\alpha}(T+1-t) & 当\ t\neq t_B\end{cases} \tag{16.42}$$

类似地，最佳的电池功率值是：

$$P_b^*(t)=\begin{cases}P_{bmax} & 当\ t=t_B\\ P_b(t-1)+\dfrac{\eta}{\alpha}(T+1-t)-D & 当\ t\neq t_B\end{cases} \tag{16.43}$$

另外，如果考虑电池功率约束条件，并且在放电时间 t_b时电池的计算功率值为负，则实际功率必须设置为零，即

$$P_b(t_b)=0,\quad 当\ P_b(t)<0 \tag{16.44}$$

由于电池无法释放足够的电能，因此最佳发电机输出将增加以满足智能电网的功率平衡，可计算如下：

$$P_b(t_b)=0=P_b(t_b-1)+P_g(t_b)-D \tag{16.45}$$

$$P_g(t_b)=D-P_b(t_b-1) \tag{16.46}$$

在这种情况下，最佳发电功率函数与时间的关系是：

$$P_g^*(t)=\begin{cases}P_g(t_b)=D-P_b(t_b-1) & 当\ t=t_b\\ \dfrac{\eta}{\alpha}(T+1-t) & 当\ t\neq t_b\end{cases} \tag{16.47}$$

类似地，最佳的电池功率值是：

$$P_b^*(t)=\begin{cases}0 & 当\ t=t_b\\ P_b(t-1)+\dfrac{\eta}{\alpha}(T+1-t)-D & 当\ t\neq t_b\end{cases} \tag{16.48}$$

总之，有电池容量约束的最佳 SGED 可表示如下：

$$P_b^*(t)=\begin{cases}P_{bmax} & 当\ P_b(t)>P_{bmax}\\ 0 & 当\ P_b(t)<0\\ P_b(t-1)+\dfrac{\eta}{\alpha}(T+1-t)-D & 当\ 0\leqslant P_b(t)\leqslant P_{bmax}\end{cases} \tag{16.49}$$

$$P_g^*(t)=\begin{cases}P_{bmax}+D-P_b(t-1) & 当\ P_b(t)>P_{bmax}\\ D-P_b(t-1) & 当\ P_b(t)<0\\ \dfrac{\eta}{\alpha}(T+1-t) & 当\ 0\leqslant P_b(t)\leqslant P_{bmax}\end{cases} \tag{16.50}$$

[例 16.1] 一个简单的智能电网有一台发电机和一个蓄电池，负荷假定恒定为 8.0MW，与时间无关。发电机成本函数为二次方，即：

$$f(P_g)=\frac{1}{2}\alpha P_g^2=\frac{1}{2}(0.04P_g^2)$$

电池的初始功率为 2MW，蓄电池的单位系数 $\eta=0.08$。发电机容量为 25MW。计算 7h 内的最佳发电量和电池电量。

根据给定参数，得到 $\alpha=0.04$，$\eta=0.08$，$T=7\text{h}$，$D=8\text{MW}$。先计算电池从充电到放电的时间，即：

$$t_D = T + 1 - \frac{\alpha}{\eta}D = 7 + 1 - \frac{0.04}{0.08} \times 8 = 4$$

这意味着电池在前 4h 充电，之后则是放电。最优发电通过式（16.37）计算，即：

$$P_g{}'(t) = \frac{\eta}{\alpha}(T + 1 - t) = \frac{0.08}{0.04}(7 + 1 - t) = 16 - 2t$$

电池的功率变化从式（16.38）获得，即：

$$P_b{}'(t) = P_b(t-1) + \frac{\eta}{\alpha}(T + 1 - t) - D = P_b(t-1) + 8 - 2t$$

计算结果如表 16.1 所示。从表 16.1 可以看出，发电量线性减少，电池功率是二次变化的。

表 16.1　　简单 SGED 结果

时间 t（h）	1	2	3	4	5	6	7
电源功率（MW）	14	12	10	8	6	4	2
电池功率（MW）	8	12	14	14	12	8	2

［例 16.2］ 对于例 16.1，如果电池的初始功率变为 0.4MW，且发电机的容量为 11.0MW，SGED 则成为一个有约束条件的问题。发电机输出随时间的变化计算如下：

$$t_g = T + 1 - \frac{\alpha}{\eta}P_{gmax} = 7 + 1 - \frac{0.04}{0.08} \times 11 = 2.5\,(\mathrm{h})$$

这意味着发电机的功率在 2.5h 之前为 11.0 MW。通过公式计算出最优发电机功率随时间的关系是：

$$P_g^*(t) = \begin{cases} 11 & \text{当 } t \leqslant 2.5 \\ 16 - 2t & \text{当 } t > 2.5 \end{cases}$$

最优电池功率值由式（16.47）计算得到：

$$P_b^*(t) = \begin{cases} P_b(t-1) + 3 & \text{当 } t \leqslant 2.5 \\ P_b(t-1) + 8 - 2t & \text{当 } t > 2.5 \end{cases}$$

计算结果如表 16.2 所示。从表 16.2 可以看出，电池功率仍然是二次变化的，且在初始时段的发电量恒定，然后线性减小。

表 16.2　　具有发电约束的简单 SGED 的结果

时间 t（h）	1	2	3	4	5	6	7
电源功率（MW）	**11**	**11**	10	8	6	4	2
电池功率（MW）	**7**	**10**	**12**	**12**	**10**	**6**	**0**

表 16.2 中的粗体数字表明，与例 16.1 中的无约束结果相比，由于引入了发电约束，发电机输出功率和电池功率改变了。

［例 16.3］ 对于例 16.1，电池的容量为 12.0MWh，可用下面的公式来计算电池电量：

$$P_b^*(t) = \begin{cases} 12 & \text{当 } P_b(t) > 12 \\ P_b(t-1) + 8 - 2t & \text{当 } P_b(t) \leqslant 12 \end{cases}$$

因此，有电池容量限制的最佳发电功率与时间的关系是：

$$P_g^*(t)=\begin{cases}20-P_b(t_B-1) & \text{当 } P_b(t)>12\\ 16-2t & \text{当 } P_b(t)\leqslant 12\end{cases}$$

计算结果如表 16.3 所示。

表 16.3　　有电池约束的简单 SGED 结果

时间 t (h)	1	2	3	4	5	6	7
电源功率（MW）	14	12	**8**	8	6	4	2
电池功率（MW）	8	12	**12**	**12**	**10**	**6**	**0**

表 16.3 中的粗体数字表明，与例 16.1 中的无约束结果相比，引入电池约束后产生的功率变化。

［**例 16.4**］ 对于例 16.3，电池的容量变为 11.0MWh。这种情况下，在时间结束时的放电值为负值，应设置为零。最优发电机输出功率和电池的功率计算如下：

$$P_b^*(t)=\begin{cases}11 & \text{当 } P_b(t)>11\\ 0 & \text{当 } P_b(t)<0\\ P_b(t-1)+8-t & \text{当 } 0\leqslant P_b(t)\leqslant 11\end{cases}$$

$$P_g^*(t)=\begin{cases}19-P_b(t-1) & \text{当 } P_b(t)>11\\ 8-P_b(t-1) & \text{当 } P_b(t)<0\\ 16-2t & \text{当 } 0\leqslant P_b(t)\leqslant 11\end{cases}$$

计算结果如表 16.4 所示。

表 16.4　　有电池容量约束的简单 SGED 结果

时间 t (h)	1	2	3	4	5	6	7
电源功率（MW）	14	**11**	8	8	6	4	**6**
电池功率（MW）	8	**11**	**11**	**11**	**6**	**2**	**0**

表 16.4 中的粗体数字表明，与例 16.1 中的无约束结果相比，引入电池约束后产生的功率变化。

16.5　具有多台发电机的简单智能电网经济调度

如果智能电网有多台发电机，则 SGED 的问题可以表示为：

$$\min J=\sum_{t=1}^{T}\Big[\sum_{i=1}^{NG}f_i(P_{gi}(t))+h(P_b(t))\Big] \tag{16.51}$$

约束条件：

$$P_b(t)=P_b(t-1)+\sum_{i=1}^{NG}P_{gi}(t)-D \tag{16.52}$$

$$0\leqslant P_b(t)\leqslant P_{bmax} \tag{16.53}$$

$$0\leqslant P_{gi}(t)\leqslant P_{gimax} \tag{16.54}$$

式中：P_{gi} 为发电机的输出功率；P_{gimax} 为发电机 i 的最大输出功率；NG 为网络中的发电机数量。

与单个发电机的SGED类似，首先忽略不等约束。拉格朗日函数由目标函数和功率平衡方程组成。

拉格朗日函数取极值的必要条件是拉格朗日函数对每个独立变量的一阶导数为零。发电机的成本函数是：

$$f_i(P_{gi}) = \frac{1}{2}\alpha_i P_{gi}^2 \quad i = 1,2,\cdots,NG \tag{16.55}$$

多台发电机SGED的最优条件是：

$$\alpha_i P_{gi}'(t) = \eta(T+1-t) \quad i = 1,2,\cdots,NG \tag{16.56}$$

$$P_b'(t) = P_b(t-1) + \sum_{i=1}^{NG} P_{gi}'(t) - D \tag{16.57}$$

从以上等式，可得：

$$P_{gi}'(t) = \frac{\eta}{\alpha_i}(T+1-t) \quad i = 1,2,\cdots,NG \tag{16.58}$$

$$P_b'(t) = P_b(t-1) + \sum_{i=1}^{NG}\left[\frac{\eta}{\alpha_i}(T+1-t)\right] - D \tag{16.59}$$

从式（16.58）可知，每个机组的最优发电将随时间线性地减小。从方程（16.59）可知，电池先充电，然后放电，电池从充电变为放电的条件是：

$$\sum_{i=1}^{NG}\frac{\eta}{\alpha}(T+1-t) - D = 0 \tag{16.60}$$

即：

$$P_b'(t) = P_b(t-1) \tag{16.61}$$

当

$$t_D = T+1-\frac{D}{\sum_{i=1}^{NG}\frac{\eta}{\alpha_i}} \tag{16.62}$$

从式（16.56）可得：

$$\alpha_1 P_{g1}(t) = \frac{\partial f_1}{\partial P_{g1}} = \alpha_2 P_{g2}(t) = \frac{\partial f_2}{\partial P_{g2}} = \cdots = \alpha_{NG} P_{gNG}(t) = \frac{\partial f_{NG}}{\partial P_{gNG}} \tag{16.63}$$

这对应于第10章提到的多台发电机经济调度等量微增率原则。

如果考虑电池容量约束，则多台发电机的最佳SGED表示如下：

$$P_b^*(t) = \begin{cases} P_{bmax} & 当\ P_b(t) > P_{bmax} \\ 0 & 当\ P_b(t) < 0 \\ P_b(t-1) + \sum_{i=1}^{NG}\frac{\eta}{\alpha_i}(T+1-t) - D & 当\ 0 \leqslant P_b(t) \leqslant P_{bmax} \end{cases} \tag{16.64}$$

$$P_{gk}^*(t) = \begin{cases} P_{bmax} + D - P_b(t-1) - \sum_{i=1,i\neq k}^{NG} P_{gi}(t) & 当\ P_b(t) > P_{bmax} \\ D - P_b(t-1) - \sum_{i=1,i\neq k}^{NG} P_{gi}(t) & 当\ P_b(t) < 0 \\ \frac{\eta}{\alpha_k}(T+1-t) & 当\ 0 \leqslant P_b(t) \leqslant P_{bmax} \end{cases} \tag{16.65}$$

值得注意的是，在上述分析中，负荷认为是恒定的。如果负荷随着时间而变化，即 $D(t)$，仍然可采用上述方法。此时有多台发电机的最佳 SGED 可表示为：

$$P_{\mathrm{b}}^{*}(t)=\begin{cases}P_{\mathrm{bmax}} & \text{当 } P_{\mathrm{b}}(t)>P_{\mathrm{bmax}}\\ 0 & \text{当 } P_{\mathrm{b}}(t)<0\\ P_{\mathrm{b}}(t-1)+\sum_{i=1}^{NG}\dfrac{\eta}{\alpha_i}(T+1-t)-D(t) & \text{当 } 0\leqslant P_{\mathrm{b}}(t)\leqslant P_{\mathrm{bmax}}\end{cases} \tag{16.66}$$

$$P_{\mathrm{gk}}^{*}(t)=\begin{cases}P_{\mathrm{bmax}}+D(t)-P_{\mathrm{b}}(t-1)-\sum\limits_{i=1,i\neq k}^{NG}P_{\mathrm{g}i}(t) & \text{当 } P_{\mathrm{b}}(t)>P_{\mathrm{bmax}}\\ D(t)-P_{\mathrm{b}}(t-1)-\sum\limits_{i=1,i\neq k}^{NG}P_{\mathrm{g}i}(t) & \text{当 } P_{\mathrm{b}}(t)<0\\ \dfrac{\eta}{\alpha_{\mathrm{k}}}(T+1-t) & \text{当 } 0\leqslant P_{\mathrm{b}}(t)\leqslant P_{\mathrm{bmax}}\end{cases} \tag{16.67}$$

［例 16.5］ 一个简单的智能电网有两台发电机和一个蓄电池。假定负荷恒定，为 8.0MW，与时间无关。两台发电机的成本函数为：

$$f_1(P_{\mathrm{g1}})=\frac{1}{2}\alpha_1 P_{\mathrm{g1}}^2=\frac{1}{2}(0.04P_{\mathrm{g1}}^2)$$

$$f_2(P_{\mathrm{g2}})=\frac{1}{2}\alpha_2 P_{\mathrm{g2}}^2=\frac{1}{2}(0.02P_{\mathrm{g2}}^2)$$

电池无初始电能，电池储能单位系数为 $\eta=0.08$。两台发电机的容量分别为 25MW 和 35MW。计算 7h 内最佳的发电量和电池电量。

根据给定参数，得到 $\alpha_1=0.04$，$\alpha_2=0.02$，$\eta=0.08$，$T=7$，$D=30$。先计算电池从充电到放电的时间，即：

$$t_{\mathrm{D}}=T+1-\frac{D}{\sum_{i=}^{NG}\dfrac{\eta}{\alpha_i}}=7+1-\frac{30}{\dfrac{0.08}{0.04}+\dfrac{0.08}{0.02}}=3(\mathrm{h})$$

这意味着电池在前 3h 充电，之后放电。最佳发电可以通过以下等式计算：

$$P'_{\mathrm{g1}}(t)=\frac{\eta}{\alpha_1}(T+1-t)=\frac{0.08}{0.04}(7+1-t)=16-2t$$

$$P'_{\mathrm{g2}}(t)=\frac{\eta}{\alpha_2}(T+1-t)=\frac{0.08}{0.02}(7+1-t)=32-4t$$

电池的功率变化计算如下：

$$\begin{aligned}P'_{\mathrm{b}}(t)&=P_{\mathrm{b}}(t-1)+\sum_{i=1}^{2}\frac{\eta}{\alpha_i}(T+1-t)-D\\&=P_{\mathrm{b}}(t-1)+16-2t+32-4t-30=P_{\mathrm{b}}(t-1)+18-6t\end{aligned}$$

计算结果如表 16.5 所示。从表 16.5 可知，由于电池在 5h 后完全放电，因此两台机组的发电量在这个时段线性减少，然后在第 6、7h 线性增加，机组必须弥补功率失配以满足电网功率平衡。

表 16.5　　有多台发电机的简单 SGED 结果

时间 t (h)	1	2	3	4	5	6	7
电源 1 功率（MW）	14	12	10	8	6	10	10
电源 2 功率（MW）	28	24	20	16	12	20	20
电池功率（MW）	12	18	18	12	0	0	0

16.6　微网运行

16.6.1　微网应用

微网或微电网（microgrid）是指由分布式电源、储能装置、能量转换装置、相关负荷和监控/保护装置汇集而成的小型发配电系统，是一个能够实现自我控制、保护和管理的自治系统，既可以与外部电网并网运行，也可以孤立运行。微网是智能电网的重要组成部分，具有以下特征：

（1）本地控制。

（2）分布式系统的一部分，通常由容量决定连接到初级或二级分布式系统。

（3）包含分布式能源（Distributed Energy Resources，DER），包括光伏、小型风机、热或电储能、热电联产以及可控负荷。

（4）系统将其作为综合负荷或电源，如果是电源，还可对其进行调度。

（5）容量小于 10MVA。

DER 在微网运行中起到了重要作用，提高了能源供应效率，降低电力运输成本和二氧化碳排放。除此之外，DER 使微网孤岛运行变为可能。储能也在微网中受到越来越多关注，储能设备包括电池、超级电容和飞轮，可以用于控制发受电量平衡，降低网损以及提高系统的可靠性。由于 DER 的应用以及微网运行的灵活性，微网具有以下优势：

（1）实用性增强。由于采用 DERs 分层控制。降低了网损，提高了微网运行效率。同时微网作为可中断负荷或可调度电源，可快速响应负荷变化，使系统具有更高的可靠性。

（2）提高对用户供电的可靠性。由于 DER 多样化发电，供电质量提高，可靠性更好。通过孤岛运行还可提高系统运行的稳定性。

（3）增加对社会和环境的贡献。

微网大量使用风光等 DER，提高了可再生能源渗透，降低排放，也提高了燃料能源效率。

16.6.2　微网最优潮流

如上所述，微网是处于分布式子站下游部分的分布式电网的一部分，通过分布式电源（Distributed Generation，DG）给工业或居民供电。为实现整个系统的经济运行，需要对整个系统的电源（主网传统发电机和微网分布式电源）进行最优调度。面对快速响应的负荷变化，以及可再生能源间歇性发电，一种分布式的最优潮流可用来解决微网运行。

微网中有串联和并联元件两类元件。导线/电缆、变压器、有载调压器（Load Top

Changer，LTC）和开关是串联元件，导线和电缆可用 π 形等效电路建模，开关作为零阻抗串联元件进行建模，三相变压器根据连接方式（星/三角）进行建模。

分布式电源负荷和电容是并联元件，由于单相负荷和单相电容在分布式馈线中比较常见，所以单相进行建模以代表三相不平衡负荷，采用多项式负荷模型，每一个负荷使用恒阻抗、恒电流、恒功率元件进行建模。电容当作恒阻抗元件进行建模，电容器组当作多电容单元和选择开关进行建模，星三角负荷和电容同样可以建模。

对于每一个串联元件，可以用 A、B、C、D 四个参数来列写一组方程，得到送端与受端三相电压电流的关系，即

$$\begin{bmatrix} \overline{U}_{s,\mathrm{f}} \\ \overline{I}_{s,\mathrm{f}} \end{bmatrix} = \begin{bmatrix} A & B \\ C & D \end{bmatrix} \begin{bmatrix} \overline{U}_{s,\mathrm{r}} \\ \overline{I}_{s,\mathrm{r}} \end{bmatrix} \qquad \forall s \tag{16.68}$$

式中：s 为串联元件 $s = 1, 2, \cdots Ns$；$\overline{U}$ 为三相电压向量（单位为 p. u.）；$\overline{I}$ 为三相电流向量（单位为 p. u.）；r 为受端元件；f 为送端元件。

除了 LTCs 外的所有串联元件的 A、B、C、D 参数都是常数。LTCs 的参数取决于抽头位置，可用以下方程描述 LTCs 的 A 和 D 参数：

$$A_t = W \begin{bmatrix} 1 + \Delta S_t tap_{a,t} \\ 1 + \Delta S_t tap_{b,t} \\ 1 + \Delta S_t tap_{c,t} \end{bmatrix} \qquad \forall t \tag{16.69}$$

$$D_t = A_t^{-1} \qquad \forall t \tag{16.70}$$

式中：tap 为抽头位置；t 为可控抽头位置，$t = 1, 2, \cdots Nt$；ΔS 为每一 LTCs 抽头挡位电压变化百分比；a，b，c 为相角；W 为 3×3 单位矩阵。

式（16.69）和（16.70）对应于单相抽头控制。对于三相抽头控制，应用以下关系确保所有抽头同步动作：

$$tap_{a,t} = tap_{b,t} = tap_{c,t} \tag{16.71}$$

如果负荷属于星形连接，可以描述为：

（1）恒功率负荷：

$$U_{p,d} I_{p,d}^{*} = P_{p,d} + \mathrm{j}Q_{p,d} \qquad \forall p, \ \forall d \tag{16.72}$$

（2）恒阻抗负荷：

$$U_{p,d} = Z_{p,d} I_{p,d} \qquad \forall p, \ \forall d \tag{16.73}$$

（3）恒电流负荷：

$$|I_{p,d}|(\angle U_{p,d} - \angle I_{p,d}) = |I_{p.d}^{0}| \angle \theta_{p,d} \qquad \forall p, \ \forall d \tag{16.74}$$

式中：p 为相角，$p = a, b, c$；d 为负荷需求，$d = 1, 2, \cdots Nd$；θ 为功率因数角；I^0 为基准电压和功率下的相电流（单位为 p. u.）；P 为有功功率（单位为 p. u.）；Q 为无功功率（单位为 p. u.）；Z 为基准电压和功率下的负荷阻抗（单位为 p. u.）。

对于星形连接的多电容器模块电容器组，相应的模型如下：

$$U_{p,c} = X_{p,c} I_{p,c} \qquad \forall p, \ \forall c \tag{16.75}$$

$$X_{p,c}=\frac{-\mathrm{j}\ (I_{p,c}^{0})^{2}}{C_{p,c}\Delta Q_{p,c}}\qquad \forall p,\ \forall c \tag{16.76}$$

$$Q_{p,c}=N_{\max\ p,c}\Delta Q_{p,c}\qquad \forall p,\ \forall c \tag{16.77}$$

式中：c 为控制电容器组，$c=1,\ 2,\ \cdots Nc$；U^0 为基准电压，p. u.；X 为电容电抗，p. u.；$N_{\max}$为电容器组最大电容模块数；C 为电容器组中投切电容器模块数；ΔQ 为每一电容器组中电容器容量（单位为 p. u.）。

如果负荷和电容器组是三角形连接，则需要使用线电压和线电流，相变量与线变量关系如下：

$$\begin{bmatrix}U_{a,b}\\U_{b,c}\\U_{c,a}\end{bmatrix}=\begin{bmatrix}1&-1&0\\0&1&-1\\-1&0&1\end{bmatrix}\begin{bmatrix}U_{a}\\U_{b}\\U_{c}\end{bmatrix} \tag{16.78}$$

$$\begin{bmatrix}I_{a}\\I_{b}\\I_{c}\end{bmatrix}=\begin{matrix}1&-1&0\\0&1&-1\\-1&0&1\end{matrix}\begin{bmatrix}I_{a,c}\\I_{b,a}\\I_{c,b}\end{bmatrix} \tag{16.79}$$

方程（16.68）～（16.79）对应于微网中的模型元件，如果微网最优潮流目标是最小化网络损耗，则微网最优潮流模型描述为：

$$\min\ f=\sum_{s=1}^{NS}R_{p,s}I_{p,s}^{2} \tag{16.80}$$

约束条件：方程（16.68）～（16.79）以及

$$\sum_{DG\to i}I_{p,DG}+\sum_{c\to i}I_{p,c}+\sum_{r\to i}I_{p,s,r}=\sum_{f\to i}I_{p,s,f}+\sum_{d\to i}I_{p,d}\qquad \forall p,\ \forall d,\ \forall DG,\forall c \tag{16.81}$$

$$U_{p,DGi}=U_{p,ci}=U_{p,s,ri}=U_{p,s,fi}=U_{p,di}=U_{p,i}\qquad \forall p,\ \forall d,\ \forall DG,\forall c \tag{16.82}$$

$$|I_{p,s}|\leqslant I_{p,s,\max}\qquad s\in NS \tag{16.83}$$

$$U_{p,i,\min}\leqslant U_{p,i}\leqslant U_{p,i,\max}\qquad i\in N \tag{16.84}$$

式中：$I_{p,s}$为串联元件 s 的复数电流；$R_{p,s}$为串联元件 s 的电阻；$U_{p,i}$为节点 i 电压；DG 为微网分布式电源单元；N 为微网节点集合；NS 为串联元件集合。

上述模型中，下标“min”和“max”代表约束上、下界，$x\to i$ 表示 x 与节点 i 连接，方程（16.81）表示 KCL 定律。显然，元件电压等于连接节点的电压，如方程（16.82）所示。

上述三相微网分布式最优潮流模型中，LTC 和电容器开关动作都是离散操作，因此，这是混合整数非线性规划问题，为简化求解此类问题，通过松弛整数变量转换为非线性规划问题。

为减轻整数变量的使用，增加二次惩罚项，得到如下目标函数：

$$\min f'=f+\sum_{ki}h_{ki}\ (x_{ki}-\mathrm{round}(x_{ki}))^{2} \tag{16.85}$$

式中：ki 为整数变量，$ki=1,\ 2,\ \cdots Ni$；x_{ki}为抽头和电容器开关变量；h_{ki}为惩罚数值，足够大的数。

当结果为非整数时，目标函数中二次项增加了一个大的惩罚数值，因此驱使 x_{ki}靠近附近的整数 round（x_{ki}）。通过应用上述方法，微网最优潮流问题转化为一般的非线性规划问题，优化求解方法参见本书前面有关章节。

问题与练习

1. 什么是配电网?
2. 简述配电网优化模型。
3. 什么是微电网?
4. 微电网的典型特性有哪些?
5. 什么是智能配电网?
6. 什么是 DMS?
7. 什么是 DER?
8. 微电网能减少故障吗?
9. 什么是 AMI?
10. 判断下列说法是否正确:

(1) 智能电网不包括发电系统;( )

(2) 微网是配电网一部分;( )

(3) 微网不允许孤岛运行;( )

(4) 电池可向电网供电;( )

(5) 微网没有减载能力;( )

(6) 智能电网中，PMU 将完全取代传统 SCADA 系统;( )

(7) 智能电网可减少输电损耗;( )

(8) 智能可减少系统故障。( )

11. 多选题

(1) 下列哪个是智能设备?( )

a. PMU　　b. smart meter

c. 输电线路　　d. 数字保护继电器

(2) 下列哪个是虚拟电厂元件?( )

a. 储能设备　　b. 水电厂

c. 风电厂　　d. PV 电厂

(3) 下列哪些能提供储能?( )

a. electric vehicles (EVs)　　b. 可再生能源

c. 风电厂　　d. vehicle - to - grid (V2G)

(4) 下列哪些是分布式电源?

a. 光伏　　b. 小型风机

c. 电气储能　　d. 热电联产

12. 简单智能电网有一个发电机和一个储能电池，假设负荷恒定，为 12MW，发电机损耗函数为:

$$f(P_g)=\frac{1}{2}\alpha P_g^2=\frac{1}{2}(0.02P_g^2)$$

储能电池参数 $\eta=0.08$，发电机额定功率 30MW，时间是 5h。

(1) 如果电池初始功率为 2MW，计算优化发电计划和电池功率。

(2) 如果电池没有初始功率，计算优化发电计划和电池功率。

(3) 上述两个问题中，电池是否开始放电？

13. 简单智能电网中有一个发电机和一个储能电池，考虑发电机限制，所有数据与 14 题相同，只是发电机功率为 18MW。

(1) 如果电池初始功率为 2MW，计算优化发电计划和电池功率。

(2) 如果电池没有初始功率，计算优化发电计划和电池功率。

14. 简单智能电网中有一个发电机和一个储能电池，假设负荷恒定，为 8MW，发电机损耗函数为：

$$f(P_g)=\frac{1}{2}\alpha P_g^2=\frac{1}{2}(0.03P_g^2)$$

储能电池参数 $\eta=0.06$，发电机额定功率 30MW，时间是 7h。

(1) 电池什么时候开始放电？

(2) 如果电池初始功率为 3MW，计算优化发电计划和电池功率。

(3) 如果电池没有初始功率，计算优化发电计划和电池功率。

15. 简单智能电网中有一个发电机和一个储能电池，考虑发电机限制和电池限制，所有数据与 16 题相同。除了发电机和电容容量，发电机限制为 12MW。

(1) 仅考虑发电限制，如果电池初始功率为 2MW，计算优化发电计划和电池功率（$T=7$）。

(2) 仅考虑发电限制，如果电池没有初始功率，计算优化发电计划和电池功率（$T=7$）。

(3) 仅考虑电池限制，如果电池初始功率为 2MW，电池限制为 12MW，计算优化发电计划和电池功率（$T=7$）。

(4) 仅考虑电池限制和发电机限制，如果电池初始功率为 4MW，发电机限制为 11MW，电池容量 10MWh，计算优化发电计划和电池功率（$T=7$）。

16. 简单智能电网中有两个发电机和一个储能电池，假设负荷恒定，为 28MW，发电机损耗函数为：

$$f(P_{g1})=\frac{1}{2}\alpha_1 P_{g1}^2=\frac{1}{2}(0.06P_{g1}^2)$$

$$f(P_{g2})=\frac{1}{2}\alpha_2 P_{g2}^2=\frac{1}{2}(0.03P_{g2}^2)$$

储能电池参数 $\eta=0.12$，时间是 7h。

(1) 电池什么时候开始放电？

(2) 如果电池初始功率为 4MW，计算优化发电计划和电池功率。

(3) 如果电池没有初始功率，计算优化发电计划和电池功率。

(4) 如果电池没有初始功率，发电机限制为 25MW，计算优化发电计划和电池功率。

(5) 如果电池没有初始功率，电池限制为 20MW，计算优化发电计划和电池功率。

(6) 如果电池没有初始功率，电池限制为 20MW，发电机限制为 25MW，计算优化发电计划和电池功率。

参 考 文 献

[1] Zhu J Z. Optimal reconfiguration of electrical distribution network using the refined genetic algorithm [J]. Electric Power Systems Research, 2002, 62 (1): 37 - 42.

[2] Zhu J, Xiong X, Zhang J, et al. A rule based comprehensive approach for reconfiguration of electrical distribution network [J]. Electric Power Systems Research, 2009, 79 (2): 311 - 315.

[3] Zhu J. Optimization of power system operation [M]. 2nd ed. New Jersey: Wiley - IEEE Press. 2015.

[4] Wojciechowski J. An approximate formula for counting trees in a graph [J]. IEEE Transactions on Circuits & Systems, 1985, 32 (4): 382 - 385.

[5] Merlin A, Back H. Search for a Minimal - Loss Operating Spanning Tree Configuration in an Urban Power Distribution System [C] // Power Systems Computer Conference. 1975.

[6] Castro C H, Bunch J B, Topka T M. Generalized Algorithms for Distribution Feeder Deployment and Sectionalizing [J]. IEEE Transactions on Power Apparatus & Systems, 1980, pas - 99 (2): 549 - 557.

[7] Baran M E, Wu F F. Network reconfiguration in distribution systems for loss reduction and load balancing [J]. IEEE Trans Power Delivery, 1989, 4 (2): 1401 - 1407.

[8] Jr C A C, França A L M. Automatic Power Distribution Reconfiguration Algorithm Including Operating Constraints [J]. IFAC Proceedings Volumes, 1985, 18 (7): 155 - 160.

[9] Civanlar S, Grainger J J, Yin H, et al. Distribution feeder reconfiguration for loss reduction [J]. IEEE Transactions on Power Delivery, 1988, 3 (3): 1217 - 1223.

[10] Shirmohammadi D, Hong H W. Reconfiguration of electric distribution networks for resistive line losses reduction [J]. Jom the Journal of the Minerals Metals & Materials Society, 1989, 4 (2): 1492 - 1498.

[11] Goswami S K, Basu S K. A new algorithm for the reconfiguration of distribution feeders for loss minimization [J]. IEEE Transactions on Power Delivery, 1992, 7 (3): 1484 - 1491.

[12] Nahman J, Srbac G. A new algorithm for service restoration in large - scale urbandistribution systems [J]. Electric Power Systems Research, 1994, 29 (3): 181 - 192.

[13] Glamocanin V. Optimal loss reduction of distributed networks [J]. Power Systems IEEE Transactions on, 1990, 5 (3): 774 - 782.

[14] Ross D W, Patton J, Cohen A I, et al. New Methods for Evaluating Distribution Automation and Control (DAC) Systems Benefits [J]. Power Engineering Review IEEE, 1981, PER - 1 (6): 61 - 61.

[15] Strbac G, Nahman J. Reliability aspects in operational structuring of large - scale urban distribution systems [C] // Reliability of Transmission and Distribution Equipment, 1995. Second International Conference on the. IET, 1995: 151 - 156.

[16] Liu C C, Lee S J, Venkata S S. Expert system operational aid for restoration and loss reduction of distribution systems [J]. IEEE Trans on Power Systems, 1988, 3 (2): 619 - 626.

[17] Kendrew T J, Marks J A. Automated distribution comes of age [J]. IEEE Computer Applications in Power, 1989, 2 (1): 7 - 10.

[18] Ramos E R, Exposito A G, Santos J R, et al. Path - based distribution network modeling: application to reconfiguration for loss reduction [J]. IEEE Transactions on Power Systems, 2005, 20 (2): 556 - 564.

[19] Nara K, Shiose A, Kitagawa M, et al. Implementation of genetic algorithm for distribution systems loss minimum re - configuration [J]. IEEE Transactions on Power Systems, 1992, 7 (3): 1044 - 1051.

[20] B. A. Souza, H. D. M. Braz, H. N. Alves. Genetic Algorithm for Optimal Feeders Configuration [C] //. Proceedings of the Brazilian Symposium of Intelligent Automation - SBAI. 2003.

[21] De Souza B A, Do N A H, Ferreira H A. Microgenetic algorithms and fuzzy logic applied to the optimal placement of capacitor banks in distribution networks [J]. Power Systems IEEE Transactions on, 2004,

19 (2): 942 - 947.
[22] Hsiao Y T. Multiobjective evolution programming method for feeder reconfiguration [J]. Power Systems IEEE Transactions on, 2004, 19 (1): 594 - 599.
[23] Zhu J, Xiong X, Hwang D, et al. A Comprehensive Method for Reconfiguration of Electrical Distribution Network [C] // IEEE Power Engineering Society General Meeting. IEEE, 2007: 1 - 7.
[24] J. Z. Zhu, C. S. Chang, G. Y. Xu, et al. Optimal Load Frequency Control Using Genetic Algorithm [C] //. Proceedings of 1996 International Conference on Electrical Engineering. 1996: 1103 - 1107.
[25] Yang J B, Chen C, Zhang Z J. The interactive step trade - off method (ISTM) for multiobjective optimization [J]. Systems Man & Cybernetics IEEE Transactions on, 1990, 20 (3): 688 - 695.
[26] Lin J G. Multiple - objective problems: Pareto - optimal solutions by method of proper equality constraints [J]. Automatic Control IEEE Transactions on, 1976, 21 (5): 641 - 650.
[27] Enacheanu B, Raison B, Caire R, et al. Radial Network Reconfiguration Using Genetic Algorithm Based on the Matroid Theory [J]. IEEE Transactions on Power Systems, 2008, 23 (1): 186 - 195.
[28] Hsiao Y T, Chien C Y. Enhancement of restoration service in distribution systems using a combination fuzzy - GA method [J]. Power Systems IEEE Transactions on, 2000, 15 (4): 1394 - 1400.
[29] Nara K, Shiose A, Kitagawa M, et al. Implementation of genetic algorithm for distribution systems loss minimum re - configuration [J]. IEEE Transactions on Power Systems, 1992, 7 (3): 1044 - 1051.
[30] Zhu J, Chang C S. Refined genetic algorithm for minimum - loss reconfiguration of electrical distribution network [C] // International Conference on Energy Management and Power Delivery, 1998. Proceedings of Empd. IEEE, 1998: 485 - 489 vol. 2.
[31] Zitzler E, Thiele L. An Evolutionary Algorithm for Multiobjective Optimization: The Strength Pareto Approach [J]. 1998.
[32] Fang X, Misra S, Xue G, et al. Smart Grid — The New and Improved Power Grid: A Survey [J]. IEEE Communications Surveys & Tutorials, 2012, 14 (4): 944 - 980.
[33] Molderink A, Bakker V, Bosman M G C, et al. Management and Control of Domestic Smart Grid Technology [J]. IEEE Transactions on Smart Grid, 2010, 1 (2): 109 - 119.
[34] Rahman S. The Smart Grid: From Concept to Reality [C] // IEEE, 2010.
[35] Mukhopadhyay S, Soonee S K, Joshi R. Plant operation and control within smart grid concept: Indian approach [C] // Power and Energy Society General Meeting. IEEE, 2011: 1 - 4.
[36] CAISO, SMART GRID Roadmap and Architecture [EB/OL]. http: //www. cai - so. com/green/greensmartgrid. html. 2012.
[37] Bamberger Y, Baptista J, Belmans R, et al. Vision and Strategy for Europe' s Electricity Networks of the Future [M]. 2006.
[38] S. Low. Smart Grid Intro Economic Dispatch with Battery [EB/OL]. www. lccc. lth. se. 2010.
[39] Zhu J. An optimal approach for smart grid economic dispatch [C] // Pes General Meeting | Conference & Exposition. IEEE, 2014: 1 - 5.
[40] Pudjianto D, Ramsay C, Strbac G. Virtual power plant and system integration of distributed energy resources [J]. Renewable Power Generation Iet, 2007, 1 (1): 10 - 16.
[41] Lassila J, Haakana J, Tikka V, et al. Methodology to Analyze the Economic Effects of Electric Cars as Energy Storages [J]. IEEE Transactions on Smart Grid, 2012, 3 (1): 506 - 516.
[42] Sortomme E, El - Sharkawi M A. Optimal Scheduling of Vehicle - to - Grid Energy and Ancillary Services [J]. IEEE Transactions on Smart Grid, 2012, 3 (1): 351 - 359.
[43] Han S, Han S, Sezaki K. Estimation of Achievable Power Capacity From Plug - in Electric Vehicles for V2G Frequency Regulation: Case Studies for Market Participation [J]. IEEE Transactions on Smart Grid, 2011, 2 (4): 632 - 641.

[44] Ramchurn S D, Vytelingum P, Rogers A, et al. Putting the 'smarts' into the smart grid: a grand challenge for artificial intelligence [J]. Communications of the Acm, 2012, 55 (4): 86 - 97.
[45] Brown R E. Impact of Smart Grid on distribution system design [C] // Power and Energy Society General Meeting - Conversion and Delivery of Electrical Energy in the, Century. IEEE, 2008: 1 - 4.
[46] S. S. Venkata, S. Roy, A. Pahwa, et al. Realizing the 'Smart' in Smart Distribution Grid: A Vision and Roadmap. 2011.
[47] Momoh J A, Zhu J Z, Kaddah S S. Optimal load shedding study of naval - shippower system using the Everett optimization technique [J]. Electric Power Systems Research, 2002, 60 (3): 145 - 152.
[48] Momoh J, Zhu J, Dolce J. Optimal allocation with network limitation for autonomous space power system [J]. Journal of Propulsion & Power, 2000, 16 (6): 1112 - 1117.
[49] Zhou N, Zhu J, Cheung K. Voltage Impact of Photovoltaic Plant in Distributed Network [C] // Power and Energy Engineering Conference. IEEE, 2012: 1 - 4.
[50] Zhou N, Zhu J. Voltage Assessment in Distributed Network with Photovoltaic Plant [J]. Isrn Renewable Energy, 2011, 2011 (2011).
[51] Lin L, Guo W, Wang J, et al. Real - time voltage control model with power and voltage characteristics in the distribution substation [J]. Acta Press, 2013, 33 (1).
[52] Xu B Y, Li T Y, Xue Y D. Smart distribution grid and distribution automation [J]. Automation of Electric Power Systems, 2009, 33 (17): 38 - 42.
[53] Dall'Anese E, Zhu H, Giannakis G B. Distributed Optimal Power Flow for Smart Microgrids [J]. IEEE Transactions on Smart Grid, 2013, 4 (3): 1464 - 1475.
[54] Paudyal S, Canizares C A, Bhattacharya K. Optimal Operation of Distribution Feeders in Smart Grids [J]. IEEE Transactions on Industrial Electronics, 2011, 58 (10): 4495 - 4503.
[55] Bae S, Kwasinski A. Dynamic Modeling and Operation Strategy for a Microgrid With Wind and Photovoltaic Resources [J]. IEEE Transactions on Smart Grid, 2012, 3 (4): 1867 - 1876.
[56] 邓佑满，张伯明．配电网络重构的递归虚拟流理论和算法 [J]. 清华大学学报：自然科学版，1997 (7)：113 - 116.
[57] 熊小伏，张俊，朱继忠，等．基于规则综合方法的配电网重构方法 [J]. 电网技术，2007，31 (18)：58 - 62.
[58] 王威，韩学山，王勇，等．一种减少生成树数量的配电网最优重构算法 [J]. 中国电机工程学报，2008，28 (16)：34 - 38.
[59] 熊小伏，匡仲琴，朱继忠，等．基于两级变压模式的配电电压选择方法 [J]. 电力系统保护与控制，2018 (3).
[60] 胡学浩．智能电网——未来电网的发展态势 [J]. 电网技术，2009，33 (14)：1 - 5.
[61] 陈树勇，宋书芳，李兰欣，等．智能电网技术综述 [J]. 电网技术，2009，33 (8)：1 - 7.
[62] 谢开，刘永奇，朱治中，等．面向未来的智能电网 [J]. 中国电力，2008，41 (6)：19 - 22.

17 无功优化方法

17.1 引言

无功优化是在电力系统的结构参数和负荷条件给定下，满足所有约束条件的情况下，采取控制措施达到改善电压分布和使系统有功网损最小。从改善电压质量和减少网损考虑，应尽量使无功功率就地平衡，尽量减少无功功率的远距离和跨电压等级的输送，这也符合电力系统电压/无功功率控制安全、优质和经济性的特点。充分利用无功补偿提供电压支持，也是提高电力系统稳定性的重要手段；同时，无功补偿装置的接入增加了系统向外输送功率的能力，因此可获得巨大的经济效益。

无功优化是一个动态、多目标、多约束的非线性混合规划问题。电力系统常采取如下措施来实现无功优化：调整发电机无功出力，改变变压器变比，并联电容器组或 SVC 等。随着电力系统规模的扩大，系统的运行条件越来越复杂，许多领域都涉及无功优化，因此，对该问题的目标函数及控制要求也越来越高。由于目标函数、约束条件和求解算法的多样性，因此无功优化是电力系统潮流优化中一个极具挑战性的问题，它是电力系统潮流优化的一个分支。本章首先介绍无功功率调度的经典计算方法，然后介绍几种典型的无功优化方法。

17.2 无功功率调度的经典算法

电力系统运行的电压分布由系统中的无功功率平衡决定，即：

$$\sum_{i=1}^{NG} Q_{Gi} + \sum_{j=1}^{NC} Q_{Cj} = \sum_{k=1}^{ND} Q_{dk} + Q_L \tag{17.1}$$

式中：Q_{Gi}为发电机i的无功出力；Q_{Cj}为电容和 SVC 等无功补偿装置j的无功出力；Q_{dk}为负荷节点 k 的无功负荷；Q_L为系统无功损耗，包括变压器和传输线上的无功损耗。

根据实际运行经验，用以下近似公式计算变压器的无功损耗：

$$Q_{LT} = \frac{I_0\%}{100} S_N + \frac{U_S\% S^2}{100 S_N}\left(\frac{U_N}{U}\right)^2 \tag{17.2}$$

式中：Q_{LT}为变压器的无功损耗；S_N为变压器的额定视在功率；U_N为变压器的额定电压；$U_S\%$为变压器的短路电压；$I_0\%$为变压器的空载电流；U为变压器的工作电压。

传输线 ij 的无功损耗计算如下：

$$Q_{Ll} = \frac{P_i^2 + Q_i^2}{U_i^2} X - \frac{U_i^2 + U_j^2}{2} B \tag{17.3}$$

式中：Q_{Lij}为传输线的无功损耗；P_i为线路的 i 端的有功功率；Q_i为线路的 i 端的无功功率；U_i为传输线 ij 的 i 端电压；U_j为传输线 ij 的 j 端电压；X 为线路电抗；B 为线路（对地）的等效电纳。

无功功率经济调度的目的是满足系统负荷需求的约束条件下，确定每个无功电源的无功出力，使系统的有功损耗最小。系统有功损耗可以表示为：

$$P_{\mathrm{L}} = P_{\mathrm{L}}(P_1, P_2, \cdots, P_n, Q_1, Q_2, \cdots, Q_n,) \tag{17.4}$$

对于经典的无功功率调度问题，发电机的有功输出是已知的，约束是无功功率平衡方程：

$$\sum_{i=1}^{M} Q_{\mathrm{G}i} = Q_{\mathrm{D}} + Q_{\mathrm{L}} \tag{17.5}$$

为了简化，式（17.5）中的Q_{G}包括所有无功电源，如发电机、电容器、SVC 等。

构造式（17.4）～式（17.5）的拉格朗日函数：

$$L = P_{\mathrm{L}} - \lambda\left(\sum_{i=1}^{M} Q_{\mathrm{G}i} - Q_{\mathrm{D}} - Q_{\mathrm{L}}\right) \tag{17.6}$$

拉格朗日函数取极值的必要条件是拉格朗日函数 L 对每个独立变量（Q_{G}和 λ）的一阶导数等于零，即：

$$\frac{\partial L}{\partial Q_{\mathrm{G}i}} = \frac{\partial P_{\mathrm{L}}}{\partial Q_{\mathrm{G}i}} - \lambda\left(1 - \frac{\partial Q_{\mathrm{L}}}{\partial Q_{\mathrm{G}i}}\right) = 0 \quad i = 1, 2, \cdots, M$$

$$\frac{\partial L}{\partial \lambda} = -\left(\sum_{i=1}^{M} Q_{\mathrm{G}i} - Q_{\mathrm{D}} - Q_{\mathrm{L}}\right) = 0 \tag{17.7}$$

从式（17.7）可得：

$$\frac{\partial P_{\mathrm{L}}}{\partial Q_{\mathrm{G}i}} \times \frac{1}{1 - \dfrac{\partial Q_{\mathrm{L}}}{\partial Q_{\mathrm{G}i}}} = \frac{\partial P_{\mathrm{L}}}{\partial Q_{\mathrm{G}i}} \beta_i = \lambda \quad i = 1, 2, \ldots, N$$

$$\beta_i = \frac{1}{1 - \dfrac{\partial Q_{\mathrm{L}}}{\partial Q_{\mathrm{G}i}}} \tag{17.8}$$

式中：$\frac{\partial P_{\mathrm{L}}}{\partial Q_{\mathrm{G}i}}$为系统有功损耗对无功电源 i 的微增率；$\frac{\partial Q_{\mathrm{L}}}{\partial Q_{\mathrm{G}i}}$为系统无功损耗对无功电源 i 的微增率。

式（17.8）是无功功率经济调度公式。与第 10 章中的经典有功经济调度具有相同的形式。

损耗微增率$\frac{\partial P_{\mathrm{L}}}{\partial Q_{\mathrm{G}i}}$和$\frac{\partial Q_{\mathrm{L}}}{\partial Q_{\mathrm{G}i}}$可通过阻抗矩阵法计算，如下所示。

系统损耗可表示为：

$$\boldsymbol{P}_{\mathrm{L}} + \mathrm{j}\boldsymbol{Q}_{\mathrm{L}} = \boldsymbol{U}^{\mathrm{T}}\hat{\boldsymbol{I}} = (\boldsymbol{ZI})^{\mathrm{T}}\hat{\boldsymbol{I}} = \boldsymbol{I}^{\mathrm{T}}\boldsymbol{Z}^{\mathrm{T}}\hat{\boldsymbol{I}} \tag{17.9}$$

$$\boldsymbol{I} = \boldsymbol{I}_{\mathrm{P}} + \mathrm{j}\boldsymbol{I}_{\mathrm{Q}} \tag{17.10}$$

$$\boldsymbol{Z} = \boldsymbol{R} + \mathrm{j}\boldsymbol{X} \tag{17.11}$$

式中：$\boldsymbol{I}$ 为电流矢量；$\hat{\boldsymbol{I}}$ 为共轭电流矢量；$\boldsymbol{U}$ 为电压矢量；$\boldsymbol{Z}$ 为阻抗矩阵。

将式（17.10）和（17.11）代入式（17.9），可得：

$$P_{\mathrm{L}} = \sum_{i=1}^{n}\sum_{k=1}^{n} R_{jk}(I_{Pj}I_{Pk} + I_{Qj}I_{Qk}) \tag{17.12}$$

$$Q_{\mathrm{L}}=\sum_{i=1}^{n}\sum_{k=1}^{n}X_{jk}(I_{Pj}I_{Pk}+I_{Qj}I_{Qk}) \tag{17.13}$$

注入功率与电流的关系：

$$P_i+\mathrm{j}Q_i=(U_i\cos\theta_i+\mathrm{j}U_i\sin\theta_i)(I_{Pi}-\mathrm{j}I_{Qi}) \tag{17.14}$$

得到：

$$I_{Pi}=(P_i\cos\theta_i+\mathrm{j}Q_i\sin\theta_i)/U_i \tag{17.15}$$

$$I_{Qi}=(P_i\sin\theta_i-\mathrm{j}Q_i\cos\theta_i)/U_i \tag{17.16}$$

将式（17.15）和（17.16）代入式（17.12）和（17.13），可得：

$$P_{\mathrm{L}}=\sum_{i=1}^{n}\sum_{k=1}^{n}[\alpha_{jk}(P_jP_k+Q_jQ_k)+\beta_{jk}(Q_jP_k-P_jQ_k)] \tag{17.17}$$

$$Q_{\mathrm{L}}=\sum_{i=1}^{n}\sum_{k=1}^{n}[\delta_{jk}(P_jP_k+Q_jQ_k)+\gamma_{jk}(Q_jP_k-P_jQ_k)] \tag{17.18}$$

其中：

$$\alpha_{jk}=\frac{R_{jk}}{U_jU_k}\cos(\theta_j-\theta_k) \tag{17.19}$$

$$\beta_{jk}=\frac{R_{jk}}{U_jU_k}\sin(\theta_j-\theta_k) \tag{17.20}$$

$$\delta_{jk}=\frac{X_{jk}}{U_jU_k}\cos(\theta_j-\theta_k) \tag{17.21}$$

$$\delta_{jk}=\frac{X_{jk}}{U_jU_k}\sin(\theta_j-\theta_k) \tag{17.22}$$

从式（17.17）可得：

$$\begin{aligned}\frac{\partial P_{\mathrm{L}}}{\partial P_i}&=\sum_{i=1}^{n}\sum_{k=1}^{n}\frac{\partial}{\partial P_i}[\alpha_{jk}(P_jP_k+Q_jQ_k)+\beta_{jk}(Q_jP_k-P_jQ_k)]\\&=2\sum_{k=1}^{n}(P_k\alpha_{ik}-Q_k\beta_{ik})+\sum_{i=1}^{n}\sum_{k=1}^{n}\left[(P_jP_k+Q_jQ_k)\frac{\partial\alpha_{jk}}{\partial P_i}+\beta_{jk}(Q_jP_k-P_jQ_k)\frac{\beta_{jk}}{\partial P_i}\right]\end{aligned} \tag{17.23}$$

式（17.23）的第二项很小，可以忽略不计，则有：

$$\frac{\partial P_{\mathrm{L}}}{\partial P_i}\approx 2\sum_{k=1}^{n}(P_k\alpha_{ik}-Q_k\beta_{ik}) \tag{17.24}$$

在高压网络中，相位差 $\theta_j-\theta_k$ 很小，即 $\sin(\theta_j-\theta_k)\approx 0$。因此，$\beta_{jk}$ 可忽略不计，有：

$$\frac{\partial P_{\mathrm{L}}}{\partial P_i}\approx 2\sum_{k=1}^{n}P_k\alpha_{ik} \tag{17.25}$$

类似地：

$$\frac{\partial P_{\mathrm{L}}}{\partial Q_i}\approx 2\sum_{k=1}^{n}Q_k\alpha_{ik} \tag{17.26}$$

$$\frac{\partial Q_{\mathrm{L}}}{\partial P_i}\approx 2\sum_{k=1}^{n}P_k\delta_{ik} \tag{17.27}$$

$$\frac{\partial Q_{\mathrm{L}}}{\partial Q_i}\approx 2\sum_{k=1}^{n}Q_k\delta_{ik} \tag{17.28}$$

因为有功负荷和无功负荷是常数，所以：

$$\mathrm{d}P_i=\mathrm{d}(P_{\mathrm{G}i}-P_{\mathrm{D}i})=\mathrm{d}P_{\mathrm{G}i} \tag{17.29}$$

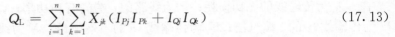

$$\mathrm{d}Q_i = \mathrm{d}(Q_{\mathrm{G}i} - Q_{\mathrm{D}i}) = \mathrm{d}Q_{\mathrm{G}i} \tag{17.30}$$

因此，式（17.25）～式（17.28）可写为：

$$\frac{\partial P_{\mathrm{L}}}{\partial Q_{\mathrm{G}i}} \approx 2\sum_{k=1}^{n} P_k \alpha_{ik} \tag{17.31}$$

$$\frac{\partial P_{\mathrm{L}}}{\partial Q_{\mathrm{G}i}} \approx 2\sum_{k=1}^{n} Q_k \alpha_{ik} \tag{17.32}$$

$$\frac{\partial Q_{\mathrm{L}}}{\partial P_{\mathrm{G}i}} \approx 2\sum_{k=1}^{n} P_k \delta_{ik} \tag{17.33}$$

$$\frac{\partial Q_{\mathrm{L}}}{\partial Q_{\mathrm{G}i}} \approx 2\sum_{k=1}^{n} Q_k \delta_{ik} \tag{17.34}$$

如果系统有足够的无功电源，无功经济调度可按如下步骤进行：

（1）应用有功经济调度的结果进行潮流计算。因此，除参考节点外，发电机的有功输出是固定的。

（2）用上述结果以及式（17.32）和式（17.34）计算每个无功电源的 λ。如果 $\lambda<0$，意味着可以通过增加该无功电源来降低系统损耗。如果 $\lambda>0$，意味着若增加该无功电源将增加系统损耗。因此，为了降低系统损耗，需要增加 $\lambda<0$ 的无功电源的无功输出，并减少 $\lambda>0$ 的无功电源的无功输出。如果 $\lambda<0$，选择 λ 值最小的无功电源以增加其无功输出；选择 λ 值最大的无功电源以减少其无功输出，然后重新计算潮流。

（3）通过潮流的计算可得到系统损耗。根据步骤（1），参考节点的功率变化反映了有功损耗的变化。当参考节点的功率不再变化时，结束计算。

值得注意的是，上述计算中没有考虑以下无功功率的限制。

$$Q_{\mathrm{G}i\min} \leqslant Q_{\mathrm{G}i} \leqslant Q_{\mathrm{G}i\max} \tag{17.35}$$

如要考虑无功功率限制，则需检查约束式（17.35）是否满足。若无功电源有越限，则将此无功电源的无功输出设为对应的限值，且在之后的无功调度中不考虑该无功电源。

这是无功经济调度的简单方法。我们将在以下章节介绍包含网络约束的更复杂的无功优化问题。

17.3 无功优化的线性规划法

如果考虑网络安全约束和节点电压约束，无功优化是一个复杂的非线性优化问题。传统方法常将无功优化模型进行线性化处理。

17.3.1 无功优化模型

无功优化补偿的控制模型 $M-1$ 可以表示为：

$$\min P_{\mathrm{L}}(Q_{\mathrm{S}}, U_{\mathrm{G}}, T) \tag{17.36}$$

约束条件：

$$Q(Q_{\mathrm{S}}, U_{\mathrm{G}}, T, U_{\mathrm{D}}) = 0 \tag{17.37}$$

$$Q_{\mathrm{Gmin}} \leqslant Q_{\mathrm{G}}(Q_{\mathrm{S}}, U_{\mathrm{G}}, T) \leqslant Q_{\mathrm{Gmax}} \tag{17.38}$$

$$U_{\mathrm{Dmin}} \leqslant U_{\mathrm{D}}(Q_{\mathrm{S}}, U_{\mathrm{G}}, T) \leqslant U_{\mathrm{Dmax}} \tag{17.39}$$

$$Q_{\mathrm{Smin}} \leqslant Q_{\mathrm{S}} \leqslant Q_{\mathrm{Smax}} \tag{17.40}$$

$$U_{\mathrm{Gmin}} \leqslant U_{\mathrm{G}} \leqslant U_{\mathrm{Gmax}} \tag{17.41}$$

$$T_{\min} \leqslant T \leqslant T_{\max} \tag{17.42}$$

式中：P_{L}为系统有功损耗；U_{G}为发电机节点电压幅值；Q_{S}为系统无功补偿；Q_{G}为系统无功出力；T为变压器变比；U_{D}为负荷节点的电压幅值。

模型$M-1$中的下标“min”和“max”分别表示约束的下限和上限。

与17.2节中的传统无功调度方法相同，假设有功经济调度是分开计算的且有功出力（除了在松弛节点之外）在无功优化控制模型中是恒定的。因此，在上述模型$M-1$中考虑最优解耦约束，其中式（17.37）是无功潮流平衡方程，式（17.38）和（17.39）是状态变量Q_{G}和U_{D}的约束。式（17.40）～式（17.42）是控制变量的约束。

将非线性无功控制模型$M-1$进行连续线性化处理，重写增量模型$M-2$，用灵敏度矩阵表示。

$$\min \Delta P_{\mathrm{L}} = S_{\mathrm{LQ}}^{\mathrm{T}} \Delta Q_{\mathrm{S}} + S_{\mathrm{LV}}^{\mathrm{T}} \Delta U_{\mathrm{G}} + S_{\mathrm{LT}}^{\mathrm{T}} \Delta T \tag{17.43}$$

约束条件：

$$Q(\Delta Q_{\mathrm{S}}, \Delta U_{\mathrm{G}}, \Delta T, \Delta U_{\mathrm{D}}) = 0 \tag{17.44}$$

$$\Delta Q_{\mathrm{Gmin}} \leqslant S_{\mathrm{QQ}} \Delta Q_{\mathrm{S}} + S_{\mathrm{QV}} \Delta U_{\mathrm{G}} + S_{\mathrm{QT}} \Delta T \leqslant \Delta Q_{\mathrm{Gmax}} \tag{17.45}$$

$$\Delta U_{\mathrm{Dmin}} \leqslant S_{\mathrm{UQ}} \Delta Q_{\mathrm{S}} + S_{\mathrm{UU}} \Delta U_{\mathrm{G}} + S_{\mathrm{UT}} \Delta T \leqslant \Delta U_{\mathrm{Dmax}} \tag{17.46}$$

$$\Delta Q_{\mathrm{Smin}} \leqslant \Delta Q_{\mathrm{S}} \leqslant \Delta Q_{\mathrm{Smax}} \tag{17.47}$$

$$\Delta U_{\mathrm{Gmin}} \leqslant \Delta U_{\mathrm{G}} \leqslant \Delta U_{\mathrm{Gmax}} \tag{17.48}$$

$$\Delta T_{\min} \leqslant \Delta T \leqslant \Delta T_{\max} \tag{17.49}$$

式中：S_{LQ}、S_{LU}、S_{LT}分别是有功传输损耗对无功补偿、发电机节点电压幅值和变压器变比的灵敏度矩阵；S_{QQ}、S_{QU}、S_{QT}分别是发电机节点的无功功率对无功补偿、发电机节点电压幅值和变压器变比的灵敏度矩阵；S_{UQ}、S_{UU}、S_{UT}分别是负荷节点电压幅值对无功补偿、发电机节点电压幅值和变压器变比的灵敏度矩阵。

方程（17.43）～（17.49）中的增量变量通过下面的迭代计算获得。

$$\Delta Q_{\mathrm{S}} = Q_{\mathrm{S}}^{k+1} - Q_{\mathrm{S}}^{k} \tag{17.50}$$

$$\Delta U_{\mathrm{G}} = U_{\mathrm{G}}^{k+1} - U_{\mathrm{G}}^{k} \tag{17.51}$$

$$\Delta T = T^{k+1} - T^{k} \tag{17.52}$$

$$\Delta Q_{\mathrm{Gmax}} = Q_{\mathrm{Gmax}} - Q_{\mathrm{G}}^{k} \tag{17.53}$$

$$\Delta Q_{\mathrm{Gmin}} = Q_{\mathrm{Gmin}} - Q_{\mathrm{G}}^{k} \tag{17.54}$$

$$\Delta Q_{\mathrm{Smax}} = Q_{\mathrm{Smax}} - Q_{\mathrm{S}}^{k} \tag{17.55}$$

$$\Delta Q_{\mathrm{Smin}} = Q_{\mathrm{Smin}} - Q_{\mathrm{S}}^{k} \tag{17.56}$$

$$\Delta U_{\mathrm{Gmax}} = U_{\mathrm{Gmax}} - U_{\mathrm{G}}^{k} \tag{17.57}$$

$$\Delta U_{\mathrm{Gmin}} = U_{\mathrm{Gmin}} - U_{\mathrm{G}}^{k} \tag{17.58}$$

$$\Delta U_{\mathrm{Dmax}} = U_{\mathrm{Dmax}} - U_{\mathrm{D}}^{k} \tag{17.59}$$

$$\Delta U_{\mathrm{Dmin}} = U_{\mathrm{Dmin}} - U_{\mathrm{D}}^{k} \tag{17.60}$$

$$\Delta T_{\max} = T_{\max} - T^{k} \tag{17.61}$$

$$\Delta T_{\min} = T_{\min} - T^{k} \tag{17.62}$$

17.3.2 基于灵敏度的线性规划方法

在求解无功优化模型 $M-2$ 之前计算 17.3.1 节中提到的灵敏度矩阵。发电机和负荷的无功功率可分别表示成节点电压和变压器变比的函数，即：

$$Q_G = Q_G(U_D, U_G, T) = 0 \tag{17.63}$$

$$Q_D = Q_D(U_D, U_G, T) = 0 \tag{17.64}$$

从以上两个等式，可得如下灵敏度矩阵：

$$S_{VQ} = \left[\frac{\partial Q_D}{\partial U_D}\right]^{-1} \tag{17.65}$$

$$S_{VV} = \left[\frac{\partial U_D}{\partial U_G}\right] = -\left[\frac{\partial Q_D}{\partial U_D}\right]^{-1}\left[\frac{\partial Q_D}{\partial U_G}\right] = -[S_{VQ}]\left[\frac{\partial Q_D}{\partial U_G}\right] \tag{17.66}$$

$$S_{VT} = \left[\frac{\partial U_D}{\partial T}\right] = -\left[\frac{\partial Q_D}{\partial U_D}\right]^{-1}\left[\frac{\partial Q_D}{\partial T}\right] = -[S_{VQ}]\left[\frac{\partial Q_D}{\partial T}\right] \tag{17.67}$$

$$S_{QQ} = \left[\frac{\partial Q_G}{\partial U_D}\right]\left[\frac{\partial Q_D}{\partial U_D}\right]^{-1} = \left[\frac{\partial Q_G}{\partial U_D}\right][S_{VT}] \tag{17.68}$$

$$S_{QV} = \left[\frac{\partial Q_G}{\partial U_G}\right] + \left[\frac{\partial Q_G}{\partial U_D}\right]\left[\frac{\partial U_D}{\partial U_G}\right] = \left[\frac{\partial Q_G}{\partial U_G}\right] + \left[\frac{\partial Q_G}{\partial U_D}\right][S_{VV}] \tag{17.69}$$

$$S_{QT} = \left[\frac{\partial Q_G}{\partial T}\right] + \left[\frac{\partial Q_G}{\partial U_D}\right]\left[\frac{\partial U_D}{\partial T}\right] = \left[\frac{\partial Q_G}{\partial T}\right] + \left[\frac{\partial Q_G}{\partial U_D}\right][S_{VT}] \tag{17.70}$$

线性无功优化模型 $M-2$ 可以通过线性规划法（LP）来求解，具体步骤如下：

（1）选择初始可行解。

（2）根据式（17.50）～式（17.62）计算增量变量和运行点的限值。

（3）根据式（17.65）～式（17.70）计算灵敏度矩阵。

（4）根据运行点和灵敏度矩阵构造连续线性规划模型。

（5）用 LP 算法求解线性规划问题，并得到增量控制变量 ΔQ_S、ΔU_G、ΔT。

（6）用式（17.50）～式（17.52）计算新的控制变量，并用 P－Q 解耦潮流算法得到新的状态变量。

（7）检查收敛性。

$$|P_L^{k+1} - P_L^k| < \xi \tag{17.71}$$

如果满足式（17.71），则停止迭代。否则，返回步骤 2。

［例 17.1］ 用上述方法求解 6 节点系统的无功优化问题。发电机和负荷数据见表 17.1，传输线数据见表 17.2，结果见表 17.3。

表 17.1　6 节点系统的发电机和负荷数据
（表中的符号“—”代表负荷的功率）

节点	节点类型	P_i（p.u.）	Q_i（p.u.）
1	松弛节点	—	—
2	PV	0.5	—
3	PQ	−0.55	−0.13

续表

节点	节点类型	P_i（p. u.）	Q_i（p. u.）
4	PQ	—	—
5	PQ	−0.30	−0.18
6	PQ	−0.50	−0.05

表 17.2　　　　6 节点系统的传输线路数据

线路	线路两端节点	R（p. u.）	X（p. u.）	变压器变比
1	1 - 6	0.123	0.518	—
2	1 - 4	0.080	0.370	—
3	4 - 6	0.097	0.407	—
4	6 - 5	0.000	0.300	1.025
5	5 - 2	0.282	0.640	—
6	2 - 3	0.723	1.050	—
7	4 - 3	0.000	0.133	1.100

表 17.3　　　　6 节点系统的无功优化结果

无功优化参数	变量	初值	最优值	上限	下限
无功补偿	Q_{S4}	0.000	0.050	0.050	0.000
	Q_{S6}	0.000	0.055	0.055	0.000
发电机电压	U_{G1}	1.050	1.100	1.100	1.000
	U_{G2}	1.100	1.150	1.150	1.100
变压器变比	T_{56}	1.025	0.973	1.100	0.900
	T_{43}	1.100	0.986	1.100	0.900

17.4　无功优化的内点法

17.4.1　无功优化控制模型

如前所述，非线性无功控制问题可以进行线性化处理。如果在 17.3 节中的模型 $M-2$ 中对无功支持引入惩罚系数，则增量无功优化模型 $M-3$ 可以表示为：

$$\min\Delta P_{\mathrm{L}} = MS_{\mathrm{LQ}}^{T}(H_{\mathrm{S}}\Delta Q_{\mathrm{S}}) + S_{\mathrm{LU}}^{T}\Delta U_{\mathrm{G}} + S_{\mathrm{LT}}^{T}\Delta T \tag{17.72}$$

约束条件参见式（17.44）～式（17.49）。

式中：M 是目标函数中的相应惩罚系数，其值比目标函数中的其他系数大 10～100；H_{S}是无功补偿的权重系数，其值的计算将在下节中介绍。

式（17.72）意味着无功支持站点的数量和总补偿量应尽可能小。

17.4.2　AHP 法计算权重因子

在电网中电压低的弱母线/节点加装无功支持或补偿装置，可以提高电网的电压水平，并降低系统的功率损耗。因系统安装无功补偿产生的系统电压和功率损耗的改善效果，被称为电压增益因子（Voltage Benefit Factor，VBF）和损耗增益因子（Loss Benefit Factor，LBF）。其计算公式如下：

$$VBF_i=\frac{\sum_i[V_i(Q_{si})-V_{i0}]}{Q_{si}}\times 100\%\qquad i\in ND \tag{17.73}$$

$$LBF_i=\frac{\sum_i[P_{L0}-P_L(Q_{si})]}{Q_{si}}\times 100\%\qquad i\in ND \tag{17.74}$$

用第 8 章所描述的层次分析法（AHP）得到无功支持或补偿点的统一排序。在此，层次模型由三个部分组成。第一个是无功支持点的统一排序。第二个是性能指标，其中 PI_S反映负荷节点的相对重要性。PI_L和 PI_U的定义如下：

$$PI_L=LBF_i \tag{17.75}$$

$$PI_U=VBF_i \tag{17.76}$$

显然，PI_L和 PI_U的特征向量可通过归一化得到。虽然很难准确地获得 PI_S和其特征向量，但可以根据电网中负荷节点的位置构造和计算 PI_S的判断矩阵得到。另外，作为示例，表 17.4 中示出的判断矩阵 $A-PI$ 也可以根据层次分析法的 9-尺度法得到，该方法常用于计算电力系统的实际运行情况。因此，统一排序权重系数 W_i 可按如下计算：

$$W_i=W(A-PI_L)\cdot W(PI_L-S_i)+W(A-PI_U)\cdot W(PI_U-S_i)+W(A-PI_S)\cdot W(PI_S-S_i) \tag{17.77}$$

这样，式（17.72）中无功补偿的权重系数 H_S，根据统一排序权重系数得到，即：

$$H_S=1/W_i \tag{17.78}$$

这意味着 H_S值最小的节点首先被选为最佳无功支持点。

表 17.4　判断矩阵 A-PI

A	PI_L	PI_U	PI_S
PI_L	1	2	3
PI_U	1/2	1	3
PI_S	1/3	1/3	1

17.4.3　齐次自对偶内点法

上述最优无功控制模型具有线性规划的形式，用齐次自对偶内点法来求解。

线性规划问题的标准形式为：

$$\max\quad c^T x$$

约束条件：

$$Ax\leqslant b$$
$$x\geqslant 0$$

它的对偶形式是：

$$\min\quad b^T y$$

约束条件：

$$A^T y\geqslant c$$
$$y\geqslant 0$$

这两个问题可通过求解以下问题得以解决，其大体将原对偶问题变成一个问题来解决：

$$\max \quad 0$$

约束条件：

$$-A^{\mathrm{T}}y+c\varphi\leqslant 0$$
$$A^{\mathrm{T}}x-b\varphi\leqslant 0$$
$$-c^{\mathrm{T}}x+b^{\mathrm{T}}y\leqslant 0$$
$$x,\ y,\ \varphi\geqslant 0$$

值得注意的是，除了将原对偶问题组合成一个问题之外，还多了一个新变量（φ）和一个约束。因此，原对偶问题中的变量总数为$n+m+1$，约束的总数为$n+m+1$。此外，目标函数消失。这种右侧都等于零的方程被称为齐次。此外，原对偶问题的约束矩阵是斜对称的，也就是说，它等于其转置的负数。具有斜对称约束矩阵的齐次线性规划问题被称为自对偶。

令z、w和ψ表示原对偶问题中的松弛变量：

$$\max 0$$

约束条件：

$$-A^{\mathrm{T}}y+c\varphi+z=0$$
$$A^{\mathrm{T}}x-b\varphi+w=0$$
$$-c^{\mathrm{T}}x+b^{\mathrm{T}}y+\psi=0$$
$$x,\ y,\ \varphi,\ z,\ w,\ \psi\geqslant 0$$

如果引入误差向量ε、ρ、γ，上述约束可写为如下的矩阵形式：

$$\begin{bmatrix}\varepsilon\\ \rho\\ \gamma\end{bmatrix}=\begin{bmatrix} & -A^{\mathrm{T}} & c\\ A & & -b\\ -c^{\mathrm{T}} & b^{\mathrm{T}} & \end{bmatrix}\begin{bmatrix}x\\ y\\ \phi\end{bmatrix}+\begin{bmatrix}z\\ w\\ \varphi\end{bmatrix}=\begin{bmatrix}-A^{\mathrm{T}}y+c\phi+z\\ Ax-b\phi+w\\ -c^{\mathrm{T}}x+b^{\mathrm{T}}y+\phi\end{bmatrix} \tag{17.79}$$

原对偶问题的简化KKT系统可表示为：

$$\begin{bmatrix}-X^{\mathrm{T}}Z & -A^{\mathrm{T}} & c\\ A & -Y^{\mathrm{T}}W & -b\\ -c^{\mathrm{T}} & b^{\mathrm{T}} & -\varphi/\phi\end{bmatrix}\begin{bmatrix}\Delta x\\ \Delta y\\ \Delta\phi\end{bmatrix}=\begin{bmatrix}\varepsilon'\\ \rho'\\ \gamma'\end{bmatrix} \tag{17.80}$$

式中：

$$\begin{bmatrix}\varepsilon'\\ \rho'\\ \gamma'\end{bmatrix}=\begin{bmatrix}-(1-\delta)\varepsilon+z-\delta\mu X^{-1}\\ -(1-\delta)\rho+w-\delta\mu Y^{-1}\\ -(1-\delta)\gamma+\varphi-\delta\mu/\phi\end{bmatrix} \tag{17.81}$$

μ是一个正实参数。对每一个$\mu>0$，将原对偶空间中的相关中心路径设为唯一点，且该点同时满足原可行性，对偶可行性和μ—互补性。此外，$0\leqslant\delta\leqslant 1$。

式（17.80）中的系统是不对称的，可用通用方程求解器来求解，但该求解器通常会忽略系统的特殊结构。为了探寻其结构，分两步求解该系统。首先根据前两个方程同时求解Δx和Δy，并用$\Delta\phi$表示

$$\begin{bmatrix}\Delta x\\ \Delta y\end{bmatrix}=\begin{bmatrix}-X^{\mathrm{T}}Z & -A^{\mathrm{T}}\\ A & -Y^{\mathrm{T}}W\end{bmatrix}^{-1}\left(\begin{bmatrix}\varepsilon'\\ \rho'\end{bmatrix}-\begin{bmatrix}c\\ -b\end{bmatrix}\Delta\phi\right) \tag{17.82}$$

或

$$\begin{bmatrix}\Delta x\\ \Delta y\end{bmatrix}=\begin{bmatrix}f_{\mathrm{x}}\\ f_{\mathrm{y}}\end{bmatrix}-\begin{bmatrix}g_{\mathrm{x}}\\ g_{\mathrm{y}}\end{bmatrix}\Delta\phi \tag{17.83}$$

其中，f 和 g 可通过求解以下两个等式得到。

$$\begin{bmatrix}-X^{\mathrm{T}}Z & -A^{\mathrm{T}}\\ A & -Y^{\mathrm{T}}W\end{bmatrix}\begin{bmatrix}f_{\mathrm{x}}\\ f_{\mathrm{y}}\end{bmatrix}=\begin{bmatrix}\varepsilon'\\ \rho'\end{bmatrix} \tag{17.84}$$

$$\begin{bmatrix}-X^{\mathrm{T}}Z & -A^{\mathrm{T}}\\ A & -Y^{\mathrm{T}}W\end{bmatrix}\begin{bmatrix}g_{\mathrm{x}}\\ g_{\mathrm{y}}\end{bmatrix}=\begin{bmatrix}c\\ -b\end{bmatrix} \tag{17.85}$$

然后，用式（17.82）消去式（17.80）中的 Δx 和 Δy：

$$[c^{\mathrm{T}} \quad b^{\mathrm{T}}]\left(\begin{bmatrix}f_{\mathrm{x}}\\ f_{\mathrm{y}}\end{bmatrix}-\begin{bmatrix}g_{\mathrm{x}}\\ g_{\mathrm{y}}\end{bmatrix}\Delta\phi\right)-\frac{\varphi}{\phi}\Delta\phi=\gamma' \tag{17.86}$$

从式（17.86）可得：

$$\Delta\phi=\frac{c^{\mathrm{T}}f_{\mathrm{x}}-b^{\mathrm{T}}f_{\mathrm{y}}+\gamma'}{c^{\mathrm{T}}g_{\mathrm{x}}-b^{\mathrm{T}}g_{\mathrm{y}}-\varphi/\phi} \tag{17.87}$$

将式（17.87）代入式（17.82），可得 Δx 和 Δy。因此，得到了原对偶问题的最优解。

［例 17.2］ 用 IEEE 14 节点系统测试所提出方法的可行性。IEEE 14 节点系统有 5 台发电机、8 个负荷和 20 条支路，其中 4－14、4－18、5－6 和 7－14 是变压器支路。式（17.72）中的罚系数 M 的值在 10～100 的范围内任意取。表 17.5 给出 IEEE 14 系统的判断矩阵 PI_{S}- S，其值反映了在电网中每对无功支持点之间的相对重要性。这些值是根据工程师的知识和经验，用 9 尺度法确定的。例如，如果用户认为站点 S8 的重要性略高于站点 S4 的重要性，则选择元素为“2”。如果两个无功站点同样重要（如节点 S8 和 S10），则相应的元素被设置为“1”。

表 17.5　IEEE 14 节点系统的判断矩阵 PI_{S}- S

PI_{S}	S4	S5	S8	S9	S10	S11	S12	S13
S4	1	1	1/2	1/7	1/3	1/5	1/3	1/5
S5	1	1	1/2	1/7	1/3	1/4	1/3	1/5
S8	2	2	1	1/6	1	1/3	1/2	1/4
S9	7	7	6	1	6	3	5	3
S10	3	3	1	1/6	1	1/4	1/2	1/5
S11	5	4	3	1/3	4	1	2	1/2
S12	3	3	2	1/5	2	1/2	1	1/3
S13	5	5	4	1/3	5	2	3	1

定义单层次排序是一个层次结构中的所有元素仅用一个指标来获得其排序。表 17.6 示出了 IEEE 14 节点系统的无功支持站点的单层次排序。从表 17.6 可以看出，通过增益因子 LBF 和 VBF 选择的主要无功补偿站点是相同的，但它们的排序不同。

表 17.6　IEEE 14 节点系统的无功支持站点的单层次排序

节点	LBF_i	排序	VBF_i	排序
4	0.000376	7	0.000855	8

续表

节点	LBF_i	排序	VBF_i	排序
5	0.000337	8	0.000884	7
8	0.002309	6	0.001775	6
9	0.007674	2	0.001989	5
10	0.002618	5	0.002097	4
11	0.007407	3	0.002175	2
12	0.006757	4	0.002268	1
13	0.008840	1	0.002122	3

通过使用AHP来协调PI_L，PI_U和PI_S指标，可以得到无功支持站点的统一排序结果，如表17.7所示。表中的加权系数W_i通过计算式（17.77）得到。显然，表17.7中的排序考虑了各无功支持站点在电网中的相对重要性。

表17.7　　IEEE 14节点系统的统一无功补偿节点排序列表

节点号	PI_L 0.528	PI_U 0.333	PI_S 0.140	权重系数 W_i	排序号
S4	0.01036	0.06033	0.03231	0.03008	8
S5	0.00928	0.06242	0.03322	0.03034	7
S8	0.06359	0.12529	0.05491	0.08321	6
S9	0.21135	0.14043	0.36790	0.20986	1
S10	0.07210	0.14803	0.06002	0.09577	5
S11	0.20400	0.15354	0.15165	0.18007	3
S12	0.18610	0.16012	0.08870	0.16400	4
S13	0.24347	0.14984	0.21128	0.20803	2

用IEEE 14节点系统中的前三个站点（表17.7中的节点S9、S13和S11）安装无功补偿装置，用内点法（IP）求解无功优化控制模型并得到相应的无功补偿值。表17.8列出了最佳无功控制结果，并通过比较IP法与LP法来评价IP法的有效性。从损耗减少、负荷电压波动和收敛速度等方面综合考虑，IP法优于LP法。

表17.8　　IEEE 14节点系统的最佳无功控制结果和比较　　p.u.

无功优化参数	变量X_{min}	变量X_{max}	IP法结果	LP法结果
$T_{4\text{-}14}$	0.900	1.100	0.975	0.975
$T_{4\text{-}18}$	0.900	1.100	1.100	1.100
$T_{5\text{-}6}$	0.900	1.100	1.100	1.100
$T_{7\text{-}14}$	0.900	1.100	0.950	0.950
Q_{S9}	0.000	0.200	0.200	0.200
Q_{S11}	0.000	0.200	0.050	0.059
Q_{S13}	0.000	0.200	0.161	0.170
U_{G1}	1.000	1.1000	1.100	1.100

续表

无功优化参数	变量 X_{min}	变量 X_{max}	IP 法结果	LP 法结果
U_{G2}	1.000	1.1000	1.091	1.092
U_{G3}	1.000	1.1000	1.086	1.084
U_{G6}	1.000	1.1000	1.071	1.068
U_{G7}	1.000	1.1000	1.100	1.100
初始损耗	—	—	0.11646	0.11646
最终损耗	—	—	0.11004	0.11108
损耗减少（%）	—	—	5.513%	4.619%
CPU（s）	—	—	18.2	61.5

17.5　非线性优化神经网络法（NLONN）

本节章介绍用非线性优化神经网络法（NLONN）来求解无功优化问题。

17.5.1　无功补偿点选择

17.5.1.1　灵敏度法

为了简化，我们用扰动法来计算节点电压的灵敏度。节点电压灵敏度的大小可表示为，在给定负荷节点增加一个单位的无功注入所产生的节点电压总增量$\sum\Delta U_i$。节点电压总增量只包括几个监测节点上的电压波动。$\sum\Delta U_i$值越大，系统电压对无功需求的变化越敏感。这也意味着$\sum\Delta U_i$值越大的负荷节点可作为无功补偿的候选节点。如果无功补偿站点的最大数目为 m，则可以根据$\sum\Delta U_i$值获得 m 个无功补偿站点的灵敏度指标，即：

$$S_{UQ}^{k} = \frac{\sum\limits_{i\in NM}\Delta U_i}{\Delta Q_k} \qquad k = 1,\cdots,ND \tag{17.88}$$

式中：NM 为监测节点集；ND 为负荷节点集。

17.5.1.2　电压稳定裕度法

该方法用一个简单的系统表示，如图 17.1 所示。

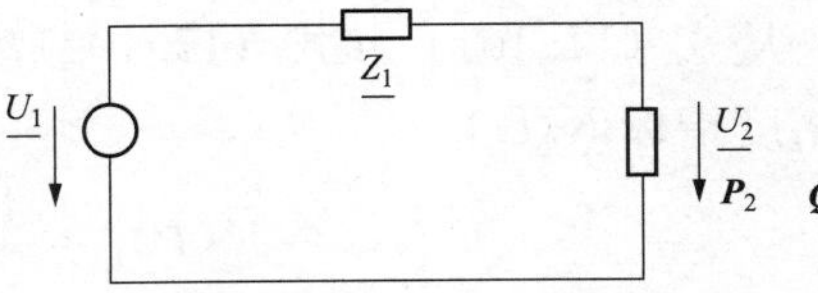

图 17.1　简化系统图

图 17.1 中，$\underline{U_1}=U_1\angle 0$ 是松弛节点的电压，即电压源的电压。P_2和 Q_2负荷的有功和无功，负荷的功率因数是 $\cos\varphi$。节点电压$\underline{U_2}=U_2\angle\alpha$，线路阻抗是$\underline{Z_1}=Z_1\angle\theta$。

从图 17.1 可得到以下等式：

$$P_2 = \frac{U_1U_2}{Z_1}\cos(\theta+\alpha) - \frac{U_2^2}{Z_1}\cos\theta \tag{17.89}$$

$$Q_2 = \frac{U_1U_2}{Z_1}\sin(\theta+\alpha) - \frac{U_2^2}{Z_1}\sin\theta \tag{17.90}$$

根据式（17.89）和（17.90），可得：

$$(P_2^2+Q_2^2)Z_1^2 + 2Z_1(P_2\cos\theta + Q_2\sin\theta)U_2^2 - U_1^2U_2^2 + U_2^4 = 0 \tag{17.91}$$

式（17.91）的根是：

$$U_2(\pm)=\sqrt{\frac{1}{2}[U_1^2-2Z_1(P_2\cos\theta+Q_2\sin\theta)\pm\Delta]} \tag{17.92}$$

其中：

$$\Delta=[U_1^2-2Z_1(P_2\cos\theta+Q_2\sin\theta)]^2-4(P_2^2+Q_2^2)Z_1^2 \tag{17.93}$$

当 $\Delta=0$，式（17.92）的两个根一样，即：

$$U_{cr}=U_2^+=U_2^-=\sqrt{\frac{1}{2}[U_1^2-2Z_1(P_2\cos\theta+Q_2\sin\theta)]} \tag{17.94}$$

式中：U_{cr}是节点临界电压。

若 $\Delta=0$，从式（17.93）可得：

$$\frac{1}{2}[U_1^2-2Z_1(P_2\cos\theta+Q_2\sin\theta)]=Z_1\sqrt{P_2^2+Q_2^2} \tag{17.95}$$

根据式（17.94）和（17.95）可得：

$$U_{cr}=\sqrt{Z_1\sqrt{P_2^2+Q_2^2}} \tag{17.96}$$

由于

$$Q_2=P_2\tan\varphi \tag{17.97}$$

将式（17.97）代入式（17.96）可得：

$$U_{cr}=\sqrt{Z_1\sqrt{P_2}\sec\varphi} \tag{17.98}$$

将式（17.97）代入式（17.93）且 $\Delta=0$，有：

$$[U_1^2-2Z_1(P_2\cos\theta+Q_2\sin\theta)]^2=4P_2^2\sec^2\varphi Z_1{}^2 \tag{17.99}$$

$$P_2=\frac{U_1^2}{2Z_1(\cos\theta+\tan\varphi\sin\theta+\sec\varphi)} \tag{17.100}$$

将式（17.100）代入式（17.98），有：

$$U_{cr}=\frac{U_1}{\sqrt{2[1+\cos(\theta-\varphi)]}} \tag{17.101}$$

根据等式（17.100）和式（17.101）得到负荷临界功率 P_{cr}，即

$$P_{cr}=P_2=\frac{U_1^2\cos\varphi}{2Z_1[1+\cos(\theta-\varphi)]}=\frac{U_{cr}{}^2\cos\varphi}{Z_1} \tag{17.102}$$

从式（17.101）和式（17.102），得到静态电压稳定系数，即有功裕度指标 $K(P)$ 和电压裕度指标 $K(U)$。

$$K(P)_i=\frac{P_{cr}-P_{i0}}{P_{i0}}\cdot 100\% \qquad i\in ND \tag{17.103}$$

$$K(U)_i=\frac{U_{cr}-U_{i0}}{U_{i0}}\cdot 100\% \qquad i\in ND \tag{17.104}$$

式中：P_{i0}为负荷节点 i 的有功初始值；U_{i0}为负荷节点 i 的电压初始值；ND 为负荷节点数。

有功裕度指标充分反映了系统运行状态的稳定程度，用来表示系统电压的静态稳定度。显然，$K(P)$ 值小的负荷节点应作为无功补偿节点。同样，如果无功补偿站点最多为 m 个，则可根据 $K(P)$ 值获得 m 个无功补偿站点。

采用 17.4 节所述的层次模型得到统一无功补偿站点的排序，但在这里用 PI_P和 PI_U两个不同的性能指标：

$$PI_U=S_{UQ}^i \qquad i\in ND \tag{17.105}$$

$$PI_{\mathrm{P}} = 1/K(P)_i \qquad i \in ND \tag{17.106}$$

因此，无功支持站点的统一排序权重系数 W_i 可通过 AHP 法计算得到。AHP 算法参考第 8 章。

17.5.2 无功优化控制

在确定了无功支持站点后，为改善系统电压水平，无功优化模型可表示为 M—4：

$$\min F = \sum_{i\in N}(U_{i\max} - U_i) \tag{17.107}$$

约束条件：

$$Q_i - D_i = \varphi_i(U,\theta,T) \qquad i \in N \tag{17.108}$$

$$Q_{i\min} \leqslant Q_i \leqslant Q_{i\max} \qquad i \in NG \cup NC \tag{17.109}$$

$$U_{i\min} \leqslant U_i \leqslant U_{i\max} \qquad i \in N \tag{17.110}$$

$$T_{l\min} \leqslant T_l \leqslant T_{l\max} \qquad l \in NT \tag{17.111}$$

式中：U_i 为节点 i 的电压幅值；θ 为节点 i 的电压相位角；Q_i 为系统的无功补偿或无功出力；T 为变压器变比；N 为系统节点集；NG 为发电节点集；NC 为无功补偿节点集；NT 为变压器支路集。

在上述模型 M—4 中，式（17.108）是无功潮流方程。

与大多数目标函数是最小化有功网损不同，模型 M—4 旨在通过改善电压分布来实现无功优化。显然，好的电压分布可减小有功损耗。M—4 模型还可以通过控制电压来确保系统的稳定性。下一节讨论将网损最小化和电压波动作为目标函数。

除了无功补偿优化配置（第 17.5.1 节）外，在模型 M—4 的基础上还增加了一项，因此，模型 M—5 将进一步实现无功优化的总体目标：

$$\min F = \sum_{i\in N}(U_{i\max} - U_i) + M\sum_{i\in NC}(\beta_i C_i) \tag{17.112}$$

有：

$$Q_i + C_i - D_i - \varphi_i(U,\delta,T) = 0 \qquad i \in N \tag{17.113}$$

$$-C_i + C_{i\max} \geqslant 0 \qquad i \in NC \tag{17.114}$$

$$C_i - C_{i\min} \geqslant 0 \qquad i \in NC \tag{17.115}$$

$$-Q_i + Q_{i\max} \geqslant 0 \qquad i \in NG \cup NC \tag{17.116}$$

$$Q_i - Q_{i\min} \geqslant 0 \qquad i \in NG \cup NC \tag{17.117}$$

$$-U_i + U_{i\max} \geqslant 0 \qquad i \in N \tag{17.118}$$

$$U_i - U_{i\min} \geqslant 0 \qquad i \in N \tag{17.119}$$

$$-T_l + T_{l\max} \geqslant 0 \qquad l \in NT \tag{17.120}$$

$$T_l - TC_{l\min} \geqslant 0 \qquad i \in NT \tag{17.121}$$

式中：C 是增加的无功补偿值；M 是目标函数中相应的罚系数，其值比目标函数中的其他系数大 10～100 倍；β_i 是无功补偿的权重系数，可根据第 17.5.1 节中的统一排序权重系数获得：

$$\beta_i = 1/W_i \tag{17.122}$$

W_i 值大，则 β_i 值小，也就是 β_i 值最小的节点上的无功补偿优于其他节点。

17.5.3 解算方法

式（17.112）～式（17.121）中的无功优化模型重写为约束优化问题的一般形式：

$$\min f(x) \tag{17.123}$$

约束条件：

$$h_j(x)=0 \qquad j=1,\cdots,m \tag{17.124}$$

$$g_i(x)\geqslant 0 \qquad i=1,\cdots,k \tag{17.125}$$

为了将式（17.125）的不等式约束变为等式约束，在式（17.125）引入新变量 y_1，…，y_m（即松弛变量）。此时，式（17.123）～式（17.125）可写为：

$$\min f(x) \tag{17.126}$$

约束条件：

$$h_j(x)=0 \qquad j=1,\cdots,m \tag{17.127}$$

$$g_i(x)-{y_i}^2=0 \qquad i=1,\cdots,k \tag{17.128}$$

用优化神经网络法求解方程（17.126）～式（17.128）。NLONN 算法请参考第 7 章。

17.5.4 数值仿真

本节测试系统为 IEEE 30 节点标准系统。该系统有 6 台发电机、21 个负荷和 41 条支路，其中 6－9、6－10、9－10、4－12、12－13 和 27－28 是变压器支路。

表 17.9 中给出了 IEEE 30 系统的判断矩阵 PI_C－C，其值反映了系统中每对无功补偿节点的相对重要性。表 17.10 列出了 IEEE 30 系统的单层次无功补偿站点的排序列表。

两种方法即灵敏度法（SM）和电压稳定裕度法（VSMM）都可用于确定无功补偿的最佳位置。表 17.11 列出了用 AHP 法来协调 SM 和 VSMM 方法后统一的无功补偿排序结果。

表 17.9　IEEE 30 系统的判断矩阵 PI_C－C

PI_C	C10	C18	C19	C20	C21	C23	C24	C26	C29	C30
C10	1	1/2	1/2	1	1/2	1/7	1/2	1/3	1/7	1/3
C18	2	1	2	3	1	1/7	1/2	1/3	1/7	1/3
C19	2	1/2	1	2	1/2	1/7	1/3	1/3	1/7	1/3
C20	1	1/3	1/2	1	1	1/5	1/2	1/4	1/6	1/4
C21	2	1	2	1	1	1/7	1	1/3	1/5	1/3
C23	7	7	7	5	7	1	5	4	1	4
C24	2	2	3	2	1	1/5	1	1/2	1/5	1/2
C26	3	3	3	4	3	1/4	2	1	1/4	2
C29	7	7	7	6	5	1	5	4	1	4
C30	3	3	3	4	3	1/4	2	1/2	1/4	1

选择在 IEEE 30 节点系统排序中的前四个站点（表 17.11 中的节点 C23、C26、C29 和 C30）分别安装无功补偿设备，用无功优化模型 $M-5$ 计算相应的无功补偿利用情况，表 17.12 给出了 IEEE 30 节点系统的无功优化结果。表 17.12 中变量的限值为：$T_{max}=1.1$，$T_{min}=0.9$；$C_{max}=0.3$，$C_{min}=0.0$；$U_{Gmax}=1.1$，$U_{Gmin}=1.0$；$U_{Dmax}=1.0$，$U_{Dmin}=0.9$（其中

T 是变压器变比，C 是无功补偿容量，U_G 是发电机节点处的电压幅值，U_D 是负荷节点处的电压幅值）。

线性规划是无功优化中最常用的方法，并用来验证 NLONN 方法的有效性。表 17.13 给出了 IEEE 30 节点系统的两种方法的结果。若两种方法采用相同的初始条件，则 NLONN 方法产生更小的无功补偿容量和更好的电压分布结果。

表 17.10　IEEE 30 节点系统的无功补偿节点的单层次排序

节点	K_P	PI_P	排序	PI_U	排序
10	3.101	0.322	7	—	—
18	2.000	0.500	5	1.610	8
19	—	—	—	1.660	5
20	—	—	—	1.640	7
21	2.46	0.407	6	—	—
23	1.910	0.524	4	1.642	6
24	3.430	0.292	8	1.855	4
26	0.882	1.134	1	1.882	3
29	1.090	0.917	2	2.011	1
30	1.531	0.653	3	1.984	2

表 17.11　IEEE 30 节点系统的统一无功补偿排序列表

节点号	PI_P 0.528	PI_U 0.333	PI_C 0.140	总值	序号
C10	0.06780	0.00000	0.02857	0.03980	10
C18	0.10529	0.11271	0.04650	0.09964	5
C19	0.00000	0.11621	0.03492	0.04359	8
C20	0.00000	0.11481	0.03049	0.04250	9
C21	0.08570	0.0000	0.04505	0.05156	7
C23	0.11034	0.11495	0.27770	0.13542	3
C24	0.06147	0.12987	0.06050	0.08417	6
C26	0.23879	0.13176	0.10930	0.16113	2
C29	0.19309	0.14079	0.27196	0.17291	1
C30	0.13750	0.13890	0.09504	0.13216	4

表 17.12　IEEE 30 节点系统的无功优化结果

支路	6-9	6-10	10-9	4-12	12-13	28-27
变比	1.00	1.05	0.90	1.075	1.10	1.05
节点	C23	C26	C29	C30		
Q_C	0.043	0.031	0.059	0.019		
节点	NG1	NG2	NG5	NG8	NG11	NG13
U_G	1.068	1.049	1.030	1.006	1.052	1.100

续表

节点	C3	C4	C6	C7	C9	C10	C12	C14
U_D	1.000	0.991	0.996	1.000	1.000	1.000	1.000	0.978
节点	C15	C16	C17	C18	C19	C20	C21	C22
U_D	0.967	0.992	0.992	0.942	0.951	0.963	0.984	0.983
节点	C23	C24	C25	C26	C27	C28	C29	C30
U_D	0.947	0.958	0.972	0.930	1.000	0.987	0.967	0.962

表 17.13　IEEE 30 节点系统的结果比较

方法	无功补偿设备数量	无功补偿值	最小负荷电压	平均负荷电压
LP	4	0.1950	0.92178	0.97013
NNLONN	4	0.1520	0.93000	0.97758

17.6　无功优化的进化算法

17.6.1　数学模型

在上一节我们推导出电压裕度指标 $K(U)$：

$$K(U)_i = \frac{U_{cr} - U_{i0}}{U_{i0}} \cdot 100\% \tag{17.129}$$

这意味着通过使系统每个节点处的电压裕度指标值最小来获得系统电压稳定性。于是，系统内的电压裕度指标可表示为

$$K_{max} = \max\{K(U)_i\} \qquad i = 1,\cdots,N \tag{17.130}$$

式中：N 是系统总节点数。

目标是实现 K_{max} 最小化，即

$$\min F_1 = \min K_{max} \tag{17.131}$$

无功优化的另一个目标是系统损耗最小化，即

$$\min F_2 = \min P_L \tag{17.132}$$

前面章节中已介绍了无功优化的约束条件。因此，数学上该问题可以表示为如下的多目标非线性约束优化问题。

$$\min[F_1, F_2] \tag{17.133}$$

约束条件：

$$g(x,u) = 0 \tag{17.134}$$

$$h(x,u) \leqslant 0 \tag{17.135}$$

式中：g 是等式约束，h 为不等式约束。x 是由负荷节点电压 U_L 和发电机无功出力 Q_G 组成的变量向量。因此，x 可以表示为

$$x^T = [U_{L1},\cdots,U_{LND},Q_{G1},\cdots Q_{GNG}] \tag{17.136}$$

u 是由发电机电压 U_G、变压器变比 T 和无功补偿 Q_C 组成的控制变量矢量。因此，u 可

以表示为：

$$u^{\mathrm{T}}=[U_{G1},\cdots U_{GNG},T_1,\cdots T_{NT},Q_{C1},\cdots Q_{CNC}] \tag{17.137}$$

17.6.2 多目标优化的进化算法

一般来说，损耗最小和电压稳定性指标这两个目标函数是相互冲突的。这种情况下的多目标优化函数产生一组最优解，而不是一个最优解。最优解的多重性的原因是，对于所有目标函数，没有一个解比其他解更好。这些最优解称为帕累托最优解。

一般的多目标优化问题由同时得到优化的多个目标函数组成，并且有多个等式和不等式约束，可表示为：

$$\min f_i(x) \qquad i=1,\cdots,N_{obj} \tag{17.138}$$

约束条件：

$$g_j(x,u)=0 \qquad j=1,\cdots,M \tag{17.139}$$

$$h_k(x,u)\leqslant 0 \qquad k=1,\cdots,K \tag{17.140}$$

式中：f_i是第 i 个目标函数；x 是表示解的决策矢量；N_{obj}是目标函数的个数。

对于多目标优化问题，任何两个解 x_1和 x_2可能有以下两种可能性：一个解包含或支配另一解，或者任何一个解都不支配其他解。在最小化问题中，如果满足以下两个条件，则解 x_1支配解 x_2：

(1) $\forall i\in\{1,2,\cdots,N_{obj}\}:f_i(x_1)\leqslant f_i(x_2)$

(2) $\exists j\in\{1,2,\cdots,N_{obj}\}:f_j(x_1)< f_j(x_2)$

如果违反上述条件中的任何一个，则解 x_1不支配解 x_2。在整个搜索空间内非支配的解被称为帕累托最优，并且构成帕累托最优集。

用经典方法求解这类多目标优化问题存在以下困难：

- 一个算法必须多次应用才可找到多目标函数的帕累托最优解；
- 大多数算法需要相关领域的知识；
- 一些算法对帕累托最优的图形敏感；
- 帕累托最优解的效率取决于单目标优化器的效率。

正如本书中分析的，AHP 法可用来求解多目标优化问题。这里使用另一种方法即强度帕累托进化算法（Strength Pareto Evolutionary Algorithm，SPEA），该算法有以下特征：

- 外部存储所有解中的非支配解的个体；
- 根据帕累托最优分配个体适应度；
- 它采用聚类分析法减少需要外部存储的个体。

通常，强度帕累托进化算法的步骤如下：

步骤 1（初始化）：生成初始种群并创建空的外部帕累托最优集。

步骤 2（外部集更新）：外部帕累托最优集更新步骤如下。

(a) 搜索种群的非支配个体，并将其复制到外部帕累托集。

(b) 为非支配个体搜索外部帕累托集，并从集合中删除所有支配解。

(c) 如果帕累托集外部存储的个体的数量超过预先最大值，则通过聚类减少个体数量。

步骤 3（适应度值分配）：计算外部帕累托集和当前种群中的每个个体的适应度值。

(a) 为帕累托最优集合中的每个个体分配强度值 $r\in[0,1)$。个体的强度值与其包含的个体数成正比。帕累托解的强度同时是其适应度。

(b) 每个个体在种群中的适应度是所有外部帕累托解的强度之和。为了保证帕累托解有解，给结果值再加一个小正数。

步骤 4（环境选择）：合并种群和外部集。随机选择两个个体，并比较他们的适应值。选择较好的那个，并将其复制到交配池。

步骤 5（杂交和变异）：根据它们的概率执行杂交和变异操作，以生成新种群。

步骤 6（终止条件）：检查终止标准，如果满足要求，则停止，否则将新种群复制到之前种群，并返回到步骤 2。也可以定为如果迭代次数超过了最大值，则结束算法。

在一些问题中，帕累托最优集可能非常大。在这种情况下，从决策者的角度来看，减少非支配解而不破坏权衡前沿的特性是可取的。采用平均连接的层次聚类算法将帕累托集合减小到可管理规模，它通过合并相邻的簇，直到获得所需的数量组。具体方法可描述为：给定集合 P，当其规模超过了最大允许个数 N 时，则形成一个具有 N 个个体的子集 $P*$。该算法的步骤如下：

步骤 1：初始化种群集 C；每个个体 $i \in P$ 构成不同的簇。

步骤 2：如果簇数不大于 N，则执行步骤 5，否则执行步骤 3。

步骤 3：计算所有可能的簇间的距离。

两个簇 c_1 和 c_2 的距离 d_c 定为两个簇群的个体对之间的平均距离，计算式为：

$$d_c = \frac{1}{n_1 n_2} \sum_{i_1 \in c_1, i_2 \in c_2} d(i_1, i_2) \tag{17.141}$$

式中：n_1 和 n_2 分别是簇 c_1 和 c_2 中的个体的数量。函数 d 反映了个体 i_1 和 i_2 间的目标空间中的距离。

步骤 4：确定具有最小距离的两个簇，将它们与较大的簇组合在一起，然后转到步骤 2。

步骤 5：找到每个簇的质心。选择此簇中离质心最近的个体作为代表，并从簇中删除其他个体。

步骤 6：通过合并聚类来计算简化的非支配集合 $P*$。

当得到非支配解的帕累托最优集时，可得到一个决策者认为的最佳折衷解。由于决策者判断的不精确性，第 i 个目标函数 F_i 由隶属函数 μ_i 表示：

$$\mu_i = \begin{cases} 1 & F_i \leqslant F_i^{\min} \\ \dfrac{F_i^{\max} - F_i}{F_i^{\max} - F_i^{\min}} & F_i^{\min} < F_i < F_i^{\max} \\ 0 & F_i \geqslant F_i^{\max} \end{cases} \tag{17.142}$$

式中：$F_i^{\min}$ 和 $F_i^{\max}$ 分别是所有非支配解中第 i 个目标函数的最小值和最大值。

对于每个非支配解 k，隶属函数的标准化计算式为：

$$\mu^k = \frac{\sum_{i=1}^{N_{obj}} \mu_i^k}{\sum_{k=1}^{M} \sum_{i=1}^{N_{obj}} \mu_i^k} \tag{17.143}$$

式中：M 是非支配解的个数。

μ^k 的最大值是最优折衷解。

17.7 无功优化的粒子群优化算法

与 17.6 节类似，无功优化的两个目标函数是损耗最小化和电压波动最小，即：

$$\min F_1 = \sum_i (U_i - U_{i0})^2 \qquad i \in ND \tag{17.144}$$

$$\min F_2 = P_L(Q_S, U_G, T) \tag{17.145}$$

式中：U_{i0}是常规状态下负荷节点上电压可行值。

前面章节已描述了无功优化的约束条件。本节用粒子群优化法（Particle Swarm Optimization，PSO）来求解无功优化问题。

由第 7 章，PSO 的速度和位置更新公式如下：

$$U_{ij}^t = wU_{ij}^{t-1} + C_1 r_1 (P_{ij}^{t-1} - X_{ij}^{t-1}) + C_2 r_2 (P_{gbi}^{t-1} - X_{ij}^{t-1}) \tag{17.146}$$

$$X_{ij}^t = X_{ij}^{t-1} + U_{ij}^t \qquad i = 1, \cdots, N_D, j = 1, \cdots, N_{par} \tag{17.147}$$

式中：w 为惯性权重；C_1，C_2 为加速度系数；N_D 为优化问题的维数（决策变量的数量）；N_{par} 为种群中的粒子数；r_1，r_2 为在［0，1］范围内的两个单独生成的均匀分布的随机数。

粒子速度的惯性加权因子由惯性加权法定义：

$$w(t) = w_{max} - \frac{w_{max} - w_{min}}{t_{max}} \times t \tag{17.148}$$

式中：t_{max}是最大迭代次数；t 是当前迭代次数；w_{max} 和 w_{min} 分别是惯性加权因子的上限和下限。

这里使用改进的 PSO 法来求解无功优化问题。该方法通过将经典 PSO 的认知分量分成两个不同分量。第一个分量称为好的体验分量，即：鸟对它自己之前访问的最佳位置的记忆，这个分量与基本 PSO 的认知分量完全相同。第二个分量称为坏的体验分量。坏的体验分量帮助粒子记住它之前访问的最差位置。为了计算新的速度，还考虑了粒子的不好经验。PSO 的新模型如下：

速度更新方程为：

$$\begin{aligned} U_{ij}^t = {} & wU_{ij}^{t-1} + C_{1g} \times r_1 \times (P_{ij}^{t-1} - X_{ij}^{t-1}) + C_{1b} \times r_2 \times (X_{ij}^{t-1} - P_{wij}^{t-1}) \\ & + C_3 \times r_3 \times (P_{gbi}^{t-1} - X_{ij}^{t-1}) \end{aligned} \tag{17.149}$$

式中：C_{1g}为将粒子加速到其最佳位置的加速度系数；C_{1b}为加速度系数；P_{wi}为粒子的最差位置，将粒子加速离开其最差位置。

用同样的方程式（17.146）更新粒子位置。在粒子的行为中包括最差的经验分量给群体增加的勘探能力。通过用坏的经验分量，鸟（粒子）可以绕过其以前的最差位置，并试图处于更好的位置。

［例 17.3］ 用改进的 PSO（Modified PSO）算法求解 IEEE 30 节点系统无功优化问题。该系统包括 6 台发电机、41 条线路、4 个变压器和 2 个电容器组。在此计算中，变压器变比在［0.9，1.1］区间内。两个电容器组分别连到节点 10 和 24，它们的可用无功功率在［0，30］范围内，电压在［0.95，1.1］范围内。这种情况下，决策空间有 12 个维度，即 6 个发电机电压、4 个变压器抽头和 2 个电容器组。MPSO 的参数值如下：

惯性权重的上限 w_{max}和下限 w_{min}分别是 0.92 和 0.4。C_{1g}以步长 0.05 的增速从 1.0 增加到 1.9，C_{1b}以步长 0.05 的速度从 1.0 减小到 0.1。

计算结果如表 17.14 所示。为了便于比较，采用常规的传统 PSO 法，协调聚集 PSO 法和基于 OPF 的内点法的无功优化结果也列在表 17.14 中。从表中可知几种 PSO 算法都可得到类似的结果。

表 17.14　　30 节点系统的无功优化结果和比较

无功优化参数	传统 PSO	MPSO	CAPSO	IP-OPF
U_{G1}	1.10755	1.02367	1.02282	1.10000
U_{G2}	1.02458	0.99985	1.09093	1.05414
U_{G5}	1.02466	1.00202	1.03008	1.10000
U_{G8}	1.01421	1.01253	0.95000	1.03348
U_{G11}	1.01717	1.02636	1.04289	1.10000
U_{G13}	0.99613	1.03602	1.03291	1.01497
T_{6-9}	1.09699	1.04352	1.07894	0.99334
T_{6-10}	0.92509	0.99419	0.94376	1.05938
T_{4-12}	1.00048	1.00063	1.00064	1.00879
T_{27-28}	1.00714	1.00694	1.00693	0.99712
Q_{10}	0.15365	0.17739	0.15232	0.15253
Q_{24}	0.06220	0.06178	0.06249	0.08926
P_L（p.u.）	0.050922	0.050921	0.050921	0.051009

17.8　最优潮流计算

最优潮流（Optimal Power Flow，OPF）是指当系统的结构参数和负荷情况都已给定时，在满足所有运行约束条件下，调节可利用的控制变量（如发电机输出功率、可调变压器抽头等），使系统的某一目标函数（如发电成本或网络损耗）达到最优，此时所对应的系统潮流分布是最优。优化潮流是一个典型的非线性优化问题，且由于约束的复杂性使得其计算复杂，难度较大。根据系统中的具体情况，常对优化潮流计算作一些简化，本章介绍的无功优化和前面介绍的有功经济调度都是优化潮流的简化形式。

为解决 OPF 问题提出了多种算法，大致可分为三组：①常规优化法；②智能搜索方法；③非定量方法以解决目标函数和约束函数中的不确定性。其中简化梯度法是第一个被成功应用的优化潮流方法。基于牛顿法的优化潮流计算则具有更好的收敛特性。智能算法如遗传算法等由于具有全局收敛性和擅长处理离散变量优化问题而日益受到重视，是极具潜力的优化方法，但在处理优化潮流中大量的约束和电力系统实时运行时遇到不少挑战。内点法是目前受到广泛重视的用于优化潮流的一种方法，本节简单介绍一种改进的内点法在优化潮流中的应用。

17.8.1　优化潮流数学模型

17.8.1.1　OPF 目标函数

OPF 可以分别采取燃料费用最小化，VAR 规划和损耗最小为目标函数。

（1）燃料费用最小化：

$$\min F_{\mathrm{g}} = \sum_{i=1}^{NG}(a_i P_{\mathrm{g}i}^2 + b_i P_{\mathrm{g}i} + c_i) \tag{17.150}$$

（2）VAR 规划：

$$\min F_{\mathrm{q}} = \sum_{i=1}^{Nc} S_{\mathrm{c}i}(q_{\mathrm{c}i}^{\mathrm{tot}} - q_{\mathrm{c}i}^{\mathrm{exist}}) - \sum_{i=1}^{Nr} S_{\mathrm{r}i}(q_{\mathrm{r}i}^{\mathrm{tot}} - q_{\mathrm{r}i}^{\mathrm{exist}}) + S_{\omega} P_{\mathrm{L}} \tag{17.151}$$

（3）损耗最小化：

$$\min P_{\mathrm{L}} = F(P_{\mathrm{gslack}}) \tag{17.152}$$

式中：$P_{\mathrm{g}i}$为发电机 i 的实际发电量；P_{L}为系统有功功率损耗；P_{gslack}为松弛发电机的有功功率；S_{c}为机组容性无功成本；S_{r}为机组感性无功成本；q_{c}为容性无功支持；q_{r}为感性无功支持；l 为意外情况，$l=0$ 表示完整情况或基本情况；Sw 为无功规划目标函数中无功和损耗之间的耦合系数。

17.8.1.2 OPF 约束条件

线性和非线性约束如下，包括电压、电流、实际发电量、无功电源和变压器抽头。

$$P_{\mathrm{g}i,l}^{\min} \leqslant P_{\mathrm{g}i,l} \leqslant P_{\mathrm{g}i,l}^{\max} \qquad i \in NG \tag{17.153}$$

$$\sum_{i=1}^{NG} P_{\mathrm{g}i} = \sum_{k=1}^{ND} P_{\mathrm{d}k} + P_{\mathrm{L}} \tag{17.154}$$

$$\begin{gathered} P_{\mathrm{g}i} - P_{\mathrm{d}i} - F_i(U,\theta,T) = 0 \\ i = 1,2,\cdots,N_{\mathrm{bus}}, i \neq \mathrm{slack} \end{gathered} \tag{17.155}$$

$$\begin{gathered} Q_{\mathrm{g}i} - Q_{\mathrm{d}i} - G_i(U,\theta,T) = 0 \\ i = 1,2,\cdots\cdots,N_{\mathrm{bus}}, i \neq \mathrm{slack} \end{gathered} \tag{17.156}$$

$$\frac{U_i^2 + U_{\mathrm{j}}^2 - 2U_i U_{\mathrm{j}} \cos(\theta_i - \theta_{\mathrm{j}})}{Z_{\mathrm{L}}(l)^2} - I_{\mathrm{Lmax}}^2(l) \leqslant 0 \tag{17.157}$$

$$l = 0,1,2,\cdots\cdots,Nl$$

$$Q_{\mathrm{g}i\min} \leqslant Q_{\mathrm{g}i} \leqslant Q_{\mathrm{g}i\max} \qquad i \in NG \tag{17.158}$$

$$0 \leqslant q_{\mathrm{c}i}^{\mathrm{exist}} \leqslant q_{\mathrm{c}i\max}^{\mathrm{exist}} \qquad i \in VAR \text{ 点} \tag{17.159}$$

$$0 \leqslant q_{\mathrm{r}i}^{\mathrm{exist}} \leqslant q_{\mathrm{r}i\max}^{\mathrm{exist}} \qquad i \in VAR \text{ 点} \tag{17.160}$$

$$q_{\mathrm{c}i}^{\mathrm{tot}} - q_{\mathrm{c}i}^{\mathrm{exist}} \geqslant 0 \qquad i \in VAR \text{ 点} \tag{17.161}$$

$$q_{\mathrm{r}i}^{\mathrm{tot}} - q_{\mathrm{r}i}^{\mathrm{exist}} \geqslant 0 \qquad i \in VAR \text{ 点} \tag{17.162}$$

$$U_{\mathrm{g}i\min} \leqslant U_{\mathrm{g}i} \leqslant U_{\mathrm{g}i\max} \qquad i \in NG \tag{17.163}$$

$$U_{\mathrm{d}i\min} \leqslant U_{\mathrm{d}i} \leqslant U_{\mathrm{d}i\max} \qquad i \in ND \tag{17.164}$$

$$T_{i\min} \leqslant T_i \leqslant T_{i\max} \qquad i \in NT \tag{17.165}$$

$$P_{\mathrm{slack}} = F_{\mathrm{slack}}(U,\theta,T) \tag{17.166}$$

式中：P_{dk}为负荷节点 k 的有功功率；$Q_{\mathrm{d}i}$为负荷节点 i 的无功功率；$U_{\mathrm{g}i}$：为发电机节点 i 的电压幅值；$U_{\mathrm{d}i}$为负荷节点 i 的电压幅值；U_i为支路始端节点 i 的电压幅值；U_{j}为支路末端节点 i 的电压幅值；$q_{\mathrm{o}i}$为容性无功补偿节点 i 的无功功率；$q_{\mathrm{r}i}$为感性无功补偿节点 i 的无功功率；$Q_{\mathrm{g}i}$为发电机节点 i 的无功发电；Z_{L}为传输线 L 的阻抗；I_{Lmax}为传输线 L 的最大电流值；T 为变压器抽头位置；θ 为母线电压角；P_{L}为系统有功功率损耗；NG 为所有发电机节点集合；NT 为所有变压器支路集合；ND 为所有负荷节点集合；N_{bus}为所有网络节点总集合；

Nl 为所有中断线集合（$l=0$ 表示没有线路中断）。

下标“min”和“max”分别表示约束的下限和上限。

可以根据实际系统的特定需要从式（17.153）～式（17.166）中选择某些约束。一般来说，对于经济调度，选择式（17.153）～式（17.158）和式（17.163）～式（17.165）作为约束。VAR 规划选择式（17.154）～式（17.166）作为约束。对于损耗最小计算，选择式（17.154）～式（17.158）和式（17.163）～式（17.166）作为约束。

17.8.2 改进的二次内点法

本节讨论的 OPF 模型是一个非线性数学规划问题，它可以通过简化变成如下二次规划模型：

$$\min \boldsymbol{F}=\frac{1}{2}\boldsymbol{X}^{\mathrm{T}}\boldsymbol{Q}\boldsymbol{X}+\boldsymbol{G}^{\mathrm{T}}\boldsymbol{X}+\boldsymbol{C} \tag{17.167}$$

约束条件：

$$AX=B \quad X\geqslant 0 \tag{17.168}$$

式（17.167）是标量目标函数，对应于 OPF 的目标函数。等式（17.168）对应于约束式（17.153）～式（17.166）经过线性化处理后的表达式。式（17.167）和式（17.168）中的 $\boldsymbol{X}$ 是可控变量的向量，在经济调度中的定义为 $\boldsymbol{X}=[U_{\mathrm{g}}^{\mathrm{T}},T^{\mathrm{T}},P_{\mathrm{g}}^{\mathrm{T}}]^{\mathrm{T}}$，在 VAR 规划中定义为 $\boldsymbol{X}=[U_{\mathrm{g}}^{\mathrm{T}},T^{\mathrm{T}},q_{\mathrm{c}}^{\mathrm{T}},q_{\mathrm{r}}^{\mathrm{T}},P_{\mathrm{L}}^{\mathrm{T}}]^{\mathrm{T}}$，在损失最小模型中定义为 $\boldsymbol{X}=[U_{\mathrm{g}}^{\mathrm{T}},T^{\mathrm{T}},P_{\mathrm{L}}^{\mathrm{T}}]^{\mathrm{T}}$。

上述模型有一个满足线性约束的二次目标函数，这个线性约束满足二次内点法（Quadratic Interior Point，QIP）的基本要求。第 11 章介绍的改进的二次内点法（IQIP）可用于求解该模型。

IQIP 在优化之前确定状态变量的初始值，使它可以解决在其他内点法中遇到的不好初始条件。因此，IQIP 比其他 IP 法的收敛速度更快。IQIP 在线性空间中实现最优，通过线性化对潮流进行近似调整。在优化区域中首先应检查潮流方程不平衡问题，这种方式将提高优化计算精度。然后，在包括外部区域的整个系统中执行潮流不平衡的检查，外部区域将调整由局部优化引起的边界注入功率。整个方案确保了局部最优，没有违反优化区域，同时满足全局潮流约束条件。如果系统中只有一个区域，局部最优就是全局最优。

如果由约束形成的可行区域非常窄，则该解决方案可能不可行。对于这种情况有以下三个选择：

（1）调整约束边界选项，它允许程序加宽违反软约束的边界。对于所有目标函数，用户可以预先指定新的极限或增加/减少电流极限的百分比。

（2）VAR 优化选项 1，它允许程序在能提高系统性能的节点上添加新的 VAR 补偿点（仅对于 VAR 优化）。

（3）VAR 优化选项 2，允许程序在有严重电压违限的节点上添加新的 VAR 补偿点（仅对于 VAR 优化）。

17.8.3 OPF 计算分析

在 IEEE 14 节点系统和修改的 IEEE 30 节点系统中进行 OPF 计算分析。计算中采用了两种内点法：一个是扩展二次内点法（EQIP），另一个是改进的二次内点法（IQIP）。另外为了比较，MINOS的求解方法也用于解决具有相同数据和相同条件的OPF问题。MINOS是一个基于Fortran的优化包，由斯坦福大学开发，旨在解决大规模优化问题。MINOS程序中的求解方法是简化梯度算法或投影增强拉格朗日算法。

IEEE 14节点系统有3台发电机，分别位于节点1、2和6。该系统有3台变压器，其支路号为T4－7、T4－9和T5－6。表17.15列出了IEEE 14节点系统的发电机数据。表17.16和表17.17分别表示IEEE 14节点系统的电容和电感无功优化相关数据。

在下面的计算中，当目标值ΔF的差小于$\varepsilon(\varepsilon=10^{-6})$时，结束迭代过程。

表17.15　　14节点系统的发电机数据　　p.u.

发电机	a	b	c	P_{Gimin}	P_{Gimax}
1	0.0784	0.1350	0.0000	0.0000	3.0000
2	0.0834	0.2250	0.0000	0.0000	1.3000
6	0.0875	0.1850	0.0000	0.2000	2.0000

注　表中a、b、c为发电机二次费用函数系数。

表17.16　　14节点系统的电容无功数据　　p.u.

无功补偿点	固定费用部分	变费用部分	最大容性无功容量	最小容性无功容量
5	2.3500	0.1500	0.8000	0.0000
9	3.4500	0.2000	0.8000	0.0000
13	3.4500	0.2000	0.8000	0.0000

表17.17　　14节点系统的电感无功数据　　p.u.

无功补偿点	固定费用部分	变费用部分	最大感性无功容量	最小感性无功容量
5	6.0000	0.2500	0.4000	0.0000
9	6.0000	0.2500	0.4000	0.0000
13	6.0000	0.2500	0.4000	0.0000

17.8.3.1　以总发电费用最小为目标函数的结果比较

这里给出了OPF的14节点系统的三种测试情况，其中目标函数是最小化发电费用（即OPF模型目标函数1）。三种情况的有功功率的初始值不同，如表17.18所示。用IQIP、EQIP、MINOS三种方法的测试结果对比如表17.19～表17.21所示。

表17.18　　OPF目标函数1的三种测试情况

初始值	情况1	情况2	情况3
P_{G1}	0.0000	0.0000	0.0000
P_{G2}	0.4000	0.3500	0.0000
P_{G6}	0.7000	0.7000	0.7000
U_{G1}	1.0500	1.0500	1.0500
U_{G2}	1.0450	1.0450	1.0450
U_{G6}	1.0500	1.0500	1.0500

表 17.19　　情况 1 的优化结果对比　　p. u.

最终优化值	IQIP	EQIP	MINOS
P_{G1}	1.53414	2.18319	—
P_{G2}	0.93357	0.34326	—
P_{G6}	0.38141	0.35392	—
U_{G1}	1.05000	1.05000	—
U_{G2}	1.04997	1.04683	—
U_{G6}	1.05000	1.05000	—
$T_{4\text{-}7}$	0.98454	0.97513	—
$T_{4\text{-}9}$	1.01278	0.98307	—
$T_{5\text{-}6}$	0.98454	0.94992	—
总有功出力	2.84912	2.88037	—
功率损耗	0.10912	0.14037	—
总费用	0.757856	0.827207	—
目标函数值	0.757856	0.827207	—
有功误差	0.1402E−6	0.4370E−4	—
迭代次数	12	26	—
CPU 时间（s）	30.0	252.9	计算不收敛

表 17.20　　情况 2 的优化结果对比　　p. u.

最终优化值	IQIP	EQIP	MINOS
P_{G1}	1.65313	2.21476	—
P_{G2}	0.84114	0.31538	—
P_{G6}	0.35920	0.35192	—
U_{G1}	1.05000	1.05000	—
U_{G2}	1.04997	1.04588	—
U_{G6}	1.04996	1.05000	—
$T_{4\text{-}7}$	0.98208	0.97525	—
$T_{4\text{-}9}$	1.01269	0.98293	—
$T_{5\text{-}6}$	0.98853	0.94962	—
总有功出力	2.85347	2.88206	—
功率损耗	0.11347	0.14206	—
总费用	0.7632329	0.8340057	—
目标函数值	0.7632329	0.8340057	—
有功误差	0.1866E−4	0.4357E−4	—
迭代次数	12	26	—
CPU 时间（s）	30.2	253.8	计算不收敛

表 17.21　　情况 3 的优化结果对比　　p. u.

最终优化值	IQIP	EQIP	MINOS
P_{G1}	1.55607	1.58973	—
P_{G2}	0.93372	0.88235	—
P_{G6}	0.36034	0.37895	—
U_{G1}	1.05000	1.05000	—
U_{G2}	1.04993	1.05000	—
U_{G6}	1.04956	1.04987	—
$T_{4\text{-}7}$	1.00047	0.99398	—
$T_{4\text{-}9}$	1.00715	1.01298	—
$T_{5\text{-}6}$	0.99392	0.97887	—
总有功出力	2.85319	2.85100	—
功率损耗	0.11319	0.11100	—
总费用	0.760950	0.758355	—
目标函数值	0.760950	0.758355	—
有功误差	0.9630E－6	0.1622E－4	—
迭代次数	3	11	—
CPU 时间（s）	21.3	35.9	计算不收敛

从表 17.19～表 17.21 可以看到，在这些测试案例中 MINOS 法不能收敛，而其他两种内点法都可获得优化解。与基于 EQIP 的 OPF 法相比，改进的 IQIP 法具有高精度、迭代次数少和计算速度快的优点。IQIP 和 EQIP 之间的最大速度比可以达到 1：8（见表 17.19 和表 17.20）。如果计算的初始值选得好（如情况 3），基于 EQIP 的 OPF 法收敛速度快，但仍然比基于 IQIP 的 OPF 法的收敛速度慢。同时，在相同迭代次数的情况下，IQIP 获得的目标值小于 EQIP（目标函数最小），因此，改进的 IQIP 法优于 EQIP 法，它的起始点选择更具一般性且收敛速度快。

由于 MINOS 程序在特定运行条件和约束条件下不能收敛，因此 30 节点系统用来进一步证明 IQIP 方法的有效性。30 节点系统的数据和参数与前面章节的相同，发电机位于节点 1、2、5、11 和 13；该系统有 4 台变压器，其支路号为 $T_{6\text{-}9}$，$T_{6\text{-}10}$，$T_{4\text{-}12}$ 和 $T_{28\text{-}27}$。IQIP/EQIP/MINOS 方法的优化结果和对比见表 17.22。从结果表中可以看到，三种方法的收敛速度由快到慢是：IQIP 法、EQIP 法、MINOS 法。

表 17.22　　IEEE 30 节点系统的优化结果和对比　　p. u.

最终优化值	IQIP	EQIP	MINOS
P_{G1}	0.73357	0.73921	0.75985
P_{G2}	0.59838	0.59999	0.38772
P_{G5}	0.61117	0.61412	0.66590
P_{G11}	0.58787	0.57562	0.60000

续表

最终优化值	IQIP	EQIP	MINOS
P_{G13}	0.34092	0.34321	0.40355
U_{G1}	1.05000	1.05000	1.05000
U_{G2}	1.04999	1.05000	1.03984
U_{G5}	1.04998	1.05000	1.01709
U_{G11}	1.04867	1.04915	1.05000
U_{G13}	1.05000	1.05000	1.05000
$T_{6\text{-}9}$	1.05160	1.08149	1.05461
$T_{6\text{-}10}$	1.07615	1.01465	0.92151
$T_{4\text{-}12}$	1.06768	1.09528	1.03377
$T_{28\text{-}27}$	0.97443	0.94345	0.97217
总有功功率	2.87190	2.87215	2.87120
功率损耗	0.03790	0.03815	0.03720
总费用	0.657582	0.658195	0.657258
目标函数值	0.657582	0.658195	0.657258
有功误差	0.9447E−6	0.3988E−4	0.5734E−7
迭代次数	7	12	9
CPU 时间（s）	147.0	267.4	567.9

17.8.3.2 以无功最优配置为目标函数的结果比较

以 IEEE 14 节点系统为例分析比较以无功最优配置为目标的 OPF 计算情况（即 OPF 模型的目标函数 2）。负荷节点的初始电压如表 17.23 所示。IQIP/EQIP/MINOS 方法的优化对比结果如表 17.24 所示。

表 17.23　IEEE 14 节点系统负荷节点的初始电压　p.u.

节点号	初始电压	电压下限值	电压上限值
3	0.94410	0.95000	1.05000
5	0.99220	0.95000	1.05000
7	0.94250	0.95000	1.05000
8	0.93270	0.95000	1.05000
9	0.93330	0.95000	1.05000
10	0.93910	0.95000	1.05000
13	0.98720	0.95000	1.05000
14	0.93530	0.95000	1.05000

表 17.24　无功最优配置为目标的 OPF 优化结果和比较　p.u.

最终优化值	IQIP	EQIP	MINOS
U_{G1}	1.05000	1.05000	1.05000

续表

最终优化值	IQIP	EQIP	MINOS
U_{G2}	1.05000	1.05000	1.04248
U_{G6}	1.05000	1.05000	1.04430
$T_{4\text{-}7}$	0.97001	0.97000	0.97000
$T_{4\text{-}9}$	0.96001	0.96001	0.96000
$T_{5\text{-}6}$	1.03000	1.03000	0.93000
U_{D3}	0.98340	0.98340	0.97610
U_{D5}	1.02600	1.02600	1.02030
U_{D7}	1.00200	1.00200	0.99530
U_{D8}	0.99270	0.99280	0.98600
U_{D9}	0.98970	0.98970	0.98300
U_{D10}	0.99130	0.99130	0.98470
U_{D13}	1.02180	1.02180	1.01580
U_{D14}	0.98320	0.98320	0.97670
有功损耗	0.110866	0.110868	0.110459
目标函数值	0.110866	0.110868	0.110459
计算误差	0.1596E－6	0.4634E－8	0.4225E－6
迭代次数	4	4	8
CPU 时间（s）	115.9	150.4	184.4

从表 17.24 可以看出，IQIP 和 EQIP 几乎具有相同的优化结果，优于 MINOS 方法获得的结果。对比表明，三种方法在减轻电压违限方面取得了令人满意的结果，三种方法的收敛速度由快到慢是：IQIP 法、EQIP 法、MINOS 法。

17.8.3.3 以损耗最小为目标函数的结果比较

以 IEEE 14 节点系统为例分析比较以系统损耗最小为目标的 OPF 计算情况（即 OPF 模型的目标函数 3）。用 IQIP/EQIP/MINOS 法的损耗最小化的优化结果和比较列于表 17.25。

从表 17.25 可以看出，IQIP 和 EQIP 几乎具有相同的优化结果。综合考虑系统损耗减少、负荷电压改进和收敛速度三个指标，IQIP 和 EQIP 方法都优于 MINOS 方法。同样，IQIP 方法在求解损耗最小化时也具有最快收敛速度。

表 17.25　损耗最小化的优化结果和比较　p.u.

最终优化值	IQIP	EQIP	MINOS
U_{G1}	1.05000	1.05000	1.05000
U_{G2}	1.05000	1.05000	1.02837
U_{G6}	1.05000	1.05000	1.03330
$T_{4\text{-}7}$	0.97001	0.97001	0.97000
$T_{4\text{-}9}$	0.96001	0.96001	0.96000
$T_{5\text{-}6}$	1.03000	1.02999	1.03000

续表

最终优化值	IQIP	EQIP	MINOS
U_{D5}	1.02600	1.02600	1.00930
U_{D9}	0.98970	0.98970	0.97040
U_{D13}	1.02180	1.02180	1.00430
初始有功损耗	0.1164598	0.1164598	0.1164598
最终有功损耗	0.1108663	0.1108664	0.1118670
目标函数值	0.1108663	0.1108664	0.1118670
计算误差	0.4132E−6	0.4634E−8	0.4339E−6
迭代次数	3	3	8
CPU 时间（s）	22.2	27.0	70.7

问题与练习

1. 什么是无功优化?
2. 陈述在 OPF 计算用到的几种主要约束条件。
3. 什么是最优潮流计算（OPF）?
4. 无功优化和 SCED 两者的区别是?
5. 简述经典无功经济调度的计算步骤。
6. 电网中如何选择无功补偿点?
7. 说说以下几种无功优化算法的差异：线性规划法、内点法、进化算法和 PSO 方法。
8. 判断正误

（1）OPF 通常包括有功功率优化和无功功率优化。（　　）

（2）OPF 是非线性模型，不能用 LP 法求解。（　　）

（3）OPF 是一种经济调度方法。（　　）

（4）无功功率优化是一个简化的 OPF。（　　）

（5）无功优化和 ED 必须考虑无功功率和电压约束。（　　）

（6）所有 IP 方法只能求解线性无功优化。（　　）

参 考 文 献

[1] Alsac O, Stott B. Optimal Load Flow with Steady - State Security [J]. IEEE Transactions on Power Apparatus & Systems, 1974, PAS - 93 (3): 745 - 751.

[2] Sun D I, Ashley B, Brewer B, et al. Optimal Power Flow By Newton Approach [J]. IEEE Trans. power Appar. syst, 1984, 103 (10): 2864 - 2880.

[3] J. Z. Zhu. Optimization of Power System Operation [M]. New Jersey: Wiley - IEEE Press, First Edition, 2009.

[4] Pudjianto D, Ahmed S, Strbac G. Allocation of VAr support using LP and NLP based optimal power flows [J]. IET Proceedings - Generation Transmission and Distribution, 2002, 149 (4): 377 - 383.

[5] Aoki K, Fan M, Nishikori A. Optimal VAr planning by approximation method for recursive mixed - integer linear programming [J]. IEEE Transactions on Power Systems, 1988, 3 (4): 1741 - 1747.

[6] Dias L G, El - Hawary M E. Security - constrained OPF: influence of fixed tap transformer fed loads [J]. IEEE Transactions on Power Systems, 2002, 6 (4): 1366 - 1372.

[7] Deeb N, Shahidehpour S M. Linear Reactive Power Optimization in a Large Power Network Using the Decomposition Approach, [J]. 1990, 5 (2): 428 - 438.

[8] Mamandur K R C, Chenoweth R D. Optimal Control of Reactive Power Flow for Improvements in Voltage Profiles and for Real Power Loss Minimization [J]. Power Engineering Review IEEE, 1981, PER - 1 (7): 29 - 30.

[9] Mansour M O, Abdel - Rahman T M. Non - Linear Var Optimization Using Decomposition And Coordination [J]. IEEE Transactions on Power Apparatus & Systems, 2012, PAS - 103 (2): 246 - 255.

[10] Irving M R, Sterling M J H. Efficient Newton - Raphson algorithm for load - flow calculation in transmission and distribution networks [J]. IEE Proceedings C - Generation, Transmission and Distribution, 2008, 134 (5): 325 - 330.

[11] Mantovani J R S, Garcia A V. A heuristic method for reactive power planning [J]. IEEE Transactions on Power Systems, 1996, 11 (1): 68 - 74.

[12] Delfanti M, Granelli G P, Marannino P, et al. Optimal capacitor placement using deterministic and genetic algorithms [J]. Power Systems IEEE Transactions on, 2000, 15 (3): 1041 - 1046.

[13] Iba K, Suzuki H, Suzuki K I, et al. Practical reactive power allocation/operation planning using successive linear programming [J]. IEEE Transactions on Power Systems, 2002, 3 (2): 558 - 566.

[14] Zhu J Z, Irving M R. Combined Active and Reactive Dispatch with Multiple Objectives Using Analytic Hierarchical Process [J]. IEE Proceedings - Generation, Transmission and Distribution, 1996, 143 (4): 344 - 352.

[15] Zhu J Z, Irving M R, Xu G Y. A new approach to secure economic power dispatch [J]. International Journal of Electrical Power & Energy Systems, 1998, 20 (8): 533 - 538.

[16] J. Z. Zhu, C. S. Chang. Power system optimal VAR planning with security and economic constraints [C] //. International. Power Electronics. Conference. 1997: 42 - 46.

[17] Momoh J A, Zhu J Z. Improved interior point method for OPF problems [J]. IEEE Transactions on Power Systems, 1999, 14 (3): 1114 - 1120.

[18] Momoh J A, Zhu J. Optimal generation scheduling based on AHP/ANP [J]. IEEE Transactions on Systems Man & Cybernetics Part B Cybernetics A Publication of the IEEE Systems Man & Cybernetics Society, 2003, 33 (3): 531.

[19] Momoh J A, Zhu J Z, Kaddah S S. Optimal load shedding study of naval - ship power system using the Everett optimization technique [J]. Electric Power Systems Research, 2002, 60 (3): 145 - 152.

[20] Zhu J, Momoh J A. Multi - area power systems economic dispatch using nonlinear convex network flow programming [J]. Electric Power Systems Research, 2001, 59 (1): 13 - 20.

[21] Momoh J A, Zhu J Z, Boswell G D, et al. Power system security enhancement by OPF with phase shifter [J]. IEEE Transactions on Power Systems, 2001, 16 (2): 287 - 293.

[22] Momoh J, Zhu J, Dolce J. Optimal allocation with network limitation for autonomous space power system [J]. Journal of Propulsion & Power, 2000, 16 (6): 1112 - 1117.

[23] Zhu J Z, Xiong X F. Optimal reactive power control using modified interior point method [J]. Electric Power Systems Research, 2003, 66 (2): 187 - 192.

[24] Lai L L, Ma J T. Application of evolutionary programming to reactive power planning - comparison with nonlinear programming approach [J]. IEEE Transactions on Power Systems, 1997, 12 (1): 198 - 206.

[25] Zhu J Z, Chang C S, Yan W, et al. Reactive power optimisation using an analytic hierarchical process

and a nonlinear optimisation neural network approach [J]. Iee Proceedings Generation Transmission & Distribution, 1998, 145 (1): 89 - 97.
[26] Jwo W S, Liu C W, Liu C C, et al. Hybrid expert system and simulated annealing approach to optimal reactive power planning [J]. IET Proceedings - Generation Transmission and Distribution, 1995, 142 (4): 381 - 385.
[27] Ramesh V C, Li X. A fuzzy multiobjective approach to contingency constrained OPF [J]. IEEE Transactions on Power Systems, 2002, 12 (3): 1348 - 1354.
[28] Wong K P, Li A, Law T M Y. Advanced constrained genetic algorithm load flow method [J]. IET Proceedings - Generation Transmission and Distribution, 1999, 146 (6): 609 - 616.
[29] Abdul - Rahman K H, Shahidehpour S M. Application of fuzzy sets to optimal reactive power planning with security constraints [C] // Power Industry Computer Application Conference, 1993. Conference Proceedings. IEEE, 1994: 124 - 130.
[30] Abido M A. Multiobjective Optimal VAR Dispatch Using Strength Pareto Evolutionary Algorithm [C] // Evolutionary Computation, 2006. CEC 2006. IEEE Congress on. IEEE, 2006: 730 - 736.
[31] F. C. Schweppe, M. C. Caramanis, R. D. Tabors, et al. Spot Pricing of Electricity [M]. New York: Kluwer Academic Publishers, 1988.
[32] Naka S, Genji T, Yura T, et al. A Hybrid Particle Swarm Optimization for Distribution State Estimation [J]. IEEE Trans Power Syst, 2003, 18 (11): 57 - 57.
[33] Esmin A A A, Lambert - Torres G, Souza A C Z D. A hybrid particle swarm optimization applied to loss power minimization [J]. IEEE Transactions on Power Systems, 2005, 20 (2): 859 - 866.
[34] Souza A C Z D, Honorio L M, Torres G L, et al. Increasing the loadability of power systems through optimal - local - control actions [J]. IEEE Transactions on Power Systems, 2004, 19 (1): 188 - 194.
[35] Abido M A, Bakhashwain J M. Optimal VAR dispatch using a multiobjective evolutionary algorithm [J]. International Journal of Electrical Power & Energy Systems, 2005, 27 (1): 13 - 20.
[36] Vlachogiannis J G, Lee K Y. A Comparative Study on Particle Swarm Optimization for Optimal Steady - State Performance of Power Systems [J]. IEEE Transactions on Power Systems, 2006, 21 (4): 1718 - 1728.
[37] Y. He, Z. Y. Wen, F. Y. Wang, et al. Power Systems Analysis [M]. Huazhong Polytechnic University Press, 1985.
[38] T. L. Saaty. The Analytic Hierarchy Process [M]. New York: McGraw Hill, Inc, 1980.
[39] Vanderbei R J. Linear Programming: Foundations and Extensions [J]. Journal of the Operational Research Society, 1998, 49 (1): 94 - 94.
[40] J. K. Strayer. Linear Programming and Applications [M]. Springer - Verlag, 1989.
[41] D. W. Tank, J. J. Hopfield. Simple Neural Optimization Networks: An A/D Converter, Signal Decision Network and A Linear Programming Circuit [J]. IEEE Transaction on Circuits and Systems, 1986, 33 (5): 533 - 541.
[42] Zitzler E, Thiele L. An Evolutionary Algorithm for Multiobjective Optimization: The Strength Pareto Approach [J]. Swiss Federal Institute of Technology, 1998.
[43] Morse J N. Reducing the size of the nondominated set: Pruning by clustering [J]. Computers & Operations Research, 1980, 7 (1): 55 - 66.
[44] Selvakumar A I, Thanushkodi K. A New Particle Swarm Optimization Solution to Nonconvex Economic Dispatch Problems [J]. IEEE Transactions on Power Systems, 2007, 22 (1): 42 - 51.
[45] Gil J B, Roman T G S, Rios J J A, et al. Reactive power pricing: a conceptual framework for remuneration and charging procedures [J]. IEEE Transactions on Power Systems, 2000, 15 (2): 483 - 489.
[46] Baughman M L, Siddiqi S N. Real - time pricing of reactive power; Theory and case study results [J].

IEEE Power Engineering Review，1991，6（2）：43.

[47] Zhu J，Momoh J A. Optimal VAr pricing and VAr placement using analytic hierarchical process [J]. Electric Power Systems Research，1998，48（1）：11 - 17.

[48] Zhu J Z，Chang C S，Yan W，et al. Reactive power optimisation using an analytic hierarchical process and a nonlinear optimisation neural network approach [J]. Iee Proceedings Generation Transmission & Distribution，1998，145（1）：89 - 97.

[49] Momoh J A，Zhu J. "Multiple indices for optimal VAR pricing and control，" [J]. Decision Support Systems，1999，24（3）：223 - 232.

[50] Zhu J Z. VAR pricing computation in multi - areas by nonlinear convex network flow programming [J]. Electric Power Systems Research，2003，65（2）：129 - 134.

[51] Zhu J Z，Xiong X. VAR optimization and pricing in multi - areas power system [C] // Power Engineering Society General Meeting. IEEE，2003：429 Vol. 1.

[52] 李文沅．电力系统安全经济运行：模型与方法 [M]. 重庆大学出版社，1989.

[53] 徐国禹，朱继忠．按有功和无功指标自动故障选择和排序的统一模型和统一算法 [J]. 重庆大学学报，1990（2）：47 - 53.

[54] 朱继忠，徐国禹．用无功负荷削减量进行自动故障选择和排序 [J]. 重庆大学学报，1989（5）：40 - 43.

[55] 朱继忠，徐国禹．多区域互联系统最优无功价格研究 [J]. 中国电机工程学报，1999，19（9）：19 - 21.

[56] 颜伟，朱继忠，徐国禹．电压静态稳定裕度法确定无功补偿点 [J]. 电力科学与工程，1997（2）：11 - 14.

[57] 颜伟，朱继忠，徐国禹，等．UPFC线性最优控制方式的研究及其对暂态稳定性的改善 [J]. 中国电机工程学报，2000，20（1）：45 - 49.

[58] 颜伟，朱继忠，孙洪波，等．UPFC的模型与控制器研究 [J]. 电力系统自动化，1999（6）：36 - 41.

[59] 朱继忠，徐国禹．无功优化网流模型中的电压问题 [J]. 中国电力，1989（5）：34 - 37.

18　含电动汽车的电力系统动态经济调度

18.1　引言

作为解决传统石油资源短缺和大气环境污染问题，实现低碳经济转型的一种有效途径，电动汽车（Electric Vehicle，EV）正在全世界范围内受到广泛的关注。各国政府、汽车生产企业都在不断地加强电动汽车政策支持和研发力度，努力推进电动汽车产业的发展。

电动汽车对于电力系统来说，并不仅仅是一种新型的用电设备。虽然大量电动汽车的随机充电行为会给电力系统带来显著的不利影响，但电动汽车充电负荷是一种柔性的可控负荷，短时间的切断或改变充电功率，并不会对用户使用电动汽车造成明显的负面影响，具备灵活调度参与系统有功功率平衡的潜能。更重要的是，电动汽车也可以被看作一种移动储能装置，能够在适当的时候向系统反向馈送电能，即所谓的 Vehicle-to-Grid（V2G），也被称之为电动汽车与电网互动。V2G 概念的提出使学术界关注的焦点从电动汽车充电对电力系统的不利影响，转移到如何利用电动汽车为电力系统服务上来。在众多的电网辅助服务中，电动汽车参与系统调频被认为最具有应用前景。随着能源互联网概念的提出及“互联网＋”技术在电力系统的应用，高速、双向、实时、集成的通信网络将会与电网紧密联系在一起，这大大提升了用户与电网之间的通信水平，使电动汽车等用户设备与发电侧资源协同调度，参与电网的有功调度与控制成为可能。

电动汽车参与电网的有功调度与控制具有以下优势：

（1）尽管单个电动汽车的出行具有随机性，但是大量电动汽车的总调节容量是非常可观的；

（2）电动汽车可以取代部分高能耗的发电机在负荷高峰时向电网放电，从而降低系统的运行成本；

（3）电动汽车通过电力电子设备与电网连接，无爬坡率限制，可以在毫秒级内改变充放电功率，与常规发电机组相比，在响应速度方面具有明显优势；

（4）电动汽车调节方式灵活，既可以通过投入、切除或调整充电功率以可控负荷的方式参与调节，又可以向电网放电，以分布式电源的方式参与调节，还可以充当移动储能的角色；

（5）电动汽车散布于各个负荷节点，有利于优化电网的潮流分布，从而提高电网的安全运行水平。

总之，充分利用电动汽车参与电网的有功调度与控制（包括频率控制和经济调度），对保障电力系统的安全、稳定、经济运行将产生积极影响，对于探寻未来电力系统新环境下的源荷协同调度与控制具有重要意义。

本章在分析车辆出行规律概率分布的基础上，介绍一种考虑电动汽车可调度容量变化的动态经济调度模型。该模型将电动汽车集控中心（Electric Vehicle Aggregator，EVA）作为电网调度对象，通过随机模拟电动汽车的出行规律，计算出 EVA 每个时段的最大充放电功率及总充电需求，并将其作为约束条件，通过优化 EVA 充放电功率及常规发电机出力，降低系统的运行成本。同时，在目标函数中引入负荷波动的惩罚成本，能够降低计及电动汽车充放电功率的净负荷波动，避免“峰上加峰”的现象产生。另外，提出了一种自适应混沌生物地理学优化算法（Self - adaptive Chaotic Biogeography - Based Optimization，SaCBBO）来求解含电动汽车的动态经济调度模型。该算法的初始种群由混沌映射产生，目的是增强初始种群的多样性，提高其遍历性。然后采用自适应策略改进 BBO 算法的迁徙模型、迁移算子和变异算子。在得到当前种群搜索到的最优解后，采用分段混沌映射进行混沌搜索，避免算法陷入局部最优。

18.2 电动汽车概述

18.2.1 电动汽车分类

电动汽车是指全部或部分以电能驱动电机作为动力系统的车辆，主要包括纯电动汽车（Battery Electric Vehicle，BEV）、插电式混合动力汽车（Plug - in Hybrid Electric Vehicle，PHEV）和燃料电池汽车（Fuel Cell Electric Vehicle，FCEV）。其中，燃料电池汽车所需电力来自于车载燃料电池的氢氧化合反应，不需要与电网连接；而纯电动汽车和插电式混合动力汽车需要接入电网进行能量补充。本章所讨论的对象是可接入电网充电的纯电动汽车和插电式混合动力汽车，统称为可入网电动汽车。

18.2.2 电动汽车能量补给方式

目前，电动汽车的能量补给方式主要有常规充电、快速充电和更换电池三种。

（1）常规充电。常规充电是指采用小电流、低功率对电动汽车电池进行充电，充电时间一般为 5～8h。这种充电方式投资成本相对较低，适用于住宅、停车场等车辆长时间停放的场所。缺点在于难以满足电动汽车用户的紧急充电需求。

（2）快速充电。快速充电又称应急充电，采用大功率的直流充电机对电动汽车进行短时充电。快速充电一般可在 30min 之内为电池充满 50%～80%的电能。这种充电方式的优点在于能够在车辆续驶里程不足时快速补给电能，节省用户的时间成本。但是快速大电流的充电方式会缩短电池的使用寿命，对充电设备要求也高，投资成本大，适用于公共充电站、高速公路服务区等公共服务场所。

（3）更换电池。更换电池又称换电模式，是指直接通过更换车载电池的方式实现电动汽车能量补给，一般在 5～8min 之内可以完成，是最省时便捷的模式，但需要在特定的换电站（Battery Swapping Station，BSS）内进行。换电模式可集中对电动汽车电池进行充放电优化控制，便于电池的专业保养和维护，可以实现电池的高效利用，对于辅助电网运行、减少对电网的冲击等具有重要的意义。但是该模式对电动汽车和车载电池的标准化提出了较高的要求。随着电动汽车技术的发展和充换电设施标准化工作的推进，换电模式具有良好的应用前景。

18.2.3 电动汽车对电力系统的影响

大量电动汽车的接入势必会对电力系统的规划、运行和调度等产生重要影响，国内外学者围绕这一问题开展了广泛而深入的研究，取得了丰富的成果。总的来说，可分为以下三个方面：

(1) 对系统负荷的影响。电动汽车的大量接入首先带来的是系统负荷的增长。根据预测，到 2030 年，美国和部分欧洲国家的电动汽车充电负荷占系统总负荷的比例将达到 5%。有文献研究在自由充电方式下，10%的电动汽车渗透率将导致电网负荷峰值增加 17.9%。

(2) 对电能质量的影响。电动汽车充电对电能质量的影响主要包括：造成节点电压偏移过大、引起不同程度的谐波污染、导致供电线路的三相不平衡。

(3) 对电网安全经济运行的影响。电动汽车对电网安全经济运行的影响主要包括：线路和变压器过载、网损增加、变压器老化等。

18.3 含电动汽车的电力系统经济调度问题的研究现状

电动汽车的规模化接入将会给传统的电网经济调度带来影响。一方面，通过不同的协调充电策略，考虑电动汽车的系统净负荷曲线将具有一定的差异性，从而影响到经济调度的优化结果；另一方面，电动汽车可以代替部分高煤耗的机组在负荷高峰时向电网放电，这也会对经济调度的结果产生影响。因此，不少学者提出将电动汽车与传统机组进行协同经济调度的思想，以提高系统运行的经济性。有的以最小化系统总发电成本期望为目标，提出了计及电动汽车和风电机组出力不确定性的随机经济调度模型。也有的建立了含风电和电动汽车换电站的经济调度模型，采用粒子群算法求解。还有的构建了含电动汽车充放电的动态经济调度模型，以包括机组燃煤费用、启停费用、废气排放成本及电动汽车用户收益在内的社会总成本最小为优化目标，或以发电成本、充电成本、环境污染最小及等效负荷率最高为优化目标等。另外，还有一些学者研究了含电动汽车的微网经济调度问题。

18.4 电动汽车调度模型

18.4.1 分层分区调度架构

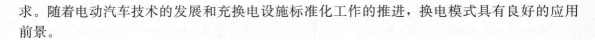

随着电动汽车数量的增多，由电网调度中心直接调度每一辆电动汽车难度较大。因此，本章介绍一种分层分区的调度方案，其基本思想为：首先依据电力系统的电压等级将系统分为输电网络和配电网络两个层级，然后按照地域分布将配电网络进一步拆分为若干区域，由电动汽车集控中心（EVA）负责每一个区域内电动汽车的协同调度。分层分区调度模式的基本架构如图 18.1 所示，每个 EVA 作为一个独立机构，参与电力系统的有功调度与控制。通过采用这种分层分区的调度架构，电动汽车的调度问题可看作一个两层调度问题，即上层的电网调度中心对各 EVA 的调度及下层的各区域 EVA 对电动汽车的调度。本章介绍的经济调

度问题属于上层调度问题。

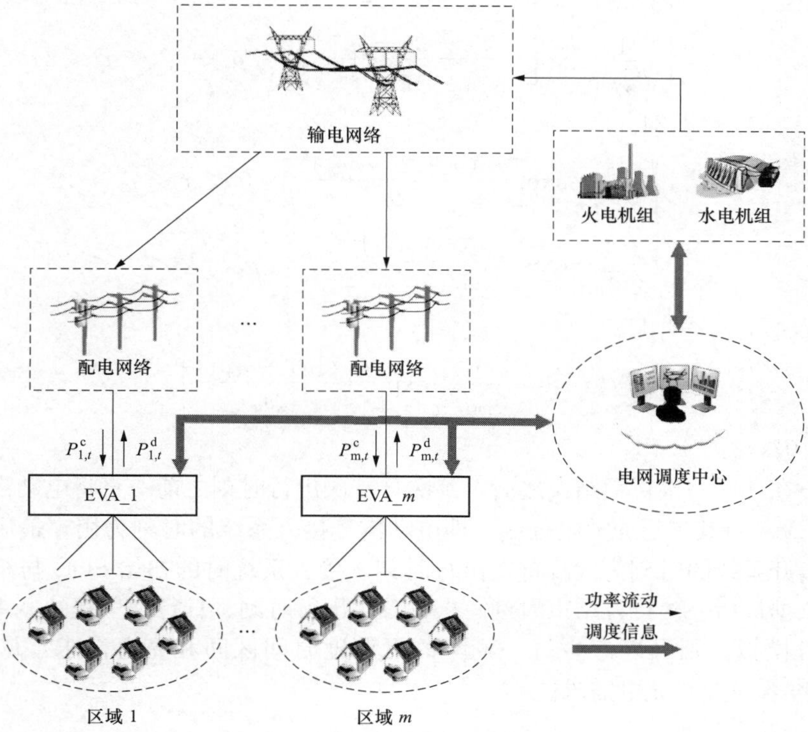

图 18.1 分层分区的电动汽车调度架构

为了实现电网调度中心对电动汽车的调度，各电动汽车车主应提前向所属 EVA 申报相关的信息。这些信息包括但不限于期望行驶里程、首次接入系统时刻、离开系统时刻、离开系统时的期望荷电状态（State of Charge，SOC）等。各 EVA 对车主的申报信息进行汇总，计算出各时段的可调度容量，并发送给电网调度中心。电网调度中心根据各 EVA 的可调度容量，以总发电成本最小为目标，制定各 EVA 每个时段的充放电计划。因此，对于电网调度中心而言，最关键的是获得各 EVA 每个时段的可调度容量，即最大充放电功率。另外一方面，各 EVA 还需要满足车主的充电需求。在整个调度周期内，虽然每个时段各 EVA 充放电功率不同，但其总充电电量应等于各车辆总的充电需求。电网调度中心在制定调度计划时，应将各 EVA 的总充电需求作为约束条件考虑在内。车辆的出行具有随机性，本章基于车辆出行规律的统计分析，采用蒙特卡洛方法随机模拟车辆的日行驶里程、接入系统时间、离开系统时间等信息，并依据这些信息计算 EVA 的可调度容量及总充电需求。

18.4.2 车辆出行规律统计分析

美国交通部对全美家用车辆（National Household Travel Survey，NHTS）的出行情况进行了调查，并发布了调查结果。以该调查数据为基础，对车辆的首次出行时刻、最后一次行程结束时刻及日行驶里程进行统计分析。结果表明，车辆首次出行时刻和最后一次行程结束时刻近似服从正态分布，而日行驶里程近似服从对数正态分布。其概率密度函数分别如式（18.1）～式（18.3）所示。

$$f_s(x)=\begin{cases}\dfrac{1}{\sqrt{2\pi}\sigma_s}\exp\left[-\dfrac{(x-\mu_s)^2}{2\sigma_s^2}\right] & 0<x\leqslant\mu_s+12\\ \dfrac{1}{\sqrt{2\pi}\sigma_s}\exp\left[-\dfrac{(x-24-\mu_s)^2}{2\sigma_s^2}\right] & \mu_s+12<x\leqslant 24\end{cases}\tag{18.1}$$

式中：$\mu_s=8.92$，$\sigma_s=3.24$。

$$f_e(x)=\begin{cases}\dfrac{1}{\sqrt{2\pi}\sigma_e}\exp\left[-\dfrac{(x+24-\mu_e)^2}{2\sigma_e^2}\right] & 0<x\leqslant\mu_e-12\\ \dfrac{1}{\sqrt{2\pi}\sigma_e}\exp\left[-\dfrac{(x-\mu_e)^2}{2\sigma_e^2}\right] & \mu_e-12<x\leqslant 24\end{cases}\tag{18.2}$$

式中：$\mu_e=17.47$，$\sigma_e=3.41$。

$$f_d(x)=\frac{1}{\sqrt{2\pi}\sigma_d x}\exp\left[-\frac{(\ln x-\mu_d)^2}{2\sigma_d^2}\right]\tag{18.3}$$

式中：$\mu_d=3.02$，$\sigma_d=1.12$。

假定用户在最后一次行程结束之后，到次日首次出行时刻之前一直将电动汽车与电网连接，并接受 EVA 对其进行充放电控制，即电动汽车接入系统的时刻为用户最后一次行程结束时刻，而离开系统的时刻为次日首次出行时刻。接入系统时的初始 SOC 与车辆的日行驶里程有关。依据最后一次行程结束时刻、次日首次出行时刻、日行驶里程的概率分布，通过蒙特卡洛随机模拟，则可以产生每一辆车的可调度时间区间和充电需求，从而求得整个 EVA 的可调度容量及总充电需求。

18.4.3 EVA 可调度容量及总充电需求计算

对于某一 EVA 来说，在某时段 t，其可调度容量，即最大充电功率和最大放电功率可分别由式（18.4）和式（18.5）计算。

$$P_{k,t}^{c,\max}=\sum_{i=1}^{N_k}p_{k,i}^{c,\max}I_{k,i,t}\tag{18.4}$$

$$P_{k,t}^{d,\max}=\sum_{i=1}^{N_k}p_{k,i}^{d,\max}I_{k,i,t}\tag{18.5}$$

式中：$P_{k,t}^{c,\max}$、$P_{k,t}^{d,\max}$为分别为第 k 个 EVA 在 t 时段的最大充电功率和最大放电功率；N_k为第 k 个 EVA 下属的电动汽车数；$I_{k,i,t}$为第 k 个 EVA 下属第 i 辆电动汽车在时段 t 是否接入系统的标志变量，其中 $I_{k,i,t}=1$ 表示该时刻接入系统，$I_{k,i,t}=0$ 表示未接入系统；$p_{k,i}^{c,\max}$、$p_{k,i}^{d,\max}$分别为第 k 个 EVA 下属第 i 辆电动汽车的最大充电功率和最大放电功率，其计算公式如下：

$$p_{k,i}^{c,\max}=q_c^{\max}E_{k,i}/\eta_c\tag{18.6}$$

$$p_{k,i}^{d,\max}=q_d^{\max}E_{k,i}\eta_d\tag{18.7}$$

式中：$q_c^{\max}$、$q_d^{\max}$分别为电动汽车的最大充电速率和最大放电速率；$E_{k,i}$为第 i 辆电动汽车的电池容量，与电动汽车的类型有关；η_c、η_d分别为充、放电效率。

在整个调度周期（一天）内，EVA 应满足用户的充电需求，即电动汽车电池的 SOC 应到达用户事先设定的目标值，以满足用户下段行程的需要。其中，第 i 辆电动汽车的充电量为：

$$w_{k,i}^{c}=(S_{k,i}^{e}-S_{k,i}^{0})E_{k,i}\tag{18.8}$$

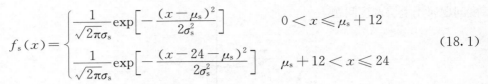

式中：$S_{k,i}^{0}$、$S_{k,i}^{e}$分别为第 i 辆电动汽车接入系统时的初始 SOC 和离开系统时期望达到的 SOC。$S_{k,i}^{0}$可由电动汽车的日行驶里程计算：

$$S_{k,i}^{0} = (S_{k,i}^{ex} - d_{k,i}/D_{k,i}^{max}) \times 100\% \tag{18.9}$$

$$D_{k,i}^{max} = E_{k,i}/Q_i \tag{18.10}$$

式中：$S_{k,i}^{ex}$ 为行驶前电池的荷电状态；$d_{k,i}$ 为第 i 辆电动汽车的行驶里程；$D_{k,i}^{max}$ 为满电状态下电动汽车可行驶的最大里程；Q_i 为每千米的耗电量。

在整个调度周期内，第 k 个 EVA 总的充电量为：

$$w_k^c = \sum_{i=1}^{N_k} w_{k,i}^c \tag{18.11}$$

18.5 含电动汽车的动态经济调度模型

18.5.1 目标函数

含电动汽车动态经济调度问题的目标函数包括两个部分，第 1 部分为考虑阀点效应的常规机组发电成本；第 2 部分为考虑各 EVA 充放电功率的系统净负荷方差函数，此方差函数表示负荷波动的惩罚成本。具体表示形式为：

$$\min C = \sum_{t=1}^{T} \sum_{n=1}^{N_G} F_{n,t}(P_{n,t}) + Mf_{VAR}(P_t^{net}) \tag{18.12}$$

$$F_{n,t}(P_{n,t}) = a_n + b_n P_{n,t} + c_n P_{n,t}^2 + | e_n + \sin(f_n \times (P_n^{min} - P_{n,t})) | \tag{18.13}$$

$$P_t^{net} = P_t^{load} + \sum_{j=1}^{m} (P_{j,t}^c - P_{j,t}^d) \tag{18.14}$$

式中：C 为系统总成本；T 为调度周期的时段数；N_G 为发电机台数；$P_{n,t}$ 为第 n 台发电机在第 t 个调度时段的出力；$F_{n,t}(P_{n,t})$ 为发电机的燃料费用函数；a_n、b_n、c_n 为分别为相应的燃料费用系数；e_n、f_n 为阀点效应系数；P_n^{min} 为发电机出力下限；$f_{VAR}(P_t^{net})$ 为方差函数；P_t^{net} 为考虑 EVA 充放电功率的系统净负荷；P_t^{load} 为 t 时段系统的基础负荷；m 为 EVA 的个数；$P_{j,t}^c$、$P_{j,t}^d$ 为分别为第 j 个 EVA 在 t 时段的充、放电功率；M 为一个足够大的正数，表示负荷波动的惩罚系数。

18.5.2 约束条件

（1）系统有功功率平衡：

$$\sum_{n=1}^{N_G} P_{n,t} = P_t^{net} + P_{loss}(t) \qquad t = 1,2,\cdots,T \tag{18.15}$$

式中：$P_{loss}(t)$ 为系统第 t 个时段的网损，可采用 B 系数法求解：

$$P_{loss}(t) = \sum_{i=1}^{N_G} \sum_{j=1}^{N_G} P_{i,t} B_{ij} P_{j,t} \qquad t = 1,2,\cdots,T \tag{18.16}$$

式中：B_{ij} 为网损系数。

（2）发电机出力约束：

$$P_n^{min} \leqslant P_{n,t} \leqslant P_n^{max} \quad n = 1,2,\cdots,N_G, \quad t = 1,2,\cdots,T \tag{18.17}$$

式中：$P_n^{\min}$、$P_n^{\max}$分别为发电机有功出力的下限和上限。

（3）爬坡率约束：

$$\begin{cases} P_{n,t} - P_{n,t-1} \leqslant R_n^{\mathrm{U}} \\ P_{n,t-1} - P_{n,t} \leqslant R_n^{\mathrm{D}} \end{cases} \quad n = 1,2,\cdots,N_{\mathrm{G}}, \qquad t = 1,2,\cdots,T \tag{18.18}$$

式中：R_n^{U} 和 R_n^{D} 分别为第 n 台发电机的上调限值和下调限值。

式（18.17）和式（18.18）可结合表示为：

$$\max\{P_n^{\min}, P_{n,t-1} - R_n^{\mathrm{D}}\} \leqslant P_{n,t} \leqslant \min\{P_n^{\max}, P_{n,t-1} + R_n^{\mathrm{U}}\}$$
$$n = 1,2,\cdots,N_{\mathrm{G}} \qquad t = 1,2,\cdots,T \tag{18.19}$$

（4）充、放电功率约束：

$$0 \leqslant P_{j,t}^{\mathrm{c}} \leqslant c_{j,t} P_{j,t}^{\mathrm{c,max}} \quad j = 1,2,\cdots,m, \quad t = 1,2,\cdots,T \tag{18.20}$$

$$0 \leqslant P_{j,t}^{\mathrm{d}} \leqslant d_{j,t} P_{j,t}^{\mathrm{d,max}} \quad j = 1,2,\cdots,m, \quad t = 1,2,\cdots,T \tag{18.21}$$

式中：$c_{j,t}$ 为充电状态变量（0/1）；$d_{j,t}$ 为放电状态变量（0/1）。

（5）充、放电状态约束：

$$0 \leqslant c_{j,t} + d_{j,t} \leqslant 1 \quad j = 1,2,\cdots,m, \quad t = 1,2,\cdots,T \tag{18.22}$$

（6）电量平衡：

$$\sum_{t=1}^{T} \left(\eta^{\mathrm{c}} P_{j,t}^{\mathrm{c}} - \frac{P_{j,t}^{d}}{\eta^{d}} \right) \Delta t = w_j^{\mathrm{c}} \quad j = 1,2,\cdots,m, \quad t = 1,2,\cdots,T \tag{18.23}$$

式中：η^{c}、η^{d}分别为电动汽车的充、放电效率；Δt 为时段长度；w_j^{c}为整个调度周期内第 j 个 EVA 的总充电需求。

18.6 自适应混沌生物地理学优化方法（SaCBBO）

18.6.1 标准 BBO 算法

生物地理学是一门研究生物种群在地球表面不同地理区域分布规律的学科，包括物种在不同栖息地（habitat）之间的迁移及栖息地物种的变异等[46]。受生物地理学的启发，Dan Simon 于 2008 年提出了模拟物种迁移、变异等操作的生物地理学优化算法（BBO）。该算法将待求解问题的每一个可行解视为一个栖息地（即种群中的个体），每一个栖息地具有 D 维分量，分别代表每一个待求解的变量，每一维分量又称为该栖息地的适应度指数变量（Suitability Index Variables，SIV），每一个可行解对应的适应度值称之为该栖息地的适应度指数（Habitat Suitability Index，HSI）。BBO 算法通过执行栖息地物种迁移、变异等操作实现种群的进化，从而找到待求解问题的最优解。

18.6.1.1 迁移操作

若某个栖息地具有较高的 HSI，表明该栖息地较适宜于生存，势必具有较多的物种。受生存环境的限制，该栖息地将会具有较小的迁入概率和较大的迁出概率。反之，若某个栖息地具有较低的 HSI，则该栖息地具有较大的迁入概率和较小的迁出概率。该规律称之为物种的迁徙模型。标准 BBO 中，采用线性模型描述迁入概率 λ_i、迁出概率 μ_i 与该栖息地物种数量 S_i之间的关系，如式（18.24）和式（18.25）所示。

$$\lambda_i = I\left(1 - \frac{S_i}{S_{\max}}\right) \tag{18.24}$$

$$\mu_i = \frac{ES_i}{S_{\max}} \tag{18.25}$$

式中：I、E 分别表示最大迁入概率、最大迁出概率；$S_{\max}$表示最大物种数。

迁移操作的主要过程为：首先计算每个栖息地的 HSI 及物种数量 S_i，得到其迁入概率 λ_i及迁出概率μ_i；然后对于每一个栖息地 H_i，根据其迁入概率 λ_i决定其某一维 SIV 是否需要修改，若需要修改，则依迁出概率选择某个需要迁出的个体 H_e，并将该个体的 SIV 替换 H_i中相应的 SIV。可以看出，迁移操作能够实现不同个体之间的信息共享，从而使较差的可行解在较好的可行解指导下得到改进。

18.6.1.2　变异操作

当某个栖息地处于相对平衡状态时，物种数量概率 Q_i较大，其受外界环境影响发生突变的可能性较小；而当某个栖息地的物种数量较少或者较大时，物种数量概率 Q_i较小，其受外界环境影响发生突变的可能性较大。栖息地的变异概率 b_i与相应的物种数量概率 Q_i的变化关系可由式（18.26）表示：

$$b_i = b_{\max}\left(\frac{1-Q_i}{Q_{\max}}\right) \tag{18.26}$$

式中：$b_{\max}$为事先给定的最大变异概率；$Q_{\max}=\max\{Q_i,\ i=1,\ 2,\ \cdots,\ N\}$，$N$ 为种群规模。

变异操作的主要过程为：首先计算物种数量概率 Q_i和变异概率 b_i，然后依据变异概率决定是否需要执行变异操作，若需要变异，则将一随机产生的 SIV 替代 H_i中相应的 SIV。

18.6.2　SaCBBO 算法

为了提高算法的局部和全局搜索能力，将自适应策略及混沌搜索引入到标准 BBO 算法中，对其初始种群的产生、迁徙模型、迁移操作、变异操作等进行相应的改进，提出了一种改进 BBO 算法，称之为自适应混沌生物地理学优化算法（SaCBBO）。

18.6.2.1　混沌初始化

采用分段 Logistic 混沌映射进行混沌初始化，其表达式为：

$$x_{i+1} = \begin{cases} 4\sigma x_i(0.5-x_i), & 0 \leqslant x_i < 0.5 \\ 1-4\sigma x_i(x_i-0.5)(1-x_i), & 0.5 \leqslant x_i \leqslant 1 \end{cases} \tag{18.27}$$

式中：σ 为混沌吸引因子，一般取为 4。

混沌初始化的主要步骤为：首先随机产生一个初始点 $\mathbf{X}_1$，其每一维分量为（0，1）之间的随机数，维数为待求解变量的个数；然后根据式（18.27），得到 L 个混沌向量 $\mathbf{X}_1$、$\mathbf{X}_2$、…、$\mathbf{X}_L$，将这 L 个混沌向量变换到待求解变量的取值区间，得到 L 个解空间向量 $\mathbf{X}_1'$、$\mathbf{X}_2'$、…、$\mathbf{X}_L'$，分别计算其目标函数的适应度，最后选取适应度较好的前 N 个解空间向量作为算法的初始种群。

18.6.2.2　正弦迁徙模型

标准 BBO 算法采用线性迁徙模型，而实际的生态系统往往具有非线性。因此，采用正弦迁徙模型来计算迁入概率和迁出概率，如式（18.28）和（18.29）所示。

$$\lambda_i = 0.5I\left[\cos\left(\frac{\pi S_i}{S_{\max}}\right)+1\right] \tag{18.28}$$

$$\mu_i = 0.5E\left[-\cos\left(\frac{\pi S_i}{S_{\max}}\right)+1\right] \tag{18.29}$$

18.6.2.3 自适应迁移算子

标准 BBO 算法在进行迁移操作时并不能保留自身特征，这里采用如下式所示的自适应混杂迁移算子：

$$H_i(SIV) \leftarrow \alpha_{ie} H_i(SIV) + (1-\alpha_{ie}) H_e(SIV) \tag{18.30}$$

式中：α_{ie}采用自适应调整策略，即

$$\alpha_{ie} = \frac{HSI_e}{HSI_i + HSI_e + \varepsilon} \tag{18.31}$$

式中：ε 为一个极小值。

由上式可知，当前个体可以根据其自身 HSI 和随机选择个体的 HSI 自适应决定迁移后的个体特征，从而避免破坏迁移过程中部分优良个体的信息。

18.6.2.4 自适应差分变异算子

标准 BBO 算法在变异阶段采用整个搜索空间的一个随机个体代替变异个体，可能会影响算法后期的收敛速度。本章采用自适应差分变异算子来进行变异操作，通过一个随机选择的个体和变异个体的差分向量来避免迭代后期变异的盲目性，即

$$H_i(SIV) \leftarrow H_i(SIV) + \beta(H_r(SIV) - H_i(SIV)) \tag{18.32}$$

式中：$H_r(SIV)$ 为一随机个体；β 为采用自适应策略调整的参数，其计算公式为：

$$\beta = \frac{\sum_{j=1}^{N}(HSI_j - HSI_{best})}{1 + \sum_{j=1}^{N}(HSI_j - HSI_{best})} \tag{18.33}$$

式中：N 为种群规模，HSI_{best}为当前种群的最好适应度。

在迭代初期，个体间的适应度差别较大，此时 $\sum_{j=1}^{N}(HSI_j - HSI_{best}) \to \infty, \beta \to 1$，当前个体变异程度较大；在迭代后期，种群聚集在最优个体周围，此时 $\sum_{j=1}^{N}(HSI_j - HSI_{best}) \to 0, \beta \to 0$，当前个体变异程度较小。

18.6.2.5 自适应混沌搜索

标准 BBO 算法在进化后期个体之间逐渐趋同，表现出寻优“惰性”，使算法容易陷入局部最优。为此，可采用自适应混沌搜索策略，在进化初期，以较小的概率对当前最优个体进行混沌搜索，以保证算法的收敛速度；在进化后期，以较大的概率对当前最优个体进行混沌搜索，以避免算法陷入局部最优。定义混沌搜索概率 ζ_g 按下式进行自适应变化：

$$\zeta_g = 1 - \frac{1}{1+\ln g} \tag{18.34}$$

式中：g 为算法迭代次数。

由上式可知，$g=1$ 时，$\zeta_g=0$；$g\to\infty$时，$\zeta_g\to 1$。

在每一次混沌搜索过程中，令 BBO 算法当前迭代搜索到的最优解为 HSI_{best}，其对应的最优个体为 $H_{best}(SIV)$，以 $H_{best}(SIV)$ 为中心进行搜索，如下式所示：

$$H_c(SIV) = H_{best}(SIV) + \omega\theta\mathbf{X}'_c \tag{18.35}$$

式中：$H_c(SIV)$ 为第 c 次搜索产生的混沌个体；$\mathbf{X}'_c$ 为根据式（18.27）产生的混沌向量对应的解空间向量；θ 为一较小的常数；ω 为调整系数，其定义如下：

$$\omega=\begin{cases}1, R\geqslant 0.5\\ -1,\text{其他}\end{cases}\tag{18.36}$$

式中：R 为（0，1）区间内均匀分布的一个随机数。

ω 的设置能够扩展搜索的范围，使 $H_{\text{best}}(SIV)$ 的负方向也能被搜索。计算 $H_c(SIV)$ 对应的适应度 HSI_c 并与 HSI_{best} 比较，若 HSI_c 好于 HSI_{best}，则将当前搜索的最优解替换 HSI_{best}；否则返回，进行下一次搜索，直到一定步数内 HSI_{best} 保持不变或达到给定的最大搜索次数 $c_{\max}$。

18.6.2.6　SaCBBO 算法实现步骤

综上所述，SaCBBO 算法的基本实现步骤如表 18.1 所示。

表 18.1　SaCBBO 算法实现步骤

步骤	SaCBBO 算法
1）	采用分段 Logistic 混沌映射产生初始种群
2）	评价初始种群的个体适应度
3）	按照适应度将种群从优到劣进行排序
4）	初始化迭代次数 $g=1$
5）	当未满足终止条件时执行
6）	根据正弦迁徙模型计算每个个体（栖息地）
7）	对应的种群数量、迁入概率和迁出概率
8）	对种群执行自适应迁移算子操作
9）	对种群执行自适应差分变异算子操作
10）	评价新一代种群的个体适应度
11）	按照适应度将种群从优到劣进行排序
12）	依据混沌搜索概率对当前最优个体进行混沌搜索 执行精英策略：将上一代种群 $100t\%$ 个最好 个体覆盖一代种群 $100t\%$ 个最差个体
13）	再次按照适应度将种群从优到劣进行排序
14）	$g=g+1$
15）	循环结束

18.6.3　求解流程

基于 SaCBBO 算法的含电动汽车动态经济调度问题的求解流程如图 18.2 所示。

其具体步骤描述如下：

步骤 1：输入系统参数，如发电机出力限值、燃料费用系数、发电效应系数、各时段负荷等，设置 SaCBBO 算法的初始参数，如种群规模、迭代次数、最大迁入迁出概率、最大混沌搜索次数等。

步骤 2：通过蒙特卡洛方法随机模拟电动汽车的行驶特性，计算各 EVA 的最大充放电功率时间分布及总的充电需求。

步骤 3：根据式（18.27），由混沌空间的一随机初始值开始，利用分段 Logistic 混沌映

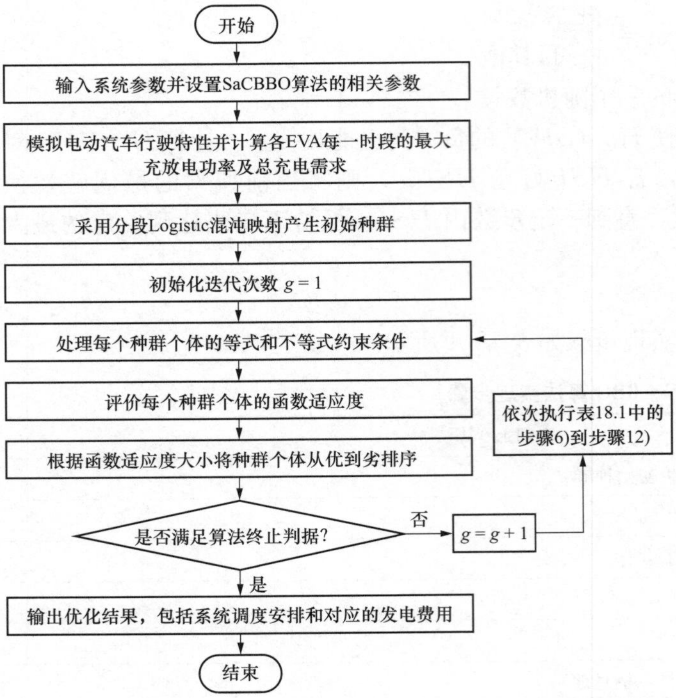

图 18.2　SaCBBO 求解含电动汽车动态经济调度问题的流程图

射产生初始种群。

步骤 4：初始化迭代次数 $g=1$。

步骤 5：处理每个种群个体的等式和不等式约束条件。其中，对于等式约束条件，通过修改随机选择的某个个体的 *SIV* 来逐步消除残差，直到满足一定的精度要求；对于不等式约束条件，采用截断的方式对越限的 *SIV* 直接赋予限值。

步骤 6：按照式（18.12）～式（18.24）评价每个种群个体的目标函数适应度。

步骤 7：依据适应度大小对种群个体进行排序。

步骤 8：判断是否满足终止条件，若满足，转到步骤 10；否则，$g=g+1$，并进入下一步。

步骤 9：执行表 18.1 中的步骤 6）～步骤 12）对应的进化计算，然后转到步骤 5。

步骤 10：输出优化结果，算法结束。

18.7　算例分析

18.7.1　仿真参数

以 10 机系统为例进行仿真分析，其相关参数见附录。以 2009 年美国冬季负荷量和汽车保有量的比例做参照，假设测试系统的汽车保有量为 50 万辆，电动汽车渗透率为 30%。系统内 EVA 的数量为 3，各 EVA 下属的电动汽车数如表 18.2 所示。本章所讨论的电动汽车为插电式混合动力汽车（Plug - in Hybrid Electric Vehicle，PHEV），分为 PHEV20、PHEV33、PHEV40、PHEV60 四类。各类型电动汽车所占比例及电池容量如表 18.3 所示。电动汽车其他相关参数如表 18.4 所示。

表 18.2　　各 EVA 下属的电动汽车数量

EV 集控中心	EVA－1	EVA－2	EVA－3
数量（辆）	30000	50000	70000

通过蒙特卡洛模拟法随机抽取每辆电动汽车的行驶数据，包括最后一次行驶结束时刻、次日首次出行时刻、日行驶里程等，计算每辆电动汽车各时段的连接状态及初始 SOC，从而确定每个 EVA 各时段的最大充电功率、最大放电功率及总充电需求，计算结果如表 18.5 所

示。最大充放电功率的变化曲线如图 18.3 所示。

表 18.3　各类型电动汽车的比例及电池容量

电动汽车类型	PHEV20	PHEV33	PHEV40	PHEV60
比例	38%	26%	20%	16%
电池容量（kWh）	6	9.9	12	18

表 18.4　电动汽车其他相关参数

参数名称	数值	参数名称	数值
最大充电速率	0.2	放电效率	0.9
最大放电速率	0.2	每公里耗电量（kWh/km）	0.19
充电效率	0.9	离开系统时的期望 SOC	0.95

表 18.5　各 EVA 各时段最大充、放电功率及总充电需求

时段	EVA-1		EVA-2		EVA-3	
	最大充电功率（MW）	最大放电功率（MW）	最大充电功率（MW）	最大放电功率（MW）	最大充电功率（MW）	最大放电功率（MW）
1	67.3108	54.5217	112.0916	90.7942	156.9261	127.1102
2	66.7213	54.0442	111.1213	90.0082	155.3712	125.8507
3	65.5791	53.1191	109.1281	88.3938	152.6337	123.6333
4	63.3992	51.3534	105.8330	85.7247	147.8347	119.7461
5	60.0343	48.6278	100.4451	81.3605	140.0087	113.4071
6	55.2751	44.7729	92.3969	74.8415	128.7813	104.3129
7	49.1657	39.8242	81.9009	66.3397	114.1977	92.5001
8	41.6849	33.7648	69.4534	56.2573	96.7344	78.3549
9	33.6631	27.2671	56.0834	45.4276	78.3795	63.4874
10	25.7981	20.8964	43.0979	34.9093	60.0305	48.6247
11	19.1128	15.4814	32.1360	26.0302	44.8710	36.3455
12	14.7943	11.9834	24.3472	19.7212	33.9208	27.4758
13	12.9053	10.4533	21.2041	17.1753	29.2858	23.7215
14	13.6697	11.0724	22.8674	18.5226	31.0930	25.1853
15	17.1461	13.8884	28.6952	23.2431	39.5565	32.0407
16	22.6308	18.3309	38.4967	31.1824	53.1511	43.0524
17	29.7779	24.1201	50.5050	40.9090	69.9475	56.6574
18	37.5281	30.3977	63.4648	51.4065	87.9849	71.2677
19	45.3617	36.7429	76.3605	61.8520	105.8883	85.7695
20	52.6891	42.6781	87.6549	71.0004	122.3293	99.0867

续表

时段	EVA-1		EVA-2		EVA-3	
	最大充电功率（MW）	最大放电功率（MW）	最大充电功率（MW）	最大放电功率（MW）	最大充电功率（MW）	最大放电功率（MW）
21	58.3367	47.2527	97.1085	78.6579	135.7795	109.9814
22	62.7025	50.7890	104.1140	84.3323	146.0078	118.2663
23	65.6013	53.1370	109.1316	88.3966	152.7811	123.7527
24	67.5600	54.7236	112.6000	91.2060	157.6400	127.6884
总充电需求（MWh）	156.0290		260.5567		363.6796	

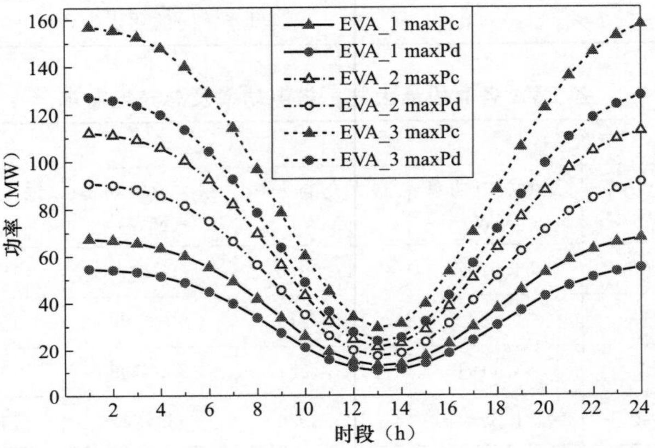

图 18.3 各 EVA 最大充、放电功率变化曲线

图 18.3 中，maxPc、maxPd 分别代表最大充电功率和最大放电功率。可以看出，各 EVA 的 maxPc 和 maxPd 均呈现先减小后增大的趋势，在 13 时左右达到最低，午夜时刻达到最高。这是由于大多数车辆从早上开始陆续出行，与系统连接的车辆逐渐减少，而接近下午的时候，陆续有车辆结束了一天的行程，与系统连接的车辆逐渐增多。

采用 SaCBBO 算法进行优化时，其相关参数设置如表 18.6 所示。

表 18.6　　算法相关参数设置

参数名称	数值	参数名称	数值
种群大小	100	最大变异概率	0.01
最大迭代次数	10000	精英策略参数	10%
最大迁入概率	1.0	初始混沌向量个数	120
最大迁出概率	1.0	混沌搜索最大次数	20

18.7.2 不考虑放电时的优化结果

在不考虑电动汽车放电的情景下，采用所提算法优化各时段的发电机出力及各 EVA 的充电功率，得到最优调度方案如表 18.7 所示，系统总发电成本为＄1105710.75。可以看出，通过优化调度计划，各 EVA 主要利用晚上负荷低谷时段充电。

表 18.7 不考虑放电时的最优调度方案 MW

时段	负荷	P_1	P_2	P_3	P_4	P_5	P_6	P_7
1	1036	275.89	406.78	75.08	65.63	105.82	104.69	130.00
2	1110	284.00	386.92	153.27	90.02	73.17	104.87	100.27
3	1258	294.09	346.18	198.37	109.98	118.24	84.94	106.12
4	1406	216.89	317.57	171.39	159.98	168.24	134.94	130.00
5	1480	296.89	380.43	155.60	112.76	142.22	130.75	100.00
6	1628	376.87	346.55	179.92	118.75	192.22	123.79	82.74
7	1702	353.70	336.35	235.61	152.15	182.03	138.81	112.74
8	1776	424.38	282.51	274.16	186.15	184.77	159.46	91.32
9	1924	440.97	359.58	296.48	199.51	182.03	131.86	106.82
10	2072	470.00	420.16	340.00	196.17	189.26	160.00	91.23
11	2146	470.00	460.00	303.90	245.65	225.87	160.00	89.26
12	2220	470.00	460.00	325.12	295.65	230.29	160.00	119.26
13	2072	467.35	455.60	256.76	300.00	242.23	140.66	99.97
14	1924	455.69	383.01	266.69	250.00	192.47	151.61	91.74
15	1776	388.99	303.02	186.69	225.08	241.13	157.64	76.45
16	1554	326.08	280.99	126.83	212.88	227.85	109.76	106.43
17	1480	351.51	271.08	206.78	197.56	182.82	62.89	90.37
18	1628	340.17	312.53	177.30	247.56	226.45	93.48	100.01
19	1776	350.78	384.32	257.30	253.60	176.45	106.24	101.47
20	2072	367.97	459.57	329.23	253.50	219.30	156.20	102.64
21	1924	397.69	379.57	334.97	203.65	169.30	138.79	100.00
22	1628	320.48	371.57	259.23	194.85	164.43	94.17	70.00
23	1332	314.49	311.95	179.23	181.26	123.71	57.00	79.64
24	1184	369.52	231.95	197.81	131.26	163.95	57.68	71.41

时段	负荷	P_8	P_9	P_{10}	EVA-1	EVA-2	EVA-3	网损
1	1036	47.00	80.00	55.00	65.44	98.53	111.23	34.69
2	1110	65.64	50.00	55.00	63.49	80.91	79.47	29.29
3	1258	77.00	20.00	55.00	36.75	0	88.62	26.55
4	1406	47.00	50.00	55.00	0	16.89	0	28.12
5	1480	77.00	62.01	55.00	0	0	0	32.66
6	1628	107.00	80.00	55.00	0	0	0	34.84
7	1702	105.26	65.04	55.00	0	0	0	34.69
8	1776	100.69	51.91	55.00	0	0	0	34.35
9	1924	119.89	73.63	55.00	0	0	0	41.77
10	2072	120.00	80.00	55.00	0	0	0	49.82

续表

时段	负荷	P_1	P_2	P_3	P_4	P_5	P_6	P_7
11	2146	119.28	73.44	55.00	0	0	0	56.40
12	2220	120.00	43.44	55.00	0	0	0	58.76
13	2072	90.81	20.00	55.00	0	0	0	56.38
14	1924	89.98	32.84	55.00	0	0	0	45.03
15	1776	119.50	60.14	55.00	0	0	0	37.64
16	1554	89.98	50.00	55.00	0	0	0	31.80
17	1480	68.33	20.00	55.00	0	0	0	26.34
18	1628	85.56	23.55	55.00	0	0	0	33.61
19	1776	78.97	50.78	55.00	0	0	0	38.91
20	2072	108.97	71.85	55.00	0	0	0	52.23
21	1924	110.46	76.07	55.00	0	0	0	41.50
22	1628	88.39	49.91	55.00	7.69	0	0	32.34
23	1332	59.68	30.23	55.00	0	35.27	0	24.92
24	1184	89.68	20.00	55.00	0	57.91	124.77	21.58

考虑电动汽车的充电负荷，优化得到的系统净负荷曲线如图 18.4 所示。比较图中曲线可以发现：在目标函数中考虑方差函数能够降低净负荷曲线的波动，从而降低常规机组的频繁调节。不考虑方差函数时，电动汽车可能会在系统负荷高峰时充电，造成“峰上加峰”，如图中的12 时，曲线 3 的峰值明显高于曲线 1 和曲线 2，这将会拉大系统的峰谷差，不利于系统的经济运行。

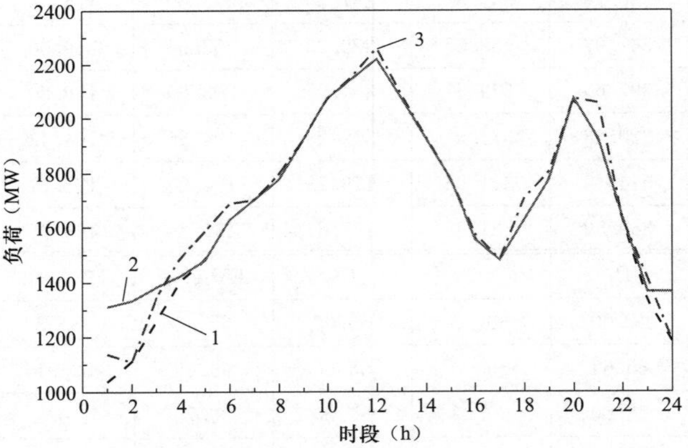

图 18.4 考虑 EVA 充电的系统净负荷曲线

1—系统基础负荷；2—考虑方差函数时的系统净负荷；3—不考虑方差函数时的系统净负荷

18.7.3 考虑放电时的优化结果

考虑各 EVA 放电时，系统总发电成本由＄1105710.75 降低至＄1092057.75，发电成本约降低 1.23%，系统最优调度方案如表 18.8 所示，各 EVA 的有功出力如图 18.5 所示，其中负值表示放电功率，正值表示充电功率。

表 18.8　　考虑放电时的最优调度方案　　MW

时段	负荷	P_1	P_2	P_3	P_4	P_5	P_6	P_7
1	1036	398.69	135.00	325.78	141.84	73.00	57.30	130.00
2	1110	401.74	135.00	259.69	150.19	123.00	107.00	130.00
3	1258	448.14	180.02	284.55	100.19	143.08	156.09	100.00
4	1406	384.38	222.22	304.09	117.26	104.55	158.25	100.00
5	1480	378.21	238.23	254.92	114.40	154.55	158.74	95.68
6	1628	341.03	318.23	334.92	101.10	104.55	128.96	125.68
7	1702	303.94	398.23	320.42	127.24	134.58	158.46	130.00
8	1776	366.66	415.89	246.13	177.24	173.00	160.00	130.00
9	1924	446.66	400.93	326.13	188.58	175.29	136.48	130.00
10	2072	459.83	393.98	337.95	205.02	180.49	148.20	110.91
11	2146	455.99	415.21	307.24	244.12	226.80	144.46	129.97
12	2220	470.00	431.51	340.00	240.83	243.00	159.94	130.00
13	2072	390.00	460.00	307.59	243.34	243.00	140.68	130.00
14	1924	368.34	418.50	247.39	273.88	208.95	127.67	130.00
15	1776	349.20	401.90	185.02	223.88	232.09	135.28	127.09
16	1554	299.44	321.90	180.58	217.17	194.63	110.00	97.24
17	1480	282.51	241.99	260.58	167.2	229.41	86.93	98.37
18	1628	360.44	306.59	263.38	212.72	179.41	100.89	68.37
19	1776	397.81	386.55	215.45	167.17	215.59	149.82	98.37
20	2072	437.05	398.99	289.82	178.14	211.02	160.00	93.23
21	1924	388.48	323.23	233.14	228.14	193.60	158.75	89.62
22	1628	450.87	307.45	174.23	178.14	171.65	159.68	59.62
23	1332	370.87	288.59	210.71	216.44	122.12	110.84	89.62
24	1184	375.45	296.52	130.99	218.56	172.12	120.86	85.42
时段	负荷	P_8	P_9	P_{10}	EVA－1	EVA－2	EVA－3	网损
1	1036	47.00	20.00	55.00	65.42	108.22	154.88	19.09
2	1110	47.98	49.99	55.00	64.89	107.50	154.93	22.27
3	1258	49.51	23.77	55.00	35.52	79.60	140.97	26.26
4	1406	47.00	50.01	55.00	0	79.46	31.07	26.23
5	1480	77.00	20.11	55.00	41.29	0	0	25.55
6	1628	98.76	50.11	55.00	0	0	0	30.34
7	1702	81.30	30.32	55.00	0	0	0	37.49
8	1776	72.57	22.00	55.00	0	0	0	42.49
9	1924	81.55	28.66	55.00	0	0	0	45.28
10	2072	111.09	50.00	55.00	−8.38	−25.63	−31.50	45.98

续表

时段	负荷	P_8	P_9	P_{10}	EVA-1	EVA-2	EVA-3	网损
11	2146	119.68	20.00	55.00	−15.48	−26.03	−36.35	50.32
12	2220	120.00	25.04	55.00	−11.98	−19.72	−27.48	54.50
13	2072	90.43	22.66	55.00	−8.36	−14.62	−18.97	52.65
14	1924	120.00	20.06	55.00	0	0	0	45.79
15	1776	90.00	20.00	55.00	0	0	0	43.46
16	1554	87.21	21.15	55.00	0	0	0	30.32
17	1480	57.21	50.78	55.00	0	4.21	19.93	25.84
18	1628	87.21	23.25	55.00	0	0	0	29.26
19	1776	106.93	24.18	55.00	0	0	0	40.87
20	2072	87.55	28.57	55.00	−36.73	−58.44	−81.95	44.49
21	1924	104.20	20.05	55.00	−31.28	−51.67	−82.48	35.64
22	1628	86.52	20.00	55.00	0	0	0	35.16
23	1332	64.78	20.10	55.00	41.20	59.11	88.98	27.77
24	1184	47.30	28.16	55.00	63.57	93.51	157.42	31.88

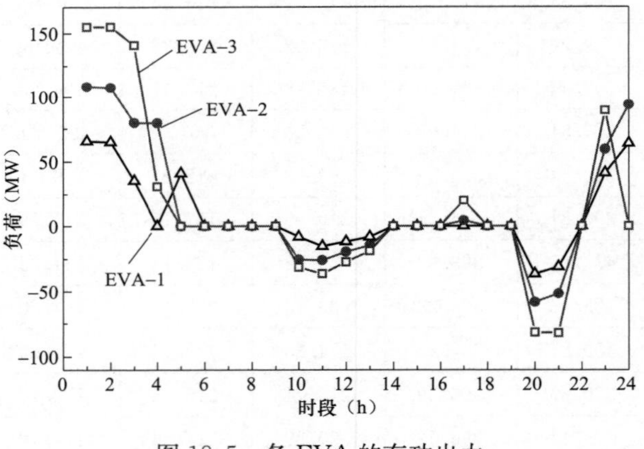

图 18.5　各 EVA 的有功出力

可以看出，在负荷高峰时段（如 10～13 时，20～21 时），EVA 代替小容量、高煤耗机组向电网送电，在系统负荷低谷时段（如 1～5 时，17 时，23～24 时），EVA 利用高效率机组充电，从而降低了系统的发电成本。图中 10～13 时各 EVA 出力较小的原因是因为该时段本身的可调容量较小（见图 18.3）。计及 EVA 充放电的系统净负荷曲线如图 18.6 所示，可以看出，通过合理安排 EVA 的充放电计划，能够减小系统峰谷差，实现“削峰填谷”的作用。

18.7.4　算法性能分析

为了与已有文献进行对比，以不含电动汽车的传统 DED 问题为例，对本章所提 SaCBBO 算法性能进行分析。测试系统同样采用 10 机系统，DED 模型中考虑网损和阀点效应。由于 SaCBBO 算法有 5 个改进部分，为了检验所提算法的有效性并分析不同改进部分对算法

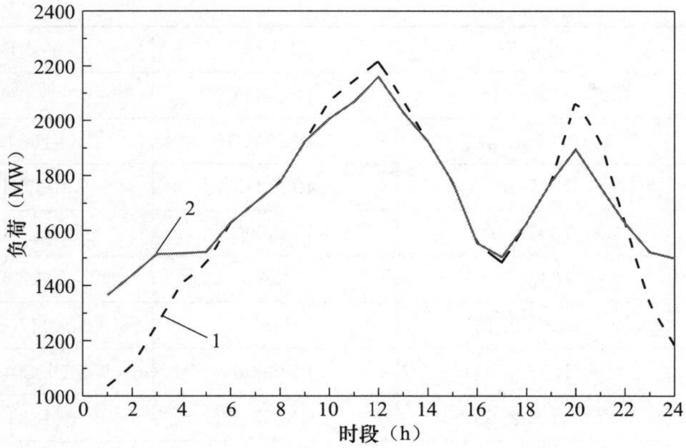

图 18.6　考虑 EVA 充放电的系统净负荷曲线

1—系统基础负荷；2—计及 EVA 充放电的系统净负荷

的影响，设置 SaCBBO 算法的 5 个变体如下：

变体 1：SaCBBO/ini（将 SaCBBO 的混沌初始化改为随机初始化，其他部分不变）；

变体 2：SaCBBO/sin（将 SaCBBO 的正弦迁徙模型改为线性模型，其他部分不变）；

变体 3：SaCBBO/mig（将 SaCBBO 的自适应迁移算子改为原始 BBO 的迁移算子，其他部分不变）；

变体 4：SaCBBO/mut（将 SaCBBO 的自适应差分变异算子改为原始 BBO 的变异算子，其他部分不变）；

变体 5：SaCBBO/cha（将 SaCBBO 的自适应混沌搜索去掉，其他部分不变）。

将 SaCBBO 与原始 BBO 及其 5 个变体进行比较，分别采用这 7 种算法对算例系统进行 50 次独立重复优化试验。在 50 次优化试验中不同算法所求得最优解的最小值、最大值、平均值及标准差分别如表 18.9 所示，表中还列出了部分已发表文献中关于该算例系统的优化结果。可以看出，SaCBBO 算法相比于其他算法能够获得更好的解。而且，在 50 次独立重复试验中，SaCBBO 的优化结果具有最小的标准差，表现出更好的鲁棒性。比较 SaCBBO、SaCBBO/ini、SaCBBO/cha 的优化结果可以发现，混沌搜索能够提高算法的求解精度，且相比于 SaCBBO/mig、SaCBBO/mut 具有更好的解，说明自适应迁移算子及自适应差分变异算子能够使算法具有较好的局部和全局搜索能力；SaCBBO/sin 的求解结果差于 SaCBBO，表明正弦迁徙模型能够提高算法的搜索性能。不同算法的收敛曲线如图 18.7 所示，可以看出，SaCBBO 算法相比于其他算法具有更快的收敛速度和求解精度。

表 18.9　　不同算法的优化结果

算法	最小值	最大值	平均值	标准差
MHEP - SQP[43]	1050054	NA	1052349	NA
CSAPSO[44]	1038251	NA	1039543	NA
MBF - SSO[45]	1037550	1038029	1037852	NA
TVAC - IPSO[46]	1041066.20	1043625.98	1042118.47	NA
EAPSO[47]	1037685	1038238	1038109	NA

续表

算法	最小值	最大值	平均值	标准差
ABC[48]	1043381	1046805	1044963	NA
ICA[49]	1040758.42	1043173.55	1041664.62	603.76
FAIPSO[50]	1037698	1038049	1037814	NA
MTLA[51]	1037489	1038090	1037712	NA
IPSO[52]	1046275	NA	1048145	NA
ECE[53]	1043989.15	NA	1044470.08	NA
SALCSSA[54]	1037550	1038696	1038044	NA
BBO	1040852.80	1043453.82	1041834.90	618.74
SaCBBO/ini	1037539.26	1038483.74	1038046.37	205.69
SaCBBO/sin	1038103.57	1039886.96	1039012.28	343.64
SaCBBO/mig	1038476.93	1040018.24	1039435.61	392.37
SaCBBO/mut	1038729.28	1040156.58	1039613.45	418.53
SaCBBO/cha	1037853.31	1038258.63	1038112.77	268.06
SaCBBO	1037468.72	1038106.53	1037756.28	158.16

NA：已有文献未提供数据。

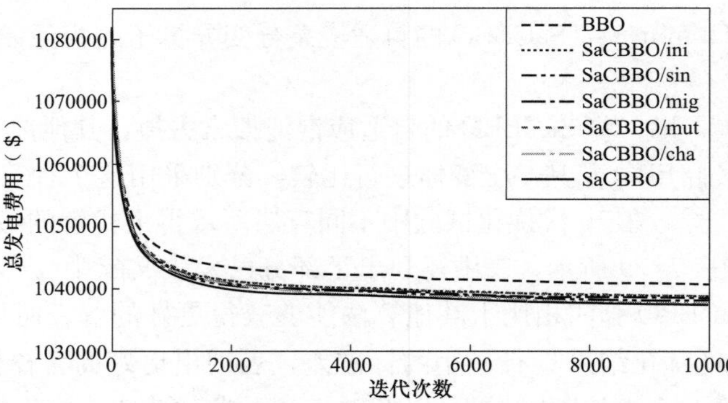

图 18.7　不同算法的收敛曲线

18.8　小结

本章以各发电机及电动汽车集控中心（EVA）为调度对象，介绍了一种考虑 EVA 可调度容量变化及总充电需求约束的动态经济调度模型。该模型基于电动汽车行驶规律的随机模拟计算其接入系统的时间段及初始 SOC，从而得到每个时段的可调度容量（包括最大充电功率、最大放电功率）及总充电需求。将自适应策略及混沌搜索引入到基本 BBO 算法中，提出了一种改进的 BBO 算法，即 SaCBBO。采用所提算法优化求解含电动汽车动态经济调度模型，算例分析表明：

（1）通过优化调度计划，各 EVA 利用晚上负荷低谷时段充电，能够减小系统负荷的峰谷差。在目标函数中考虑方差函数能够降低净负荷曲线的波动，从而能够降低常规机组的频繁调节。不考虑方差函数时，电动汽车可能会在系统负荷高峰时充电，造成“峰上加峰”，不利于系统的经济运行。

（2）考虑各EVA放电时，通过优化EVA的充放电计划，能够使得EVA在负荷高峰时段代替小容量、高煤耗机组向电网送电，在系统负荷低谷时段利用高效率机组充电，减小了系统峰谷差，实现了“削峰填谷”，从而降低了系统的总发电成本。

（3）SaCBBO算法相比于其他算法，具有更好的收敛特性，在解质量及算法鲁棒性等方面均表现出良好的性能。

问题与练习

1. 电动汽车如何参与电网调度？简单描述其基本架构。
2. 如何计算电动汽车的可调容量？
3. 在经济调度模型中，如何考虑电动汽车的充放电？
4. 有哪些算法可用来求解经济调度问题？
5. SacBBO算法的计算流程是怎样的？
6. 考虑放电和不考虑放电情景下优化结果有什么区别？

参 考 文 献

[1] Boulanger A G, Chu A C, Maxx S, et al. Vehicle Electrification: Status and Issues [J]. Proceedings of the IEEE, 2011, 99 (6): 1116 - 1138.
[2] Ungar E, Fell K. Plug In, Turn On, and Load Up [J]. Power & Energy Magazine IEEE, 2010, 8 (3): 30 - 35.
[3] 节能与新能源汽车产业发展规划（2012 - 2020年）[R]. 国务院, 2012.
[4] 电动汽车充电基础设施发展指南（2015 - 2020年）[R]. 国家发改委, 2015.
[5] 赵俊华, 文福拴, 杨爱民, 等. 电动汽车对电力系统的影响及其调度与控制问题 [J]. 电力系统自动化, 2011, 35 (14): 2 - 10.
[6] 李惠玲, 白晓民. 电动汽车充电对配电网的影响及对策 [J]. 电力系统自动化, 2011, 35 (17): 38 - 43.
[7] 高赐威, 张亮. 电动汽车充电对电网影响的综述 [J]. 电网技术, 2011, 35 (2): 127 - 131.
[8] Callaway D S, Hiskens I A. Achieving Controllability of Electric Loads [J]. Proceedings of the IEEE, 2010, 99 (1): 184 - 199.
[9] Kempton W, Tomic J. Vehicle - to - grid power fundamentals: Calculating capacity and net revenue [J]. Journal of Power Sources, 2005, 144 (1): 268 - 279.
[10] Kempton W, Tomic J. Vehicle - to - grid power implementation: From stabilizing the grid to supporting large - scale renewable energy [J]. Journal of Power Sources, 2005, 144 (1): 280 - 294.
[11] Han S, Han S, Sezaki K. Development of an Optimal Vehicle - to - Grid Aggregator for Frequency Regulation [J]. IEEE Transactions on Smart Grid, 2010, 1 (1): 65 - 72.
[12] Sortomme E, El - Sharkawi M A. Optimal Scheduling of Vehicle - to - Grid Energy and Ancillary Services [J]. IEEE Transactions on Smart Grid, 2012, 3 (1): 351 - 359.
[13] Andersson S L, Elofsson A K, M. D. Galus, et al. Plug - in hybrid electric vehicles as regulating power providers: Case studies of Sweden and Germany [J]. Energy Policy, 2010, 38 (6): 2751 - 2762.
[14] Kempton W, Udo V, Huber K, et al. A Test of Vehicle - to - Grid (V2G) for Energy Storage and Fre-

quency Regulation in the PJM System [J]. 2009.
[15] 董朝阳，赵俊华，文福拴，等．从智能电网到能源互联网：基本概念与研究框架 [J]. 电力系统自动化，2014，38 (15)：1 - 11.
[16] 马钊，周孝信，尚宇炜，等．能源互联网概念、关键技术及发展模式探索 [J]. 电网技术，2015，39 (11)：3014 - 3022.
[17] 田世明，栾文鹏，张东霞，等．能源互联网技术形态与关键技术 [J]. 中国电机工程学报，2015，35 (14)：3482 - 3494.
[18] 杨方，白翠粉，张义斌．能源互联网的价值与实现架构研究 [J]. 中国电机工程学报，2015，35 (14)：3495 - 3502.
[19] 康继光，卫振林，程丹明，等．电动汽车充电模式与充电站建设研究 [J]. 电力需求侧管理，2009，11 (5)：64 - 66.
[20] Fernandez L P, Roman T G S, Cossent R, et al. Assessment of the Impact of Plug - in Electric Vehicles on Distribution Networks [J]. IEEE Transactions on Power Systems, 2011, 26 (1): 206 - 213.
[21] Kintner - Meyer M C, Schneider K P, Pratt R G. Impacts Assessment of Plug - in Hybrid Vehicles on Electric Utilities and Regional US Power Grids: Part 1: Technical Analysis [J]. Online Journal of Euec Paper, 2007, 1.
[22] Qian K, Zhou C, Allan M, et al. Modeling of Load Demand Due to EV Battery Charging in Distribution Systems [J]. IEEE Transactions on Power Systems, 2011, 26 (2): 802 - 810.
[23] 罗卓伟，胡泽春，宋永华，等．电动汽车充电负荷计算方法 [J]. 电力系统自动化，2011，35 (14)：36 - 42.
[24] 陈丽丹，聂涌泉，钟庆．基于出行链的电动汽车充电负荷预测模型 [J]. 电工技术学报，2015，30 (4)：216 - 225.
[25] Clement - Nyns K, Haesen E, Driesen J. The Impact of Charging Plug - In Hybrid Electric Vehicles on a Residential Distribution Grid [J]. IEEE Transactions on Power Systems, 2010, 25 (1): 371 - 380.
[26] 宫鑫，林涛，苏秉华．插电式混合电动汽车充电对配电网的影响 [J]. 电网技术，2012，36 (11)：30 - 35.
[27] Gomez J C, Morcos M M. Impact of EV Battery Chargers on the Power Quality of Distribution Systems [J]. IEEE Power Engineering Review, 2003, 22 (10): 63 - 63.
[28] 李娜，黄梅．不同类型电动汽车充电机接入后电力系统的谐波分析 [J]. 电网技术，2011 (1)：170 - 174.
[29] 黄梅，黄少芳．电动汽车充电站谐波的工程计算方法 [J]. 电网技术，2008，32 (20)：20 - 23.
[30] Putrus G A, Suwanapingkarl P, Johnston D, et al. Impact of electric vehicles on power distribution networks [C] // Vehicle Power and Propulsion Conference, 2009. VPPC '09. IEEE. IEEE, 2009: 827 - 831.
[31] Lopes J A P, Soares F J, Almeida P M R. Integration of Electric Vehicles in the Electric Power System [J]. Proceedings of the IEEE, 2010, 99 (1): 168 - 183.
[32] Verzijlbergh R A, Grond M O W, Lukszo Z, et al. Network Impacts and Cost Savings of Controlled EV Charging [J]. IEEE Transactions on Smart Grid, 2012, 3 (3): 1203 - 1212.
[33] Fernandez L P, Roman T G S, Cossent R, et al. Assessment of the Impact of Plug - in Electric Vehicles on Distribution Networks [J]. IEEE Transactions on Power Systems, 2011, 26 (1): 206 - 213.
[34] Roe C, Meisel J, Meliopoulos A P, et al. Power System Level Impacts of PHEVs [C] // Hawaii International Conference on System Sciences. IEEE, 2009: 1 - 10.
[35] 赵俊华，文福拴，薛禹胜，等．计及电动汽车和风电出力不确定性的随机经济调度 [J]. 电力系统自动化，2010，34 (20)：22 - 29.
[36] Gao Y J, Zhao K X, Wang C. Economic dispatch containing wind power and electric vehicle battery swap

station [C] // Transmission and Distribution Conference and Exposition. IEEE, 2012: 1 - 7.

[37] 何明杰，彭春华，曹文辉，等．考虑电动汽车规模化入网的动态经济调度 [J]. 电力自动化设备，2013，33 (9)：82 - 88.

[38] 李惠玲，白晓民，谭闻，等．基于智能电网的动态经济调度研究 [J]. 电网技术，2013，37 (6)：1547 - 1554.

[39] 张谦，刘超，周林，等．计及可入网电动汽车最优时空分布的双层经济调度模型 [J]. 电力系统自动化，2014 (20)：40 - 45.

[40] Yang Z, Li K, Niu Q, et al. Non - convex dynamic economic/environmental dispatch with plug - in electric vehicle loads [C] // IEEE Symposium on Computational Intelligence Applications in Smart Grid. IEEE, 2014: 1 - 7.

[41] Gholami A, Ansari J, Jamei M, et al. Environmental/economic dispatch incorporating renewable energy sources and plug - in vehicles [J]. Generation Transmission & Distribution Iet, 2014, 8 (12): 2183 - 2198.

[42] Yao Y, Gao W, Momoh J, et al. Economic dispatch for microgrid containing electric vehicles via probabilistic modelling [C] // North American Power Symposium. IEEE, 2015: 1 - 6.

[43] 庄怀东，吴红斌，刘海涛，等．含电动汽车的微网系统多目标经济调度 [J]. 电工技术学报，2014 (s1)：365 - 373.

[44] 吴红斌，侯小凡，赵波，等．计及可入网电动汽车的微网系统经济调度 [J]. 电力系统自动化，2014，38 (9)：77 - 84.

[45] 陈思，张焰，薛贵挺，等．考虑与电动汽车换电站互动的微电网经济调度 [J]. 电力自动化设备，2015，35 (4)：60 - 69.

[46] Macarthur R H, Wilson E O. The Theory of Island Biogeography [M]. Princeton University Press, 1967.

[47] Simon D. Biogeography - Based Optimization [J]. IEEE Transactions on Evolutionary Computation, 2008, 12 (6): 702 - 713.

[48] Ma H. An analysis of the equilibrium of migration models for biogeography - based optimization [J]. Information Sciences, 2010, 180 (18): 3444 - 3464.

[49] Ma H, Dan S. Blended biogeography - based optimization for constrained optimization [J]. Engineering Applications of Artificial Intelligence, 2011, 24 (3): 517 - 525.

[50] Victoire T A A, Jeyakumar A E. A modified hybrid EP - SQP approach for dynamic dispatch with valve - point effect [J]. International Journal of Electrical Power & Energy Systems, 2005, 27 (8): 594 - 601.

[51] Ying W, Zhou J, Lu Y, et al. Chaotic self - adaptive particle swarm optimization algorithm for dynamic economic dispatch problem with valve - point effects [J]. Expert Systems with Applications, 2011, 38 (11): 14231 - 14237.

[52] Azizipanah - Abarghooee R. A new hybrid bacterial foraging and simplified swarm optimization algorithm for practical optimal dynamic load dispatch [J]. International Journal of Electrical Power & Energy Systems, 2013, 49 (1): 414 - 429.

[53] Mohammadi - Ivatloo B, Rabiee A, Ehsan M. Time - varying acceleration coefficients IPSO for solving dynamic economic dispatch with non - smooth cost function [J]. Energy Conversion & Management, 2012, 56 (4): 175 - 183.

[54] Niknam T, Golestaneh F. Enhanced adaptive particle swarm optimisation algorithm for dynamic economic dispatch of units considering valve - point effects and ramp rates [J]. Iet Generation Transmission & Distribution, 2012, 6 (5): 424 - 435.

[55] Hemamalini S, Simon S P. Dynamic economic dispatch using artificial bee colony algorithm for units with

valve - point effect [J]. International Transactions on Electrical Energy Systems, 2011, 21 (1): 70 - 81.

[56] Mohammadi - Ivatloo B, Rabiee A, Soroudi A, et al. Imperialist competitive algorithm for solving non - convex dynamic economic power dispatch [J]. Energy, 2012, 44 (1): 228 - 240.

[57] Aghaei, Jamshid, Niknam, et al. Scenario - based dynamic economic emission dispatch considering load and; wind power uncertainties [J]. International Journal of Electrical Power & Energy Systems, 2013, 47 (1): 351 - 367.

[58] Niknam T, Azizipanah - Abarghooee R, Aghaei J. A new modified teaching - learning algorithm for reserve constrained dynamic economic dispatch [J]. IEEE Transactions on Power Systems, 2013, 28 (2): 749 - 763.

[59] Yuan X, Su A, Yuan Y, et al. An improved PSO for dynamic load dispatch of generators with valve - point effects [J]. Energy, 2009, 34 (1): 67 - 74.

[60] Selvakumar A I. Enhanced cross - entropy method for dynamic economic dispatch with valve - point effects [J]. International Journal of Electrical Power & Energy Systems, 2011, 33 (3): 783 - 790.

[61] Bahmani - Firouzi B, Farjah E, Seifi A. A new algorithm for combined heat and power dynamic economic dispatch considering valve - point effects [J]. Energy, 2013, 52 (1): 320 - 332.

附录　动态经济调度问题算例原始数据

表 1　　**10 机系统输入数据**

发电机	a_n (\$/h)	b_n (\$/MWh)	c_n (\$/MW^{2}h)	$P_n^{\min}$ (MW)	$P_n^{\max}$ (MW)	e_n (\$/h)	f_n (1/MW)	UR_n (MW/h)	UR_n (MW/h)
P_1	958.2	21.6	0.00043	150	470	450	0.041	80	80
P_2	1313.6	21.05	0.00063	135	460	600	0.036	80	80
P_3	604.97	20.81	0.00039	73	340	320	0.028	80	80
P_4	471.6	23.90	0.0007	60	300	260	0.052	50	50
P_5	480.29	21.62	0.00079	73	243	280	0.063	50	50
P_6	601.75	17.87	0.00056	57	160	310	0.048	50	50
P_7	502.7	16.51	0.00211	20	130	300	0.086	30	30
P_8	639.4	23.23	0.0048	47	120	340	0.082	30	30
P_9	455.6	19.58	0.10908	20	80	270	0.098	30	30
P_{10}	692.4	22.54	0.00951	55	55	380	0.094	30	30

表 2　　**10 机系统负荷数据**

时段 (h)	负荷 (MW)	时段 (h)	负荷 (MW)	时段 (h)	负荷 (MW)	时段 (h)	负荷 (MW)
1	1036	7	1702	13	2072	19	1776
2	1110	8	1776	14	1924	20	2072
3	1258	9	1924	15	1776	21	1924
4	1406	10	2072	16	1554	22	1628
5	1480	11	2146	17	1480	23	1332
6	1628	12	2220	18	1628	24	1184

该系统网损系数如下：

$$B_{ij}=\begin{bmatrix} 8.7 & 0.43 & -4.61 & 0.36 & 0.32 & -0.66 & 0.96 & -1.6 & 0.8 & -0.1 \\ 0.43 & 8.3 & -0.97 & 0.22 & 0.75 & -0.28 & 5.04 & 1.7 & 0.54 & 7.2 \\ -4.61 & -0.97 & 9 & -2 & 0.63 & 3 & 1.7 & -4.3 & 3.1 & -2 \\ 0.36 & 0.22 & -2 & 5.3 & 0.47 & 2.62 & -1.96 & 2.1 & 0.67 & 1.8 \\ 0.32 & 0.75 & 0.63 & 0.47 & 8.6 & -0.8 & 0.37 & 0.72 & -0.9 & 0.69 \\ -0.66 & -0.28 & 3 & 2.62 & -0.8 & 11.8 & -4.9 & 0.3 & 3 & -3 \\ 0.96 & 5.04 & 1.7 & -1.96 & 0.37 & -4.9 & 8.24 & -0.9 & 5.9 & -0.6 \\ -1.6 & 1.7 & -4.3 & 2.1 & 0.72 & 0.3 & -0.9 & 1.2 & -0.96 & 0.56 \\ 0.8 & 0.54 & 3.1 & 0.67 & -0.9 & 3 & 5.9 & -0.96 & 0.93 & -0.3 \\ -0.1 & 7.2 & -2 & 1.8 & 0.69 & -3 & -0.6 & 0.56 & -0.3 & 0.99 \end{bmatrix}\times 10^{-5}$$